PPT 实战技巧精粹辞典

全技巧视频，支持手机端
+电脑端双模式在线观看

王国胜 / 编著

图书在版编目（CIP）数据

PPT 2016实战技巧精粹辞典：全彩视频版/王国胜编著. 一北京：中国青年出版社，2017.8
ISBN 978-7-5153-4786-8
I.①P… II.①王… III.①图形软件 IV.①TP391.412
中国版本图书馆CIP数据核字（2017）第134740号

策划编辑　张　鹏
责任编辑　张　军
封面设计　彭　涛

PPT 2016实战技巧精粹辞典：全彩视频版
王国胜／编著

出版发行：中国青年出版社
地　　址：北京市东四十二条21号
邮政编码：100708
电　　话：（010）50856188 / 50856199
传　　真：（010）50856111
企　　划：北京中青雄狮数码传媒科技有限公司
印　　刷：北京尚唐印刷包装有限公司
开　　本：880 x 1230　1/16
印　　张：15
版　　次：2017年10月北京第1版
印　　次：2017年10月第1次印刷
书　　号：ISBN 978-7-5153-4786-8
定　　价：79.90元（附赠1DVD，含语音视频教学+案例文件+办公模板+海量实用资源）

本书如有印装质量等问题，请与本社联系　　电话：（010）50856188 / 50856199
读者来信：reader@cypmedia.com　　投稿邮箱：author@cypmedia.com
如有其他问题请访问我们的网站：http://www.cypmedia.com

Rev. Roll

启卷

你想用最短的时间学好 PPT 吗

PPT是Microsoft PowerPoint的简称，是微软Office套装软件中的一个重要组件。该软件是功能强大的演示文稿制作软件，随着版本的不断更新，目前最新版本为PowerPoint 2016。该版本的界面更加美观，功能更加强大，其启动界面外观清爽简洁、颜色鲜艳醒目。幻灯片默认输出格式设置为16：9，这一举措实现了对电视、PC显示器、智能机和投影仪的原生宽屏支持。在实际应用中，利用它不仅可以创建演示文稿，还可以在互联网上召开面对面会议、远程会议或在网上向观众展示演示文稿。

本书采用案例技巧的组织形式，向读者介绍了PPT的绝大部分知识，其中包括PowerPoint 2016基础操作、幻灯片的编辑操作、文本的创建与编辑、图片的插入与处理、图形的绘制与美化、SmartArt图形的应用、音/视频文件的应用、表格的应用、图表的应用、切换效果的设计、动画效果的设计、演示文稿的管理、幻灯片的打印，以及演示文稿的安全设置等。通过学习这些内容，可以帮助读者快速了解并应用新版本PowerPoint 2016软件。

PowerPoint可以应用在哪些地方呢

PPT是一种演示的工具，尤其是随着图表、图形、图片、动画以及多媒体功能的不断优化，使幻灯片摆脱了以往给人的枯燥和呆板的印象。它不再是由大量文字组成的类似Word的复制品，而是可以由大量的图表、图片以及关系图形组成的页面；也可以是具有个性化的动画效果，从而使幻灯片展现更复杂的逻辑关系，并体现出不同的风格。

由于PPT具有如此强大的功能，因此它被广泛应用于各种商业报告、竞标文案、年度总结、产品介绍、会议演讲以及多媒体教学等多个领域。下面将对常见的应用进行举例说明：

例1：在制作商业报告类演示文稿时，为了使幻灯片的页面具有统一的风格且又不显得呆板，此时就可以为每个页面应用不同的版式。为幻灯片应用不同的版式，甚至应用不同的主题该如何操作呢？

例2：在制作宣传类、广告类以及教学类的演示文稿时，希望为其添加一个美观有趣、易认易识、醒目张扬且具有良好的视觉感受的标题，该如何进行设置呢？

例3：在商业报告演示文稿中，如何能清晰明了地表述各数据之间的关系，并将数据转换成直观有效的图表呢？

例4：在制作一个有关公司简介的演示文稿时，如何将公司的分层信息或上下级关系进行清晰、准确地说明呢？

例5：在制作展示型的演示文稿中，如何一次性在演示文稿中插入多张图片，且使其具有动感的切换效果呢？

例6：在制作教学课件时，如何才能使其中的内容按照既定的顺序“飘入”幻灯片中呢？

例7：在利用PPT进行演讲时，如果想通过播放视频来显示最真实的视频情景，那么该如何创建并播放视频文件呢？

例8：很多大型的公司，比如投资公司、图纸设计公司，在完成企划书或项目并购的演示文稿后，文档的管理、保密，甚至是打印操作也是必不可少的，那该如何完成这些具体操作呢？

以上的这些问题都可以通过本书快速找到解决方法。

2 如何学好PPT

学习任何一门语言、知识或者技术时，大家都希望可以在最短的时间内学会并应用到现实的工作中。因此常有人问：“有没有速成的方法？”“有没有可以仿效的模板？”等等。正如成功之路没有捷径一样，学习同样也没有“葵花宝典”。学习需要的是动力，是坚持，是不断的自我思考和持之以恒的信念，切忌三天打鱼两天晒网似的学习，学习是一个不断重复、熟能生巧、温故而知新的过程。

下面，我们就来讨论一下如何学好PPT的思路和方法。

第一，明确目标，制定计划

对于学习PPT的用户来讲，首先要对自己有一个合理的定位；然后根据自己目前对PPT的掌握能力选择确立一个明确的学习目标；最后，制定一个合理的学习计划进行学习。在确立学习目标时，切忌定位过高，否则会带来负面效果；在安排学习计划时，一定要记得“欲速则不达”这个道理，要安排一个合适的学习计划。

第二，由浅入深，步步为营

在学习过程中，总会遵循由浅入深，从基础到应用，从模仿到创新的原则。在学习时，一定不能心浮气躁，要一步一个脚印，才能平稳到达成功之路。并且在学习时要不断地进行总结，并积极地思考和创新，这样才是真正的学习之道，才能真正掌握所学知识。例如，学习制作PPT动画时，应先学会如何设计单个动画效果，然后再学习创建组合动画效果。

第三，不断重复，温故知新

熟能生巧这个道理无论是对学习语言还是其他技术都非常实用，我们学习一门技术，就是为了应用。再锋利的刀，放久了也会生锈；再熟练的技术，不用，时间久了也会生疏和遗忘。因此，用户在学习的过程中，要不断地应用所学知识进行实战演练，日积月累，当你所学的知识达到一定程度时，你会恍然大悟，一个问题可以找到多个解决方案。

第四，发散思维，攀登高峰

在学习过程中，当掌握一定的知识内容和操作技能时，我们就需要采用发散的思维进行扩展学习，不仅要将学到的知识应用到现在手头的工作中，还要尽可能地找机会将这些知识应用到可以用到的地方。在学习的征途中，要保持永不满足的心态，不断地自我学习，这样才能更好地掌握和应用PPT。

巧用PPT帮助文件指引你前行

帮助文件，即软件自带的指导用户正确使用演示文稿或解答疑惑的文件。它包含了多种类别的PPT操作方法，包括新增功能介绍、PowerPoint入门、使用母版、使用模板、使用主题、使用艺术字、使用形状、使用图表、使用声音、发布演示文稿等。其中不仅介绍了相关的使用和操作方法，还给出了相应的示例。因此，在操作过程中遇到疑问时，可以通过帮助文件进行查询。

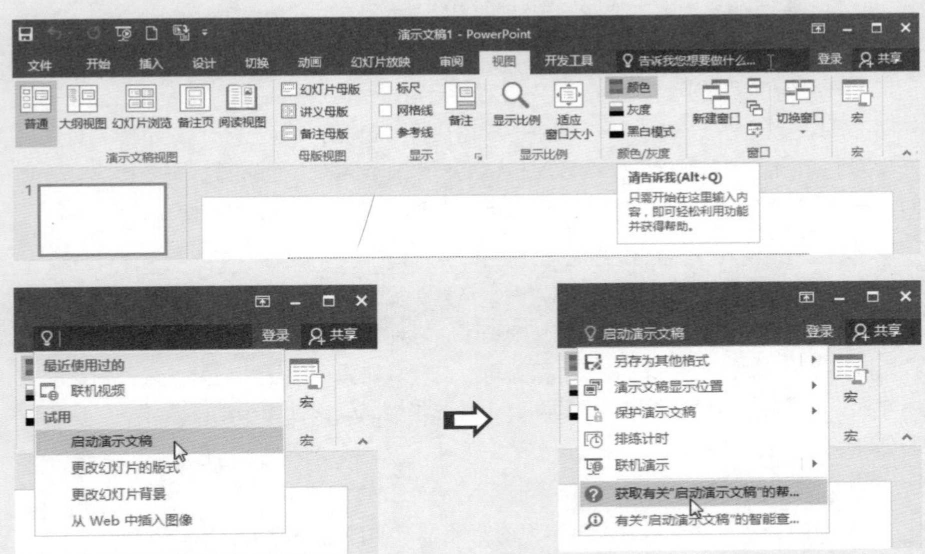

帮助文件就如同我们购买商品时附带的使用说明，很多人由于忽略了使用说明，会在使用时犯各种各样的错误，从而走不少弯路。因此，建议在学习PPT的过程中，千万别把你的好帮手——帮助文件给丢在脑后哦！除了自带的帮助文件外，用户还可以通过Internet访问网络帮助文件，其包含的内容比系统自带的帮助文件更加全面和丰富。只要用心去查阅，大多数的问题都可以通过帮助文件迎刃而解。

PPT TOP10实战技巧你会吗

全书包括389个实用技巧，每个技巧都以实际应用为写作原则，以理论知识为写作基础，以小知识点为扩展补充，全面准确地对PowerPoint 2016进行了详细介绍。虽然本书的写作版本为PowerPoint 2016，但由于Microsoft Office办公软件具有向下兼容性，因此很多技巧同样适用于PowerPoint 2013以及2010版本。此外，需要说明的是，本书的全部技巧都是在Windows 7操作系统中实现的，所以，对于使用Windows 8/10系统的用户来说，可能会存在操作界面的些许差别。

下面列举了一些常见的PowerPoint应用问题，不知你是否可以作答呢？若不能，请在本书查找答案吧！

TOP 01 你会使用图形工具，随意绘制图形吗？
TOP 02 你会在演示文稿中应用音/视频文件吗？
TOP 03 你会在幻灯片中添加精美的艺术字吗？
TOP 04 你会制作一个精美的相册吗？
TOP 05 你会制作三维立体条形图吗？
TOP 06 你会利用PPT制作出复杂的动画效果吗？
TOP 07 你会让演示文稿中的文字逐行显示吗？
TOP 08 你会计算演示文稿的播放时间吗？
TOP 09 你会将幻灯片中的内容链接到其他演示文稿吗？
TOP 10 你会为你的演示文稿设置密码保护吗？

在闲暇自在时，您尽可翻阅本书，品味它的内涵；在遇到问题时，您尽可查阅本书，获取更多的帮助；在休闲上网时，您还可与其他好友切磋，畅聊PPT的使用心得！古语有云：学之广在于不倦，不倦在于固志。如此反复地学习、应用、总结，相信在不知不觉中你就会晋身成为一个PowerPoint设计高手了。

最后，预祝您学有所成！

Contents

目录

第5章 图形的绘制与美化技巧

第6章 SmartArt图形的应用技巧

第7章 多媒体元素的应用技巧

第8章 表格的应用技巧

第9章 图表的应用技巧

第10章 切换效果的设计技巧

第11章 基本动画的设计技巧

第12章 演示文稿的放映管理

第14章 演示文稿的安全设置

第1章 001~035

PowerPoint 2016 基本操作技巧

- 启动PowerPoint 2016很简单
- 巧设快捷键打开PowerPoint 2016文件
- 快速退出PowerPoint 2016
- 轻松管理功能区选项卡
- 自定义功能区命令有绝招
- 巧隐藏功能区
- 巧妙设置快速访问工具栏

Question

001 启动PowerPoint 2016很简单

语音视频教学001

● Level ◆◆◆

2016 2013 2010

实例 启动PowerPoint 2016的多种方式

若用户已经安装好 PowerPoint 2016 程序，可以通过多种方式启动 PowerPoint 程序，用户可根据需要进行适当选择，下面将介绍启动 PowerPoint 2016 的操作方法。

1. 开机进入Windows 7界面，双击PowerPoint 2016图标，可启动PowerPoint 2016程序。

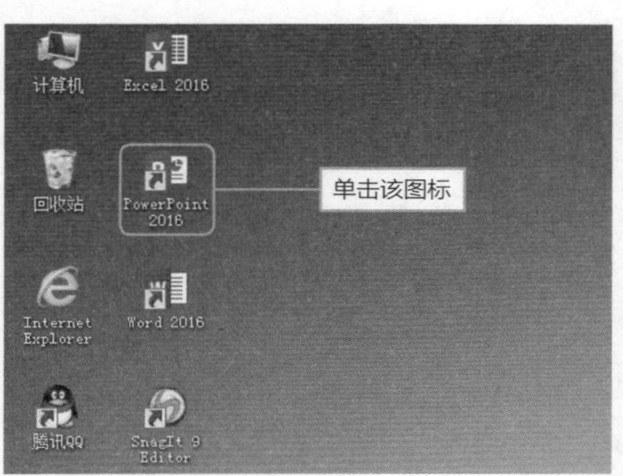

2. 随后将出现选择界面，根据需要在相应模板上单击，便可创建所选类型的文档。

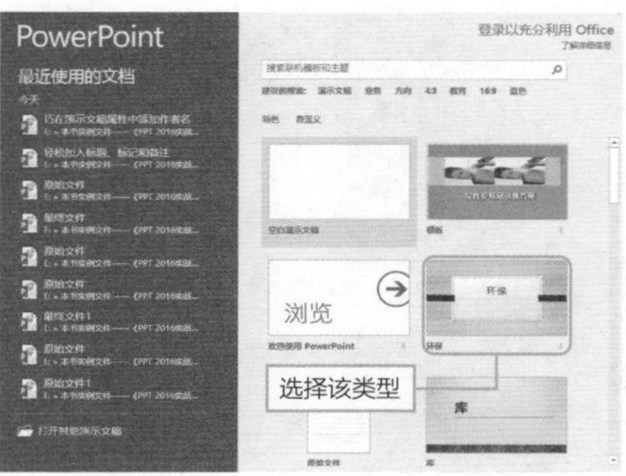

Skill

在Windows 10操作系统中启动PowerPoint 2016的方式

单击桌面左下角的“开始”按钮，在打开的列表中单击PowerPoint 2016选项即可；或者单击开始屏幕中的PowerPoint 2016图标亦可启动。

单击该选项启动应用程序

单击该图标启动 Power Point

巧设快捷键打开PowerPoint 2016文件

Level ◆◆◆

2016 2013 2010

实例 对打开PowerPoint 2016文件时的功能键进行分配

上一技巧中介绍了多种启动 PowerPoint 2016 程序的方法，那么，还有没有更便捷的方法可以打开该程序呢? 用户可以自定义一个快捷键，想要打开该程序时，直接在键盘上按下该快捷键即可。

1. 选中PowerPoint 2016快捷方式图标，右键单击，从快捷菜单中选择“属性”命令。

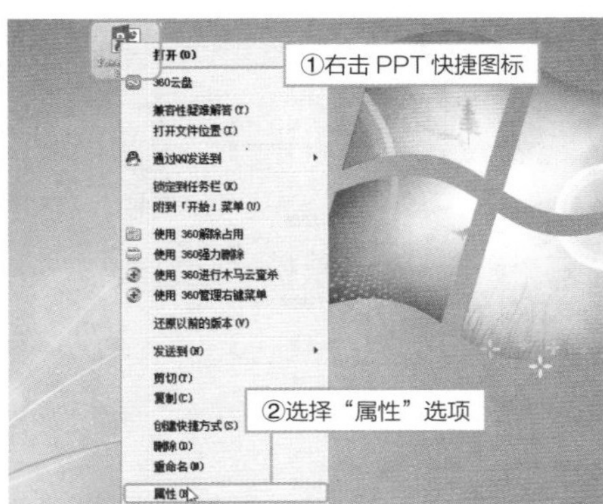

2. 打开“PowerPoint 2016属性”对话框，切换至“快捷方式”选项卡。

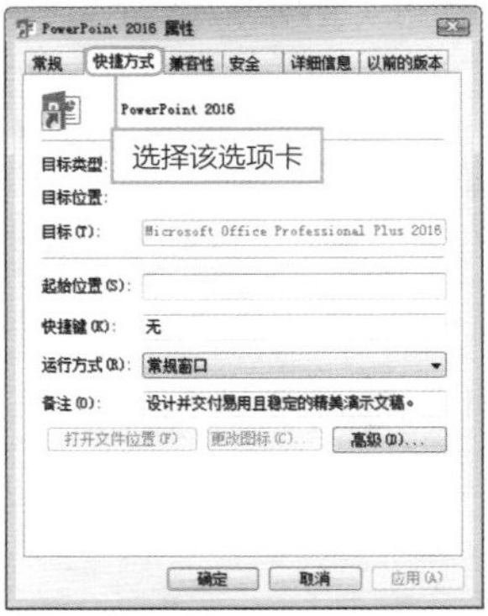

3. 将光标定位至“快捷键”选项后的文本框中，在键盘上直接按Ctrl+Alt+F键。

4. 单击“运行方式”下拉按钮，从列表中选择“最大化”选项，单击“确定”按钮。

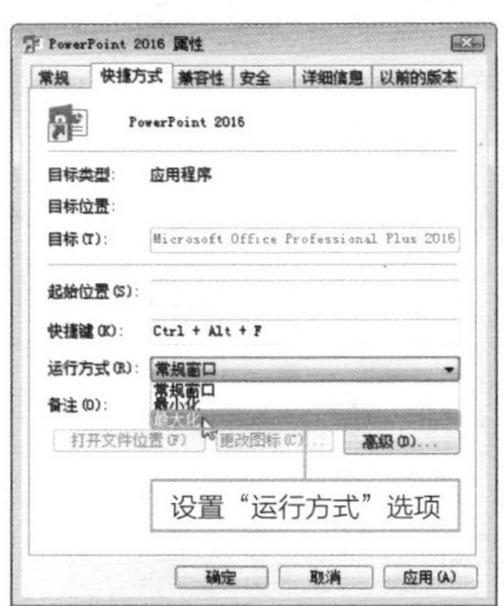

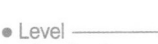

Question 003

快速退出PowerPoint 2016

● Level ◆◆◆

2016 2013 2010

实例　退出PowerPoint 2016的多种方式

若用户已经编辑完 PowerPoint 文档，保存好文件后可以通过多种方式退出 PowerPoint 程序，用户可根据需要进行适当选择，下面将介绍退出 PowerPoint 2016 的操作方法。

1 **直接单击关闭按钮退出法。**直接单击窗口右上角的“关闭”按钮。

2 **文件菜单法。**打开“文件”菜单，选择“关闭”选项，可退出当前程序。

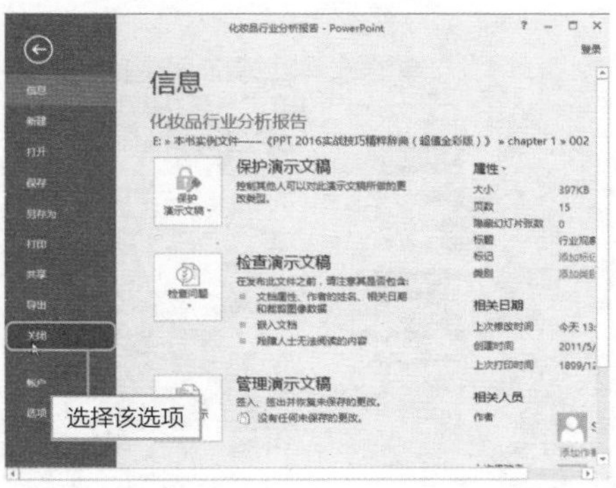

3 **快捷菜单退出法。**右键单击窗口顶部的“标题栏”，在打开的菜单中选择“关闭”命令。

4 **快捷键退出法。**直接在键盘上按下Alt+F4组合键，也可以退出应用程序。若在关闭前没有执行保存操作，系统将给出提示信息，提醒用户是否保存演示文稿。

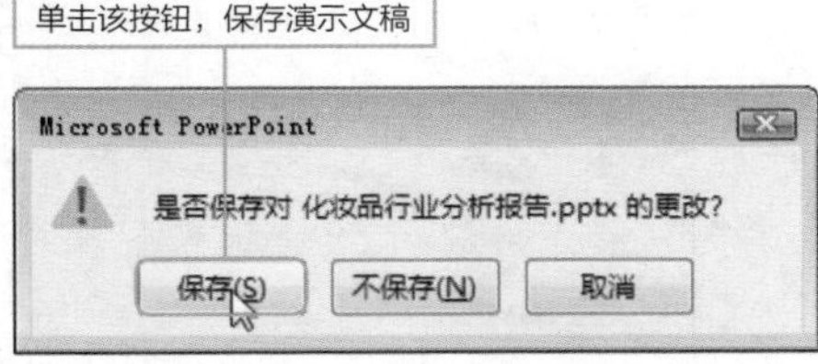

Question

004 轻松管理功能区选项卡

● Level ◆◆◆

2016 2013 2010

实例　自定义功能区选项卡

有时，启动 PowerPoint 应用程序后，发现界面中缺少某一功能选项卡，这时该如何将缺失的功能选项卡调出来呢？其实不难，通过自定义设置即可实现。

最初效果

最终效果

绿色食品市场调研

添加“设计”功能选项卡

❶ 在功能区中的任意位置右击，从快捷菜单中选择“自定义功能区”命令。

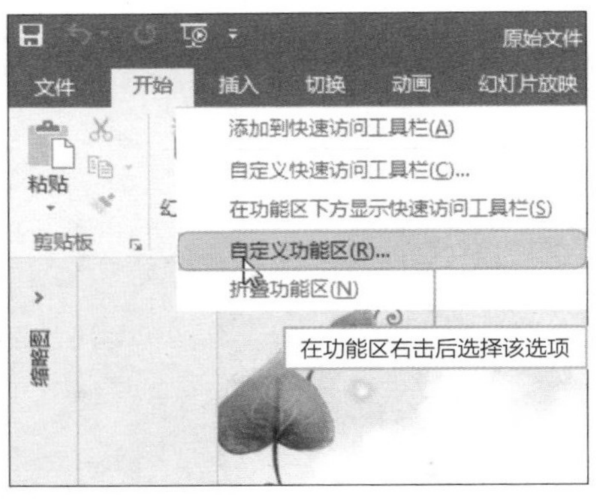

❷ 打开“PowerPoint 选项”对话框，在右侧的“自定义功能区”列表中勾选“设计”选项并确定即可。

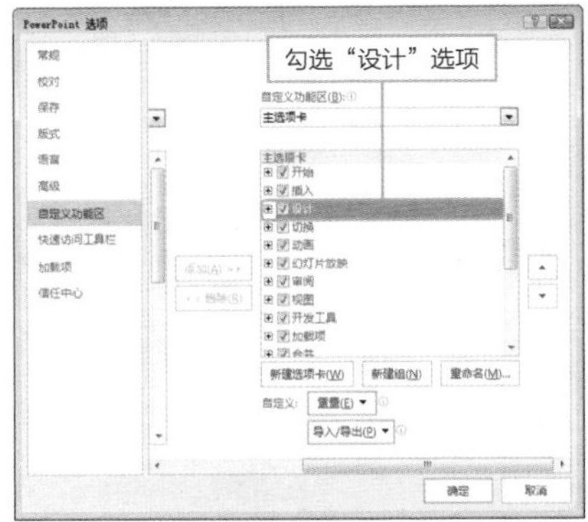

Question

005 自定义功能区命令有绝招

语音视频教学005

● Level ◆◆◆

2016 2010 2007

实例 功能区命令的添加

用户制作演示文稿所用到的编辑命令大都位于功能区中，如果需要使用不在功能区中的命令，又或者不小心将功能区中的命令删除了，可以将需要使用的命令添加到功能区中，下面对其操作进行介绍。

1 打开“PowerPoint 选项”对话框，选择“自定义功能区”选项，在右侧区域的“主选项卡”列表中，单击“开始”组中任意处，然后单击“新建组”按钮。

①选择该选项
②任意处单击
③单击该按钮

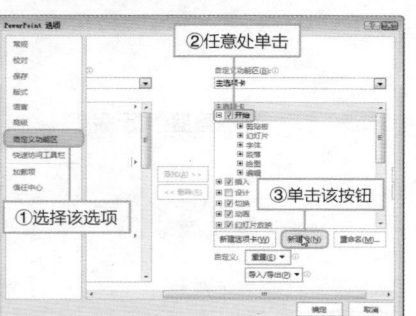

2 新建一个组，选中该选项，然后单击“重命名”按钮。

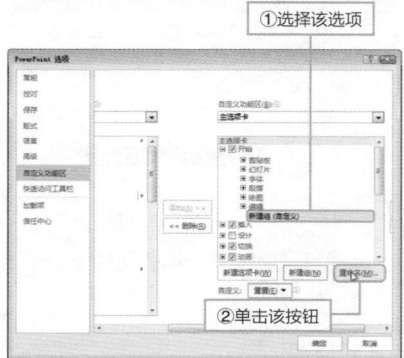

①选择该选项
②单击该按钮

3 打开“重命名”对话框，输入自定义名称“图形编辑”，然后单击“确定”按钮。

①输入名称
②单击该按钮

4 在“从下列位置选项命令”下拉列表框中选择“不在功能区中的命令”，选择“联合形状”命令，单击“添加”按钮后确定。

①选择该选项
②单击该按钮

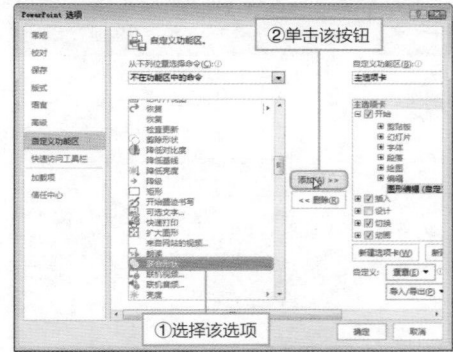

Question
006

巧隐藏功能区

语音视频
教学006

实例 功能区的隐藏

● Level ◆◆◆

2016 2010 2007

若用户觉得功能区中的命令全部显示出来影响整个页面的视觉效果，可以将功能区中的命令隐藏起来，下面对其进行介绍。

最终效果

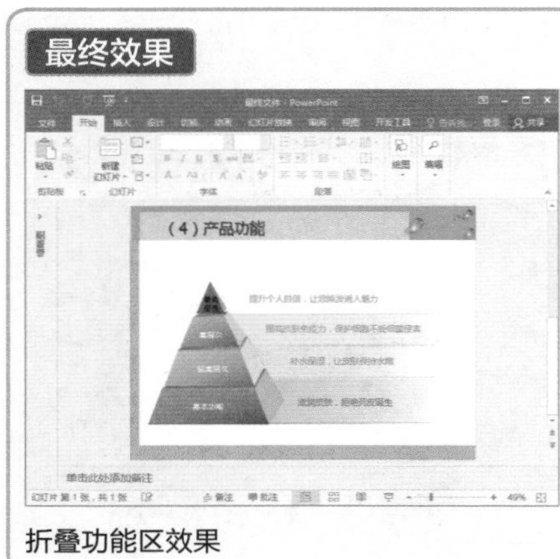

折叠功能区效果

1 在快速访问工具栏或功能区选项卡任意处右键单击，从快捷菜单中选择“折叠功能区”命令，即可隐藏功能区。

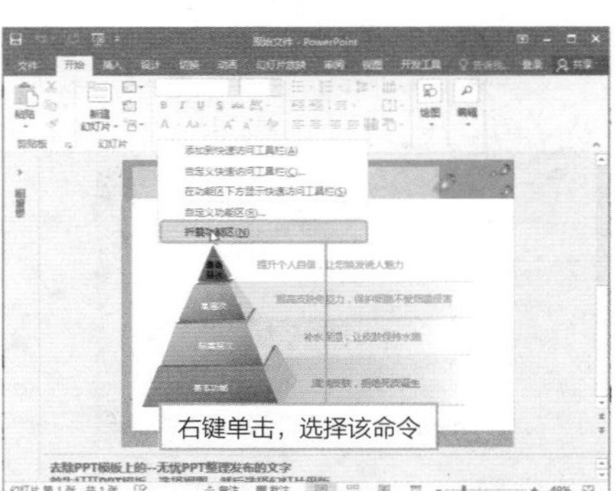

2 **移动自定义组或命令。**选择自定义组或命令后，单击 “上移”或“下移”命令后确定可将其移动。

Hint

删除命令

选中该命令并右击，从快捷菜单中选择“删除”命令，并单击“确定”按钮即可。

Question

007 巧妙设置快速访问工具栏

语音视频教学007

• Level ◆◆◆

2016 2010 2007

实例	在快速访问工具栏中添加或删除命令

快速访问工具栏是一个可以自定义的工具栏，它包含一组用户自定义的命令，如保存、撤销、恢复等，用户可以根据需要添加更多常用的命令，当然也可以对不用的命令进行删除。

1 **添加/删除内置命令。**单击“自定义快速访问工具栏”右侧下拉按钮，从下拉菜单中选择“打开”命令即可。

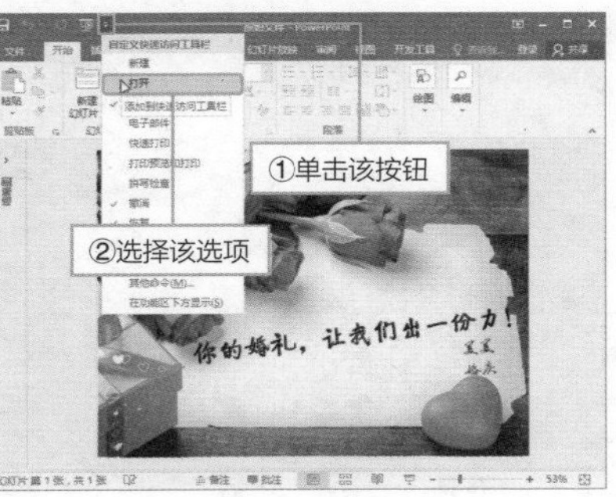

2 若删除该命令，则取消选中即可。也可以右键单击需删除的命令，从快捷菜单中选择“从快速访问工具栏删除”命令即可。

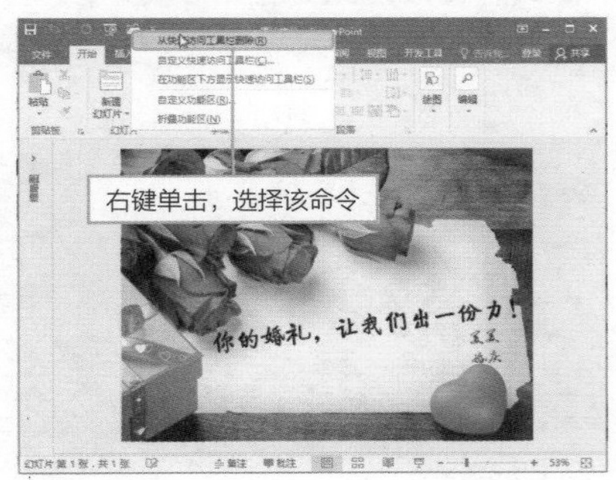

3 **“其他命令”选项的应用。**在“自定义快速访问工具栏”的下拉菜单中，选择“其他命令”选项，在弹出的对话框中，选择需要添加的命令，单击“添加”按钮，然后单击“确定”按钮即可。

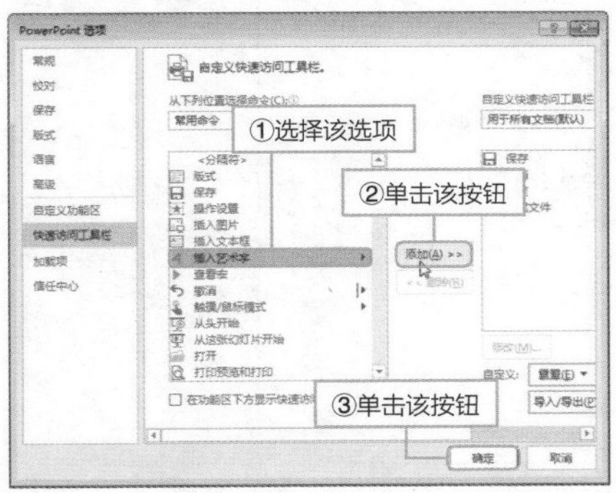

4 若用户需要删除通过“其他命令”添加的命令，只需在右侧的“自定义快速访问工具栏”下方，选中需删除的命令，单击“删除”按钮，然后单击“确定”按钮即可。

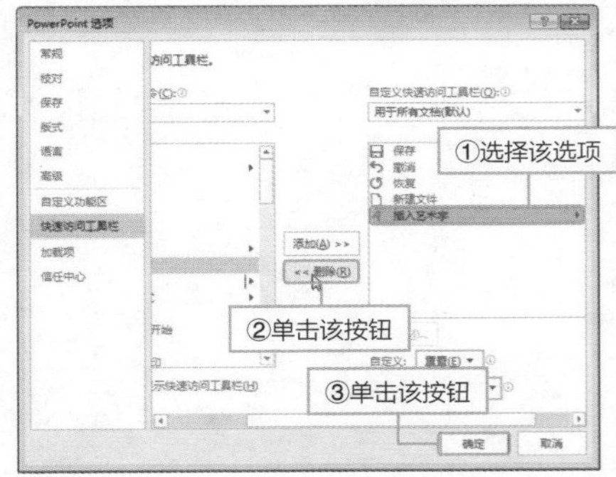

Question

008 按需移动快速访问工具栏

• Level ◆◆◆

2016 2013 2010

实例 改变快速访问工具栏的位置

用户除了可以为快速访问工具栏添加命令外，还可以根据需要改变快速访问工具栏的位置，下面对其进行介绍。

1 单击“快速访问工具栏”右侧下拉按钮，从下拉菜单中选择“在功能区下方显示”命令。

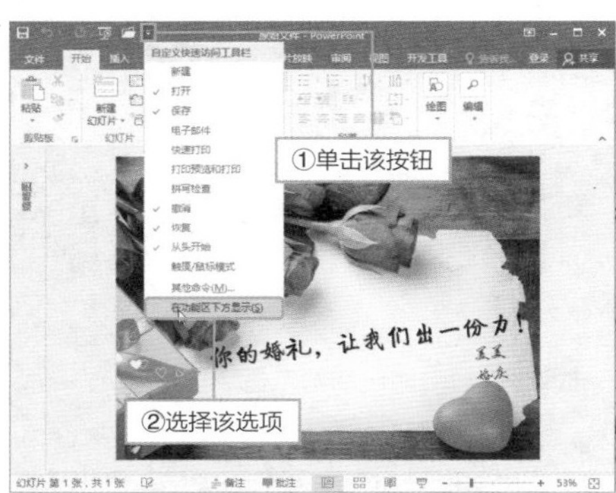

2 若需要将在功能区下方显示的快速访问工具栏调整回原位置，只需在下拉菜单中选择“在功能区上方显示”命令即可。

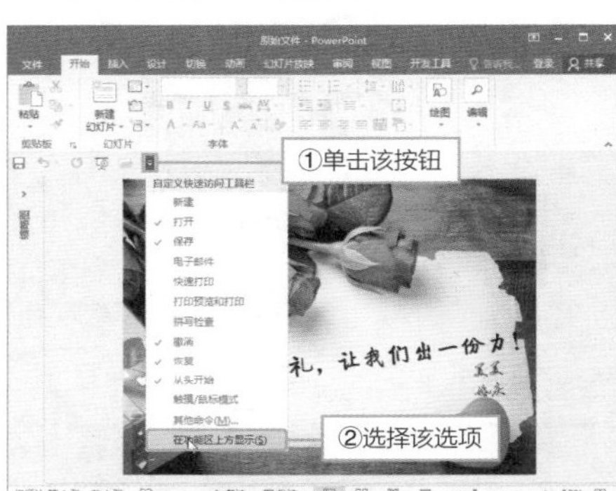

Skill

从功能区中添加命令

在功能区选中将要添加至快速访问工具栏中的命令，然后右键单击，从弹出的快捷菜单中选择“添加到快速访问工具栏”命令即可。

Question

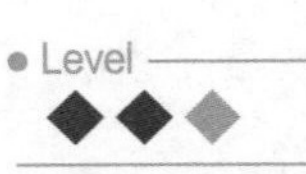

状态栏显示项目我做主

语音视频教学009

实例 为状态栏添加和删除命令

● Level ◆◆◆

2016 2010 2007

状态栏位于演示文稿视图窗口中的最下方，在状态栏中会显示视图指示器、主题、显示比例、缩放滑块等项目，用户可根据需要隐藏或显示状态栏中的命令，下面对其进行介绍。

最初效果

缩放滑块未显示在状态栏

最终效果

缩放滑块命令显示在状态栏中

❶ 在状态栏上右键单击，弹出一个快捷菜单，选中“缩放滑块”选项，即可将缩放滑块命令添加至状态栏中。

❷ **使用状态栏命令隐藏备注窗格。**单击状态栏上的“备注”按钮，可以将备注窗格隐藏，若想要显示备注窗格，只需再次单击“备注”按钮即可。

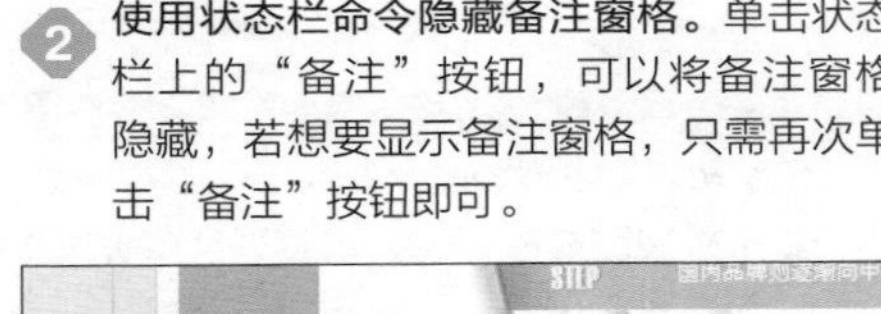

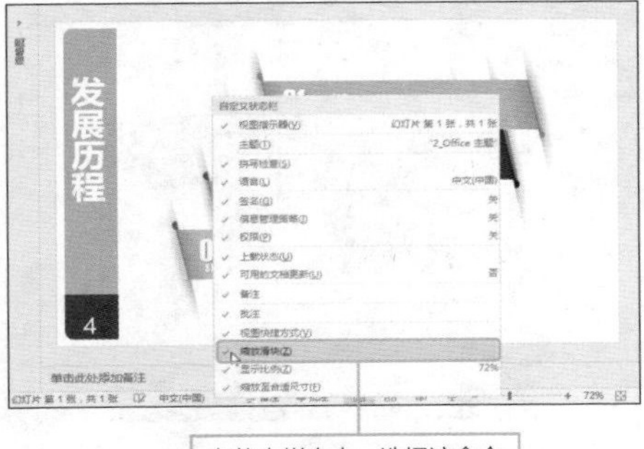

在状态栏右击，选择该命令

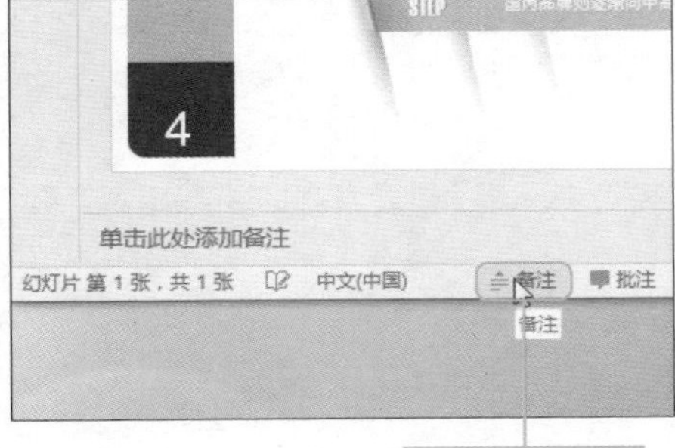

单击“备注”按钮

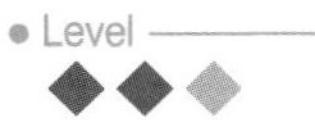

Question 010

不用鼠标也能操作PPT应用程序

Level ◆◆◆

2016 2010 2007

实例 通过键盘操作实施指令

制作演示文稿需要大量的指令，相信很多人对制作完成演示文稿后右肩膀酸疼都深有体会，这是因为我们实施指令时都依赖鼠标的缘故。其实用户也可以通过键盘来实行指令，下面将对其进行详细介绍。

1 打开演示文稿，在键盘上按下Alt键，快速访问工具栏以及选项卡标题下方都会显示英文字母。

2 根据提示的字母，在键盘上按下相应的键，将执行相应命令，例如按下G键，将打开“设计”选项卡。

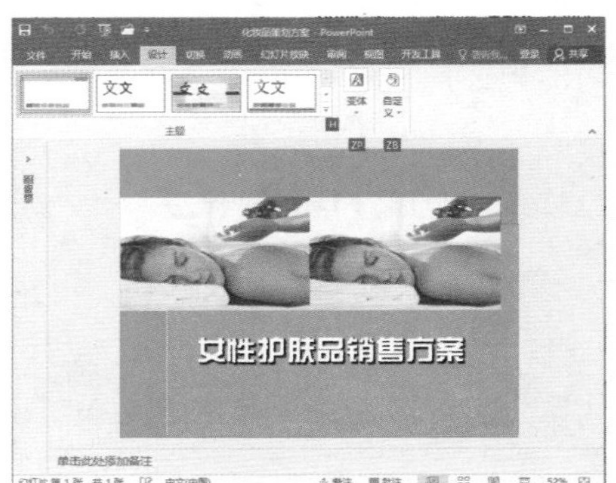

3 根据命令提示，在键盘上按下H键，打开主题列表。

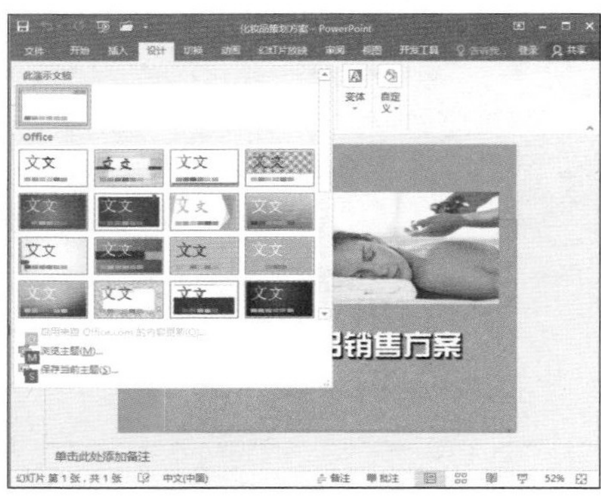

4 通过键盘上的上（↑）、下（↓）、左（←）、右（→）方向键选择主题即可。

Question

011 窗口界面配色方案巧变幻

语音视频教学011

Level ◆◆◆

2016 2013 2010

实例	更改演示文稿的窗口颜色

默认情况下，Office 程序的主题颜色为白色，如果用户对默认窗口配色方案不满意，可以将其更改为其他颜色。同样的，若想要还原为默认的配色方案，也很容易实现，下面对其进行介绍。

最初效果

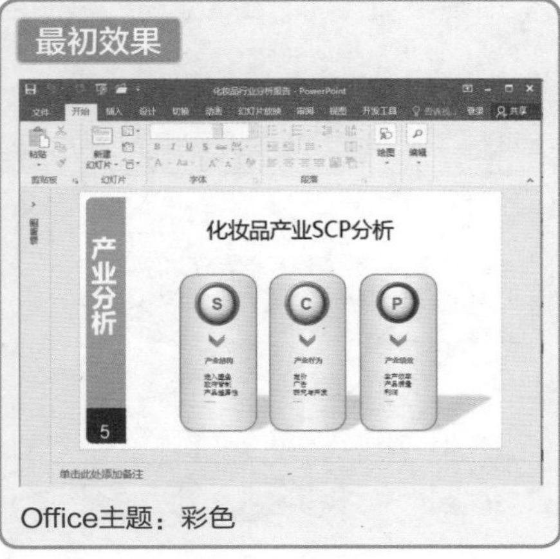

Office主题：彩色

最终效果

Office主题：白色

1 打开“文件”菜单，选择“选项”选项，将打开“PowerPoint 选项”对话框。

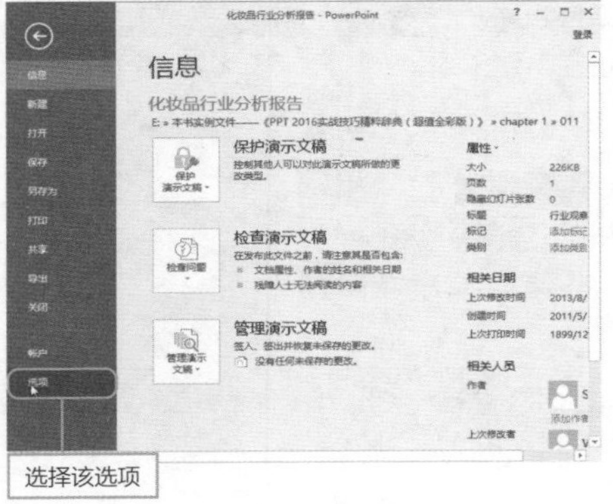

选择该选项

2 在默认的“常规”选项中，单击“Office 主题”右侧下拉按钮，从列表中选择“白色”，然后单击“确定”按钮即可。

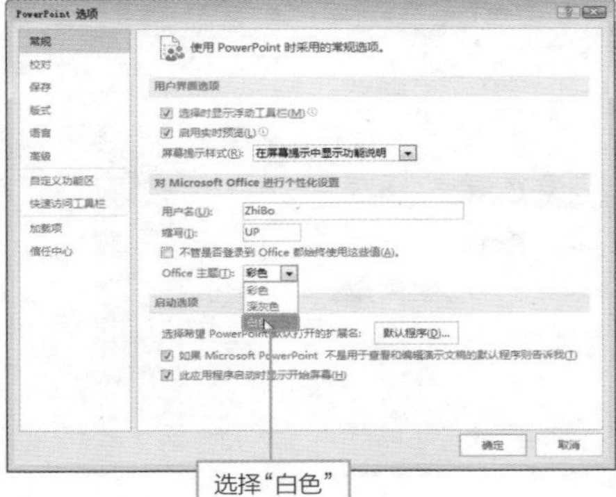

选择“白色”

Question

012 如何查看当前PowerPoint的版本

• Level ◆◆◆

2016 2010 2007

实例　查看版本信息

在使用 PowerPoint 时，若需要查看详细的版本信息以及产品 ID，该如何进行查看呢？本技巧将介绍查看详细版本信息以及产品 ID 的操作。

❶ 打开演示文稿，在菜单栏中选择“文件”选项。

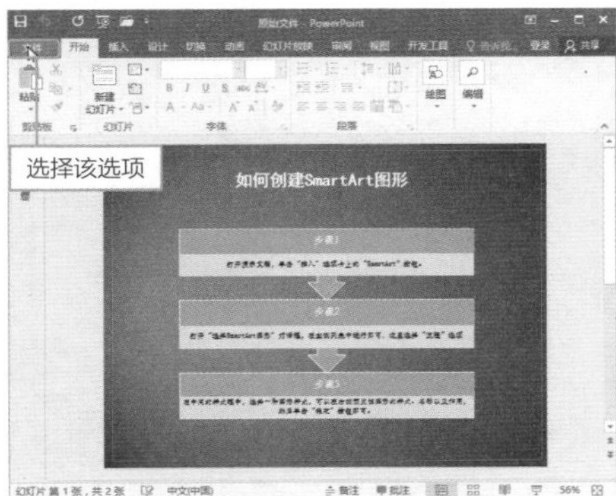

❷ 打开“文件”菜单，在左侧列表中选择“账户”选项。

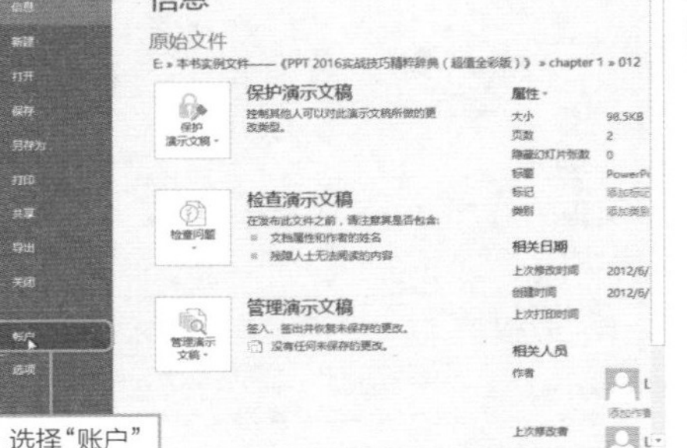

❸ 在右侧的“产品信息”选项下单击“关于PowerPoint”按钮。

❹ 在弹出的窗口中，可以看到关于PowerPoint产品的详细信息。

Question

013

默认保存格式的设置

语音视频教学013

● Level ◆◆◆

2016 2010 2007

实例 设置默认的保存格式

每次保存文件时，自动显示的保存格式为用户默认的保存格式。若默认文件格式与用户常用格式不一致，为了避免每次保存文件时需要更改文件保存格式，可以设置默认保存格式。

最初效果

设置默认保存格式前

最终效果

设置默认保存格式后

1 打开演示文稿，打开“文件”菜单，选择“选项”选项，将打开“PowerPoint 选项”对话框。

选择“选项”

2 选择“保存”选项，在“保存演示文稿”区域单击“将文件保存为此格式：”右侧的下拉按钮，从打开的列表中选择“PowerPoint 97-2003 演示文稿”选项。设置完成后，重新启动该程序即可应用该设置。

①选择“保存”

②单击

③选择该选项

Question

014

● Level

◆◆◆

2016 2010 2007

兼容模式用途广

实例　在PowerPoint 2016中使用兼容模式工作

兼容模式是 PowerPoint 2016 与早期版本之间的桥梁。通过兼容模式，可以将 PowerPoint 2016 制作的演示文稿保存为早期版本文件格式，从而方便低版本用户的访问。

1 用PowerPoint 2016打开早期版本的幻灯片，将自动运行在兼容模式，在标题栏文件名旁边的方括号内显示“兼容模式”。

2 执行“文件>信息”命令，单击“检查问题”按钮，从下拉列表中选择“检查兼容性”选项。

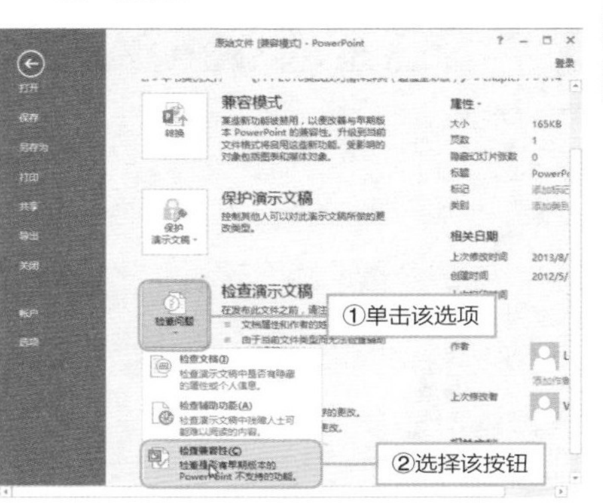

3 弹出“兼容性检查器”对话框，勾选“保存为PowerPoint 97-2003格式时检查兼容性”复选框，并单击“确定”按钮。

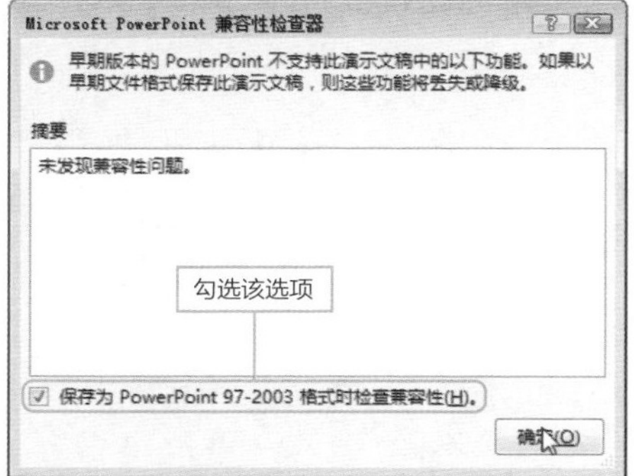

4 之后，每次将新版本文件保存为97-2003格式文件时，都会出现“兼容性检查器”对话框，询问用户是否继续保存操作。

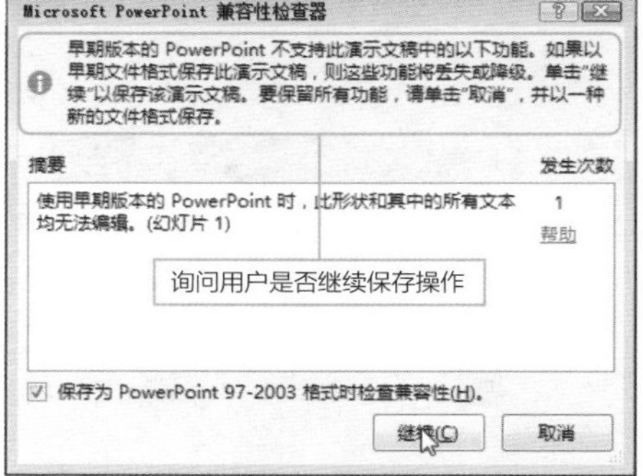

Question

015 轻松设置撤销次数

语音视频教学015

• Level ◆◆◆

2016 2010 2007

实例 撤销次数的设置

在对幻灯片进行操作时，用户若发现之前操作有误，可通过撤销操作还原之前的设计效果。若默认的撤销次数不能满足用户需求，可对其进行更改，具体操作方法介绍如下。

1 打开演示文稿，默认情况下，可以撤销前6次的动作。执行“文件>选项”命令，打开“PowerPoint 选项”对话框。

2 切换至“高级”选项，在“编辑选项”选区中，通过“最多可取消操作数：”选项右侧的数值框设置撤销次数。

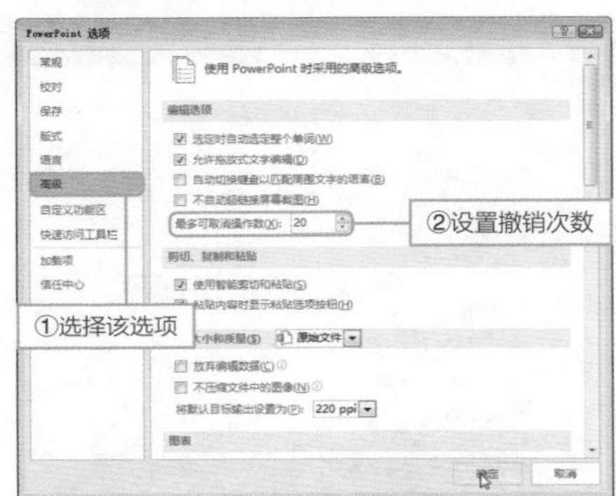

3 设置完成后单击“确定”按钮，返回操作界面，然后单击“撤销”按钮右侧的下拉按钮，可以看到总共操作了20步。

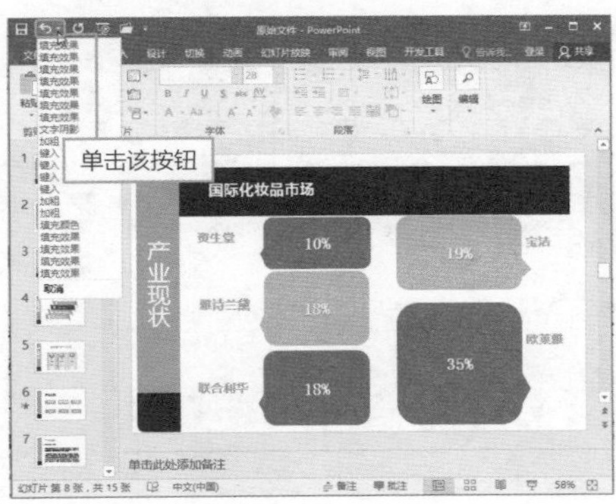

4 选择撤销前20次操作，可返回至最初操作界面。

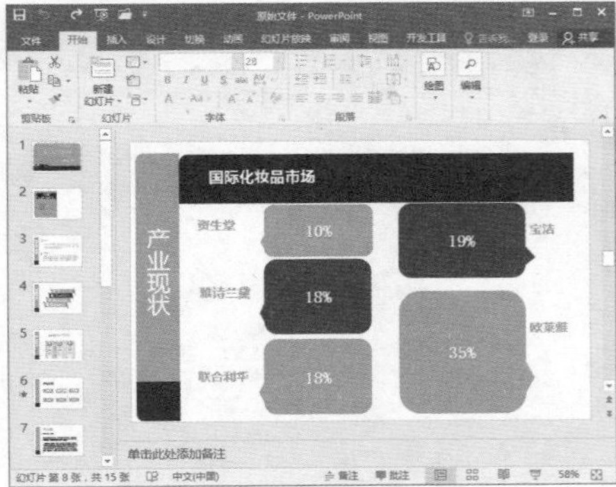

Question
016
指定最近使用的文档数量也不难

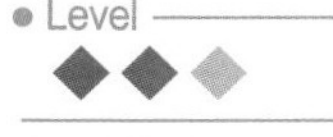

Level
2016 2010 2007

实例 更改显示最近使用的演示文稿的数目

PowerPoint 程序可以自动记录最近使用过的演示文稿，利用该功能用户可以轻松查找最近使用的演示文稿，如果用户觉得默认的最近使用文档数过多或者过少，该如何修改呢？下面将对其进行介绍。

1 打开“文件”菜单，选择“选项”选项，将打开“PowerPoint 选项”对话框。

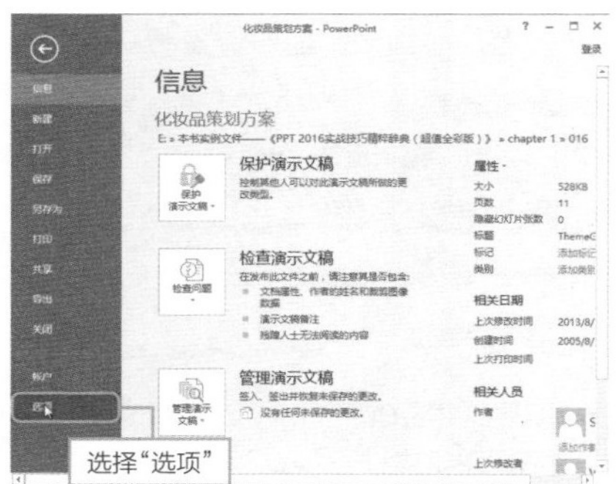

2 选择“高级”选项，通过“显示”区下的“显示此数量的最近的演示文稿”选项右侧数值框设置文档数目。

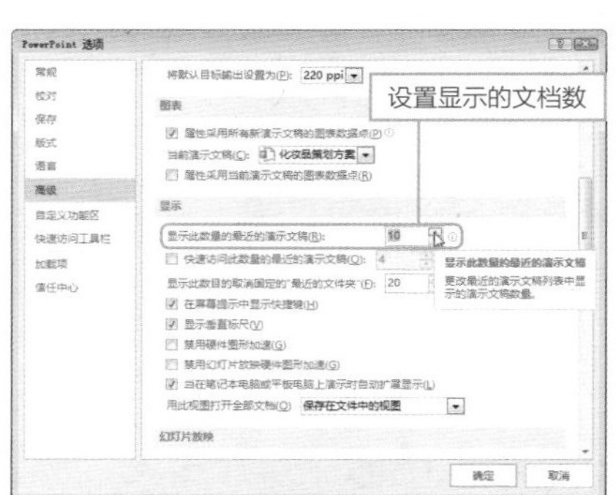

3 单击“确定”按钮，关闭对话框。执行“文件>打开>最近”命令，可在右侧看到最近使用的演示文稿。

Hint

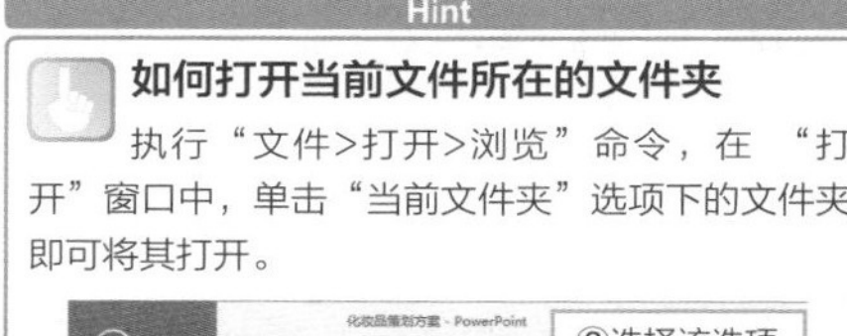

如何打开当前文件所在的文件夹

执行“文件>打开>浏览”命令，在“打开”窗口中，单击“当前文件夹”选项下的文件夹即可将其打开。

Question

017 快速指定打开演示文稿的视图模式

• Level ◆◆◆

2016 2010 2007

实例 设置默认视图模式

默认情况下，打开演示文稿时的视图模式为上一次保存在文件中的视图模式，若用户希望演示文稿每次打开时都以指定的视图模式打开，该如何设置呢？本技巧将对其进行介绍。

最初效果

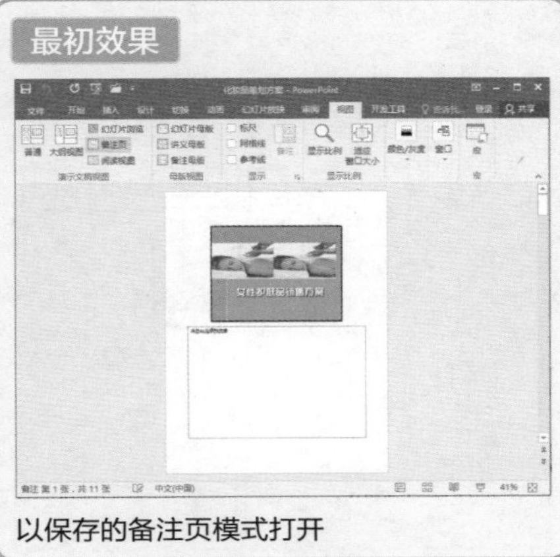

以保存的备注页模式打开

最终效果

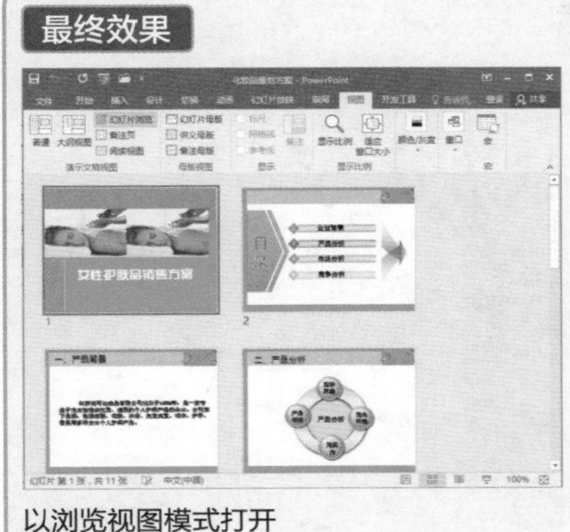

以浏览视图模式打开

❶ 打开“文件”菜单，选择“选项”选项，将打开“PowerPoint 选项”对话框。

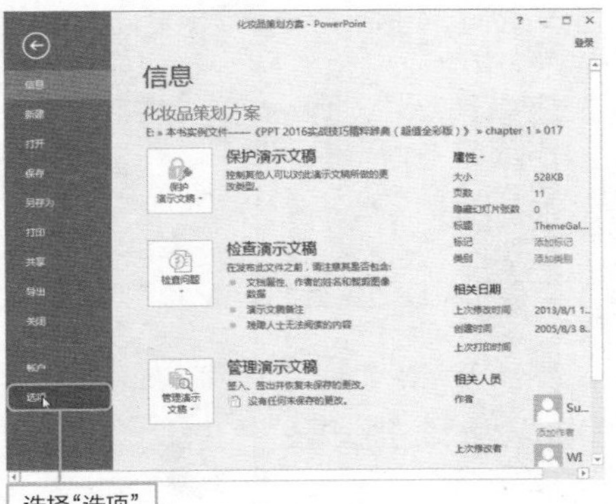

❷ 选择“高级”选项，单击“显示”选项下“用此视图打开全部文档”下拉按钮，从中选择“幻灯片浏览”选项并确认即可。

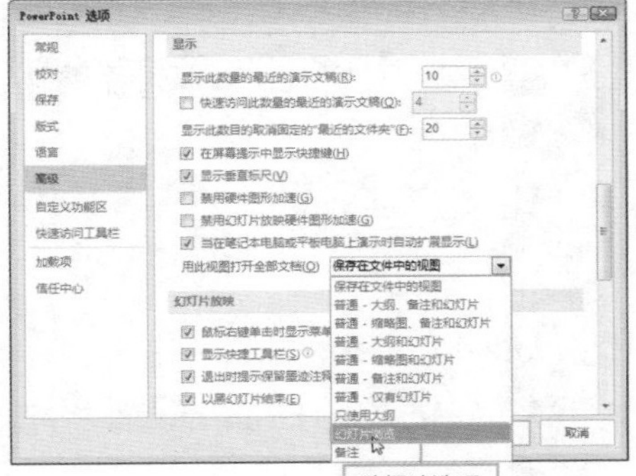

Question

018 视图方式由我定

语音视频教学018

Level ◆◆◆

2016 2010 2007

实例 视图方式的选择

为了满足不同用户的需求，PowerPoint 2016 提供了多种视图模式，单击功能区中对应的视图方式按钮，即可切换到相应的视图模式。

① **普通视图。**该视图方式是演示文稿默认的视图方式，用户可执行添加与删除幻灯片、修改幻灯片的样式、更改幻灯片内容、为幻灯片添加形状或图表等操作。

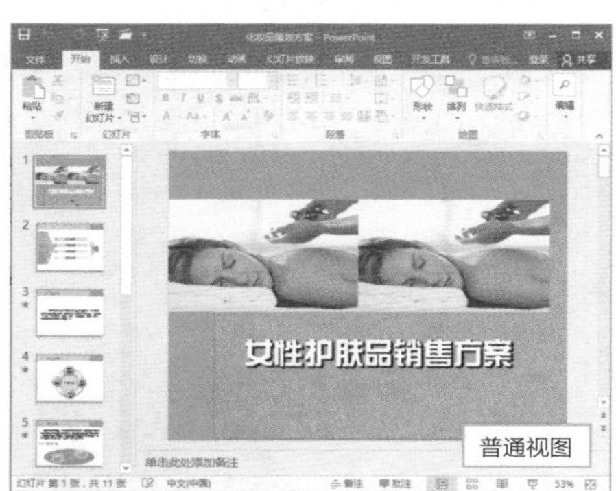

普通视图

② **幻灯片浏览视图。**可以同时看到多幅幻灯片缩略图，还可以添加、删除、移动幻灯片，但是不能对幻灯片中的内容进行修改。

幻灯片浏览视图

③ **备注页视图。**可以键入要应用于当前幻灯片的备注，编辑备注页的打印外观。

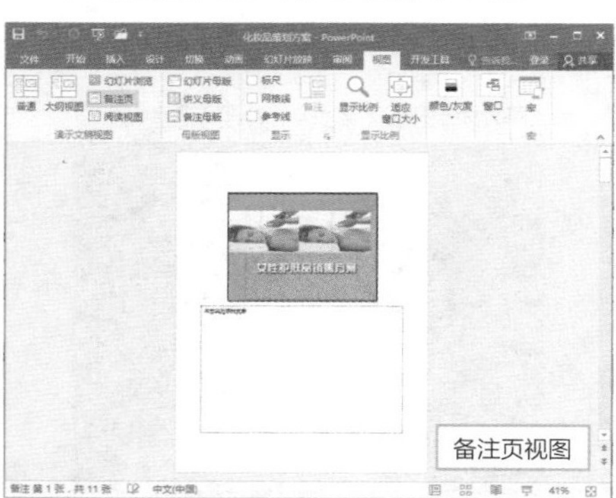
备注页视图

④ **阅读视图。**可以将演示文稿作为适应窗口大小放映查看。

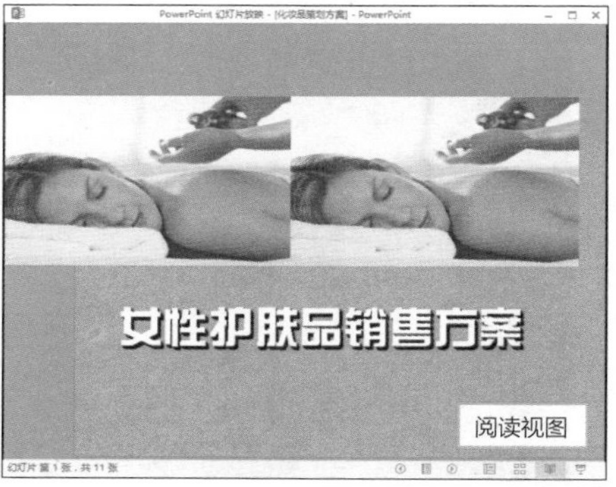

阅读视图

Question 019

轻松创建空白演示文稿

语音视频教学019

Level ◆◆◆

2016 2010 2007

实例 创建演示文稿

在对演示文稿进行操作时，首先需要创建一个演示文稿，包括创建空白演示文稿、根据模板创建演示文稿、根据现有演示文稿创建演示文稿，下面来介绍创建空白演示文稿是如何进行操作的。

❶ **通过右键快捷菜单进行创建。**在桌面上右键单击，从弹出的快捷菜单中选择“新建”命令，然后从级联菜单中选择“Microsoft PowerPoint 演示文稿”命令即可。

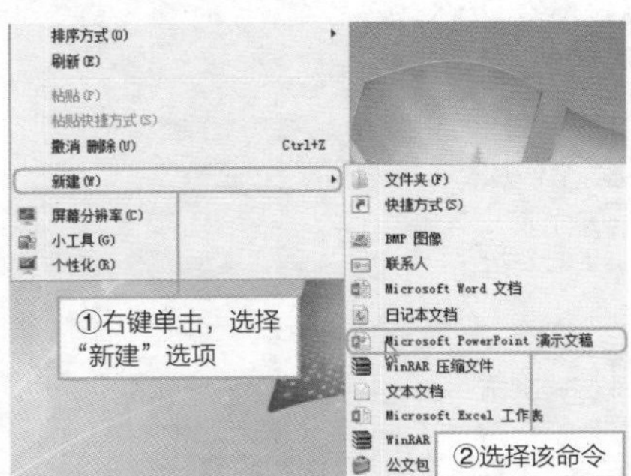

❷ **通过快速访问工具栏创建。**打开演示文稿，单击快速访问工具栏中的“新建”按钮即可。

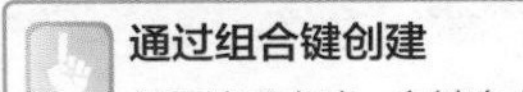

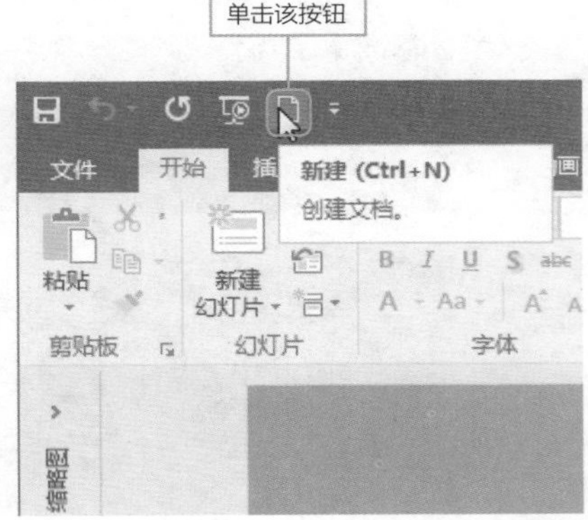

❸ **通过“文件”命令创建。**执行“文件>新建”命令，然后在右侧列表选择“空白演示文稿”，最后单击“确定”按钮即可。

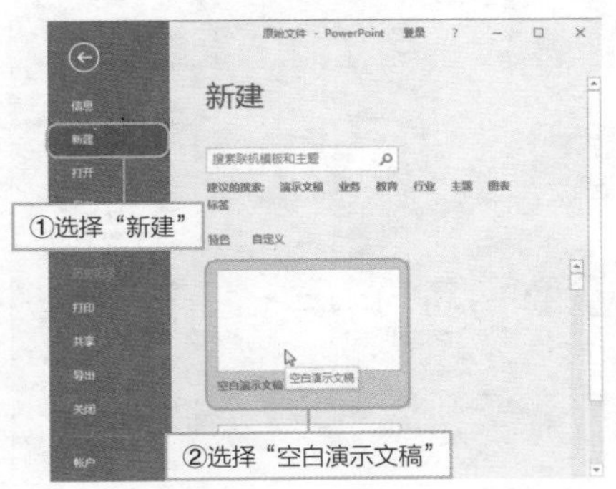

Hint

通过组合键创建

打开演示文稿，在键盘上按下Ctrl+N组合键即可。

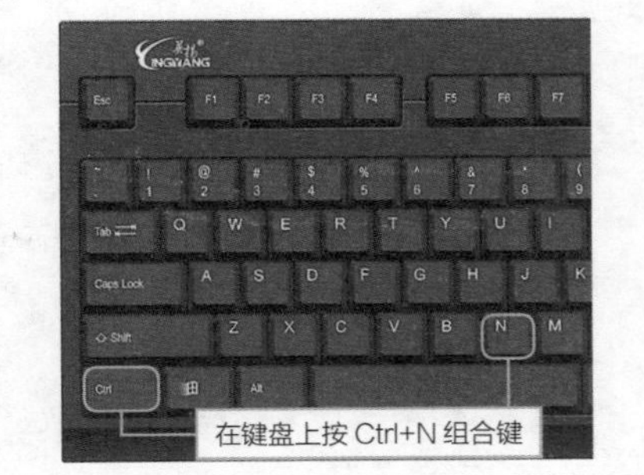

Question

020 利用主题也能制作演示文稿

语音视频教学020

实例	新建包含主题的演示文稿

● Level ◆◆◇

2016 2010 2007

在制作演示文稿时，用户还可以直接制作一个包含主题的演示文稿，这样就无需创建演示文稿后再进应用主题了，本技巧对其进行介绍。

1 打开“文件”菜单，在左侧区域选择“新建”命令。

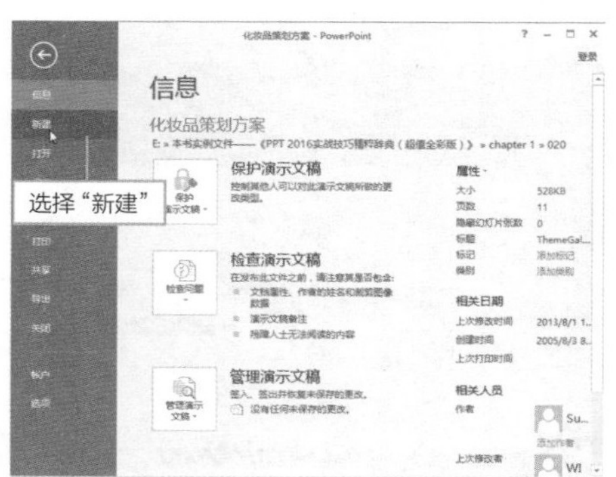

2 切换到“新建”选项卡，在右侧列表中选择“积分”主题。

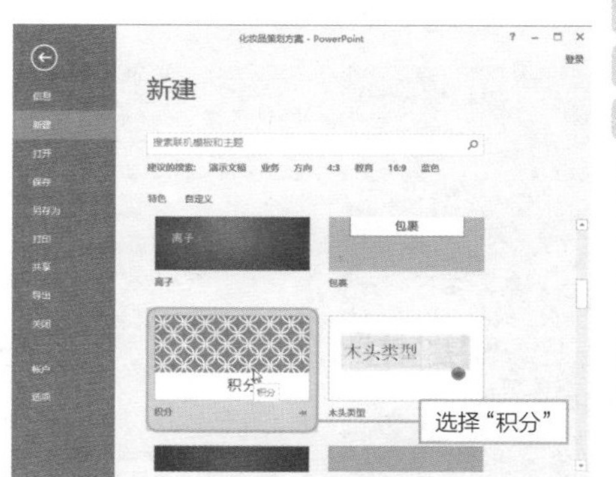

3 在弹出的窗口中选择合适的主题变体，然后单击“创建”按钮。

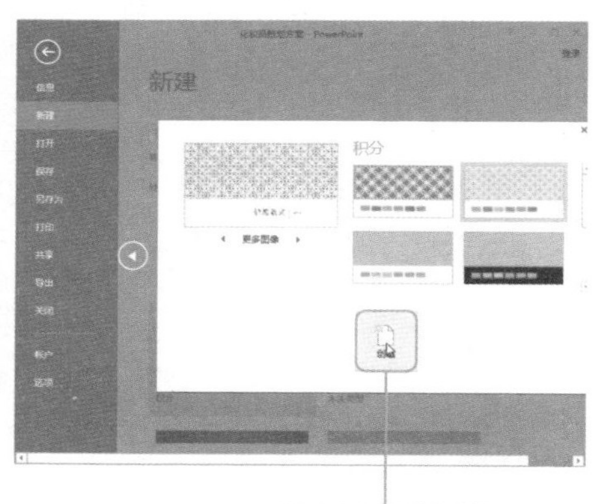

4 即可新建一个包含主题的演示文稿，根据需要输入文本信息即可。

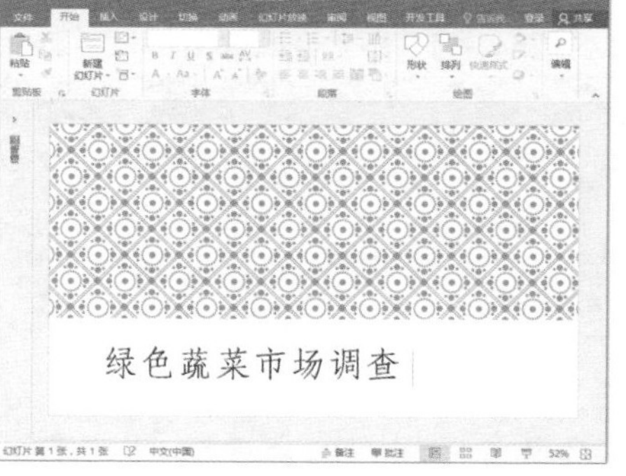

Question

021 根据模板轻松创建演示文稿

语音视频教学021

实例 应用模板创建演示文稿

● Level ◆◆◆

2016 2010 2007

模板是具有一定文字内容、提示内容或设计版式等的文件，对于不太了解演示文稿结构的用户来说，根据模板创建演示文稿，可以让用户无需从空白页开始，大大地节约用户时间。

1 启动PowerPoint 2016程序，将会在Win8 Metro界面看到内置的模板列表，这里选择“积分”模板。

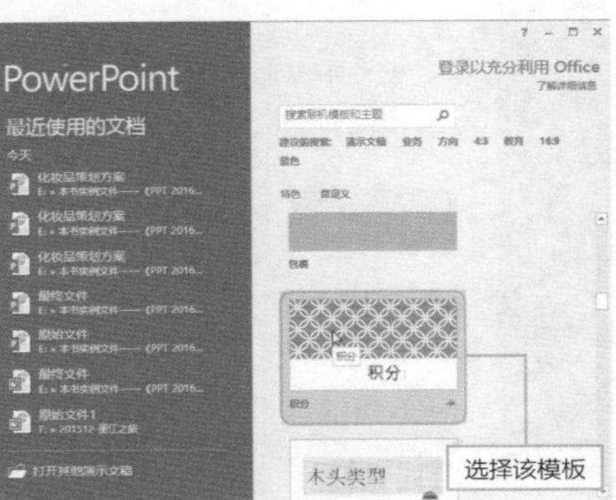

2 在弹出的窗口右侧，将会出现几种不同的颜色方案，选择一种合适的颜色方案，单击“创建”按钮。

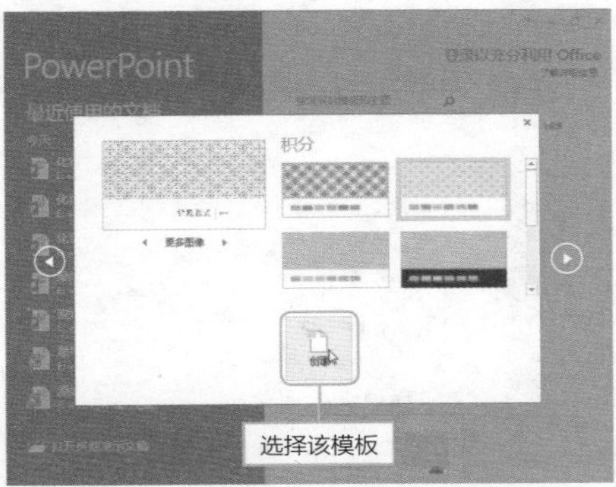

3 随后便可创建一个包含主题的演示文稿，从中根据需要输入合适的文本信息，插入图片、图形等。

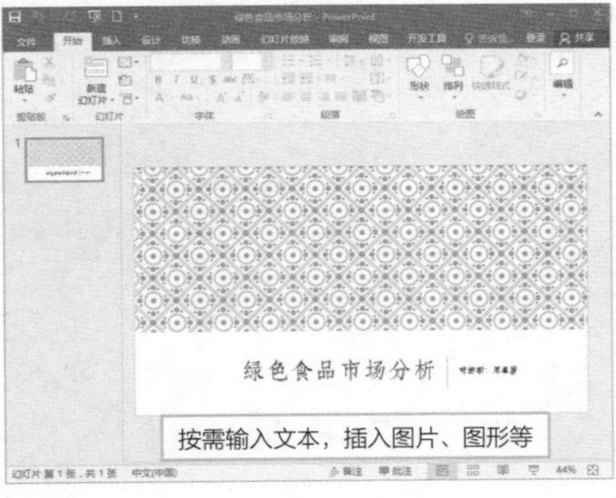

Hint

如何根据联机模板创建演示文稿

在“搜索联机模板和主题”搜索框中输入关键字/词，单击“搜索”按钮进行搜索，然后在搜索列表中选择合适的模板创建即可。

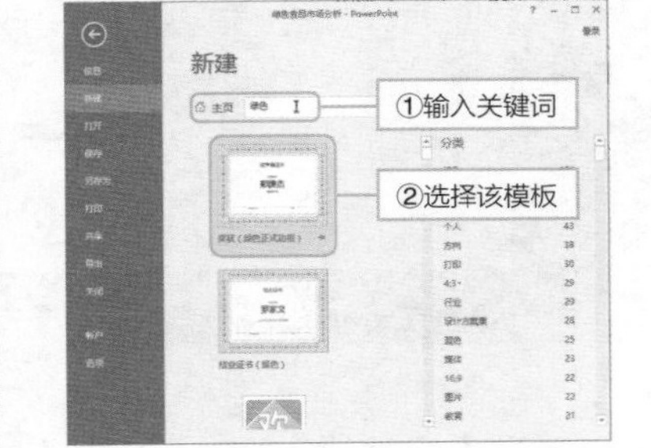

022 使用Word文件快速制作演示文稿

Level ◆◆◆

2016 2010 2007

实例 利用Word文件快速制作演示文稿

在制作演示文稿时，若需要用到 Word 文件中的文字信息，可以直接利用已有的 Word 文件来制作演示文稿，这样可以省去用户逐一录入文字操作，节省大量时间。

1 打开演示文稿，打开“文件”菜单，选择“打开>浏览”命令。

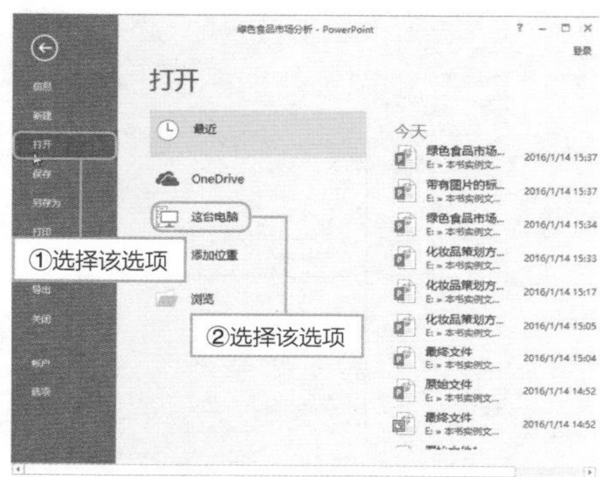

2 打开“打开”对话框，单击右下角的“文件类型”按钮，从展开的列表中选择“所有文件”选项。

3 将显示出该文件夹内的Word文件，选中该文件，单击“打开”按钮。

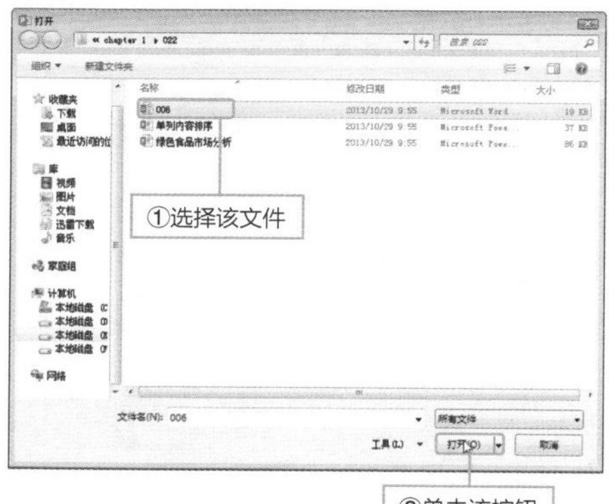

4 即可将刚刚选中的Word文件转换为演示文稿。

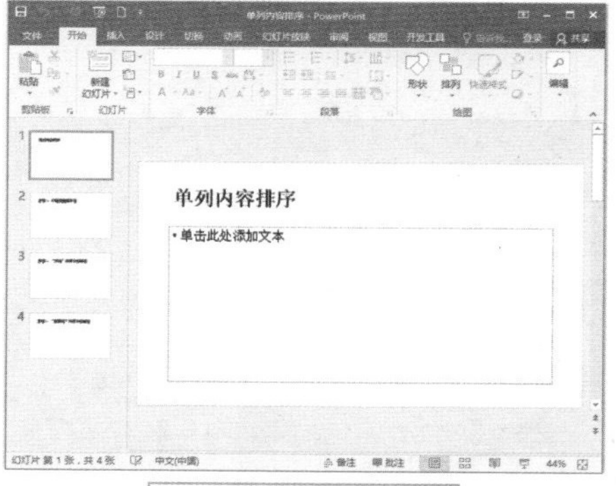

Word 文件转换为演示文稿

Question

023 多种方式打开演示文稿

语音视频教学023

Level ◆◆◆

2016 2010 2007

实例 以不同方式打开演示文稿

如果需要查看已有的演示文稿或对其进行修改，首先需要打开演示文稿。有多种方式可以打开演示文稿，用户可根据需要选择不同的方式进行打开，下面介绍几种常用的打开方式。

1 **打开最近访问的演示文稿。**执行“文件>打开>最近使用的演示文稿”命令，在右侧列表中，单击需打开的演示文稿图标即可。

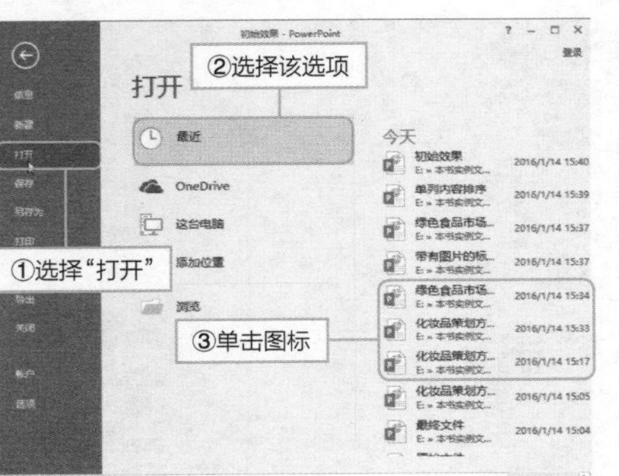

2 **双击打开演示文稿。**在“桌面”、“资源管理器”或“我的电脑”中找到需要的文档，双击即可打开该演示文稿。

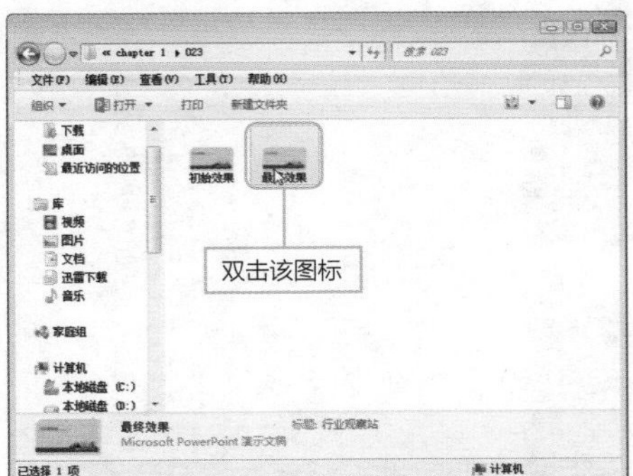

3 **通过对话框打开演示文稿。**执行“文件>打开>浏览”命令，在弹出的对话框中，选中需要打开的演示文稿，然后单击“打开”按钮即可。

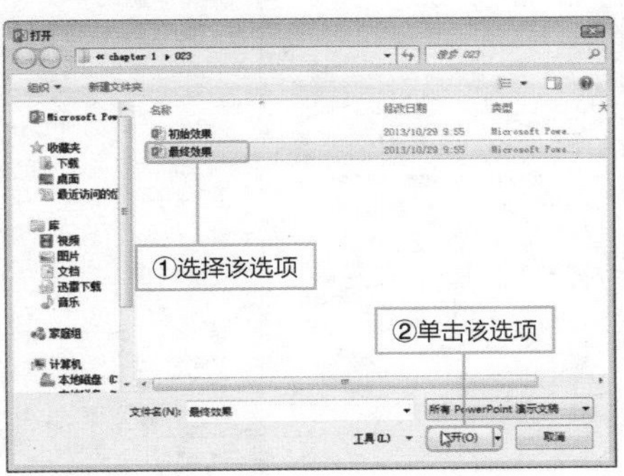

Hint

以其他形式打开演示文稿

在“打开”对话框中，选择文档后，单击“打开”右侧下拉按钮，从列表中根据需要选择打开文稿的形式。

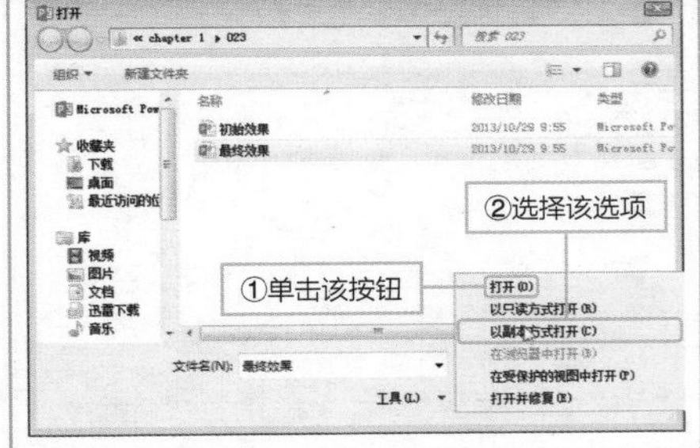

Question

024 同时打开多个PowerPoint文件

语音视频教学024

● Level ◆◆◇

2016 2010 2007

实例 一次性打开多个演示文稿

若在演讲过程中需要用到多个演示文稿，首先想到的可能是逐一进行打开，其实用户还可以采用一次性打开多个文件的方法，本技巧将介绍打开多个文件的操作是如何实现的。

1 打开“文件”菜单，选择“打开>浏览”选项。

2 在“打开”对话框中，按住Ctrl键不放选取多个文件，单击“打开”按钮。

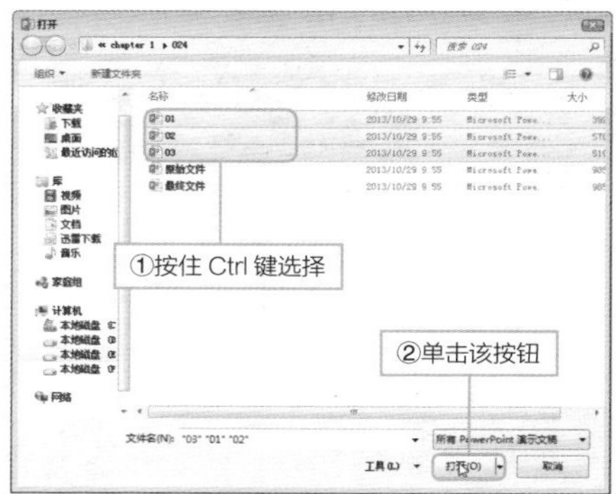

3 即可一次性打开多个演示文稿。

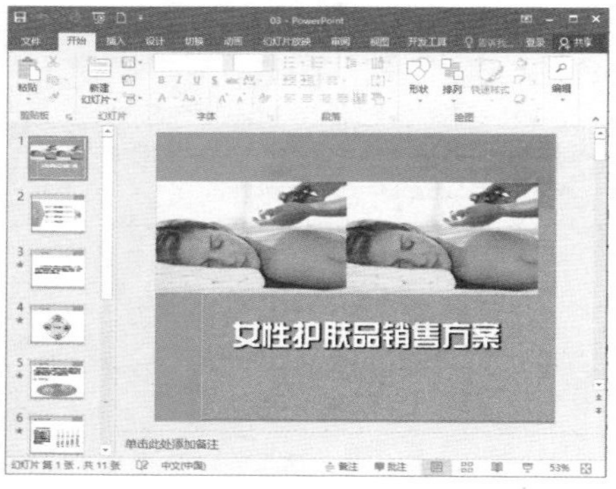

Hint

右键菜单法打开多个演示文稿

选中多个文档后，右键单击，从快捷菜单中选择“打开”命令，即可打开多个文件。

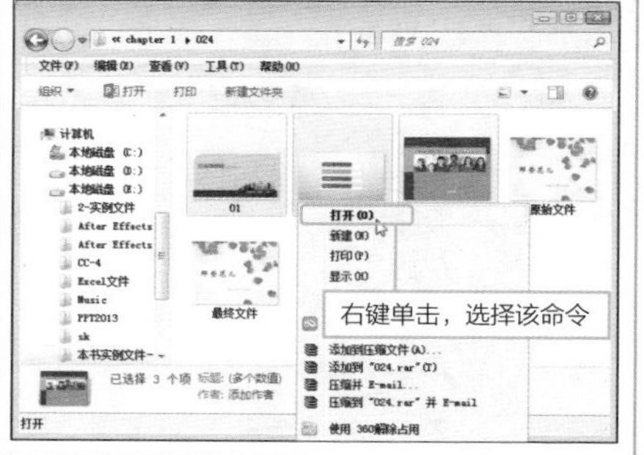

Question

025 保存演示文稿很重要

语音视频教学025

实例	演示文稿的保存

● Level ◆◆◆

2016 2010 2007

保存文稿就是将其保存在电脑相应的磁盘中。在制作演示文稿时，需要养成及时保存演示文稿的好习惯，以避免因断电、死机或操作不当引起的文件丢失或关闭。

1 新建一个演示文稿并且编辑完成后，单击快速访问工具栏中的“保存”按钮（），或执行“文件>保存”命令。

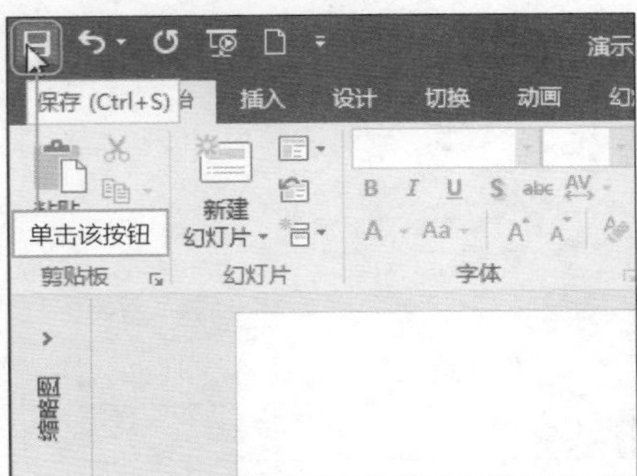

2 随后将默认选择“另存为”选项下的“这台电脑”选项，接着单击“浏览”按钮。

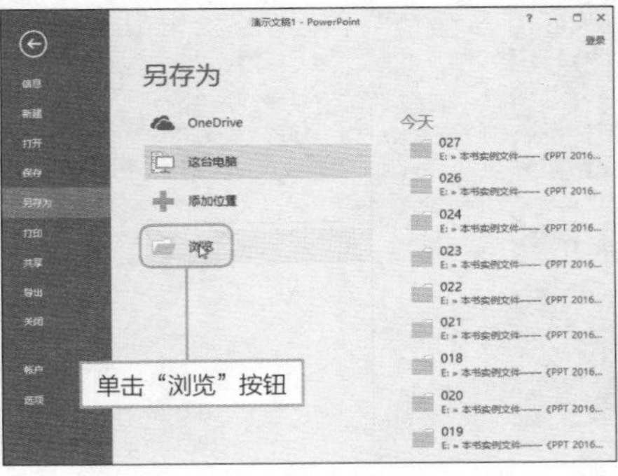

3 弹出“另存为”对话框，从中设置演示文稿的保存路径、文件名及保存类型，然后单击“保存”按钮即可。

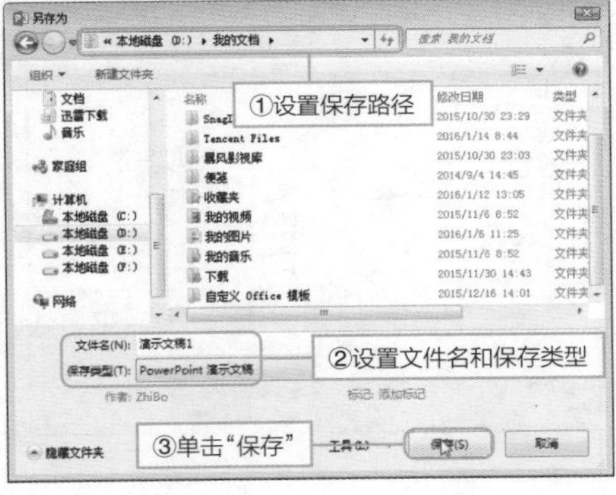

Hint

如何快速保存已经保存过的演示文稿

对于已经保存过的演示文稿，对其修改完毕后，再次进行保存时，只需在键盘上按下Ctrl+S组合键即可。

若需要将当前演示文稿保存到其他位置，或者以其他类型或文件名进行保存，只需执行“文件>另存为”命令，然后进行保存即可。

Question

026

● Level

2016 2013 2010

将演示文稿另存为模板

语音视频
教学026

实例　将演示文稿以模板形式保存

在工作过程中，经常需要使用同种类型的演示文稿，若每次都从空白模板开始，会浪费太多精力和时间。用户可以将设计好的演示文稿以模板形式保存，当再次使用时，只需对原来的模板作出适当的修改即可。

1 打开演示文稿，执行“文件>另存为”命令，选择“计算机”选项，然后选择当前文件夹。

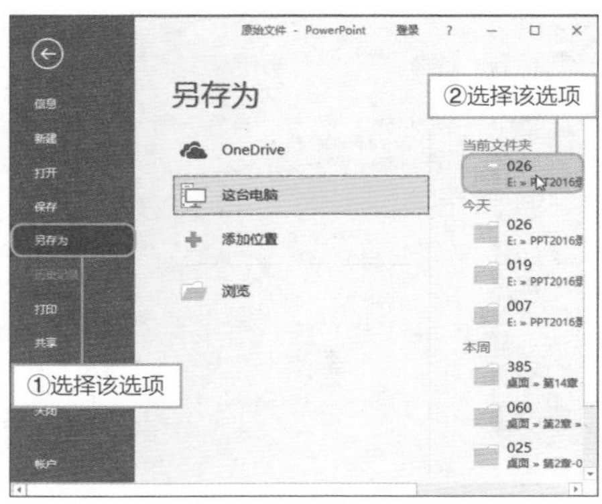

2 打开“另存为”对话框，输入文件名，且设置保存类型为“PowerPoint 模板”，最后单击“保存”按钮。

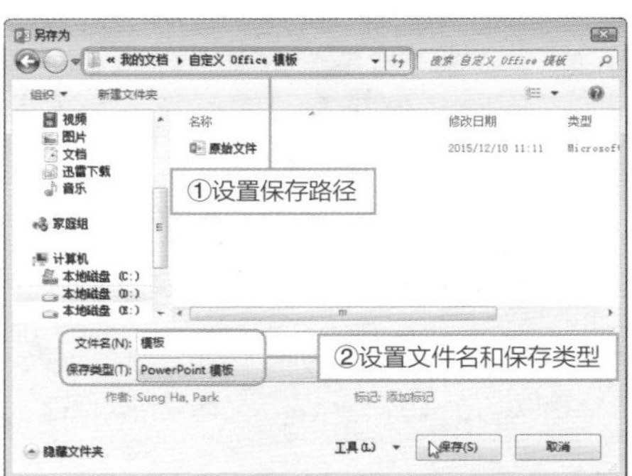

3 执行“文件>新建”命令，在“自定义”选项卡中选择“自定义Office 模板”。

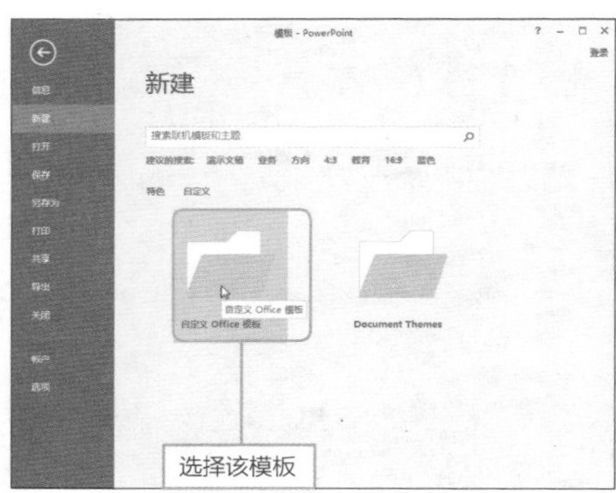

4 在打开的模板列表中，可以看到模板已经存在。

Question

027 旧版本演示文稿巧变身为新版本

语音视频教学027

实例 将低版本格式保存的演示文稿转化为2016格式

Level

2016 2010 2007

如果我们手头的演示文稿模板是以旧版本制作而成的，直接拿来进行创作演示文稿的话，新版本中的好多功能将会受到限制，这时，可以先将其另存为 PowerPoint 2016 的格式再进行制作即可。

最终效果

文档以“PowerPoint演示文稿”格式保存

❶ 打开“文件”菜单，选择“另存为”命令。

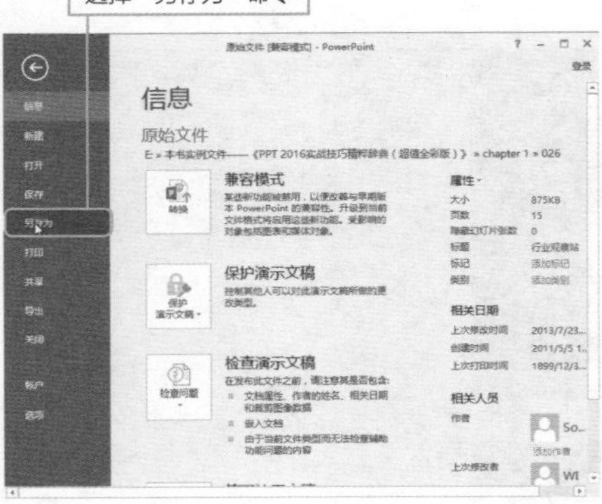

❷ 选择列表中的“这台电脑”选项，然后单击“浏览”按钮，将打开“另存为”对话框。

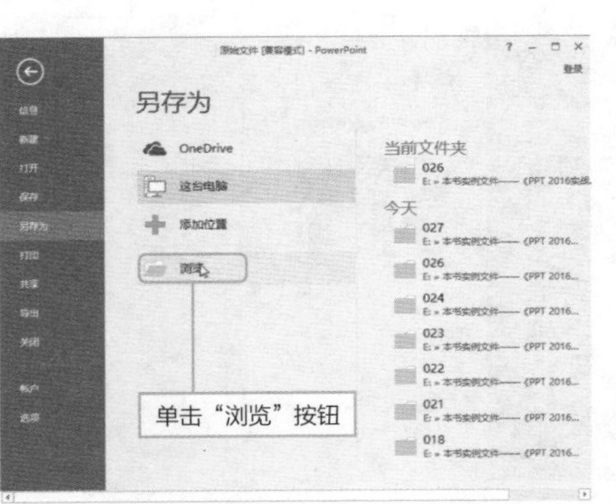

❸ 选择保存路径，单击“保存类型”右侧下拉按钮，从列表中选择“PowerPoint演示文稿”选项，单击“保存”按钮即可。

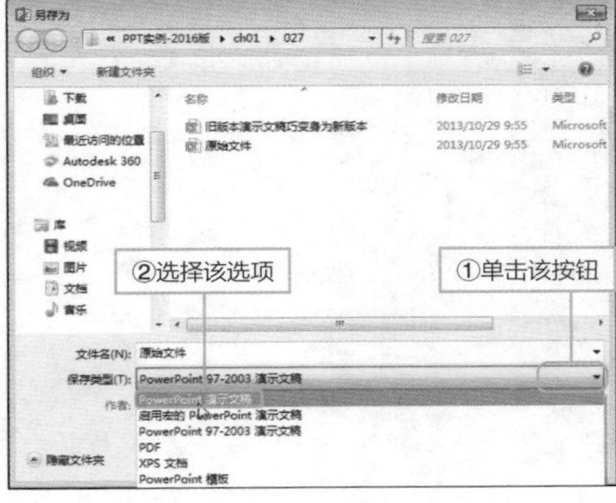

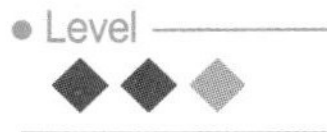

028 将幻灯片以图片形式保存

Level ◆◆◇

2016 2010 2007

实例　将幻灯片保存为图形文件

在 PowerPoint 2016 中，用户可以根据不同的需要将演示文稿以其他形式进行保存，包括 BMP、JPG、TIFF、PNG、GIF 等格式的图形文件。

1. 打开演示文稿，在菜单栏选择“文件”选项，打开“文件”菜单，选择“导出”选项。

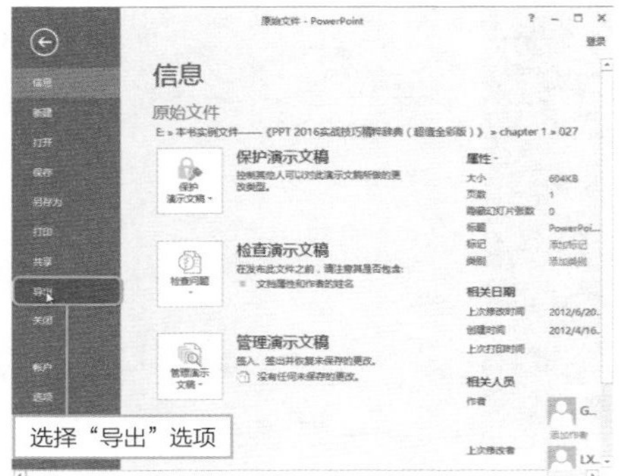

2. 选择“更改文件类型”选项，从弹出的列表中选择“PNG可移植网络图形格式（*.png）”选项，单击“另存为”按钮。

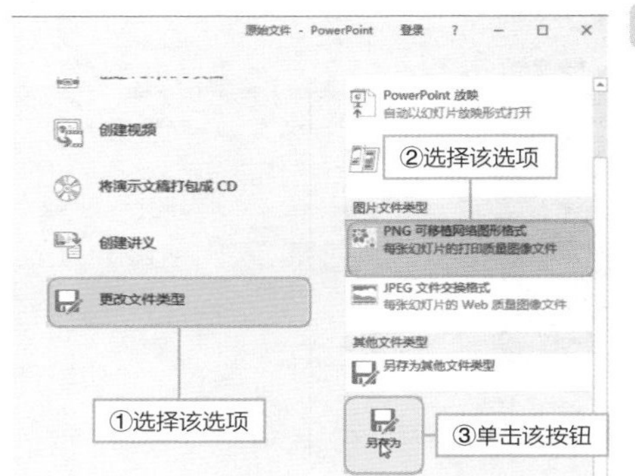

3. 弹出“另存为”对话框，设置保存路径和文件名，单击“保存”按钮。

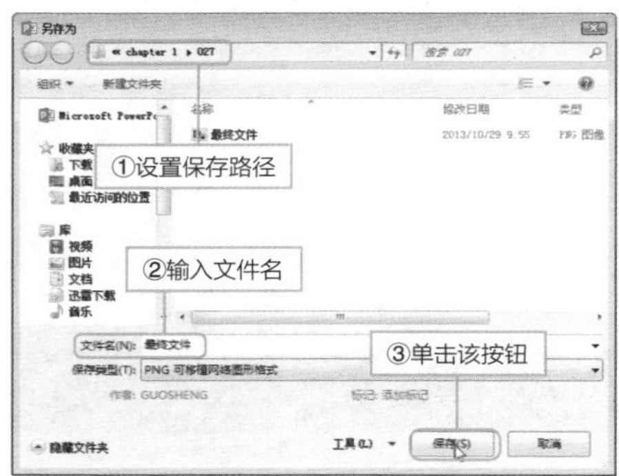

4. 弹出提示对话框，单击“仅当前幻灯片”按钮即可。

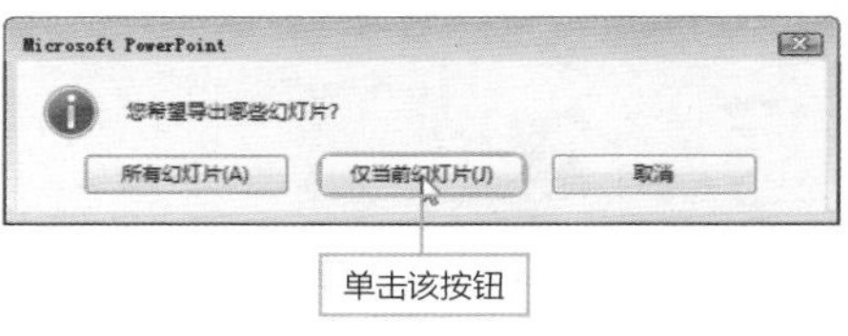

Hint

其他方式将幻灯片保存为图形文件

执行“文件>另存为”命令，在“另存为”对话框中，设置保存路径和文件名，设置保存类型为PNG可移植网络图形格式（*.png）。

Question

029

演示文稿转化为视频很简单

• Level ◆◆◆

2016 2010 2007

实例 将演示文稿保存为视频

为了防止他人随意修改您的演示文稿，可以将其以视频的形式保存，这可以更加方便地展示给他人观看，并且可以在电脑、电视、平板电脑等媒体上进行播放，下面对其进行介绍。

1 打开演示文稿，单击“文件”菜单按钮，打开“文件”菜单，选择“导出”命令。

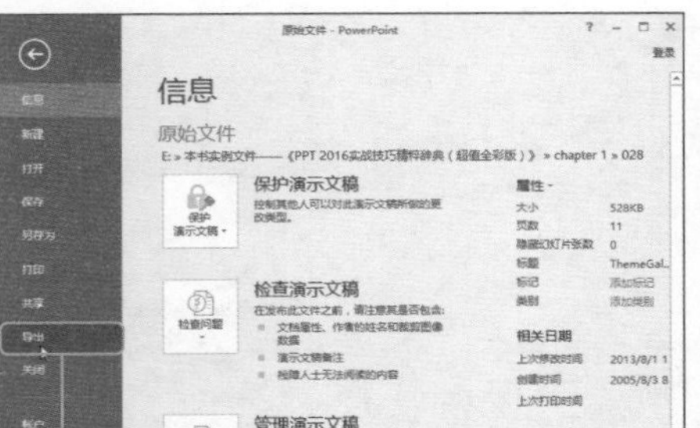

2 选择“创建视频”选项，在“放映每张幻灯片的秒数”右侧的数值框中输入时间，单击“创建视频”按钮。

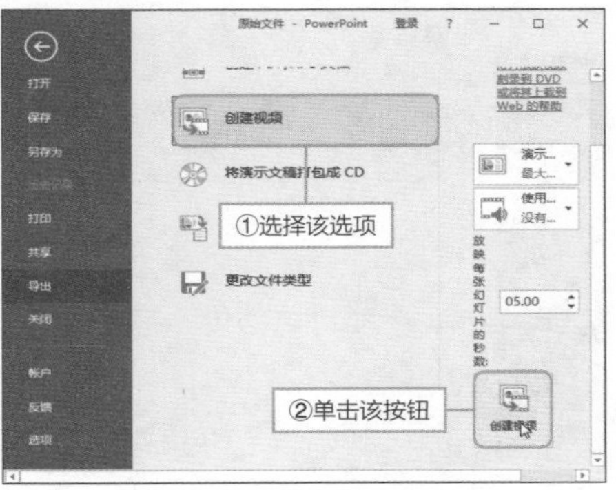

3 打开“另存为”对话框，设置保存路径并输入文件名，单击“保存”按钮。

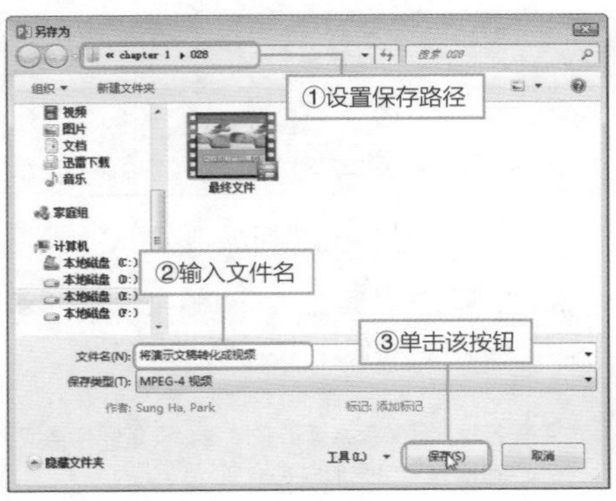

4 找到保存的视频文件并双击，即可查看视频文件的内容。

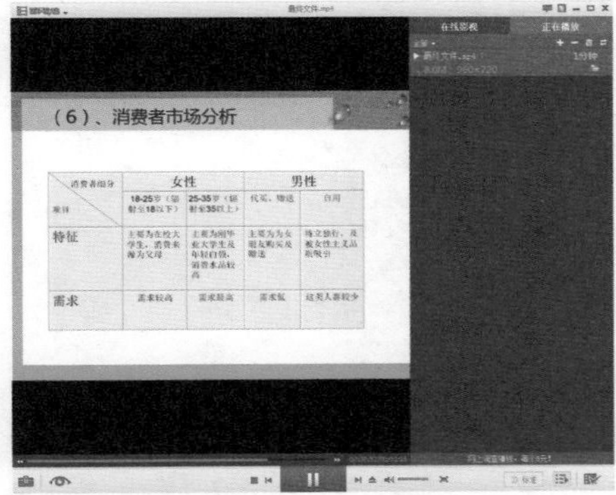

Question 030

将演示文稿保存在Web上

Level ◆◆◆

2016 2010 2007

实例 将演示文稿保存在OneDrive上

如果用户想随时随地都可以打开演示文稿进行编辑，可以将当前演示文稿保存在 OneDrive 上，这样就可以在网络连接的情况下，通过账号登录到 OneDrive 上对演示文稿轻松进行编辑。

1 打开“文件”菜单，然后选择“另存为”命令。

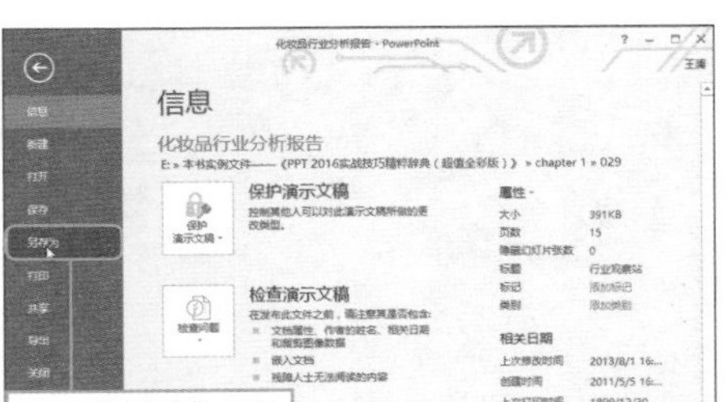

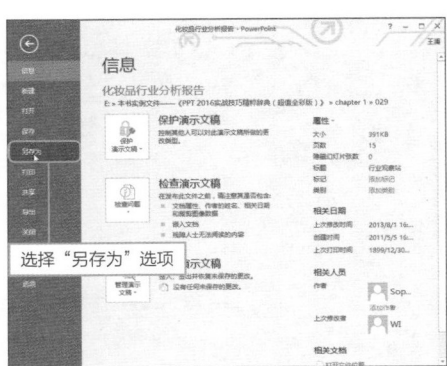

2 选择“OneDrive”选项，然后单击“个人”按钮。

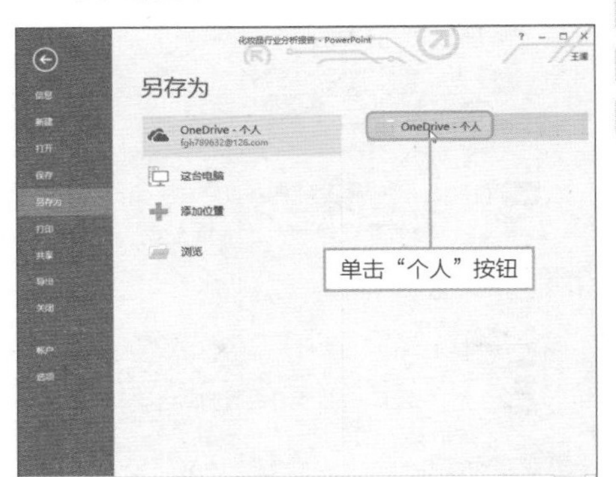

3 打开“另存为”对话框，选择OneDrive上的合适位置输入文件名进行保存即可。

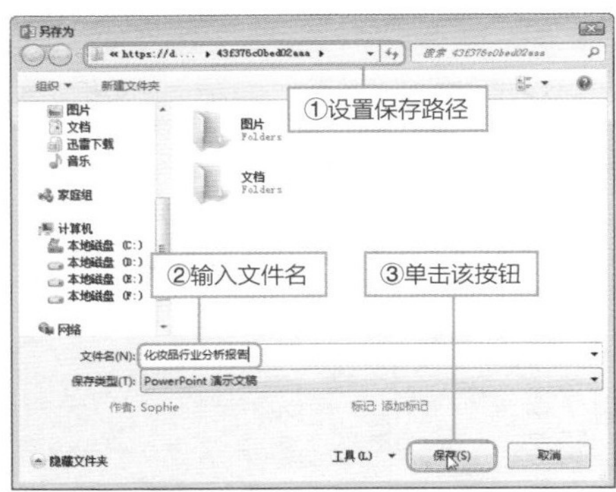

Hint

用户未登录OneDrive怎么办?

如果用户未登录到OneDrive，则执行“文件>另存为>OneDrive”命令后，在其右侧会出现一个“登录”按钮，单击该按钮，打开“登录”对话框，输入Windows Live ID和密码，即可登录到OneDrive上。

Hint

什么是Windows Live ID?

Windows Live ID是一个由微软开发与提供的“统一登入”服务，允许使用者使用一个账号登入许多网站。原来的定位为所有网络商的单一登入服务。

Question

031 移动/复制演示文稿 So easy

语音视频教学031

● Level ◆◆◆

2016 2010 2007

实例	演示文稿的移动和复制

在制作演示文稿过程中，经常需要复制或移动演示文稿，其操作该如何快速实现呢？本技巧将对其进行介绍。

❶ 打开演示文稿所在文件夹，选择需要复制/移动的演示文稿，按Ctrl+C或Ctrl+X组合键将其复制或剪切。

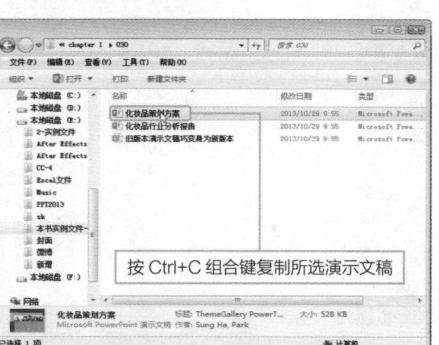

按 Ctrl+C 组合键复制所选演示文稿

❷ 选择合适的文件夹，按Ctrl+V组合键粘贴演示文稿，即可完成复制/移动操作。

❸ 选中需要复制的演示文稿，按住鼠标左键，同时按住Ctrl键，然后将其拖至合适位置即可复制该演示文稿。如果在拖动演示文稿时没有按住Ctrl键，则可移动演示文稿。

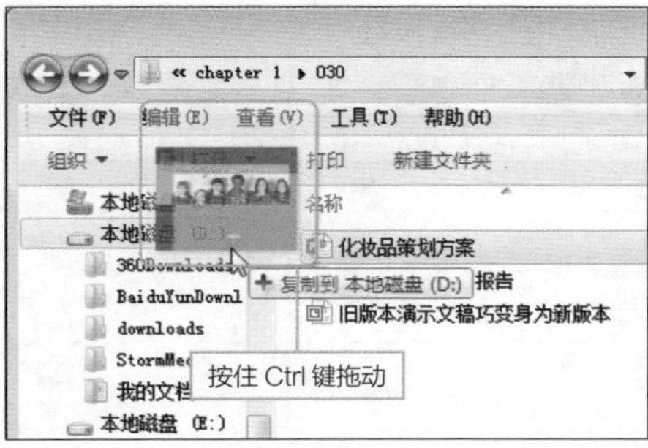

Hint

如何删除演示文稿？

选择需要删除的演示文稿，右键单击，从弹出的快捷菜单中选择“删除”命令，可删除所选演示文稿。

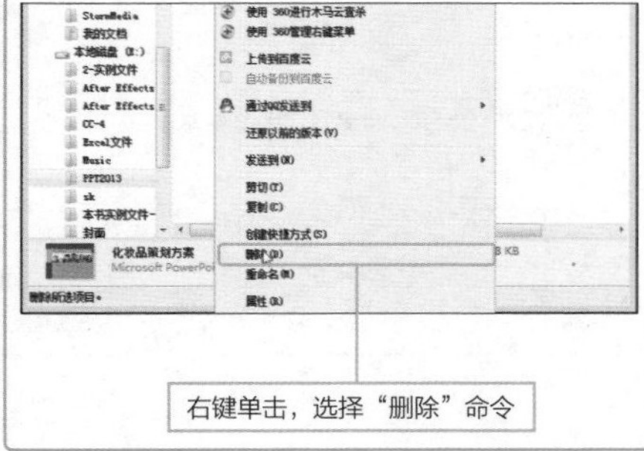

Question

032 一招让最近使用的演示文稿记录全部消失

Level ◆◆◆

2016 2010 2007

实例 删除最近使用的文档的记录

如果用户不想让他人看到自己曾经打开过哪些演示文稿，可以将最近使用过的演示文稿记录删除，本技巧对其进行介绍。

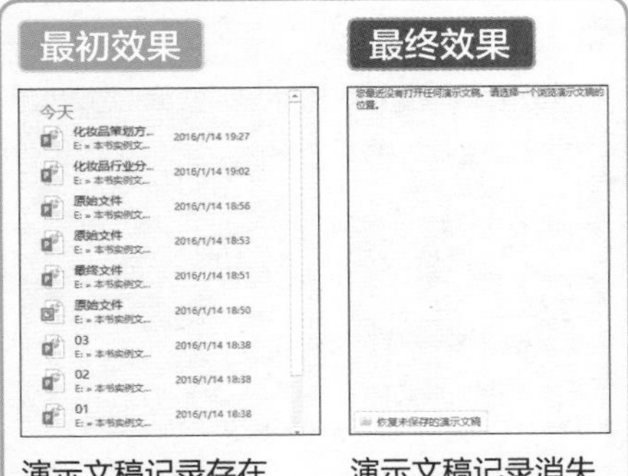

1 执行“文件>打开”命令，在右侧列表中选择“最近”选项。

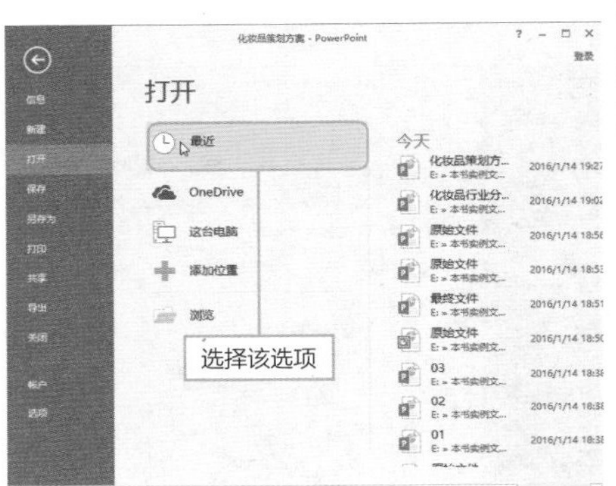

2 在右侧列表中任一选项上右击，从弹出的菜单中选择“清除已取消固定的演示文稿”选项。

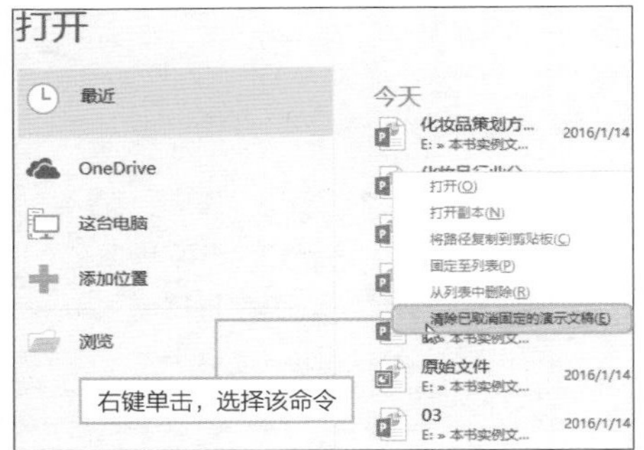

3 弹出提示对话框，单击“是”按钮，可将最近使用的演示文稿记录清除。

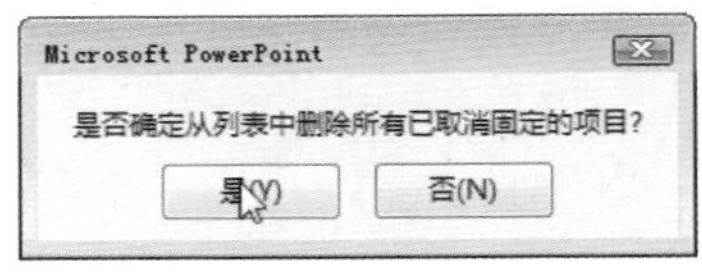

Hint

另类删除演示文稿记录法

只需执行“文件>选项”命令，在打开的“PowerPoint 选项”对话框中的“高级”选项卡中，在“显示”组中，设置“显示此数量的最近的演示文稿”为“0”，同样可清除演示文稿记录。

Question

033 帮助文件大显身手

语音视频
教学033

• Level ◆◆◆

2016 2010 2007

实例 帮助功能的应用

PowerPoint 2016 的功能极其强大，用户经常会遇到一些比较困惑的的问题，当您不知道该如何解决这些问题时，千万不要忘记 PPT 的帮助功能哦！下面将介绍一下帮助文件的使用。

1 执行“文件>信息”命令，然后单击窗口右上方的“帮助”按钮，也可以直接在键盘上按下F1键。

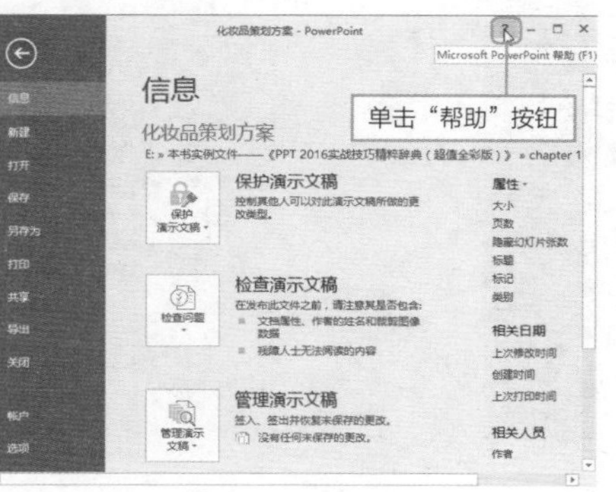

2 打开“PowerPoint 帮助”窗口，可直接选择一个类别查询，还可以直接输入关键词按Enter键查询，或单击“搜索”按钮。

3 打开和输入词条相关的问题答案列表，用户可以选择相应的问题在其上单击。

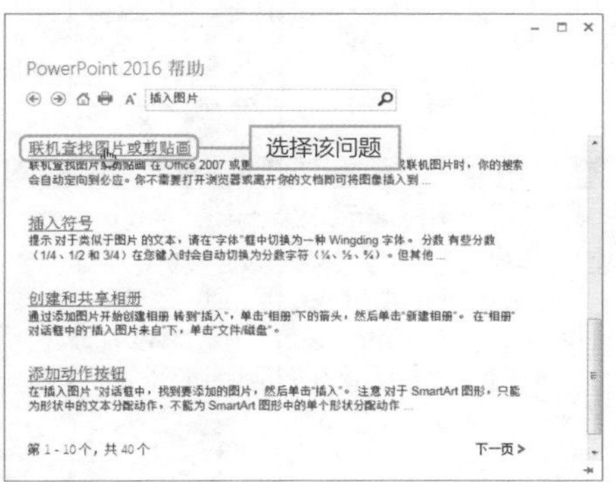

4 打开问题指向的链接后，即可转向该问题所在的页面，在该页面中即可查阅到相关问题的解决方案。

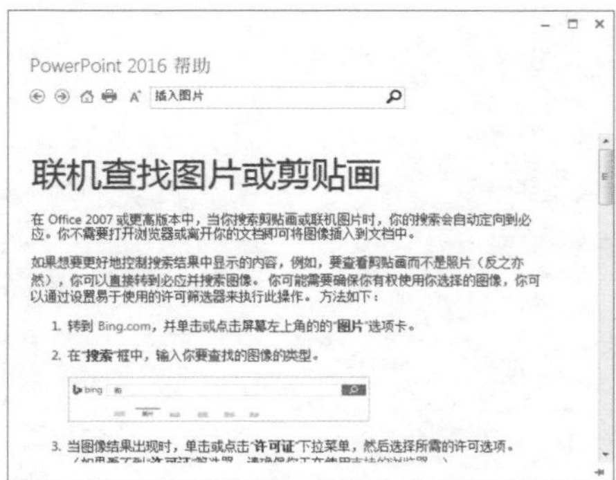

Question 034

通过部分文件名检索演示文稿难不倒人

语音视频教学034

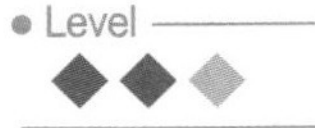

Level

2016 2013 2010

实例 检索知晓部分名称的演示文稿

随着工作的进行，电脑中文件的数量越来越多，在其中查找文件也变得越来越困难。如果只知道需要查找文件的部分名称，想要查找到正确的文件变得更加艰难，下面介绍一种简单检索文件的方法。

1 打开“文件”菜单，在左侧列表中选择“打开”选项。

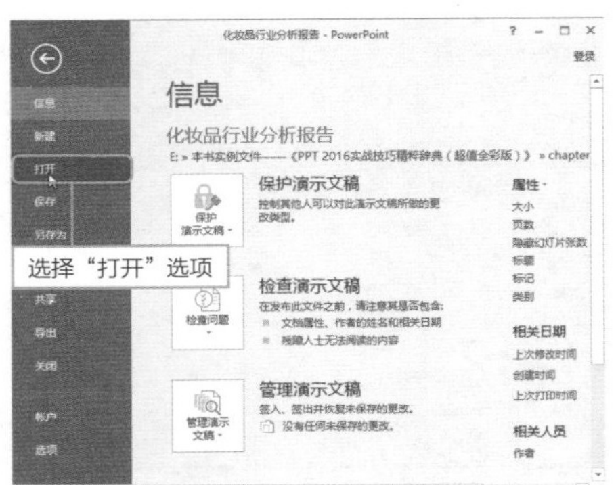

2 在右侧列表中选择“这台电脑”选项，单击“浏览”按钮。

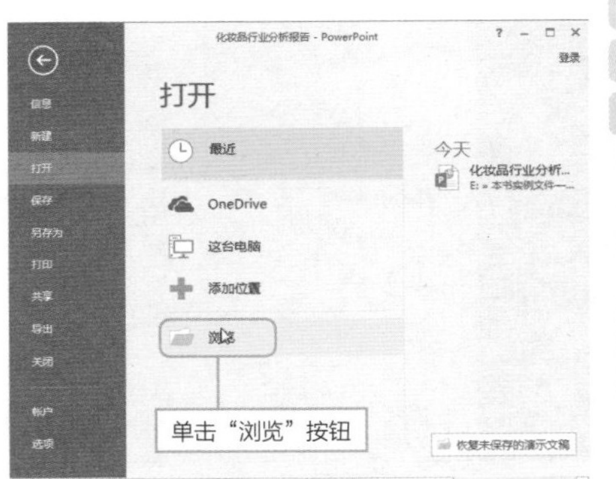

3 在右上角的搜索框中输入部分文件名，在“在以下内容中再次搜索”列表中选择“计算机”选项。

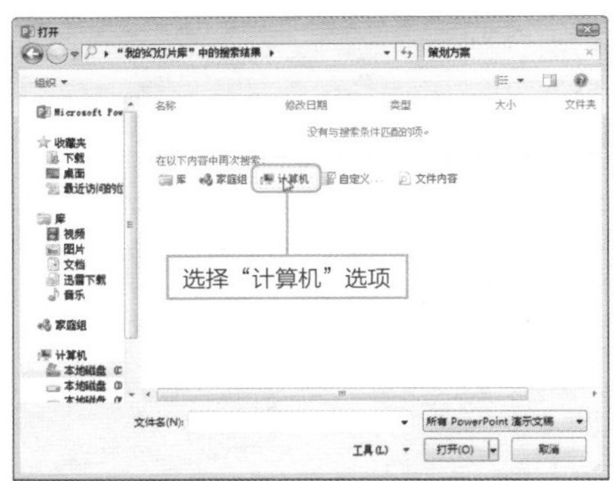

4 所有包含部分文件名的稿件和文件夹将会显示在搜索结果中，选择需要的文件，单击“打开”按钮即可打开文件。

Question

035 快速检索PPT演示文稿的文件

• Level ◆◆◆

2016 2013 2010

实例 按日期检索文件

利用 Windows 的检索功能检索文件时，还可以添加筛选器快速设定检索文件的范围，从而可以轻松查找到所需文件，其具体的操作步骤如下。

1 打开演示文稿，执行“文件>打开”命令，单击“浏览”按钮。

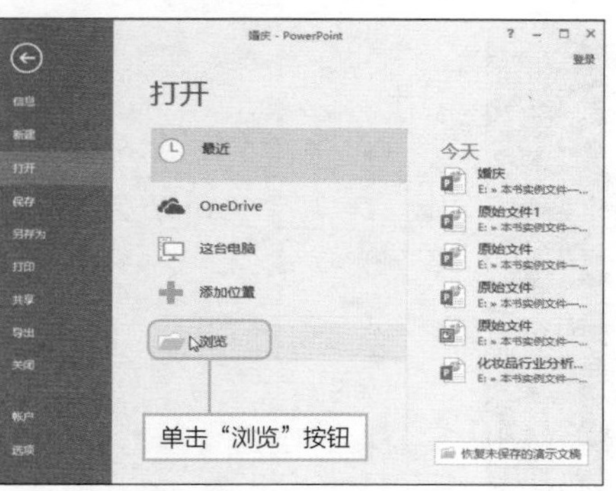

2 在搜索文本框中单击，从列表中选择“修改日期”选项。

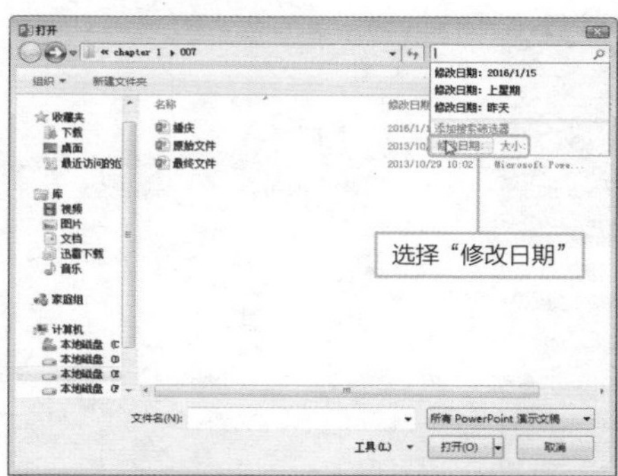

3 展开其下拉列表，从修改日期列表中选择需要检索的文件修改的日期。

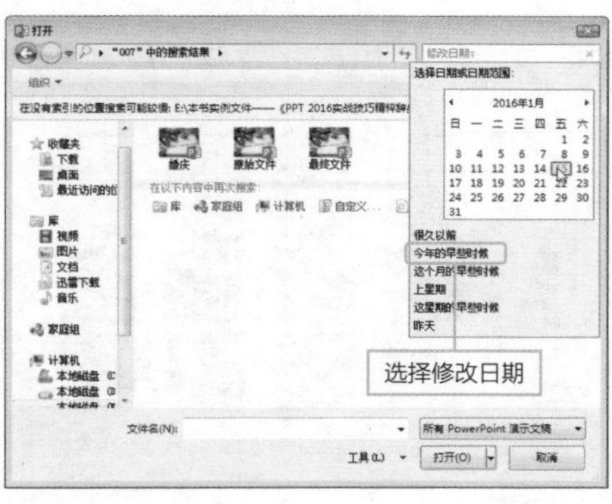

4 然后在“在以下内容中再次搜索”列表中选择“计算机”选项，即可检索出所有相关文件。

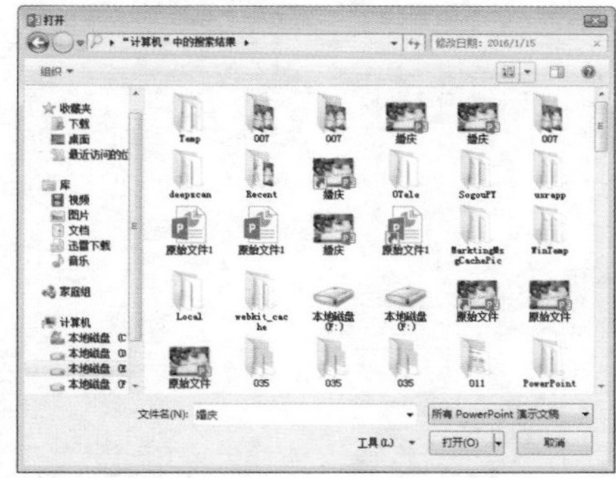

第2章 036~072

幻灯片的操作技巧

- 快速新建幻灯片
- 批量插入幻灯片
- 轻松选取幻灯片
- 让幻灯片重新排队
- 复制幻灯片很容易
- 按需隐藏幻灯片
- 闪电删除幻灯片

Question

036 快速新建幻灯片

语音视频教学036

实例 幻灯片的新建

Level ◆◆◆

2016 2013 2010

在制作演示文稿过程中，当创建的幻灯片不能满足工作需求时，需要在演示文稿中插入新的幻灯片，下面将介绍几种常用新建幻灯片的方法。

① **功能区命令法。**单击“开始”选项卡中的“新建幻灯片”按钮，从展开的列表中选择一种合适的版式。

①单击该按钮

②选择该版式

② **右键菜单命令法。**选择一张幻灯片，右键单击，从弹出的快捷菜单中选择“新建幻灯片”命令。

右击，选择该选项

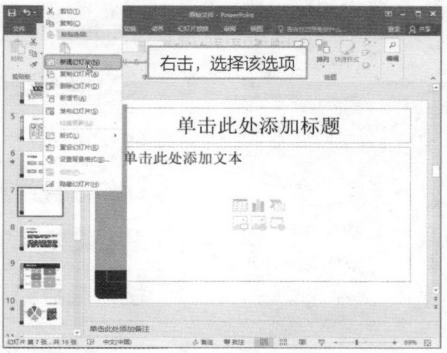

③ **快捷键法。**选择幻灯片后，直接在键盘上按下Enter键，即可在所选幻灯片下方插入一张新的幻灯片。

选择后按 Enter 键

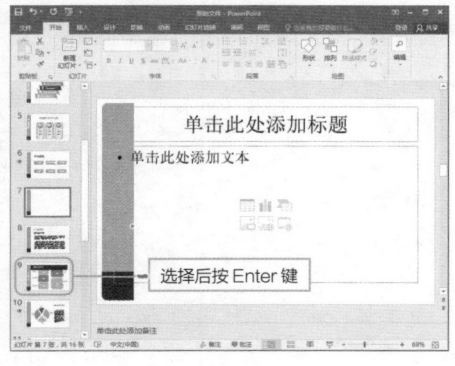

Hint

删除幻灯片也不难

若想要删除多余的幻灯片，只需选择该幻灯片，在键盘上按Delete键即可删除。

选择后按 Delete 键

批量插入幻灯片

● Level ◆◆◆

2016 2013 2010

实例　插入多个幻灯片

在制作一个演示文稿的过程中，若包含内容很多，需要插入多个幻灯片，该怎样插入呢？有没有能快速批量插入幻灯片的技巧呢？下面将对其进行详细介绍。

1. 打开演示文稿，单击“开始”选项卡中的“新建幻灯片”下拉按钮，从下拉列表中选择“幻灯片（从大纲）”选项。

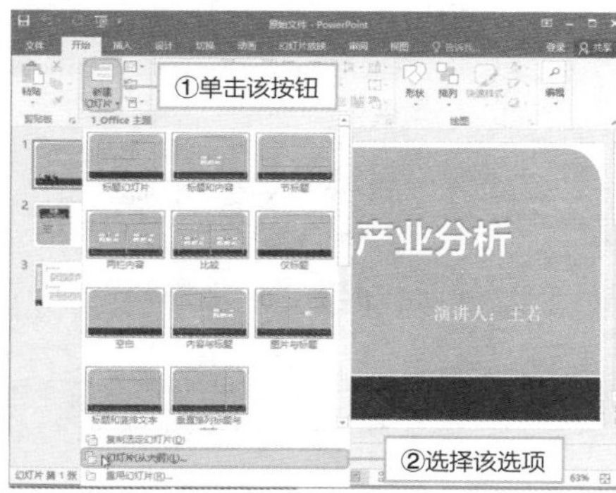

2. 打开“插入大纲”对话框，选择所需幻灯片，将文件类型设置为“所有文件”，然后单击“插入”按钮即可。

3. 可以看到，在演示文稿内已经插入了多张幻灯片。

插入的新幻灯片

Hint

快捷键在批量插入时的妙用

在进行批量插入时，使用快捷键将比上述方法更加便捷，用户可以选定多个幻灯片，按Ctrl+C组合键进行复制，然后再按Ctrl+V组合键进行粘贴即可。

若在同一演示文稿内操作，可以在选中多个幻灯片后按Ctrl+D组合键，即可快速插入多个幻灯片。

Question 038

轻松选取幻灯片

语音视频教学038

Level ◆◆◆

2016 2013 2010

实例	选择幻灯片

对幻灯片的所有操作，都需要将幻灯片选中，此操作在设计演示文稿的过程中使用相当频繁，掌握选择幻灯片的操作技巧对于用户来说有着重大意义。

1 **选择单个幻灯片。**在缩略图窗格中，单击需要选择的幻灯片缩略图，即可将其选中，这里选择第2张幻灯片。

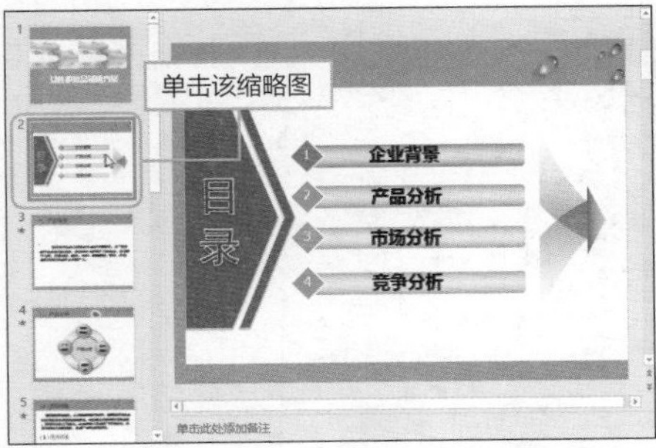

2 **选择连续多个幻灯片。**单击选择第2张幻灯片后，按住Shift键的同时选择另外第4幻灯片，可将第2～4张幻灯片选中。

3 **选择不连续的多个幻灯片。**按住Ctrl键不放，用鼠标依次单击需要的幻灯片，可将其全部选中。

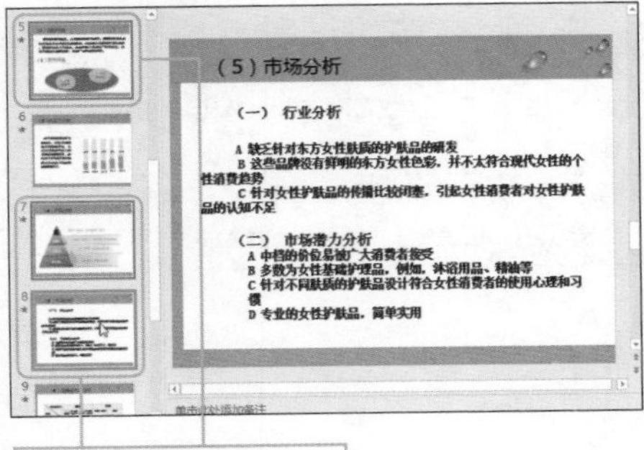

4 **选择所有幻灯片。**选择任意一张幻灯片后，在键盘上按下Ctrl+A组合键，可将所有幻灯片选中。

Question

039

让幻灯片重新排队

● Level ◆◆◆

2016 2013 2010

实例 更改幻灯片的顺序

若制作过程中演示文稿内的幻灯片顺序被打乱，影响演示文稿的连续播放，那么需要重新排列顺序。该如何对此进行调整呢？本技巧将对重新排列幻灯片进行详细介绍。

最初效果

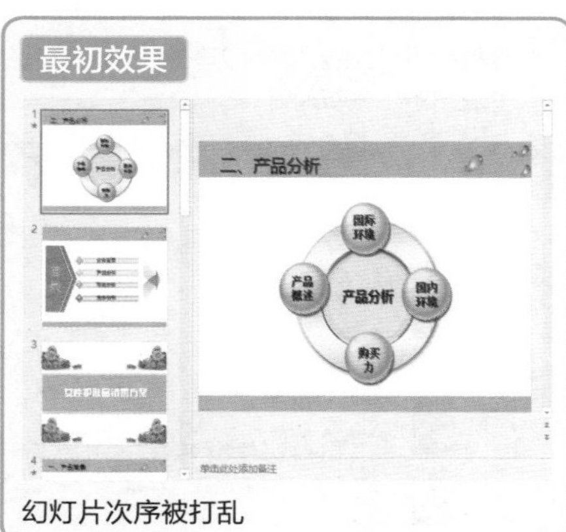

幻灯片次序被打乱

最终效果

幻灯片重新排序效果

1. **普通模式下调整。**选中需放置在首位的幻灯片，按住鼠标左键不放，拖动至首位释放鼠标左键，然后依次调整其他幻灯片。

2. **幻灯片浏览模式下调整。**选中需放置在第2位的幻灯片，按住鼠标左键不放，拖动至相应位置，然后依次调整其他幻灯片。

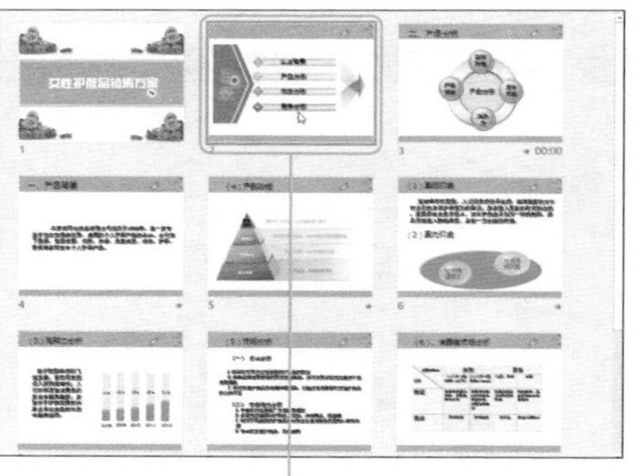

复制幻灯片很容易

语音视频
教学040

• Level ◆◆◆

2016 2013 2010

实例 复制幻灯片

在制作演示文稿的过程中，若用户需要使用大量相同设计方案的幻灯片，逐一设计会花费很多时间，这时，可以利用复制操作快速实现，本技巧将讲述如何快速复制幻灯片的操作。

1 **功能区命令法。**选中需要复制的幻灯片2，单击“开始”选项卡中的“复制”按钮，或在键盘上按下Ctrl+C组合键。

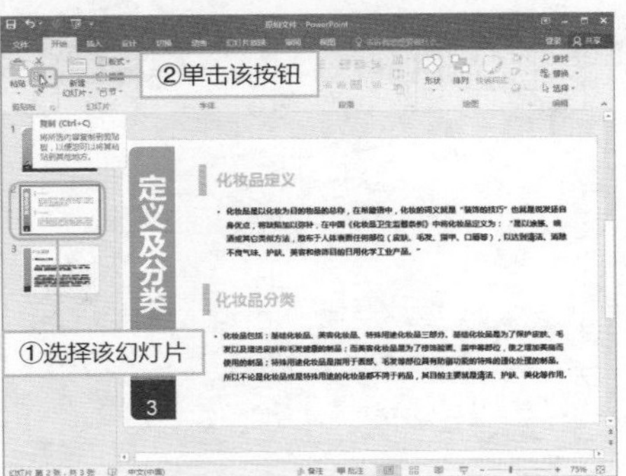

2 然后选中幻灯片3，单击“粘贴”按钮，或按Ctrl+V组合键，即可在所选幻灯片3下复制出一张新幻灯片。

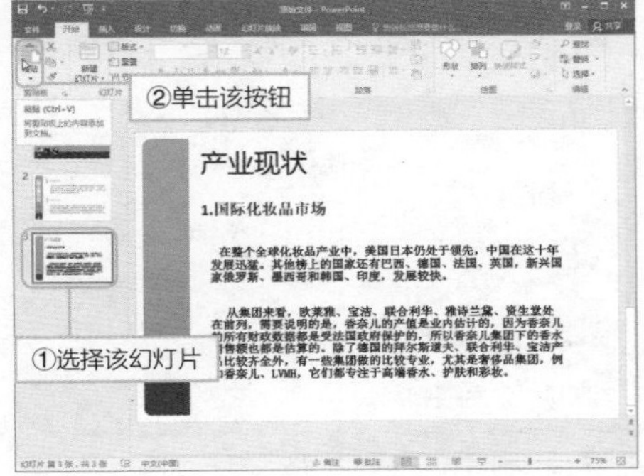

3 **右键菜单法复制幻灯片。**可以选择幻灯片后，右键单击，从快捷菜单中选择“复制幻灯片”命令。

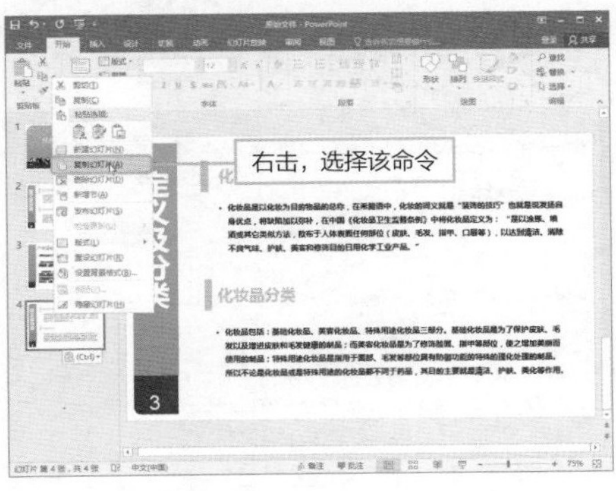

4 **鼠标+键盘法复制幻灯片。**选择幻灯片，在键盘上按住Ctrl键不放，鼠标拖动至合适的位置，释放鼠标左键后松开Ctrl键。

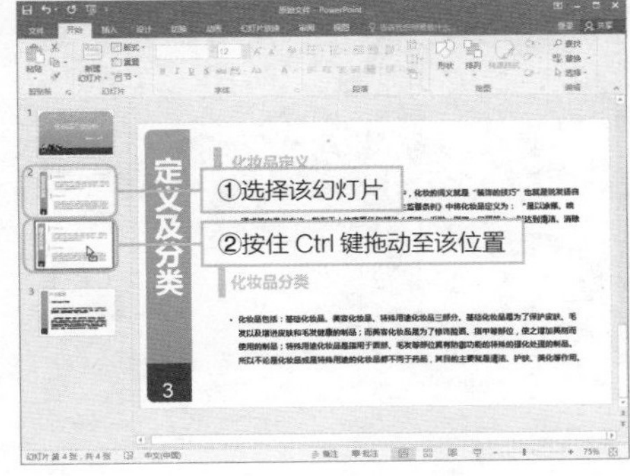

按需隐藏幻灯片

语音视频教学041

Level ◆◆◆

2016 2013 2010

实例 幻灯片的隐藏

有时根据需要不能播放所有幻灯片，用户可将其中几张幻灯片隐藏起来，而无需将这些幻灯片删除。被隐藏的幻灯片在放映时不播放，在幻灯片浏览视图中隐藏幻灯片的编号上有“\”标记。

1 **右键菜单法。**选择需要隐藏的幻灯片，右键单击，从弹出的快捷菜单中选择“隐藏幻灯片”命令。

2 随后便可将所选的幻灯片隐藏。当隐藏幻灯片后，其缩略图中左上角的序号会出现隐藏符号。

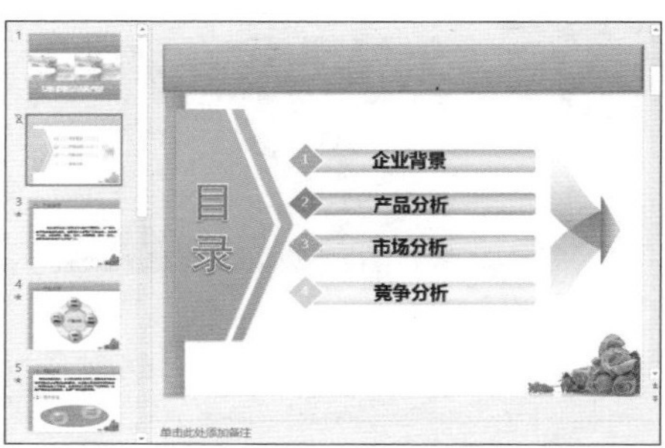

3 **功能区命令法。**选择幻灯片，单击“幻灯片放映”选项卡中的“隐藏幻灯片”按钮，可将所选幻灯片隐藏。

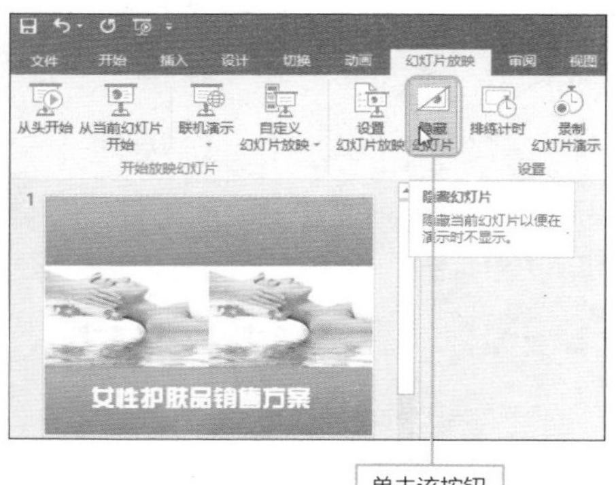

Hint

如何取消幻灯片的隐藏

幻灯片被隐藏后，若需要将其显示出来，可以按照以下方法进行操作。

选中隐藏的幻灯片，单击鼠标右键，在打开的快捷菜单中再次选择“隐藏幻灯片”命令；或者再次单击“幻灯片放映”选项卡中的“隐藏幻灯片”按钮，都可以取消对幻灯片的隐藏。

Question

042 闪电删除幻灯片

语音视频教学042

• Level ◆◆◆

2016 2013 2010

实例 按需删除幻灯片

对于演示文稿内多余的幻灯片，为了避免其误导观众和影响演讲，以及降低所占用的计算机内存，可以将其删除，本技巧将讲述如何删除幻灯片的操作。

最初效果

未删除前效果

最终效果

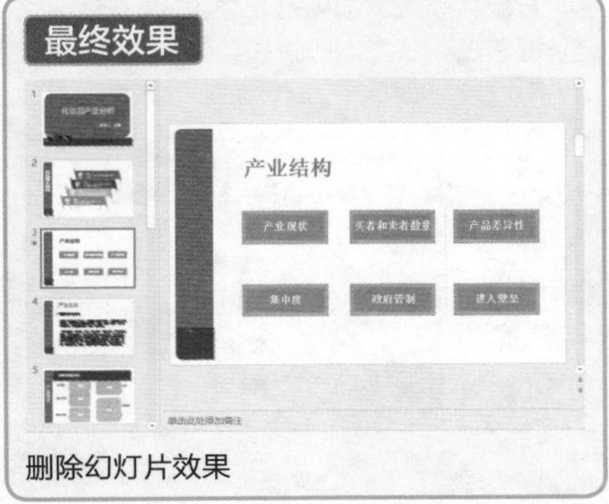

删除幻灯片效果

1. **通过右键快捷菜单删除。**打开演示文稿，右键单击需要删除的幻灯片，从弹出的快捷菜单中选择“删除幻灯片”命令即可。

右键单击，选择该命令

2. **通过快捷键删除。**选中需删除的幻灯片后，直接在键盘上按下Delete键，即可完成删除操作。

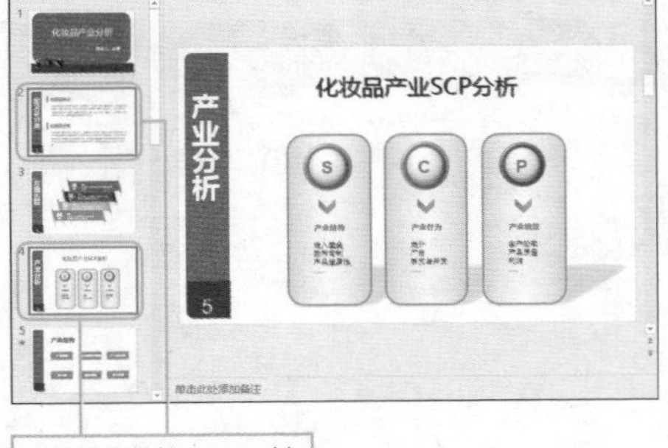

选择后直接按 Delete 键

Question
043

● Level
◆◆◆

2016 2013 2010

文档风格七十二变

实例　应用文档主题

PowerPoint中提供了大量的主题样式，这些主题样式设置了不同的颜色、字体和对象样式，用户可根据需要进行选择，只需轻松点击几下鼠标，即可快速更改幻灯片样式。

最初效果

应用“积分”主题效果

最终效果

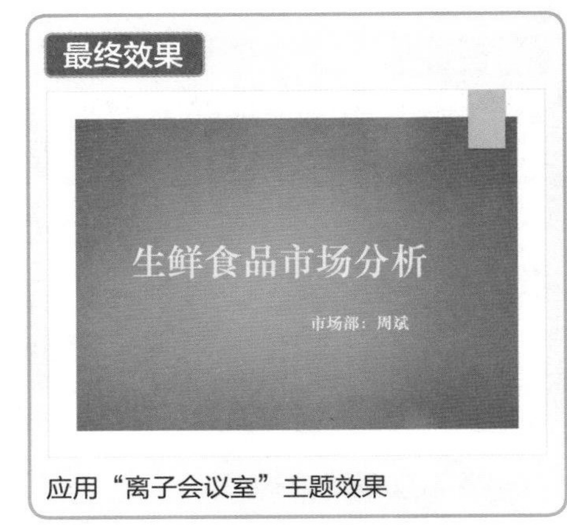

应用“离子会议室”主题效果

❶ 打开演示文稿，单击“设计”选项卡中“主题”组的“其他”按钮，从展开的列表中选择“离子会议室”主题。

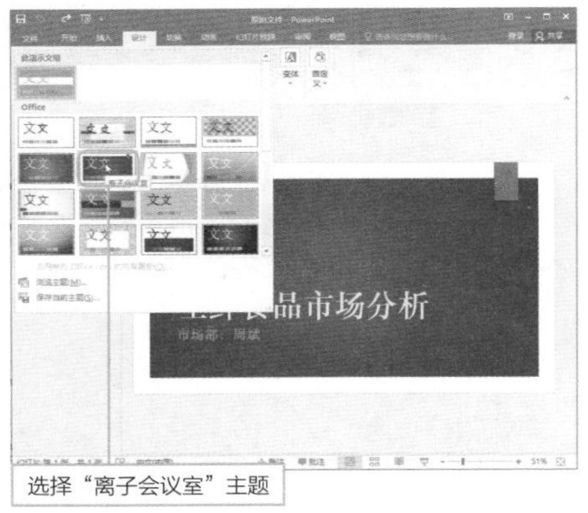

❷ 单击“变体”组中的“其他”按钮，从展开的列表中选择一种合适的变体即可。

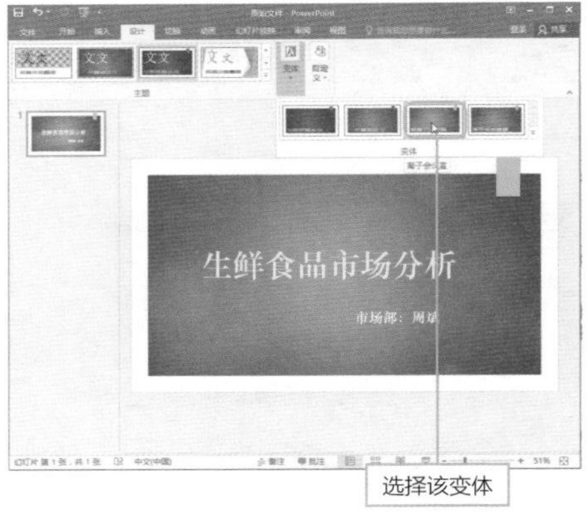

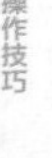

Question

044 让每张幻灯片潮起来

语音视频教学044

实例 为每张幻灯片应用不同主题

Level ◆◆◆

2016 2013 2010

若同一演示文稿内的幻灯片内容有所差别，在设计过程中需要具有不同的风格，统一的主题将会使幻灯片显得呆板，用户可以为不同风格的幻灯片设置不同的主题。

最初效果

所有幻灯片应用同一主题效果

最终效果

所用幻灯片应用不同主题效果

❶ 选择第2张幻灯片，执行“设计>主题>其他”命令，右击列表中的“离子会议室”主题，从快捷菜单中选择“应用于选定幻灯片”选项。

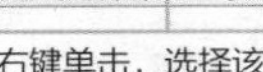

右键单击，选择该选项

❷ 应用“离子会议室”效果完成后，根据需要调整图片大小和位置，并按照同样的方法，依次设置其他幻灯片即可。

巧让默认模板幻灯片露素颜

Question 045

Level

2016 2013 2010

实例 还原被更改的默认模板幻灯片

若更改了默认的“空白”设计模板，却又希望重新将原始默认设计应用于演示文稿中，只需重新应用空白模板就可以轻松实现，本技巧将讲述如何还原被更改的默认模板幻灯片的操作。

最初效果

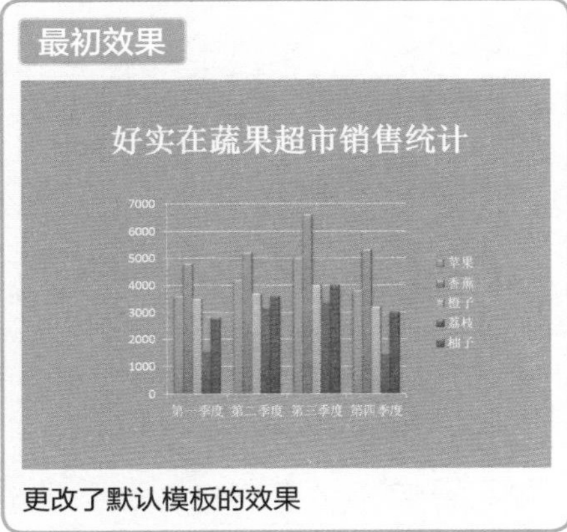

更改了默认模板的效果

最终效果

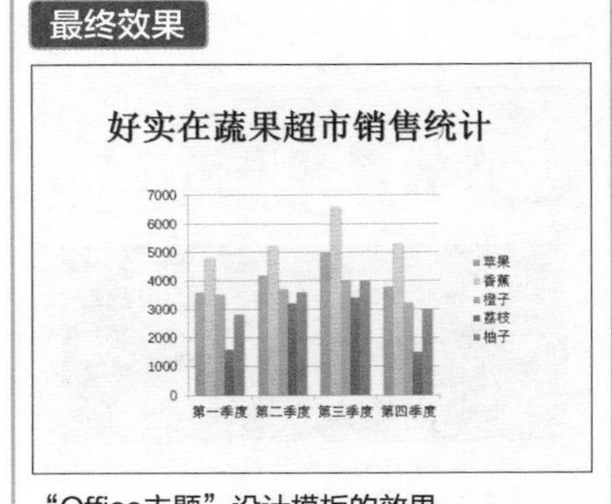

“Office主题”设计模板的效果

1. 打开演示文稿，单击“设计”选项卡“主题”组中的“其他”按钮。

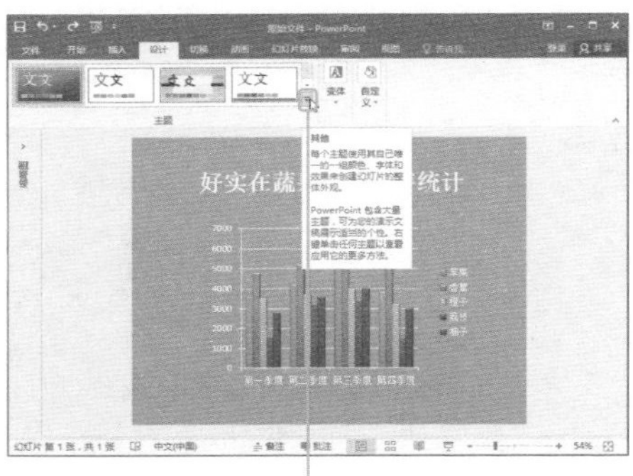

单击该按钮

2. 在展开的列表中，选择默认的“Office主题”模板即可。

选择“Office 主题”模板

Question

046 应用原创主题的字体和颜色进行更改

语音视频教学046

Level ◆◆◆

2016 2013 2010

实例 对主题的字体和颜色进行更改

应用了文档主题后，若用户觉得当前颜色太单调，又或者是字体不够美观，可以通过原创主题的字体和颜色对其进行修改，本技巧将对这一操作进行详细介绍。

最初效果

默认主题颜色和字体效果

最终效果

我的青春谁做主

——那些值得深思的回忆

修改主题颜色和字体效果

❶ 执行“设计>变体>其他>颜色”命令，从下拉列表中选择“蓝色Ⅱ”。

❷ 执行“设计>变体>其他>字体”命令，从下拉列表中选择“黑体”。

Question 047

● Level ◆◆◆

2016 2013 2010

为主题扩充新的颜色

实例 自定义主题颜色

如果预定义的主题颜色、字体不能满足用户需求，还可以新建主题颜色、对字体进行扩充，但是，主题效果却不能通过自定义进行扩充，下面将介绍如何自定义主题颜色和字体。

最初效果

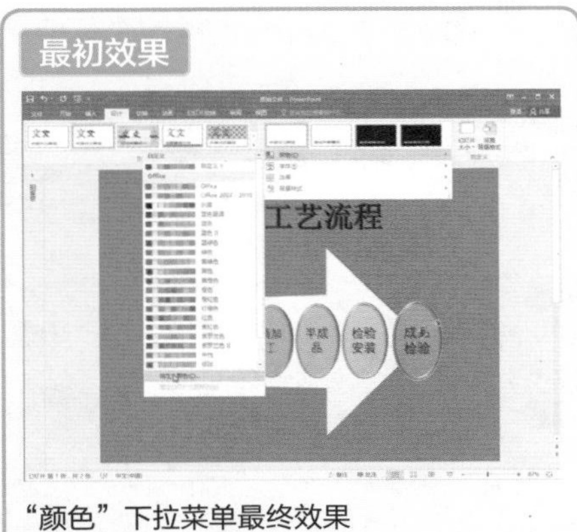

“颜色”下拉菜单最终效果

最终效果

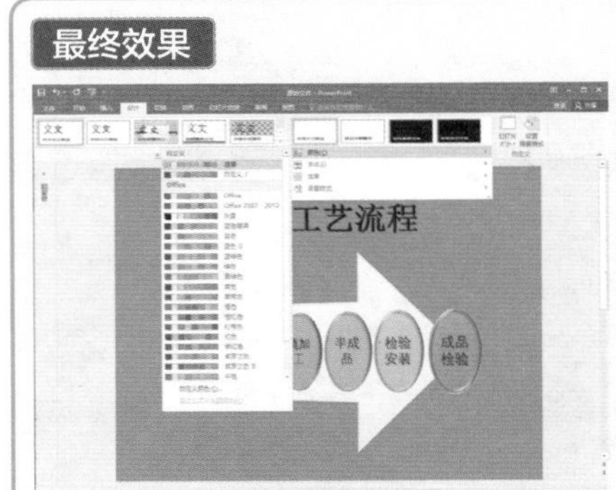

“颜色”下拉菜单中出现自定义颜色“协调”

执行“设计>变体>颜色>自定义颜色”命令，在打开的对话框中，单击“主题颜色”下各选项下拉按钮，从弹出的列表中选择合适的颜色，输入自定义名称并进行保存即可。

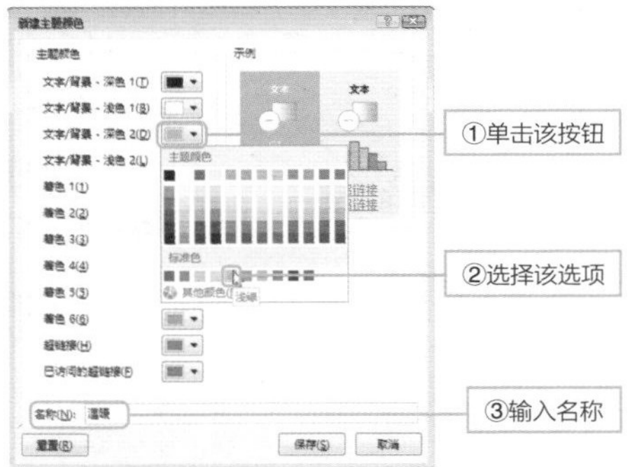

Hint

为主题扩建字体

执行“设计>变体>字体>自定义字体”命令，在打开的对话框中，自定义主题字体并自定义名称，然后进行保存即可。

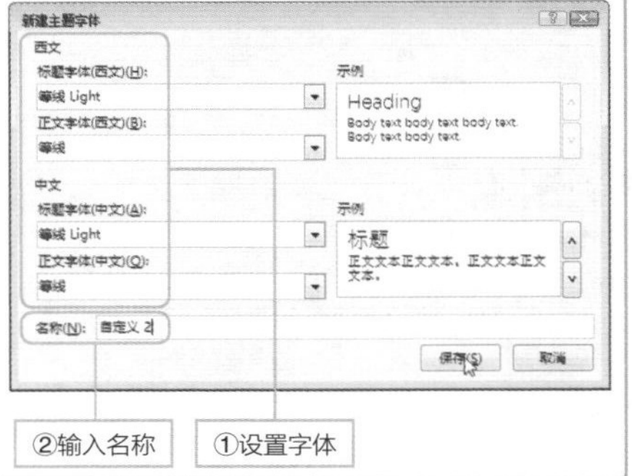

Question

048 将自定义的主题保存起来

语音视频教学048

Level ◆◆◆

2016 2013 2010

实例 自定义主题的保存

若频繁使用某一自定义了主题颜色和字体的主题，用户可以将其保存起来，以便日后再次使用，本技巧将介绍自定义主题的保存与调用操作。

1. 打开演示文稿，按需自定义主体颜色和字体，然后单击“设计”选项卡“主题”组中的“其他”按钮。

单击该按钮

2. 展开其下拉列表，从中选择“保存当前主题”选项。

选择该选项

3. 打开“保存当前主题”对话框，设置保存路径，输入文件名为“梦幻”，然后单击“保存”按钮即可。

①设置保存路径

②设置文件名和保存类型

Hint

调用自定义主题

若想调用自定义的主题，只需打开“主题”下拉列表，在“自定义”选项下选择即可。

选择该选项

揭开母版的神秘面纱

语音视频教学049

实例　幻灯片母版介绍

2016 2013 2010

使用母版功能可以统一设置PPT上的文字、图片、背景以及页眉和页脚等，对母版进行设置后，无需一页一页对幻灯片重复设计，就可以自动套用。模板就是由母版设计而成的，下面对母版进行说明。

1 **进入幻灯片母版**。打开演示文稿，单击“视图”选项卡中“幻灯片母版”按钮。

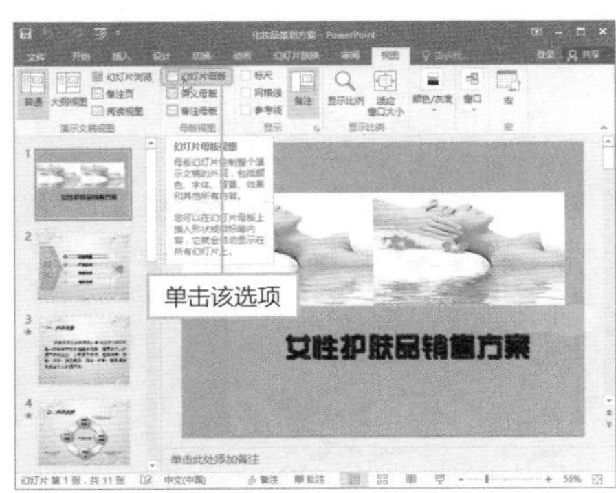

2 进入幻灯片母版视图，在该视图模式下，可以对幻灯片模板进行修改。

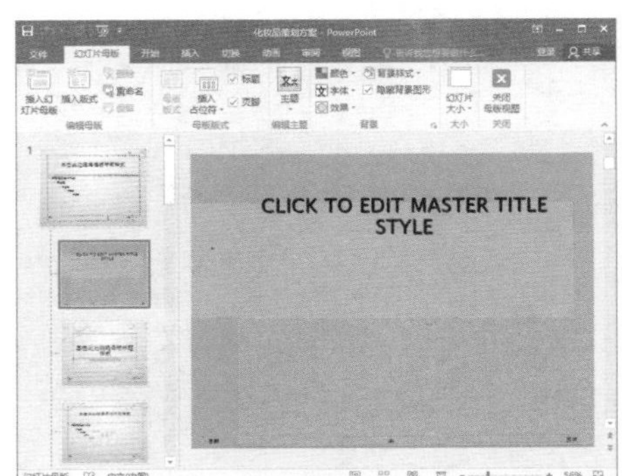

3 **Office主题幻灯片母版**。进入幻灯片母版后，默认所属的母版为当前演示文稿的母版，它决定了演示文稿中除标题幻灯片外的所有幻灯片的格式。

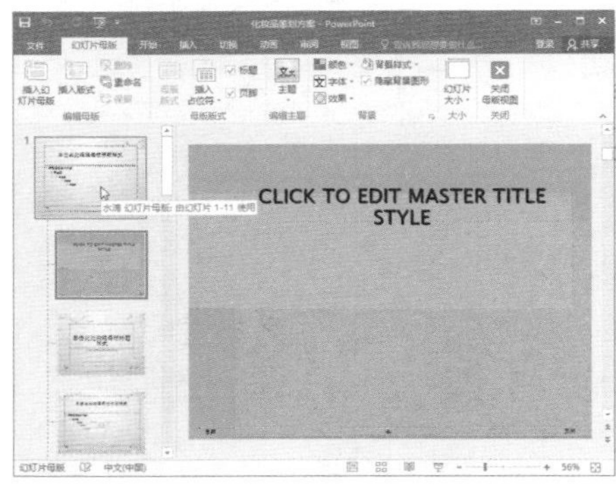

4 **标题幻灯片版式**。紧挨着幻灯片母版的一个版式为标题幻灯片版式，它决定了演示文稿标题幻灯片的格式，包括背景样式、字体格式以及版面排列方式等。

Question

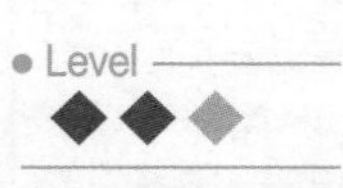

制作封面页版式并不难

语音视频教学050

实例 标题幻灯片版式的修改

• Level ◆◆◆

2016 2013 2010

在一个演示文稿中，封面页也就是标题幻灯片的版式是由母版中的标题幻灯片版式决定的，而标题幻灯片版式直接影响着标题幻灯片的美观与否，下面介绍如何设计标题幻灯片版式。

最初效果

更改前封面版式效果

最终效果

更改后封面版式效果

❶ 打开演示文稿，执行“视图>幻灯片母版”命令，进入母版视图模式，选择标题幻灯片版式。

选择该版式

❷ 切换至“插入”选项卡，单击“形状”按钮，从列表中选择“矩形”。

选择“矩形”

3 按住鼠标左键不放，拖动鼠标，在幻灯片页面中央绘制一个矩形。

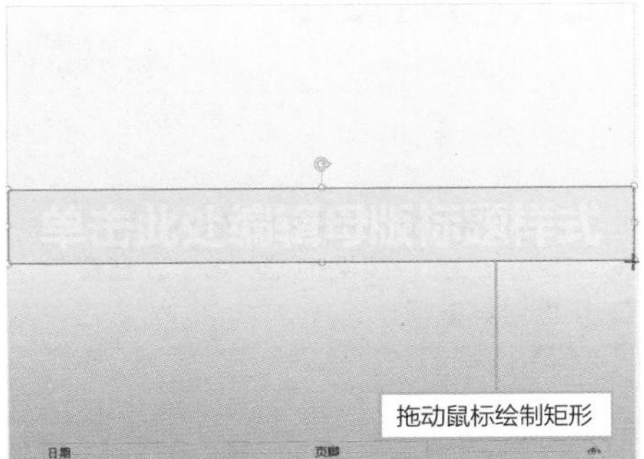

4 选择绘制的矩形，右键单击，从弹出的快捷菜单中选择“设置形状格式”命令。

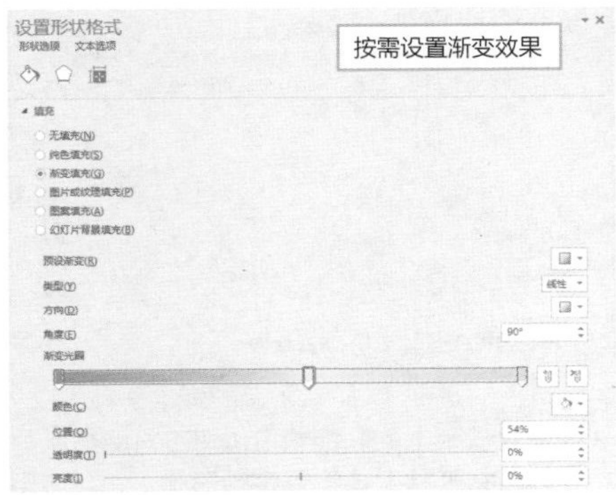

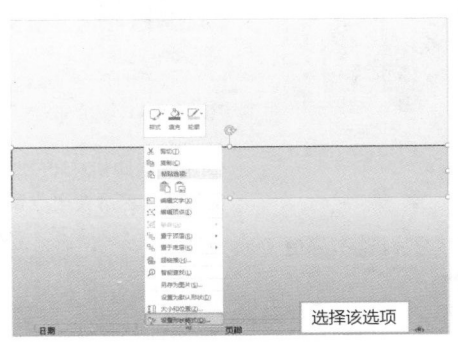

5 在右侧打开的“设置形状格式”窗格中，选中“渐变填充”单选按钮，按需设置合适的渐变填充效果。

6 选择设置好的图形，执行“绘图工具—格式>下移一层>置于底层”命令，将图形置于标题占位符下方。

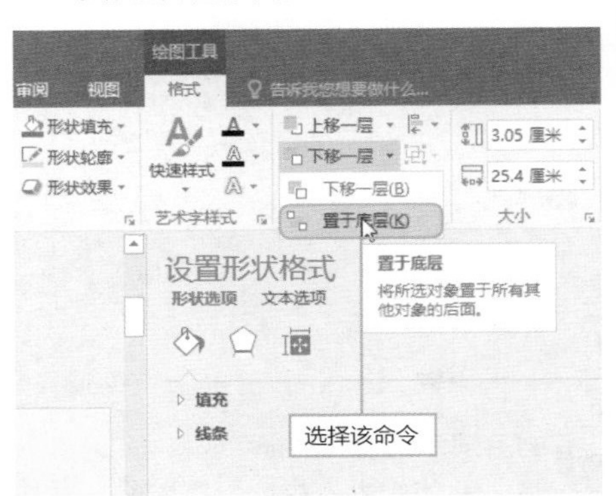

7 根据需要调整渐变矩形的大小，并调整其位置，使其与标题占位符的中心点重合。

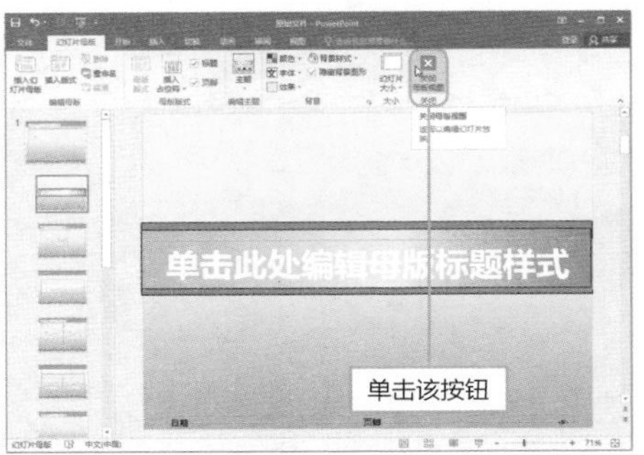

8 按照同样的方法，在蓝色矩形下方插入一个灰色矩形，切换至“幻灯片母版”选项卡，单机“关闭母版视图”按钮即可。

主题版式的制作很简单

语音视频教学051

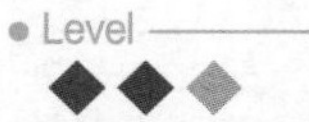

2016 2013 2010

实例 Office主题幻灯片母版的设计

Office 主题幻灯片母版决定了演示文稿中除标题幻灯片外的所有幻灯片的格式，若想要更改整个演示文稿内幻灯片页面的排版方式、背景色、字体等，可以从中进行设置，下面对其进行介绍。

最初效果

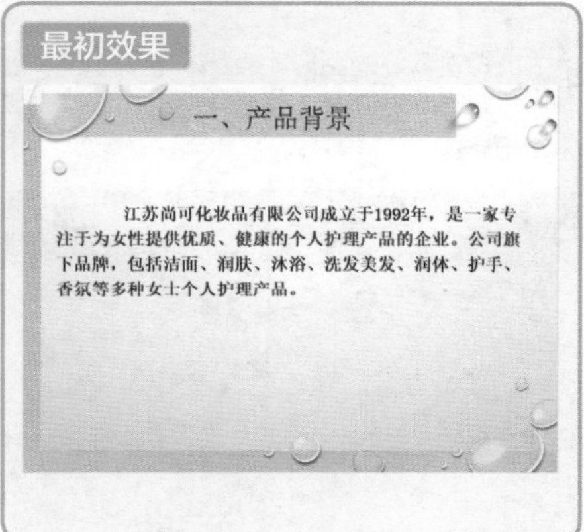

最终效果

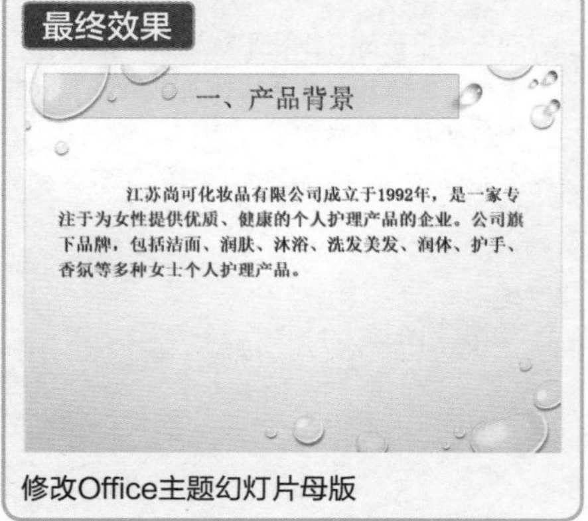

修改Office主题幻灯片母版

1. 打开演示文稿，执行“视图>幻灯片母版”命令，进入母版视图模式，选择Office主题幻灯片母版。

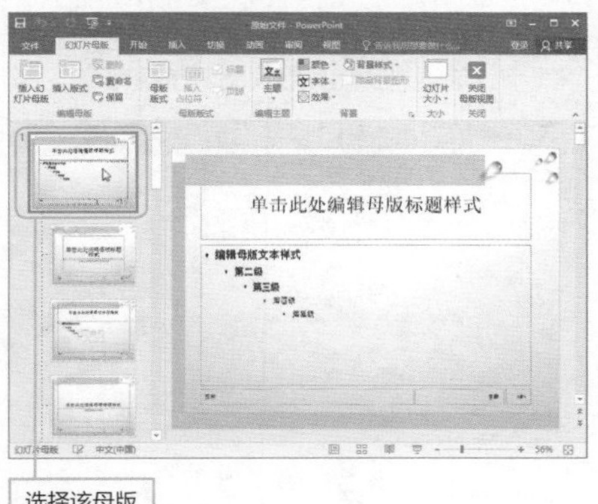

选择该母版

2. 删除母版上的除标题占位符下方的形状外的所有形状，选择剩余的形状，为其应用合适的样式后，退出母版视图即可。

选择该样式

Question 052

让版式丰富起来

● Level ◆◆◆

2016 2013 2010

实例 自定义幻灯片版式

幻灯片母版中已经预置了各种版式，若用户对系统提供的母版版式不满意，可以新建一个母版版式，以更加符合工作需求，其中包括占位符、页眉页脚、主题以及文本对象的设置。

1 打开演示文稿，进入幻灯片母版视图，单击“插入版式”按钮。

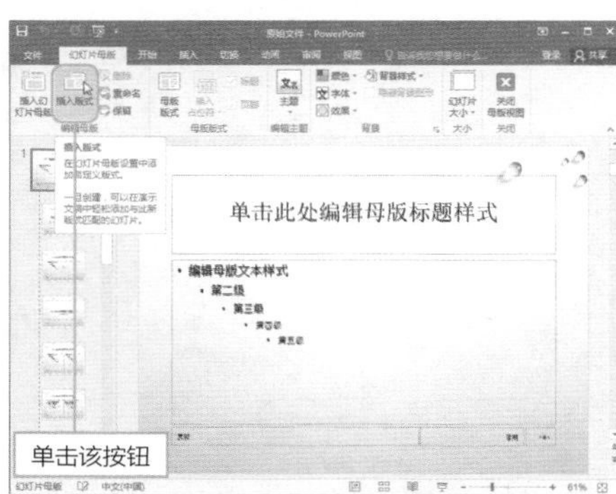

2 即可插入一个自定义版式，单击“插入占位符”按钮，从中选择“图片”选项。

3 绘制图片占位符并复制，然后将其整齐排列，还可根据需要添加其他占位符，然后单击“关闭母版视图”按钮。

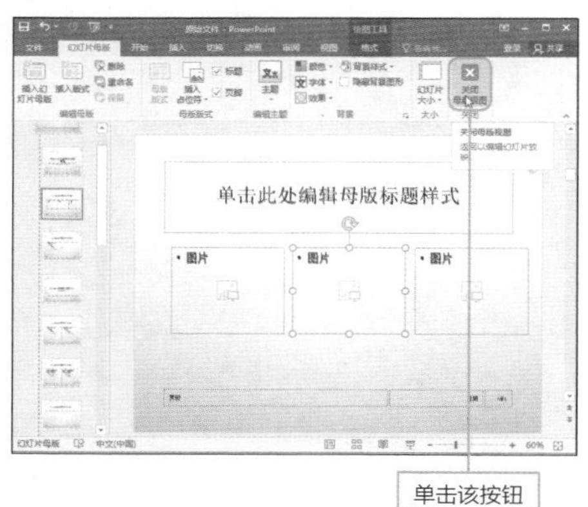

4 退出母版视图模式，单击“开始”选项卡中的“新建幻灯片”下拉按钮，可以看到版式列表中包含自定义版式。

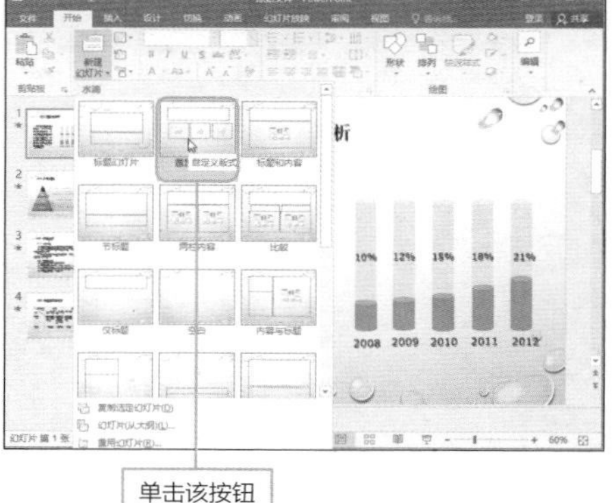

Question

053 巧为幻灯片版式起个名

语音视频教学053

实例 重命名幻灯片版式

Level ◆◆◆

2016 2013 2010

给幻灯片版式起一个个性化的名称，可以帮助用户快速了解母版内容，方便用户的查询和调用，本技巧将讲述如何重命名幻灯片版式的操作。

最初效果

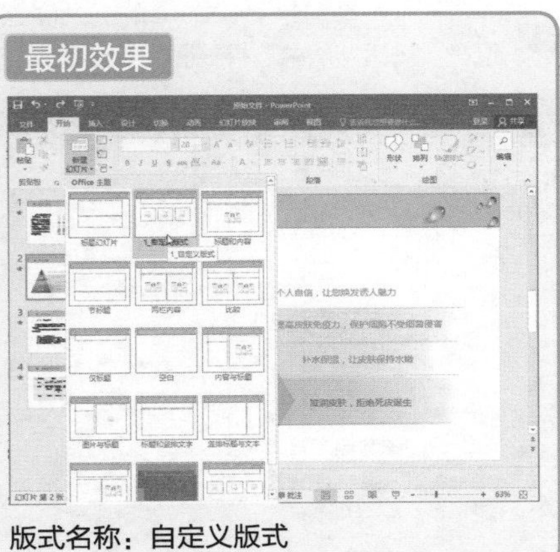

版式名称：自定义版式

最终效果

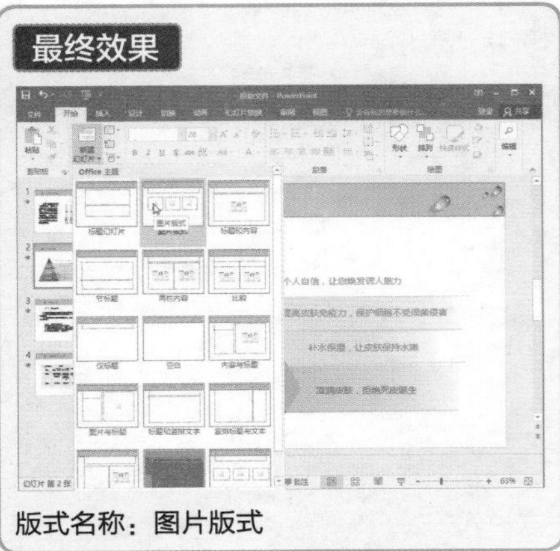

版式名称：图片版式

1 打开演示文稿，单击“视图”选项卡中的“幻灯片母版”按钮，进入母版视图，单击“重命名”按钮。

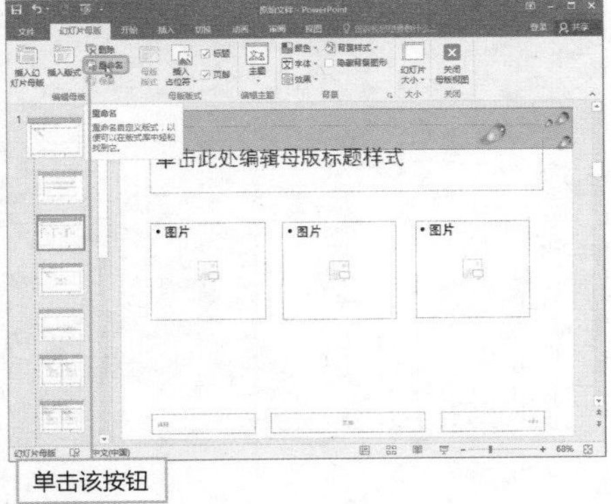

2 弹出“重命名版式”对话框，在“版式名称”下方文本框中输入名称“图片版式”，然后单击“重命名”按钮，再单击“关闭母版视图”按钮，退出母版视图即可。

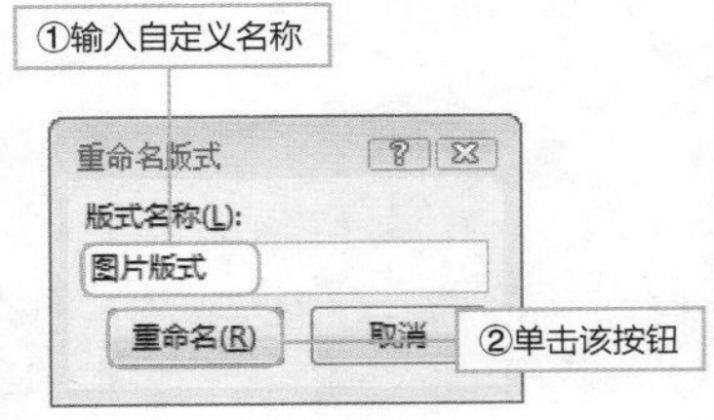

Question

054

幻灯片母版用处大

● Level
◆◆◆

2016 2013 2010

实例　创建幻灯片母版

幻灯片母版是存储关于模板信息的设计模板的一个元素，这些模板信息包括字形、占位符大小和位置、背景设计和配色方案等。通过幻灯片母版，用户可以轻松地批量设计和修改幻灯片。

1 打开演示文稿，执行“视图>幻灯片母版”命令，进入母版视图，单击“插入幻灯片母版”按钮。

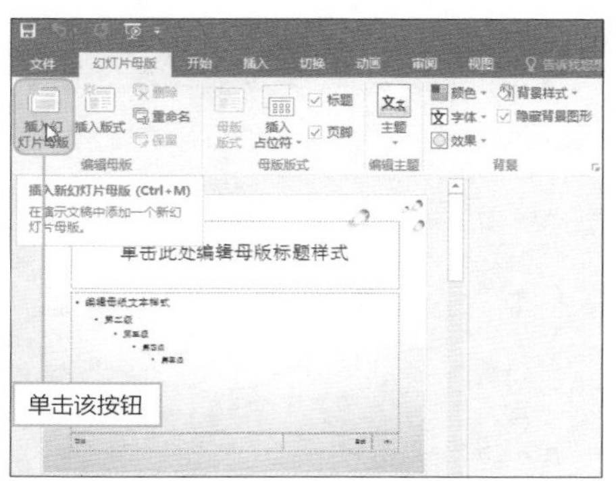

2 插入一个新的幻灯片母版，选择主版式，单击“背景样式”按钮，从列表中选择“设置背景格式”命令。

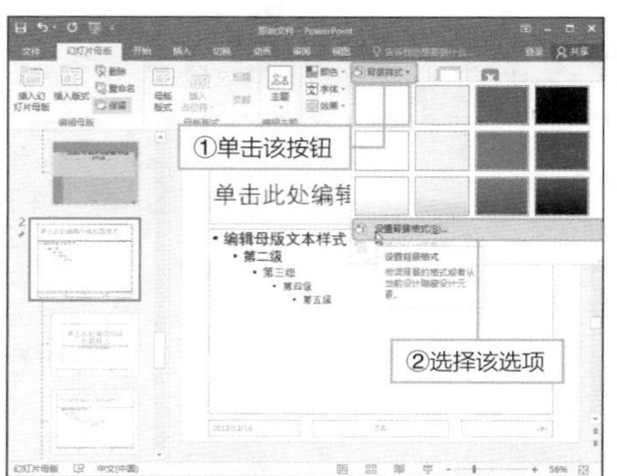

3 打开“设置背景格式”窗格，选中“渐变填充”选项，单击“预设渐变”按钮，从中选择“浅色渐变-个性色4”选项。

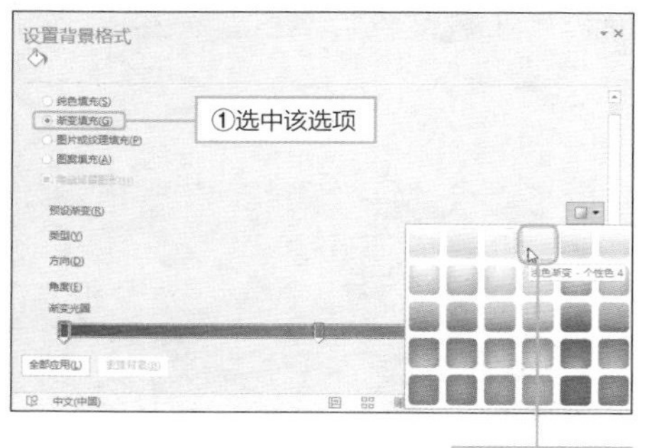

4 执行“插入>形状>矩形”命令，插入一个橙色无轮廓的矩形，然后执行“绘图工具—格式>下移一层>置于底层”命令。

5 选中标题幻灯片版式，复制主版式中的橙色矩形，将其粘贴至底部。

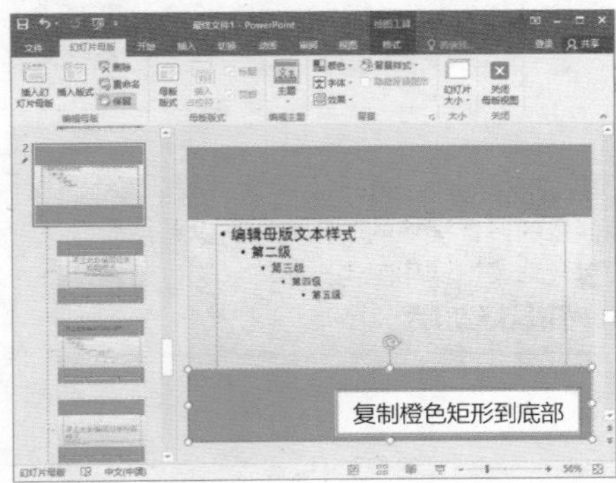

6 打开“设置背景格式”窗格，设置标题幻灯片背景为“白色，背景1，深色25%”。

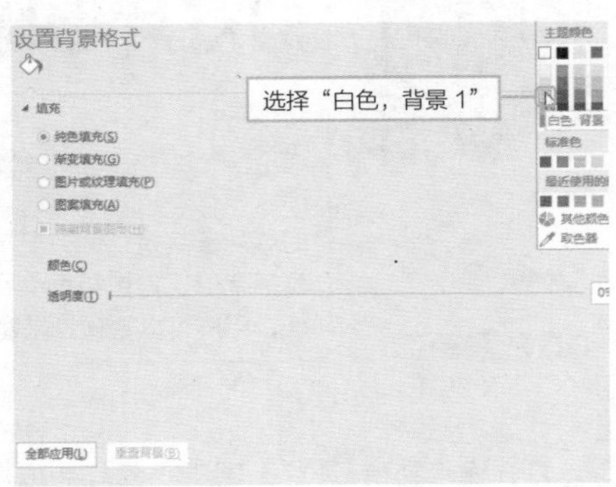

7 选择标题，切换至“开始”选项卡，设置标题字体为“华文楷体”。

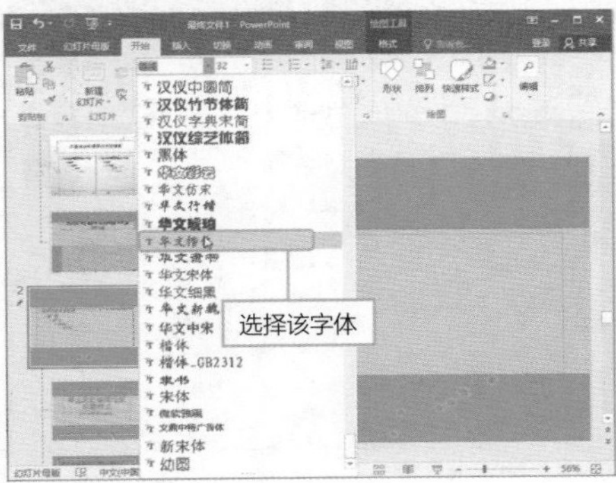

8 选择主版式中的标题，设置字体为：微软雅黑、36号、加粗。

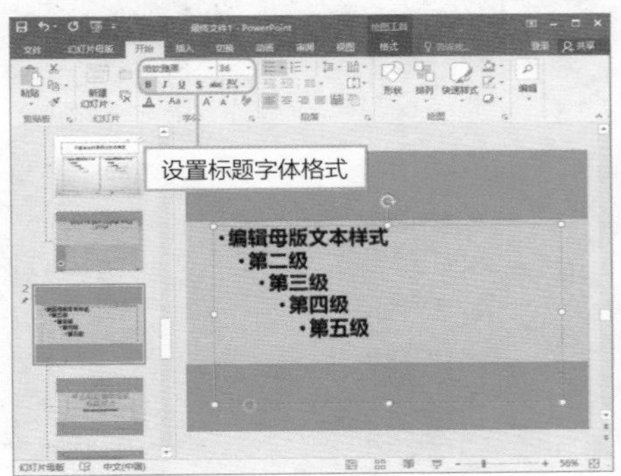

9 单击“幻灯片大小”按钮，从中列表选择“宽屏（16：9）”。

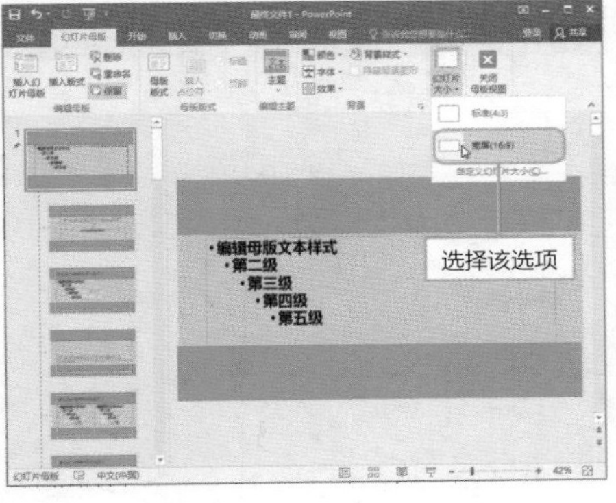

10 设置完毕后，单击“关闭母版视图”按钮，退出母版视图模式。

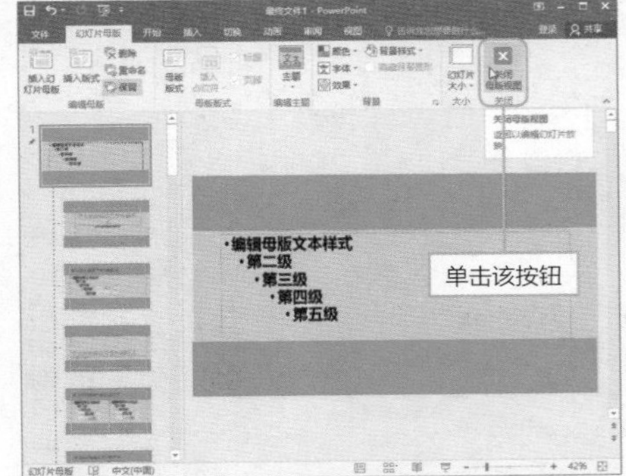

Question

055 迅速让LOGO出现在所有幻灯片上

实例 为所有幻灯片添加LOGO

● Level ◆◆◆

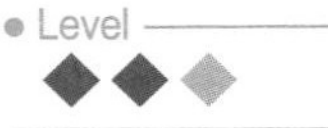

为演示文稿内的幻灯片添加一个漂亮别致的LOGO，能够简洁、大方、明了地传达幻灯片的某些信息，本技巧将告诉读者如何实现该操作。

1 打开演示文稿，单击“视图”选项卡中的“幻灯片母版”按钮。

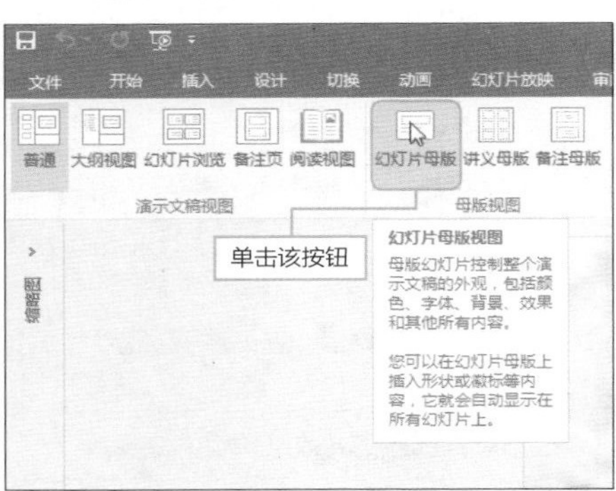

2 然后切换至“插入”选项卡，单击“图片”按钮。

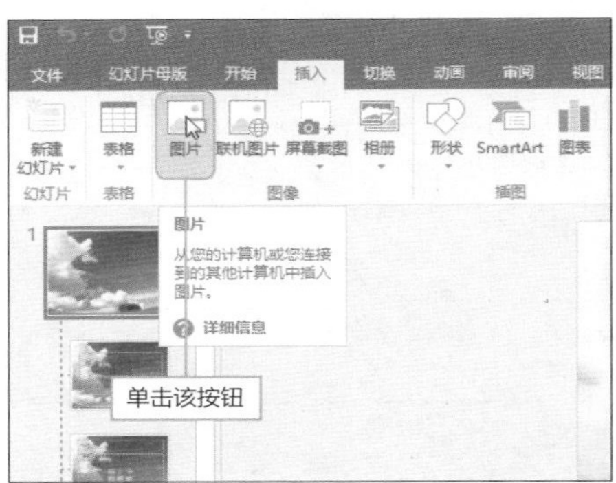

3 打开“插入图片”对话框，选择图片，单击“插入”按钮。

4 调整图片大小，将其移至合适的位置，然后单击“关闭母版视图”按钮，返回幻灯片页面，即可完成操作。

Question

056 快速修改幻灯片标题格式

语音视频教学056

Level ◆◆◆

2016 2013 2010

实例 幻灯片标题格式的更改

若用户对默认的幻灯片标题格式不满意，逐一对其更改的话，需要花费大量精力和时间，这时可以在母版视图模式统一对其进行修改，下面对其进行介绍。

最初效果

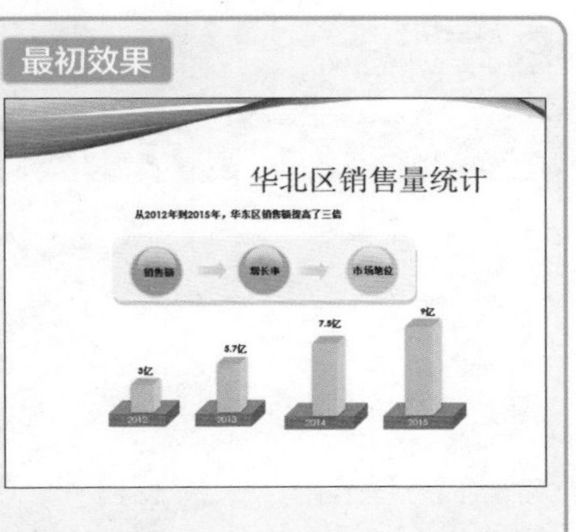

最终效果

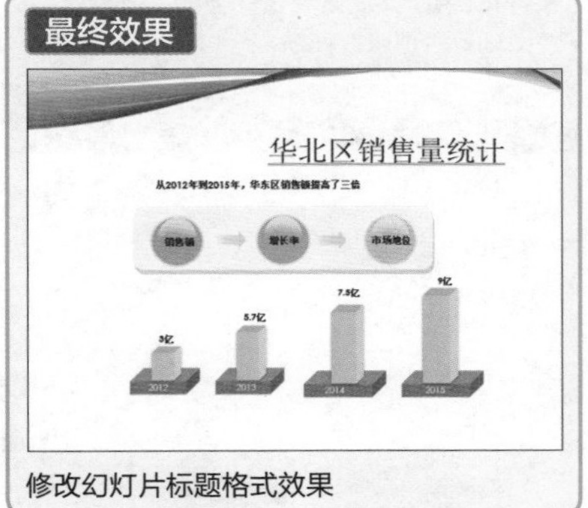

修改幻灯片标题格式效果

❶ 打开演示文稿，执行“视图>幻灯片母版”命令，进入母版视图模式，选择Office主题幻灯片母版上的标题占位符并右击，从快捷菜单中中选择“字体”选项。

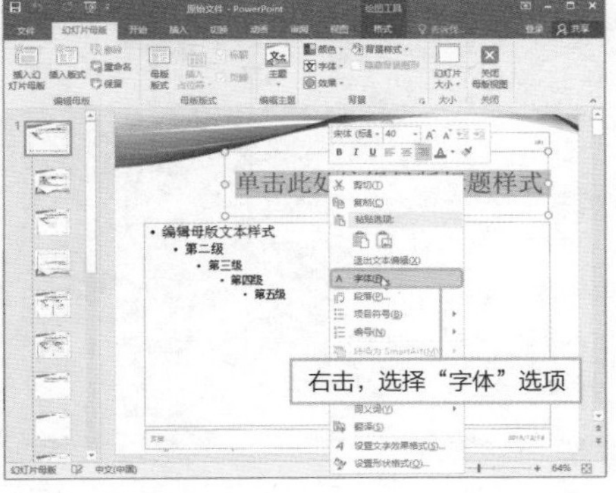

❷ 在打开的“字体”对话框中，可以对字体格式进行详细设计，这里将字体更改为“宋体”，并添加红色的粗下划线。然后关闭对话框，退出母版视图模式即可。

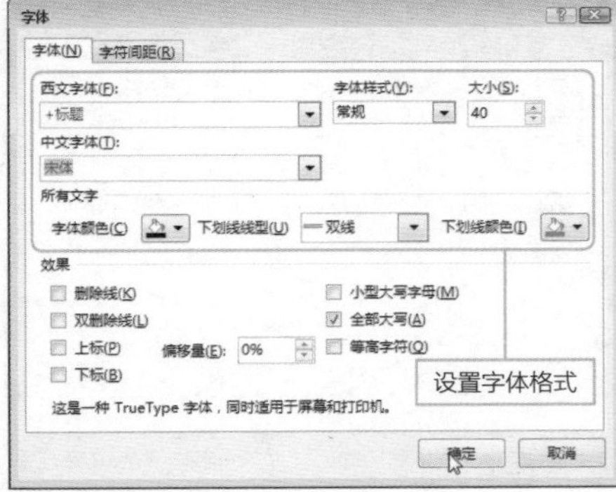

页眉与页脚的位置说变就变

● Level ◆◆◆

2016 2013 2010

实例 页脚显示位置的变换

当应用了某个模板后，页脚或页眉的显示位置是固定的，若当前页眉或页脚的显示位置不符合用户需求，想要对其进行统一修改，可以进入母版视图进行更改。

1 打开演示文稿，单击“视图”选项卡中的“幻灯片母版”按钮。

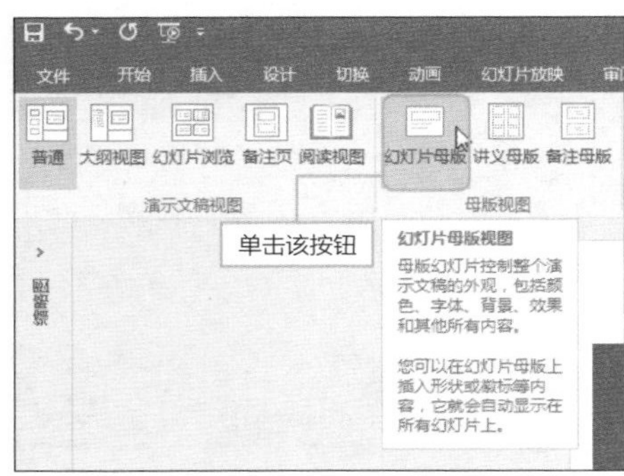

2 若需要统一修改，则应选择“Office主题幻灯片母版：由幻灯片2-6使用”。

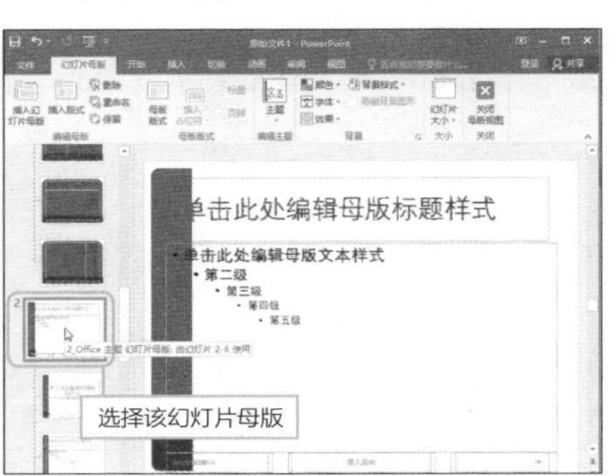

3 用鼠标拖动页脚所在的占位符，将其移至幻灯片页面右边位置。

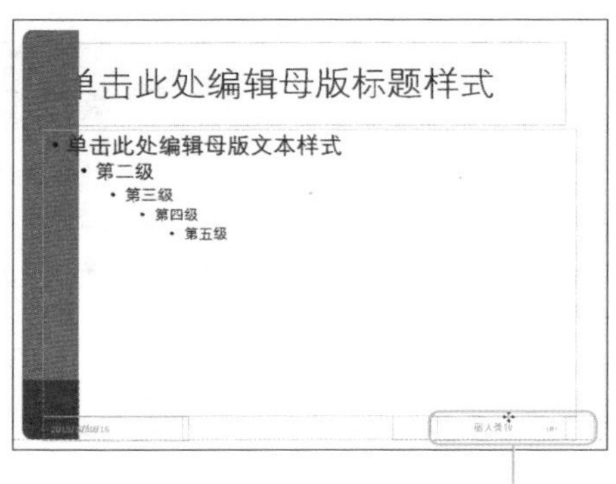

选择占位符并拖动至此处

4 单击“关闭母版视图”按钮，返回幻灯片进行查看即可。

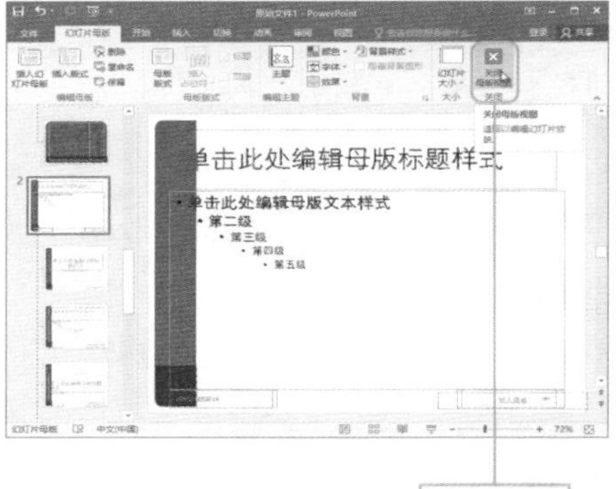

单击该按钮

Question

058

修改讲义母版不麻烦

实例 更改讲义母版格式

● Level ◆◆◆

2016 2013 2010

讲义母版顾名思义就是定义讲义格式的模板，在打印演示文稿时，经常需要以讲义的格式打印出来，这时设计出一个漂亮的讲义母版就显得非常重要了，下面介绍如何对讲义母版进行修改。

1. 打开演示文稿，切换至“视图”选项卡，单击“讲义母版”按钮。

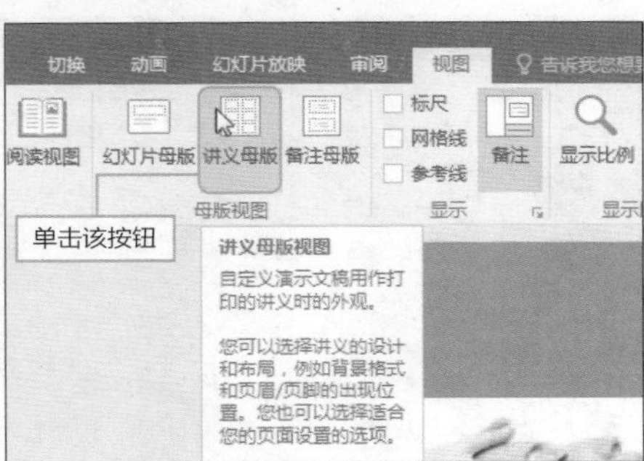

2. 单击“幻灯片大小”按钮，从列表中选择“自定义幻灯片大小”选项。

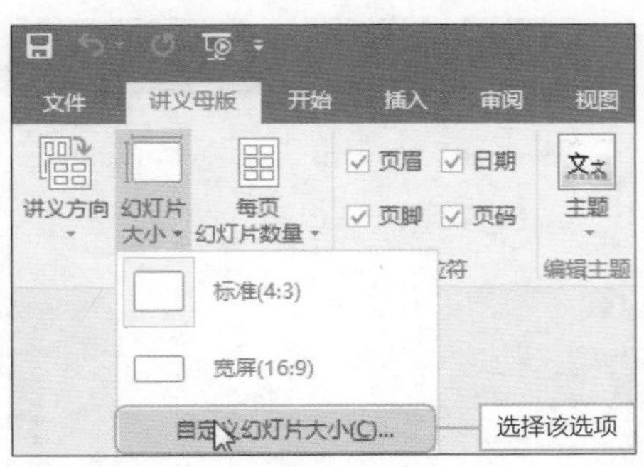

3. 在打开的“幻灯片大小”对话框中，对母版宽度、高度以及幻灯片大小等进行设置，设置完成后单击“确定”按钮。

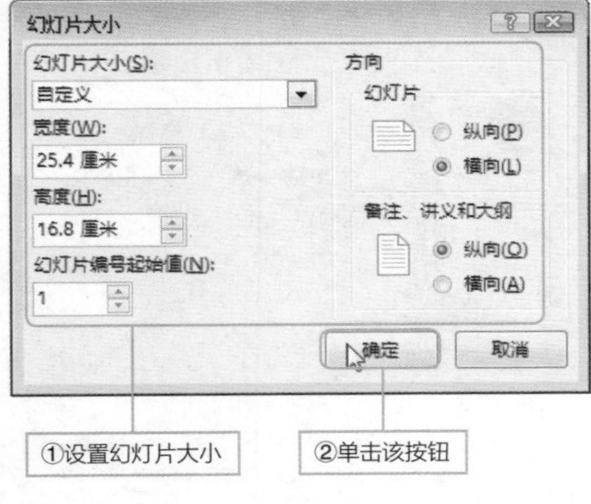

4. 在“占位符”组中，根据需要勾选“页眉”、“页脚”、“日期”以及“页码”复选框，可将对应占位符显示出来。

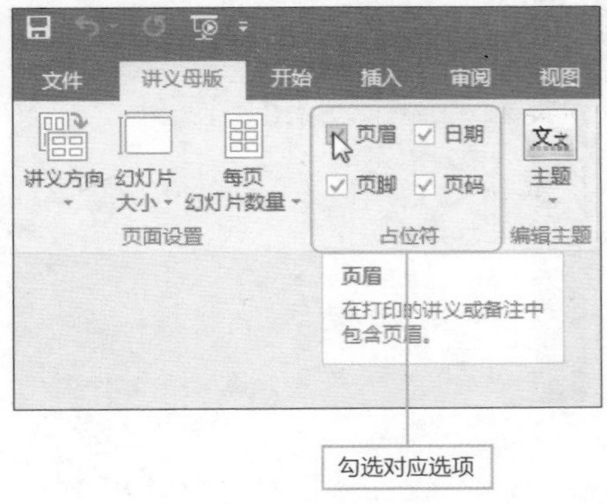

Question

059

● Level ◆◆◇

2016 2013 2010

自定义备注母版

实例　设置备注母版格式

在制作演示文稿时，通常将需要展示的内容放在幻灯片里，而无需展示的对当前内容进行说明的内容则可以写在备注页中，备注母版的设置方法同讲义母版相似，本技巧对其进行介绍。

1 打开演示文稿，切换至“视图”选项卡，单击“备注母版”按钮。

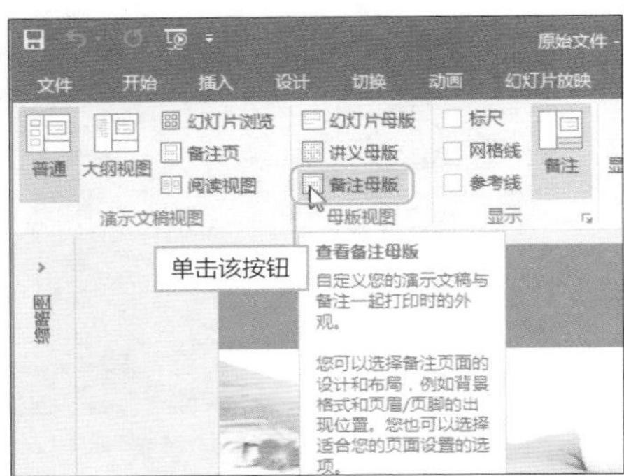

2 选择占位符中所有文本，右键单击，从快捷菜单中选择“字体”命令。

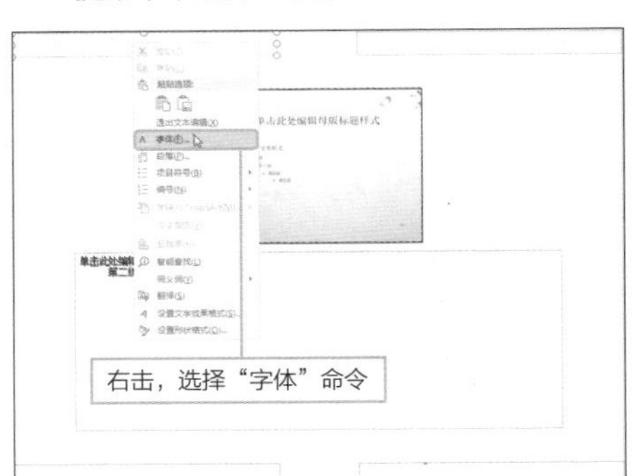

3 打开“字体”对话框，从中对文本的字体、颜色、字号进行设置，最后单击“确定”按钮返回。

4 执行“背景样式>设置背景格式”命令，设置背景格式，然后单击“关闭母版视图”按钮，退出备注母版。

1 2 3 4 5 6 7 8 9 10 11 12 13 14 幻灯片的操作技巧

Question

060 快速变换幻灯片版式

语音视频教学060

实例 更改幻灯片版式

• Level ◆◆◆

2016 2013 2010

PowerPoint 提供了多种不同的幻灯片版式，用户若对当前版式不满意，可通过“版式”按钮快速切换幻灯片页面内容的排列方式。

最初效果

标题和内容版式

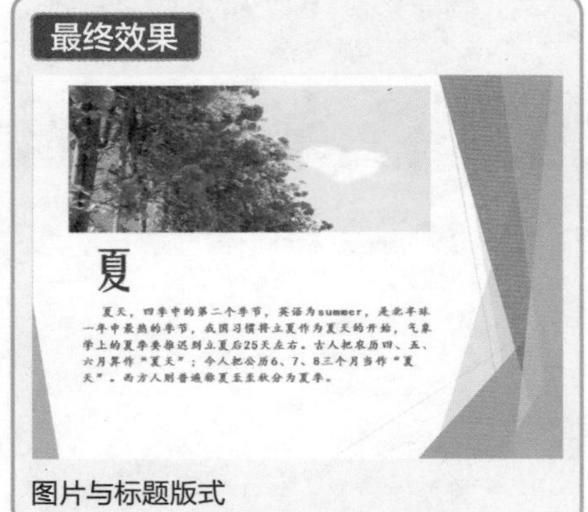

最终效果

图片与标题版式

1 打开演示文稿，单击“开始”选项卡中的“版式”按钮。

单击该按钮

2 从展开的下拉列表库中选择“图片与标题”版式。

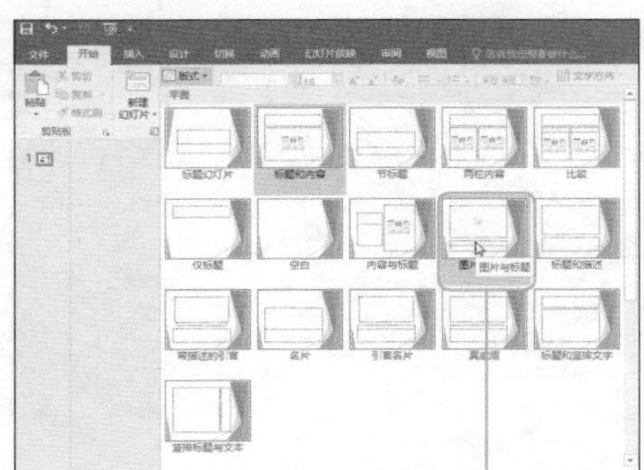

选择“图片与标题”版式

061 让幻灯片背景炫起来

● Level ◆◆◆

2016 2013 2010

实例 设置幻灯片背景

制作一个精美的演示文稿，幻灯片背景的设置也是至关重要的，炫目漂亮的背景可以牢牢吸引观众眼球，为演讲锦上添花，并给人赏心悦目的感觉。

图片填充效果

1. 打开演示文稿，单击“设计”选项卡中的“设置背景格式”按钮。

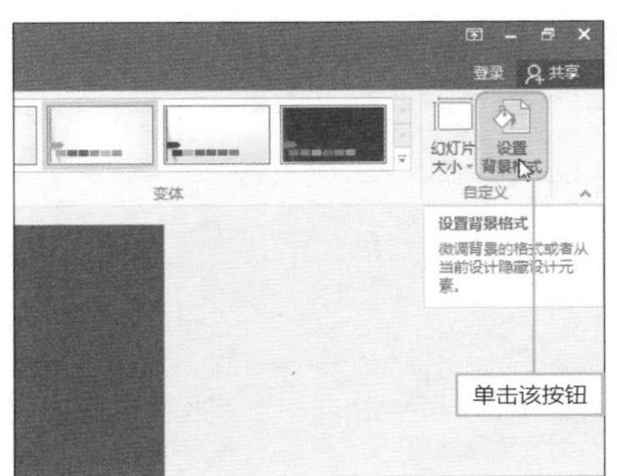

2. 打开“设置背景格式”窗格，选中“图片或纹理填充”单选按钮，勾选“隐藏背景图形”选项，单击“文件”按钮。

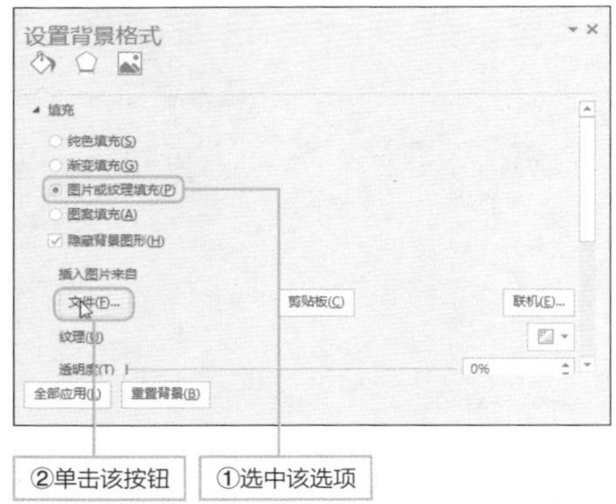

3. 打开“插入图片”对话框，选择图片，单击“插入”按钮，返回上一级对话，单击“全部应用”按钮。

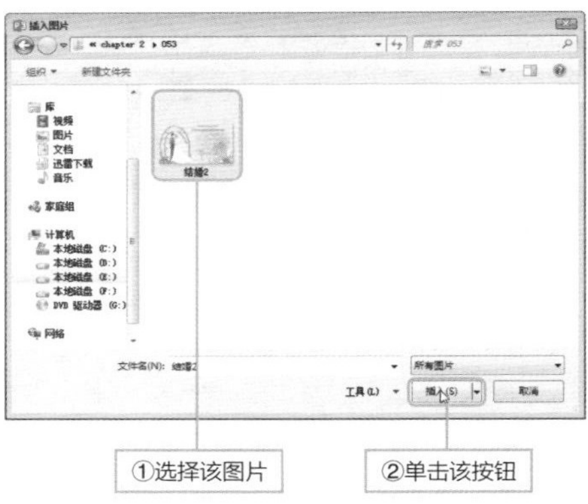

Question

062 背景样式花样多

实例 更改背景样式

● Level ◆◆◆

2016 2013 2010

用户在设计幻灯片时，为了使幻灯片更加美观和亮丽，可以通过内置样式进行修改，也可以通过“设置背景格式”对话框设置其他样式。

最终效果1

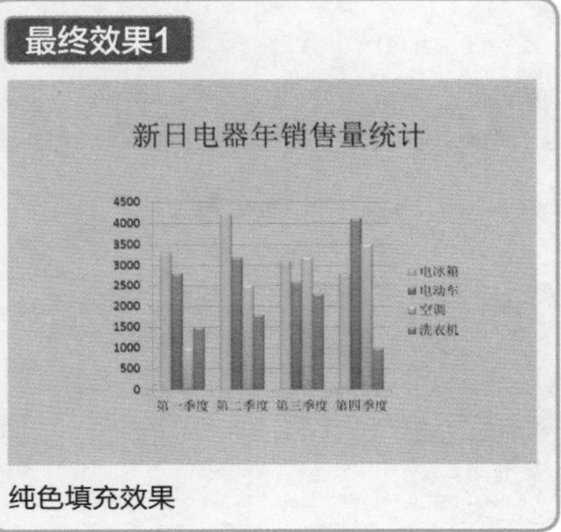

纯色填充效果

最终效果2

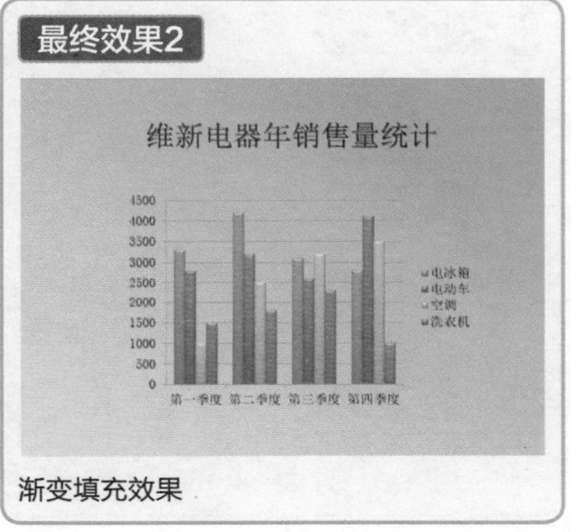

渐变填充效果

1 打开演示文稿，切换至“设计”选项卡，单击“设置背景格式”按钮，将打开“设置背景格式”窗格。

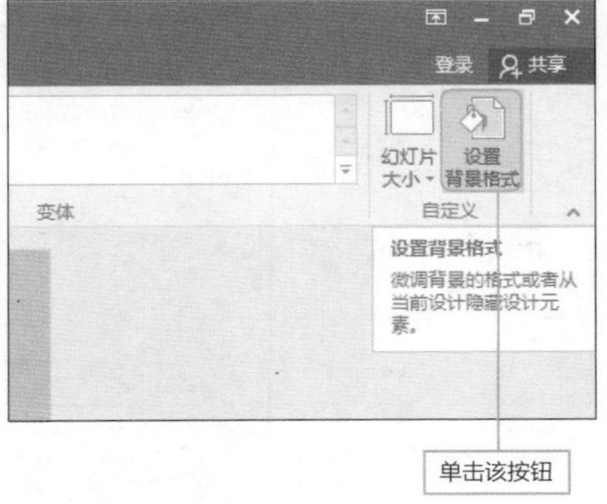

2 **纯色填充。**选中“纯色填充”选项，单击“颜色”按钮，从其列表中选择“橙色，着色6，淡色40%”。

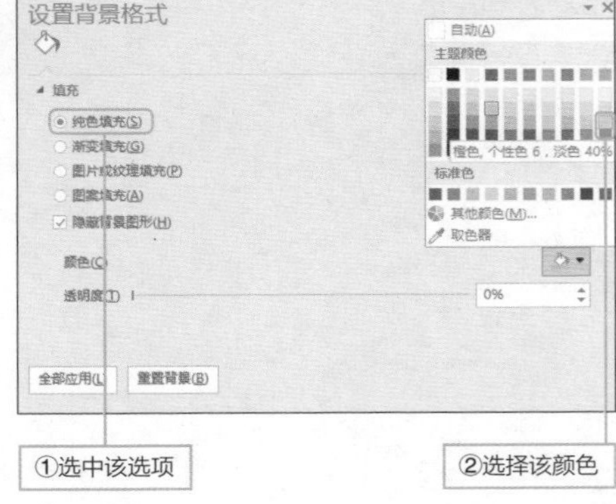

3 **设置渐变填充效果。**选中“渐变填充”选项，单击“预设颜色”按钮，从列表中选择合适的渐变效果。

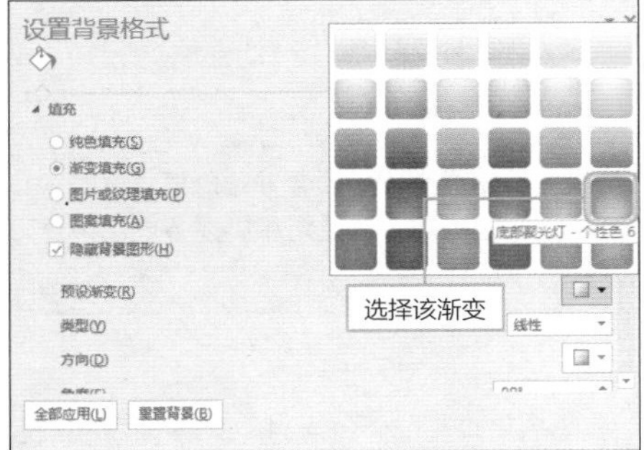

4 单击“类型”按钮，从列表中选择合适的渐变类型，这里选择“线性”。

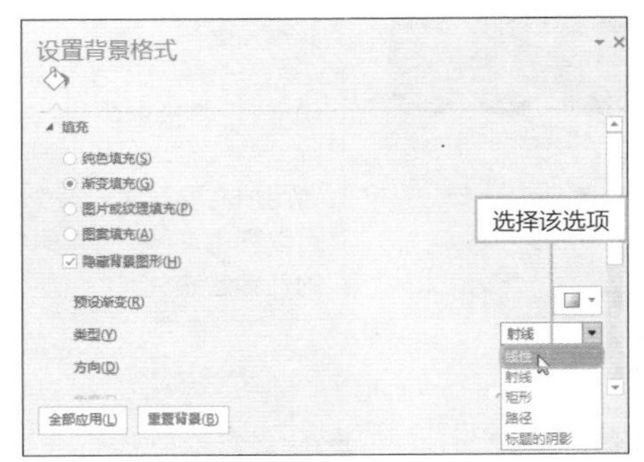

5 单击“方向”按钮，从列表中选择“线性对角-右上到左下”。

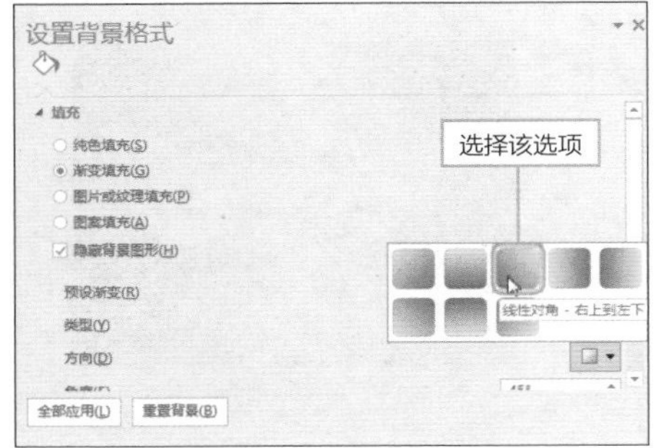

6 选中“渐变光圈”下的停止点1，单击“颜色”按钮，选择合适的颜色。

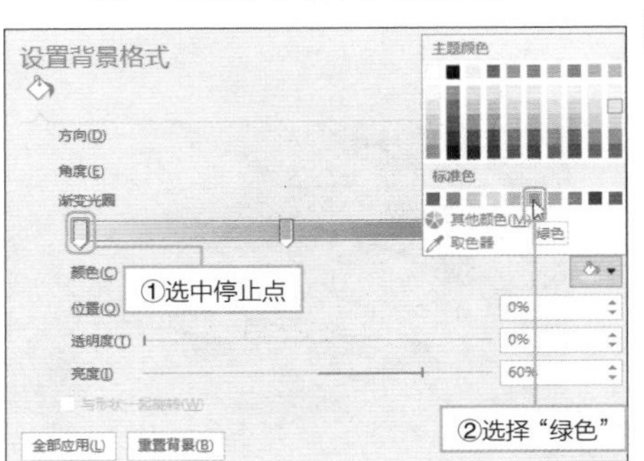

7 依次设置其他停止点，还可通过右侧“添加渐变光圈”和“删除渐变光圈”按钮增添或删除光圈。还可通过“位置”、“透明度”和“亮度”对光圈进行适当调整。

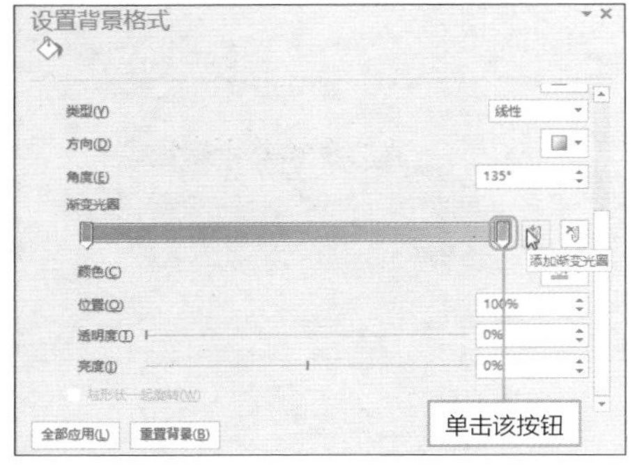

8 **设置图案填充。**选中“图案填充”选项，选择一种合适的图案，然后设置合适的前景色和后景色，设置完成后单击“关闭”按钮，关闭窗格即可。

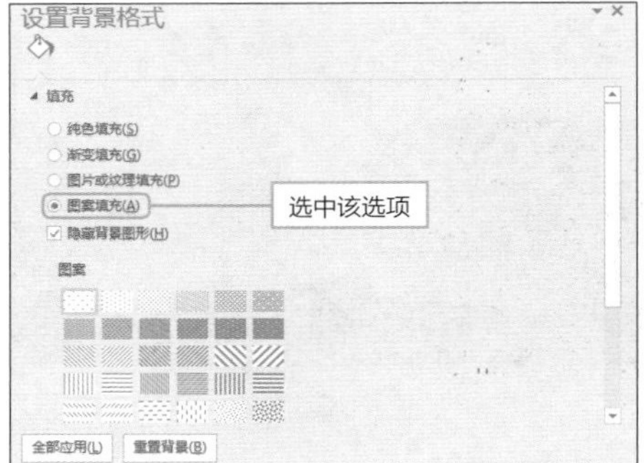

Question

063 多窗口的操作就是这么简单

语音视频教学063

● Level ◆◆◆

2016 2013 2010

实例 多窗口的切换操作

若用户需要同时对多个幻灯片进行编辑，来回切换会非常麻烦，这时就可以利用 PPT 提供的多窗口操作功能实现。本技巧将讲述多窗口操作的几种方法。

1 **新建窗口。**打开演示文稿，之后单击“视图”选项卡中的“新建窗口”按钮。

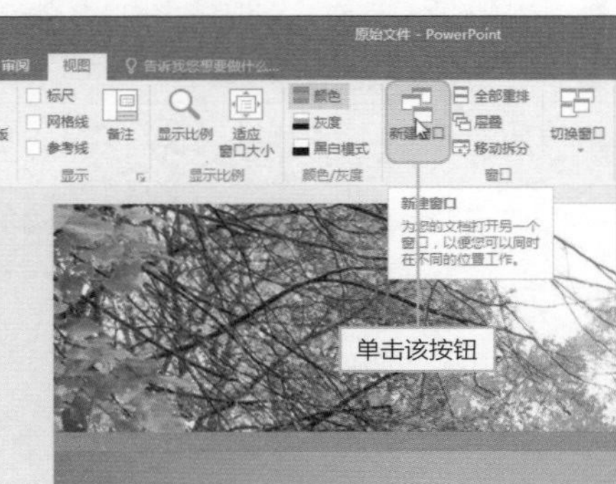

2 随后将打开一个包含当前文档视图的新窗口，且标题栏显示为原始文件:2。

3 **切换窗口。**单击“视图”选项卡中的“切换窗口”按钮，从下拉列表中选择“2原始文件”。

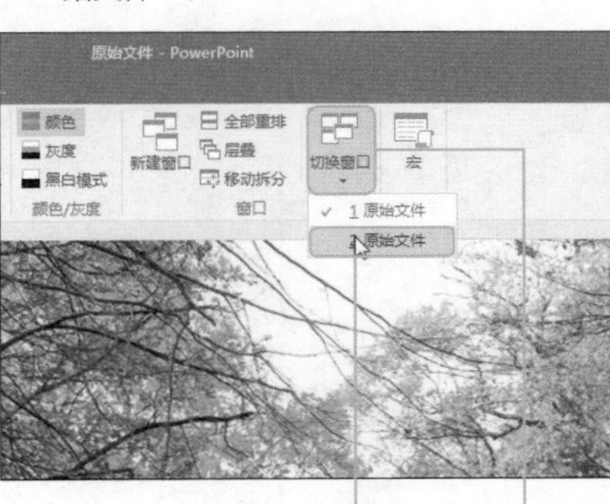

4 用户可切换至选择的文件窗口。

Question

064

巧妙层叠和重排窗口

实例 多窗口操作

若一次性打开了多个演示文稿，用户还可以通过窗口的层叠和重排功能层叠和重排窗口，下面对其进行介绍。

Level ◆◆◆

2016 2013 2010

1 **层叠窗口。**单击“视图”选项卡中的“层叠”按钮。

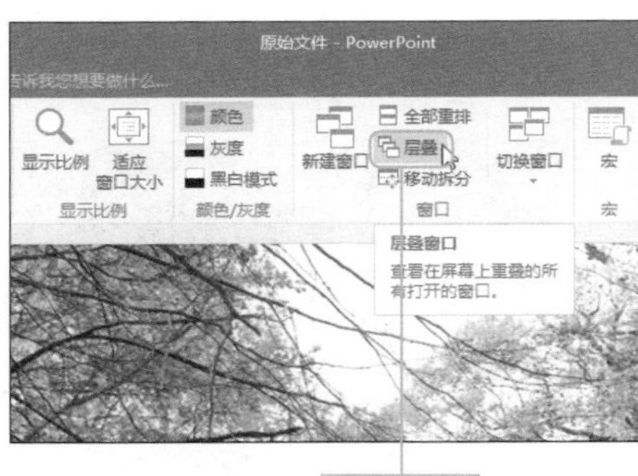

2 窗口将层叠显示，用户可以在多个窗口间来回切换。

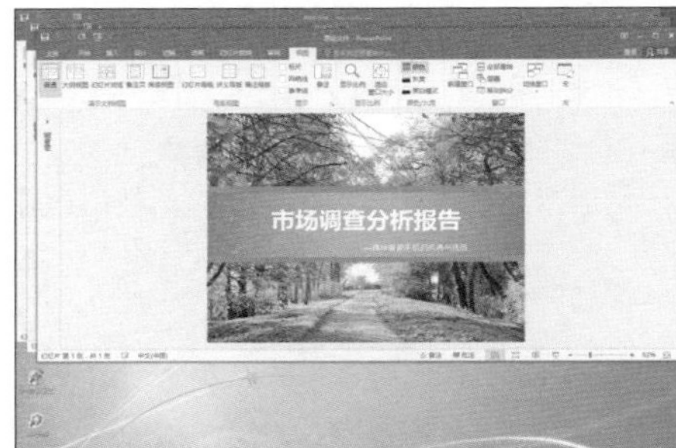

3 **全部重排窗口。**单击“视图”选项卡中的“全部重排”按钮。

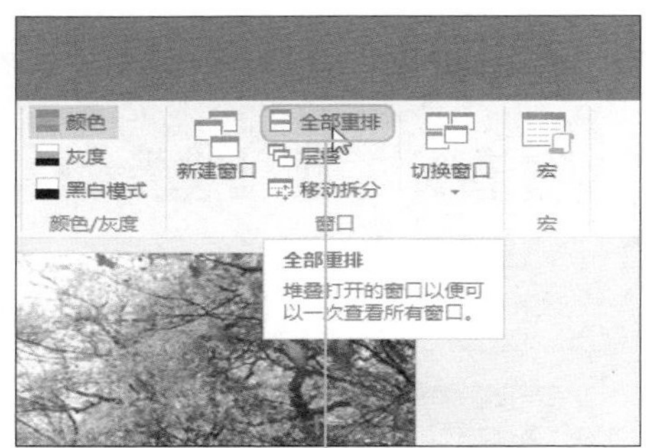

4 窗口自动全部重排，用户可以同时对不同幻灯片进行操作。

Question

065 设置显示比例有绝招

语音视频教学065

实例 设置显示比例

● Level ◆◆◆

2016 2013 2010

在制作演示文稿过程中，对图片、形状等进行编辑时，为了更加精确地进行设计，可以更改幻灯片的显示比例以满足工作需求，本技巧将讲述如何快速调整显示比例操作。

最终效果

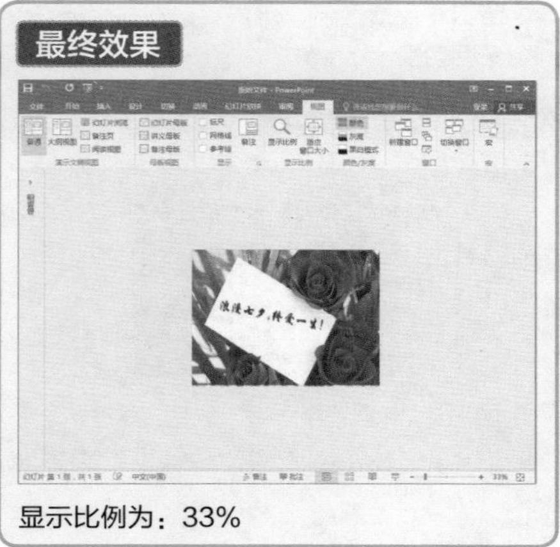

显示比例为：33%

1 通过对话框进行调整。单击“视图”选项卡中的“显示比例”按钮，弹出对话框。

2 可以直接选中给定的比例单选按钮，或通过百分比数值框进行调整，设置完成后单击“确定”按钮即可。

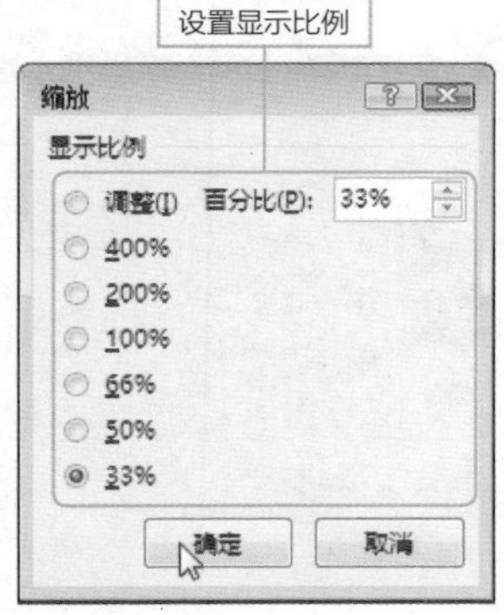

Hint

其他方法快速调整

单击“适应窗口大小”按钮，可一键将显示比例调整至与窗口最佳匹配。

用户可以通过鼠标拖动状态栏上的缩放比例滑块进行调整。也可以按住Ctrl键的同时上、下滚动鼠标，可放大或缩小幻灯片。

- + 33%

Question

066 幻灯片大小轻松设

语音视频教学066

实例 设置幻灯片页面大小

Level ◆◆◇

2016 2013 2010

PowerPoint 2016 默认幻灯片页面大小为宽屏（16:9），这将为电视、PC 显示器、智能机和投影仪提供原生宽屏支持。若当前幻灯片页面大小不符合用户习惯，可以在“页面设置”对话框中进行相应的设置。

最初效果

浪漫七夕，终爱一生！

幻灯片大小为：宽屏（16:9）

最终效果

幻灯片大小为：35毫米幻灯片

1. 打开演示文稿，切换至“设计”选项卡，单击“幻灯片大小”按钮，从列表中选择“自定义幻灯片大小”选项，将打开“幻灯片大小”对话框。

2. 可直接通过“幻灯片大小”选项选择合适大小，也可以通过宽度和高度文本框设置，确认后，会弹出提示对话框，按需选择即可。

Question

067 幻灯片方向的快速更改

语音视频教学067

Level ◆◆◆

2016 2013 2010

实例 更改幻灯片方向

在制作演示文稿时，可根据演示文稿内容、设计风格等需求，对幻灯片的方向进行更改，同样可以通过“页面设置”对话框进行更改，下面将对该操作进行详细介绍。

最初效果

横向显示效果

最终效果

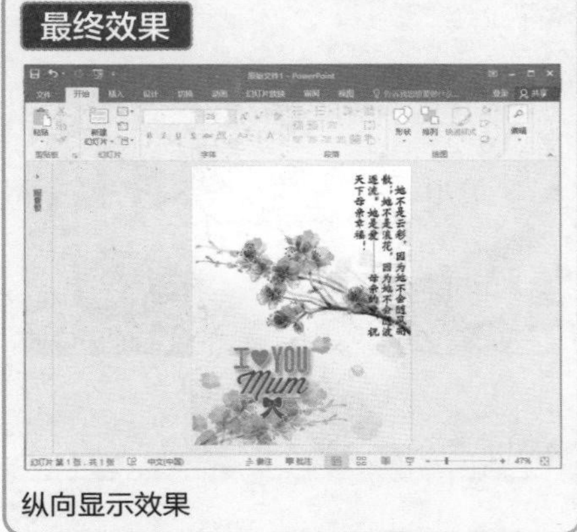

纵向显示效果

1. 打开演示文稿，单击“设计”选项卡中的“幻灯片大小”按钮，从列表中选择“自定义幻灯片大小”选项，将打开“幻灯片大小”对话框。

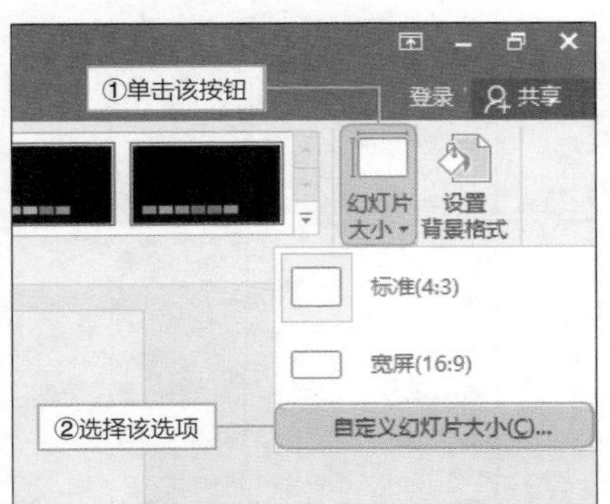

2. 在“方向”选区的“幻灯片”选项组中选中“纵向”单选按钮并确定，弹出提示对话框，单击“确保适合”按钮即可。

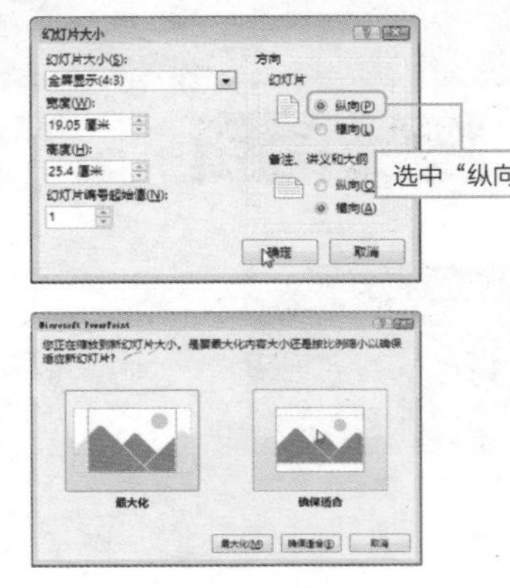

幻灯片的起始编号自己定

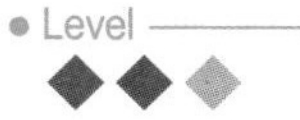

Level ◆◆◆

2016 2013 2010

实例　更改幻灯片编号起始值

当 PowerPoint 文档中有多张幻灯片时，默认编号从 1 开始计数，若用户需要从某个固定的数字开始计数，可以更改其起始编号，本技巧将介绍如何更改幻灯片起始编号的操作。

最初效果

默认幻灯片起始编号为1

最终效果

更改后幻灯片起始编号为3

1. 打开演示文稿，单击“设计”选项卡中的“幻灯片大小”按钮，从列表中选择“自定义幻灯片大小”选项，将打开“幻灯片大小”对话框。

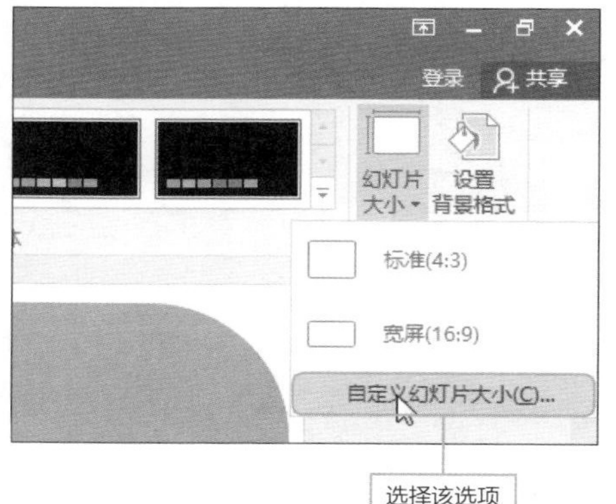

2. 在“幻灯片编号起始值”下的数值框中直接输入起始编号“3”，也可以通过数值框右侧的调节按钮进行调节，设置完成后单击“确定”按钮即可。

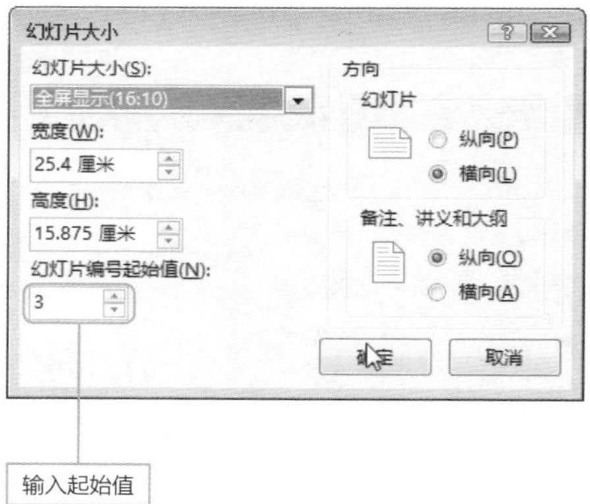

Question

069 日期和时间的巧添加

语音视频教学069

实例 在幻灯片中添加时间和日期

● Level ◆◆◆

2016 2013 2010

为了标识幻灯片的制作时间或当前放映时间，用户需要为幻灯片添加日期和时间，本技巧将对其操作进行详细介绍。

最初效果

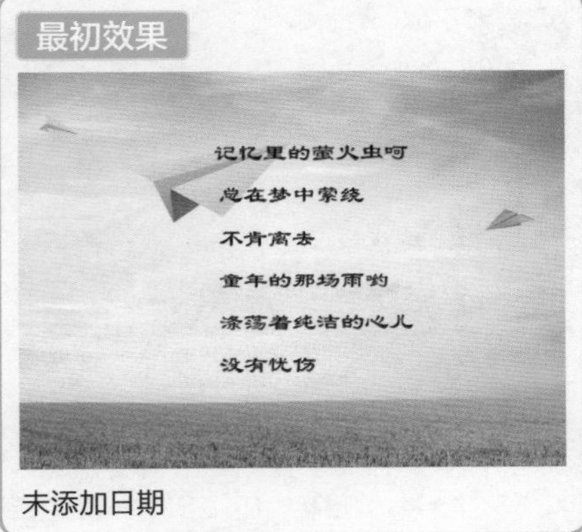

未添加日期

最终效果

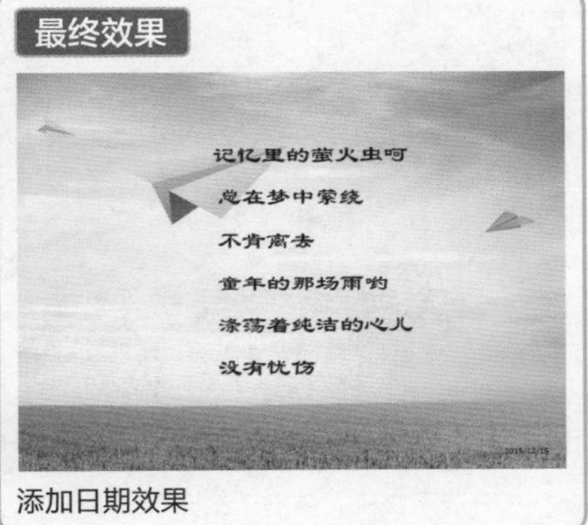

添加日期效果

1. 打开演示文稿，切换至“插入”选项卡，单击“日期和时间”按钮，或单击“页眉和页脚”按钮。

单击该按钮

2. 打开“页眉和页脚”对话框，勾选“时间和日期”复选框，选中“固定”单选按钮，在下面的文本框中输入时间，单击“全部应用”按钮即可。

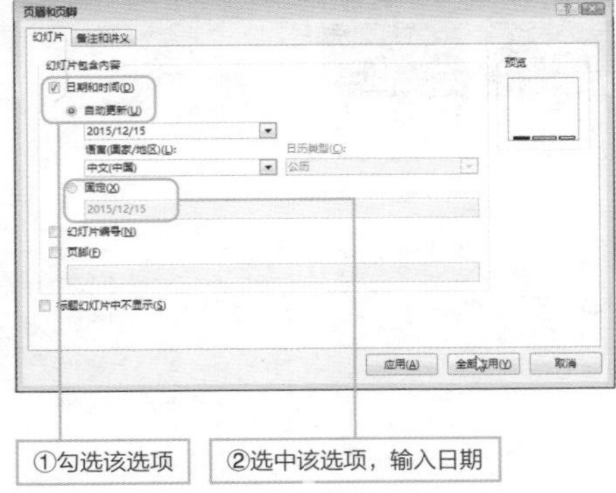

①勾选该选项 ②选中该选项，输入日期

Question

070

● Level

◆◆◆

2016 2013 2010

更新页眉和页脚一点就会

实例　实现页眉和页脚日期和时间的自动更新

在制作完成一个幻灯片后，若用户希望每次播放幻灯片时，幻灯片显示的日期和时间都与当前时间保持一致，该怎样才能实现呢?

❶ 打开演示文稿，单击“插入”选项卡中的“页眉和页脚”按钮。

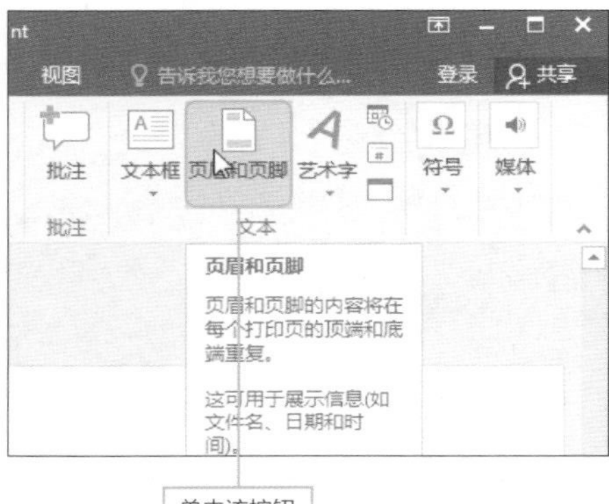

❷ 打开“页眉和页脚”对话框，勾选“日期和时间”复选项，然后选中“自动更新”单选按钮，单击其下拉按钮。

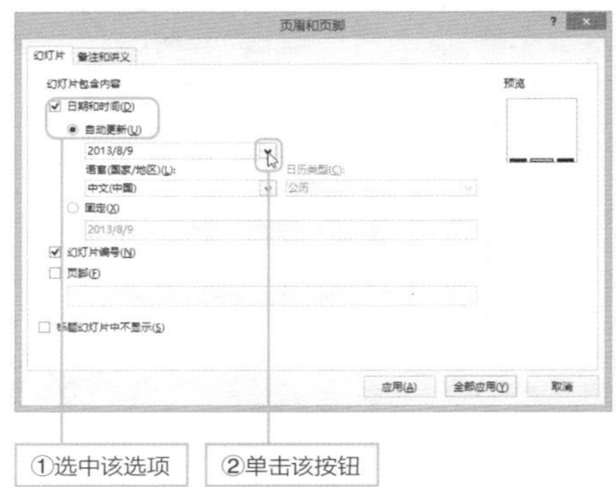

❸ 从下拉菜单中选择用户所需的日期和时间格式，然后单击“全部应用”按钮。

❹ 所有幻灯片的页眉和页脚都将显示当前日期和时间。

1 2 3 4 5 6 7 8 9 10 11 12 13 14 幻灯片的操作技巧

Question

071 巧将PDF文件应用于幻灯片中

● Level ◆◆◆

2016 2007

实例 在幻灯片中插入PDF文件

除了 Excel 文件可以放入演示文稿中外，PDF 文件也可以通过插入对象的方式插入到演示文稿中，本技巧将介绍如何将 PDF 文件插入到演示文稿中的操作。

❶ 打开演示文稿，切换至“插入”选项卡，单击“对象”按钮。

❷ 打开“插入对象”对话框，选中“由文件创建”单选按钮，单击“浏览”按钮。

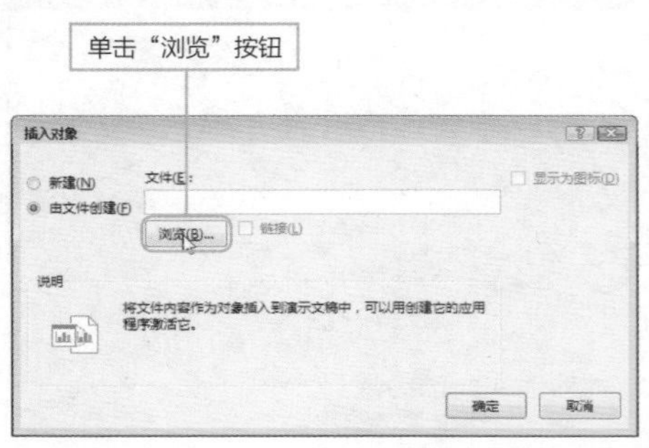

❸ 打开“浏览”对话框，从中选择合适的文件，单击“确定”按钮。

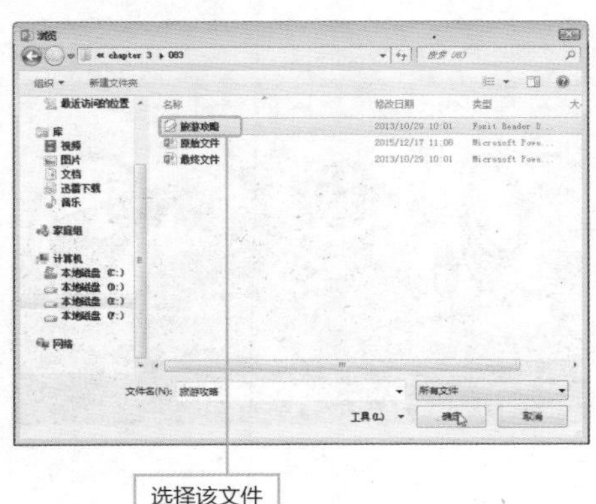

❹ 返回至幻灯片页面，适当调整对象界面大小，双击即可将其打开。

Question

072 准确定位对象有诀窍

语音视频教学072

Level ◆◆◆

2016 2013 2010

实例 定位并选择对象

在对幻灯片中的文本框、图片、图形等对象进行操作时，如何能快速并准确地定位该对象呢？特别是当这些对象叠放在一起又该怎样进行定位呢？

1 **选择无层叠的对象。**打开演示文稿，单击欲选择的对象，若需选中多个，则只需按住Ctrl键依次单击对应对象即可。

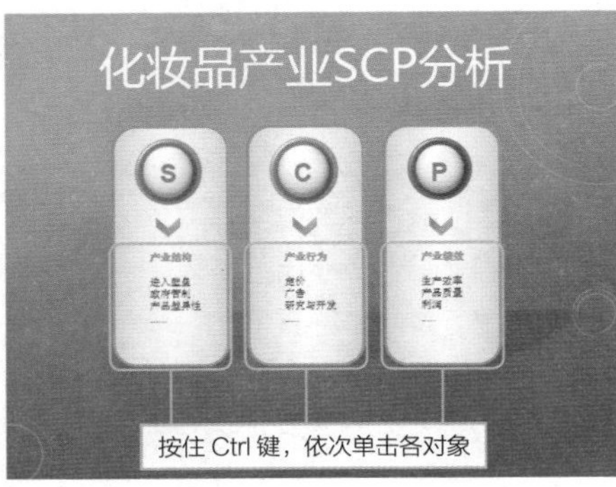

2 **选择有重叠的对象。**单击“开始”选项卡中的“选择”按钮，从下拉菜单中选择“选择窗格”命令。

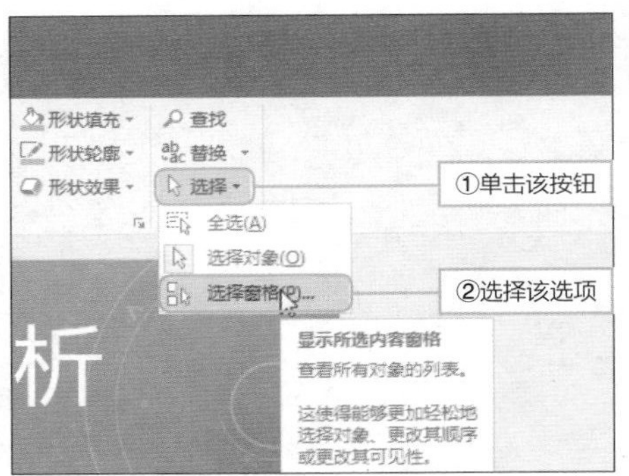

3 幻灯片右侧将出现“选择和可见性”窗格，在“该幻灯片上的形状”列表中进行选取即可。

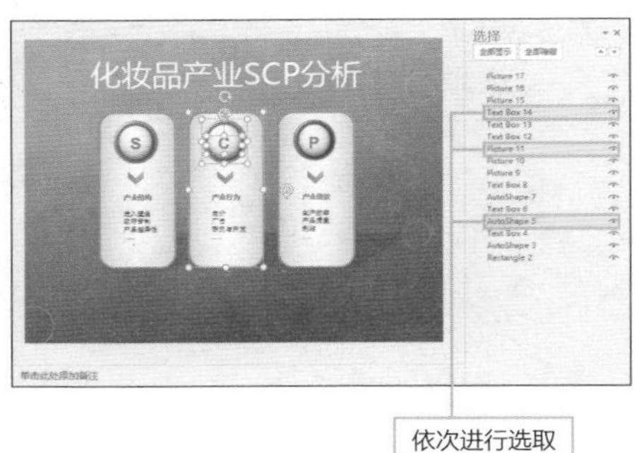

Hint

选择区域内的所有对象

若需要选择区域内的所有对象进行移动和复制等操作，可以按住鼠标左键不放拖动鼠标进行框选，则区域内的所有对象将被选择。

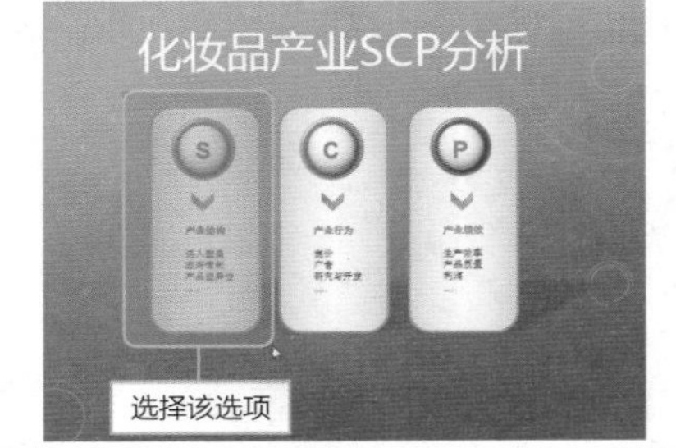

第3章 073~129

文本的创建与编辑技巧

- 原来这就是占位符
- 占位符很好用
- 快速选择占位符
- 文本框的妙用
- 随时添加文字有一招
- 修改文本有妙招
- 巧移标题增气场

Question

073 原来这就是占位符

● Level ◆◆◆

2016 2013 2010

实例 了解占位符

在演示文稿中添加幻灯片后，在文档编辑区会出现虚线方框，这些方框就是占位符，占位符按照定义的对象不同可划分为内容占位符、文本占位符、图片占位符、图表占位符、表格占位符、SmartArt 占位符等。

1 进入母版视图，单击“插入占位符”按钮，可以从列表中看到10种不同类型的占位符。

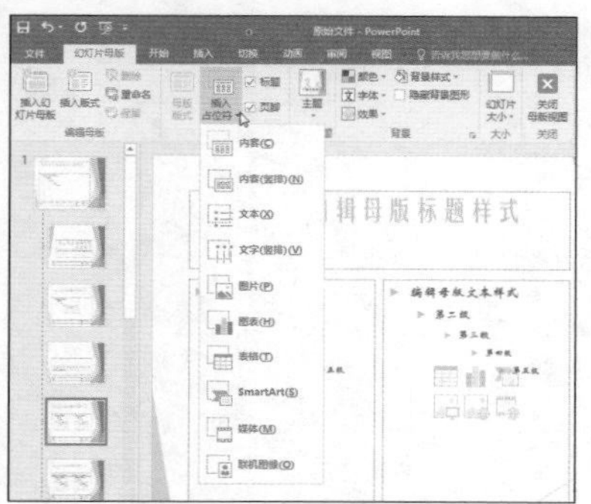

2 **内容占位符**。在内容占位符中可输入文本，插入图片、表格、图表、SmartArt、媒体以及剪贴画等。

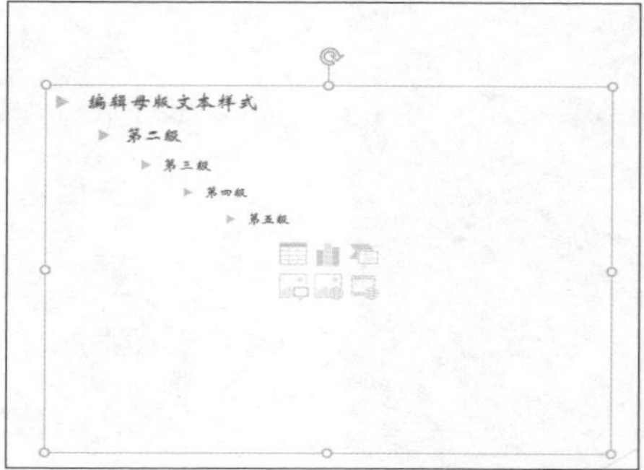

3 **文本占位符**。在该占位符中可以输入文本信息。

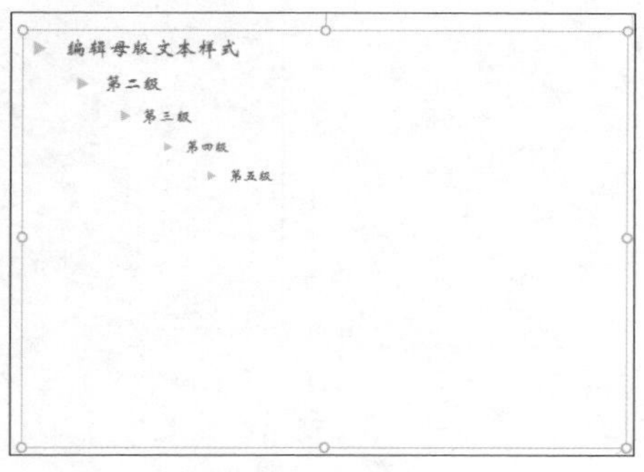

4 **图片、图表、表格等占位符**。单击占位符中的图标，即可打开相应的对话框，然后根据提示添加相的对象即可。

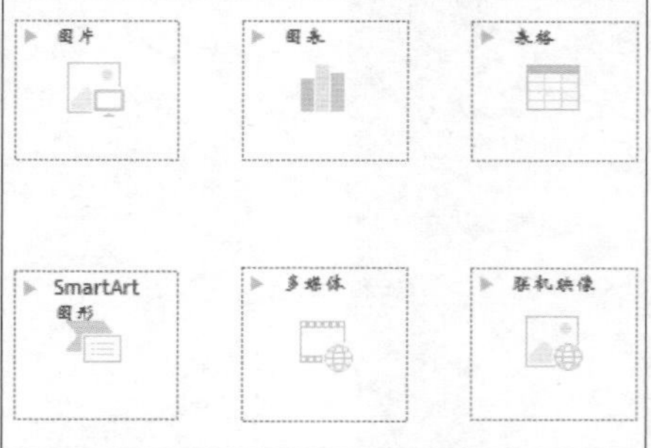

Question

074 占位符很好用

语音视频教学074

● Level ◆◆◇

2016 2013 2010

实例	文本占位符的应用

创建模板幻灯片后，在文档编辑区会出现虚线方框，这些方框就是占位符。占位符确定了幻灯片的版式，其中虚线框显示为“在此处添加标题”、“在此处添加内容”的占位符，叫做文本占位符。

1 打开演示文稿可以看到“单击此处添加标题”以及“单击此处添加副标题”字样。

2 在包含该字样的虚线框中单击，将光标定位至虚线中，输入文本。

3 在占位符中输入大量文本时，文本会自动换行。

4 并且文字过多时，会自动调整字号大小，若希望开始新段落，需按Enter键换行。

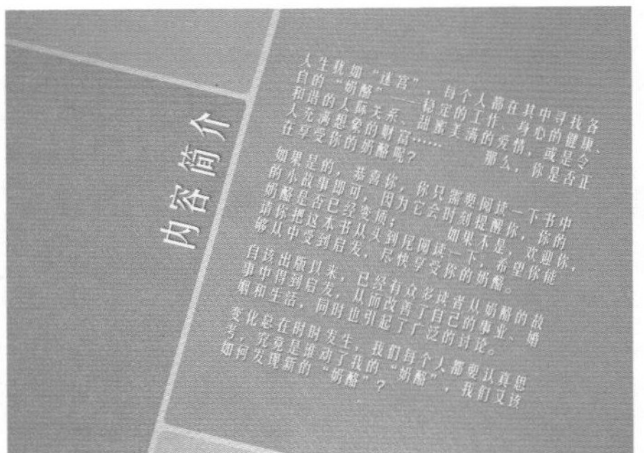

Question

075 快速选择占位符

语音视频教学075

● Level ◆◆◆

2016 2013 2010

实例	占位符的选择

在对占位符进行操作时，无论是需要移动占位符、复制占位符还是删除占位符，都需要先将其选择，才能进行进行相应的操作，那么，该如何选择占位符呢？本技巧对其进行介绍。

1 **选择单个占位符。**单击占位符的边框即可选择单个占位符。

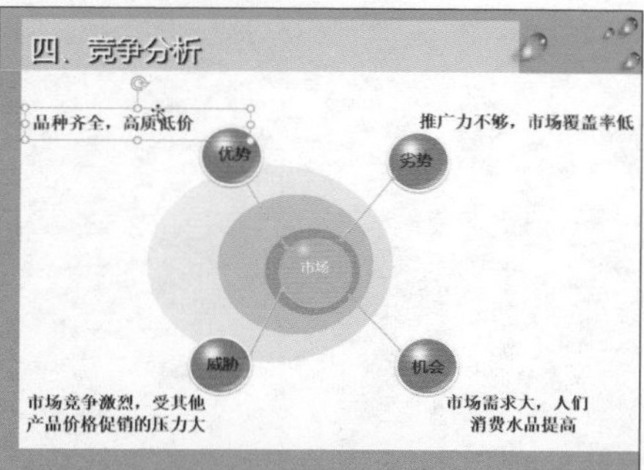

2 按住Shift键或Ctrl键的同时，依次单击需要选择的占位符。

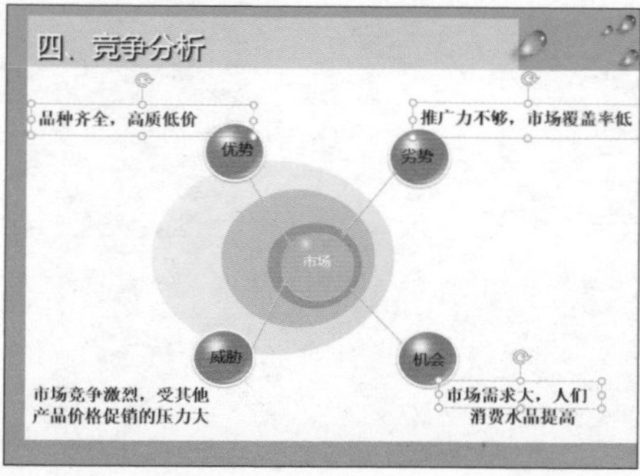

3 **选择多个占位符。**按住鼠标左键不放，拖动鼠标光标框选需要选择的占位符。

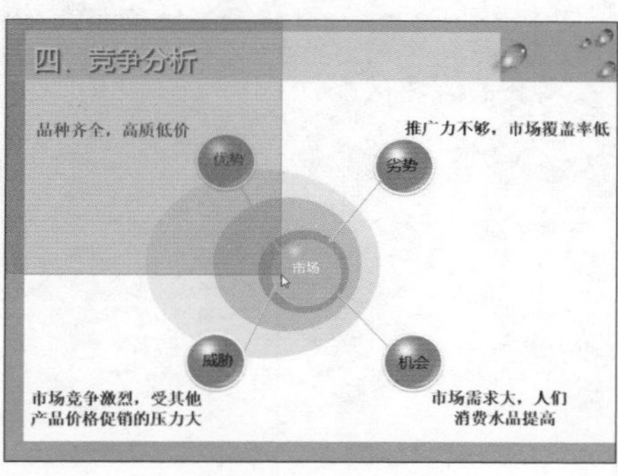

4 **选择所有占位符。**在键盘上按下Ctrl+A组合键即可选择该幻灯片页面内的所有占位符，同时也会将其他图形或图像对象选择。

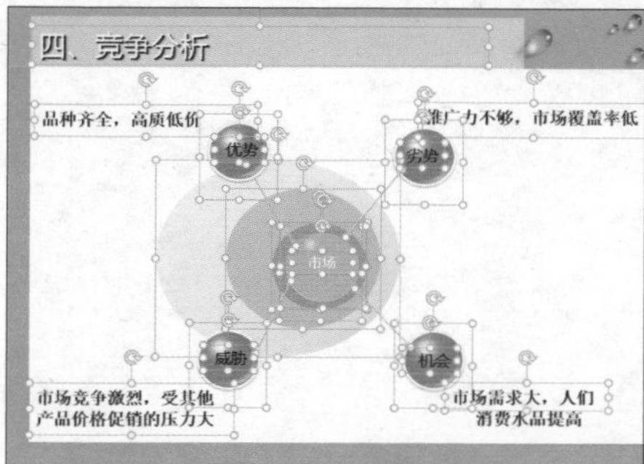

Question
076

文本框的妙用

语音视频教学076

Level ◆◆◆

2016 2013 2010

实例　插入文本框

文本框包括横排文本框和竖排文本框，横排文本框中输入的文本以横排显示，竖排文本框中输入的文字以竖排显示。用户可根据自身需要绘制任意大小和方向的文本框。

1 **添加文本框。**打开演示文稿，单击“插入”选项卡中的“文本框”按钮，从下拉菜单中选择“横排文本框”选项。

2 将光标移动至幻灯片页面适当位置，按住鼠标左键不放，拖动鼠标，画出一个横排的文本框。

3 光标自动定位至文本框内，随后输入合适的文字内容即可。

4 **应用快速样式。**选择“绘图工具—格式>形状样式>其他”命令。

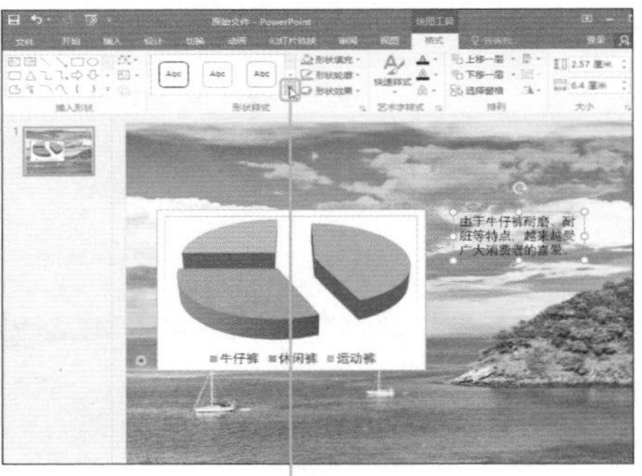

5 弹出样式列表，当光标移至相应样式时，文本框实时显示应用该样式效果，进行相应选择即可。

6 若对当前文本框样式不满意，可以单击“编辑形状”按钮，从下拉列表中选择“更改形状”选项，然后选择合适的形状。

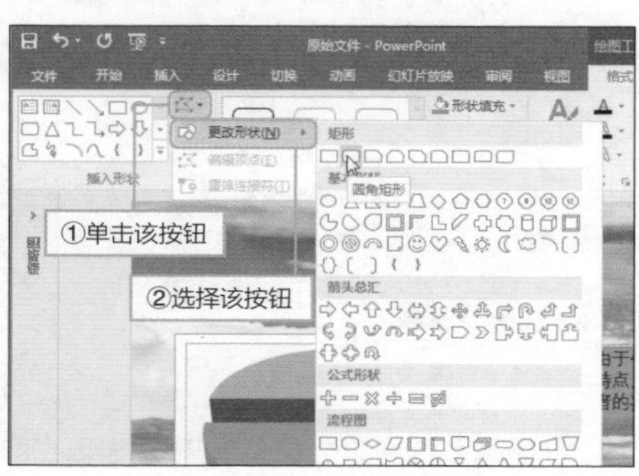

7 **设置填充色。**单击“形状填充”按钮，可设置文本填充，包括纯色、图片、渐变等。

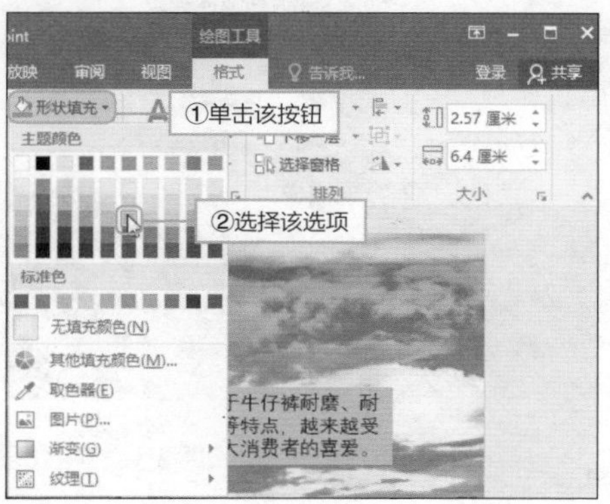

8 **设置填充轮廓。**单击“形状轮廓”按钮，可设置边框颜色、线条。

9 **设置效果。**单击“形状效果”按钮，可为文本框添加阴影、旋转等效果。

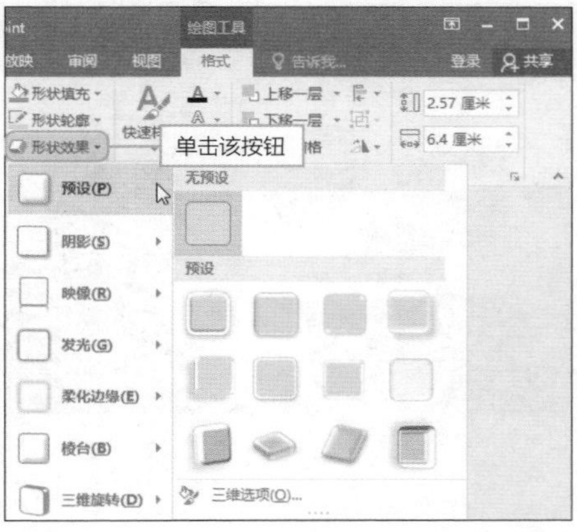

Hint

复制对象小窍门

复制文本框时，你还在用Ctrl+C和Ctrl+V组合键么？你Out了，只需选中该文本框，直接按Ctrl+D组合键即可快速完成复制和粘贴命令。该命令对图像和其他形状同样适用。

Question 077

随时添加文字有一招

语音视频教学077

Level ◆◆◆

2016 2013 2010

实例　播放过程中添加文字

在进行包含提问的演讲中，经常需要在演讲过程中输入文字。但是，常规情况下，播放幻灯片过程中并不能实现此功能，用户如何才能实现此操作呢?

1 打开“PowerPoint选项”对话框，在“自定义功能区”选项的右侧区域勾选“开发工具”前的复选框。

2 单击“确定”按钮，返回幻灯片页面，单击“开发工具”选项卡上的“文本框控件”按钮。

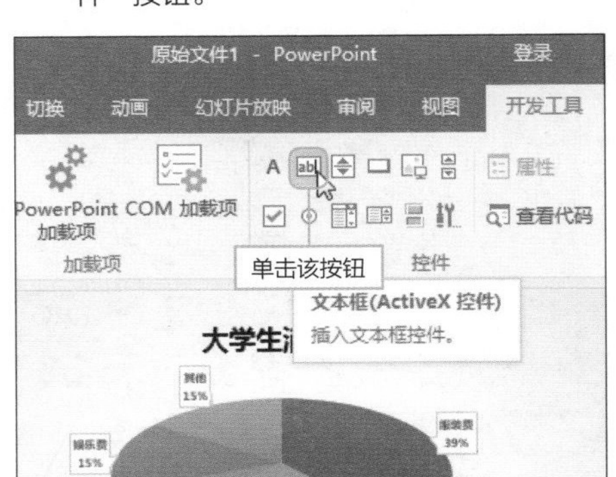

3 拖动鼠标，在幻灯片页面合适位置添加一个文本控件。

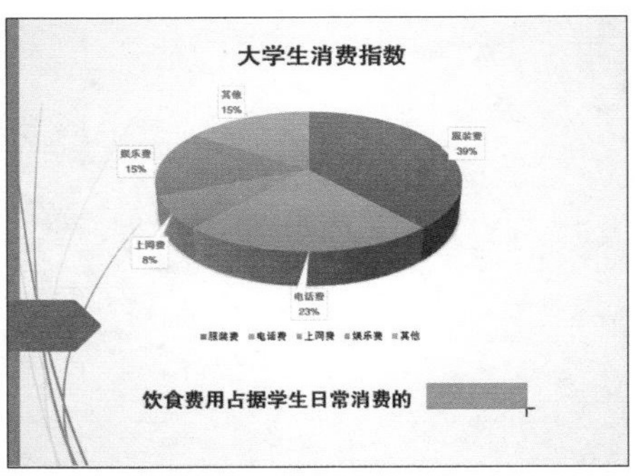

4 调整大小和位置，按F5键播放幻灯片，可以在该控件中输入数值。

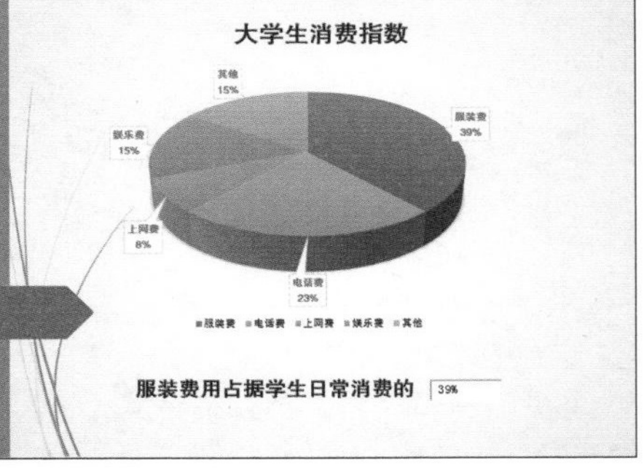

Question

078 修改文本有妙招

语音视频教学078

● Level ◆◆◆

2016 2013 2010

实例 修改占位符中的文本

在检查幻灯片内容过程中，若发现文本信息输入有误，或者某些短语或者术语等使用不当，可以对其进行更改，本技巧对其进行介绍。

最初效果

文本输入有误

最终效果

修改文本效果

1. 将鼠标光标定位至需要更改的文本开始处，拖动鼠标选择需要修改的文本。

2. 切换至习惯的输入法，通过键盘直接输入正确的文本信息即可，这样原有的文本即可被替换。

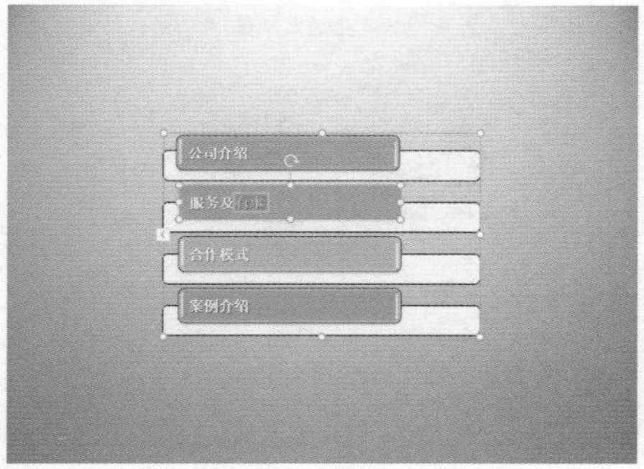

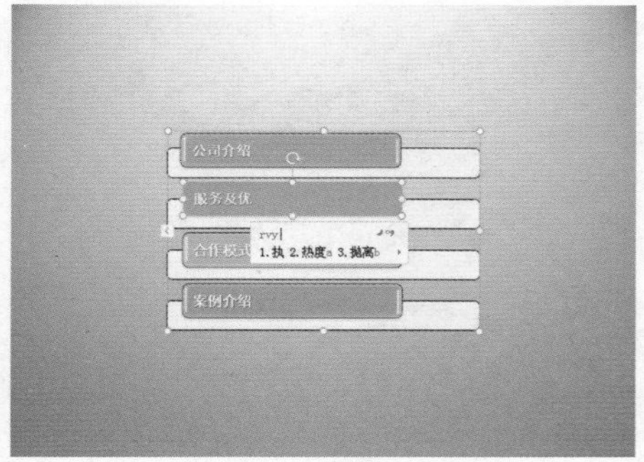

Question 079

巧移标题增气场

语音视频教学079

Level ◆◆◆

2016 2013 2010

实例　文本框的移动操作

如果默认的标题位置并不符合页面美观的要求，用户可以根据需要将其移动到合适的位置，本技巧将对其进行简单介绍。

最初效果

移动标题位置前的效果

最终效果

移动标题位置后的效果

1. 用鼠标单击标题文本框将其选中，按住鼠标左键不放，拖动鼠标，将其移至合适的位置即可。

2. 选择标题文本框后右击，从其快捷菜单中选择“大小和位置”选项，打开“设置形状格式”窗格，选择“位置”选项，在“水平位置”和“垂直位置”数值框中输入数值即可。

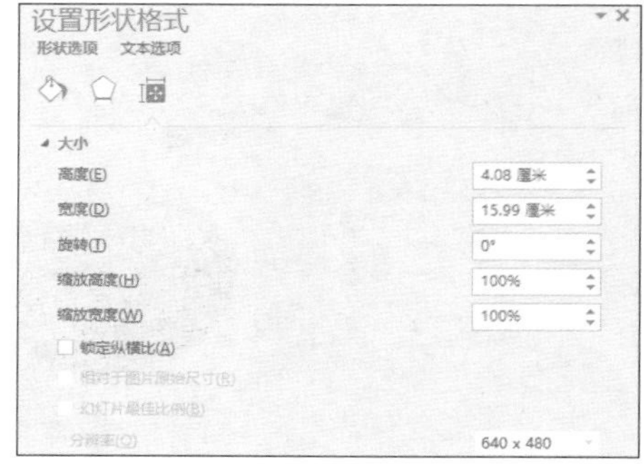

Question 080

（文本间的）距离产生美

语音视频教学080

Level ◆◆◆

2016 2013 2010

实例 设置文本对齐格式

当文本框中有大量文本时，可以设置文本的对齐方式，包括顶端对齐、中部对齐以及底端对齐，也可以在对话框中设置文字与边框的距离。

最初效果

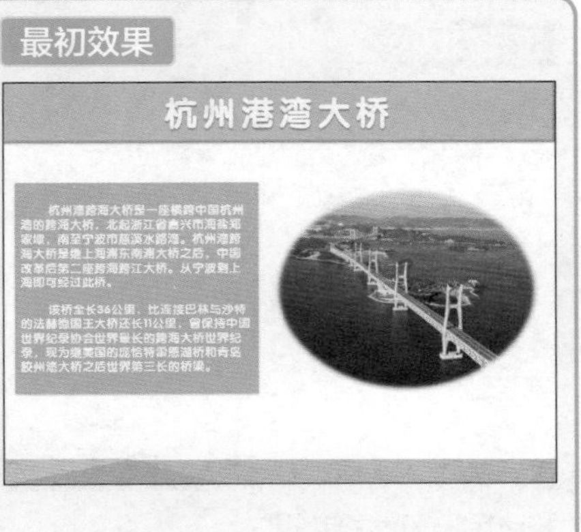

最终效果

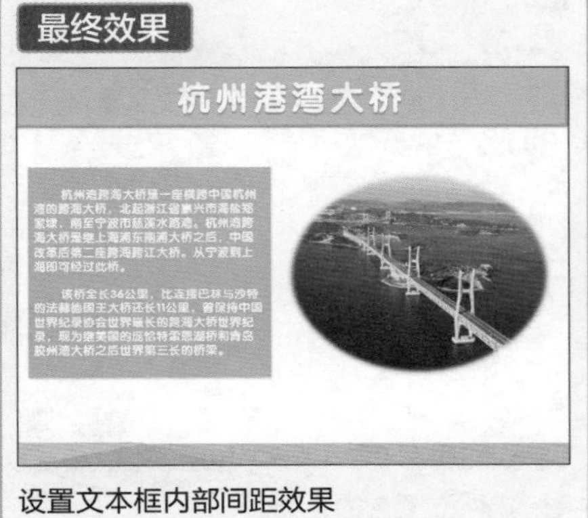

设置文本框内部间距效果

❶ 选中文本框，单击“开始”选项中的“对齐文本”按钮，从列表中选择“其他选项”选项。

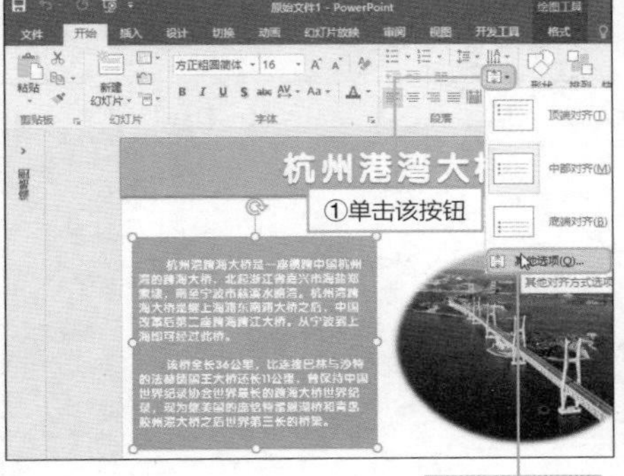

❷ 打开“设置形状格式”窗格，在“文本框”选项下设置上、下、左、右边距，单击“关闭”按钮即可。

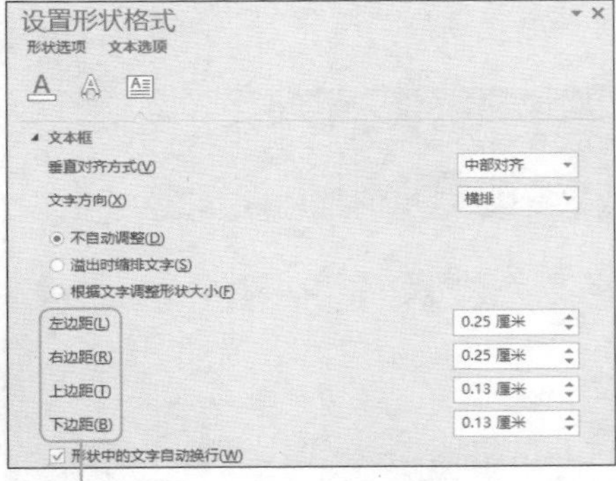

Question

081

省力便捷的自动换行

语音视频教学081

Level

2016 2013 2010

实例　实现文字自动换行功能

当在文本框中输入文本较多时，往往会溢出文本框，用户可以通过Enter键进行手动换行，但是当文本过多时，频繁地手动换行会影响工作效率，此时文本自动换行功能可以帮助用户解决此类烦恼。

最初效果

未设置文本自动换行效果

最终效果

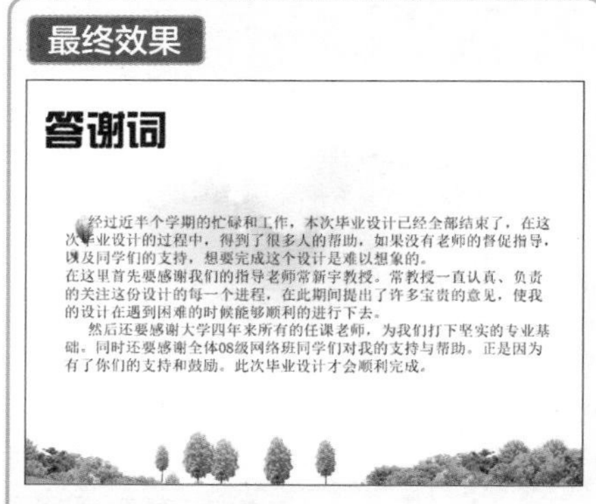

设置自动换行效果

1. 选中文本框，单击“开始”选项卡上的“对齐文本”按钮，从列表中选择“其他选项”选项。

2. 打开“设置形状格式”窗格，勾选“形状中的文字自动换行”选项，单击“关闭”按钮即可。

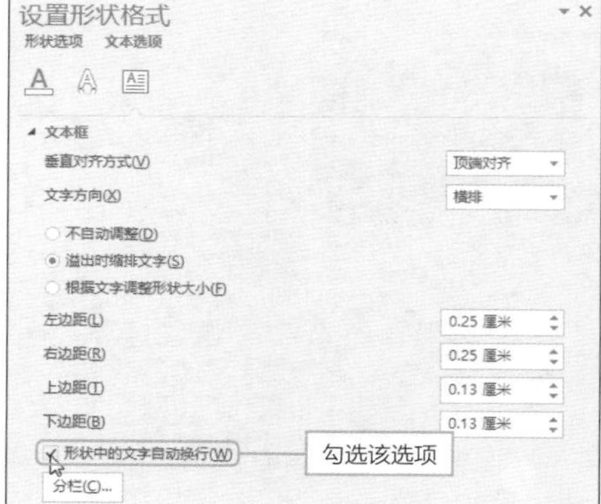

Question

082 巧妙选取文本

语音视频教学082

Level ◆◆◆

2016 2013 2010

实例 根据需要选择文本内容

在对幻灯片的文本进行移动、复制、粘贴等操作时，首先要选取文本，掌握快速选取文本的技巧，可以在很大程度上提高用户的工作效率。

1 选取一个单词。 将光标定位至该单词，双击该单词即可。

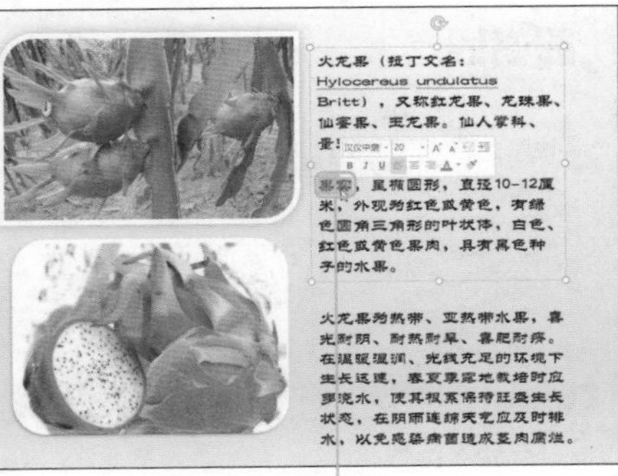

双击选取单词

2 选取段落及其所有附属文本。 连击三次该段落中的任何位置即可。

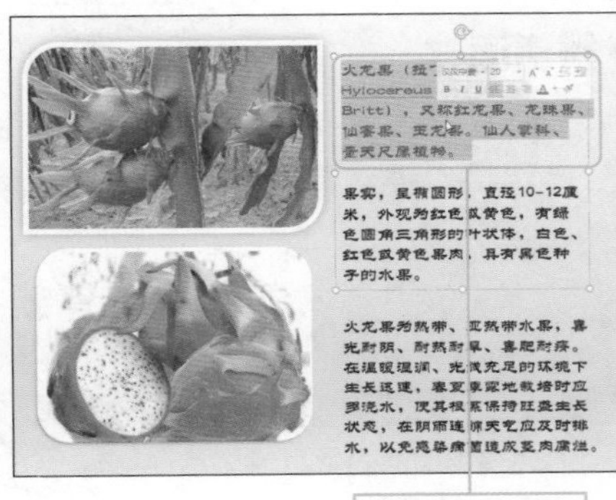

连击三次选取段落

3 选取占位符、自选图形或文本框中的所有文本。 将插入点置于对象中，在键盘上按Ctrl+A组合键。

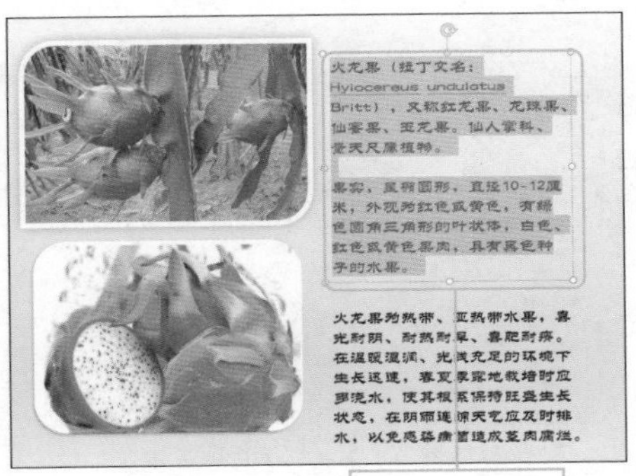

按 Ctrl+A 组合键

Hint

打开或关闭自动选定整个单词

打开“PowerPoint选项”对话框，在“高级”选项的“编辑选项”区，勾选“选定时自动选定整个单词”复选框，单击“确定”按钮。

Question

083

快速输入像O_2样式的文本

● Level ◆◆◆

2016 2013 2010

实例 设置文字下标

在幻灯片页面中输入类似 O_2、H_2O 等化学符号时，该如何进行输入呢？可以先按照原样输入符号，然后根据需要设置下标即可。

最初效果

原样输入符号效果

最终效果

设置文字下标效果

1 选中需设置下标的字符，单击“开始”选项卡“字体”组的对话框启动器按钮。

2 打开“字体”对话框，勾选“效果”区域中“下标”选项前的复选框，单击“确定”按钮即可。

Question
084

输入特殊符号有绝招

实例 特殊符号的插入

● Level

2016 2013 2010

在日常工作中，用户常常需要在幻灯片中插入一些特殊的符号，熟悉它们的输入方法可以节约大量时间。本技巧将介绍插入特殊字符的方法。

最初效果

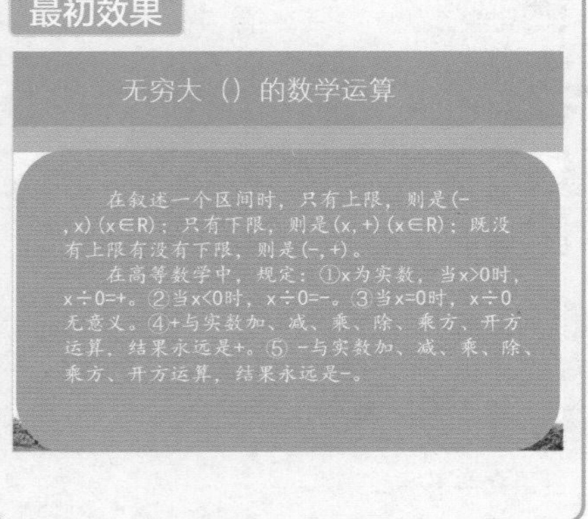

最终效果

无穷大（∞）的数学运算

在叙述一个区间时，只有上限，则是(-,x)(x∈R)；只有下限，则是(x,+)(x∈R)；既没有上限有没有下限，则是(-,+)。
在高等数学中，规定：①x为实数，当x>0时，x÷0=+。②当x<0时，x÷0=-。③当x=0时，x÷0无意义。④+与实数加、减、乘、除、乘方、开方运算，结果永远是+。⑤ -与实数加、减、乘、除、乘方、开方运算，结果永远是-。

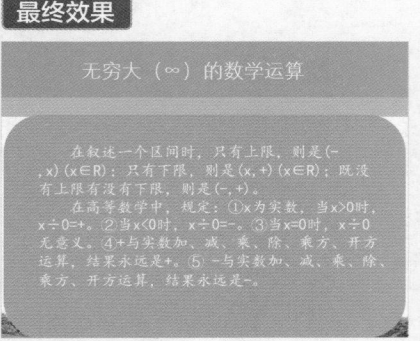

插入特殊符号效果

1 将光标定位至需插入文本处，单击“插入”选项卡中的“符号”按钮。

2 打开“符号”对话框，选择合适的字符，单击“插入”按钮并关闭对话框即可。

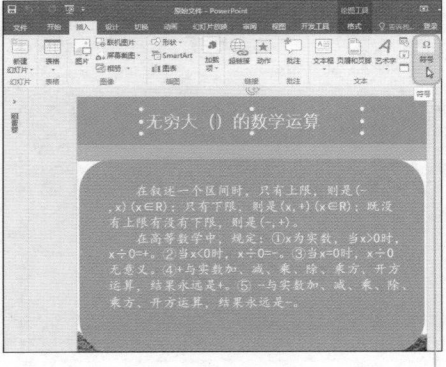

单击“符号”按钮

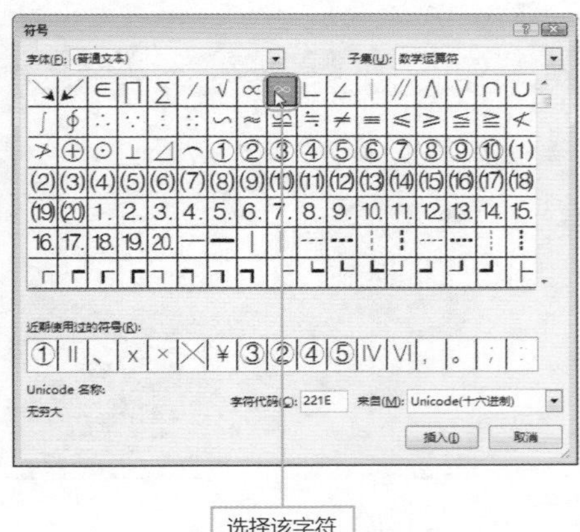

选择该字符

Question

085 英文文本首字母大写看我的

语音视频教学085

● Level ◆◆◆

2016 2013 2010

实例 应用更改大小写功能

当需要在幻灯片页面中添加大量英文文本时，在输入过程中来回切换大小写会占用用户宝贵的工作时间，利用 PowerPoint 提供的更改大小写功能，可以很好地帮助用户解决此类问题。

输入英文字符效果

最终效果

Market Analysis

胡馨

2015/5/25

更改为每个单词首字母大写效果

1 选中文本，单击“开始”选项卡中的“更改大小写”按钮。

2 展开其下拉列表，从中选择“每个单词首字母大写”选项。

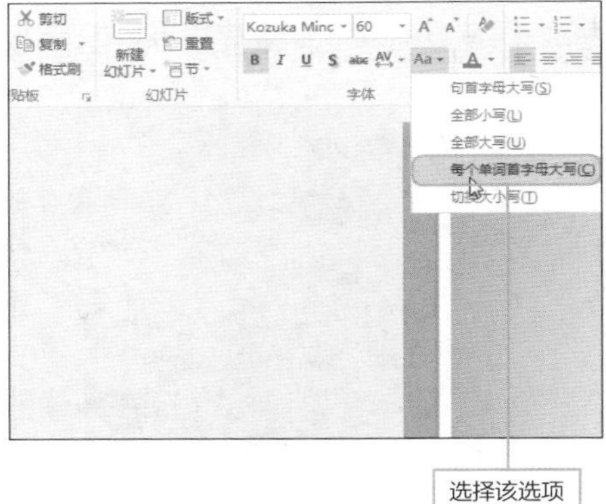

Question

086 添加公式有一手

Level ◆◆◆

2016 2013 2010

实例 在幻灯片中添加公式

在教学或者其他学术性的演讲中，可能会经常需要用到数学公式，PowerPoint 2016 提供了强大的插入公式功能，几乎所有的数学公式都可以完成插入。

1 **直接插入公式。**打开演示文稿，单击“插入”选项卡中的“公式”下拉按钮，从下拉列表中选择合适公式。

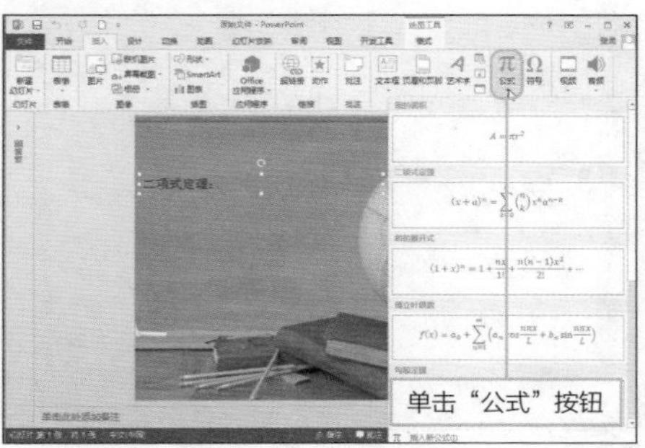

2 当所要插入的公式不在上述列表中，用户可选择列表底部的“插入新公式”选项，在此选择“二项式定理”选项。

二项式定理：$(x+a)^n=\sum_{k=0}^{n}\binom{n}{k}x^k a^{n-k}$

3 **组合插入公式。**以新公式插入时，会出现“公式工具—设计”选项，单击“根式”按钮，从下拉列表中选择合适的公式。

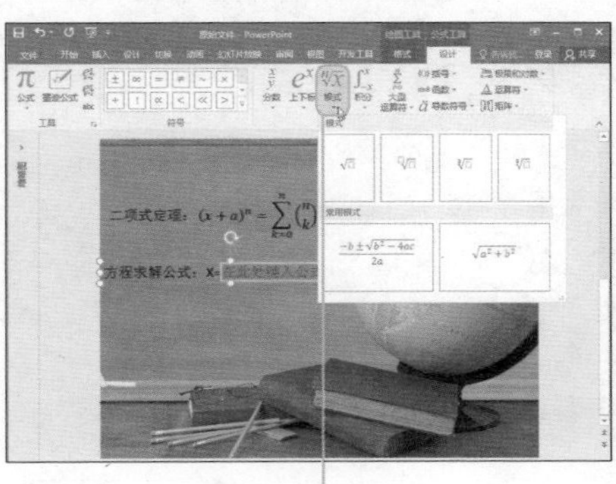

4 随后即可在该公式的基础上进行修改。这样便能按需输入各种复杂的公式。

Question

087 创建公式也很简单

语音视频教学087

实例　通过插入对象插入公式

Level ◆◆◆

2016 2013 2010

除了可以通过内置的公式插入新公式外，还可以通过插入对象的方法插入新公式，该方法可以让用户自由定义公式，下面对其进行介绍。

1. 打开演示文稿，单击“插入”选项卡中的“对象”按钮。

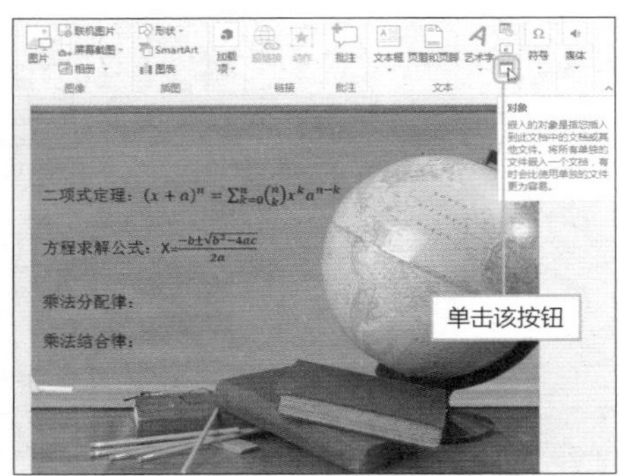

2. 打开“插入对象”对话框，在“对象类型”列表框中选择“Microsoft 公式3.0”选项，单击“确定”按钮。

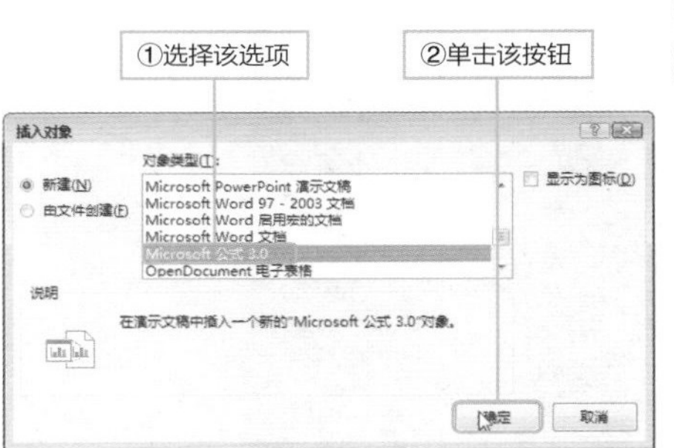

3. 打开“公式编辑器”对话框，可以开始输入公式，输入完成后，选择公式，单击“格式”按钮，从下拉菜单中选择“间距”选项。

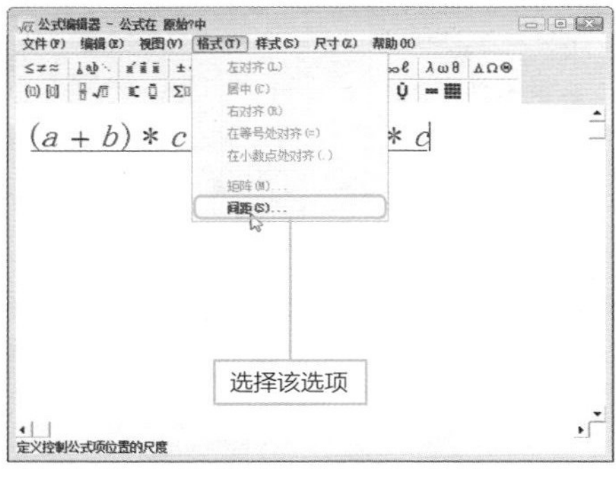

4. 打开“间距”对话框，设置各间距，单击“确定”按钮，用户还可以对公式的样式、尺寸等修改。设置完成后，关闭“公式编辑器”对话框，返回幻灯片页面，调整插入对象的位置即可。

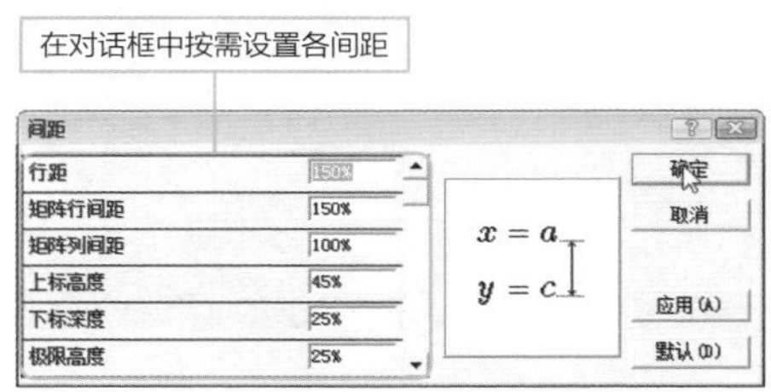

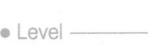

Question

088 数学公式随意写

● Level ◆◆◆

2016 2013 2010

实例 手写输入数学公式

在PowerPoint 2016中，演示文稿中可以包含复杂的数学公式。执行“插入>公式>墨迹公式”命令，可以使用数字笔、指针设备甚至是手指来编写数学公式，系统会将其转换为文本格式。

1. 打开演示文稿，执行“插入>公式>墨迹公式”命令。

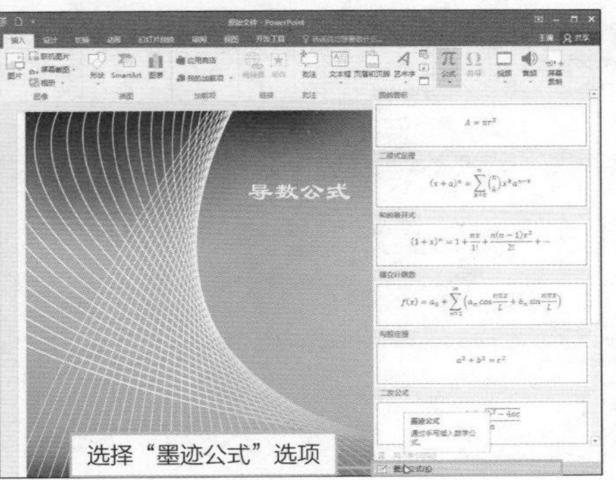

2. 在打开的“手写输入”对话框中，可以通过触摸屏或鼠标手写输入数学公式。

3. 书写过程中出现书写错误时点击下方的“擦除”按钮，直接拖动即可擦除相应的字迹。

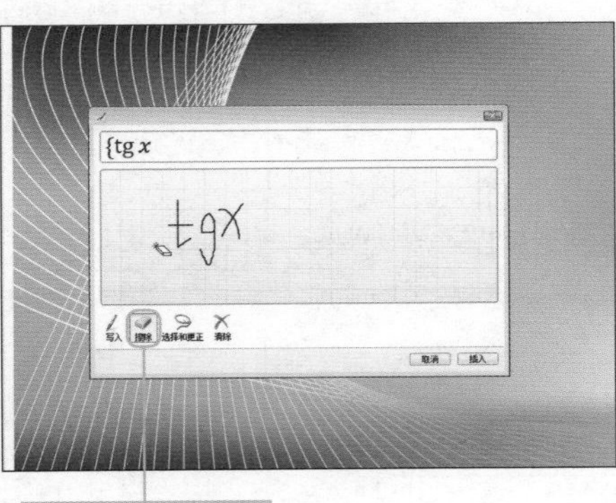

利用此功能擦除公式

4. 输入完成后，单击“插入”按钮，公式即被插入到文档中。

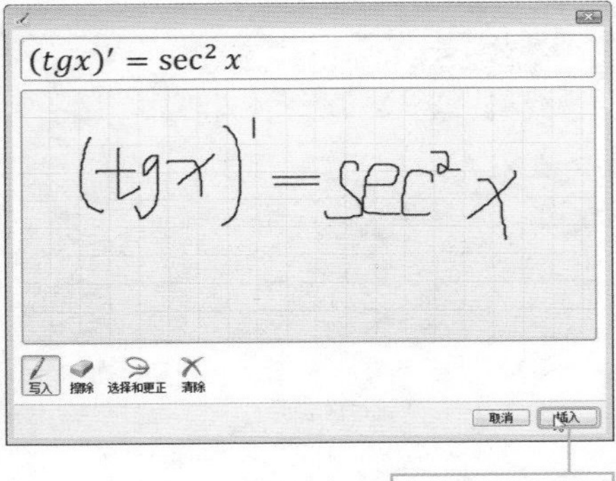

单击“插入”按钮

Question 089 输入纵向排列的文字很好看

Level ◆◆◆

2016 2013 2010

实例 垂直文本框的使用

通常情况下，在幻灯片中输入的文字都是横向排列的，但是，在某些情况下，需要在幻灯片页面中输入纵向排列的文字，该如何输入呢？

1 单击“插入”选项卡中“文本框”下拉按钮，从列表中选择“垂直文本框”选项。

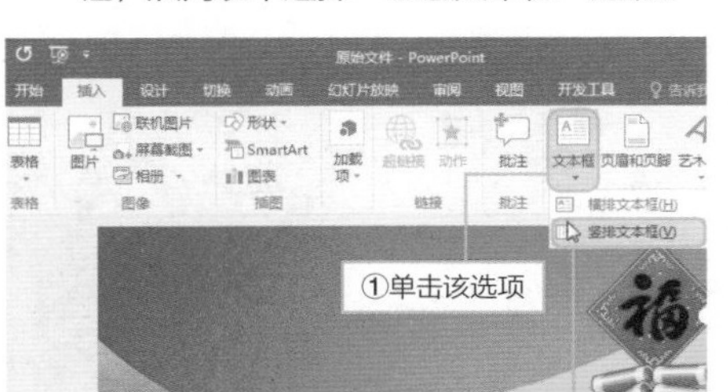

2 按住鼠标左键不放，拖动鼠标，画出合适大小的文本框。

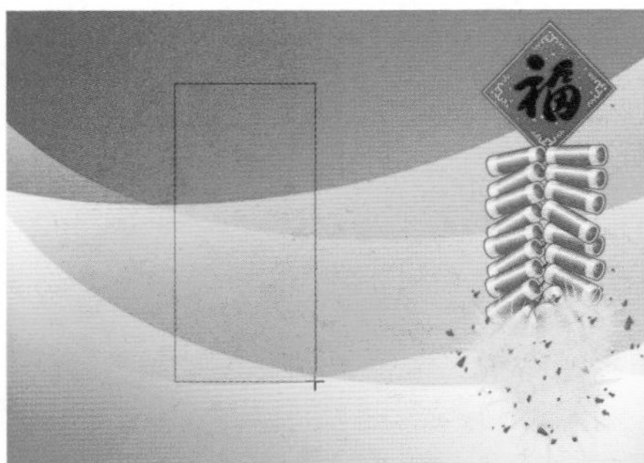

3 将光标定位至文本框中，输入文本，调整字号大小和文本框位置。

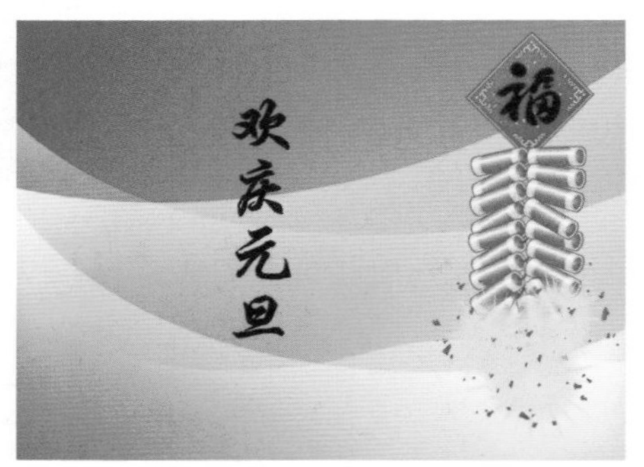

Hint

将横排文本框调整为竖排文本框

将鼠标光标移至文本框右下角控制点，按住鼠标左键不放，向右下方拖动即可。

Question

090 斜向输入一行文字有秘技

语音视频教学090

Level ◆◆◆

2016 2013 2010

实例 旋转文本框/占位符角度

在制作广告类、策划类、宣传类等需要突出个性的演示文稿时，很多标题文本并不会按照常规方法水平输入，而是需要斜向输入，该如何操作呢？下面对其进行介绍。

最初效果

文本水平输入效果

最终效果

文本斜向输入效果

1. 选择文本框并右击，从弹出的快捷菜单中选择“大小和位置”选项。

2. 打开“设置形状格式”窗格，在“大小”选项下的“旋转”数值框中输入旋转角度，然后关闭窗格即可。

右键单击，选择该选项

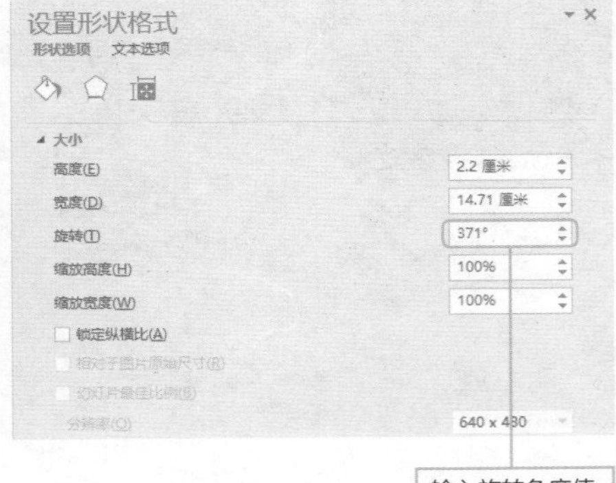

输入旋转角度值

Question

091

快速替换指定内容有绝招

语音视频教学091

Level ◆◆◆

2016 2013 2010

实例 替换幻灯片页面中的指定内容

如果需要对幻灯片页面中特定的文本进行修改，可通过“查找和替换”功能快速实现，下面对其进行介绍。

最初效果

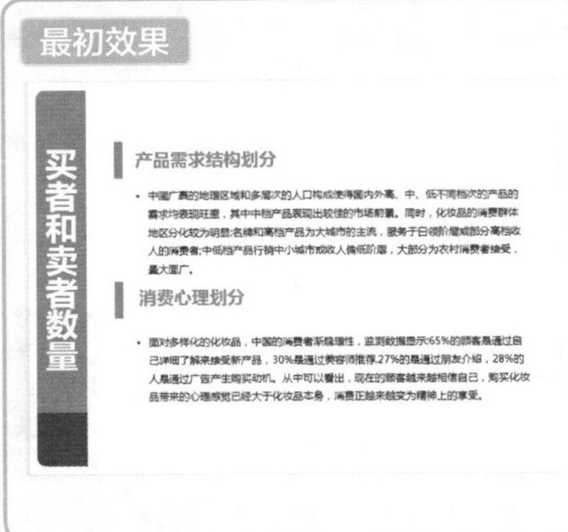

最终效果

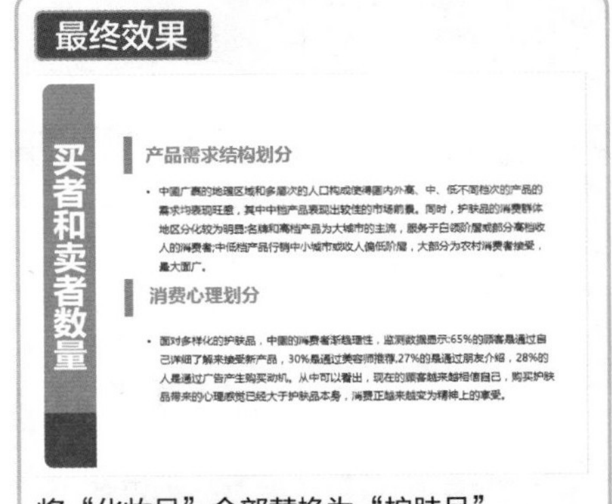

将“化妆品”全部替换为“护肤品”

1 打开演示文稿，在键盘上按Ctrl+H组合键，打开“替换”对话框，在“查找内容”和“替换为”文本框中分别输入相应内容，单击“全部替换”按钮。

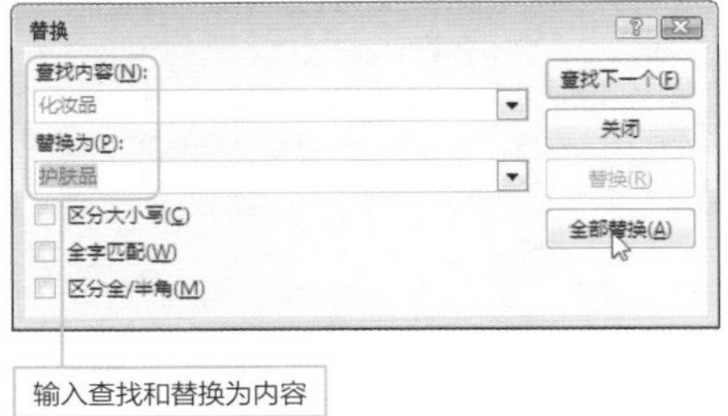

输入查找和替换为内容

2 弹出一个提示对话框，单击“确定”按钮，即可将幻灯片页面中的指定内容全部替换。

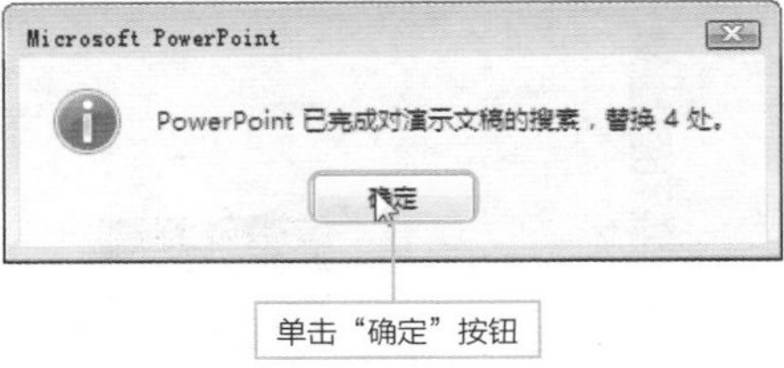

单击“确定”按钮

Question

092 更改字体有绝招

语音视频教学092

实例 更改文本字体

● Level ◆◆◆

2016 2013 2010

字体，又称书体，是指文字的风格式样，即文字、字母、数字的书写形式。字体的风格将影响观众对信息的感受，选择一个合适的字体可以有效增强演示文稿的说服力。

1 **功能区按钮法。**选择文本内容，单击“开始”选项卡中“字体”右侧的下拉按钮，从中选择合适的字体即可。

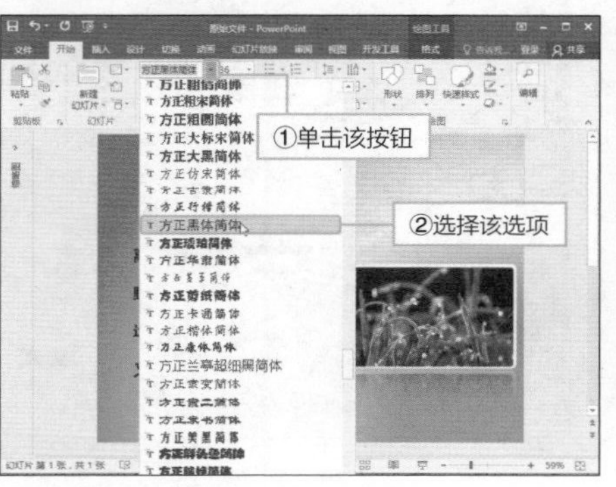

2 **右键快捷菜单法。**选择文本内容并右击，从弹出的快捷菜单中，单击“字体”下拉按钮，选择合适的字体。

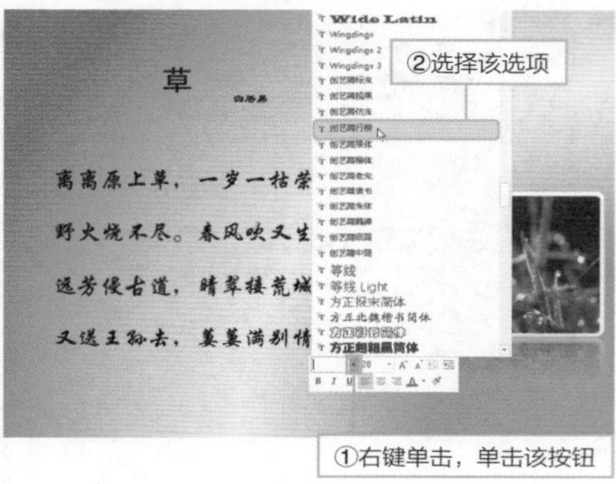

3 **修改主题字体法。**若幻灯片应用了主题，执行“设计>其他>字体”命令，从下拉菜单中选择合适的主题字体即可。

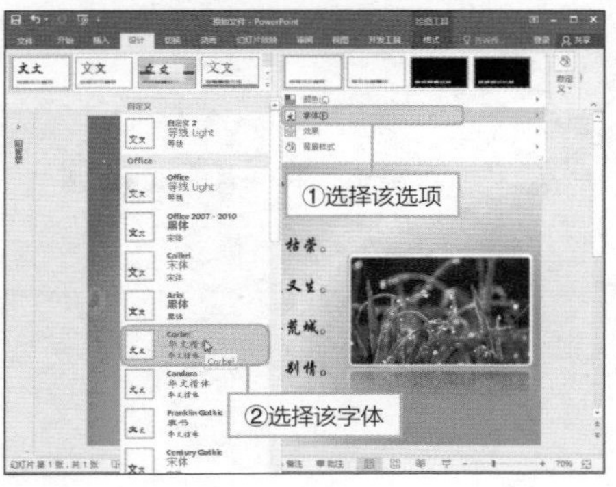

Hint

选择字体的原则

“宋体”严谨、“黑体”庄重、“隶书”具有艺术性，用户需根据表达内容进行相应选择。

不同级别的字体也需保持一致性，字体变化过于频繁，则可能导致向观众传达的信息会不一致。

在同一演示文稿中，使用的字体最好不要超过三种。

Question

093 闪电批量修改字体

● Level ◆◆◆

2016 2013 2010

实例　批量修改字体

在设计好一个演示文稿后，发现字体不符合要求或是与演讲环境不符，用上一技巧介绍的方法逐一进行修改，会花费大量时间，那么如何进行批量修改呢？

字体为：方正粗圆简体（正文）

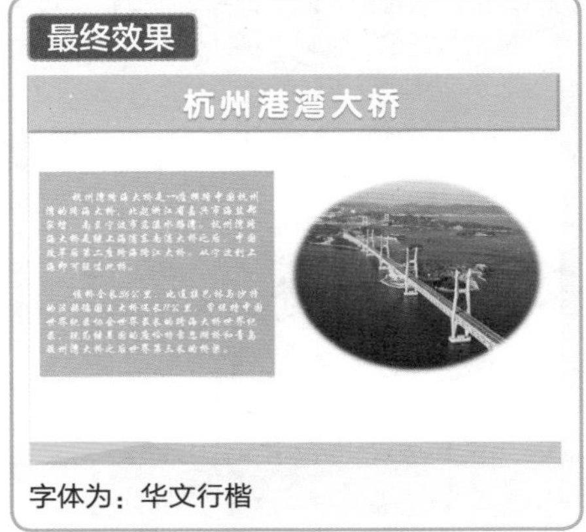

字体为：华文行楷

1. 打开演示文稿，单击“开始”选项卡中的编辑选项组中的“替换”下拉按钮，从下拉菜单中选择“替换字体”选项。

2. 打开“替换字体”对话框，设置“替换”为“方正粗圆简体”，“替换为”为“华文行楷”，单击“替换”按钮即可。

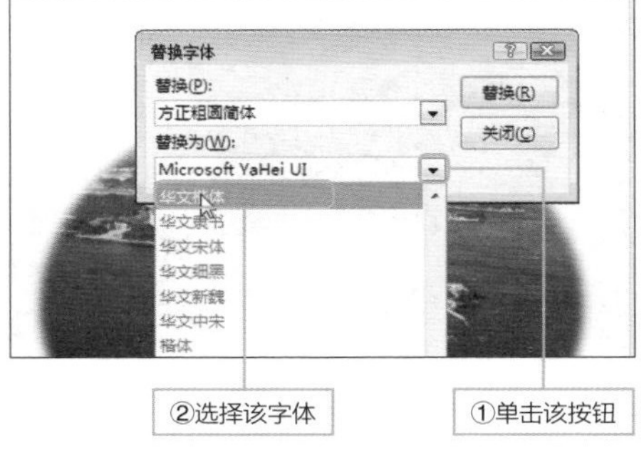

Question

094 文本特效有魅力

语音视频教学094

● Level ◆◆◆

2016 2013 2010

实例 为字体应用粗体、斜体以及下划线等

在制作PPT时，千篇一律的字体样式会让观众者产生视觉疲劳，对于某些重点内容，用户可以修改字体的样式和效果来突出显示，本技巧将对其进行介绍。

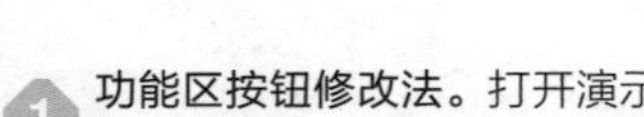

① **功能区按钮修改法。**打开演示文稿，直接单击“开始”选项卡中“字体”组中的相关字体样式按钮即可。

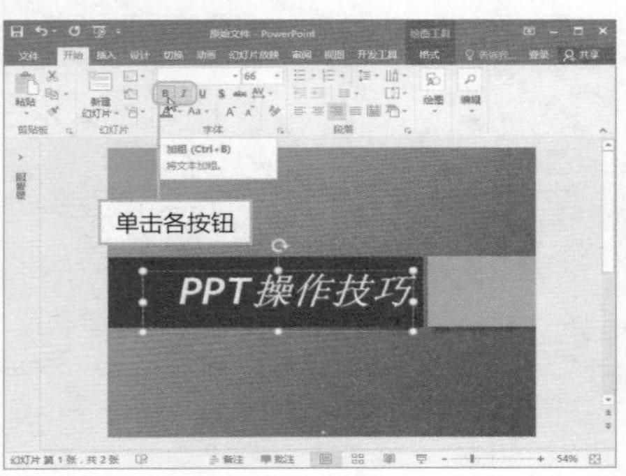

② 字体样式包括粗体、斜体，设置后效果如下图所示。

③ 字体效果包括下划线、阴影等，设置后效果如下图所示。

Hint

“字体”对话框修改法

单击“字体”组中的“对话框启动器”按钮，打开“字体”对话框，进行相应设置。

Question 095

轻松调整字号大小

Level ◆◆◆

2016 2013 2010

实例　字号大小的调整

字号的大小在设计时并无固定要求，随着灯光、场地、字体颜色、深浅等都会有变化，但是应满足看清最小的字这一原则。那么，如何快速调整字体呢?

最初效果

调整字号前

最终效果

调整字号后

① **大幅度调整字体。** 选中文本，单击“开始”选项卡中“字号”右侧的下拉按钮，从中选择合适的字号即可。

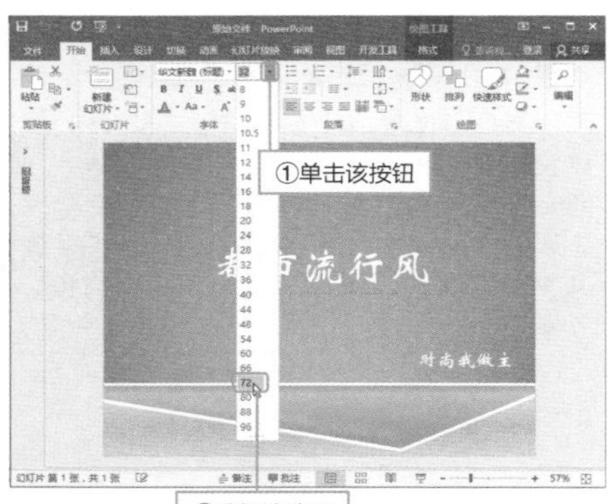

② **字号微调。** 若需对文本字号进行微调，则只需直接单击“增大字号”或“减小字号”按钮即可。

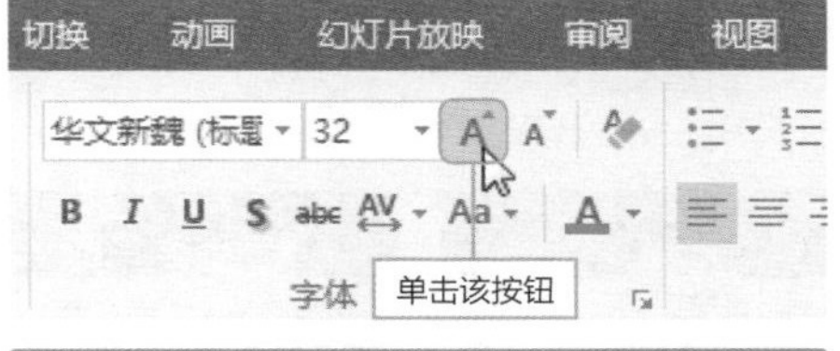

Hint

快捷键调整法

用户还可以通过组合键对字号进行微调，在键盘上按下Ctrl + [组合键可将字体缩小一号，按Ctrl +] 组合键可将字体放大一号。

Question

096 文本复制与粘贴花样多

语音视频
教学096

● Level ◆◆◆

2016 2013 2010

实例 文本的复制和粘贴

在对幻灯片中的文本进行操作时，复制和粘贴操作可以将用户从繁重的键入文字工作中拯救出来，掌握几种复制粘贴技巧对于用户来说是很有必要的。

1 **快捷组合键法。**选中所要复制的文本，之后按Ctrl+C组合键复制文本，然后将光标定位至需要粘贴文本处，按下Ctrl+V组合键，在浮动工具栏中的粘贴选项中选择合适的选项即可。

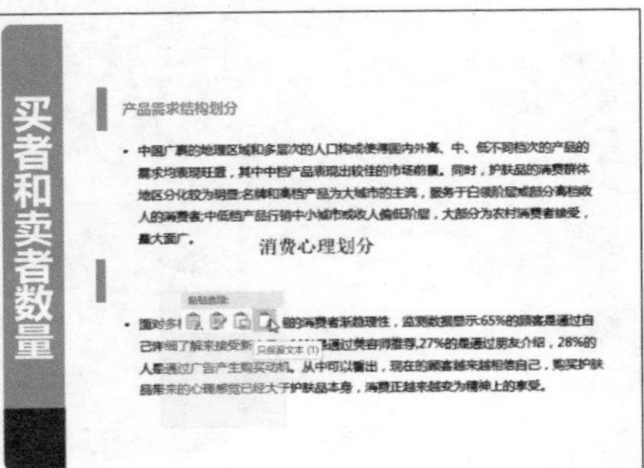

2 **右键快捷菜单法。**选中需复制的文本并右击，从弹出的快捷菜单中选择“复制”命令，然后定位至需粘贴文本处，右键单击，从粘贴选项下选择合适的选项即可。

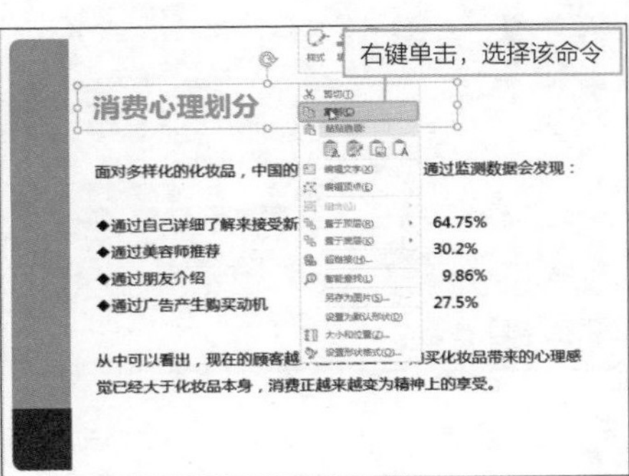

3 **功能区按钮法。**选择文本，单击“开始”选项卡中的“复制”按钮。将光标定位需粘贴文本处，单击“粘贴”下方的三角按钮，从中选择合适的粘贴选项即可。

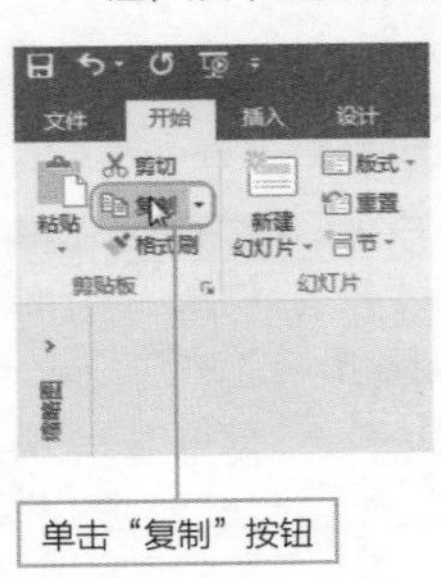

单击“复制”按钮

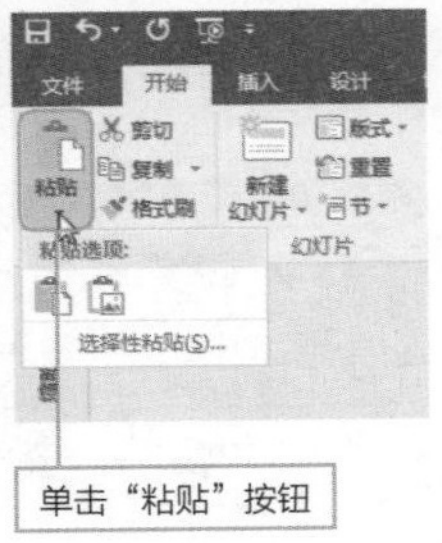

单击“粘贴”按钮

Hint

关于粘贴选项的介绍

保留源格式：粘贴的对象与复制或剪切的对象的所有格式保持一致，包括字体、字号、颜色等所有格式的设置。

图片：将剪切或复制的对象以图片形式粘贴。

只保留文本：将剪切或复制的对象中的内容只保留文本粘贴，图片、图形、表格等非文本内容将被忽略。

Question

097

● Level ◆◆◆

2016 2013 2010

小小剪贴板不简单

语音视频
教学097

实例 应用剪贴板功能

制作幻灯片时，如果需要复制/剪切的对象很多，并且处于不同的幻灯片页面中，按常规法逐一复制并粘贴对象，非常浪费时间。这时就到了剪贴板功能大显身手的时候了，本技巧介绍如何使用剪贴板。

1 打开演示文稿，单击“开始”选项卡“剪贴”组的对话框启动器按钮。

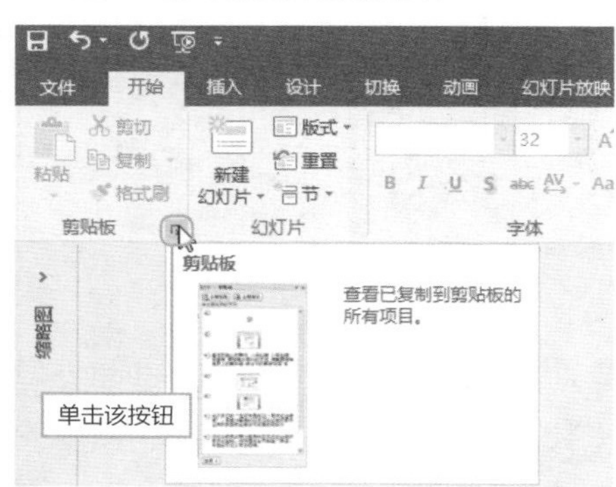

2 打开“剪贴板”窗格，用户可以继续复制多个文本，被复制的文本会显示在“剪贴板”窗格内。

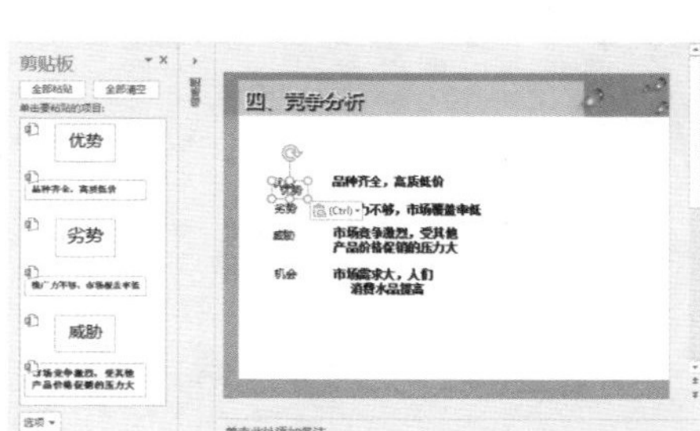

3 切换到需要粘贴对象的幻灯片，单击“剪贴板”窗格中的对象，即可将其粘贴至当前幻灯片中。

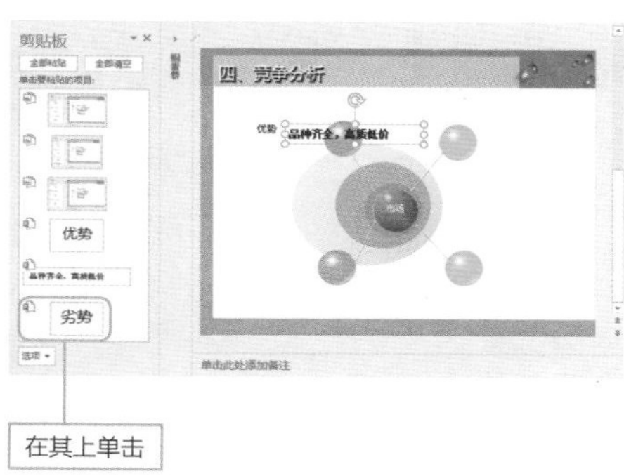

Hint

如何改变剪贴板打开方式?

打开剪贴板后，单击“选项”按钮，选中展开列表中的相应选项即可。

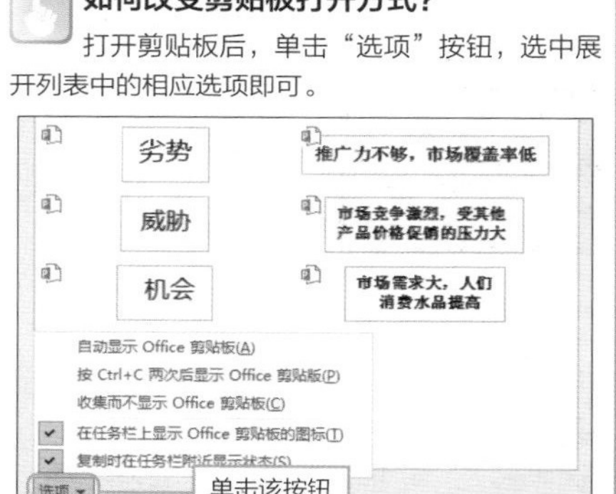

Question

098 巧用小刷子来帮忙

语音视频教学098

Level ◆◆◆

2016 2013 2010

实例 格式刷复制字体格式或样式

格式刷在演示文稿设计中妙用极多，它可以快速地复制对象、图形以及文字的格式和样式，本技巧将以复制文本格式和样式为例进行介绍。

1. 打开演示文稿，选中具有目标格式或样式的文本，双击“格式刷”按钮。若只需对某一处文本进行复制，单击即可。

双击该按钮

2. 将光标移至幻灯片页面，可以看到光标变成刷子形状，拖动鼠标连续对多处文本执行复制格式操作。

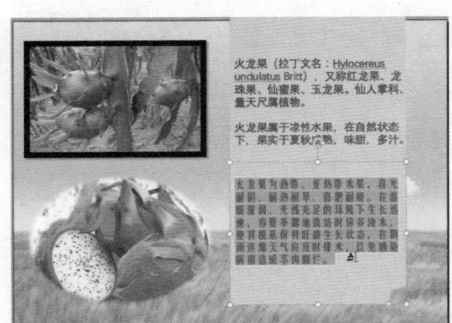

3. 可以看到，刷子刷过的文本即刻变成目标文本的格式。

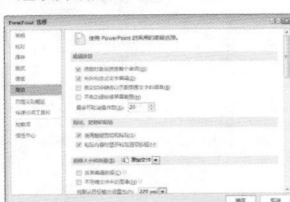

Hint

开启智能粘贴并显示粘贴选项按钮

打开“PowerPoint选项”对话框，在“高级”选项中的“剪切、复制和粘贴”区，勾选“使用智能剪切和粘贴”以及“粘贴内容时显示粘贴选项按钮”选项并确定即可。

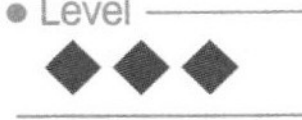

099 让文本颜色多姿多彩

语音视频教学099

● Level ◆◆◆

2016 2013 2010

实例 更改文本颜色

演示文稿背景的设置，会影响文字的显示效果，为文本设置一个与整体设计风格相匹配的颜色是非常必要的，本技巧将对该操作进行演示。

1. 打开演示文稿，选中需更改的文本，单击“开始”选项卡中“颜色”右侧的下拉按钮，从下拉菜单中选择合适的颜色。

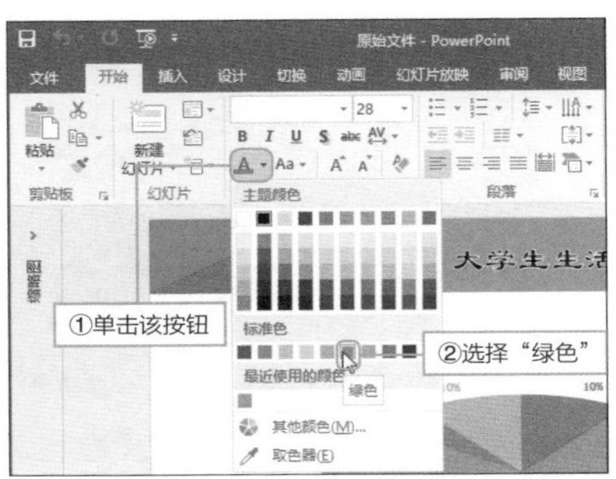

2. 也可以在选择合适文本后，右键单击，从中选择合适的颜色。当鼠标移动到某一颜色按钮上，文本可实时显现颜色效果。

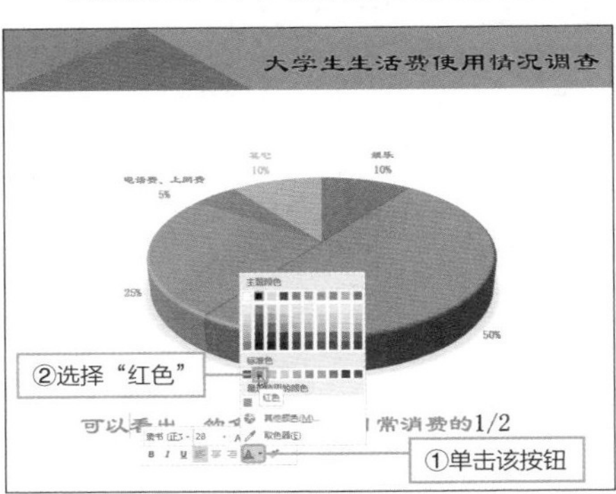

3. 若用户对当前颜色不满意，还可以选择“其他颜色”选项，打开“颜色”对话框，在“标准”和“自定义”选项卡中进行设置。

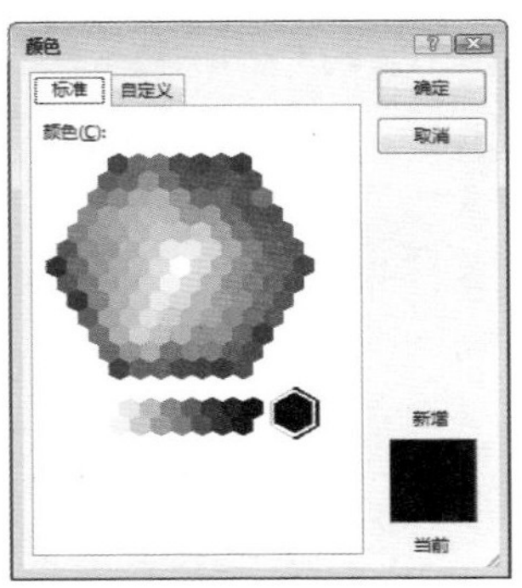

4. 若选择“取色器”命令，鼠标光标将变为一个吸管形状，在合适的颜色上单击，即可吸取该颜色作为文本颜色。

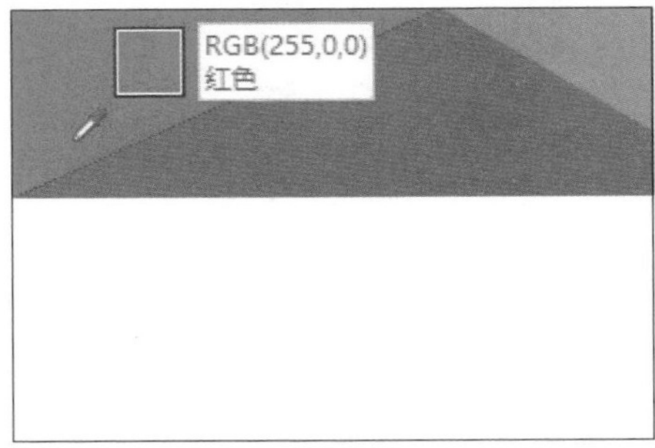

Question

100 文本内容巧隐身

● Level ◆◆◆

2016 2013 2010

实例 折叠文本

在以大纲视图处理“大纲”内的文本时，为了方便查看幻灯片标题，可以将幻灯片标题下的文本内容折叠起来，也可以在任何时候再次展开文本进行查看。

最初效果

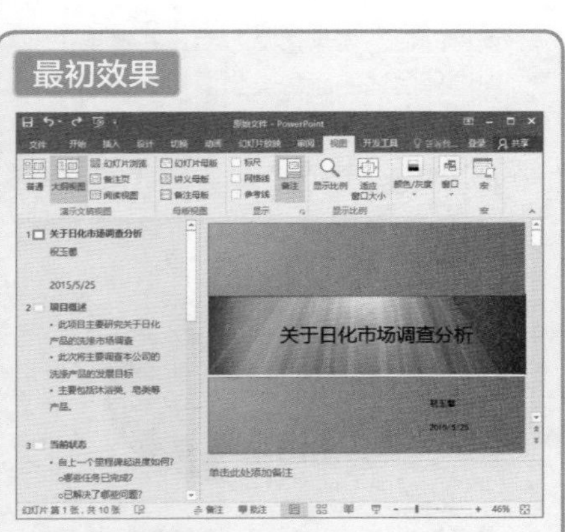

未折叠文本效果

最终效果

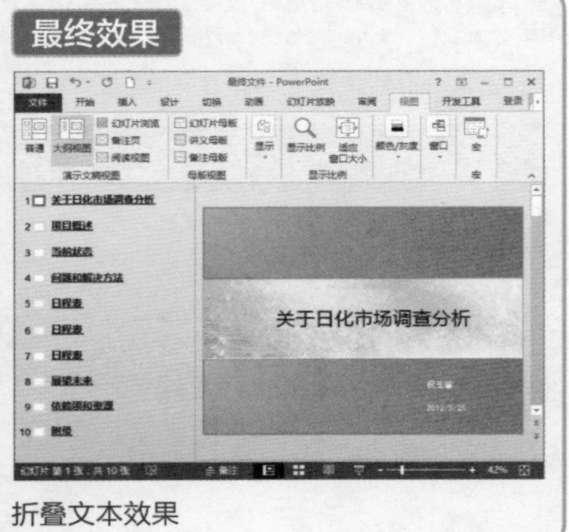

折叠文本效果

执行“视图>大纲视图”命令，在左侧大纲窗格，右键单击需折叠处文本，从快捷菜单中选择“全部折叠”命令，则可折叠所有文本。

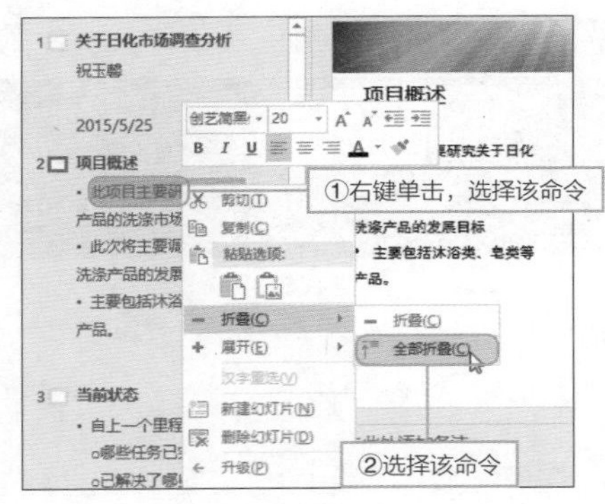

Hint

快捷键折叠文本

选中某一幻灯片的同时，按Alt+Shift+ 减号组合键，即可折叠该幻灯片文本；按Alt+Shift+ 加号组合键，即可展开该幻灯片文本。

按Alt+Shift+1组合键，可以折叠演示文稿中的所有文本，按Alt+Shift+9组合键，则可以展开演示文稿中的所有文本。

Question 101

轻松调整字符间距

语音视频教学101

Level ◆◆◆

2016 2013 2010

实例 调整字符间距

在幻灯片页面中，字符间距太大或太小，都会使演示文稿的文本内容大打折扣，并且影响演示文稿的视觉效果。因此为文本设置合适的字符间距是很有必要的。

最初效果

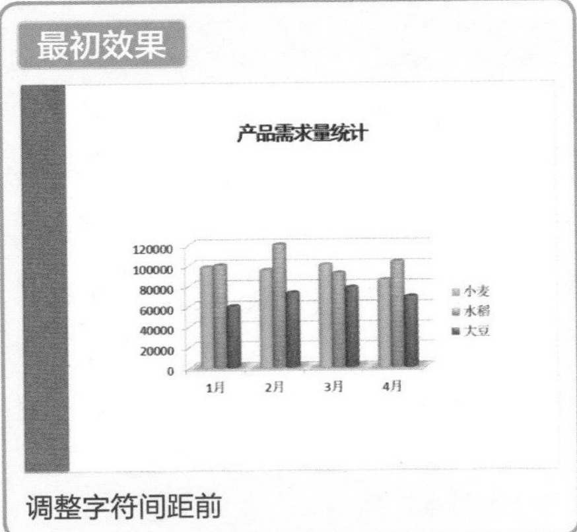

调整字符间距前

最终效果

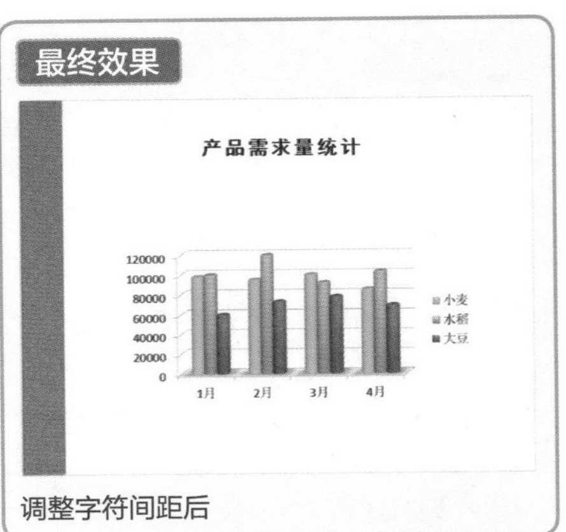

调整字符间距后

❶ **快速调整。**打开演示文稿，选中需调整间距的文本，单击“开始”选项卡中的“字符间距”按钮，从下拉菜单中选择合适间距，这里选择“稀疏”选项。

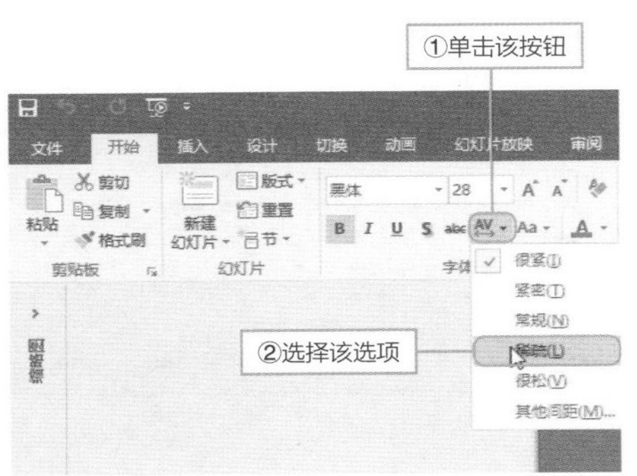

❷ **精确调整。**选中文本后，右键单击，从其快捷菜单中选择“字体”命令，打开其对话框，切换至“字符间距”选项卡，直接输入度量值，单击“确定”按钮即可。

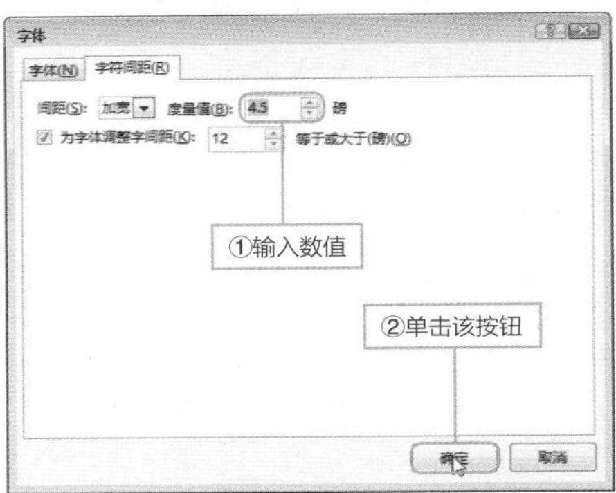

Question

102 文本段落格式的巧妙设置

语音视频教学102

Level ◆◆◆

2016 2013 2010

实例 设置文本段落

当幻灯片页面中文字较多时，容易给人凌乱、拥挤的感觉，此时适当而又美观的段落设置可以让页面简洁、整齐，下面将对其进行详细的介绍。

最初效果

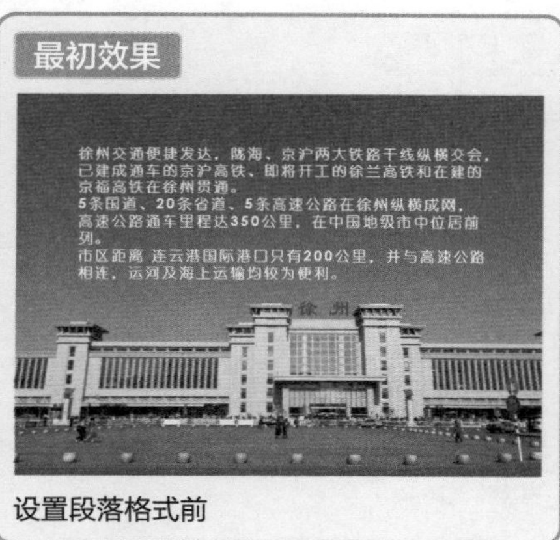

设置段落格式前

最终效果

设置段落格式后

1. 选中文本后，可以通过“开始”选项卡“段落”组中的功能按钮进行设置，也可以单击其中的对话框启动器按钮。

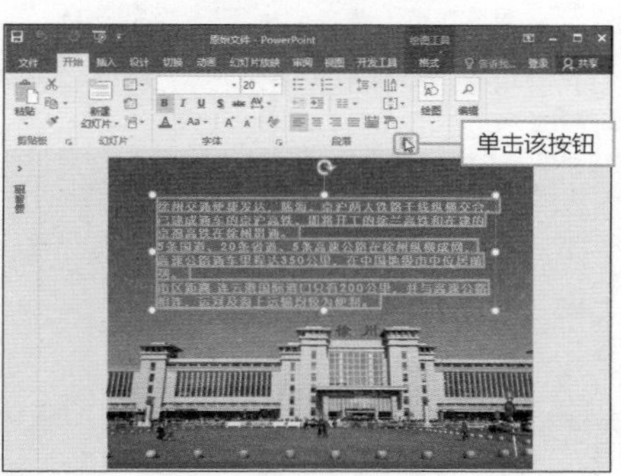

2. 打开“段落”对话框，根据需要设置文本的对齐方式、缩进、间距等，设置完成后单击“确定”按钮即可。

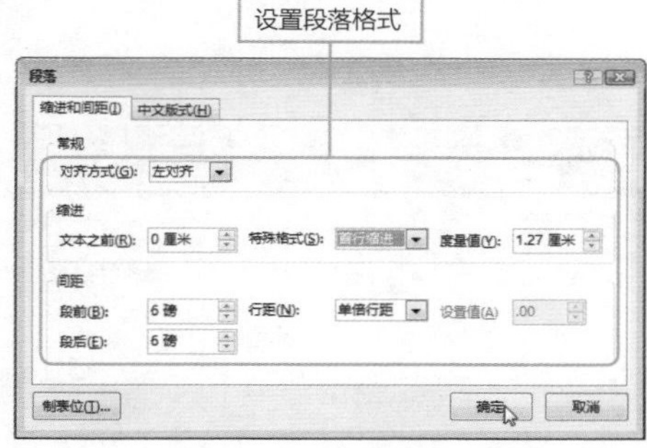

Question 103

巧设文本段落级别

语音视频教学103

Level ◆◆◆

2016 2013 2010

实例 文本段落级别调整

为了使幻灯片页面中的文字条理清晰、层次分明，可以为幻灯片中的段落设置不同的级别进行区分，本技巧将详细介绍调整段落级别的操作。

最初效果

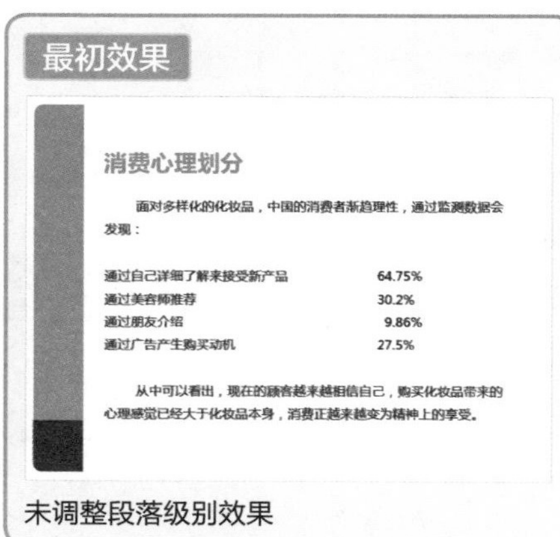

未调整段落级别效果

最终效果

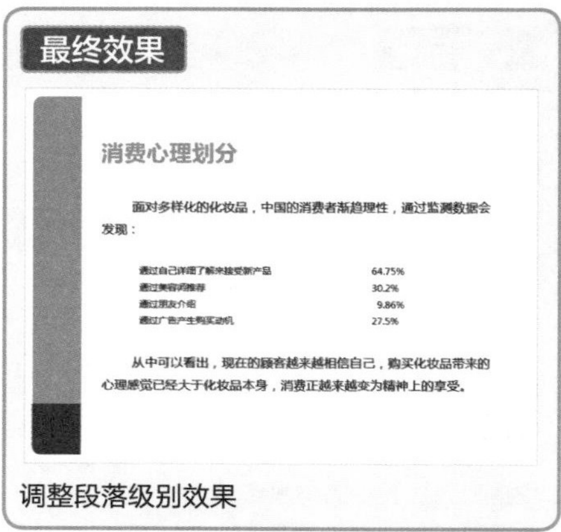

调整段落级别效果

1. 鼠标拖曳选取文本，或者将光标定位至文档开始处按Ctrl+Shift+→组合键进行选取。

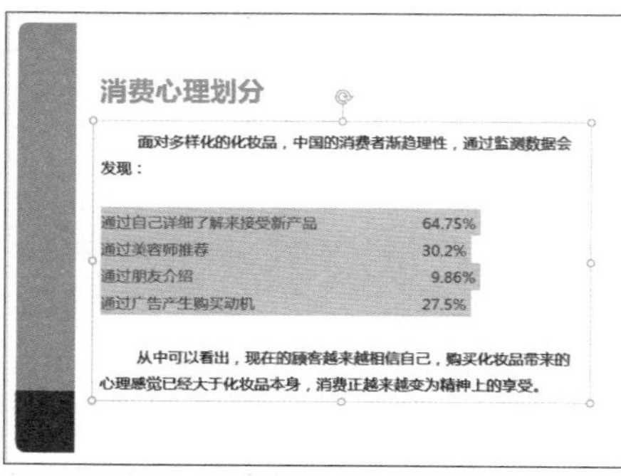

2. 单击“开始”选项卡上的“提高列表级别”按钮即可。

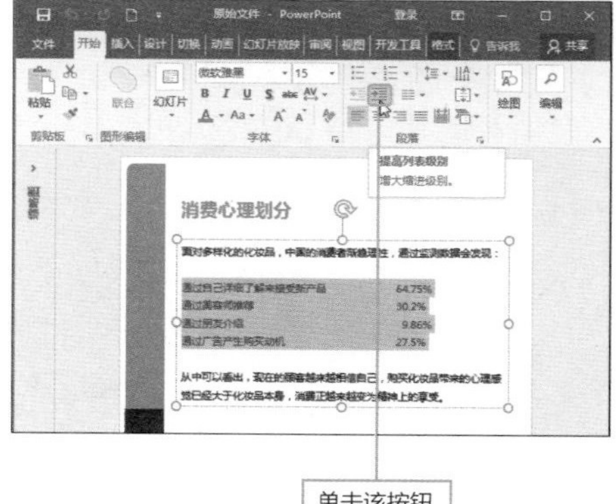

Question 104

快速对齐页面中的小数点有技巧

● Level ◆◆◆

2016 2013 2010

实例 幻灯片页面中小数点的对齐

当逐行输入的文本中最后有一个包含小数点的数值时，为了使数据更加一目了然地呈现给观众，可以通过设置让多行文本中数值的小数点对齐，本技巧对其进行介绍。

最终效果

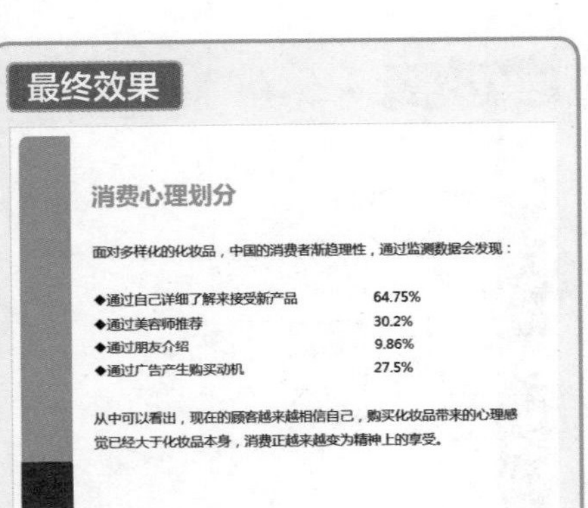

快速对齐页面中的小数点

1. 打开演示文稿，切换至“视图”选项卡，勾选“标尺”复选框。单击标尺左上角的按钮，直至其变为形状。

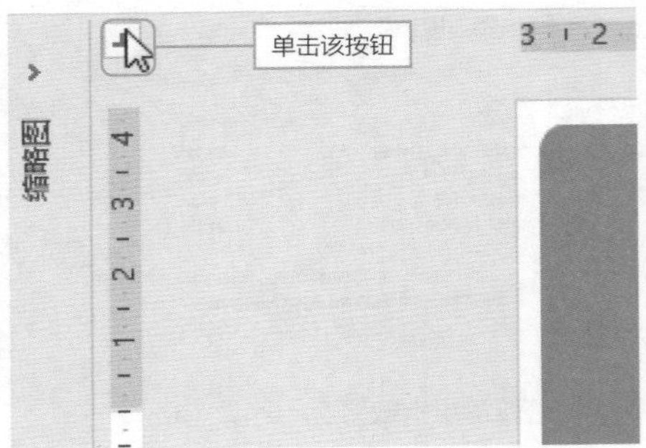

2. 将光标移到数字的前面，在横标尺上选定一个位置，单击添加一个带小数点的制表符。

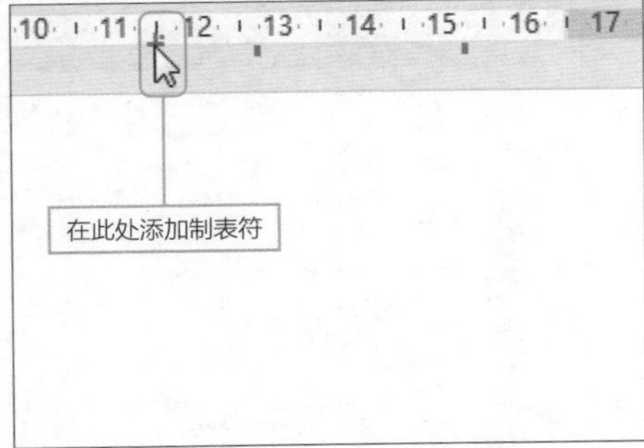

3. 按下Tab键，这个数字的小数点就与标尺上的那个带小数点的制表符对齐，按照同样的方法，设置其他小数点即可。

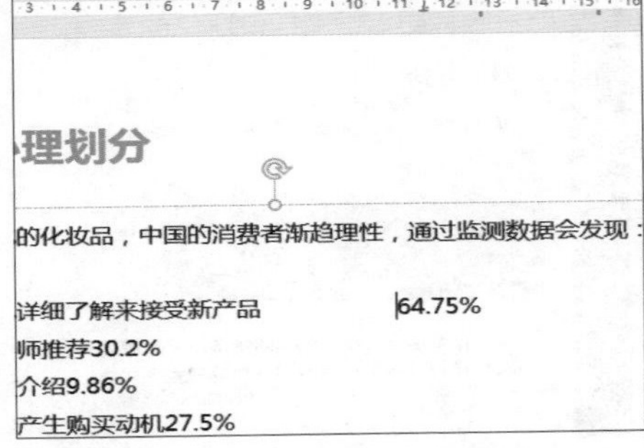

Question **105**

● Level ◆◆◆

2016 2013 2010

瞬间统计字数和段落数

实例 统计演示文稿中的字数和段落

在Word中，通过功能区的“字数统计”按钮，可以轻松统计段落数和字数。但在PowerPoint中，并没有该按钮，那么该如何快速统计演示文稿中的字数和段落数呢？

1 **“文件”命令法。**执行“文件>信息”命令，单击右侧区域中的“属性”按钮，从下拉菜单中选择“高级属性”选项。

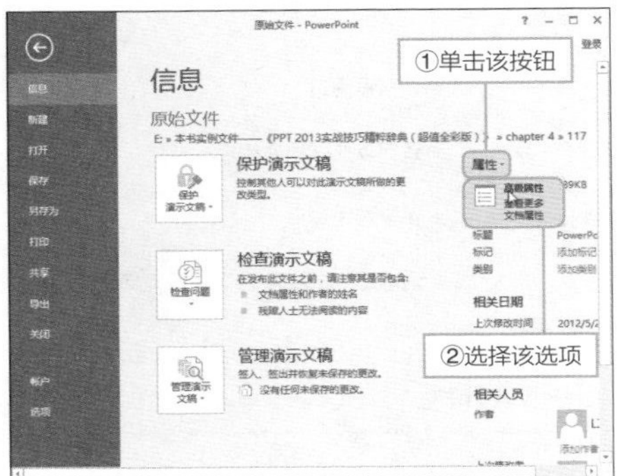

2 打开“属性”对话框，切换至“统计”选项卡，在“统计信息”区域可以看到字数和段落的统计。

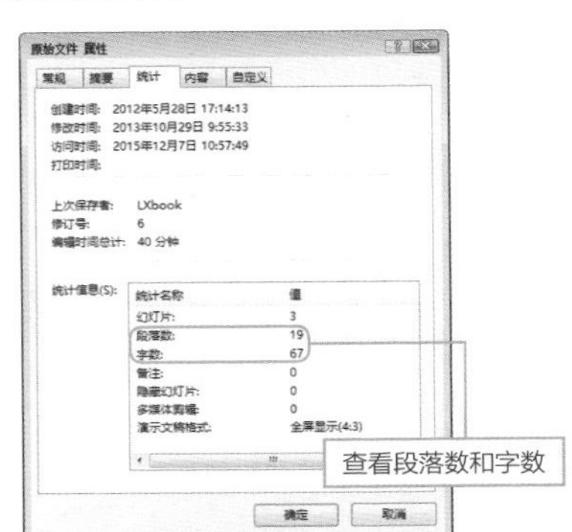

3 **右键快捷菜单法。**打开幻灯片所在文件夹，选中该幻灯片并右击，从弹出的快捷菜单中选择“属性”命令。

4 打开“属性”对话框，切换至“详细信息”选项卡，在“内容”区域可以看到字数和段落的统计。

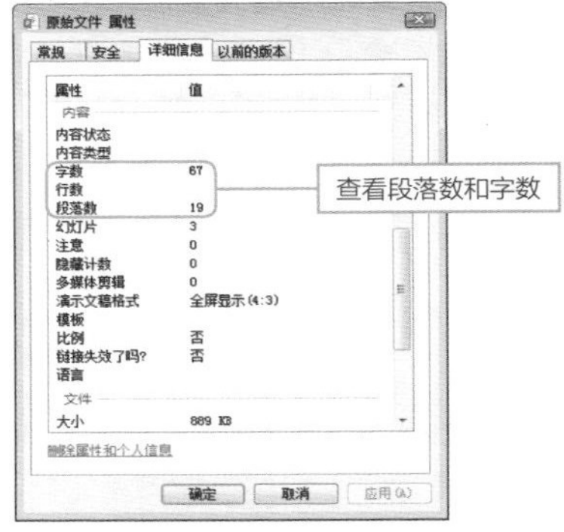

Question

106 轻松添加项目符号

语音视频教学106

● Level ◆◆◆

2016 2013 2010

实例 添加项目符号

在一张幻灯片中，若有多行文本内容，为了使其表达更为清晰、明确，可以为其添加项目符号或编号。本技巧以项目符号为例进行介绍。

最初效果

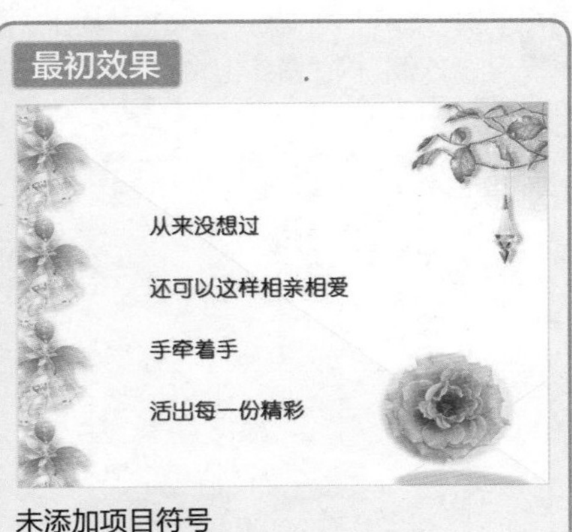

未添加项目符号

最终效果

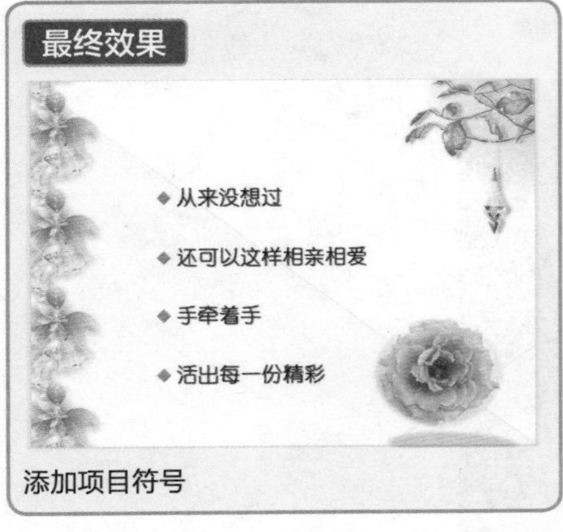

添加项目符号

1. 选择段落文本所在的文本框，单击“开始”选项卡中“段落”组上的“项目符号”按钮。

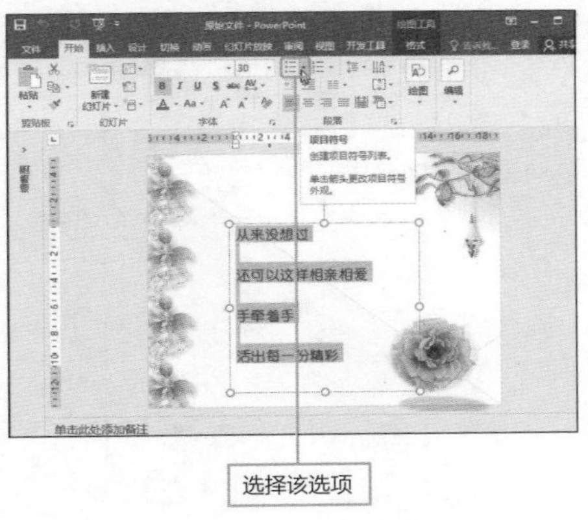

2. 从展开的列表中选择“带填充效果的钻石形项目符号”样式即可。

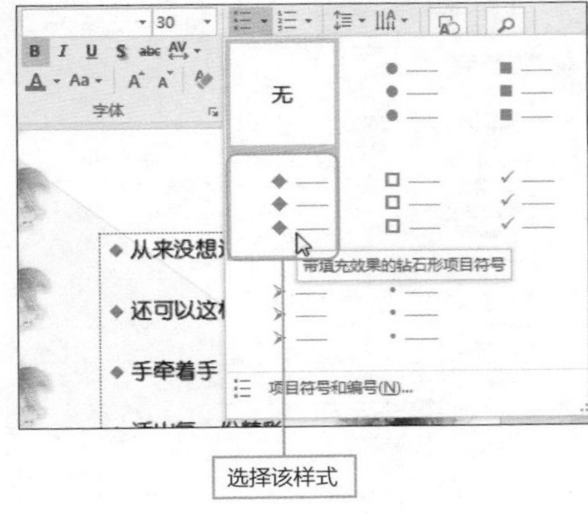

Question 107

Level ◆◆◆

2016 2013 2010

添加编号有一招

实例 为文本内容添加编号

编号的添加与项目符号相似，编号可以让文本内容更具有条理性、段落结构层次分明，使读者阅读时不会混淆文本内容，本技巧将演示编号的添加操作。

最初效果

未添加编号

最终效果

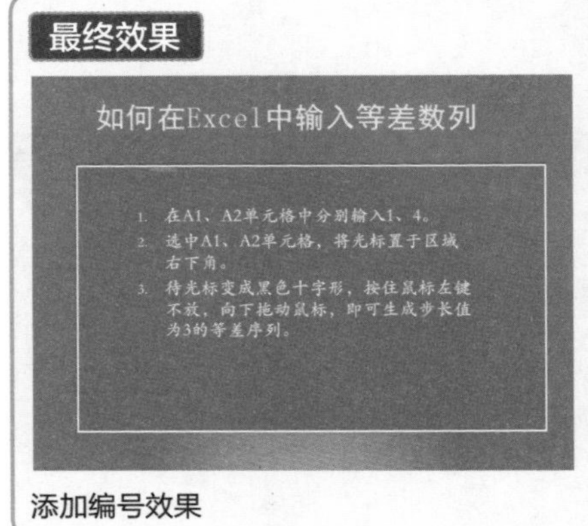

添加编号效果

❶ 选择需要插入项目编号的文本，右键单击，从弹出的快捷菜单中选择“编号”命令。

❷ 将显示其级联菜单，选择如图所示的样式即可。

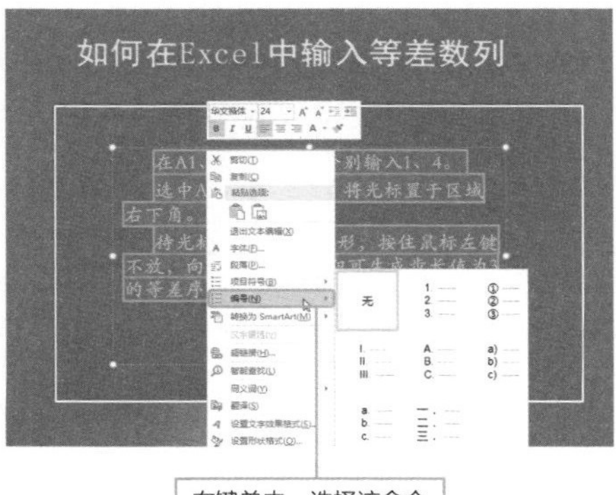

右键单击，选择该命令

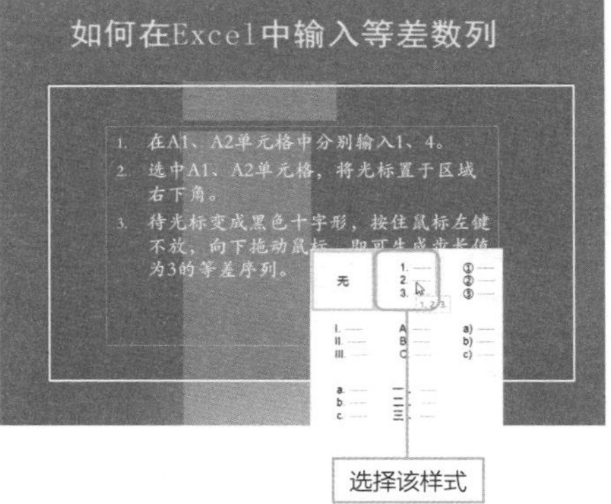

选择该样式

Question **108**

Level ◆◆◆

2016 2013 2010

让项目符号或编号样式变个样

实例 更改项目符号或编号样式

若用户觉得当前项目符号或编号的样式太单调，缺乏美感或特性，可对其进行更改，也可以自定义其样式，本技巧将对其进行详细介绍。

1 **利用内置样式更改。**单击"开始"选项卡中"段落"组上的"项目符号"按钮，从列表中选择合适的样式即可。

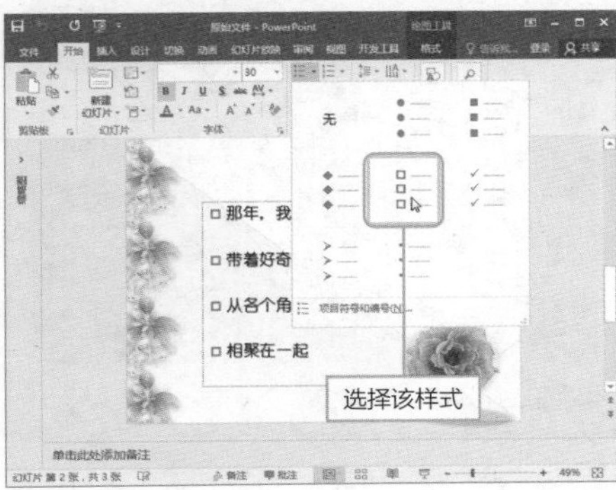

2 **通过自定义样式更改。**在"项目符号"级联菜单中选择"项目符号或编号"选项，在打开的对话框中单击"自定义"按钮。

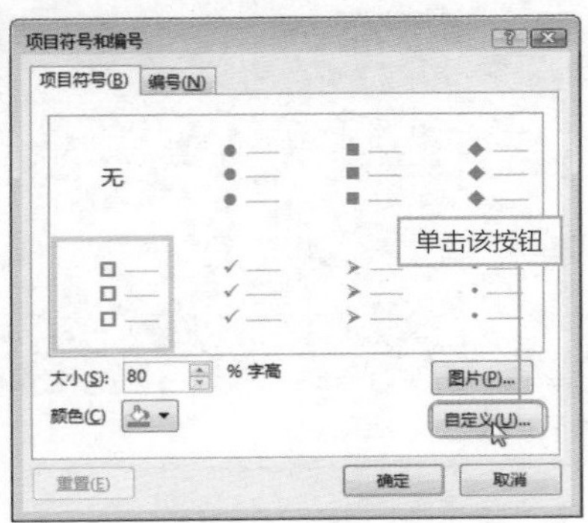

3 弹出"符号"对话框，选择合适的符号，单击"确定"按钮。

4 返回上一级对话框，并设置大小和颜色，然后单击"确定"按钮即可。

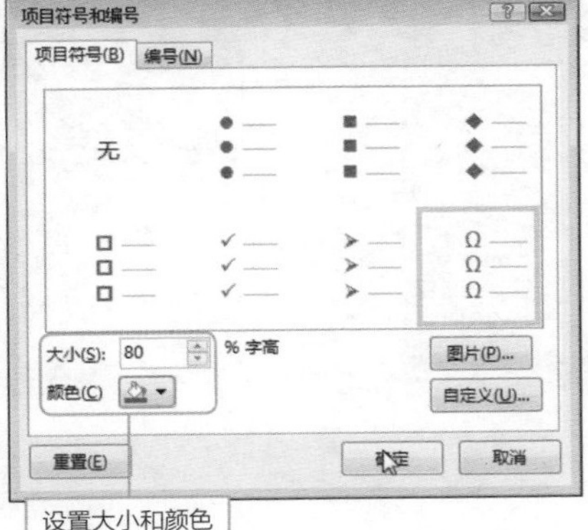

Question 109

图片原来也可以作为项目符号

Level ◆◆◆

2016 2013 2010

实例 将图片作为项目符号

之前介绍添加的项目符号都是一些既定的符号，若希望更加生动形象地说明文字内容，用户可以用与文本内容呼应的图片作为项目符号，其操作也是很容易就可以实现的。

1. 打开“项目符号和编号”对话框，单击“图片”按钮。

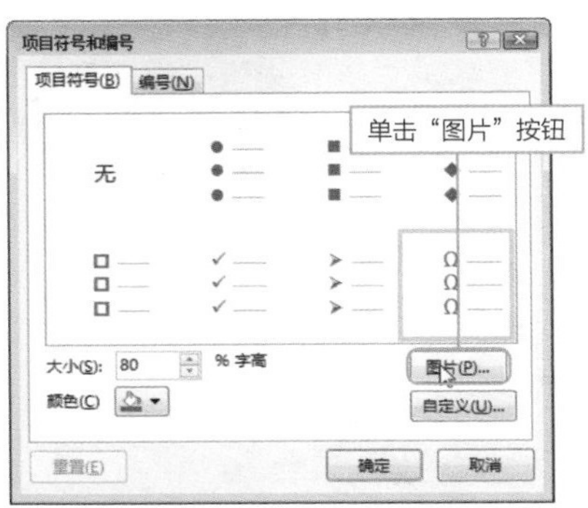

2. 打开“插入图片”窗格，单击“来自文件”右侧的“浏览”按钮。

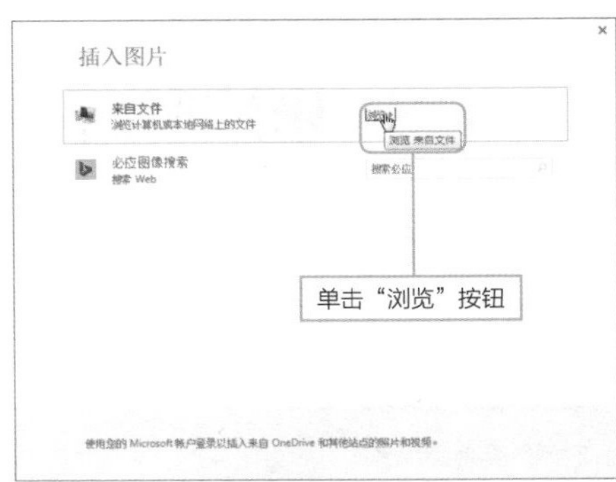

3. 打开“插入图片”对话框，选中作为项目符号的图片，单击“插入”按钮。

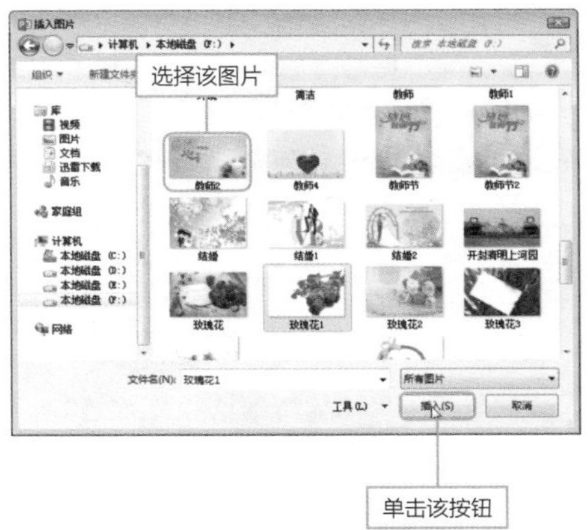

Question

110 轻松创建艺术字

语音视频教学110

Level ◆◆◆

2016 2013 2010

实例	创建艺术字

在设计幻灯片时，精美的文字效果起着画龙点睛的作用，既可以突出重点内容，又给人赏心悦目的感觉，本技巧将介绍如何插入艺术字。

最初效果

未插入艺术字效果

最终效果

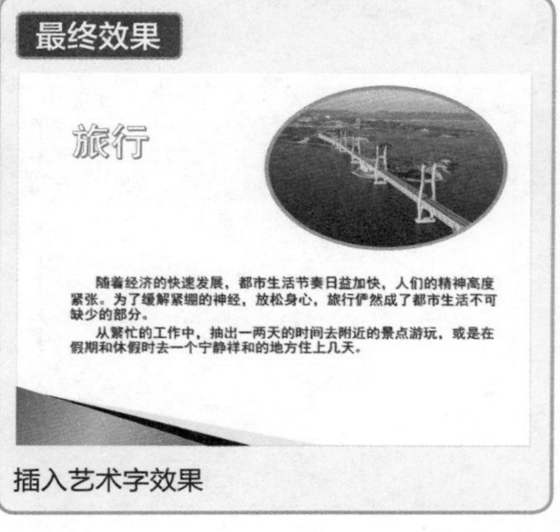

插入艺术字效果

1. 打开演示文稿，单击“插入”选项卡中的“艺术字”按钮，在弹出的艺术字效果列表中，选择一种合适的效果。

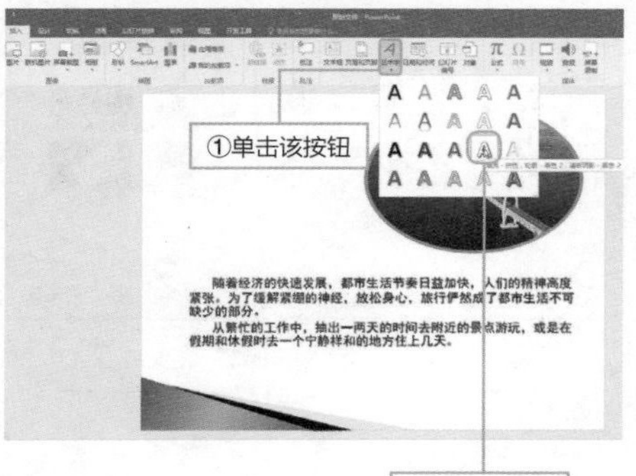

2. 弹出艺术字文本框，输入文字并调整该艺术字大小和位置即可。

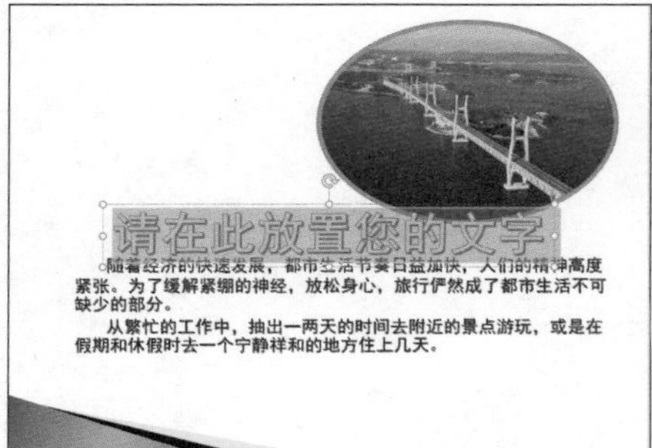

Question 111

让文字充满艺术气息

语音视频教学111

Level ◆◆◆

2016 2013 2010

实例 为文字应用艺术字样式

由于艺术字具有美观有趣、易认易识、醒目张扬等特性，其在宣传、各类广告以及报刊杂志中，越来越受大众的喜爱。在幻灯片中，艺术字的使用也可以带来与众不同的视觉感受。

最初效果

应用艺术样式前

最终效果

应用艺术样式后

1. 打开演示文稿，选中文本，单击“绘图工具—格式”选项卡上“艺术字样式”中的“其他”按钮。

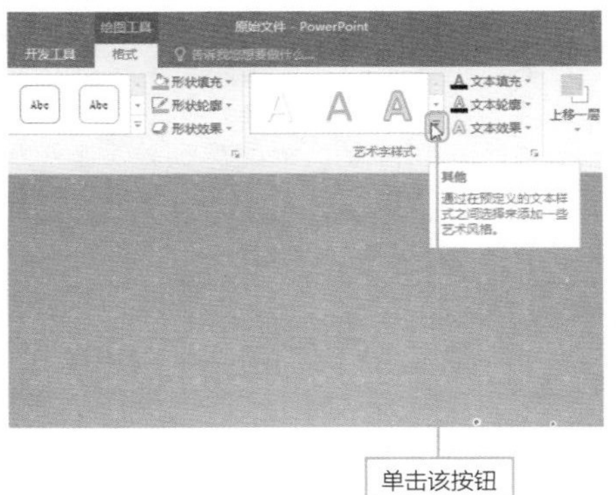

单击该按钮

2. 弹出样式列表，从中选择“渐变填充-橙色，着色1，反射”样式，并对字号和字符间距进行适当调整。

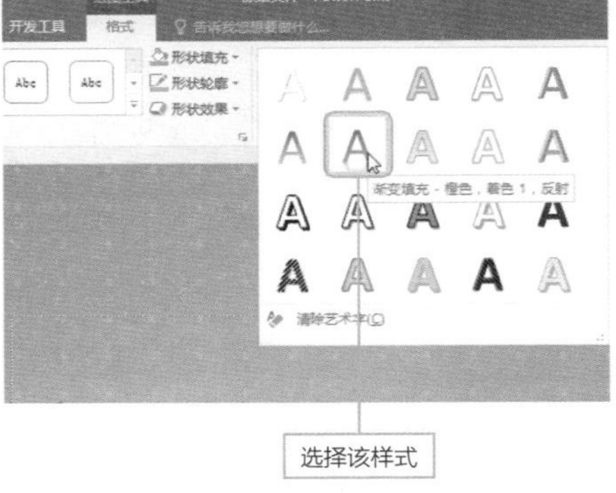

选择该样式

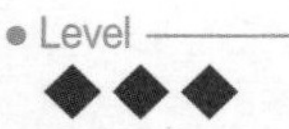

112 巧妙更改文字颜色

语音视频教学112

• Level ◆◆◆

2016 2013 2010

实例 文字颜色的更改

在艺术字制作完成后，若艺术字颜色与当前演示文稿的背景色不符合，可以根据需要对艺术字颜色进行更改，本技巧将讲述其操作技巧。

最终效果

那些花儿

Those Flowers

更改文字颜色效果

① **“开始”选项卡颜色按钮法。**选中文本，单击“开始”选项卡中“字体颜色”下拉按钮，从颜色列表中选择合适的颜色。

② **右键快捷菜单法。**选中文本，右键单击，单击浮动工具栏中的“字体颜色”按钮，从列表中选择合适的颜色即可。

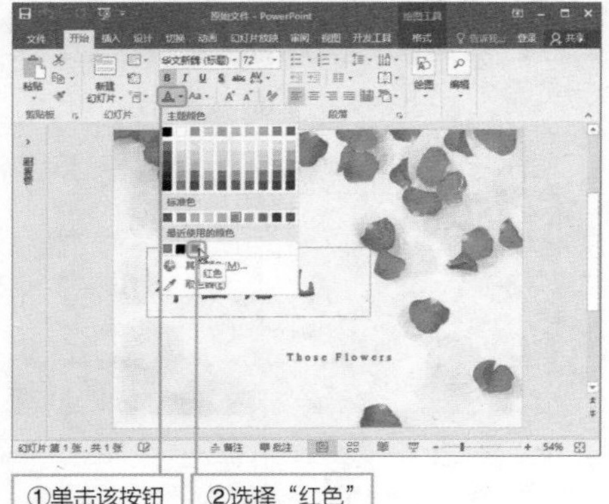

①单击该按钮　②选择“红色”

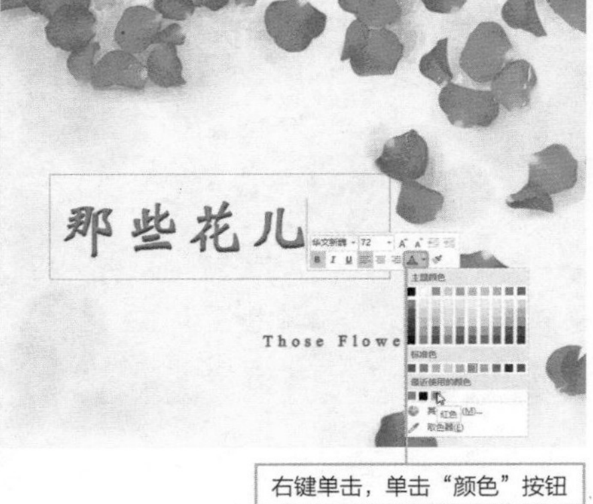

右键单击，单击“颜色”按钮

3 **取色器吸取页面颜色法。**在“颜色”列表中选择“取色器”选项，鼠标光标变为吸管形状，在合适的颜色上单击即可。

4 **文本填充法。**单击“绘图工具—格式”选项卡中的“文本填充”按钮。

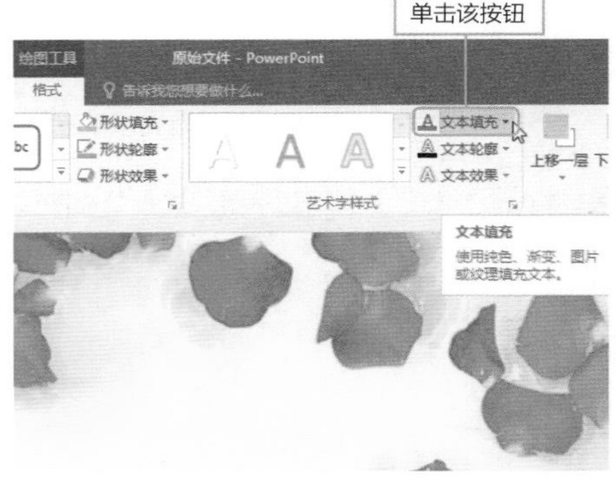

5 在下拉菜单中选择合适的颜色，也可选择“其他填充颜色”选项。

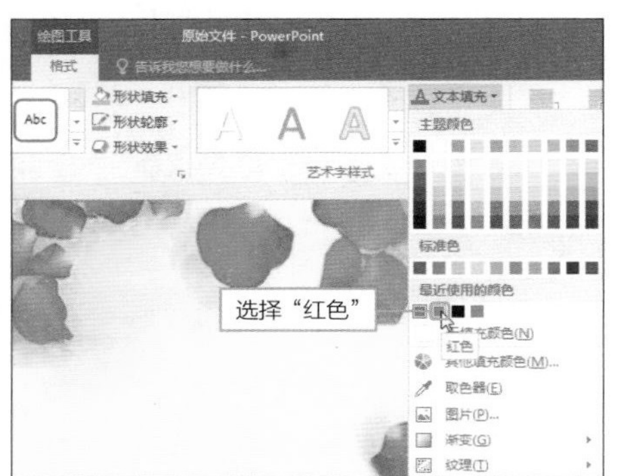

6 打开“颜色”对话框，在默认的“标准”选项卡中，选择一种合适的标准色。

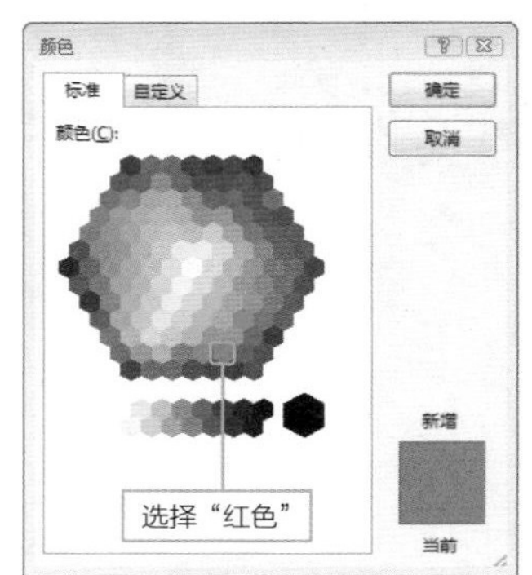

7 也可以在“自定义”选项卡中，设置颜色模式为：RGB，通过“红色”、“绿色”和“蓝色”右侧的数值框，调整RGB值，为文字自定义填充色。

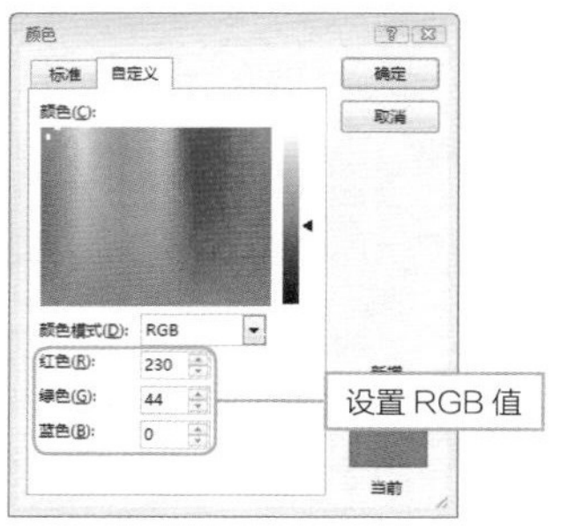

Hint

对话框法更改艺术字颜色

选择文本并右击，选择“设置文本效果格式”选项，在“文本填充”选项中选择“纯色填充”选项，也可更改艺术字颜色。

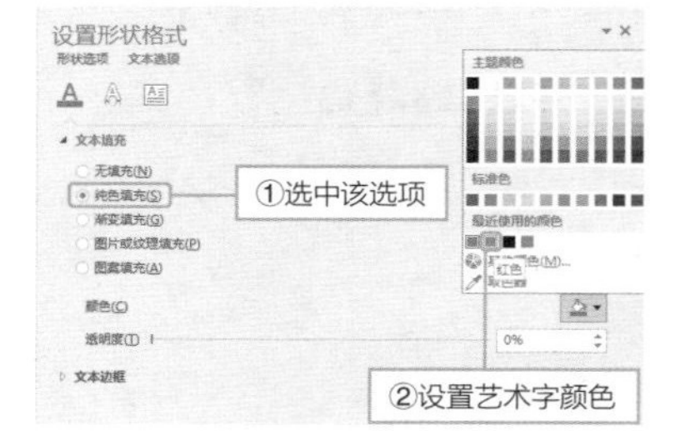

Question 113

为文字填充别致的图片

语音视频教学113

Level ◆◆◆

2016 2013 2010

实例 为文字填充图片效果

艺术字只进行简单的颜色更改是否太单调呢？还有别的方式可以美化艺术字么？PPT 提供的图片填充功能可以让艺术字具有特殊的艺术质感，本技巧将进行介绍。

最初效果

最终效果

用图片填充文字效果

1. 选中文本，单击“绘图工具—格式”选项卡中的“文本填充”按钮，从下拉菜单中选择“图片”选项。

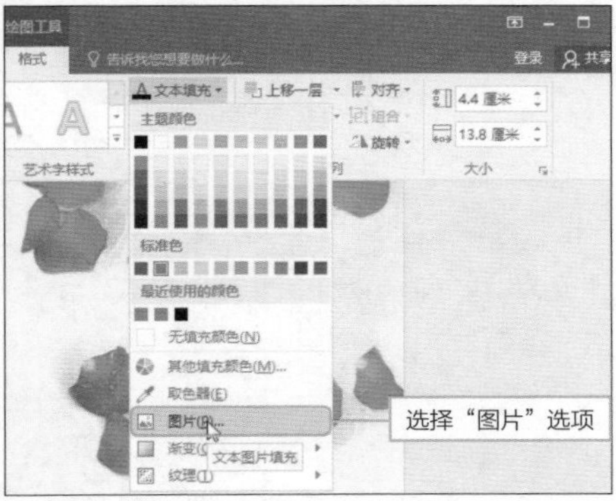

选择“图片”选项

2. 打开“插入图片”窗格，单击“来自文件”右侧的“浏览”按钮，打开“插入图片”对话框，从文件夹中选择合适的图片，并单击“插入”按钮即可。

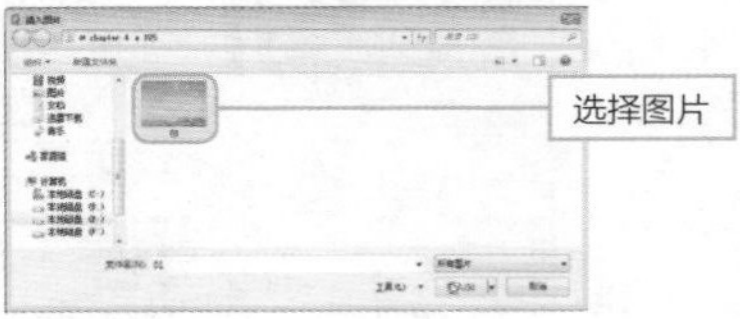

单击该按钮

选择图片

Question 114

巧妙设置文字渐变填充效果

语音视频教学114

● Level ◆◆◆

2016 2013 2010

实例　艺术字渐变填充的设置

所谓渐变填充，即指从一种颜色到另一种颜色的变化，或颜色由浅到深、由深到浅的变化，从而给人很强的节奏感和审美情趣。下面将对设置文字渐变填充效果进行介绍。

最初效果

最终效果

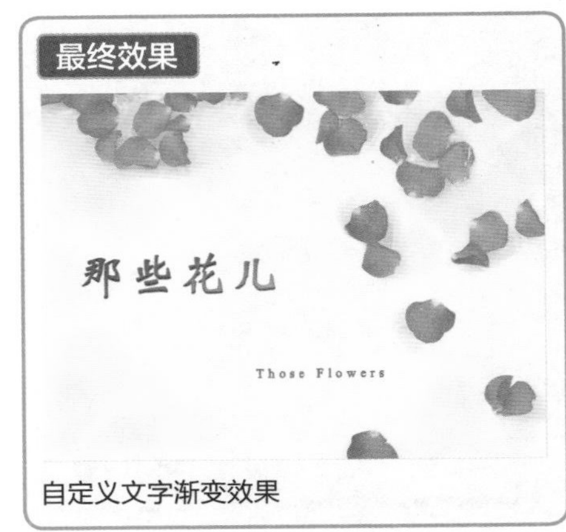

自定义文字渐变效果

❶ **内置渐变填充。** 选中文本，单击“绘图工具—格式”选项卡中的“文本填充”按钮。

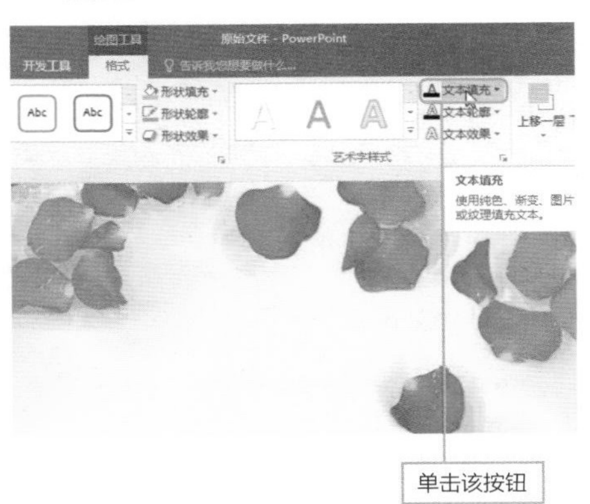

单击该按钮

❷ 从下拉菜单中选择“渐变”选项，在其级联菜单中选择合适的渐变效果，这里选择“中心辐射型”渐变效果。

①选择该选项　②选择该渐变

3 自定义渐变填充。选择“其它渐变”选项，打开“设置形状格式”窗格，默认为“文本填充”选项。

4 单击“预设渐变”按钮，从下拉列表中选择“中等渐变-个性色6”效果。

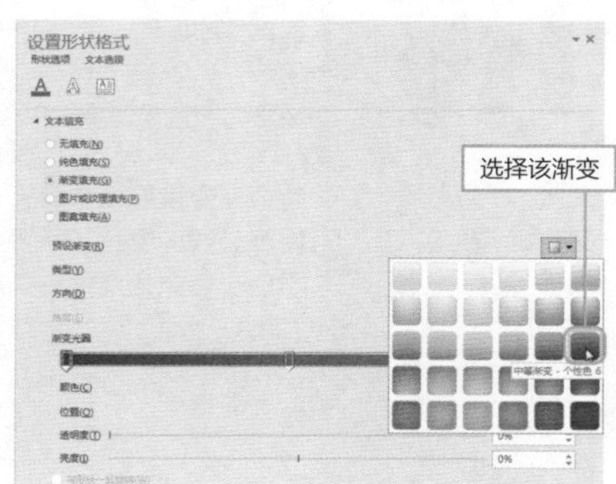

5 设置“类型”为射线，“方向”为左上到右下。

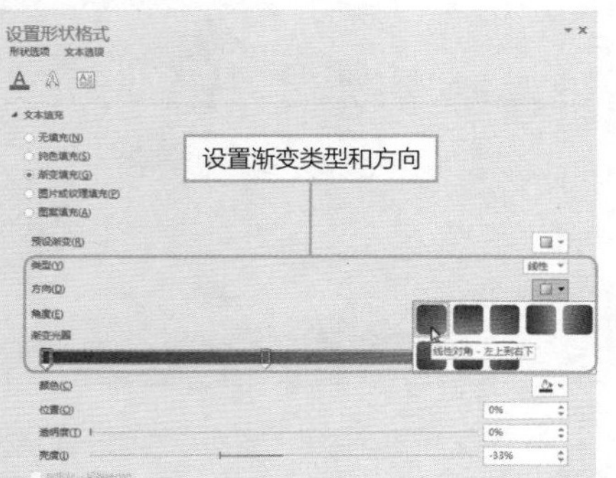

6 选中渐变光圈的停止点1，单击下方“颜色”按钮，从列表中选择合适的颜色。

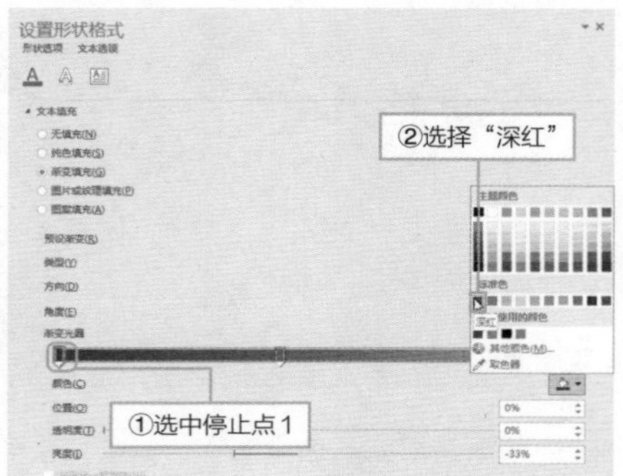

7 设置其他光圈的颜色，并适当增添光圈，调整光圈的位置。

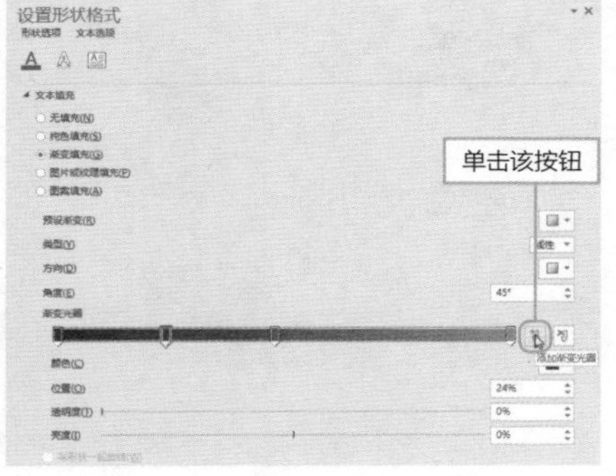

8 为各个停止点颜色设置合适的透明度和亮度，然后单击“关闭”按钮。

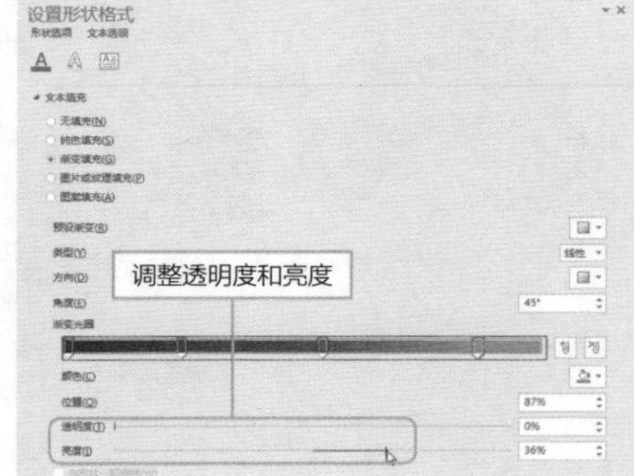

Question

115

设置文字纹理填充效果

Level ◆◆◆

2016 2013 2010

实例　运用纹理填充设置文字

纹理填充实际上是图片填充的一种，但是图片填充是让图片按照文字的大小进行变形，而纹理填充可以对填充的位置、大小、透明度等进行调整，所以比图片填充效果更加丰富、灵活和美观。

最初效果

最终效果

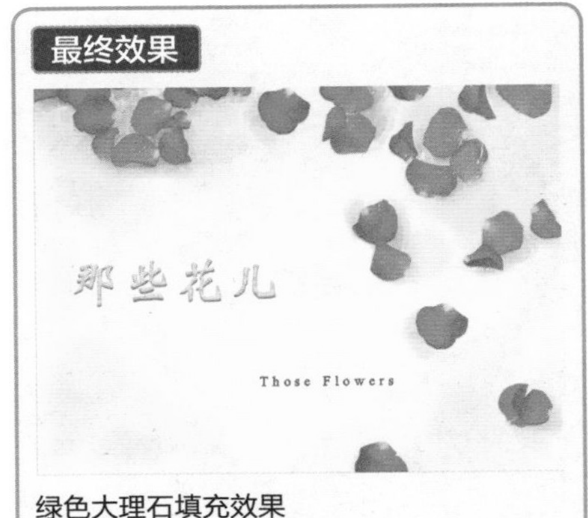

绿色大理石填充效果

① 选中文本，单击“绘图工具—格式”选项卡中的“文本填充”按钮。

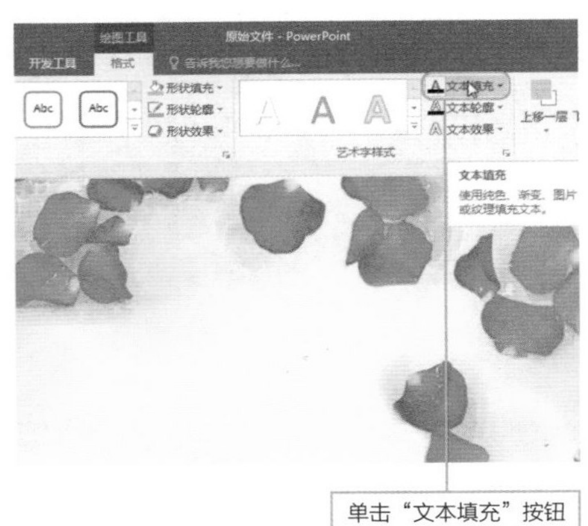

单击“文本填充”按钮

② 在下拉菜单中选择“纹理”选项，从关联菜单中选择“水滴”填充效果。

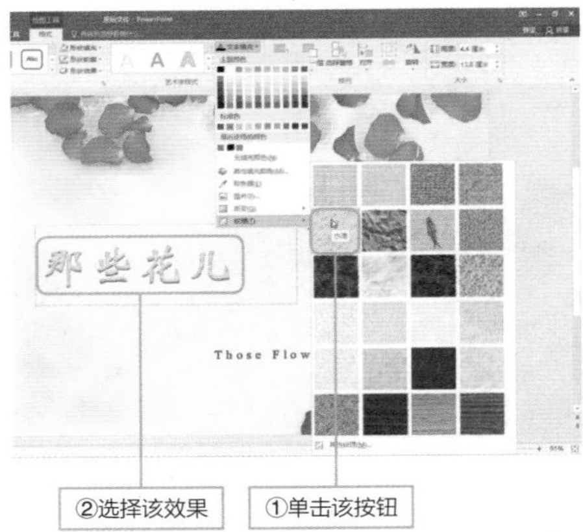

②选择该效果　①单击该按钮

Question

116

为艺术字设置精美的边框

语音视频教学116

• Level

2016 2013 2010

实例	设置文本轮廓

在制作标题、强调性文字等较大的艺术字时，使用文本填充仍会觉得文字略显不足，此时为其添加一个合适的轮廓可以使文字更加充实，摆脱单薄的困扰。

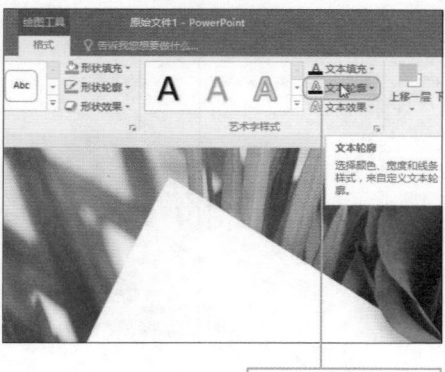

最初效果

最终效果

设置文本轮廓效果

1 **设置轮廓颜色。**选中文本，单击“绘图工具—格式”选项卡中“文本轮廓”按钮。

单击“文本轮廓”按钮

2 从展开的“文本轮廓”列表中选择“黄色”选项。

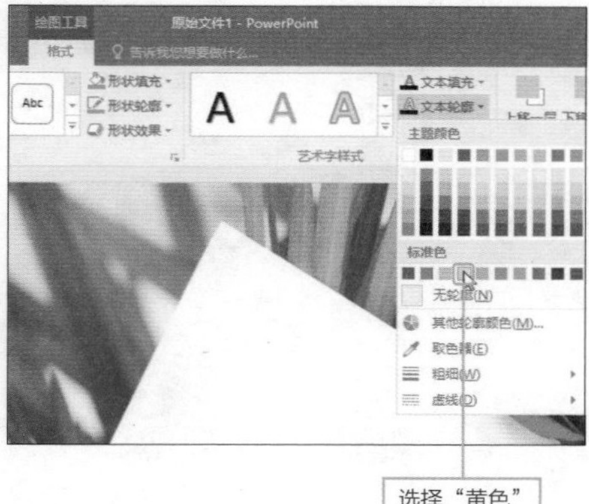

选择“黄色”

3 **设置轮廓线条。**再从列表中选择“粗细”选项，在其级联菜单中选择“0.75磅”。

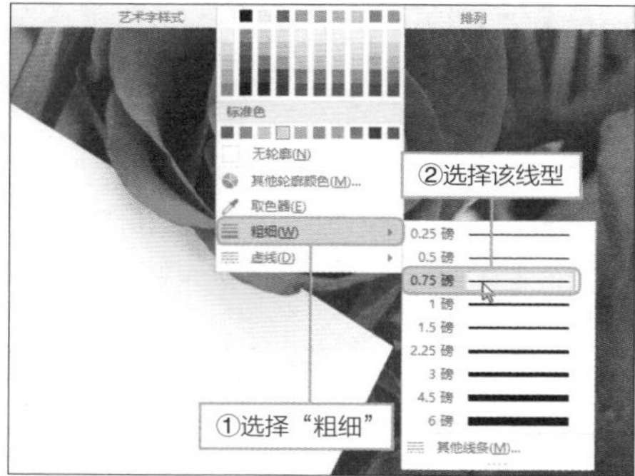

4 再选择“虚线”选项，在其级联菜单中选择“圆点”选项。

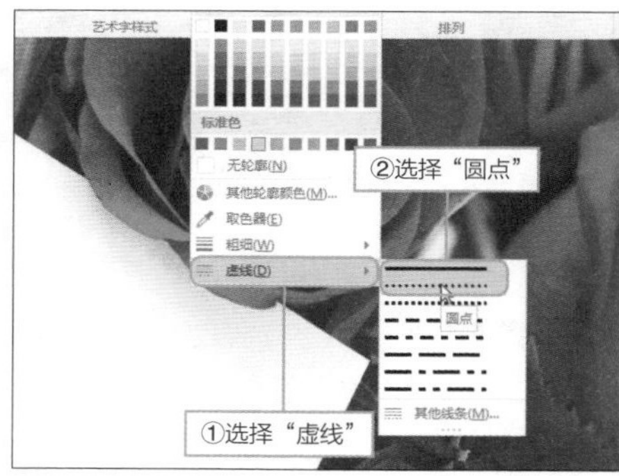

5 **自定义轮廓。**单击“对话框启动器”按钮，打开“设置形状格式”窗格。

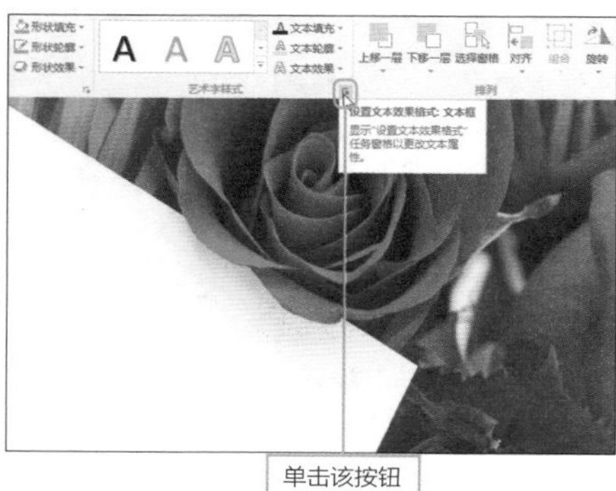

6 在“文本边框”选项组中选中“渐变线”单选按钮，可以应用预设渐变。

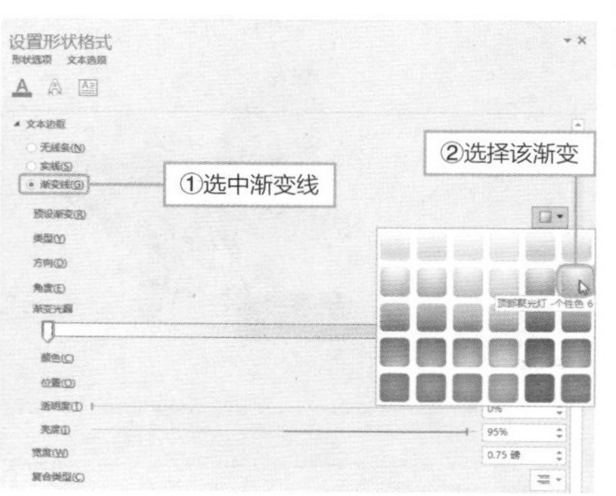

7 也可以自定义渐变色、设置边框类型、方向、停止点颜色、渐变光圈位置等。

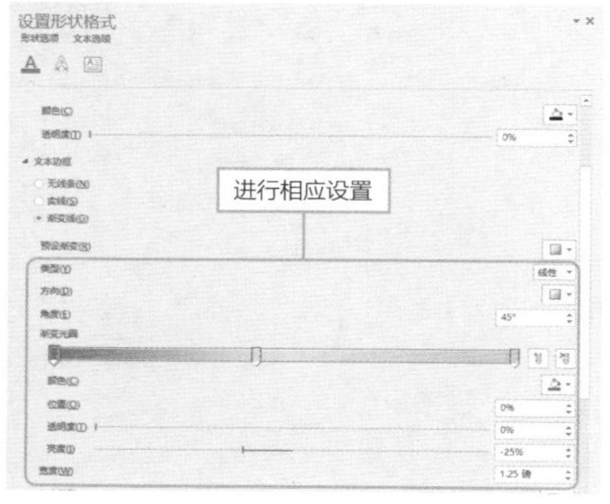

8 还可以根据需要，设置轮廓的宽度、复合类型等，然后单击“关闭”按钮即可。

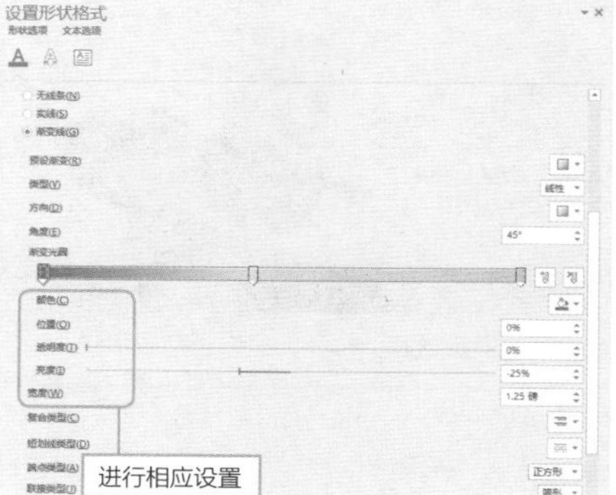

Question 117

让文字具有立体效果

Level ◆◆◆

2016 2007

实例 设置文字阴影效果

平面文字即使设置得再精美也会缺乏真实感和视觉冲击，PowerPoint 2016 提供了多种立体效果，下面介绍立体效果中阴影效果的设置。

最初效果

阴影效果1

应用“向左偏移”阴影效果

阴影效果2

自定义阴影效果

1 选中文本，单击“绘图工具—格式”选项卡中的“文本效果”按钮。

❷ **应用内置阴影。**在打开的列表中选择“阴影”选项，从其级联菜单中选择合适的阴影效果，这里选择“向左偏移”。

❸ **自定义阴影。**选择“阴影”选项，在打开窗格中的“阴影”选项组中，单击“颜色”按钮，从列表中选择“浅蓝”。

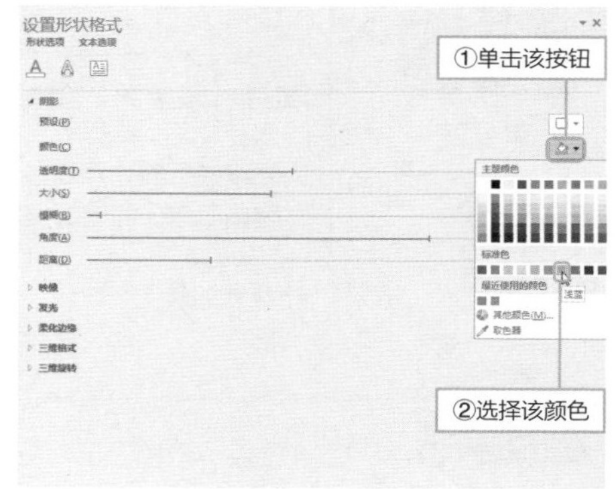

❹ 通过“透明度”、“大小”、“模糊”右侧的缩放滑块或数值框分别设置其数值为：50%、90%、3磅。

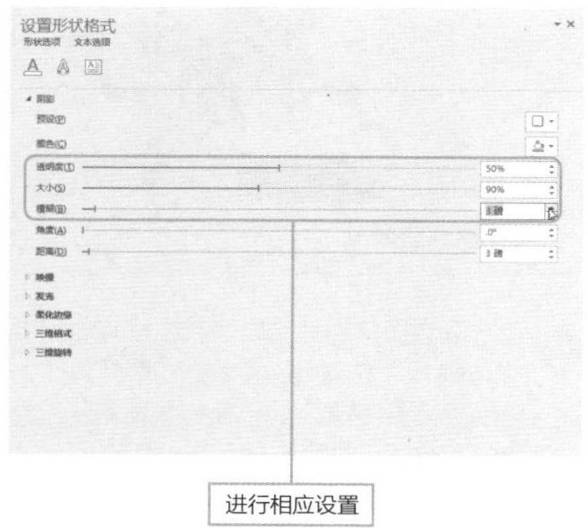

❺ 通过“角度”和“距离”右侧的缩放滑块或数值框分别设置其数值为：300°、60磅，单击“关闭”按钮即可。

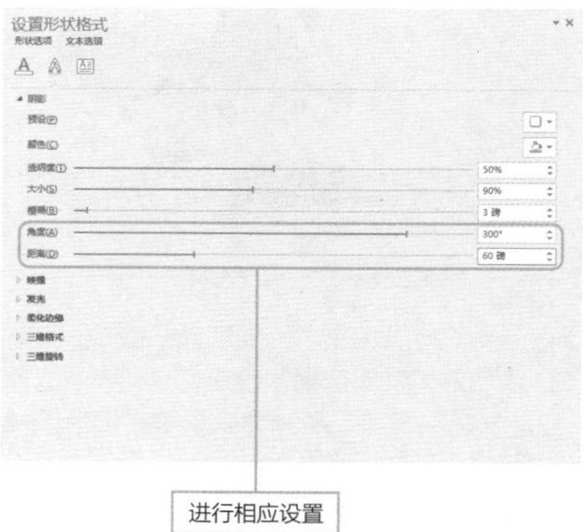

Skill

设置阴影效果注意事项

阴影效果的设置原理在于光线的角度和强弱的变换，当对象的空间布局不同时，阴影效果的不同设置会让页面效果存在差异。

但是，在设置阴影效果时，一定要注意阴影的层次感和一致性，特别是有多个对象都应用了阴影效果时，更加要注意阴影的统一性，避免出现同一个画面的多个对象具有不同的角度、距离、颜色等。

Question
118 文字映像效果用处大

语音视频教学118

● Level ◆◆◆

2016 2007

实例 设置文字映像效果

因光线的反射作用而显现的物像称为映像。文字的映像效果是通过文字在玻璃质感上的倒影实现的立体效果，映像比阴影更加时尚、绚丽。

最初效果

最终效果

设置文字映像效果

❶ 选中文本，单击“绘图工具—格式”选项卡中的“文本效果”按钮，从列表中选择“映像”选项，从其级联菜单中选择“全映像，接触”效果。

❷ 还可以选择“映像选项”。在打开窗格中的“映像”选项组中通过“透明度”、“大小”、“模糊”、“距离”右侧的缩放滑块或数值框对映像进行进一步设置。

①选择“阴影” ②选择该选项

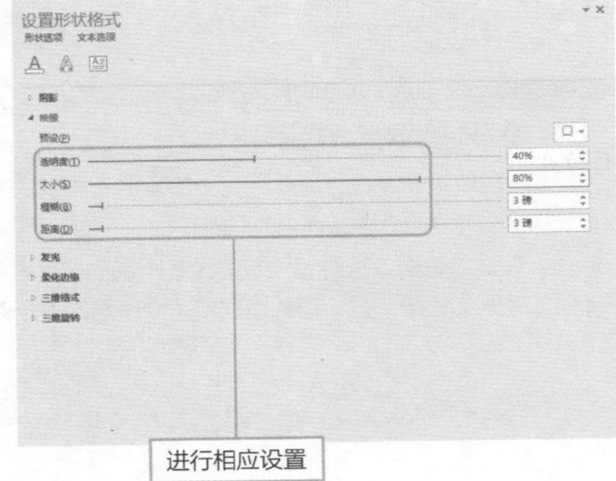

进行相应设置

Question

119

● Level

◆◆◆

2016 2013 2010

文字还可以发光

语音视频教学119

实例　应用文字发光效果

发光效果和映像效果一样，都是一种很特别的效果，应用文字发光效果可以让演示文稿中的文本内容从呆板的形象中脱离出来，使文本效果炫目而又精彩。

最初效果

发光效果1

应用内置发光效果

发光效果2

绿色发光效果

发光效果3

自定义发光效果

1 选中文本，单击“绘图工具—格式”选项卡中的“文本效果”按钮。

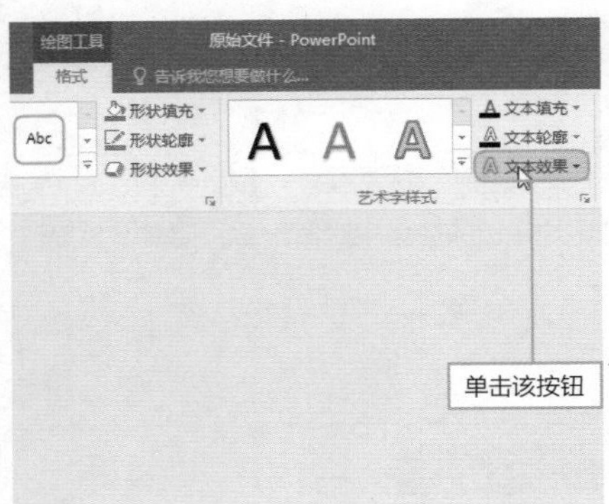

2 **应用内置发光效果。**从列表中选择“发光”选项，从其级联菜单中选择合适的发光效果。

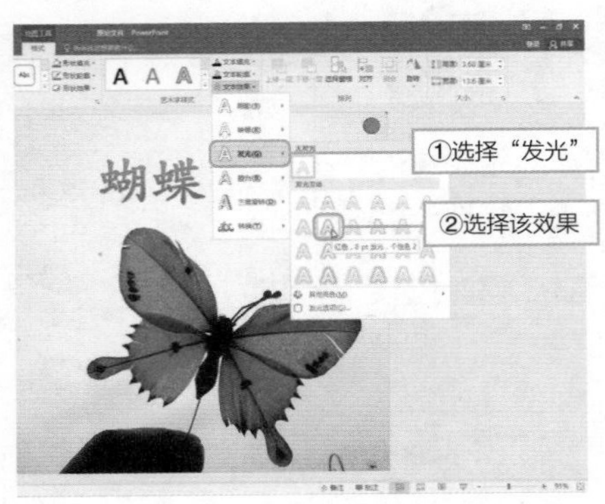

3 **更改发光颜色。**从“发光”菜单中选择“其他亮色”选项，从列表中选择“绿色”。

4 打开“设置形状格式”窗格，在“发光”和“柔化边缘”选项组中，单击“颜色”按钮，从列表中选择“其他颜色”。

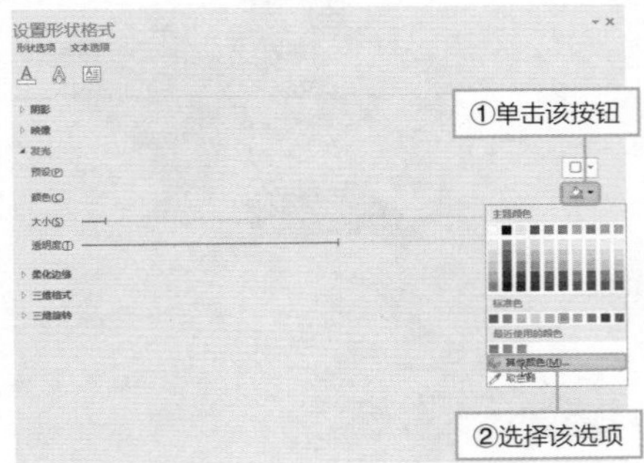

5 在打开对话框的“自定义”选项卡中，设置用户所需颜色，单击“确定”按钮。

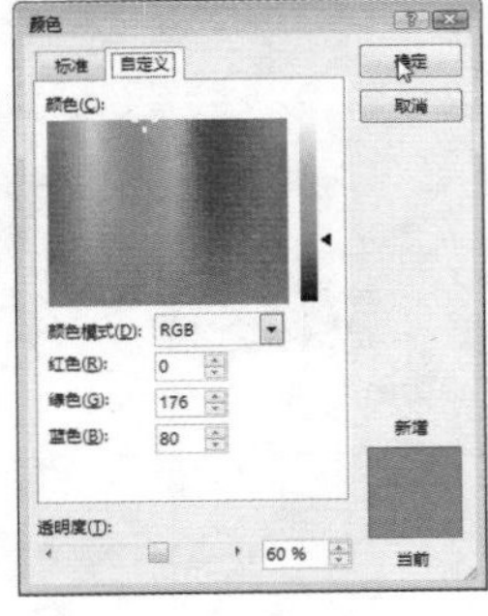

6 返回“设置形状格式”窗格，设置大小和透明度，单击“关闭”按钮即可。

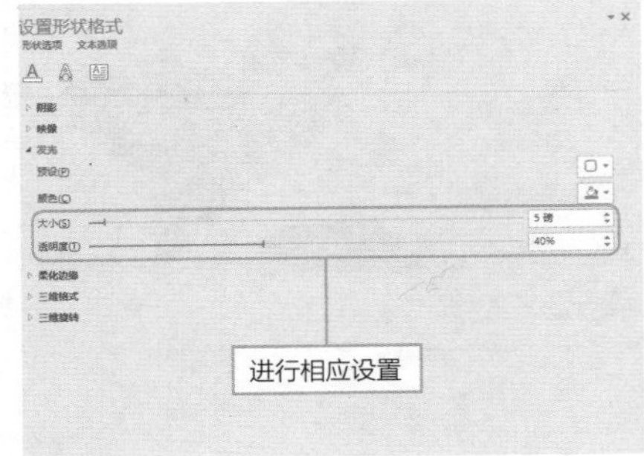

Question
120

● Level ◆◆◆

2016 2013 2010

让文字具有立体质感

实例　给文字应用棱台效果

前面介绍的文字阴影、映像、发光效果虽然可以让文字给人立体的感觉，但是，实际上文字依旧是平面的，怎样才能让文字具有实实在在的立体效果呢？棱台效果可以很好地实现。

最初效果

棱台效果1

冷色斜面棱台效果

棱台效果2

艺术装饰棱台效果

1 选中文本，单击“绘图工具—格式”选项卡中的“文本效果”按钮。

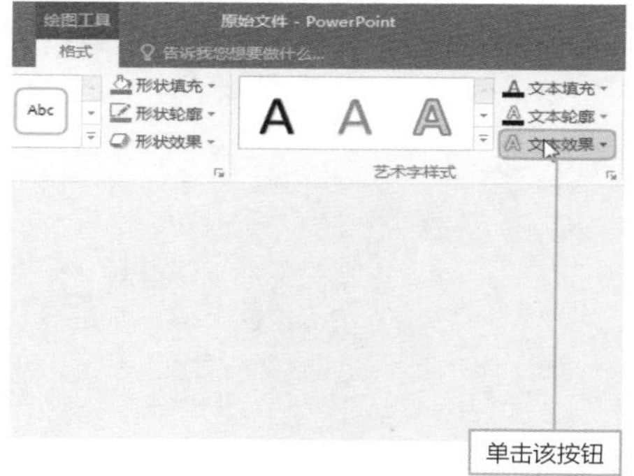

2 **应用内置棱台效果。**从列表中选择“棱台”选项，从级联菜单中选择“冷色斜面”。

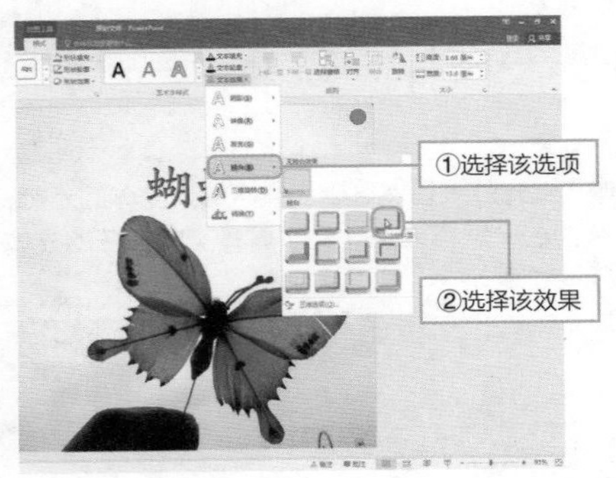

3 **自定义棱台效果。**选择“三维选项”，在打开的窗格中，单击“顶部棱台”按钮，从列表中选择“角度”选项。

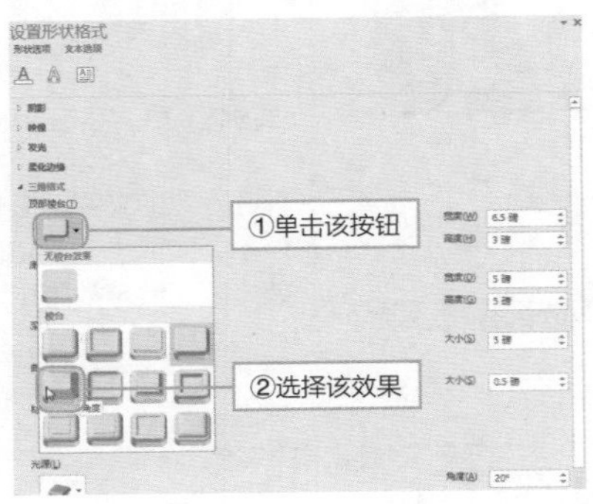

4 设置底端效果，并分别设置顶端和底端的宽度和高度，单击“深度”按钮，从列表中选择“紫色”。

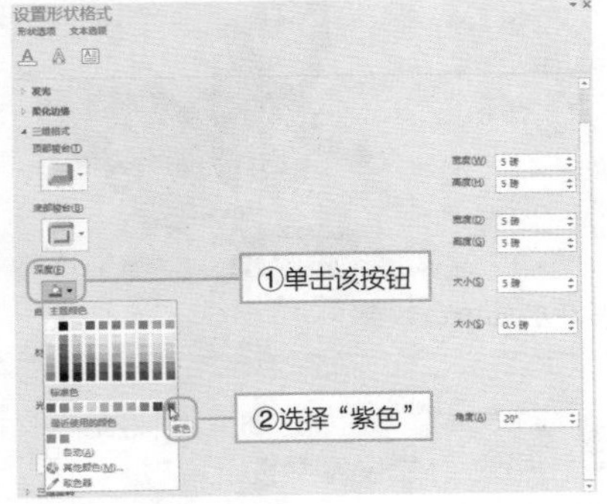

5 设置深度“大小”为5磅，单击“曲面图”按钮，选择“浅蓝”。

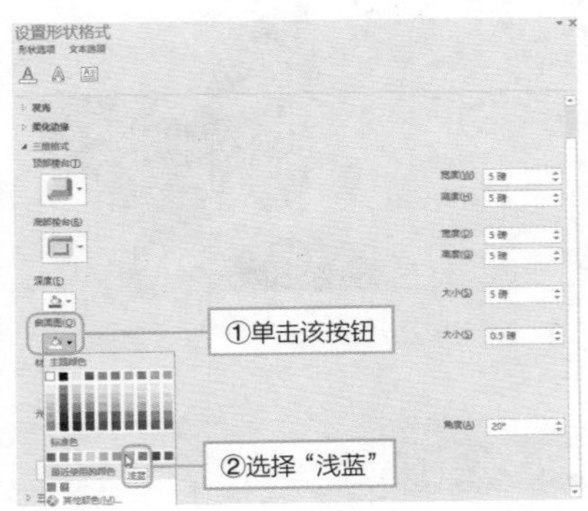

6 设置曲面图大小为0.5磅，单击“材料”按钮，从列表中选择“亚光效果”。

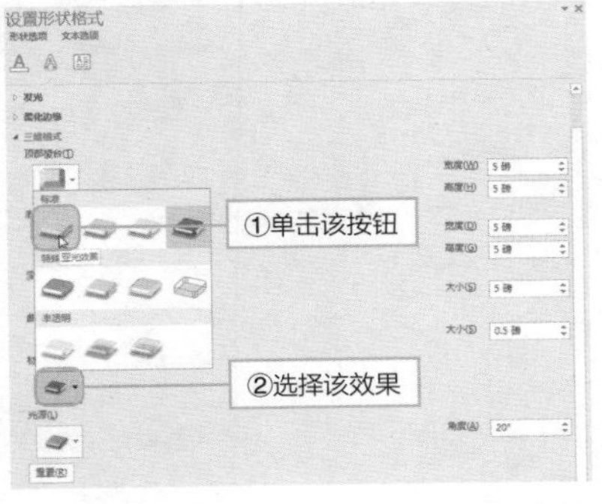

7 设置“照明”为“日出”效果，“角度”为20°，单击“关闭”按钮。

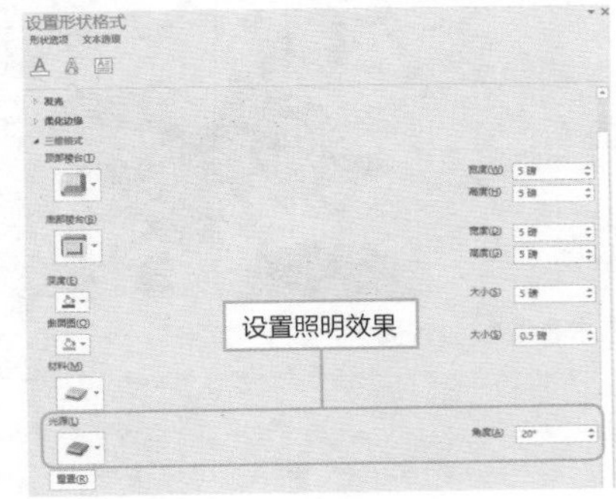

Question
121

● Level
◆◆◆

2016 2013 2010

文字形状花样多

实例　转换文本

文字转换效果是一种特殊的艺术效果，主要是为了配合幻灯片中的图片、图表的形状而变形，根据系统提供的多种变形效果可以快速转换文字形状，下面对其进行介绍。

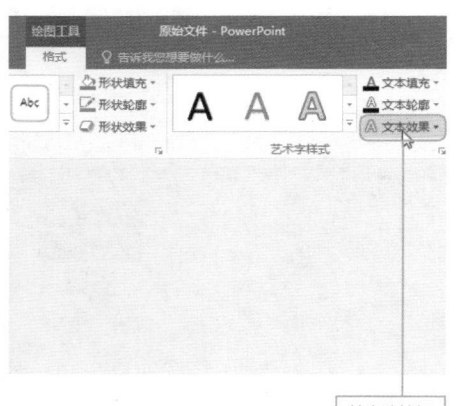

最初效果

最终效果

蝴蝶飞飞

转换文本效果

1. 选中文本，单击“绘图工具—格式”选项卡中的“文本效果”按钮。

绘图工具　原始文件 - PowerPoint
格式　告诉我您想要做什么...
形状填充　形状轮廓　形状效果
文本填充　文本轮廓　文本效果
艺术字样式

单击该按钮

2. 从列表中选择“转换”选项，从级联菜单中选择“上弯弧”效果。

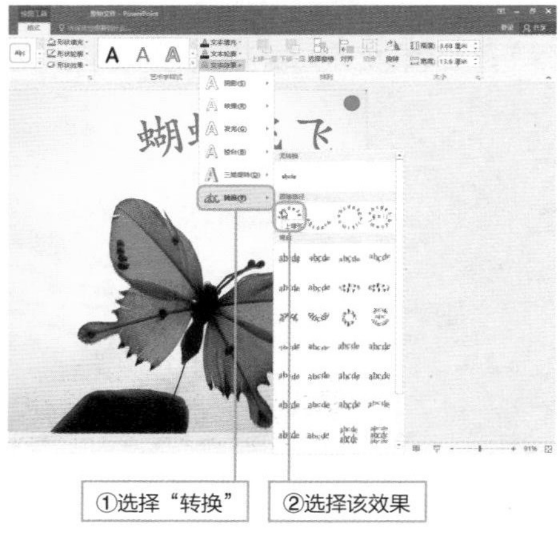

1 2 3 4 5 6 7 8 9 10 11 12 13 14 文本的创建与编辑技巧

Question 122

想要将文本转换为SmartArt图形

语音视频教学122

● Level ◆◆◆

2016 2013 2010

实例 文本与SmartArt图形的转换

为了可以更加直观地交流信息，可以将文本转换为 SmartArt 图形，转换后，还可以添加图片，让文字与图片有效结合，本技巧将对其进行详细介绍。

最初效果

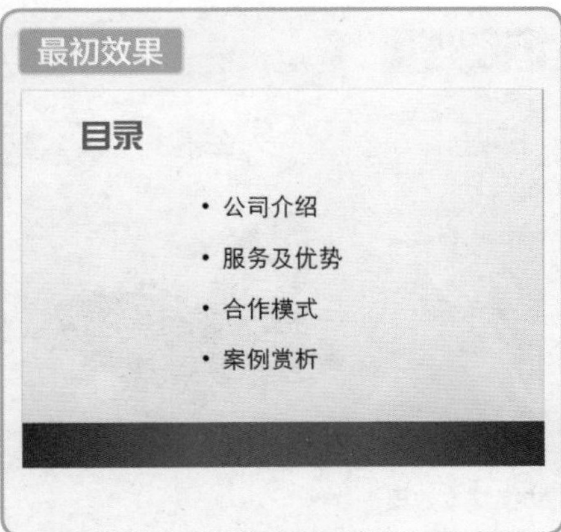

最终效果

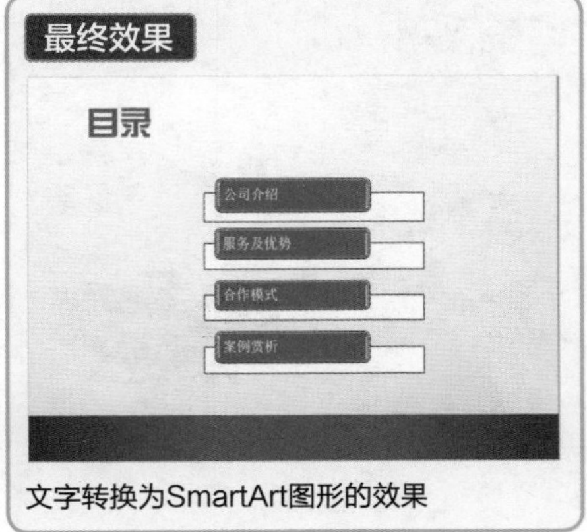

文字转换为SmartArt图形的效果

1 选中文本，单击“开始”选项卡中的“转换为SmartArt”按钮，从列表中选择“其他SmartArt图形”选项。

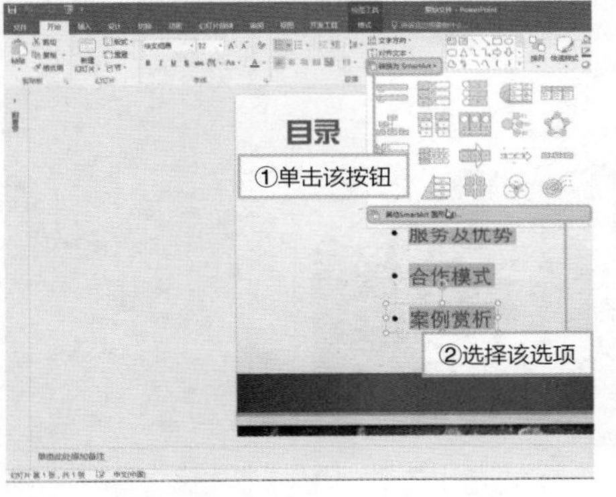

2 打开“选择SmartArt图形”对话框，在“列表”选项组选择“垂直框列表”，单击“确定”按钮。然后根据需要调整SmartArt图形即可。

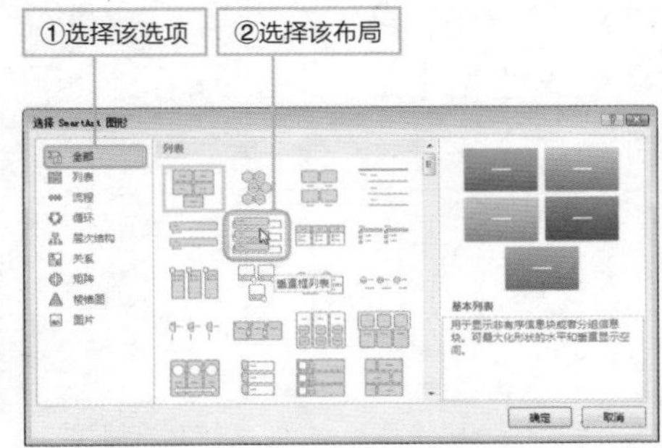

123 想要将文本转换为图片

● Level ◆◆◆

2016 2013 2010

实例 将文本以图片形式进行保存

在 PowerPoint 中输入文本后，若希望其以图片形式应用于其他地方，可将其保存为图片，方便以后使用，本技巧将介绍如何将文本保存为图片的技巧。

1. 选中需要保存为图片的文本框，右键单击，从弹出的快捷菜单中选择“另存为图片”命令。

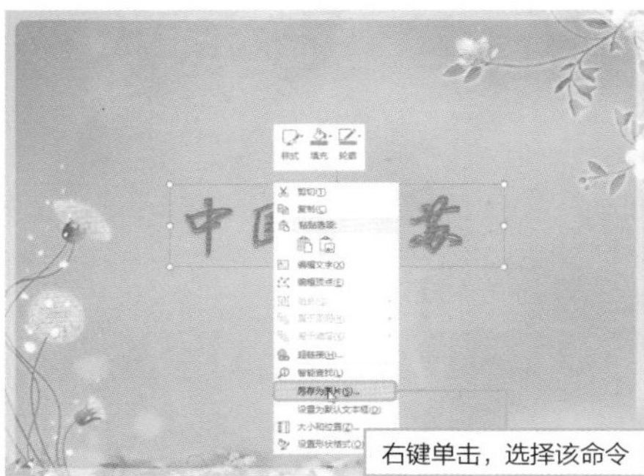

2. 打开“另存为图片”对话框，设置文件名、保存类型以及保存路径，单击“保存”按钮。

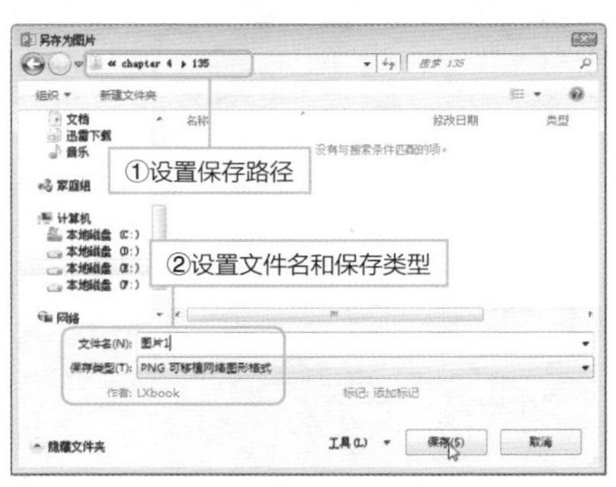

3. 打开图片所在文件夹，选中该图片，右键单击，从弹出的快捷菜单中选择“预览”命令。

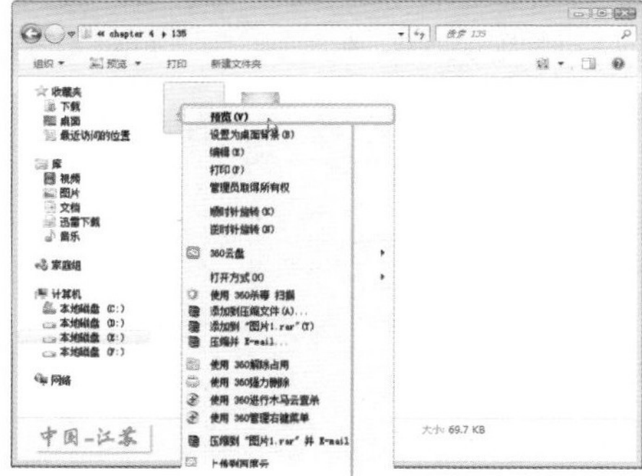

4. 可以在Windows照片查看器中查看该图片，也可以选择“打开方式”命令，用其他程序打开并查看该图片。

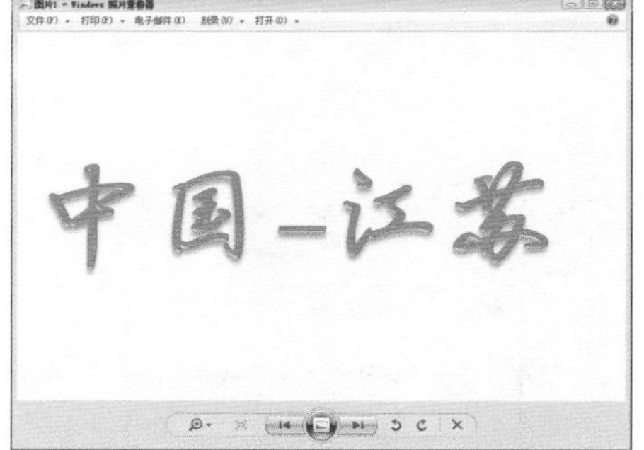

Question

124

轻轻松松做体检

语音视频教学124

● Level ◆◆◆

2016 2013 2010

实例 检查演示文稿的拼写

演示文稿制作完成后，为了避免出现一些常见拼写错误，可以快速检查演示文稿拼写，对此通过演示文稿的“拼写检查”功能即可轻松实现，下面对其进行介绍。

1 打开演示文稿，切换至“审阅”选项卡，单击“拼写检查”按钮。

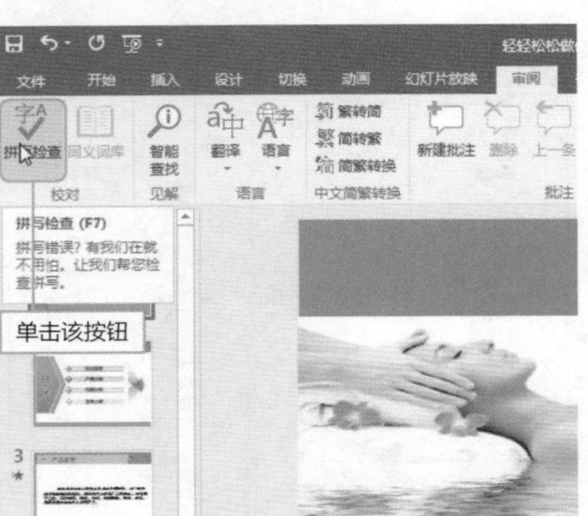

2 打开“拼写检查”窗格，根据需要选择更改还是忽略错误，这里单击“全部忽略”按钮。

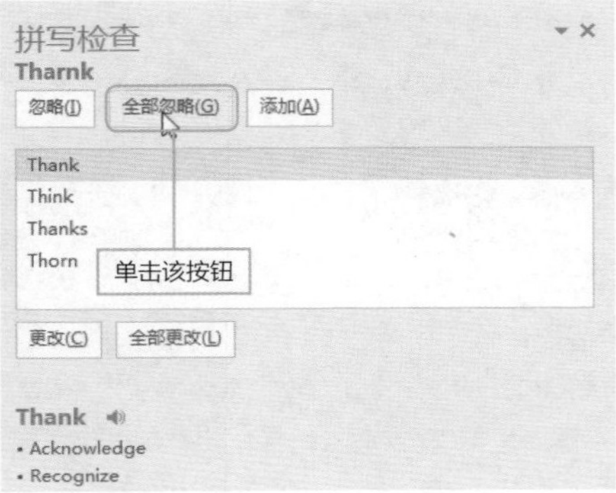

3 检查结束后，会弹出提示对话框，提示拼写检查结束。

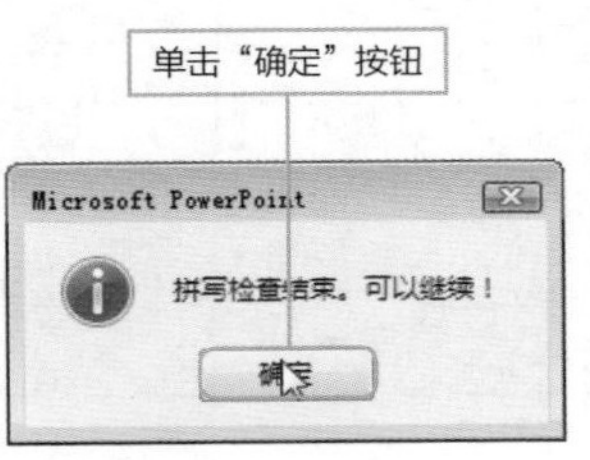

Hint

有关拼写检查的设置

执行“文件>选项”命令，打开“PowerPoint选项”对话框，在“校对”选项卡中进行相应设置即可。

文本的创建与编辑技巧

Question

125

瞬间翻译幻灯片页面内容

● Level
◆◆◆

2016 2013 2010

实例 翻译功能的应用

PPT还提供了类似词典的功能，可以将演示文稿中的英文单词翻译为中文，还可以将中文词语翻译为英文，下面将以中文翻译为英文为例进行介绍，其操作步骤如下。

1 选择需要翻译的文本，切换至“审阅”选项卡，单击“翻译”按钮，从列表中选择“翻译所选文字”选项。

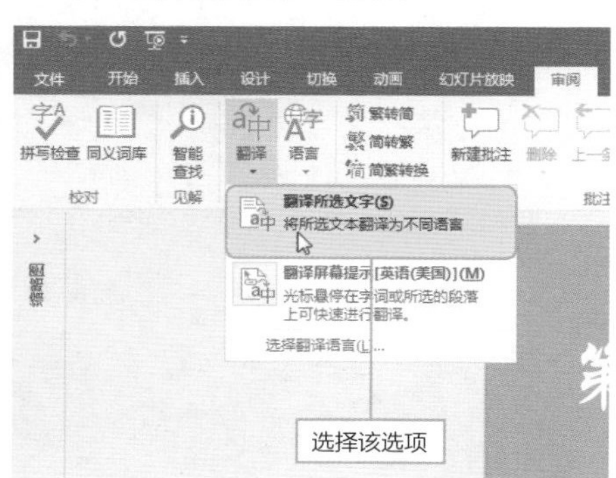

2 打开“信息检索”对话框，单击“开始搜索”按钮，即可翻译所选文字。

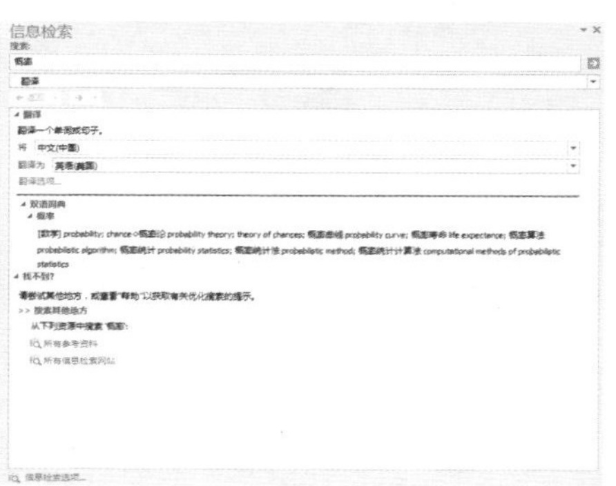

3 执行“翻译>选择转换语言”命令，可打开“翻译语言选项”对话框，将“翻译为”设置为需要转换为的语言，这里选择“英语（美国）”，然后单击“确定”按钮即可。

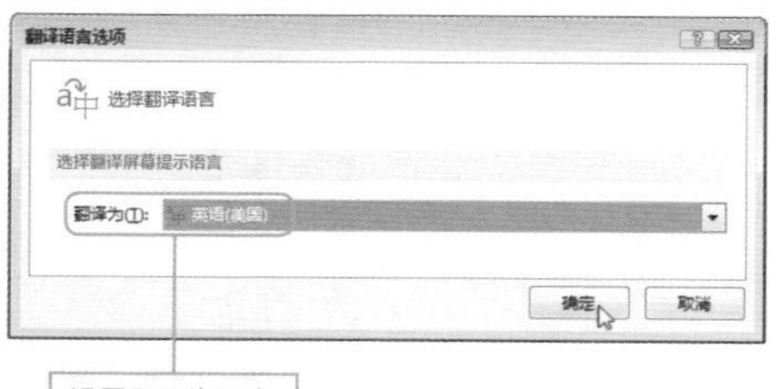

4 接着，执行“翻译>翻译屏幕提示”命令，当鼠标选取一个单词或短语后，将会在一个浮动窗口中显示该短语的释义。

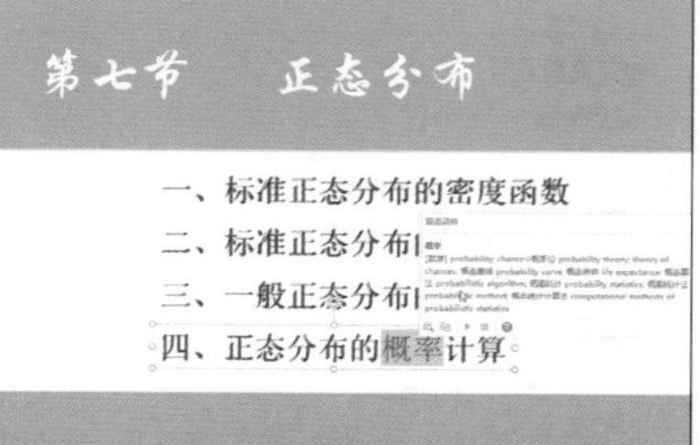

Question

126 动动鼠标简体变繁体

语音视频教学126

• Level ◆◆◆

2016 2013 2010

实例 简繁转换功能的应用

如果公司与使用繁体字的地区有业务往来，或者需要和使用粤语的人共享文件，则需将制作完成的演示文稿转换为繁体字再进行发送了，本技巧介绍如何进行简繁转换的操作。

最终效果

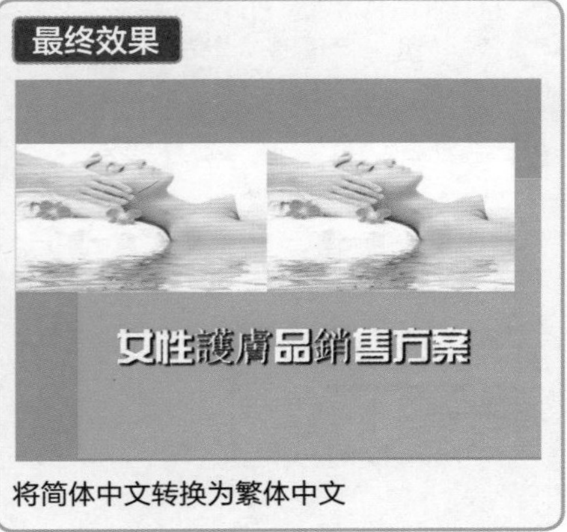

将简体中文转换为繁体中文

❶ 切换至“审阅”选项卡，单击“简繁转换”按钮。

❷ 打开“中文简繁转换”对话框，选中“简体中文转换为繁体中文”单选按钮，然后单击“自定义词典”按钮。

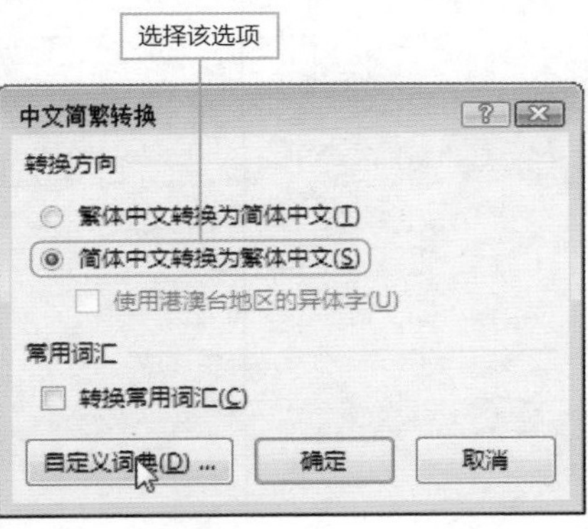

❸ 打开“简体繁体自定义词典”对话框，单击“添加”按钮，将自定义的词汇添加到词典中，并弹出提示对话框。单击“关闭”按钮返回“中文简繁转换”对话框，单击“确定”按钮，即可完成转换。

简体繁体自定义词典
编辑
转换方向(D): 简到繁(双向)
添加或修改(T): 例词
转换为(M): 例詞
词性(P): 名词
添加(A)
删除(R)
导入 / 导出
您可以将自定义词典导出成 csv 文档，以便与他人共享或使用Excel来编辑管理。
自定义词典
此词汇已被添加到自定义词典。
确定
单击该按钮
导入(I)...
导出(E)...
全部删除(L)
关闭

Question 127

让文本动起来

语音视频教学127

实例 文本框控件的应用

Level ◆◆◆

2013 2010 2007

在 PPT 演示文稿中，有时为了显示更多的文本内容，那么就不得不制作滚动文本。所谓滚动文本即指带有滚动条的文本框。接下来我们将着重介绍如何实现该文本框的设计方法。

1 单击“开发工具”选项卡中的“文本框”按钮，在幻灯片编辑区按住鼠标左键并拖曳，以绘制出文本框。

2 在文字框上右击，从弹出的快捷菜单中选择“属性表”命令，弹出相应的属性窗口，从中进行适当的设置。

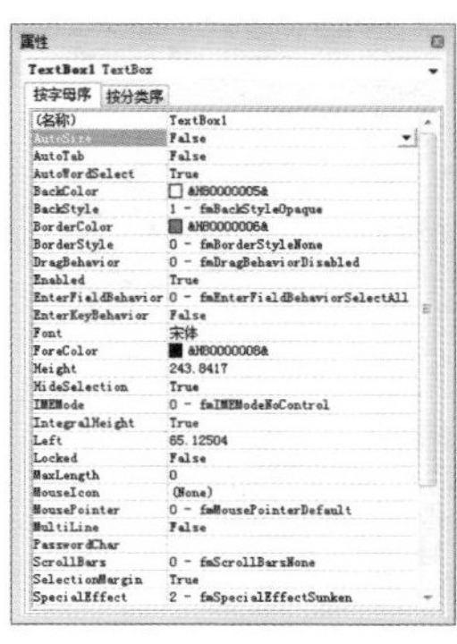

3 随后右击文字框，选择“文字框对象>编辑”命令，接着输入文字内容，最后在文字框外任意处单击鼠标，即可退出编辑状态。至此，带滚动条的文本框就产生了。

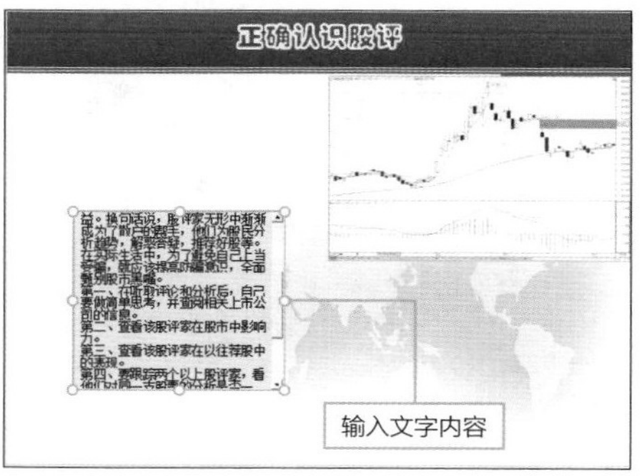

Hint

文本框控件主要属性介绍

BackColor属性：用于设置窗体背景颜色。

EnterKeyBehavior属性：用于定义在文本框中是否允许使用Enter键，若为True，则按Enter键将创建一个新行。

MultiLine属性：设置控件是否可以接受多行文本。

ScrollBars属性：利用滚动条来显示多行文字内容，其中1-fmScrollBarsHorzontal为水平滚动条;2-fmScrollBarsVertical为垂直滚动条;3-fmScrollBarsBoth为水平滚动条与垂直滚动条均存在。

Question 128

使用“批注”进行交流

语音视频教学128

实例 在幻灯片中使用批注

Level ◆◆◆

2013 2010 2007

对于幻灯片中比较重要的内容，可以为其添加批注，批注是一种备注，它可以使注释对象的内容或含义更易于理解。批注可附加到幻灯片上的某个字母、词语、图片或形状上，也可以附加到整个幻灯片上。

1 **添加批注。**打开演示文稿，选择需要添加批注的文本或对象，切换至“审阅”选项卡，单击“新建批注”按钮。

2 一条新批注随即创建，且自动打开“批注”窗格，鼠标指针会移到批注中，输入注释内容即可。

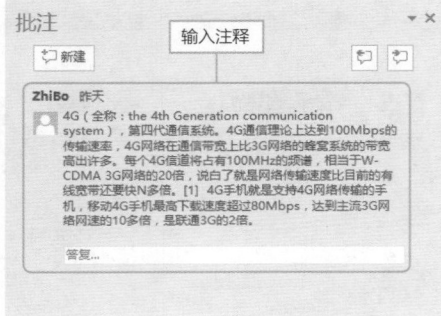

3 **显示和隐藏批注标记。**添加标注的边角上会出现一个标记，单击“显示批注”按钮，在列表中取消勾选“显示标记”选项。

4 可以看到，批注标记将被隐藏，再次执行“显示批注>显示标记”命令，可将隐藏的批注显示。

Question
129

● Level
◆◆◆

2016 2013 2010

让“批注”换个样

语音视频教学129

实例 编辑批注

添加批注完成后，用户需要在批注中输入合适的内容；有多个批注存在时，用户可以在批注之间移动；当不需要这些批注时，用户可以将其删除。

1 **编辑批注。**单击批注标记，即可打开“批注”窗格，将鼠标光标定位至需要修改的批注框中。

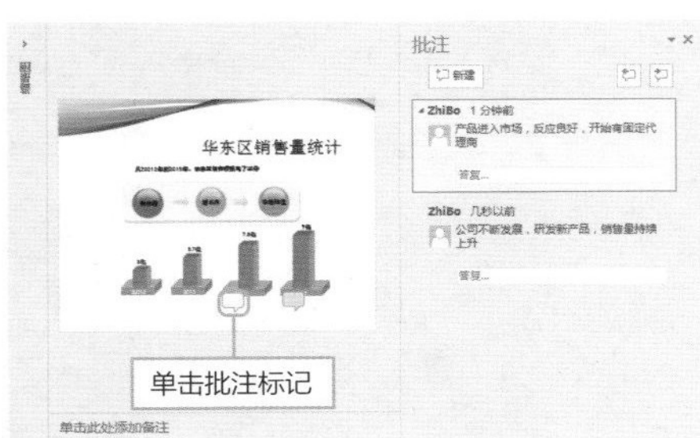

2 根据需要对批注中的文字进行修改，修改完成后，在批注框外任意地方单击即可完成批注的编辑。

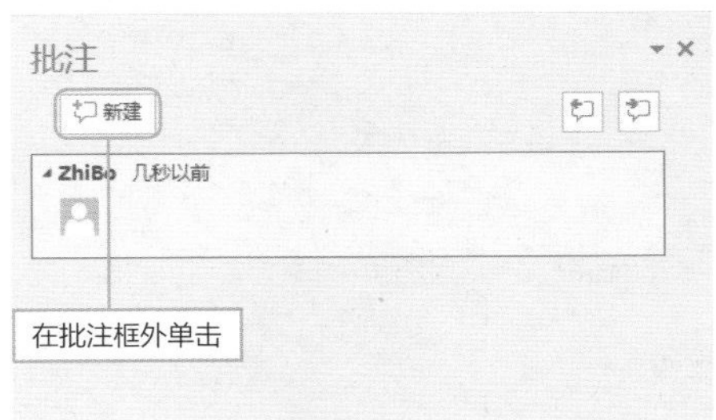

3 **在批注间移动。**若要在批注间移动，可以单击在“批注”窗格中的“上一个”或“下一个”按钮，也可以单击“审阅”选项卡中的“上一条”和“下一条”按钮。

Hint

删除批注

可以直接单击“批注”框中的“删除”按钮。也可以选择要删除的批注并右击，从其快捷菜单中选择“删除批注”命令。

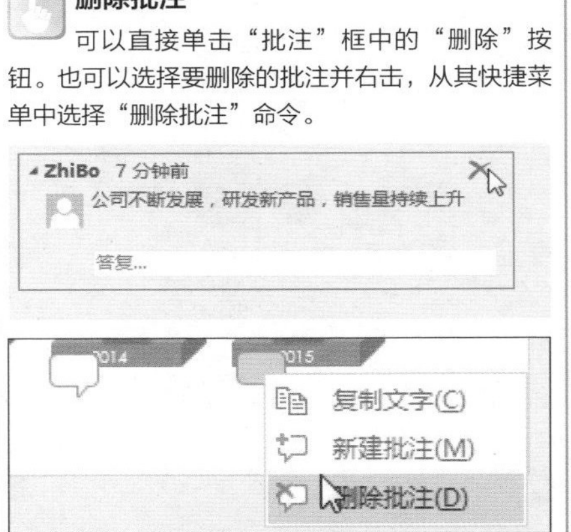

第4章 130~150

图片的插入与处理技巧

- 插入图片很简单
- 插入联机图片有妙招
- 轻松调整图片大小
- 精确调整图片大小
- 让图片搬个家
- 随心所欲裁剪图片
- 快速应用图片样式

Question 130

插入图片很简单

语音视频教学130

Level ◆◆◆

2016 2013 2010

实例 在幻灯片中插入图片

俗话说：佛靠金装，人靠衣装。而对于幻灯片来说，需要图片来装饰，精美、大方、别致的图片可以提高读者对演讲内容的兴趣，帮助读者快速了解演讲内容。那么，该如何进行插入图片操作呢?

1 幻灯片版式包含多种组合形式的文本和对象占位符。单击图片占位符，可打开“插入图片”对话框。

2 选择需插入图像的幻灯片，单击“插入”选项卡中的“图片”按钮。

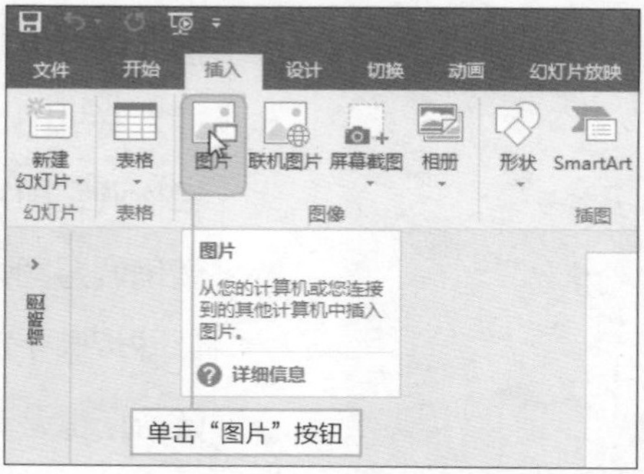

单击“图片”按钮

3 打开“插入图片”对话框，在打开的对话框中，选择合适的图片，然后单击“插入”按钮。

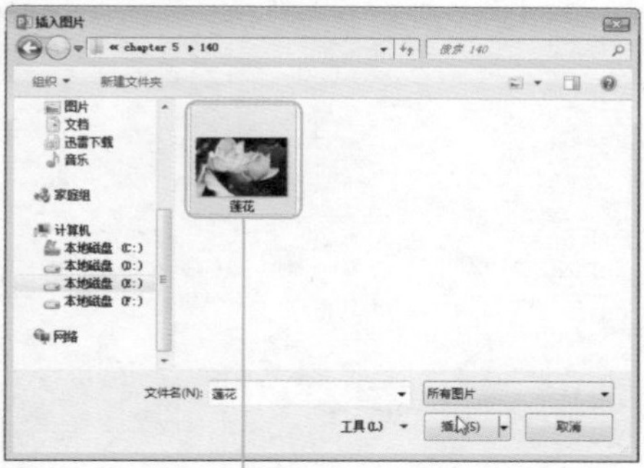

4 选中图片并进行拖动，即可改变其位置，待调整完成后释放鼠标即可。

选择该图片

Question

131

插入联机图片有妙招

实例 在幻灯片中插入剪贴画

• Level ◆◆◆

2016 2013 2010

PowerPoint 2016 中提供了大量的剪贴画，包括人物、科技、动植物等类型的 .wmf 格式的图片，它们都位于剪辑库中，下面介绍如何将这些剪贴画插入幻灯片页面的操作。

1 单击“插入”选项卡中的“联机图片”按钮，打开“插入图片”窗格。

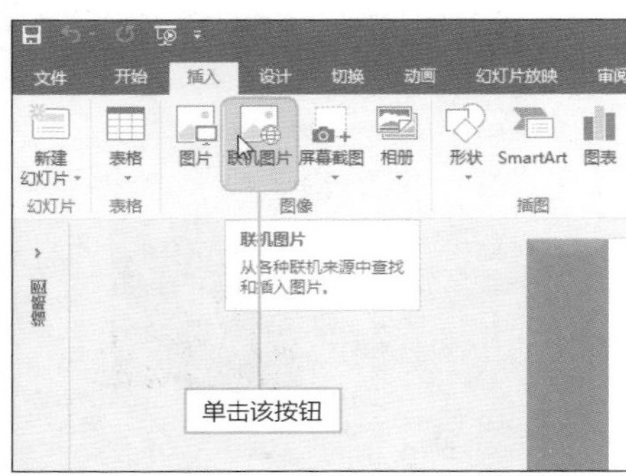

2 从中输入要搜索文字内容的关键字，然后单击“搜索”按钮。

3 在搜索结果中，选择合适的图片，单击“插入”按钮。

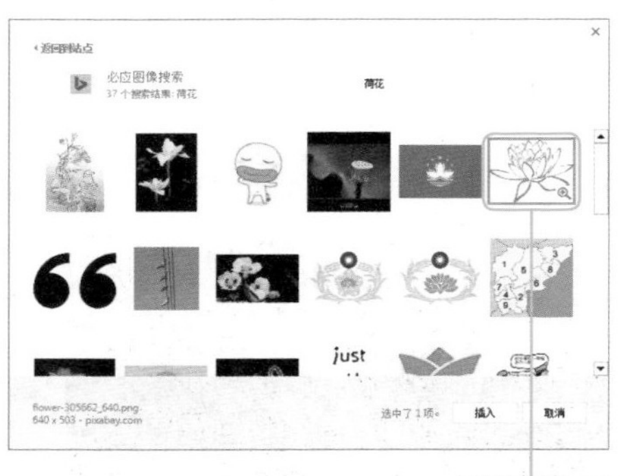

4 即可将图片插入到幻灯片页面，然后根据需要调整图片即可。

Question

132

轻松调整图片大小

语音视频
教学132

实例 调整图片大小

• Level ◆◆◆

2016 2013 2010

图片按原样插入幻灯片页面后，其大小往往不能满足用户需求，为了使其更加美观和适应演示文稿内容，需要对其进行适当调整。

最初效果

未调整图片大小效果

最终效果

调整图片大小效果

① **鼠标调整**。打开演示文稿，单击图片，将出现8个控制点，若拖动角部控制点，即可将图片等比例拉大或缩小。

② 若拖动边部拉伸按钮，可将图片横向或纵向拉大或缩小。

Question 133

精确调整图片大小

语音视频教学133

Level ◆◆◆

2016 2013 2010

实例　对话框法调整图片大小

除了可以通过鼠标拖动法调整图片外，还可以通过数值框和对话框调整图片大小，下面对其进行介绍。

1 **数值框调整。**切换至“图片工具—格式”选项卡，通过“高度”和“宽度”数值框调整图片大小。

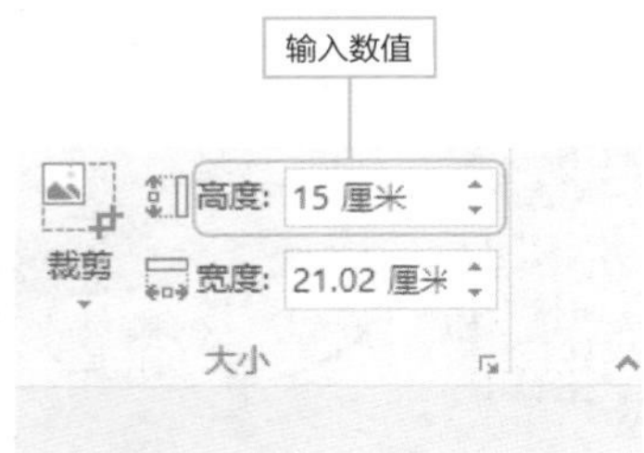

2 **对话框调整。**单击“图片工具—格式”选项卡“大小”组的对话框启动器按钮，打开“设置图片格式”窗格。

3 在“大小”选项组中，用户可以通过“高度”、“宽度”、“缩放高度”和“缩放宽度”数值框调整图片大小。

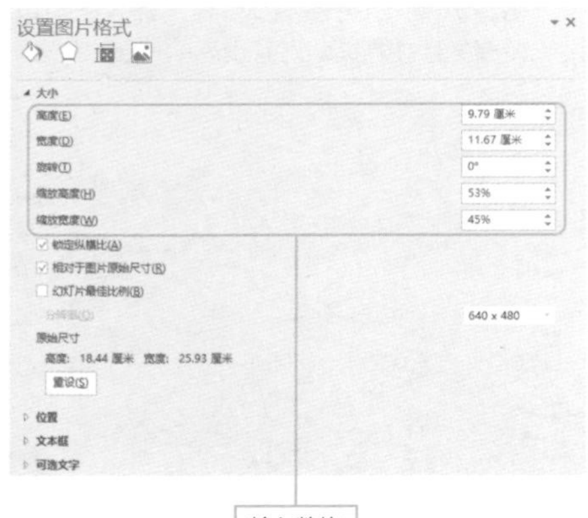

Hint

鼠标 + 键盘调整

若按住Ctrl键的同时，拖动拉伸按钮，则将同时向上下、左右、对角线双方向拉大或缩小。

若按住Shift键的同时，拖动拉伸按钮，则将单方向保持图片同比例拉大或缩小。

若按住Ctrl+Shift组合键的同时，拖动拉伸按钮，则将上下、左右、对角线两个方向并保持图片同比例拉大或缩小。

Question 134

让图片搬个家

语音视频教学134

实例 改变图片位置

● Level ◆◆◆

2016 2013 2010

图片插入到演示文稿后，其位置为默认位置，为了使图片和页面中的其他对象更加契合，用户需要调整图片至合适位置，该技巧将对其进行详细介绍。

最初效果

调整图片位置前效果

最终效果

调整图片位置后效果

1 **鼠标拖动法。**打开演示文稿，单击需调整的图片，按住鼠标左键不放，将图片拖动至合适位置即可。

2 **对话框调整法。**打开“设置图片格式”窗格，选择“大小属性>位置”命令，可以设置图片在当前幻灯片页面的位置。

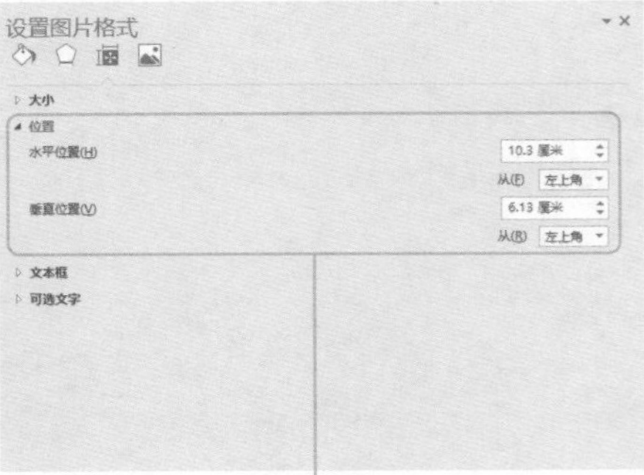

输入数值

135

Question

随心所欲裁剪图片

Level ◆◆◆

2016 2013 2010

实例 对图片进行裁剪

在插入图片后，发现图片部分区域有模糊、图片过大或有空白区域等问题，该如何处理呢？这时，可以利用PowerPoint 2016提供的剪切功能，将多余的部分裁剪掉。

最初效果

未裁剪图片效果

最终效果

裁剪为对角圆角矩形效果

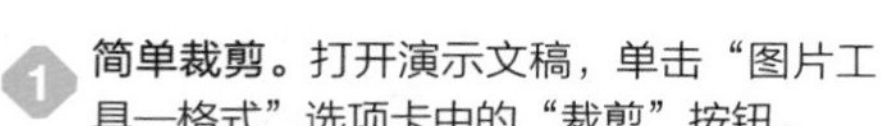

1. **简单裁剪。**打开演示文稿，单击“图片工具—格式”选项卡中的“裁剪”按钮。

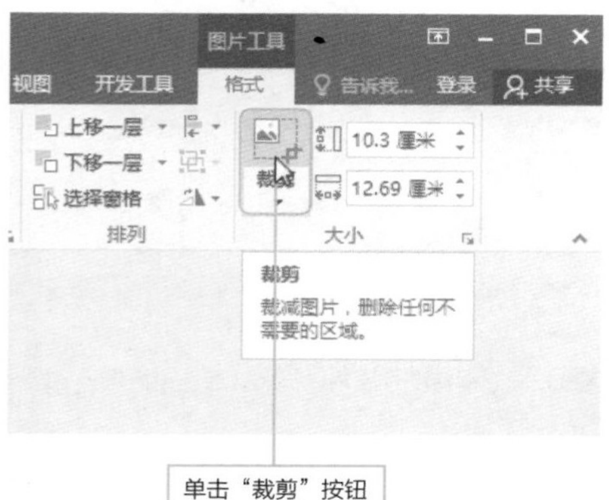

2. 图片四周将出现裁剪控制点。

3 通过拖动控制点可以自由对图片进行裁剪。若用户觉得裁剪不够精确，则可以将页面放大，再进行裁剪操作。

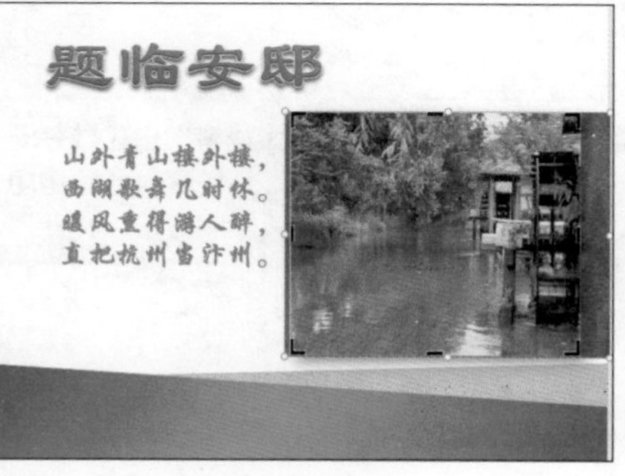

4 **精确裁剪。**打开“设置图片格式”窗格，选择“图片>裁剪”命令，可以通过右侧“图片位置”以及“裁剪位置”选项组中的“宽度”、“高度”数值框精确调整。

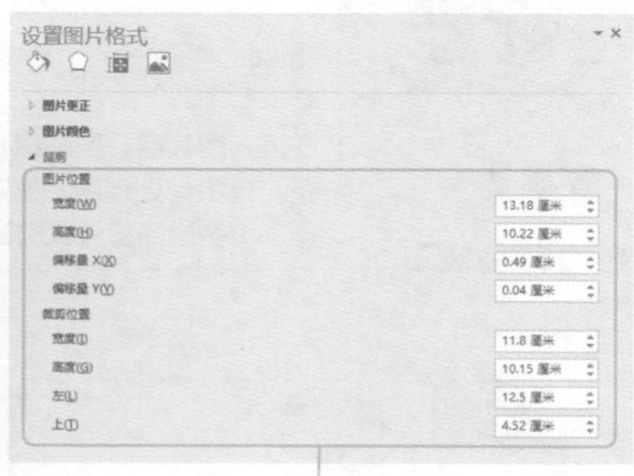

在此调整裁剪位置

5 **裁剪为形状。**单击“图片工具—格式”选项卡中的“裁剪”下三角按钮，从下拉菜单中选择“裁剪为形状”选项，然后从其级联菜单中选择“对角圆角矩形”。

②选择该选项　①单击该按钮

6 **按纵横比进行裁剪。**单击“图片工具—格式”选项卡中的“裁剪”下三角按钮，从下拉菜单中选择“纵横比”选项，然后从其级联菜单中选择“4:3”。

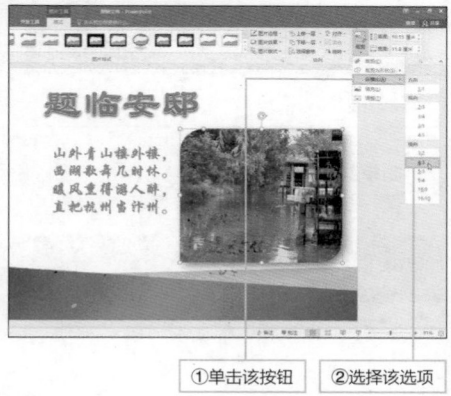

①单击该按钮　②选择该选项

Skill

“裁剪”按钮下拉菜单中其他选项介绍

“填充”选项：调整图片大小，以便填充整个图片区域，同时保持图片原始纵横比，若选中该选项，图片区域之外的任何图片区域将被裁剪。

“调整”选项：调整图片大小，以便整个图片在图片区域显示，同时保持图片原始纵横比。

Question

136 快速应用图片样式

语音视频
教学136

Level

2016 2013 2010

实例　套用图片样式

PowerPoint 2016 为图片提供了丰富多彩的艺术化效果，根据映像、边缘以及形状等不同，可分为 28 个快捷效果，用户只需轻松单击几下鼠标，即可快速应用图片样式。

最初效果

应用图片样式前效果

最终效果

应用图片样式效果

1. 选择幻灯片中的图片后，单击“图片工具—格式”选项卡“图片样式”选项组中的“其他”按钮。

2. 展开其样式列表，当鼠标停留在某一样式上时，会实时显示该样式效果，从中选择合适的图片样式，这里选择“剪去对角，白色”。

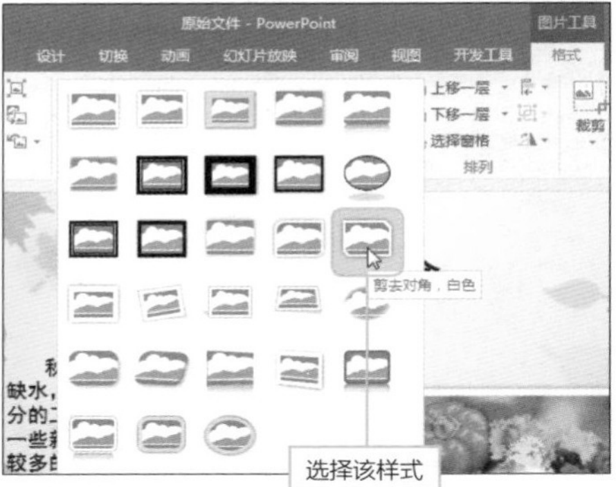

Question 137

为图片添加漂亮的边框

语音视频教学137

• Level ◆◆◆

2016 2013 2010

实例 应用图片边框

将图片插入到幻灯片页面中后，会发现无边框情况下，图片显示效果很不好，为了凸显图片或者美化并修饰图片，用户可以为图片添加精美的边框。

最初效果

图片无边框效果

最终效果

图片添加边框效果

1 **设置边框颜色。**打开演示文稿，选中图片，单击“图片工具—格式”选项卡中的“图片边框”按钮。

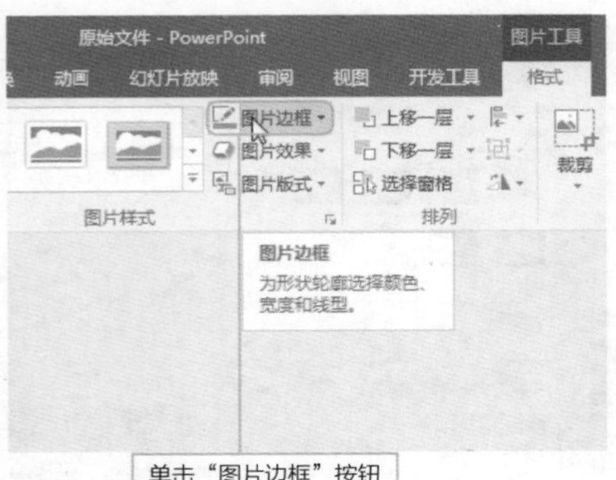

单击“图片边框”按钮

2 展开其下拉列表，选择合适的颜色，这里选择“白色 背景1”。若用户对当前列表中的颜色不满意，则可选择“其他轮廓颜色”选项。

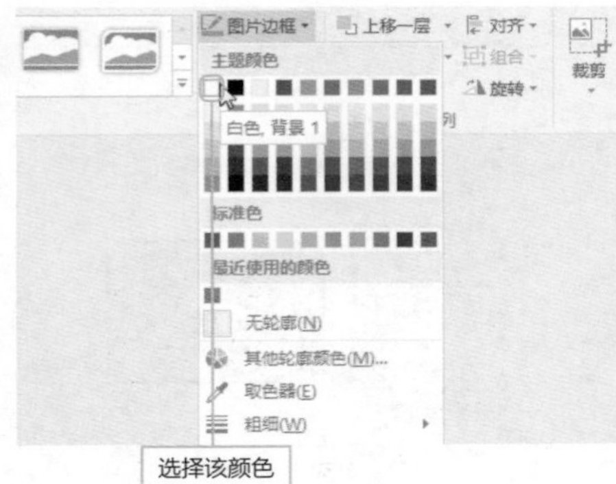

选择该颜色

3 打开“颜色”对话框，设置边框颜色。

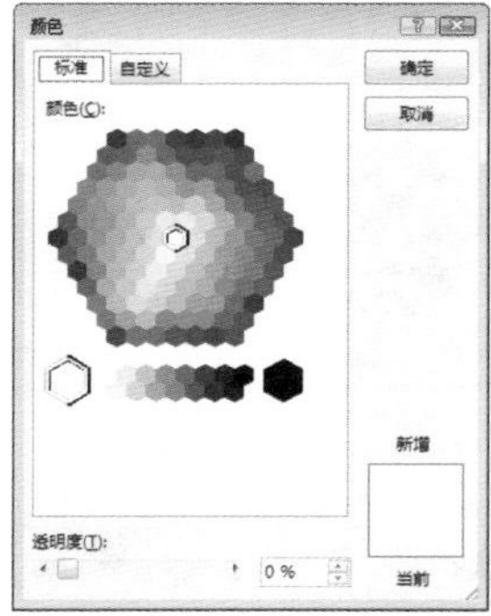

4 **设置边框线条。**在“图片边框”下拉列表中选择“粗细”选项，从其级联菜单中选择合适的线型，这里选择“2.25磅”。

5 在“图片边框”下拉列表中选择“虚线”选项，从其级联菜单中选择合适的线条，这里选择“长划线”。

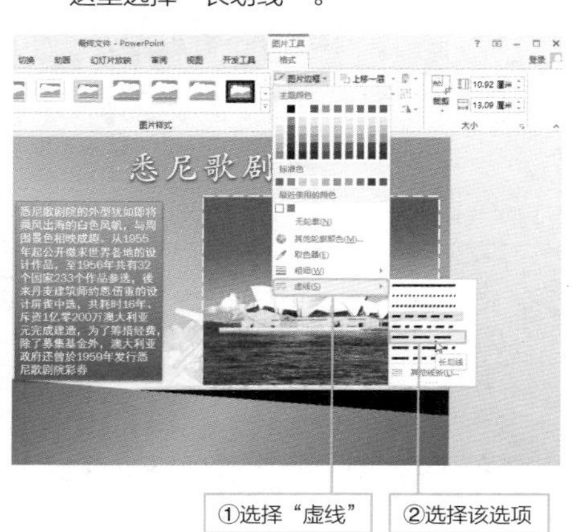

6 用户也可通过“其他线条”命令打开“设置图片格式”窗格，选择“填充>线条”命令，在下面的各选项中按需设置边框效果。

Skill

添加边框注意事项

首先，添加的边框在风格、质感等方面要与幻灯片当前的背景相容；其次，在颜色上要与背景和图片有所区别，突出显示图片效果；最后，添加的边框要与整个页面和谐，使整个画面统一、整齐、自然。

Question

138 让图片具有立体感

● Level ◆◆◆

2016 2013 2010

实例 设置图片效果

PowerPoint 2016 提供了丰富多彩的图片立体化效果，包括预设、阴影、映像等 7 类，鼠标停留在某一效果上面时，会实时显现该效果，用户可根据需要进行适当的选择。

最初效果

最终效果

爱生活，爱旅游

放假了，你还宅在家里看电视做饭么？

这样的生活已经成为一种习惯了么？

是否考虑该换一种方式来生活呢？

走出门，去旅游吧！

自定义图片立体效果

1 **应用预设效果。**打开演示文稿，选中图片，执行“图片工具—格式>图片效果>预设”命令，选择合适的预设效果，这里选择“预设4”。

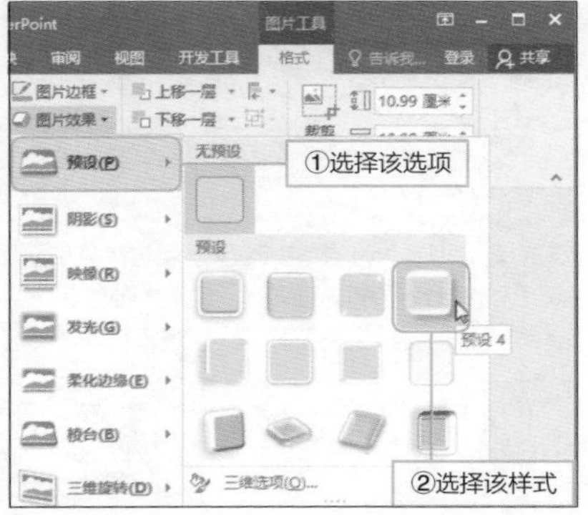

2 **应用阴影效果。**执行“图片工具—格式>图片效果>阴影”命令，选择合适的阴影效果，这里选择“向右偏移”。

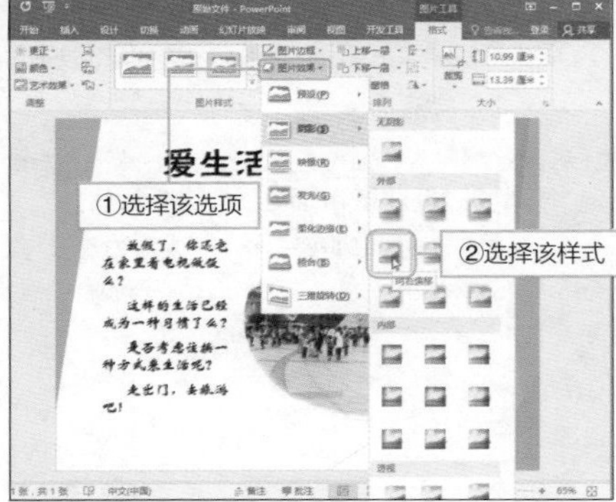

3 **应用映像效果。** 执行“图片工具—格式>图片效果>映像”命令，选择合适的映像效果，这里选择“半映像，接触”。

4 **应用发光效果。** 执行“图片工具—格式>图片效果>发光”命令，选择合适的发光效果，也可以选择“其他亮色>绿色”命令。

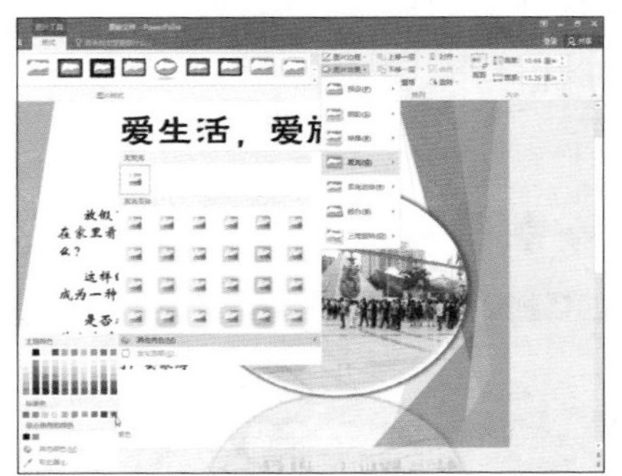

5 **应用柔化边缘效果。** 执行“图片工具—格式>图片效果>柔化边缘”命令，选择合适的柔化边缘效果，这里选择“2.5磅”。

6 **应用棱台效果。** 执行“图片工具—格式>图片效果>棱台”命令，选择合适的棱台效果，这里选择“松散嵌入”。

7 **应用三维旋转效果。** 执行“图片工具—格式>图片效果>三维旋转”命令，选择合适的三维旋转效果，这里选择“下透视”。

8 **自定义立体效果。** 打开“设置图片格式”窗格，在阴影、映像、发光、柔化边缘、三维格式、三维旋转选项进行设置。

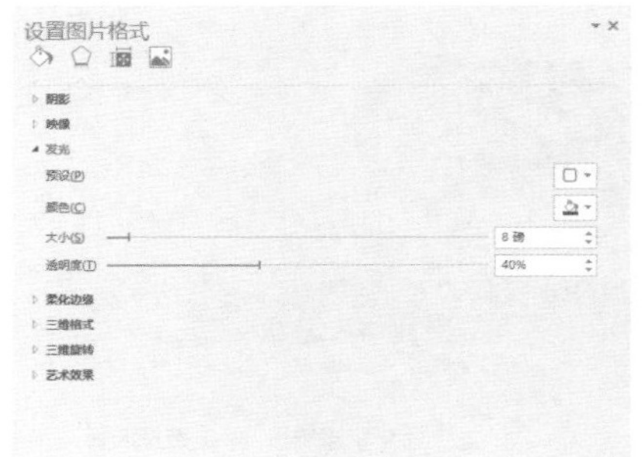

1 2 3 4 5 6 7 8 9 10 11 12 13 14 图片的插入与处理技巧

Question

139 将图片转换为SmartArt图形

语音视频教学139

Level ◆◆◆

2016 2013 2010

实例 更改图片版式

还在为图片怎样合理排列而烦恼么？PowerPoint 2016 提供了 30 种不同的图片版式，用户只需轻松单击鼠标，即可快速更改图片版式。

最初效果

转换前效果

最终效果

转换为SmartArt图形效果

1. 打开演示文稿，选中图片，单击“图片工具—格式”选项卡中的“图片版式”按钮，从展开的列表中选择合适的版式。

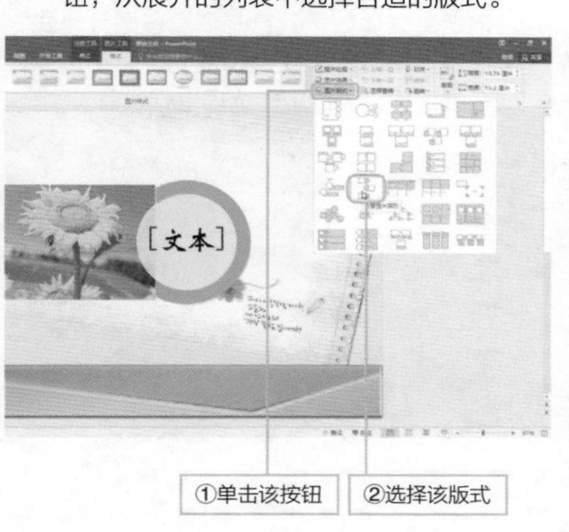

2. 选择“交替圆形图形”，调整图片大小和位置，然后输入文字。

Question

140 让图片亮起来

语音视频教学140

实例 更正图片

Level
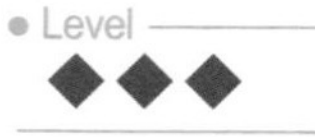

2016 2013 2010

在幻灯片中插入图片后，可以根据需要对图片的锐化和柔化、亮度和对比度进行调整，使整个演示文稿更加协调美观，本技巧将对其进行详细介绍。

最初效果

更正图片前

最终效果

更正图片后

1 打开演示文稿，选中图片，单击“图片工具—格式”选项卡中的“更正”按钮，从下拉菜单中选择“锐化：0%”、“亮度：+20%对比度：0%”。

2 也可以选择“图片更正选项”选项，在打开的窗格中的“图片更正”选项组中，对图片进行调整，调整过程中，图片会实时显示调整效果。

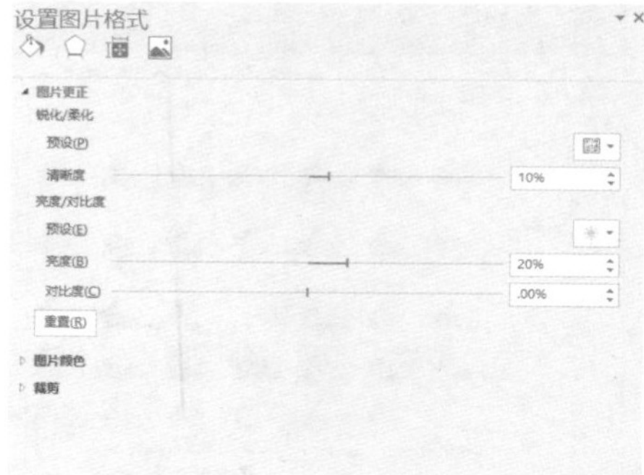

Question 141

巧妙变换图片色彩

Level ◆◆◆

2016 2013 2010

实例 调整图片颜色

若插入的图片有偏色，或用户需要对图片进行重新着色，使图像更加鲜艳夺目，可以对其进行适当调整，本技巧将对其进行详细介绍。

最初效果

未调整图片颜色效果

最终效果

调整图片颜色效果

1 **调整饱和度。** 打开演示文稿，选择图片，单击“图片工具—格式”选项卡中的“颜色”按钮，从展开列表的“颜色饱和度”选项组中选择“饱和度：200%”。

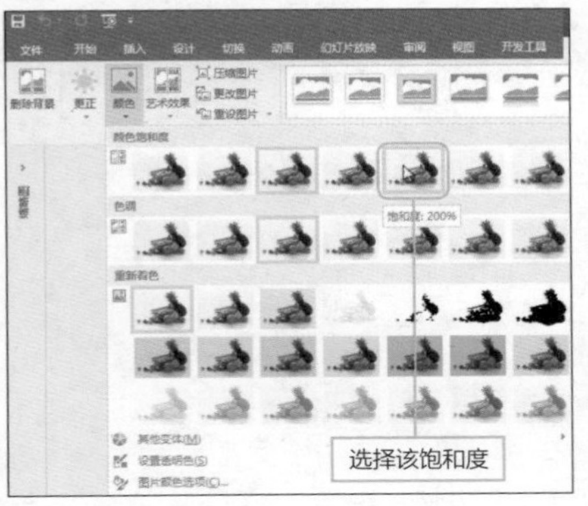

2 **调整色调。** 执行“图片工具—格式>颜色”命令，从展开列表的“色调”选项组中选择“色温：6500K”。

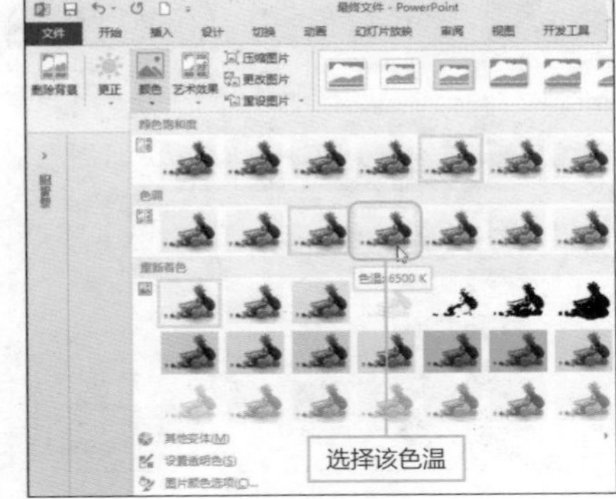

3 **给图片重新着色。**执行“图片工具—格式>颜色”命令，从展开列表的“重新着色”选项组中选择“绿色，着色1深色”。

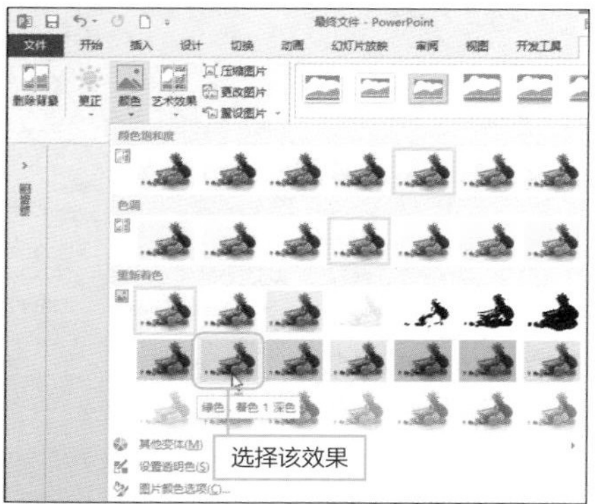

4 执行“图片工具—格式>颜色>其他变体”命令，从级联菜单中选择“深绿，着色2，淡色40%”。

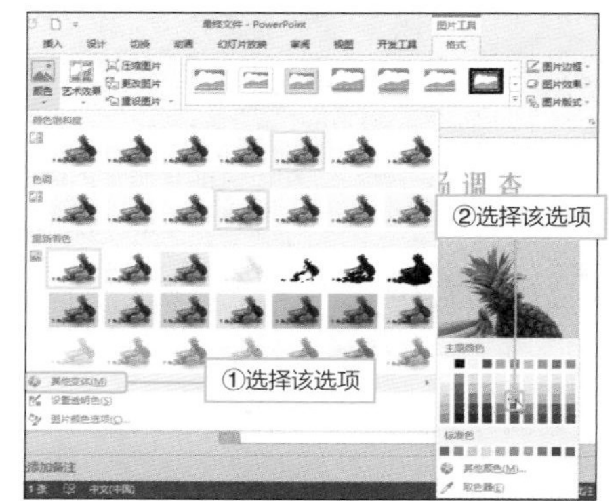

5 **设置透明色。**选择图片，执行“图片工具—格式>颜色>设置透明色”命令。

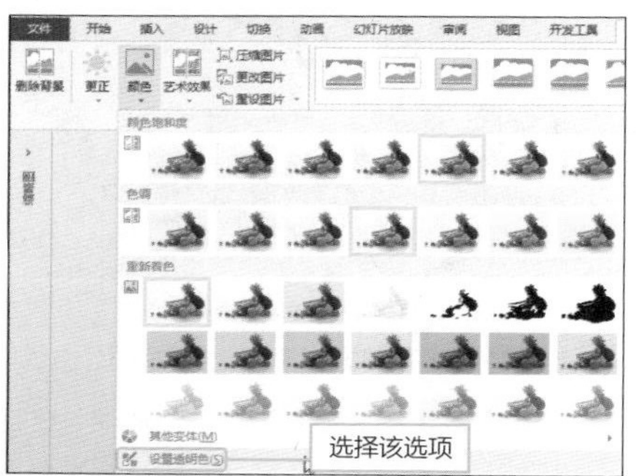

6 然后在需要设置为透明色的颜色上单击鼠标左键。

7 即可将指定的颜色设置为透明色。

8 也可以打开“设置图片格式”窗格，在“图片颜色”选项组中进行设置。

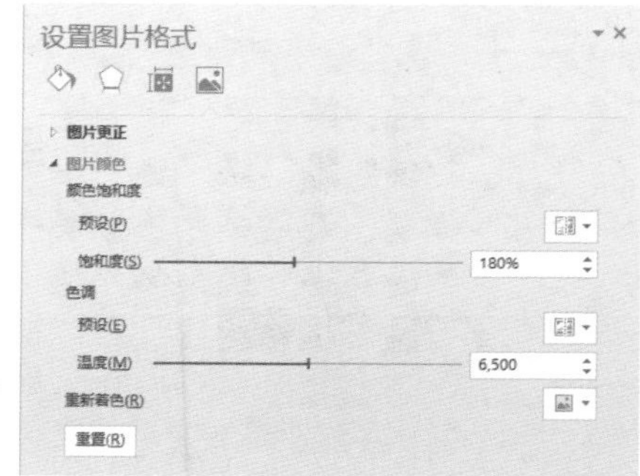

Question

142 快速将图片艺术化

语音视频教学142

实例 应用图片艺术效果

● Level

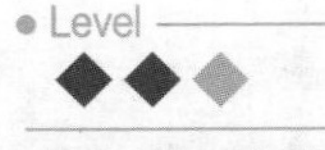

2016 2013 2010

在插入图片后，用户可以利用系统提供的艺术化处理功能，处理图片，使图片具有特殊的艺术效果。

最初效果

花*恋

清新护肤系列推广计划

最终效果

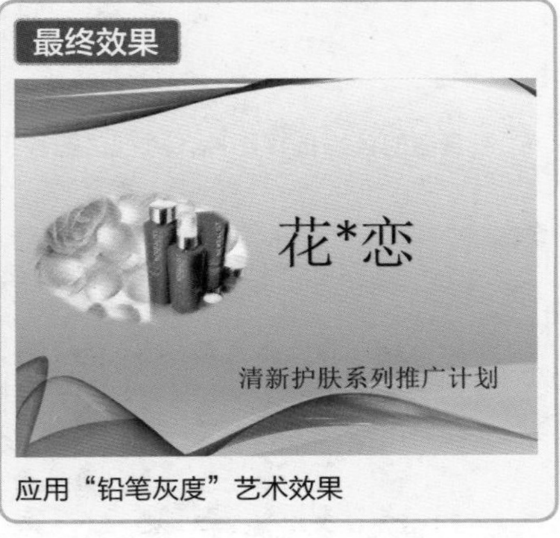

应用“铅笔灰度”艺术效果

① 选择图片，单击“图片工具—格式”选项卡中的“艺术效果”按钮，从展开的列表中选择“蜡笔平滑”效果。

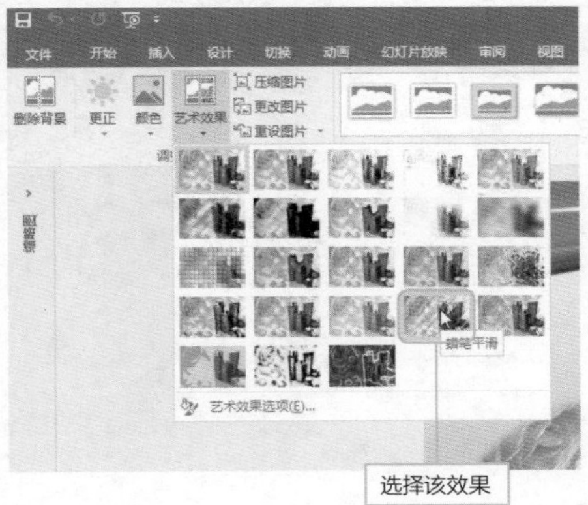

② 还可以选择“艺术效果选项”选项，在打开对话框中的“艺术效果”选项组中设置“透明度”为0%，“铅笔大小”为34。

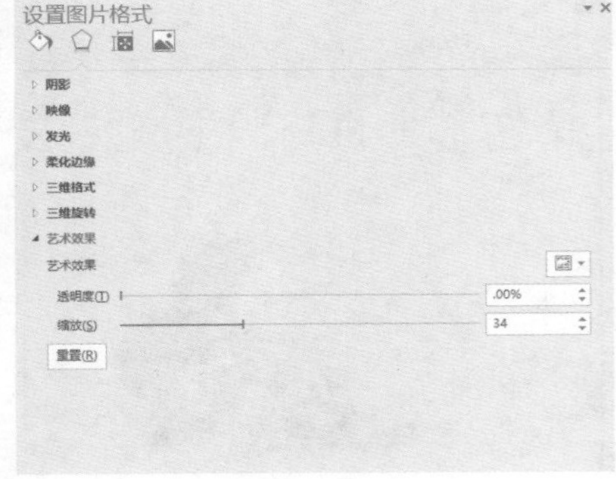

Question
143 快速更改图片

语音视频
教学143

● Level ◆◆◆

2016 2013 2010

实例	更改图片

用户若需要更换图片，一般会先将要更换的图片删除，再重新插入并进行设置。这样做是非常麻烦的，此时可以利用系统提供的更改图片功能，在保留之前设置的前提下，迅速更改图片。

最初效果

更改图片前效果

最终效果

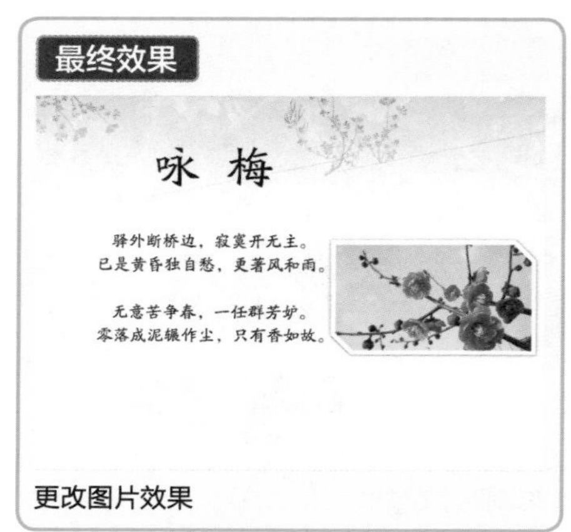

更改图片效果

1. 打开演示文稿，选择图片，单击“图片工具—格式”选项卡中的“更改图片”按钮。

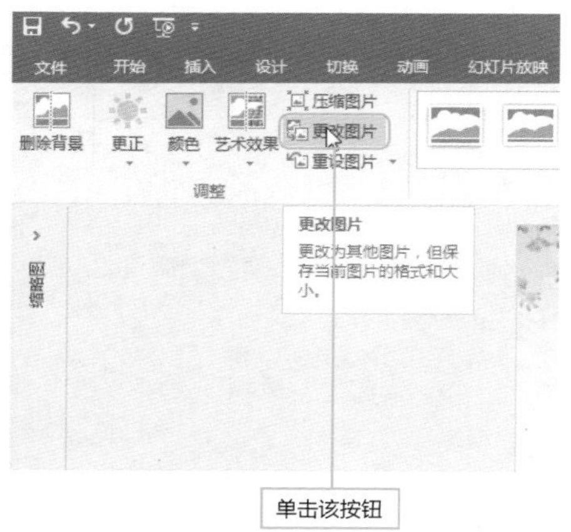

2. 打开“插入图片”对话框，选择合适的图片，单击“插入”按钮即可。

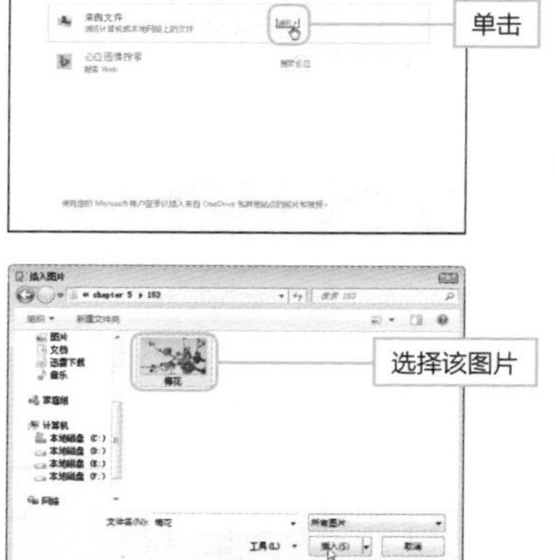

Question 144

一招还原修改过的图片

语音视频教学144

• Level ◆◆◆

2016 2013 2010

实例 重设图片

重设图片即将所选图片返回到初始设置的颜色、亮度和对比度等，基本上对图片所做的任何操作都将被重置。若对图片有多处错误操作，可通过此操作进行还原图片。

最初效果

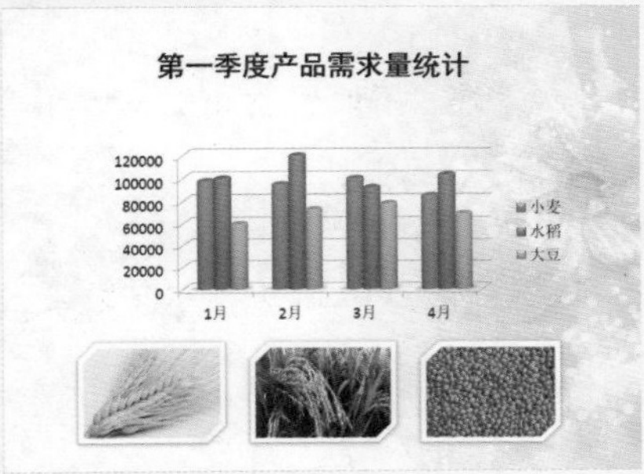

第一季度产品需求量统计

重设图片前效果

最终效果

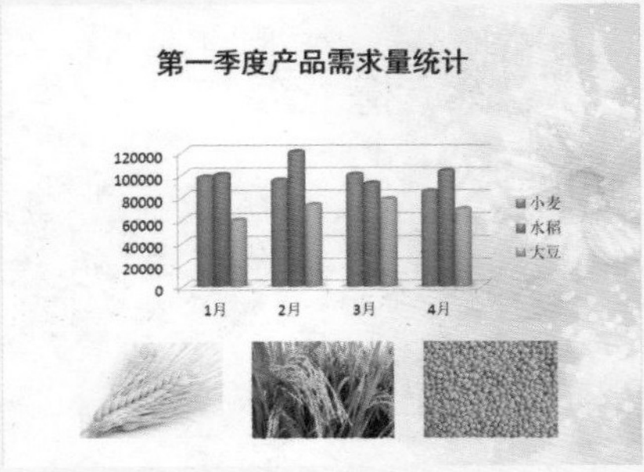

第一季度产品需求量统计

重设图片效果

1. **重设图片。**打开演示文稿，选中图片，单击“图片工具—格式”选项卡中的“重设图片”按钮即可。

单击该按钮

2. **重设图片和大小。**单击“重设图片”右侧的下拉按钮，从下拉菜单中选择“重设图片和大小”选项即可。

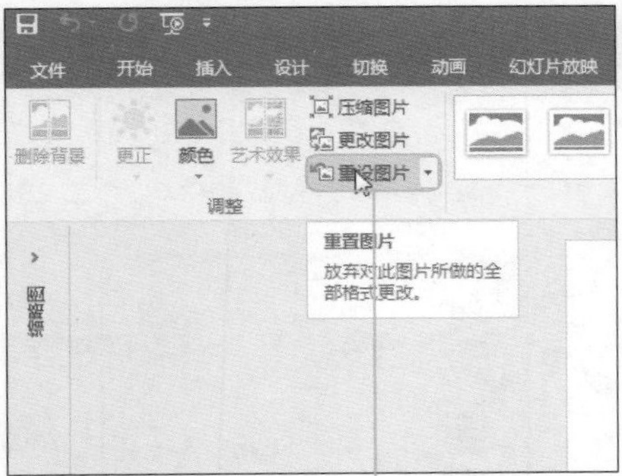

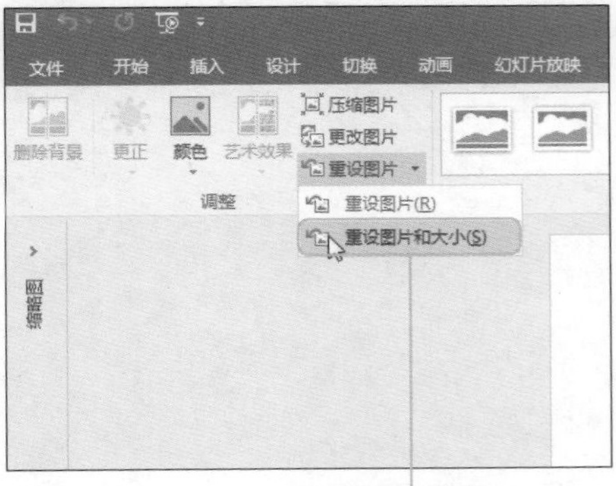

选择该选项

Question

145 压缩图片为PPT减减肥

语音视频教学145

Level ◆◆◆

2016 2013 2010

实例 压缩图片

图片、动画和多媒体的运用越来越频繁，造成 PPT 文件变得越来越肥，传送文件时变得越来越麻烦，这时可以通过 PowerPoint 自带的图片压缩功能来给 PPT 文件减肥。

① 打开演示文稿，单击“图片工具—格式”选项卡中的“压缩图片”按钮。

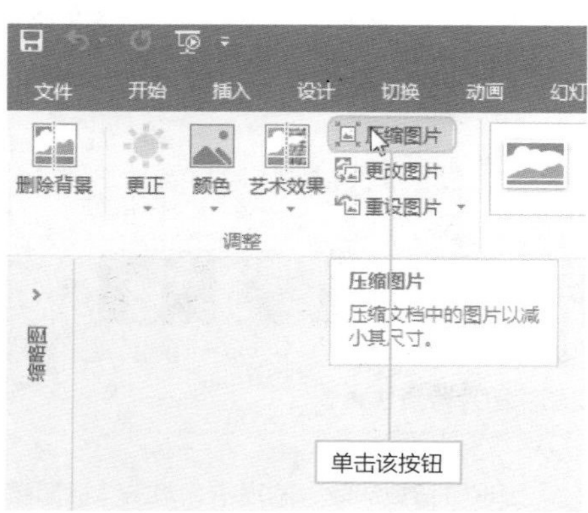

② 弹出“压缩图片”对话框，在“压缩选项”和“分辨率”选项组根据需要进行设置，然后单击“确定”按钮即可。

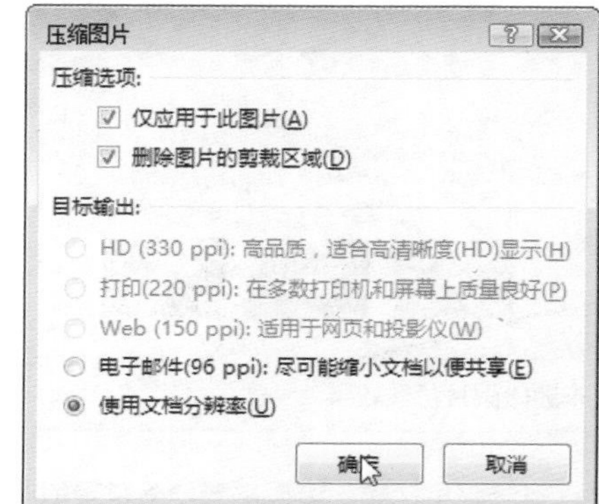

Hint

使用压缩图片功能注意事项

压缩图片可以减小文件体积，但是运用该功能时仍需慎重。认真观察压缩后的文件，会发现其中的画面在亮度、清晰度、饱和度等方面有一定的差别，特别是打印压缩过的图片，会发现稍有模糊。

压缩图片操作是不可逆的，一旦操作后无法恢复，且对压缩功能的设置往往会自动使用到本机打开的所有PPT文件中，所以要慎重使用。

Hint

JPG图片格式介绍

全名JEPG，是常用的一种图片格式，网络图片大都属于此类。其压缩率很高，节省存储空间，但是压缩率是以牺牲精度为代价的，拉大图片时清晰度会降低。在选择时应当注意图片的精度、视觉效果和创意。

Question

146 巧妙删除背景

实例 图片背景的删除

● Level ◆◆◆

2016 2013 2010

为了使某些图片的特殊部位更加突出，需要将其背景删除，可以通过 PowerPoint 提供的删除背景功能来实现，下面将详细介绍此操作。

最初效果

未删除图片背景效果

最终效果

删除图片背景效果

1. 打开演示文稿，选择需要删除背景的图片，切换至“图片工具—格式”选项卡，单击“删除背景”按钮。

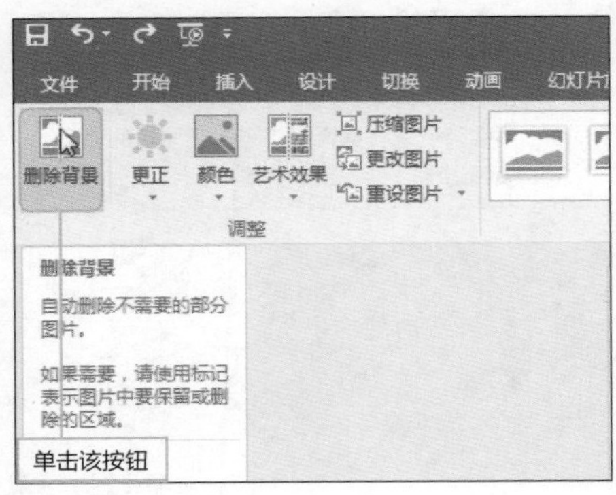

2. 出现“背景消除”选项卡，单击“标记要保留的区域”按钮，在图片上单击，标记出需要保留的区域，设置完成后单击“保留更改”按钮即可。

Question
147

● Level
◆◆◆
2016 2013 2010

让图片快速按序叠放

语音视频教学147

实例　调整图片叠放次序

叠放次序是指几级图片重合在一起时的位置与层次的关系。默认情况下，插入的图片按照插入的先后顺序从上到下叠放，最后插入的图片置于顶层，对此可根据需要调整叠放次序。

最初效果

未调整图片叠放次序效果

最终效果

调整图片叠放次序效果

1. **右键快捷菜单法。**打开演示文稿，选中图片，右键单击，从弹出的快捷菜单中选择“置于底层”命令，然后从其级联菜单中选择“置于底层”命令。

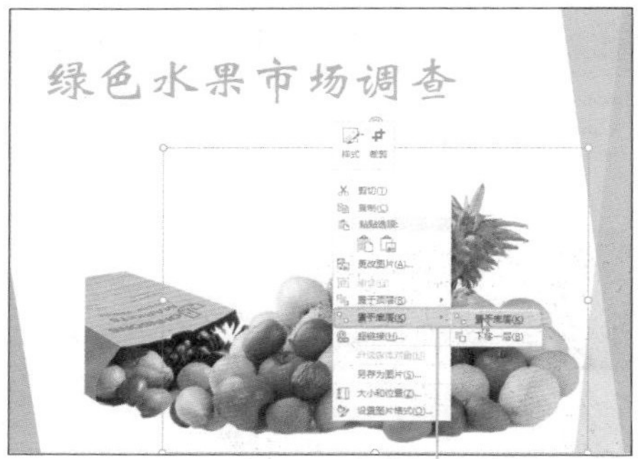

选择该命令

2. **功能区按钮法。**打开演示文稿，选中图片，单击“视图工具—格式”选项卡中的“下移一层”下拉按钮，从弹出的菜单中选择“置于底层”选项。

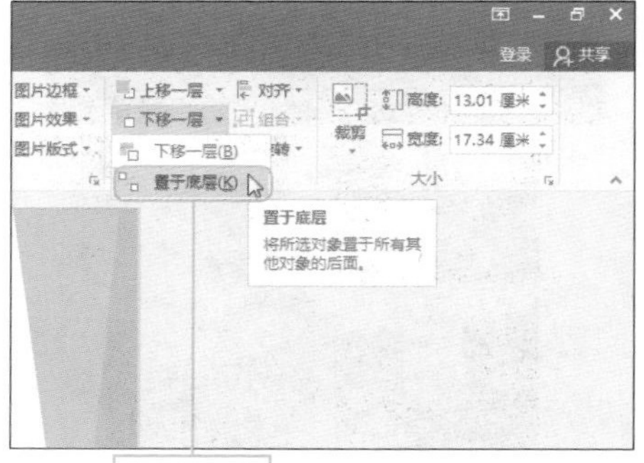

选择该选项

Question

148 迅速让图片排好队

语音视频
教学148

● Level ◆◆◆

2016 2013 2010

实例 对齐图片

插入了多张图片后，杂乱无序的排列会大大降低幻灯片的美感，混淆观众注意力，此时使用图片的对齐功能可以让图片有序分布。

最初效果

散乱排列的图片

最终效果

对齐图片效果

❶ **鼠标拖动法。**打开演示文稿，选择图片，按住鼠标左键不放并拖动，将自动捕捉附近其他图片的顶点或中心点等位置，并显示浅灰色参考线，释放鼠标即可。

❷ **选择命令对齐。**选择图片后，单击“图片工具-格式”选项卡中的“对齐”按钮，从弹出的菜单中进行选择即可。

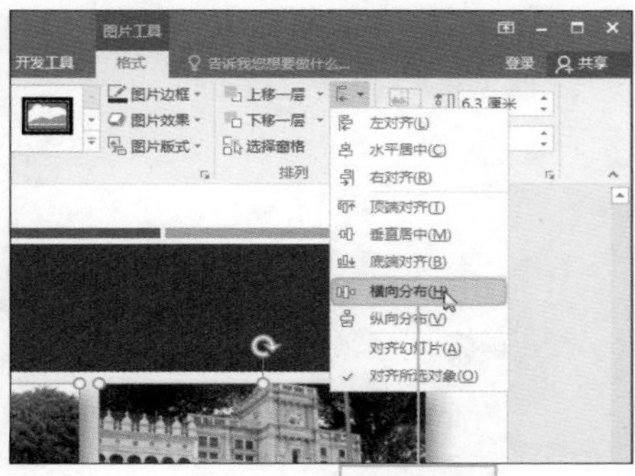

选择该选项

Question 149

将多张图片连为一体

语音视频教学149

实例 组合与取消组合图片

Level ◆◆◆

2016 2013 2010

插入多张图片后，如果需要对这些图片进行移动、复制、删除、添加边框等操作，可以将这些图片组合起来作为一张图片进行编辑，编辑完成后，再取消组合即可。

最初效果

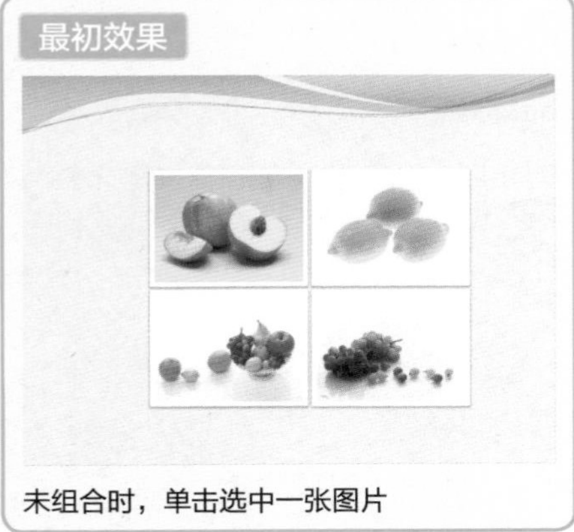

未组合时，单击选中一张图片

最终效果

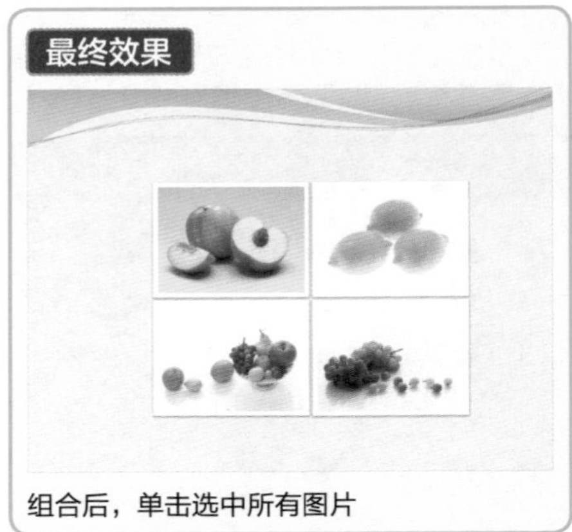

组合后，单击选中所有图片

1 **右键快捷菜单法。**选中需组合的图片，右键单击，从其快捷菜单中选择“组合”命令，从其级联菜单中选择“组合”命令。

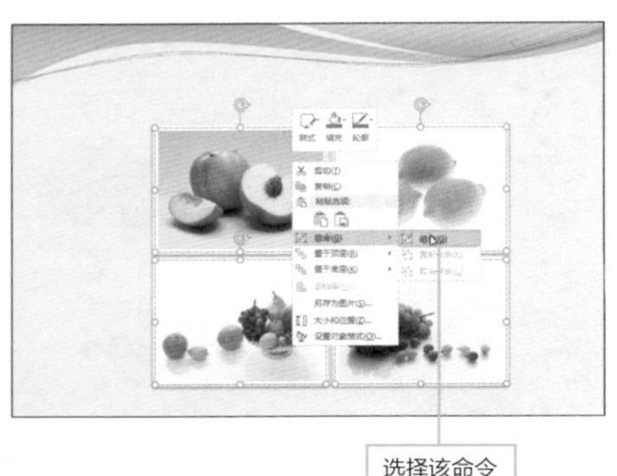

选择该命令

2 **功能区按钮法。**选中所有图片，单击“图片工具-格式”选项卡中的“组合”按钮，从弹出的菜单中选择“组合”选项。

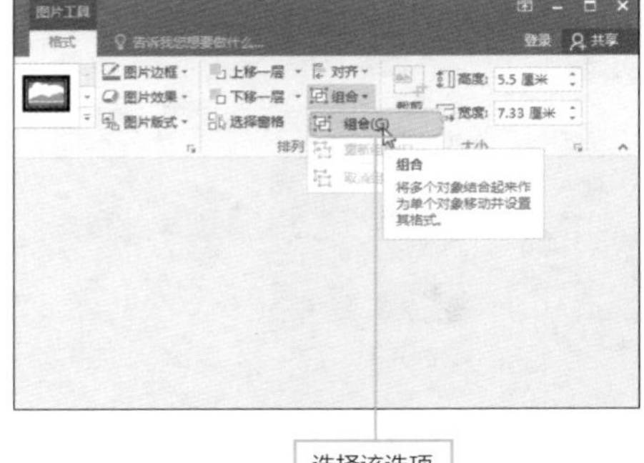

选择该选项

Question

150 玩转相册功能

● Level

2016 2013 2010

实例 运用相册功能

相册功能是 PowerPoint 中非常强大的功能，通过创建相册，能够方便地制作展示型文稿，也可以在相册中应用多种主题并为图片添加边框等。

1 **插入相册**。打开演示文稿，单击“插入”选项卡中的“相册”下拉按钮，从下拉菜单中选择“新建相册”选项。

2 弹出“相册”对话框，单击“文件/磁盘”按钮。

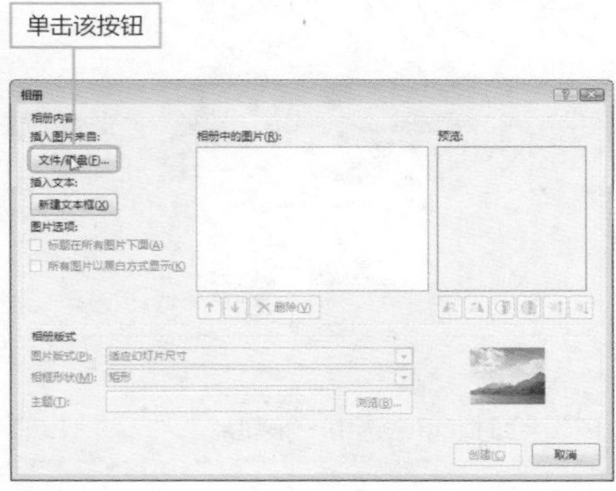

3 打开“插入新图片”对话框，选择图片，单击“插入”按钮。

4 返回相册对话框，单击“图片版式”下拉按钮，在下拉列表中选择“1张图片（带标题）”选项。

5 设置相框形状为“矩形”，然后单击“主题”文本框右侧的“浏览”按钮。

6 打开“选择主题”对话框，选择主题2，单击“选择”按钮。

选择该主题

7 返回“相册”对话框，单击“创建”按钮即可创建相册。

8 **编辑相册。**单击“插入”选项卡中的“相册”下拉按钮，从下拉菜单中选择“编辑相册”选项。

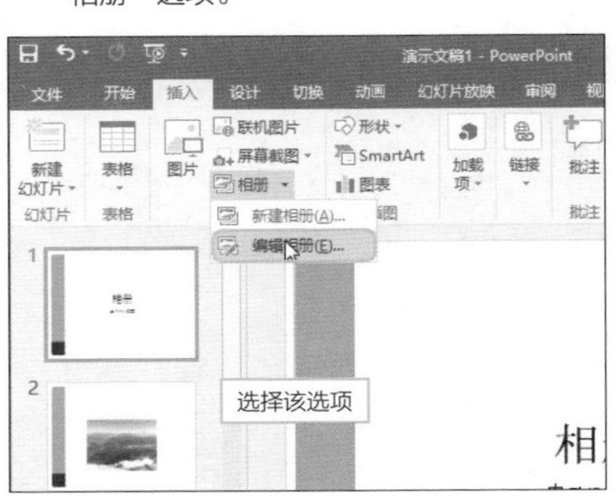

9 打开“编辑相册”对话框，对图片的排列顺序、旋转角度、亮度、对比度进行调整，设置完成后单击“更新”按钮。

10 返回幻灯片，输入文字信息，即可完成相册的编辑操作。

第5章 151~180

图形的绘制与美化技巧

- 绘制图形很容易
- 网格线和参考线用处大
- PPT中的手绘技法
- 绘制曲线图形也不难
- 绘制标准图形有妙招
- 图形的快速转换
- 随心所欲编辑形状

Question 151

绘制图形很容易

Level ◆◆◆

2016 2013 2010

实例 图形对象的绘制

除了可以在幻灯片页面中插入剪贴画和图片外，用户还可以根据PowerPoint提供的强大的绘图工具绘制自选图形。绘图工具主要包括线条、基本形状、箭头、公式形状等。

绘制矩形效果

1 打开演示文稿，选中需绘制图形的幻灯片，切换至“插入”选项卡，单击“形状”按钮，从下拉列表中选择“矩形”命令。

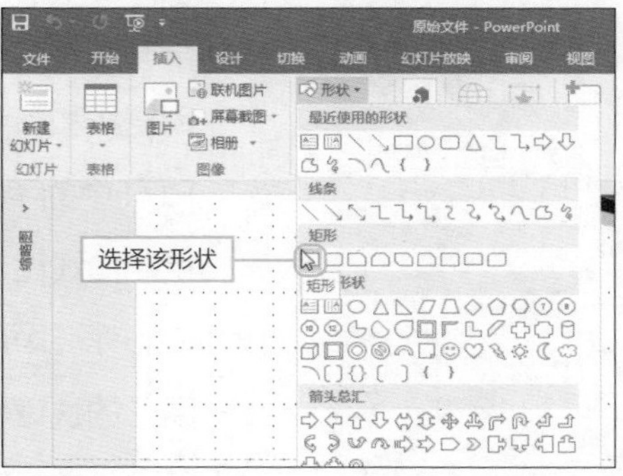

2 在幻灯片页面的某处单击鼠标左键，鼠标光标变为黑色十字形，确立矩形的一个顶点。

3 按住鼠标左键不放拖动鼠标进行绘制，绘制完成后，释放鼠标。然后添加文字并进行适当设置。

Question
152

● Level ◆◆◆

2016 2013 2010

网格线和参考线用处大

实例 启用网格线和参考线功能

在绘制图像时，通常会很难控制图形的具体大小和位置，这时用户可以通过网格线和辅助线进行控制，下面将对其进行介绍。

最初效果

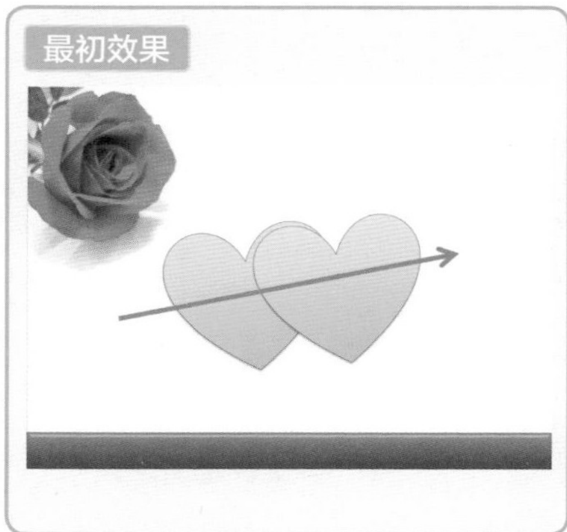

最终效果

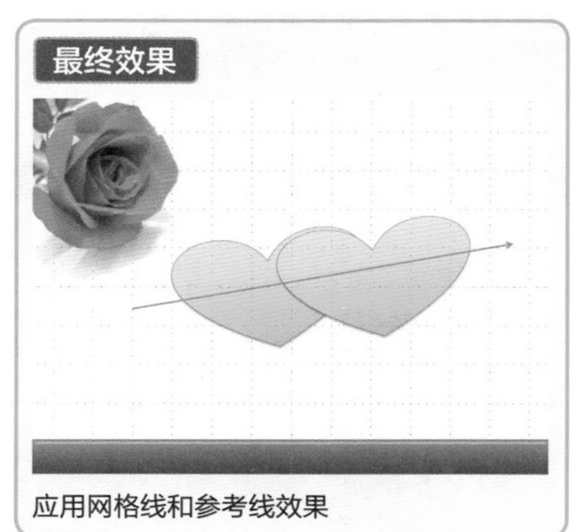

应用网格线和参考线效果

❶ 打开演示文稿，切换至“视图”选项卡，勾选“网格线”和“参考线”选项前的复选框即可。还可以单击“显示”选项组右下角的对话框启动器按钮。

❷ 打开“网格和参考线”对话框，勾选“屏幕上显示网格”和“屏幕上显示绘图参考线”前的复选框，并设置网格间距为0.1厘米，单击“确定”按钮即可。

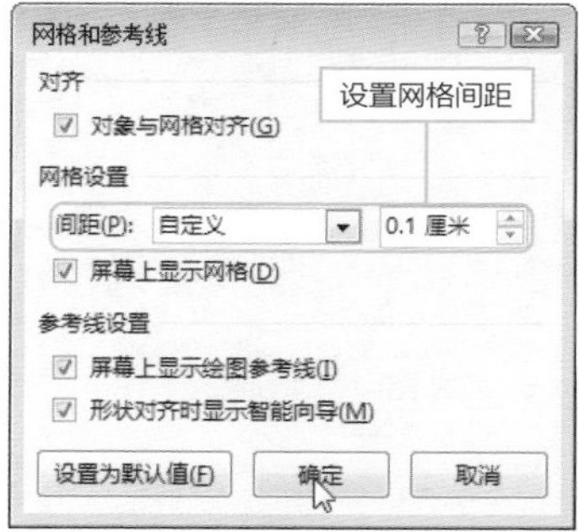

Question 153

PPT中的手绘技法

语音视频教学153

Level ◆◆◆

2016 2013 2010

实例 绘制不规则多边形

虽然PowerPoint提供了强大的绘图工具，但是对于某些不规则的图形，仍然没办法进行绘制，此时用户可以通过“任意多边形”工具绘制一些不规则的图形。

1. 打开演示文稿，选中需绘制图形的幻灯片，单击“插入”选项卡中的“形状”按钮，从下拉列表中选择“任意多边形”。

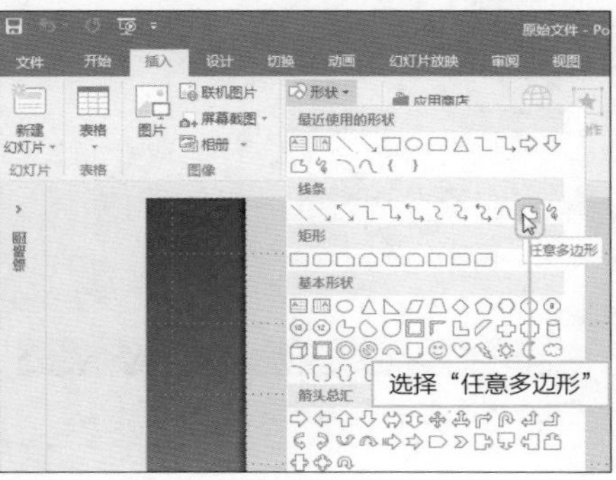

2. 鼠标自动变成十字形，中心位置即为笔画的起点，确定任意点为起始位置，单击后释放鼠标。

3. 移动鼠标至第二个拐点，单击后释放鼠标，就画出了一条直线。

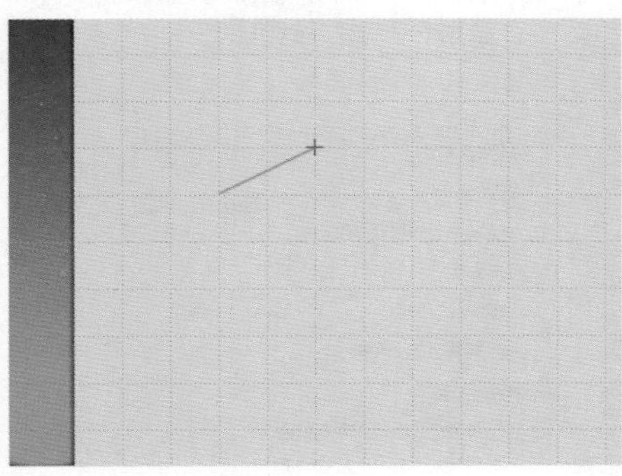

4. 继续移动鼠标，注意落点时要稳且准，不能有抖动，否则会变成曲线。

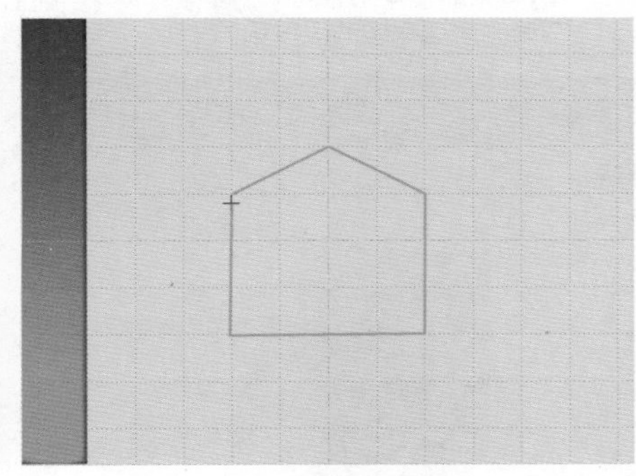

5 在最后一笔与第一笔接近或几乎重合时，会自动形成一个闭合的图形，边缘自动衔接，且内部自动填充。

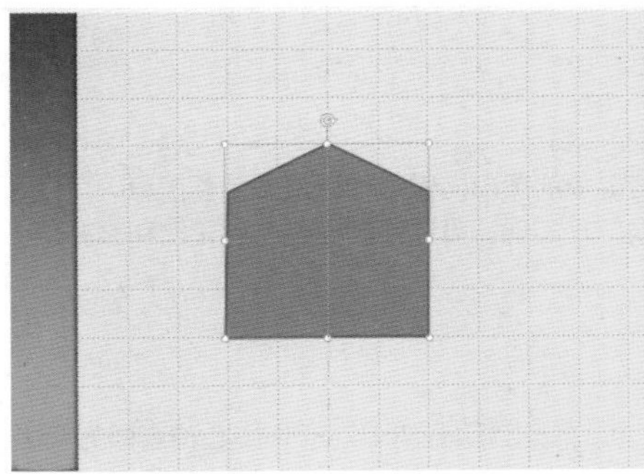

6 用同样的方法，绘制出其他闭合图形，若绘制过程中发生错误，直接按Delete键就可以删除上一步操作。

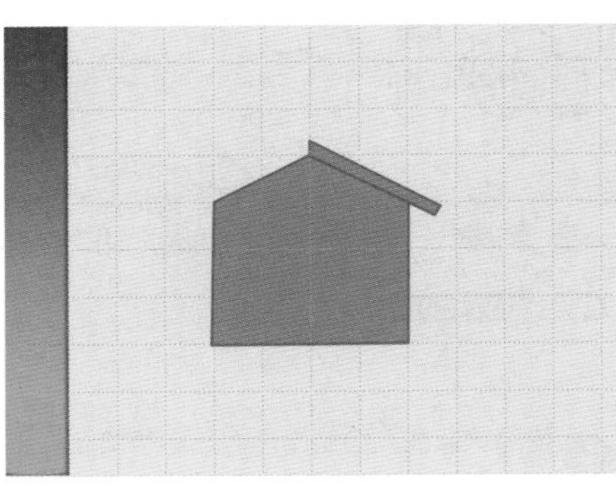

7 继续添加其他所需闭合图形，形成一个小屋的雏形。

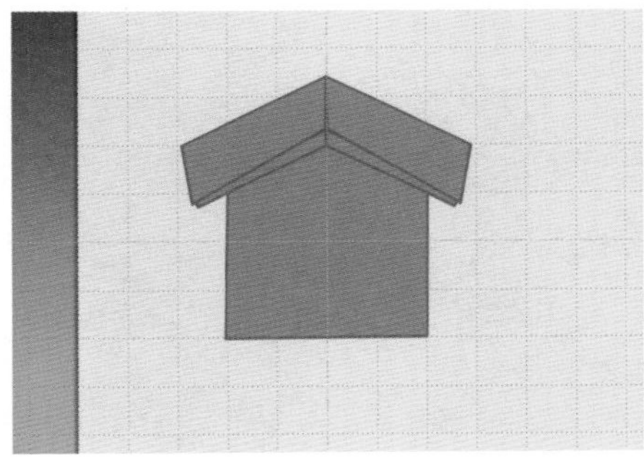

8 这样的小屋不够形象，可以添加一个由正方形和两条直线组成的窗户。

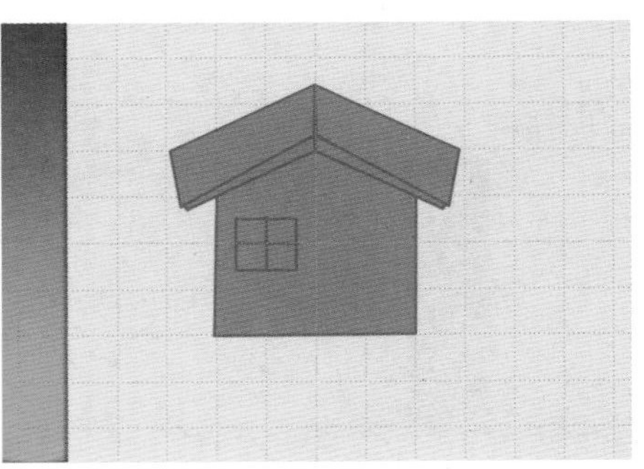

9 修改各个闭合图形的填充色，使其形成对比，显示出小屋各部分的轮廓。

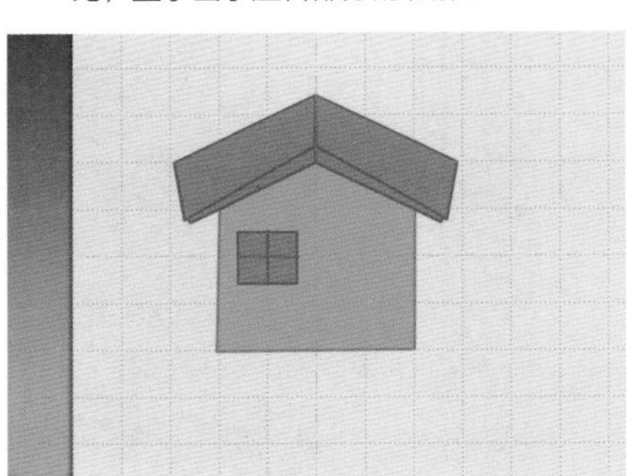

Hint

添加“形状”命令至快速访问工具栏

在“插入”选项卡中选中“形状”命令，右键单击，从弹出的快捷菜单中选择“添加到快速访问工具栏”即可。

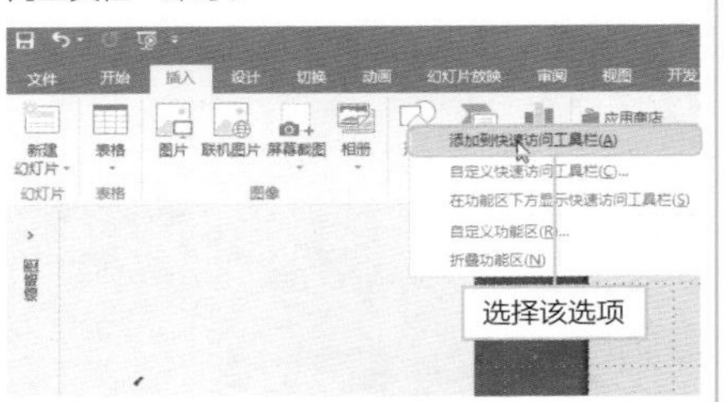

Question 154

绘制曲线图形也不难

语音视频教学154

• Level ◆◆◆

2016 2013 2010

实例 使用"曲线"与"自由曲线"绘制图形

有时候，我们需要绘制一些简单的图形向观众传达某些重要信息，可以利用"曲线"和"任意曲线"来实现，可以绘制出物体的轮廓和某些草图等。

1 **使用"曲线"绘制图形。**选中需绘制图形的幻灯片，单击"插入"选项卡中的"形状"按钮，从下拉列表中选择"曲线"。

2 鼠标自动变成十字形，中心位置即为笔画的起点，确定任意点为起始位置，单击后释放鼠标。

3 移动鼠标至第二个拐点，单击后释放鼠标，就画出了一条弧线。

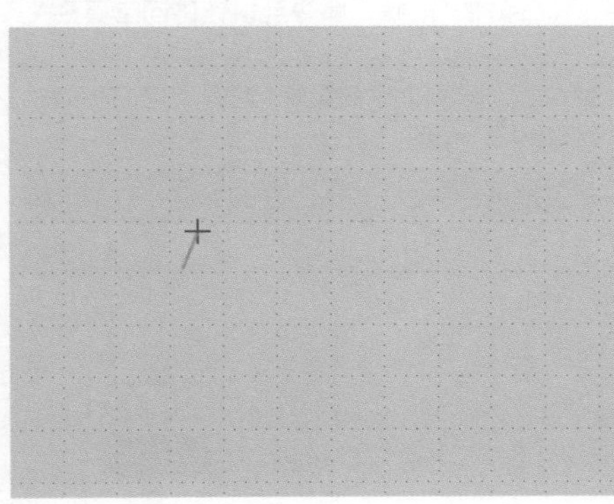

4 继续移动鼠标，至第三个拐点，单击后释放鼠标，继续移动。

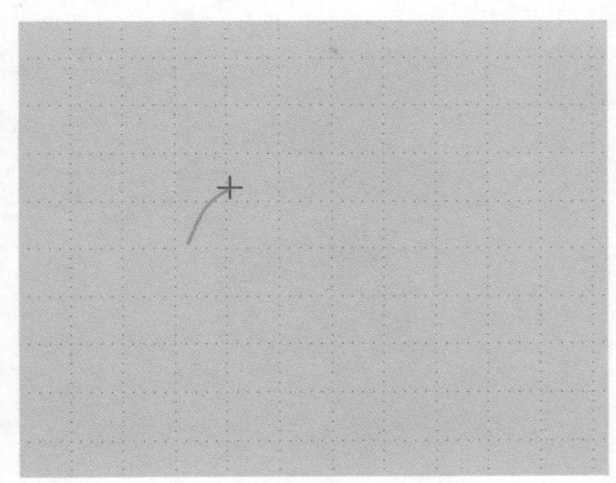

5 不断移动鼠标，画出树叶半边。

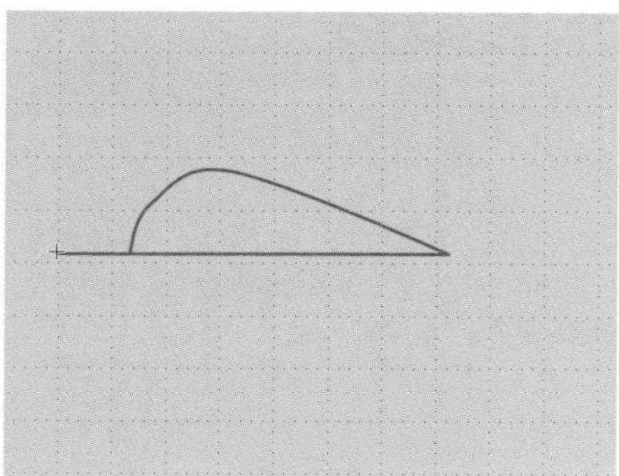

6 继续移动鼠标至接近起始点处。

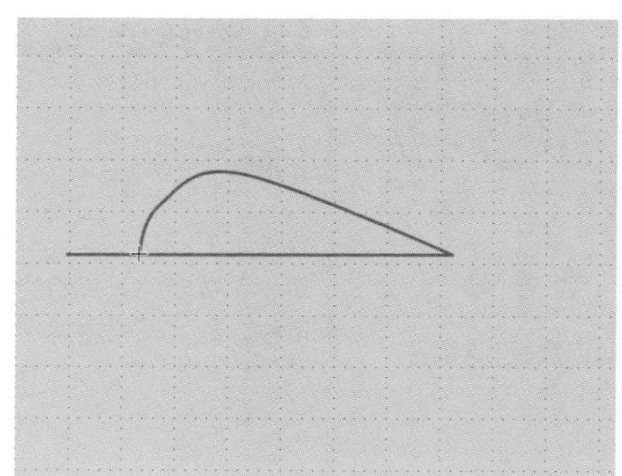

7 继续画出树叶另外半边，按Esc键退出绘制图形，将形成一个由线条组成的图案，设置填充色与轮廓颜色。

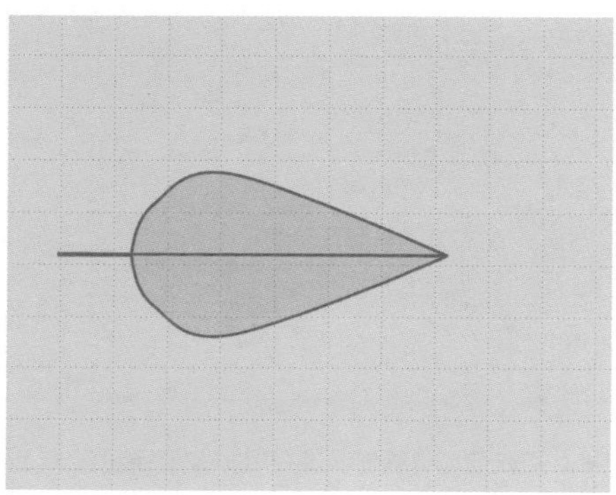

8 **使用“自由曲线”绘制图形。**单击“插入”选项卡中的“形状”按钮，从下拉列表中选择“自由曲线”。

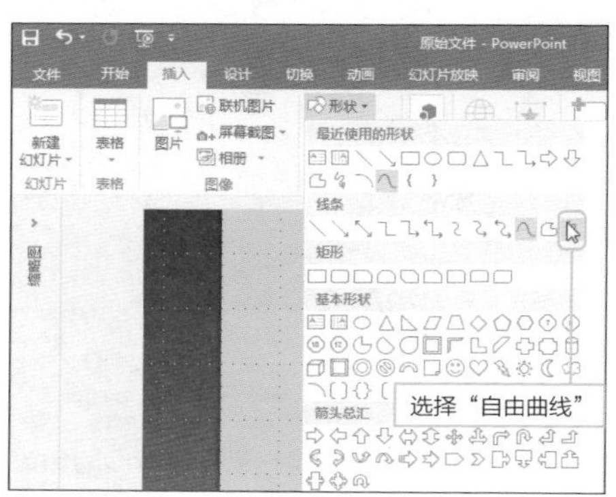

9 鼠标将自动变为笔的形状，移动鼠标即可随心所欲地绘制图形。

10 设置绘制图形的填充色与轮廓，也可以对其进行编辑。

Question

155 绘制标准图形有妙招

语音视频教学155

● Level ◆◆◆

2016 2013 2010

实例 用Shift键绘制标准图形

在绘图时，用户会经常遇到此类问题：拉伸变形、角对不准、直线弯曲等，不要着急，我们的好帮手Shift键可以轻而易举地帮我们解决掉这些问题，快速画出中规中矩的标准图形。

1 **绘制直线**。选中需绘制图形的幻灯片，单击“插入”选项卡中的“形状”按钮，从下拉列表中选择“直线”。

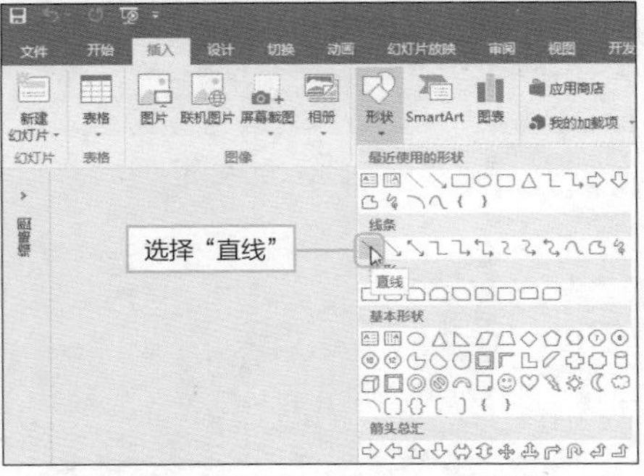

2 按住Shift键的同时，随意拉伸鼠标，可以得到3种线条：水平线、垂直线和45°角倍数直线。

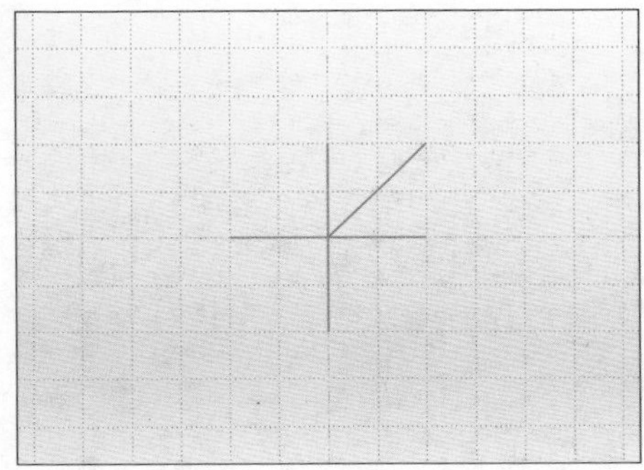

3 **绘制标准图形**。选中需绘制图形的幻灯片，单击“插入”选项卡中的“形状”按钮，从下拉列表中选择“心形”。

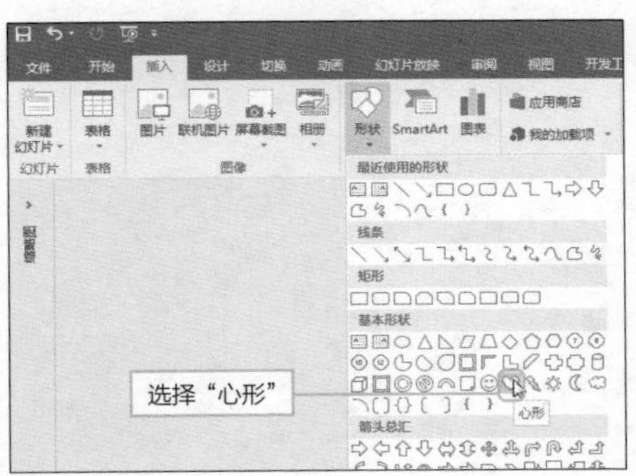

4 按住Shift键的同时，拖动鼠标可绘制出默认图形的标准图形，不会发生扭曲和变形。

Question
156

图形的快速转换

语音视频
教学156

Level ◆◆◆

2016 2013 2010

实例 更改图形的形状

通过“绘图工具”插入的图形虽然很规范，但是当使用场合发生变化时，就需要对其进行适当编辑了，这时，可以借助图形转换功能轻松实现图形的编辑操作。

最初效果

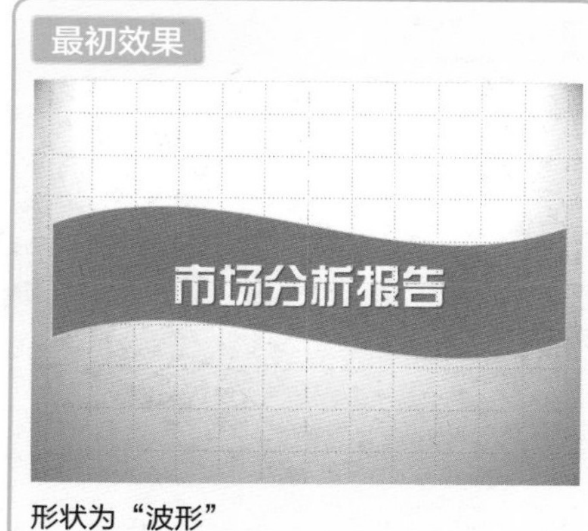

形状为“波形”

最终效果

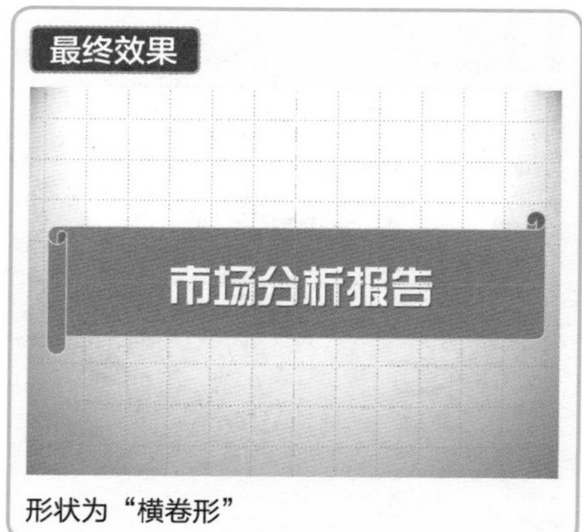

形状为“横卷形”

1 选中需转换的图形，单击“绘图工具—格式”选项卡中的“编辑形状”按钮。

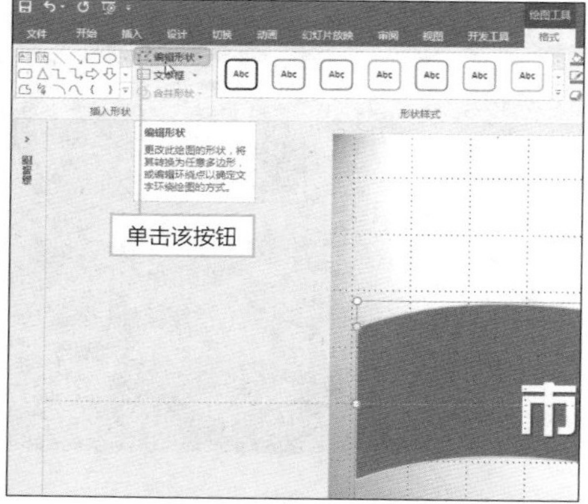

2 从下拉菜单中选择“更改形状”选项，然后从其列表中选择“横卷形”即可。

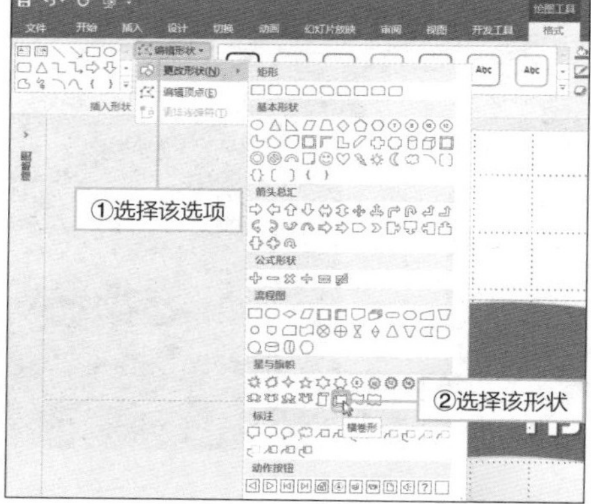

Question

157 随心所欲编辑形状

语音视频教学157

Level

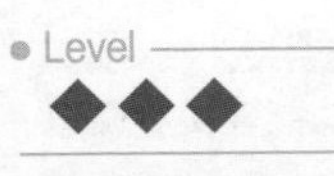

2016 2013 2010

实例	编辑顶点

若用户希望以当前插入的形状为基础，对图形进行更改和编辑，可以通过修改图形的顶点来改变，本技巧将讲述如何编辑图形顶点的操作。

最初效果

最终效果

改变月亮形状

1 选中需编辑的图形，右键单击，从弹出的快捷菜单中选择“编辑顶点”命令。

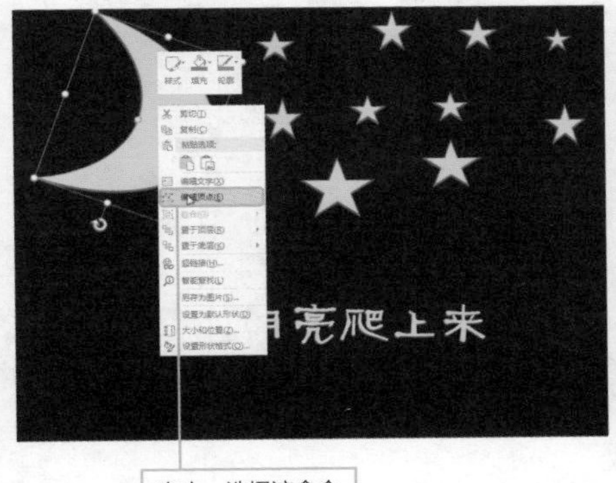

右击，选择该命令

2 图形上会出现黑色顶点，拖动黑色控制点，可改变图形的形状，调整多个控制点即可改变图形形状。

Question

158 文字让图形更具说服力

Level ◆◆◆

2016 2013 2010

实例　在图形上添加文字

说到底，图形的应用还是为了更加准确、形象地说明演示文稿内容，只是仅仅添加图形说服力还不够，还需要在图形上添加重要的文字信息，突出显示图形的含义。

最初效果

无文字时的效果

最终效果

添加文字效果

1 选中需添加文字的图形，右键单击，从弹出的快捷菜单中选择“编辑文字”命令。

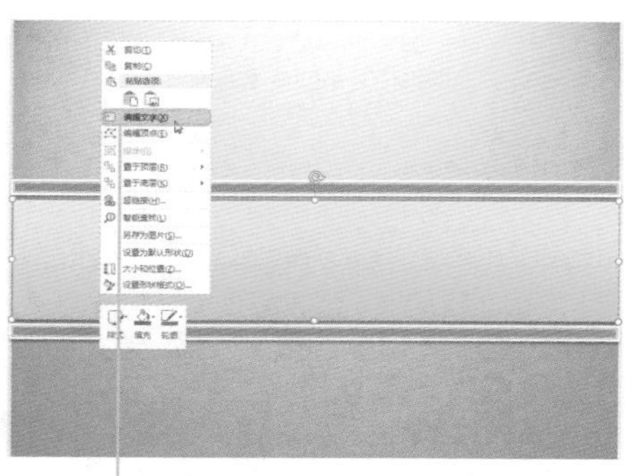

右击，选择该命令

2 光标将自动定位至图形内，选择习惯的输入法输入文字即可。

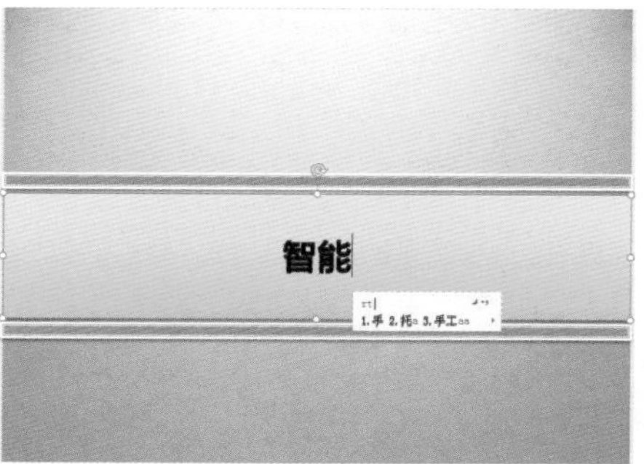

Question

159 等比例更改图形大小花样多

语音视频
教学159

实例 缩放图形时保持图形比例不变

Level ◆◆◆

2016 2013 2010

插入图形后，若用户觉得插入的直线不够长、图形不够大或者图形太大，需要缩放图形，缩放图形包括等比例缩放和不等比例缩放，本技巧将讲述等比例缩放的技巧。

1 选中图形，单击“绘图工具—格式”选项卡“大小”组的对话框启动器按钮。

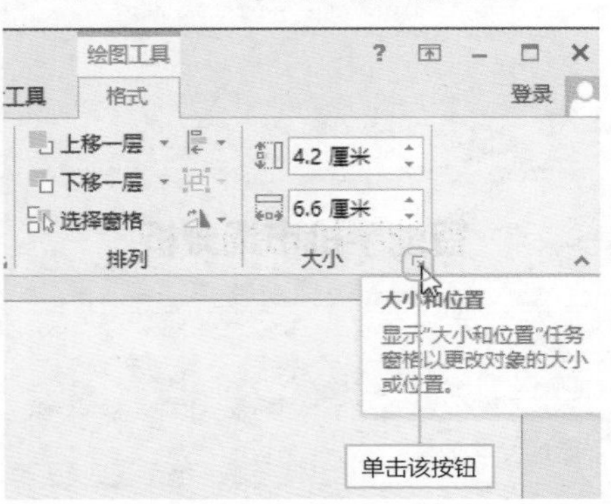

2 或者选中图形后右击，从弹出的快捷菜单中选择“大小和位置”命令。

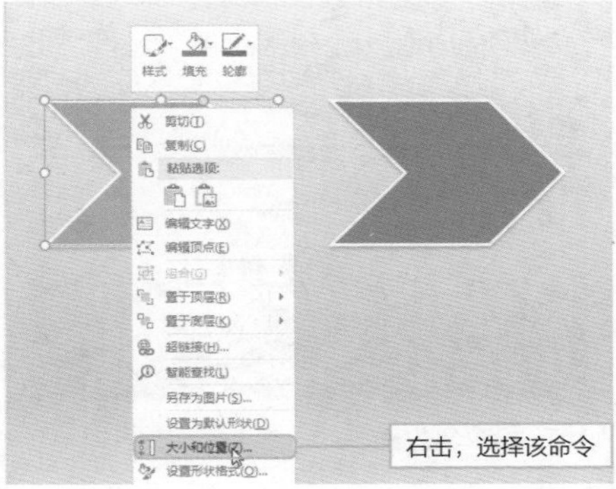

3 随后打开“设置形状格式”窗格，勾选“锁定纵横比”选项，单击“关闭”按钮，拉伸图形的任意角部角点，都将等比例缩放图形。

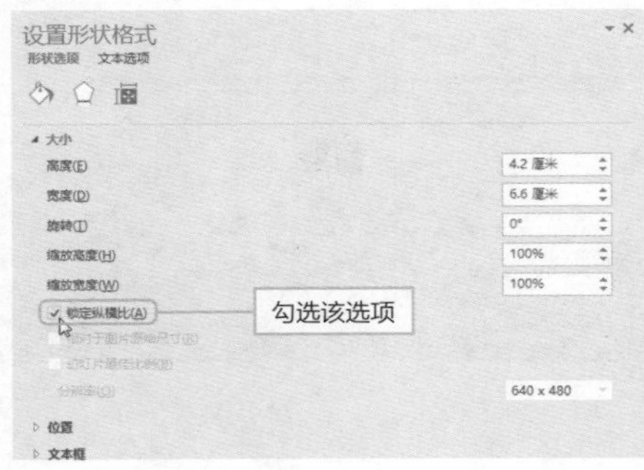

Hint

Shift键在等比例缩放图形中的妙用

选中图形后，鼠标变成十字形，按下Shift键，同时拉伸图形任意角部角点即可。

Question

160

● Level ◆◆◆

2016 2013 2010

居中缩放图形也不难

语音视频教学160

实例　保持图形中心点不变进行缩放

在缩放图形时，总是向一个方向移动，这样会导致图形无法保持居中，缩放后需要调整图形位置，那么，如何能在保持中心点不变的同时缩放图形呢?

最初效果

最终效果

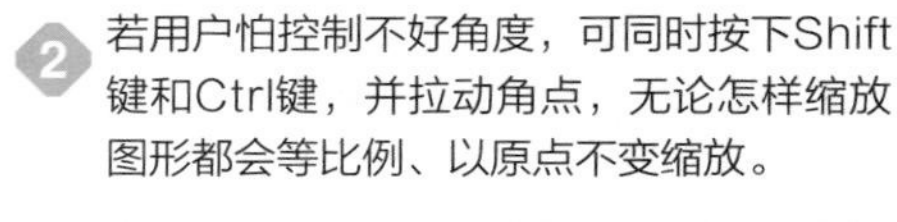

等比例缩放图形效果

1. 只按住Ctrl键同时拉动角点，因为拉伸的方向不是45° 角方向，而是稍微平行偏移，导致竖眼变成了扁眼。

2. 若用户怕控制不好角度，可同时按下Shift键和Ctrl键，并拉动角点，无论怎样缩放图形都会等比例、以原点不变缩放。

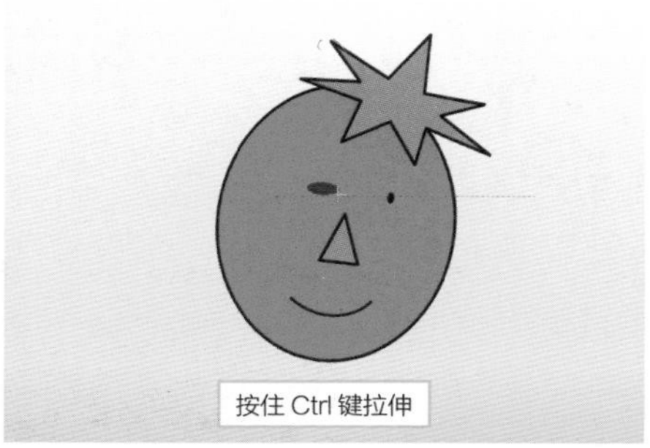

按住 Ctrl 键拉伸

按住 Ctrl + Shift 键拉伸

Question

● Level

2016 2013 2010

整体挪动图形很容易

语音视频教学161

实例 图形位置的变换

插入图形后，往往需要调整图形的位置以适应演示文稿内容，移动图形位置的操作可以采用鼠标拖动法和对话框调整法实现，本技巧将针对这两种方法进行介绍。

最初效果

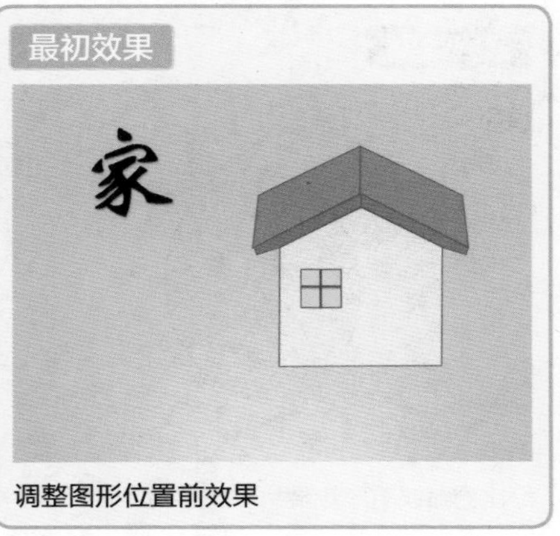

调整图形位置前效果

最终效果

调整图形位置效果

选中需要移动的图形，将光标移至图形边框上，按住鼠标左键不放，拖动图形至合适的位置释放鼠标即可。

Hint

精确调整图形位置

打开“设置形状格式”窗格，在“位置”选项组中，设置其在幻灯片中的位置即可。

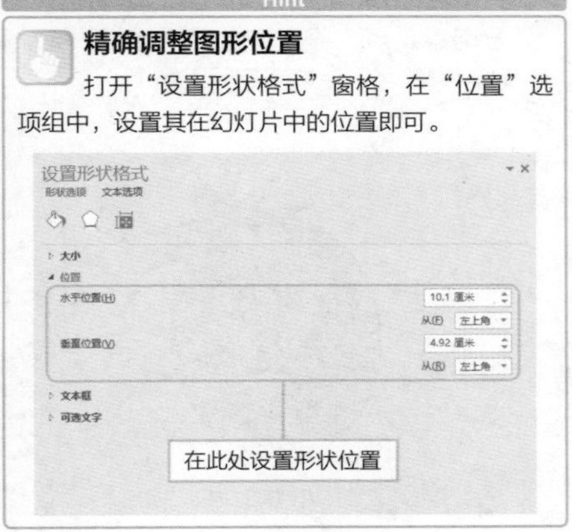

Question 162

自由旋转图形

语音视频教学162

Level ◆◆◆

2016 2013 2010

实例 图形的旋转

图形绘制完成后，有时需要配合其他图形、图片等以适应当前工作需要，这时可以旋转图形，使用鼠标和功能区按钮都可以实现图形的翻转。

1 选中图形，将鼠标移至旋转箭头，光标将会变成一个旋转的箭头。

2 拖动控制点，旋转图形至合适的位置，释放鼠标。

3 选中图形，单击“绘图工具—格式”选项卡中的“旋转”按钮，从展开的列表中进行选择即可。

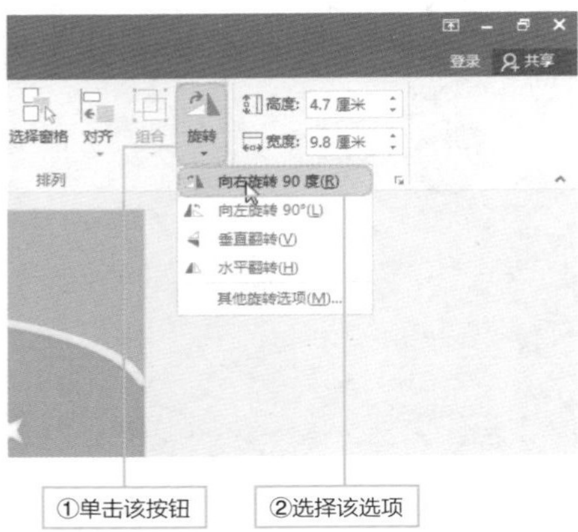

4 若选择“其他旋转选项”，将打开“设置形状格式”窗格，通过“尺寸和旋转”下“旋转”后的数值框调整旋转角度即可。

Question

163 快速复制图形有诀窍

Level

2016 2013 2010

实例 图形的复制

在PPT绘图过程中，复制图形是使用极其频繁的操作，速度一定要够快，若仍旧采用右键快捷菜单复制和粘贴的方法，太浪费时间了，本技巧将讲述几种快速复制图形的方法，这些方法同样适用于文本框、图片等。

1 **快速复制法。**选中图形，直接在键盘上按下Ctrl+D组合键，连续按下该组合键会在右下方连续复制图形，且距离相等。

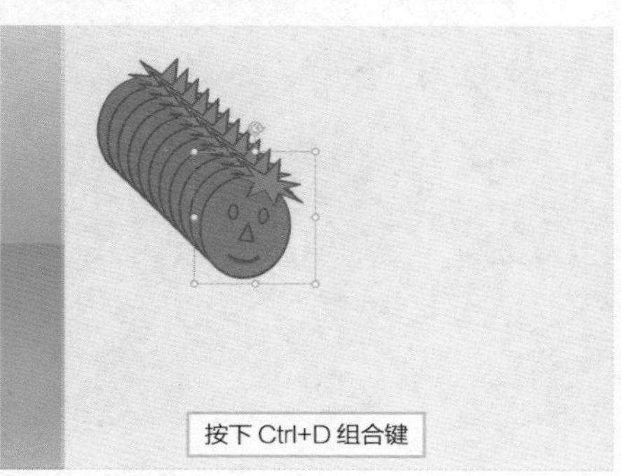

2 **拖动对象复制法。**选中图形，按住Ctrl键的同时，拖动图形到合适位置，释放鼠标即可复制一个图形。

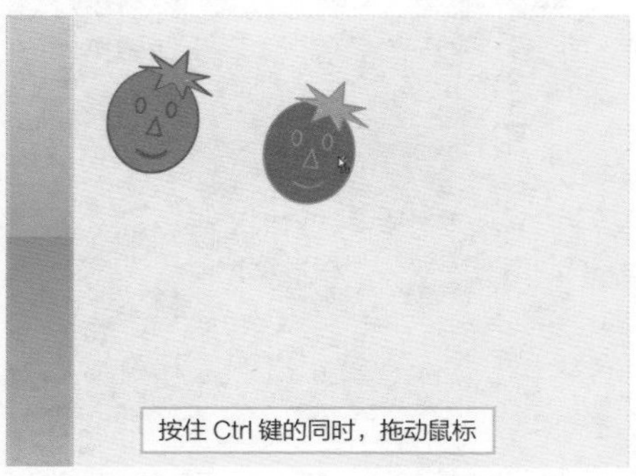

3 **对齐复制法。**选中图形，在键盘上按下Ctrl+Shift组合键的同时，拖动图形，会发现鼠标只能与图形平行或垂直移动。

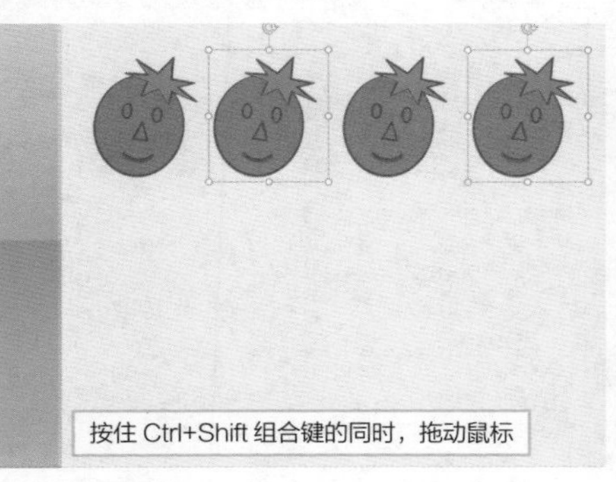

4 **多个图形复制法。**按住Ctrl或Shift键的同时，依次用鼠标单击几个对象，然后进行复制并粘贴即可。

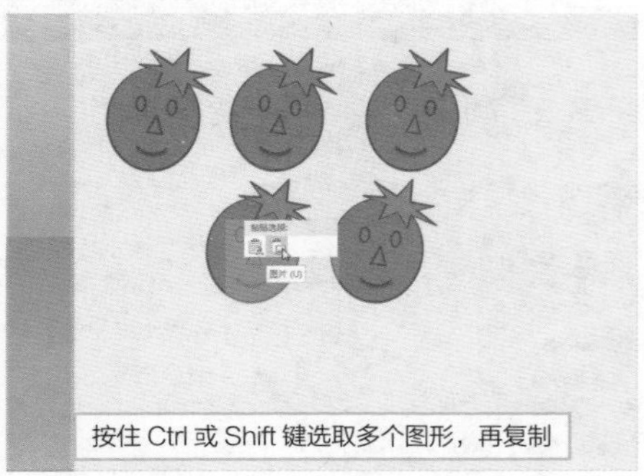

Question
164

● Level ◆◆◆

2016 2013 2010

快速给图形排个队

实例 图形对齐操作

各个对象的对齐是幻灯片美观的基础，当幻灯片页面中存在多个对象时，用鼠标拖动法逐一调整将会是一项繁琐的任务，使用 Power Point 2016 提供的对齐工具可以轻松解除对齐操作带来的烦恼。

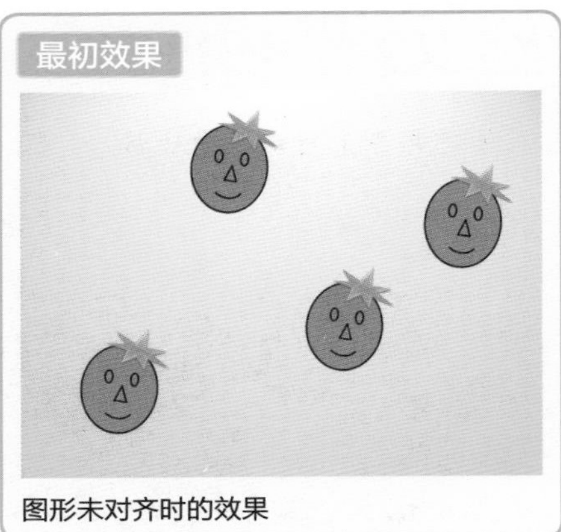

图形未对齐时的效果

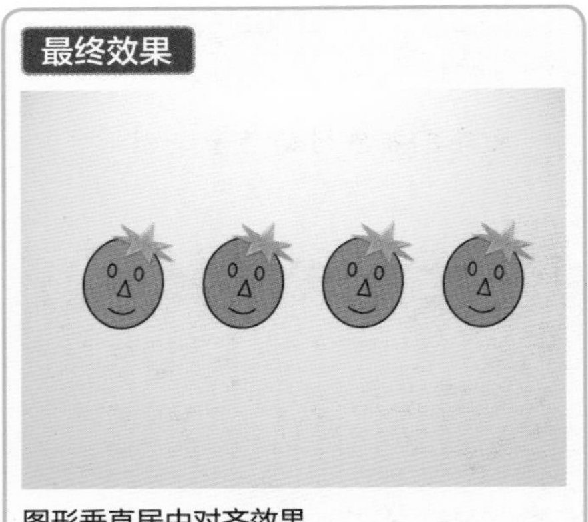

图形垂直居中对齐效果

选中所有图形，单击“绘图工具—格式”选项卡中的“对齐”按钮，从展开的列表中选择“垂直居中”，然后再次展开该列表，选择“横向分布”命令即可。

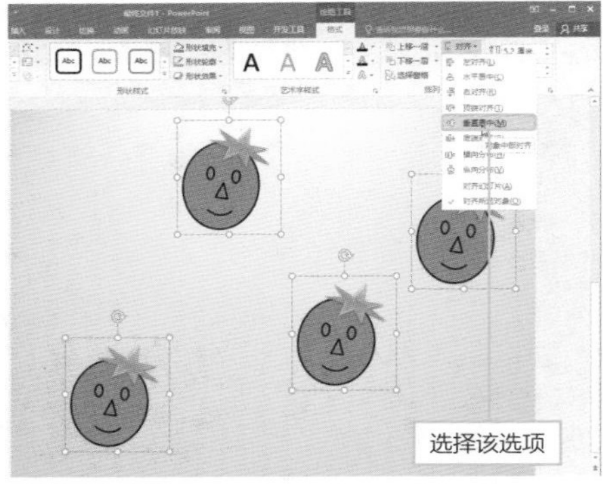

Hint

对齐列表中选项介绍

“对齐”选项列表中，各选项含义介绍如下：

左对齐：以幻灯片左边缘为基准左对齐对象。

左右居中：以幻灯片水平中点为基准左右居中对齐对象。

右对齐：以幻灯片左边缘为基准右对齐对象。

顶端对齐：以幻灯片上边缘为基准顶端对齐对象。

上下居中：以幻灯片垂直中点为基准上下居中对齐对象。

底端对齐：以幻灯片下边缘为基准底端对齐对象。

横向分布：以左右两侧对象为左右边缘，所有对象之间的横向距离相等。

Question 165

图形按序叠放

语音视频教学165

Level ◆◆◆

2016 2013 2010

实例 调整多个图形的叠放次序

所有的图形都占据了独立的一层，其他图形要么在这层的下面，要么在这层的上面。用户可以根据需要将某个层上移或下移，或直接使其居于顶层或底层。

最初效果

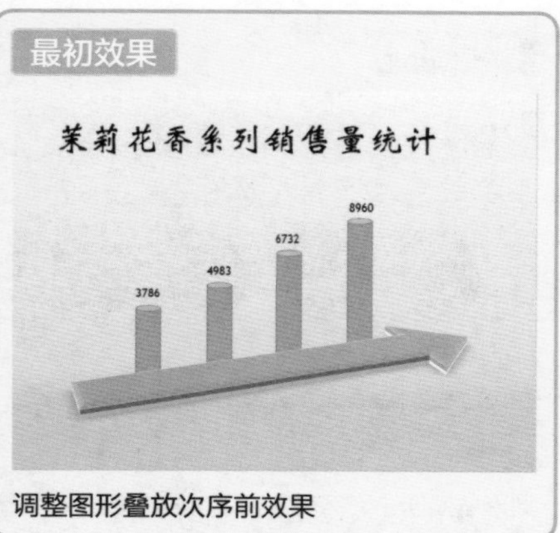

调整图形叠放次序前效果

最终效果

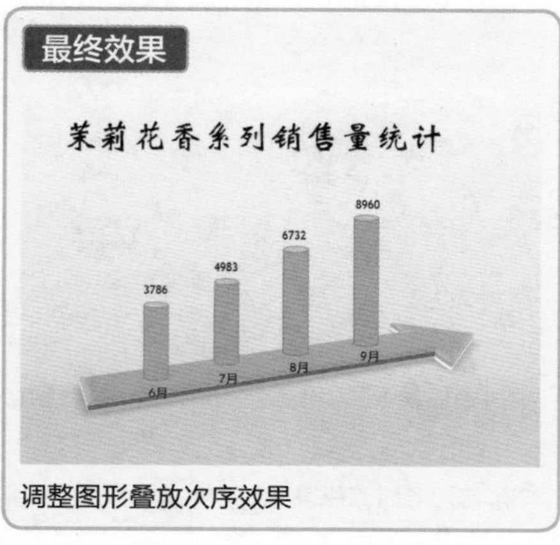

调整图形叠放次序效果

1. **右键快捷菜单法。**选中需调整叠放次序的图形，右键单击，从弹出的菜单中选择“置于底层”命令，然后在级联菜单中进行选择即可。

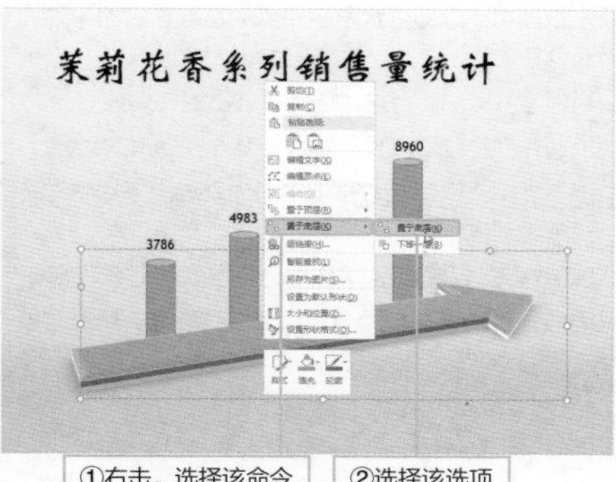

2. **功能区命令按钮法。**单击“绘图工具—格式”选项卡中“下移一层”右侧的下拉按钮，从下拉菜单中进行选择即可。

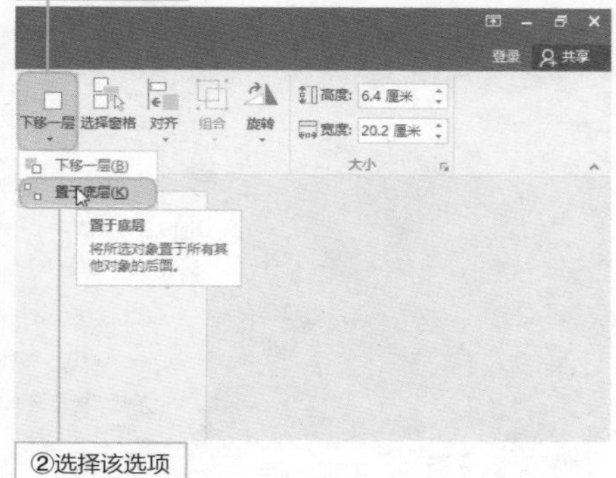

Question 166

快速更改图形样式

语音视频教学166

Level ◆◆◇

2016 2013 2010

实例　图形样式的更改

充分利用 PowerPoint 提供的样式，用户只需单击几下鼠标即可轻松设置出漂亮、大方的图形样式。本技巧将介绍套用系统预设的图形样式的方法。

最初效果

套用样式前的效果

最终效果

套用样式后的效果

1. 选中图形，切换至“绘图工具—格式”选项卡，单击“形状样式”选项组中的“其他”按钮。

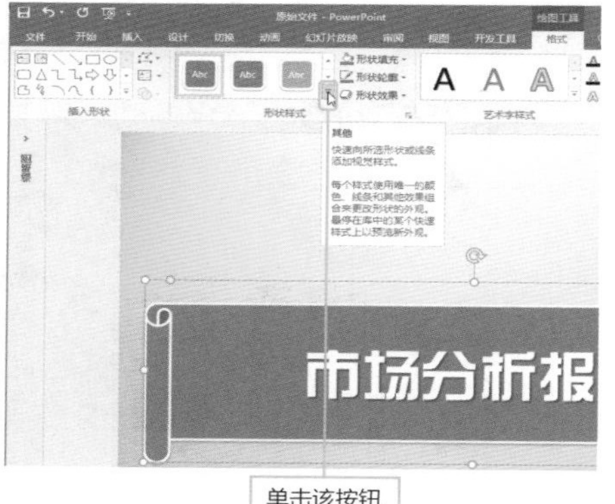

单击该按钮

2. 展开样式列表，从中选择“细微效果，橙色，强调颜色6”样式，还可以选择“其他主题填充”选项进行选择。

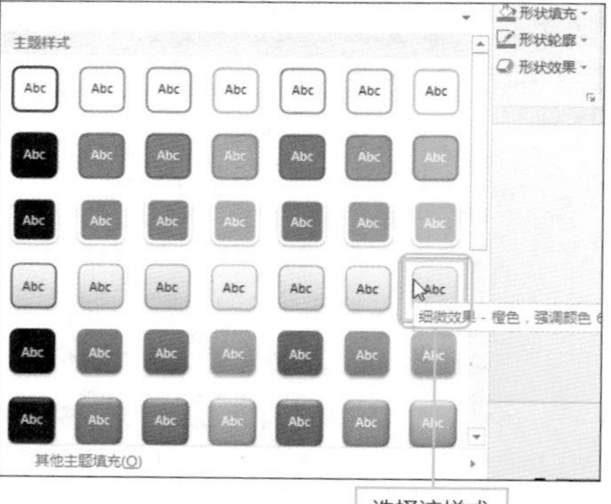

选择该样式

167 更改图形填充颜色很简单

Level ◆◆◆

2016 2013 2010

实例 图形的纯色填充

再好的图形，没有合适的色彩，就如同一个人穿上了不相称的衣服，失去了美感。给图形填充一个恰当的颜色是至关重要的，本技巧将以最基础也最简单的纯色填充为例进行介绍。

最初效果

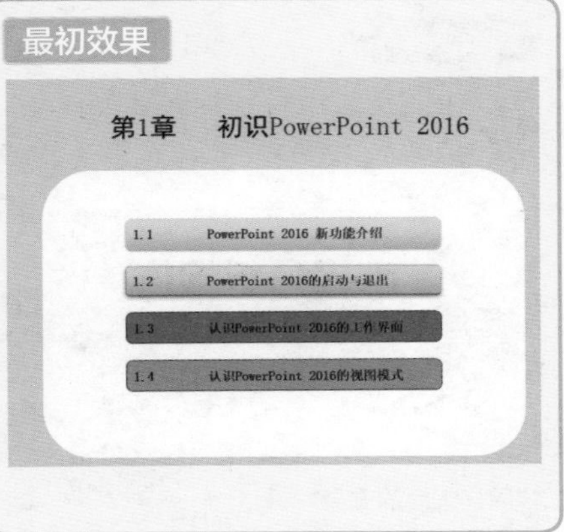

最终效果

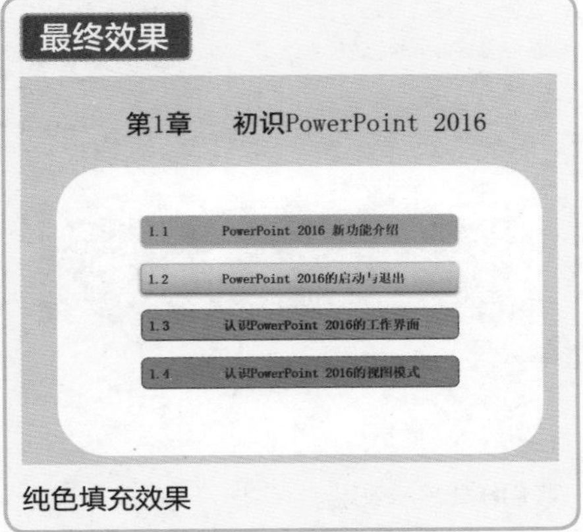

纯色填充效果

1. 选中图形，单击“绘图工具—格式”选项卡中的“形状填充”按钮，从列表中选择合适的颜色。

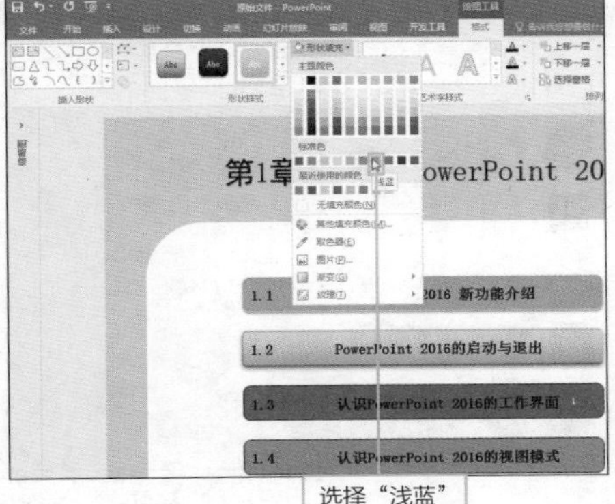

选择“浅蓝”

2. 若列表中的颜色不能满足用户需求，可以在上一步骤中选择“其他填充颜色”选项，打开“颜色”对话框，进行设置即可。

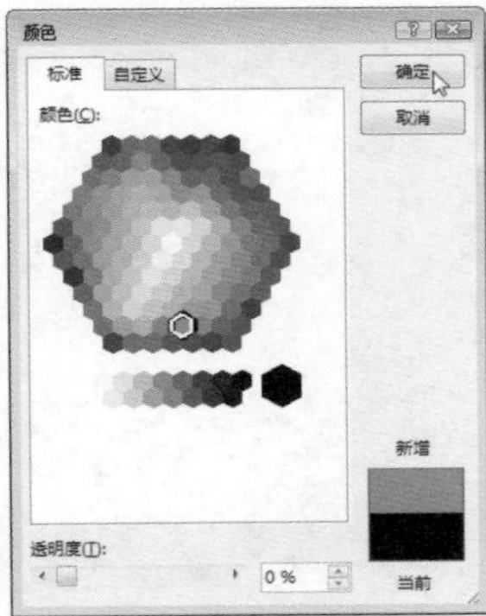

Question 168

Level ◆◆◆

2016 2013 2010

图片填充让形状更精美

语音视频教学168

实例　用图片填充形状

在填充图形时，除了前面介绍的纯色填充外，用户还可以用图片来填充图形，从而使图形更加美观、大方。下面将对其具体操作进行介绍。

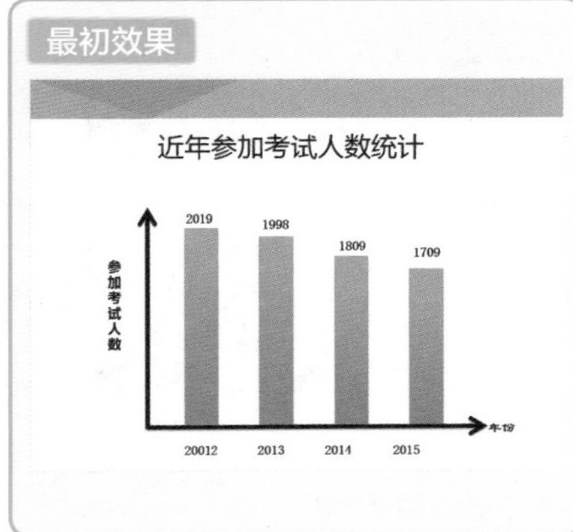

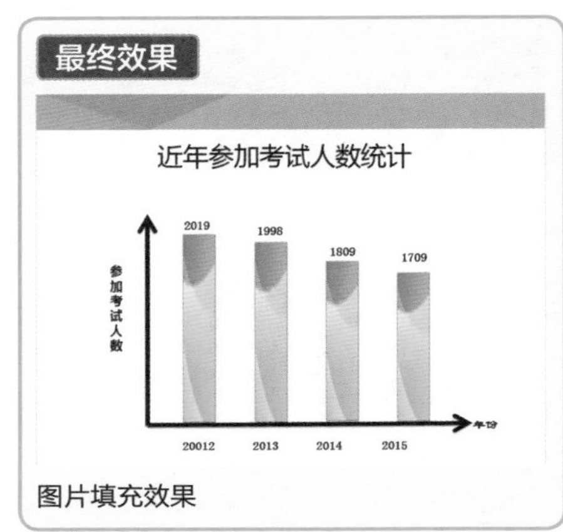

图片填充效果

❶ 选中所有图形，单击“绘图工具—格式”选项卡中的“形状填充”按钮，从列表中选择“图片”选项。

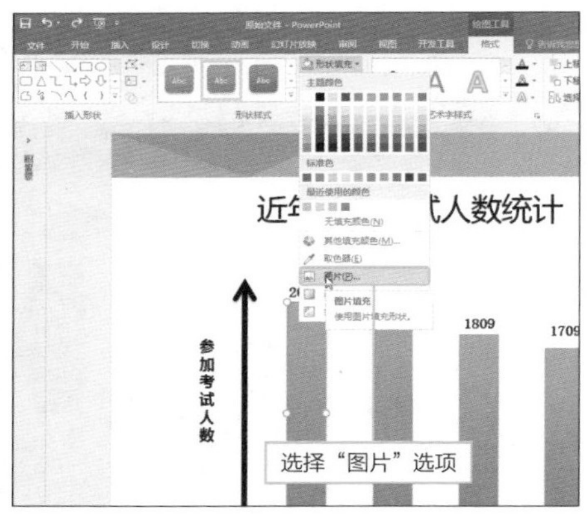

❷ 弹出“插入图片”窗格，单击“浏览”按钮，打开“插入图片”对话框，选择合适的图片，单击“插入”按钮即可。

Question 169

渐变填充让图形更完美

语音视频
教学169

Level
2016 2013 2010

实例 图形的渐变填充

渐变填充，即图形的填充颜色只有同一种时，以由浅到深的形式发生变化，或者图形的填充颜色有两种以上不同的颜色发生变化，这些渐变填充都能够增加 PPT 画面的立体感和生动性。

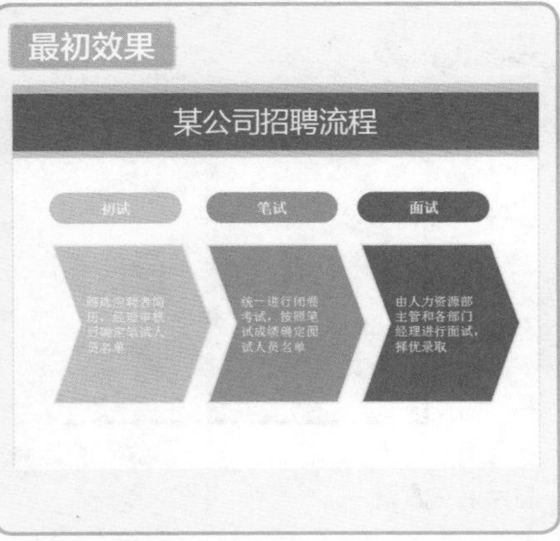
最初效果
某公司招聘流程
初试
笔试
面试
筛选应聘者简历，经理审核后确定笔试人员名单
统一进行闭卷考试，按照笔试成绩确定面试人员名单
由人力资源部主管和各部门经理进行面试，择优录取

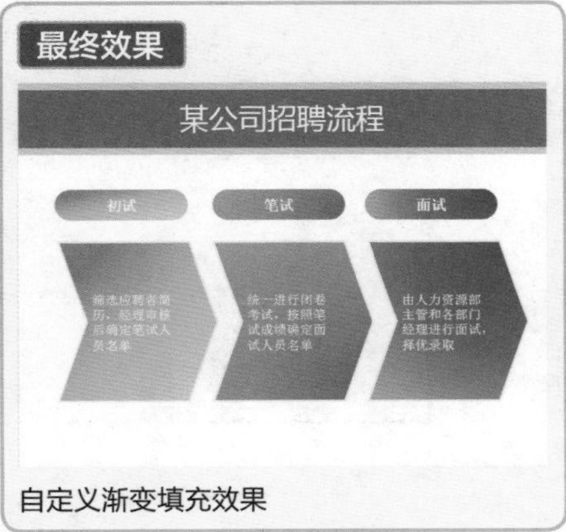
最终效果
某公司招聘流程
初试
笔试
面试
筛选应聘者简历，经理审核后确定笔试人员名单
统一进行闭卷考试，按照笔试成绩确定面试人员名单
由人力资源部主管和各部门经理进行面试，择优录取

自定义渐变填充效果

1. **同色渐变填充。**选中要设置渐变填充的图形，单击“绘图工具—格式”选项卡中的“形状填充”按钮。

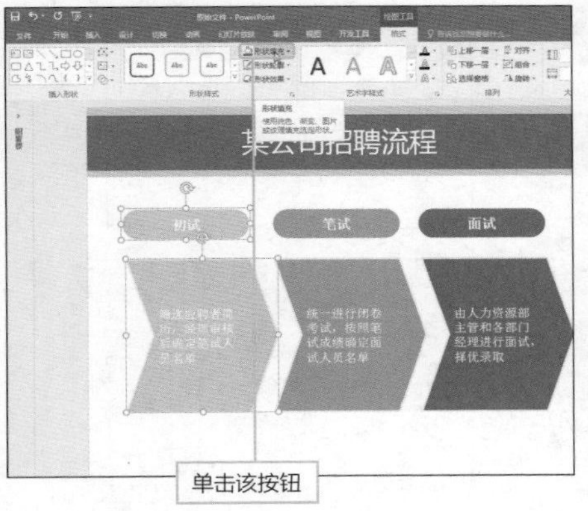
某公司招聘流程
初试
笔试
面试
单击该按钮

2. 从下拉菜单中选择“渐变”选项，在其级联菜单中选择合适的渐变效果，这里选择“右上角”渐变效果。

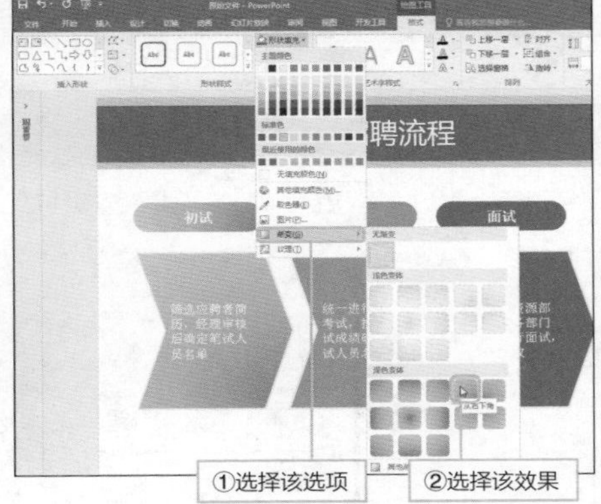
聘流程
初试
面试
①选择该选项
②选择该效果

3 **自定义渐变填充。**选择“其它渐变”选项，打开“设置形状格式”窗格，在“填充”选项组中选中“渐变填充”。

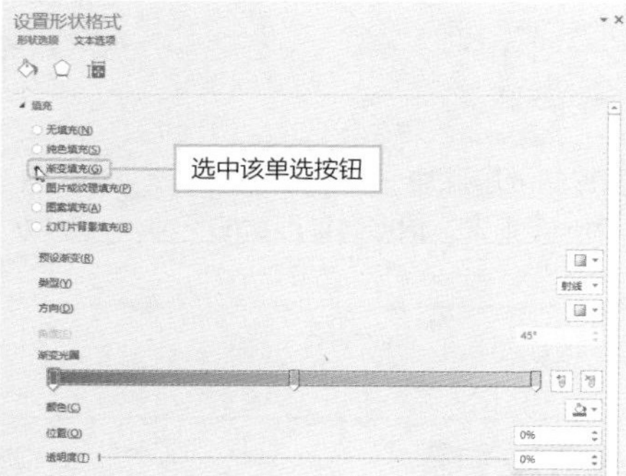

4 然后设置“类型”为线型，“方向”为线性向左。

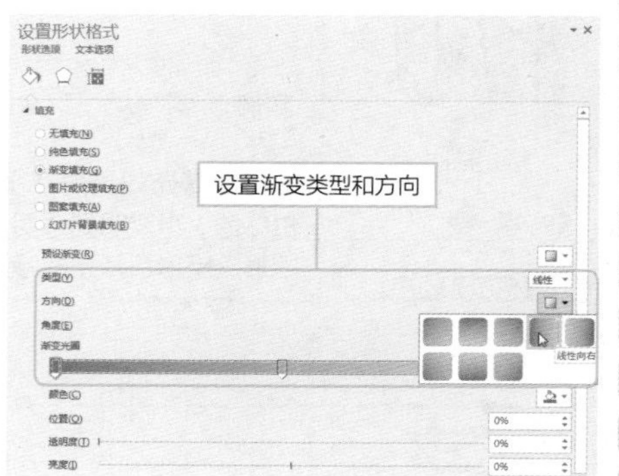

5 选中渐变光圈的停止点1，单击下方“颜色”按钮，从列表中选择合适的颜色。

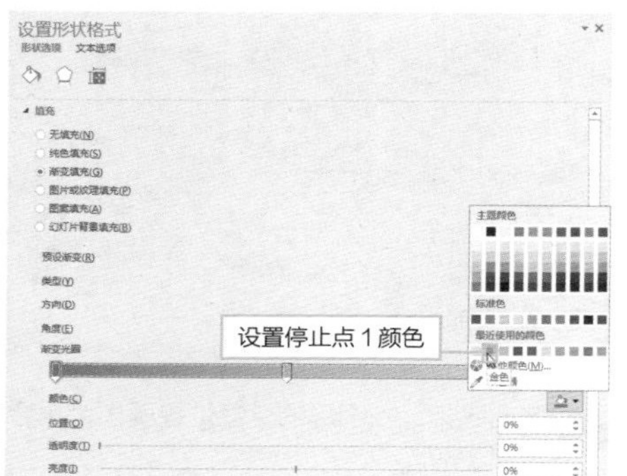

6 单击“删除渐变光圈”按钮，删除一个渐变光圈。

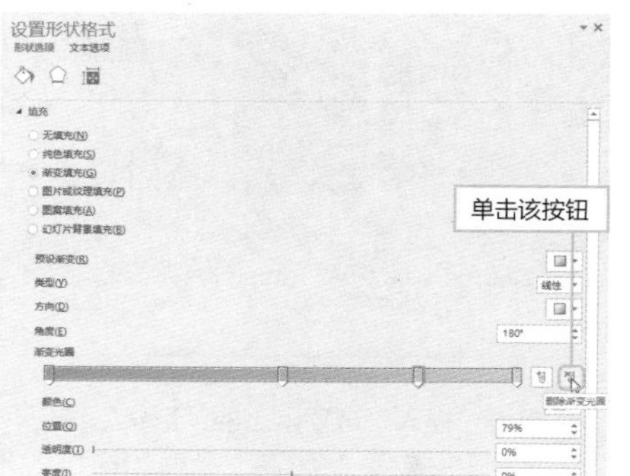

7 用鼠标拖动光圈调整各光圈的位置，设置完成后单击“关闭”按钮。

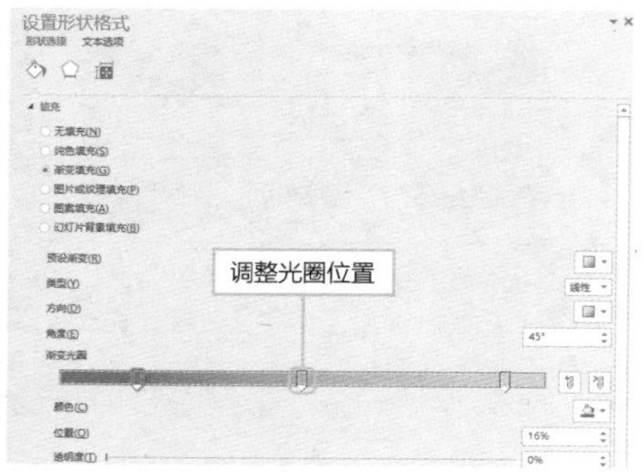

Hint

进行渐变填充时的注意事项

渐变填充的目的在于增加画面的生动性，但一定要注意色彩的变化要简单自然，否则会导致整体画面过于凌乱和生硬，反而失去原有的用意。

当有多个图形需要设置渐变效果时，渐变方向一定要保持一致性；光线角度要统一方向；几个图形的颜色区分要明显；饱和度和亮度要统一。

Question

170

巧用渐变凸显图形立体感

语音视频教学170

实例 渐变填充实现图形高光效果

● Level ◆◆◆

2016 2013 2010

图形的高光效果是在平面图形的上层添加一个半透明的图形，一般是由白色、半透明到透明形成的一个渐变。根据图形形状的不同，一般为圆形、矩形、月牙形等。

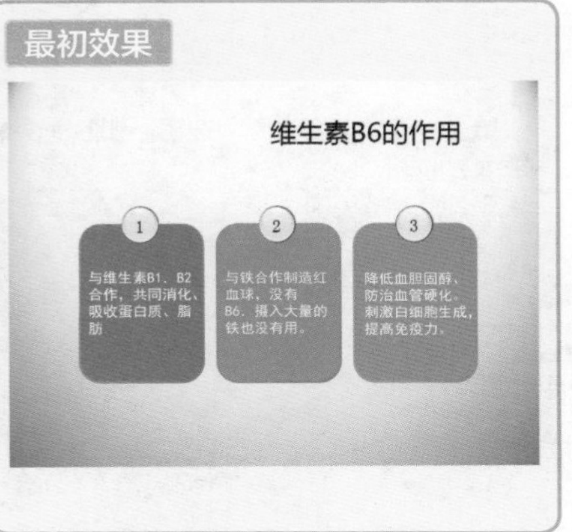

最终效果

维生素B6的作用

1 与维生素B1、B2合作，共同消化、吸收蛋白质、脂肪

2 与铁合作制造红血球，没有B6，摄入大量的铁也没有用。

3 降低血胆固醇、防治血管硬化。刺激白细胞生成，提高免疫力。

高光效果的设计

1. 单击“插入”选项卡上的“形状”按钮，从列表中选择“流程图：延期”形状。

选择该形状

2. 拖动鼠标，在图形的合适位置画出大小合适的图形。

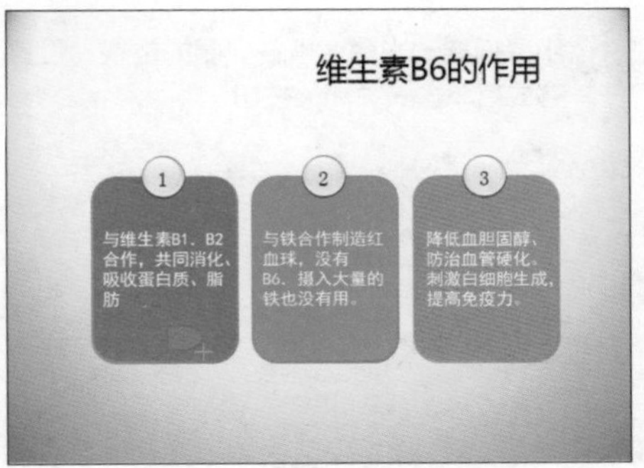

3 复制图形并进行水平翻转，将两个图形衔接，右键单击，执行“组合>组合”命令。

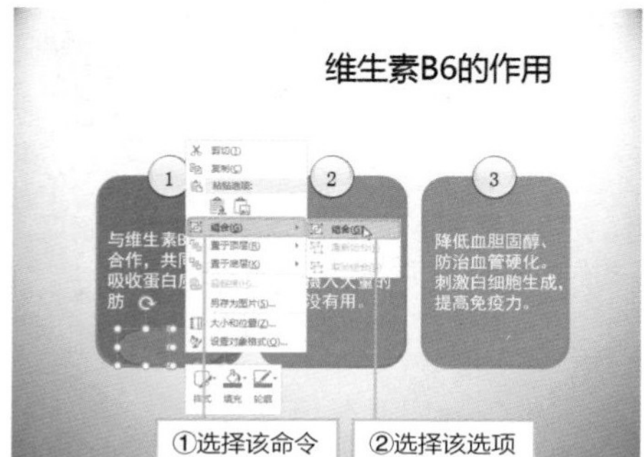

4 打开“设置形状格式”窗格，在默认“填充”选项组中选中“渐变填充”。

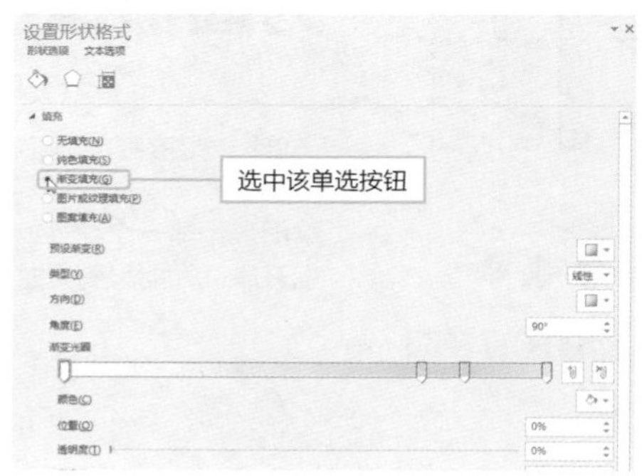

5 设置“类型”为线型，“方向”为线性向下。

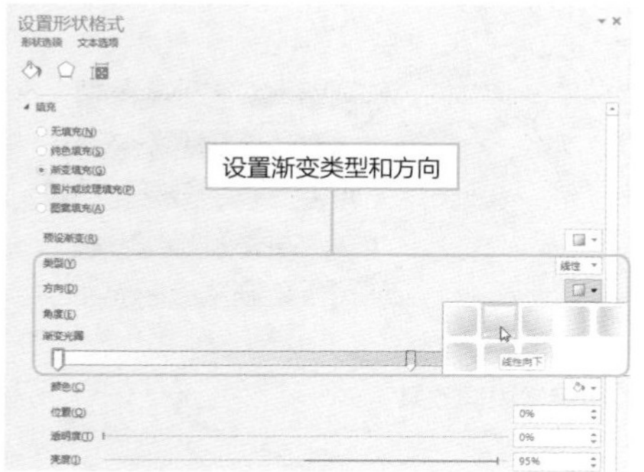

6 选中渐变光圈的停止点2，单击“删除渐变光圈”按钮，删除渐变光圈2。

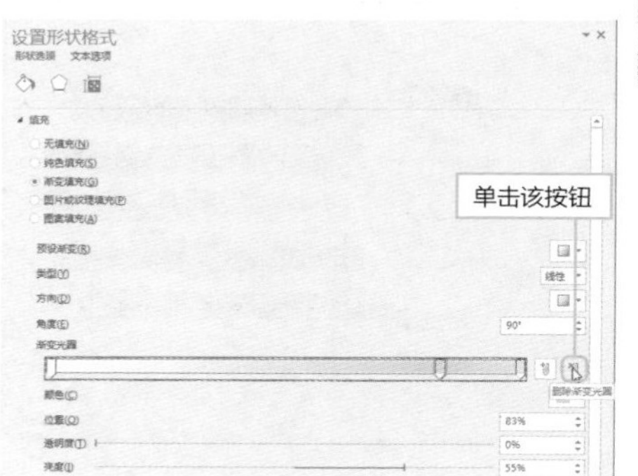

7 设置停止点1颜色为蓝色、透明度为100%、位置为25%，停止点2颜色为白色。

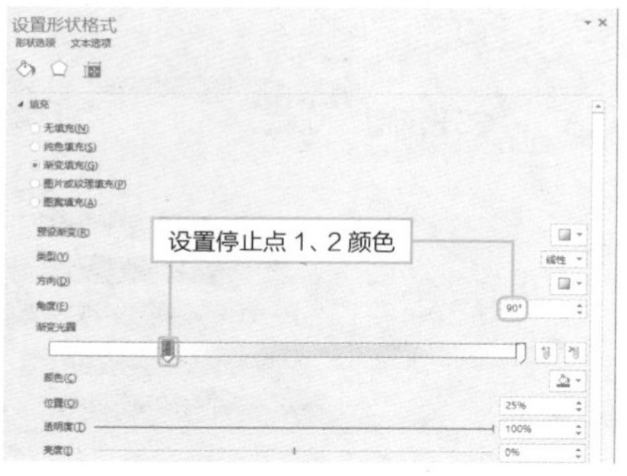

8 在“线条颜色”选项组中选中“无线条”选项，然后设置其他位置的高光效果。

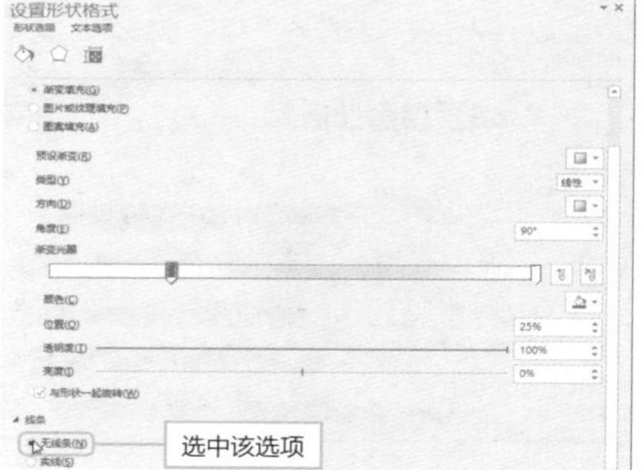

Question

171 为图形添加漂亮的边框

实例 设置图形轮廓

● Level ◆◆◆

2016 2013 2010

给图形添加一个漂亮的边框，可以让图形更加生动，与其他对象迅速区别开来，并能起到画龙点睛的作用，本技巧将对其进行详细介绍。

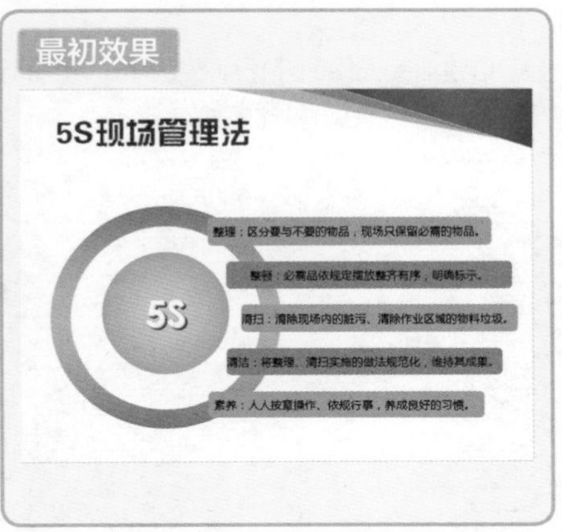

最终效果

5S现场管理法

5S

整理：区分要与不要的物品，现场只保留必需的物品。

整顿：必需品依规定摆放整齐有序，明确标示。

清扫：清除现场内的脏污、清除作业区域的物料垃圾。

清洁：将整理、清扫实施的做法规范化，维持其成果。

素养：人人按章操作、依规行事，养成良好的习惯。

自定义边框效果

1. **设置轮廓颜色。**选中图形，单击“绘图工具—格式”选项卡中“形状轮廓”按钮。

5S现场管理法

5S

整理：区分要与不要的物品，现场只保留必需的物品。

整顿：必需品依规定摆放整齐有序，明确标示。

清扫：清除现场内的脏污、清除作业区域的物料垃圾。

清洁：将整理、清扫实施的做法规范化，维持其成果。

素养：人人按章操作、依规行事，养成良好的习惯。

单击该按钮

2. 从展开的“形状轮廓”列表中选择“红色”选项。

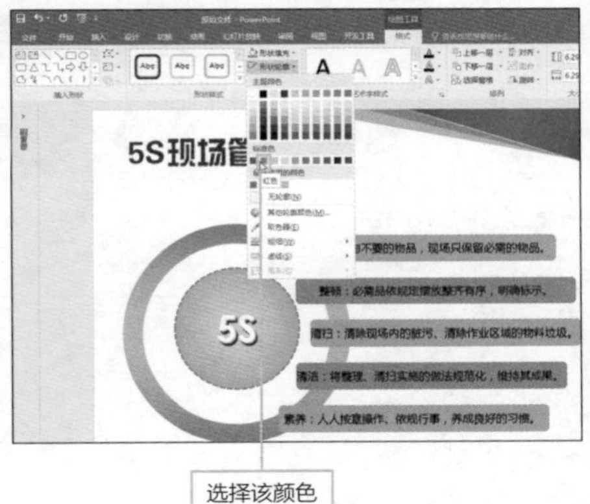

选择该颜色

3 **设置轮廓线条。**从列表中选择“粗细”选项，在其级联菜单中选择“6磅”。

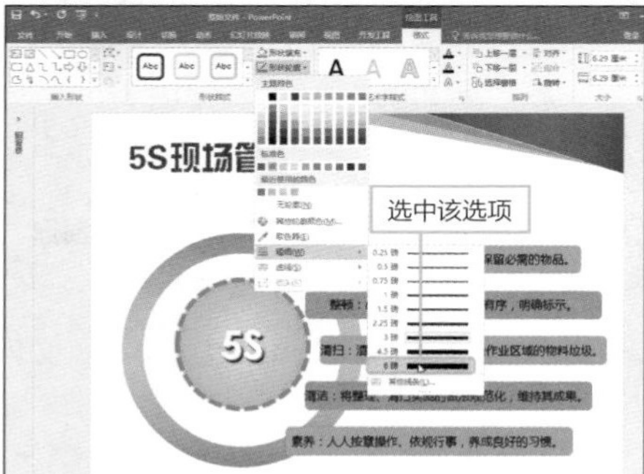

4 选择“虚线”选项，在其线联菜单中选择“长划线-点”选项。

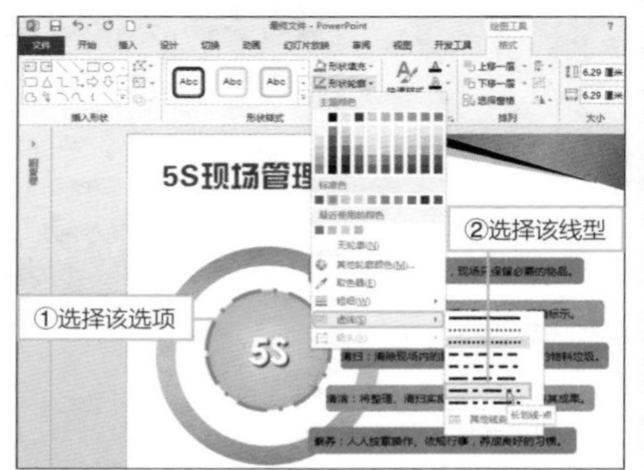

5 **自定义轮廓。**选中图形，单击“图形样式”组的对话框启动器按钮。

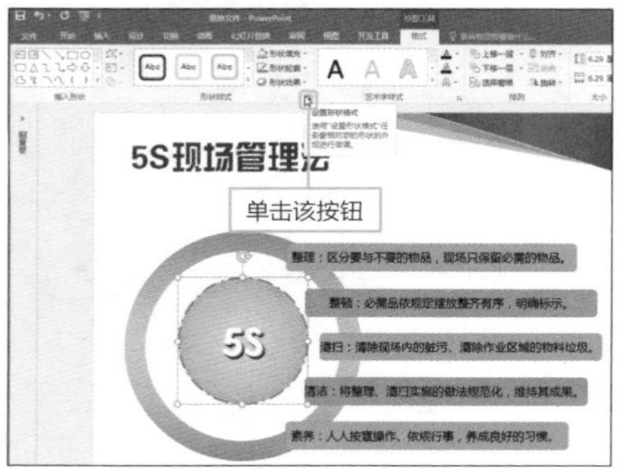

6 在打开窗格的“线条颜色”选项组中选中“渐变线”单选按钮，并选择预设渐变。

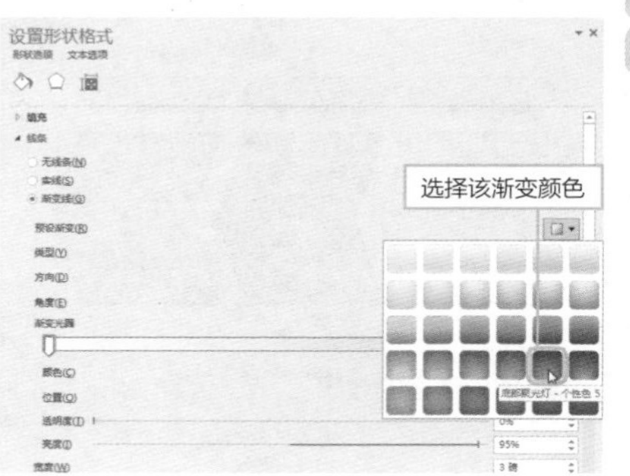

7 按需设置渐变类型、方向、停止点颜色、渐变光圈位置等。

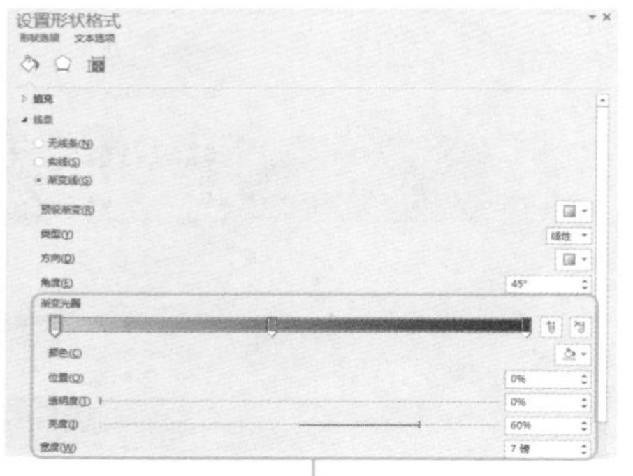

设置边框类型、方向、渐变光圈位置

8 设置合适的轮廓宽度、复合类型、短划线类型等，单击“关闭”按钮即可。

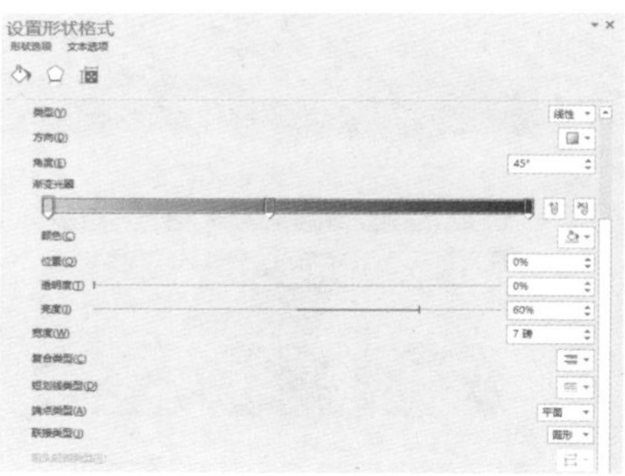

对“线型”进行相应设置

Question 172

去掉图形边框

● Level ◆◆◆

2016 2013 2010

实例 图形边框的隐藏

默认情况下，插入幻灯片页面中的图形都有边框。在某些情况下，图形边框会限制图形的表达效果，因此用户需要将图形的边框隐藏。

最初效果

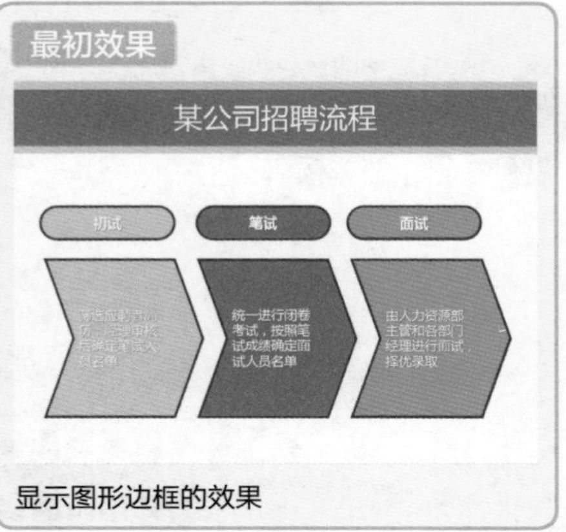

显示图形边框的效果

最终效果

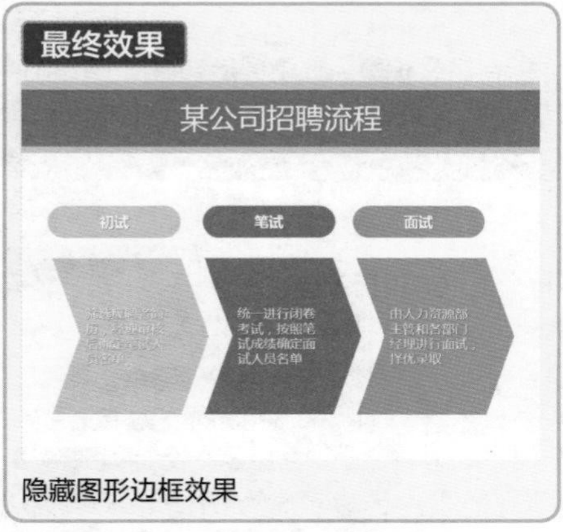

隐藏图形边框效果

1. 选中图形，单击“绘图工具—格式”选项卡中的“形状轮廓”按钮。

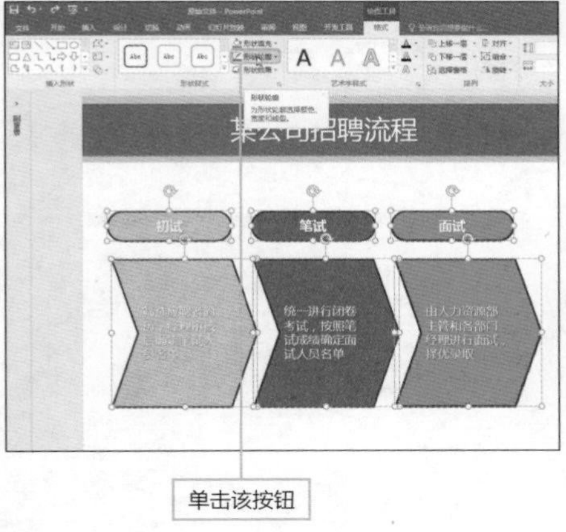

2. 从展开的列表中选择“无轮廓”选项即可去掉图形的边框。

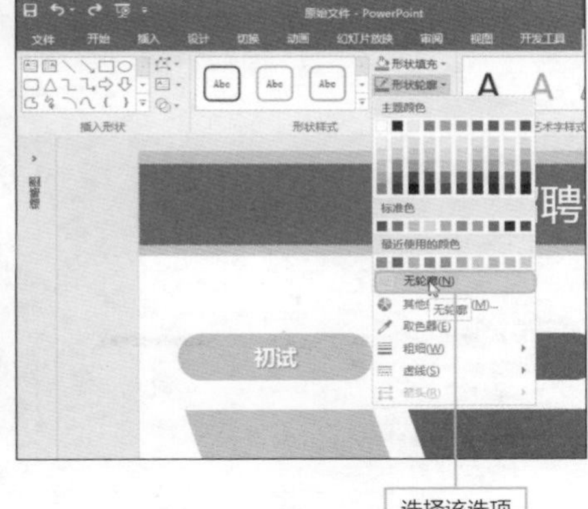

Question 173

为图形添加阴影效果

语音视频教学173

Level ◆◆◆

2016 2013 2010

实例 设置图形阴影效果

阴影效果对于立体感来说具有画龙点睛的作用，可以使图形的立体效果更加逼真，设置阴影效果是制作图形时增强立体感的常用操作之一，本技巧将对其进行详细介绍。

最初效果

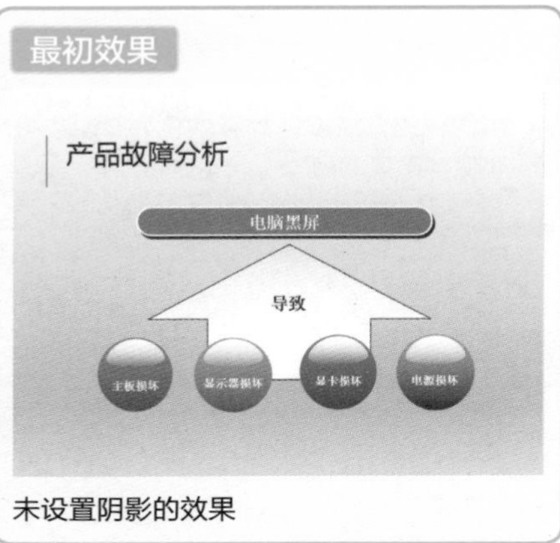

未设置阴影的效果

阴影效果1

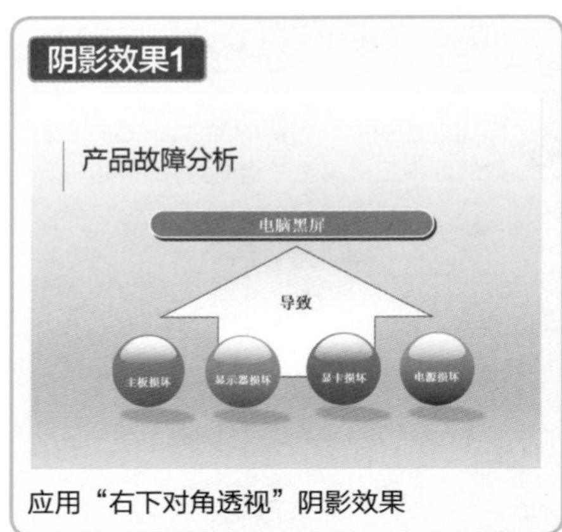

应用“右下对角透视”阴影效果

阴影效果2

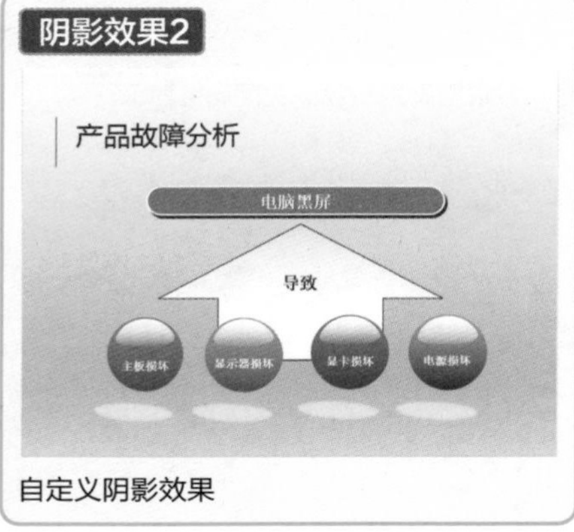

自定义阴影效果

1. 选中图形，单击“绘图工具—格式”选项卡中的“形状效果”按钮。

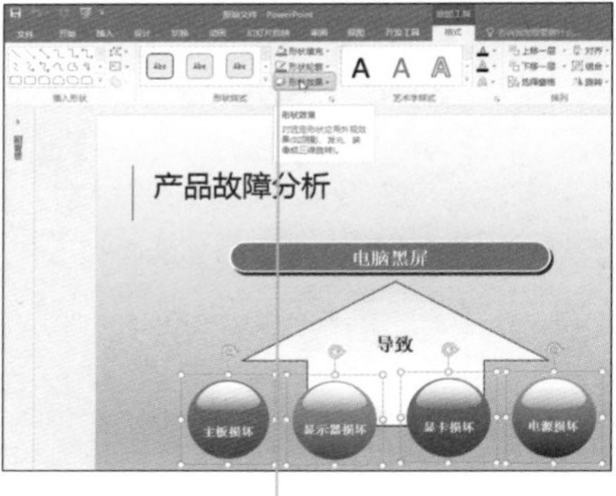

2 **应用内置阴影。**在列表中选择“阴影”选项，从级联菜单中选择合适的阴影效果，这里选择“右下对角透视”效果。

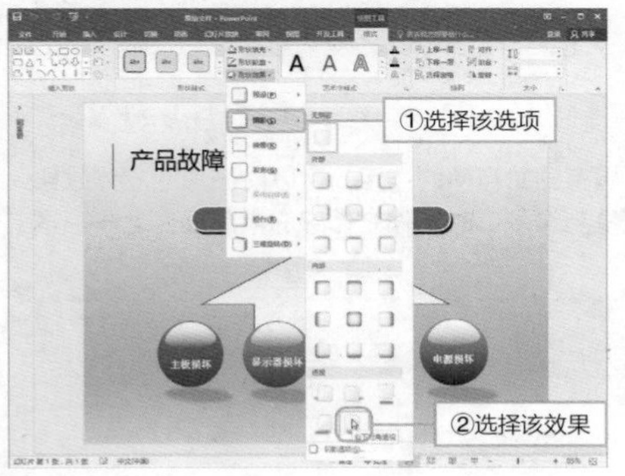

3 **自定义阴影。**选择“阴影选项”，在打开的窗格中，单击“颜色”按钮，从列表中选择“白色”。

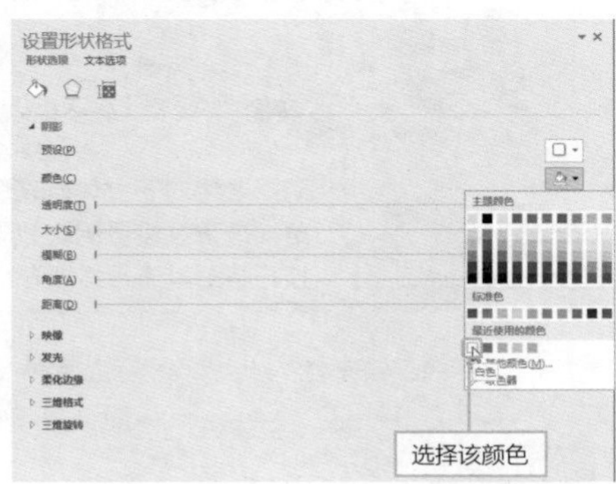

4 拖动“透明度”右侧的缩放滑块或在右侧数值框中设置阴影透明度为：50%。

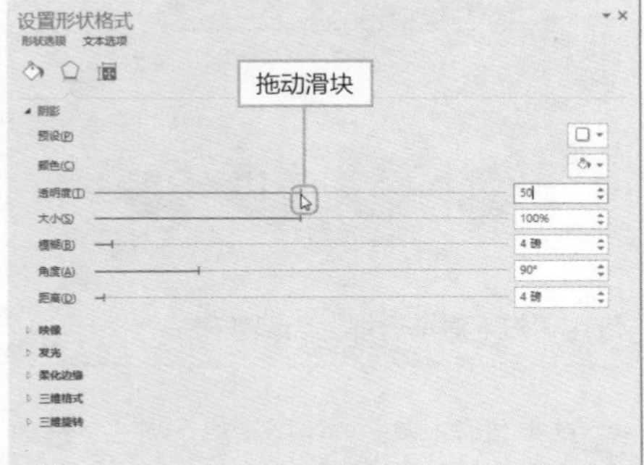

5 用同样的方法设置阴影虚化为：5磅，大小保持不变。

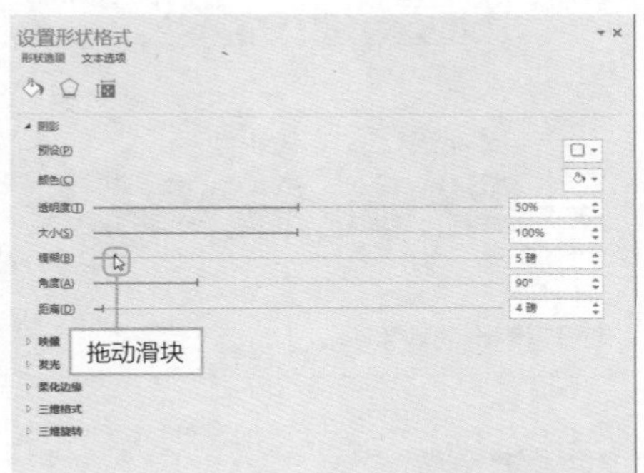

6 同理，设置阴影角度为：150°。

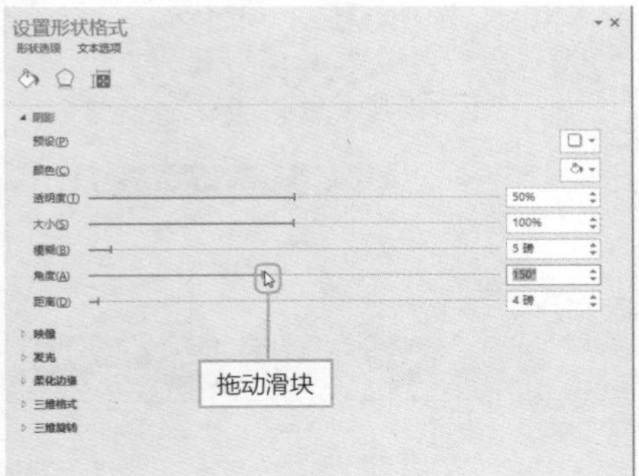

7 设置距离为32磅，关闭窗格即可。

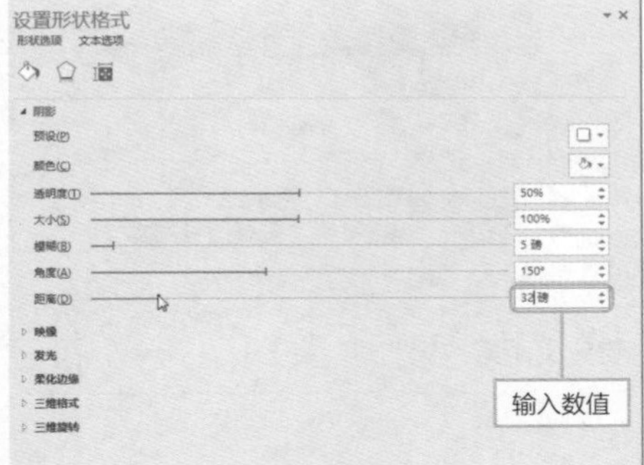

Question

174

制作图形倒映效果

语音视频教学174

Level ◆◆◆

2016 2013 2010

实例　设置图形映像效果

图形的映像效果就像是给图形照镜子，它和阴影效果一样，同样可以增加立体感，操作步骤也同阴影效果相似，本技巧对其进行简单介绍。

最初效果

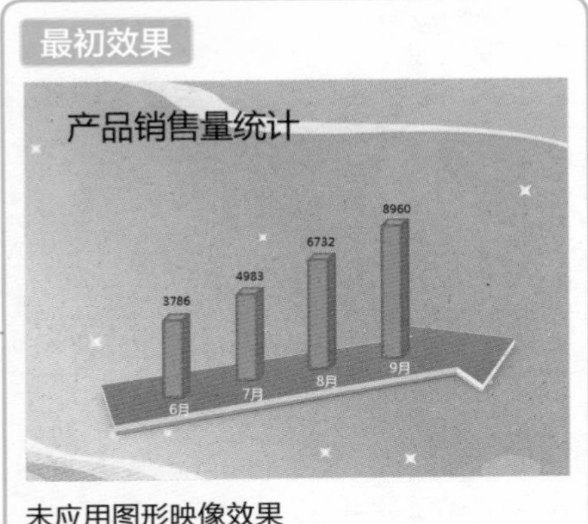

未应用图形映像效果

最终效果

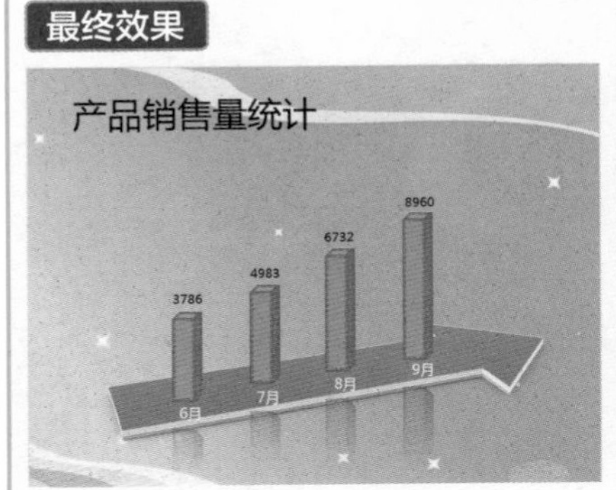

应用图形映像效果

1 选中图形，单击“绘图工具—格式”选项卡中的“形状效果”按钮，从列表中选择“映像”选项，从其级联菜单中选择“半映像，4pt偏移量”效果。

①选择该选项　②选择该效果

2 还可以选择“映像选项”，在打开的窗格中，通过“透明度”、“大小”、“模糊”、“距离”右侧的缩放滑块或数值框对映像进行进一步设置。

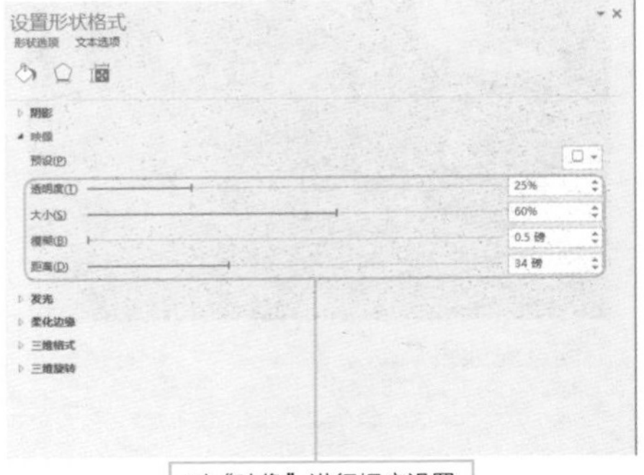

对“映像”进行相应设置

Question 175

Level ◆◆◆

2016 2013 2010

让图形与背景融合在一起

语音视频教学175

实例 应用图形发光效果

发光效果和映像效果相似，都是很特别的效果，应用图形发光效果可以让演示文稿中的图形与背景有效结合，消除图形的生硬感。

最初效果

未应用发光的效果

发光效果1

应用内置发光效果

发光效果2

蓝色发光效果

发光效果3

自定义发光效果

❶ 选中图形，单击“绘图工具—格式”选项卡中的“形状效果”按钮。

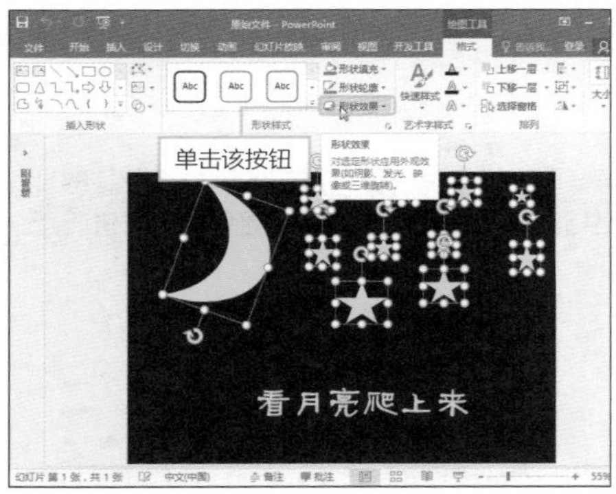

❷ **应用内置发光效果。**从列表中选择“发光”选项，从其级联菜单中选择合适的发光效果。

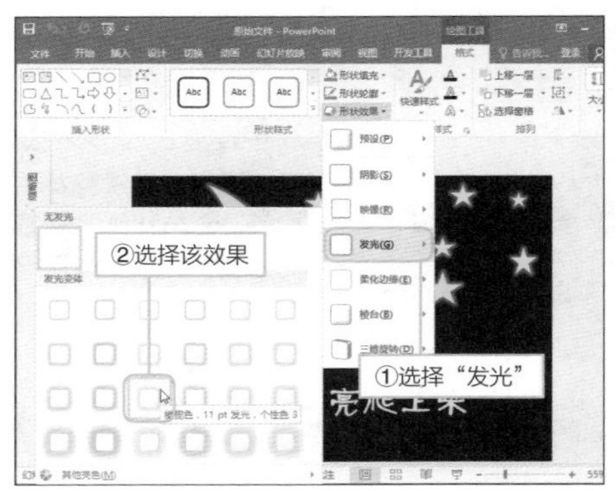

❸ **更改发光颜色。**从“发光”菜单中选择“其他亮色”选项，从列表中选择“蓝色”。

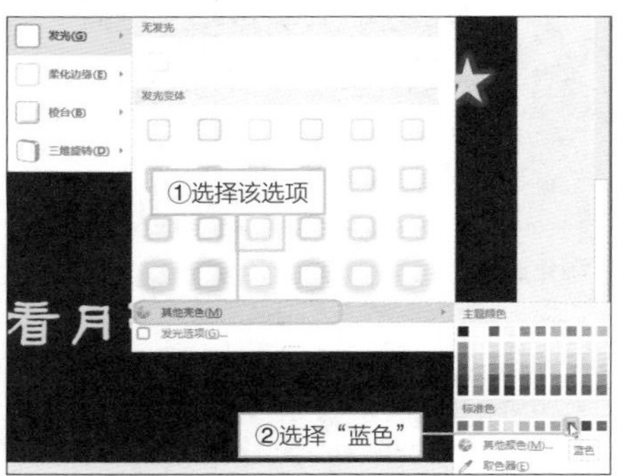

❹ 从发光列表中选择“发光选项”，在打开窗格中的“发光”选项组中单击“颜色”按钮，从列表中选择“黄色”。

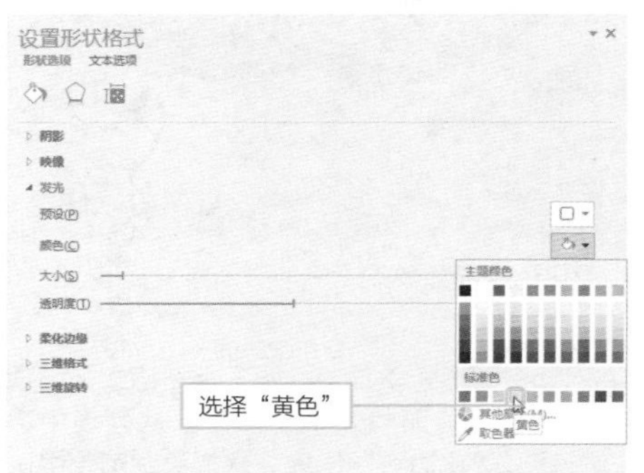

❺ 拖动“大小”右侧的缩放滑块，或调节右侧数值框设置图形大小为：14磅。

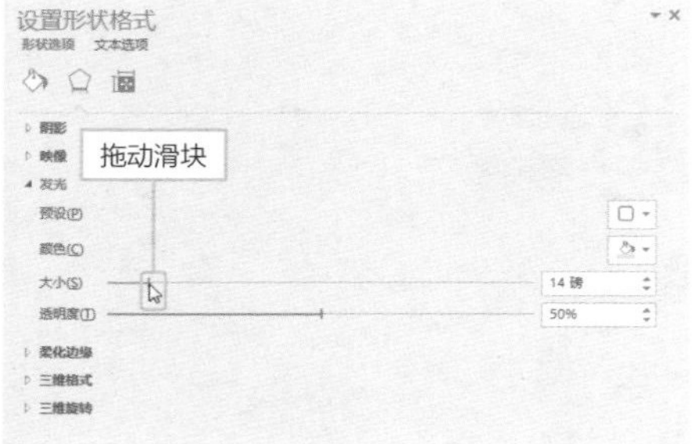

❻ 同理，设置“透明度”为60%，单击“关闭”按钮即可。

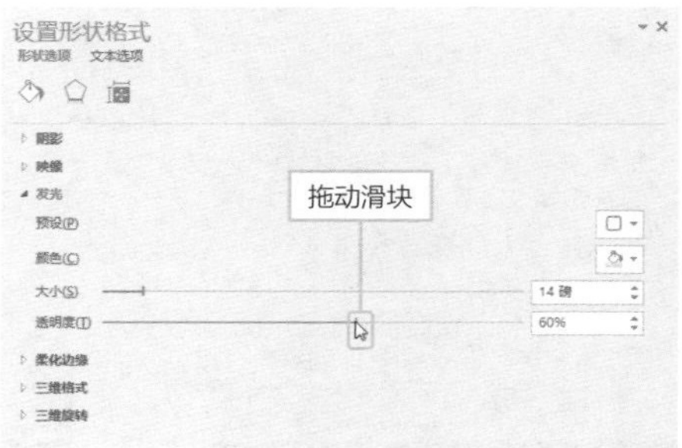

Question

176

• Level ◆◆◆

2016 2013 2010

柔化图形边缘好处多

实例 设置图形柔化边缘

不知道用户有没有发现，有些图形插入后，因其鲜明的色彩或独特的形状等，会与整体背景显得格格不入，这时候就需要将图形的边缘进行柔化处理，具体操作介绍如下。

最初效果

柔化边缘前效果

最终效果

柔化边缘效果

1 选中图形，单击“绘图工具—格式”选项卡中的“形状效果”按钮，从列表中选择“柔化边缘”选项，从其级联菜单中选择“2.5磅”。

2 也可选择“柔化边缘选项”，在打开窗格中的“柔化边缘”选项组中拖动“大小”右侧的缩放滑块或通过数值框设置即可。

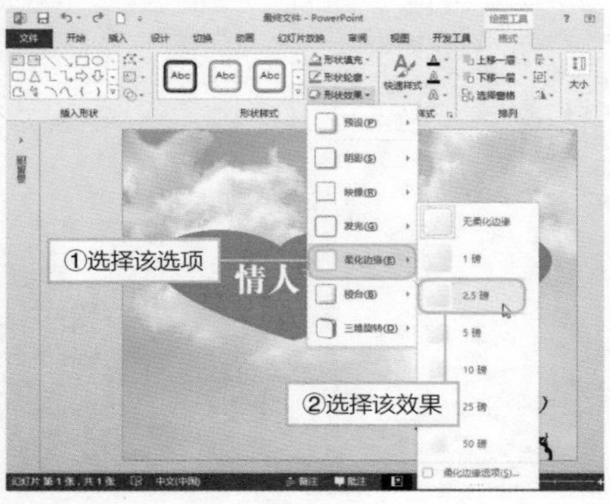

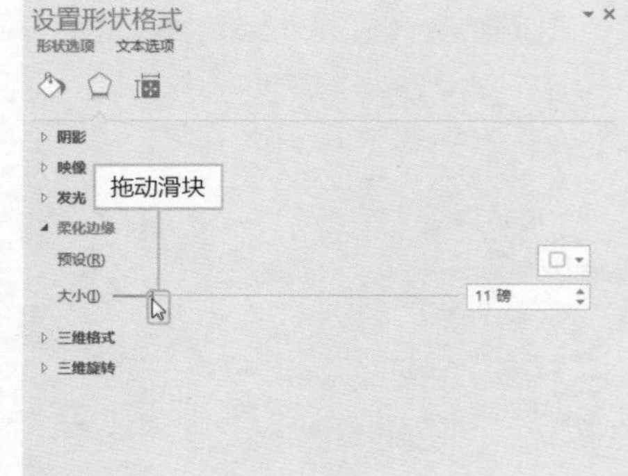

Question 177

让图形具有立体质感

● Level ◆◆◆

2016 2013 2010

实例 应用图形棱台效果

前面介绍的阴影、映像、发光效果虽然可以让图形具有立体感，但效果并不明显，怎样才能让图形具有实实在在的立体效果呢？棱台效果可以很好地达到这一要求。

最初效果

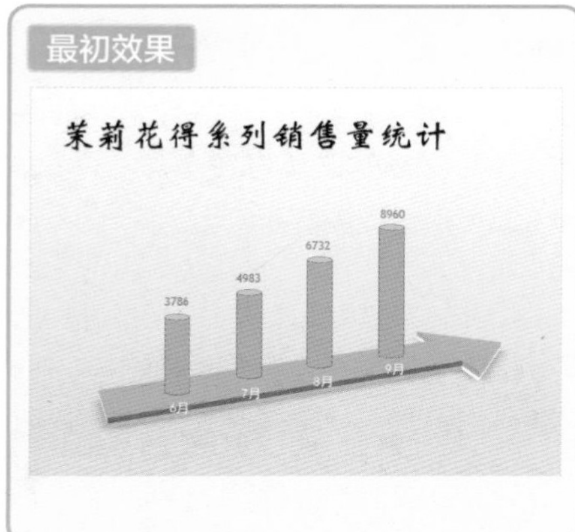

棱台效果1

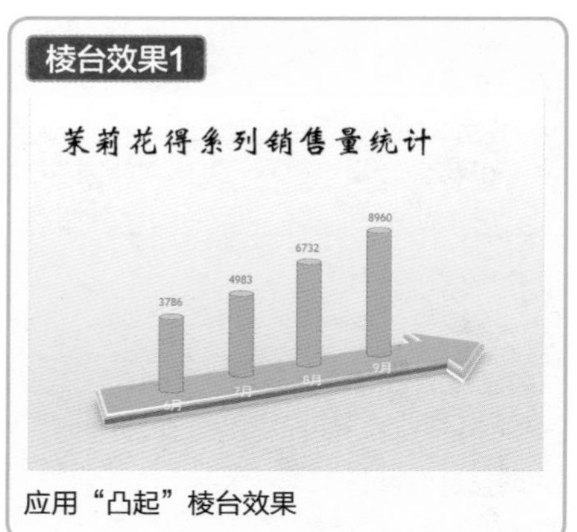

应用“凸起”棱台效果

棱台效果2

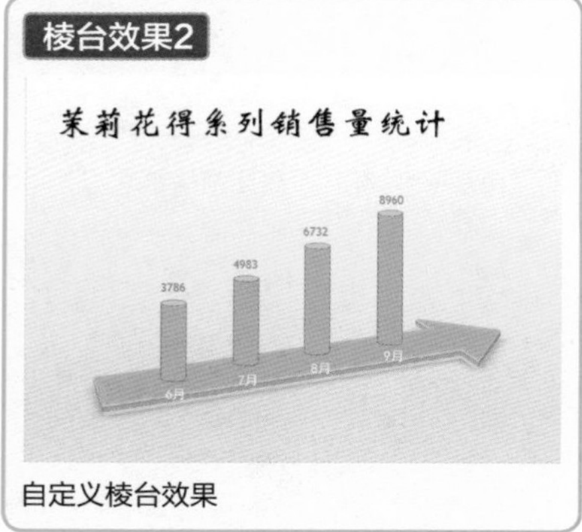

自定义棱台效果

1. 选中图形，单击“绘图工具—格式”选项卡中的“形状效果”按钮。

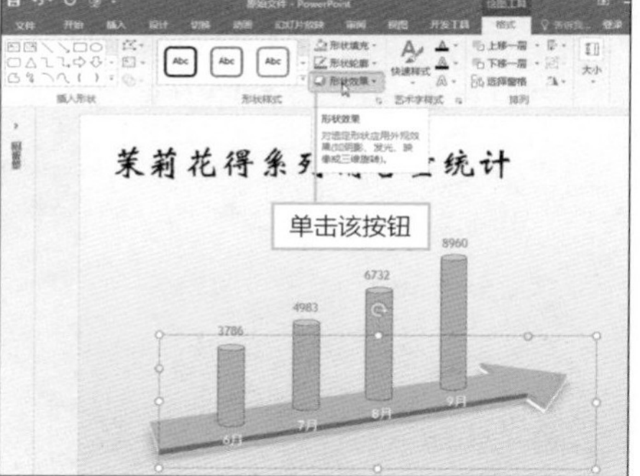

❷ **应用内置棱台效果。**从列表中选择“棱台”选项，从级联菜单中选择“凸起”。

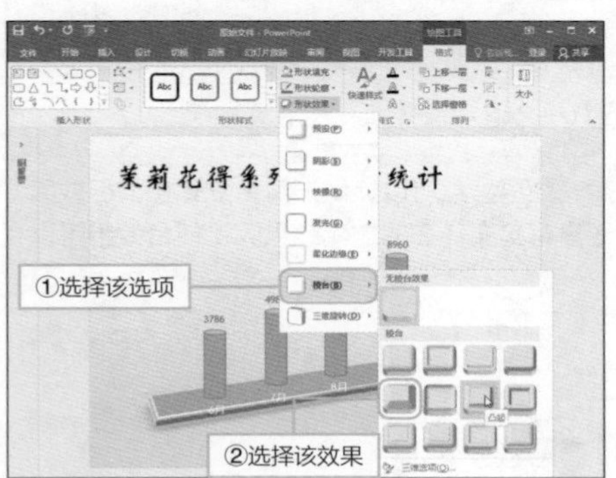

❸ **自定义棱台效果。**选择“三维选项”，在打开的窗格中，单击“顶端”按钮，从列表中选择“柔圆”效果。

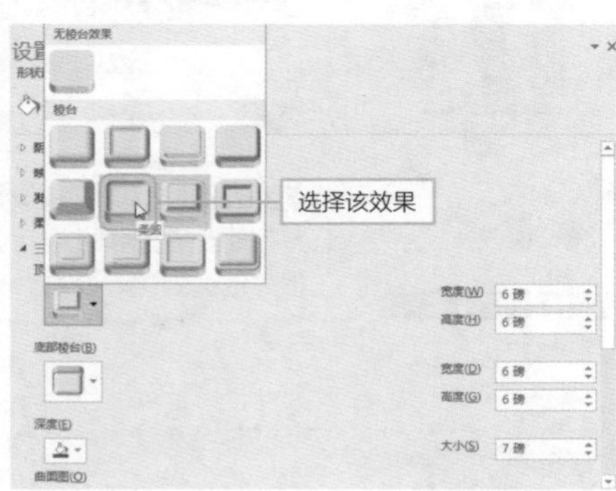

❹ 设置底端效果，并设置顶端和底端的宽度和高度，单击“深度”下的“颜色”按钮，从列表中选择“紫色，着色2，深色25%”。

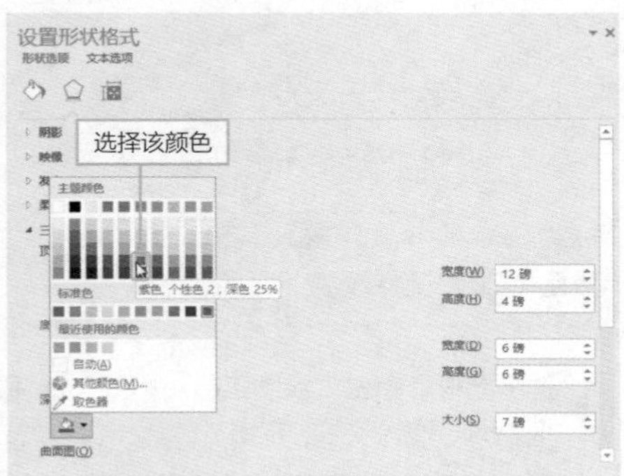

❺ 设置“深度”为6磅，单击“曲面图”下“颜色”按钮，选择“红色”。

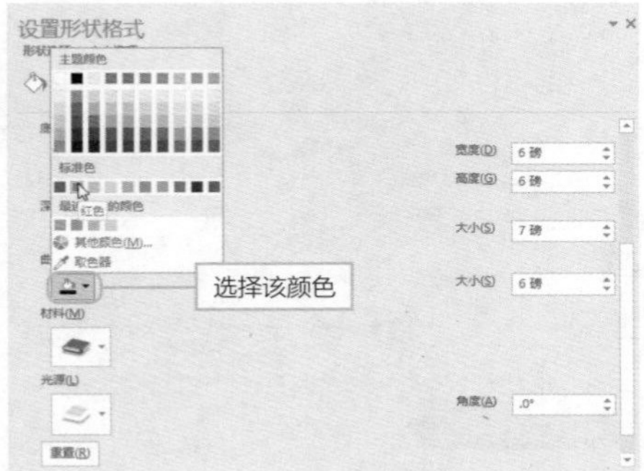

❻ 设置曲面图大小为0.5磅，单击“材料”按钮，从列表中选择“亚光效果”。

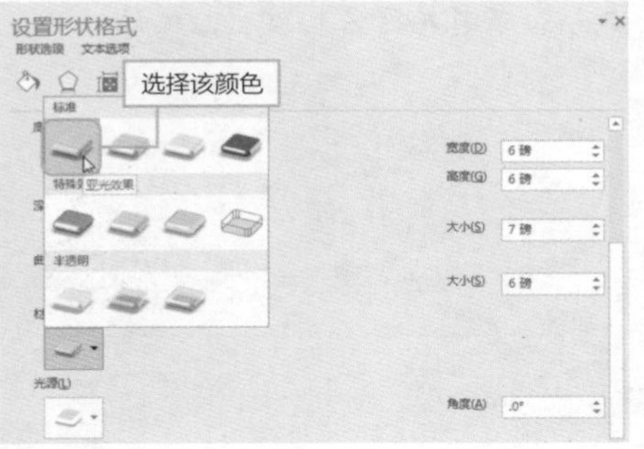

❼ 设置“光源”为“明亮的房间”效果，“角度”为140°，关闭窗格即可。

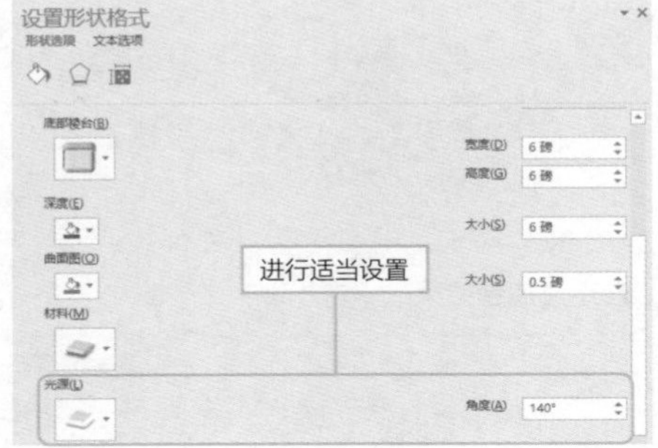

Question 178

改变图形的朝向和角度

语音视频教学178

Level ◆◆◆

2016 2013 2010

实例 设置图形三维旋转

三维旋转是通过调整图形的位置和角度，体现立体效果，主要包括平行旋转（X轴）、垂直旋转（Y轴）、圆周旋转（Z轴），其目的是让图形的三维格式可以清楚地体现出来。

最初效果

最终效果1

左向对比透视效果

最终效果2

自定义旋转效果

❶ **应用内置三维旋转效果。**选中图形，单击“绘图工具—格式”选项卡中的“形状效果”按钮。

2 从列表中选择“三维旋转”选项，从级联菜单中的“透视”区选择“左向对比透视”效果。

3 **自定义三维旋转效果。**也可以选择“三维旋转选项”，在打开的窗格中，通过“旋转”下的“X（x）”选项右侧的数值框或方向调节按钮，设置X轴旋转角度为335°。

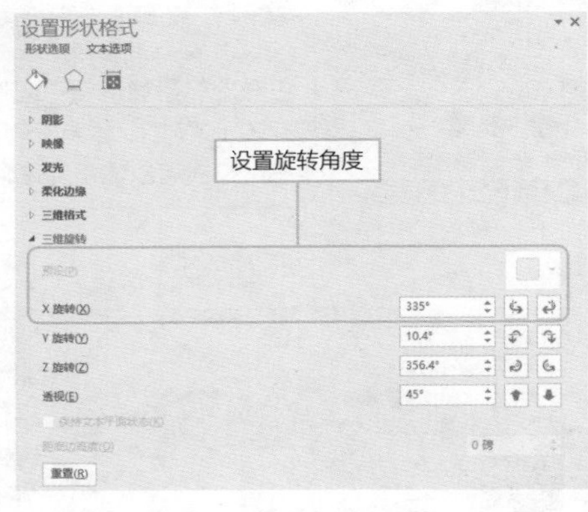

4 通过“旋转”下的“Y（y）”选项右侧的数值框或方向调节按钮，设置Y轴旋转角度为345°。

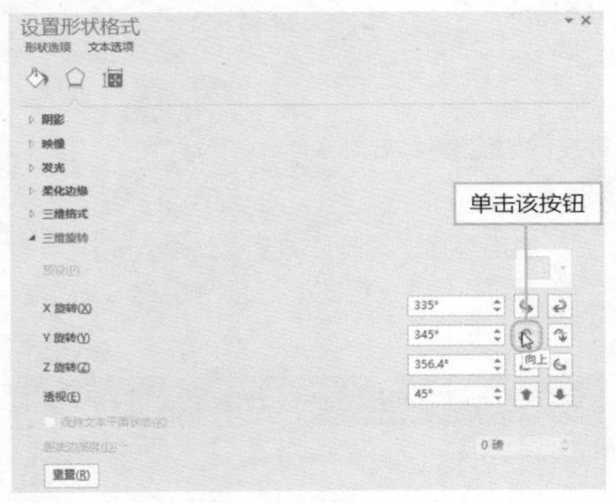

5 通过“旋转”下的“Z（z）”选项右侧的数值框或方向调节按钮，设置Z轴旋转角度为355°。

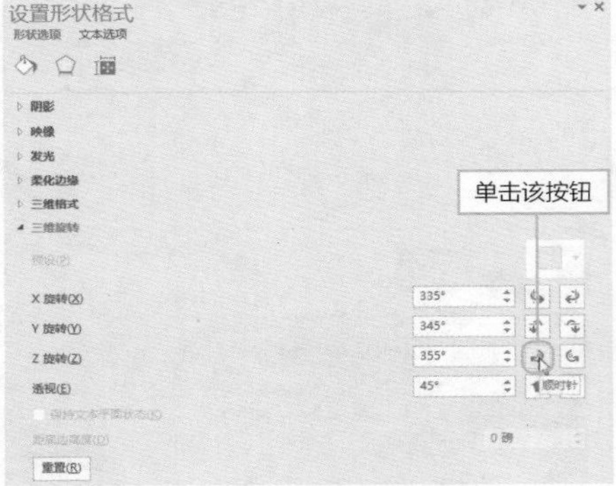

Skill

绘制图形的优缺点

绘制完成后的图形，可以快速便捷地在PPT中进行修改。

相对于插入其他软件绘制的图形来说，可以有效地减小PPT文件大小。

在绘制复杂的图形时，会费时费力，需要采用专业绘图软件或直接使用矢量图片。

Question 179

不用PS也能制图

语音视频教学179

实例 以图片形式保存图形与文字

● Level ◆◆◆

2016 2013 2010

在 PowerPoint 中绘制一个图形并添加文字信息后，若希望可以将该图形用于其他地方，可以将其以图片形式保存，方便以后使用。

1. 选中需要保存为图片的图形，右键单击，从弹出的快捷菜单中选择“另存为图片”命令。

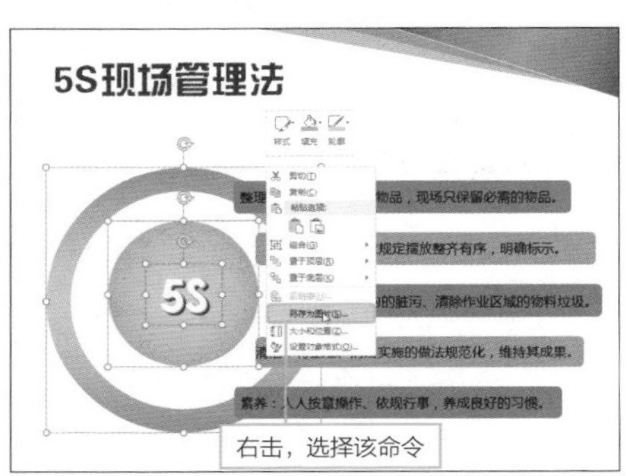

2. 打开“另存为图片”对话框，设置文件名、保存类型以及保存路径，单击“保存”按钮进行保存。

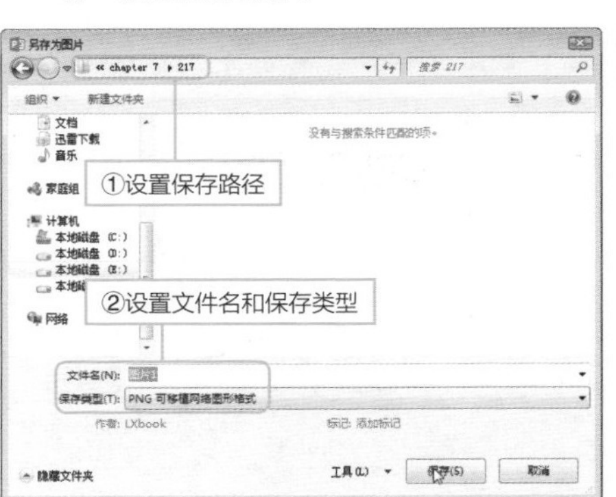

3. 在文件夹中选中该图片，右键单击，从弹出的快捷菜单中选择“预览”命令。

4. 可以在Windows照片查看器中查看该图片，也可以选择“打开方式”命令，用其他程序打开并查看该图片。

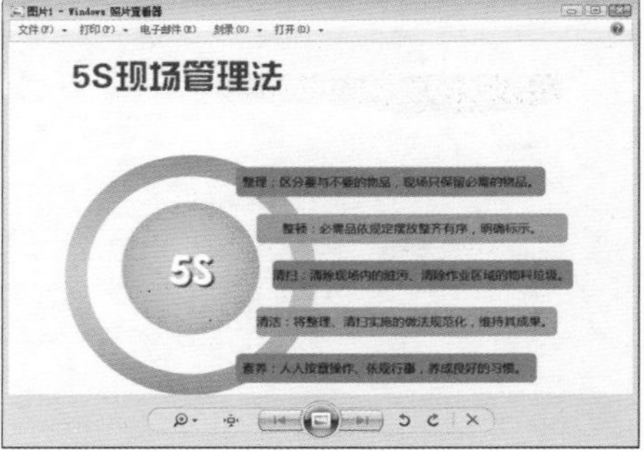

Question

180 巧妙隐藏重叠的图形

• Level ◆◆◆

2016 2013 2010

实例 暂时隐藏幻灯片中已编辑好的图形

在编辑幻灯片的过程中，常常会插入很多图片及图形，当这些元素增加到一定数量后，不可避免地将出现重叠现象，从而导致不能正常顺利地编辑页面，那么如何让它们暂时消失呢?

1. 打开“开始”选项卡，单击功能区中的“选择”按钮，在打开的列表中选择“选择窗格”选项。

选择“选择窗格”命令

2. 随后在工作区的右侧将出现“选择”窗格，其中列出了当前幻灯片中的所有“形状”。

查看选择窗格

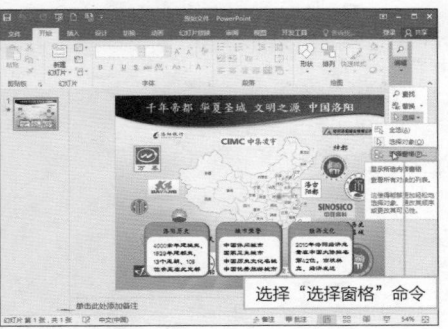

3. 在每个“形状”右侧都有一个“眼睛”图标，单击该图标，即可实现“形状”隐藏。

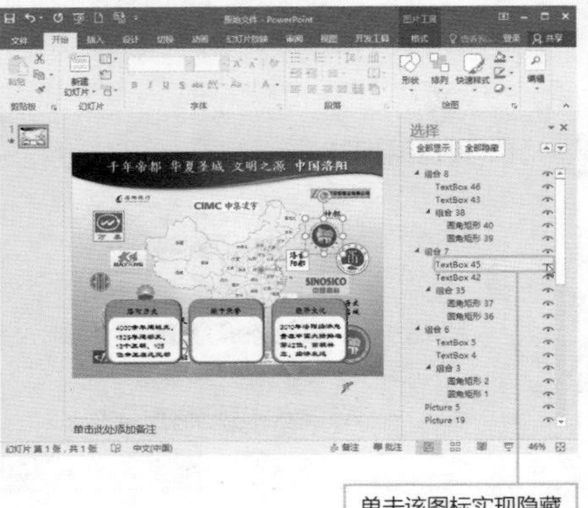

单击该图标实现隐藏

4. 用户可以单击“全部隐藏/全部显示”按钮，一次性实现图形的隐藏与显示操作。

实现全部隐藏

第6章 181~207

SmartArt图形的应用技巧

- SmartArt图形好“靓”
- 启用SmartArt图形文本窗格功能
- 快速添加文字说明有技巧
- 轻松调整SmartArt图形大小
- 移动SmartArt图形很简单
- 为SmartArt图形追加形状
- 在SmartArt图形中轻松实现“降级”处理

Question 181

SmartArt图形好“靓”

● Level ◆◆◆

2016 2013 2010

实例 创建SmartArt图形

新版本 PowerPoint 中，不仅自带了多种不同类型的 SmartArt 图形，与此同时，用户还可以选择来自 Office.com 的图形，以满足需求。下面对 SmartArt 图形的创建方法进行介绍。

1 打开演示文稿，单击“插入”选项卡中的“SmartArt”按钮。

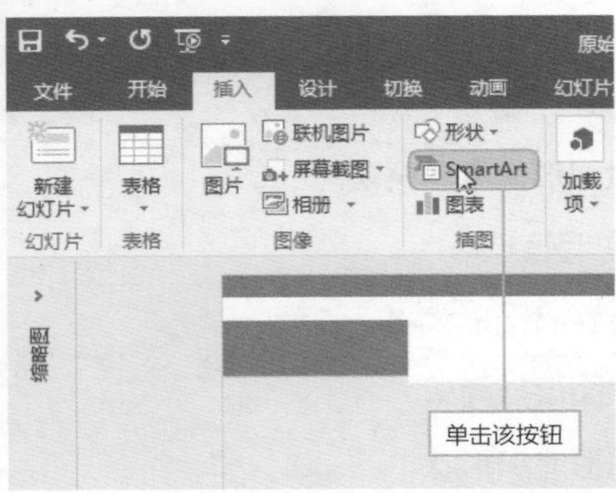

2 或者打开演示文稿后，直接在键盘上按下Alt+N+M组合键，同样可以打开“选择SmartArt图形”对话框，在左侧列表中选择“流程”选项。

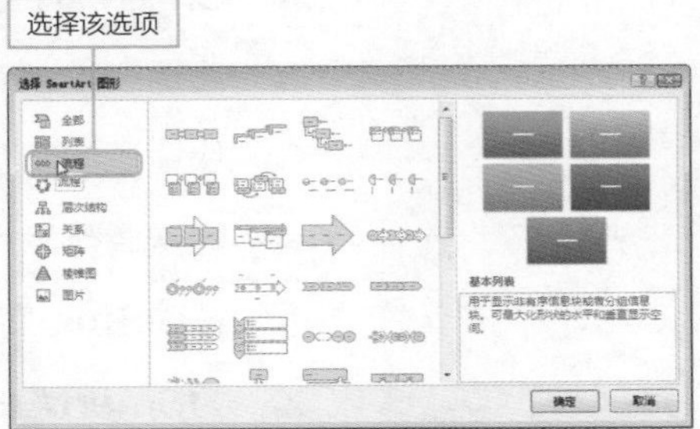

3 在中间的样式框中，选择一种图形样式，如图所示，在右侧窗格中可预览该图形的布局、名称以及作用，然后单击“确定”按钮即可。

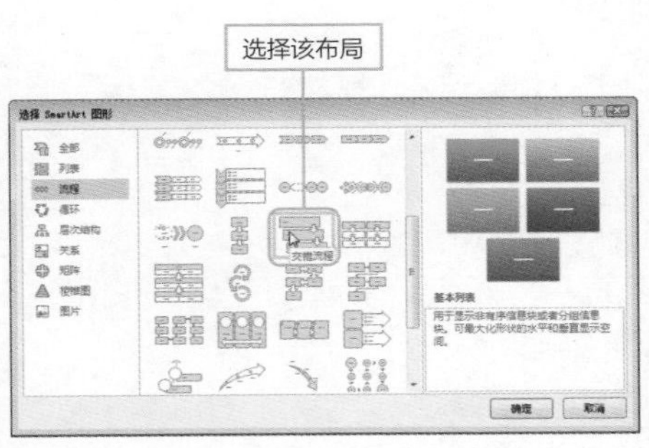

4 选择创建的SmartArt图形，将展示“SMARTART工具”选项卡，在该选项卡的“设计”和“格式”选项卡中，可对SmartArt图形进行详细的设计。

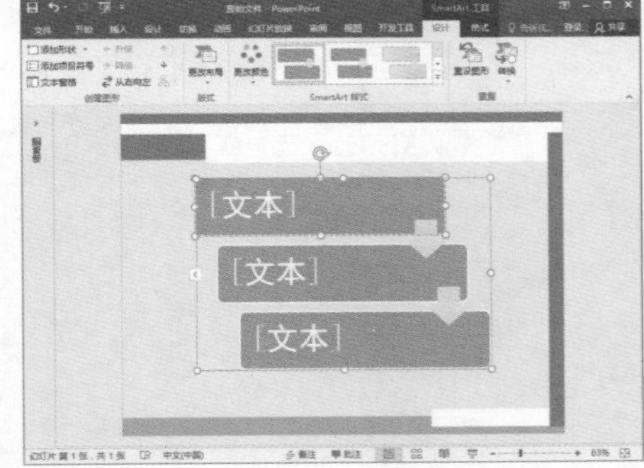

Question

182

● Level ◆◆◆

2016 2013 2010

启用SmartArt图形文本窗格功能

语音视频教学182

实例	通过文本窗格输入文本

一个 SmartArt 图形，若没有文字说明，那么它就毫无意义，归根究底，SmartArt 图形只是为了更好地传达文字信息，那么，该如何在创建好的 SmartArt 图形中输入文字呢?

1 打开演示文稿，若选中图形后无文本窗格出现，可单击“SmartArt工具—设计”选项卡中的“文本窗格”按钮。

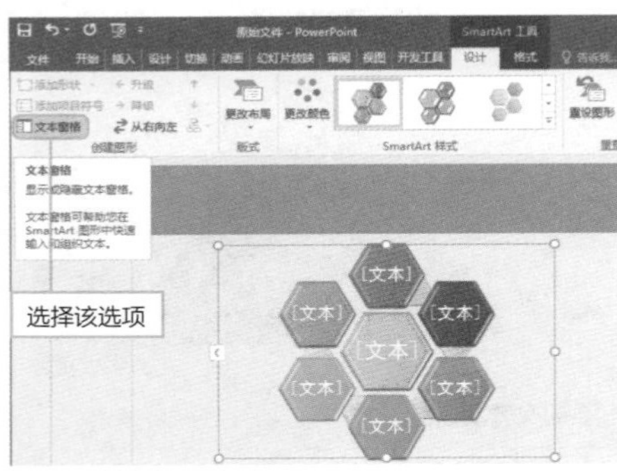

2 选中图形后单击SmartArt图形左侧的‹按钮，同样可以出现文本窗格。

3 单击“在此处键入文字”列表框中的选项，将选中与之对应的文本窗格输入文字。

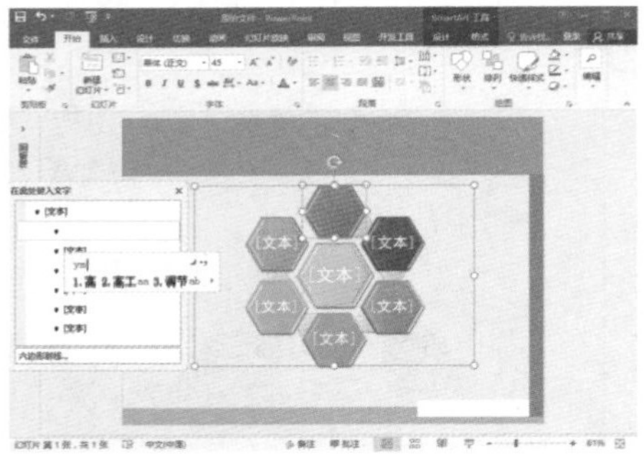

4 通过文本窗格为各个图形输入文字即可。

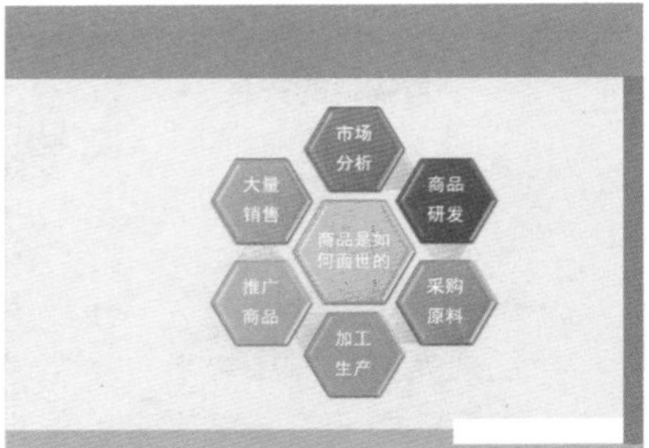

1 2 3 4 5 6 7 8 9 10 11 12 13 14

SmartArt图形的应用技巧

Question

183 快速添加文字说明有技巧

语音视频教学183

Level

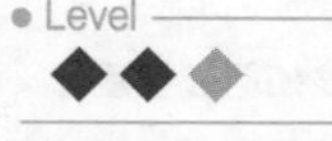

2016 2013 2010

实例	快速为SmartArt图形输入文本

上一技巧是通过文本窗格输入文本，事实上，无需通过文本窗格也可以为 SmartArt 图形添加文字说明，本技巧将对其进行详细介绍。

最初效果

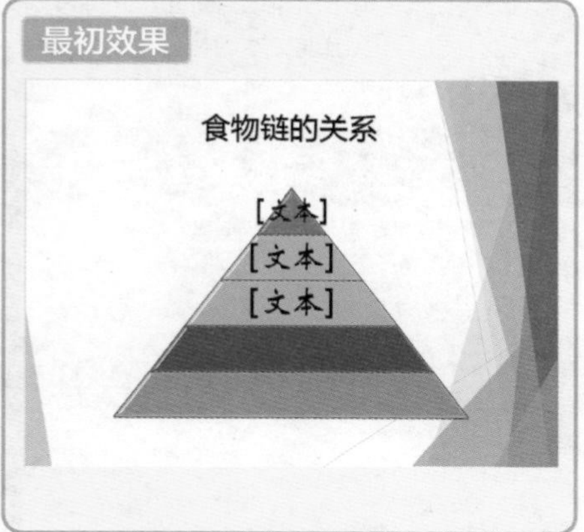

最终效果

食物链的关系

人

食肉性鱼类

以浮静动物为食物的动物群

以浮游植物为食物的浮静动物

浮游植物（海洋中初级生产者）

添加文本效果

打开演示文稿，选中SmartArt图形，直接单击其中需要添加文字说明的图形，鼠标光标将定位至图形中，输入文字即可。

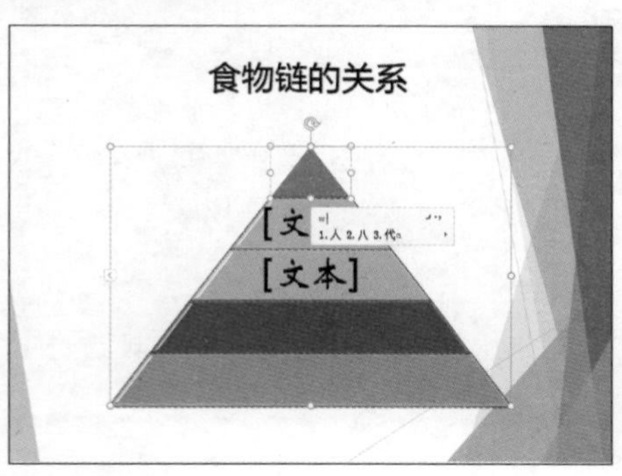

Hint

右键快捷菜单法打开文本窗格

选中SmartArt图形，右键单击，从弹出的快捷菜单中选择“显示文本窗格”命令即可。

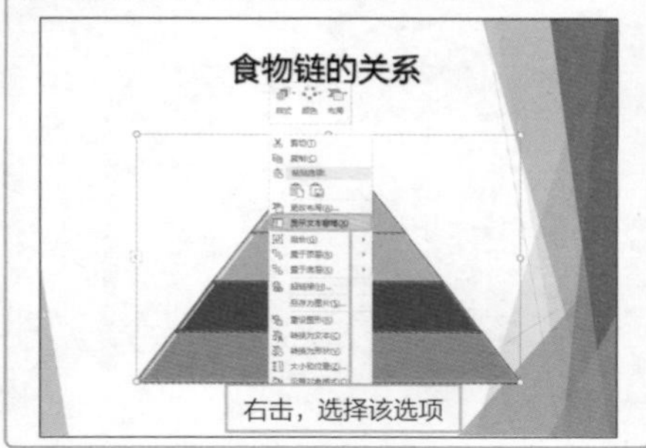

Question 184

轻松调整SmartArt图形大小

语音视频教学184

Level ◆◆◆

2016 2013 2010

实例　调整SmartArt图形的大小

在幻灯片页面中插入的 SmartArt 图形都有一个默认的大小，若其大小与当前页面不符合，可以通过鼠标拖动进行调整，也可以通过对话框进行调整。

1 **鼠标调整。**选中SmartArt图形，将鼠标光标移至形状右上角，光标变为↗形状。

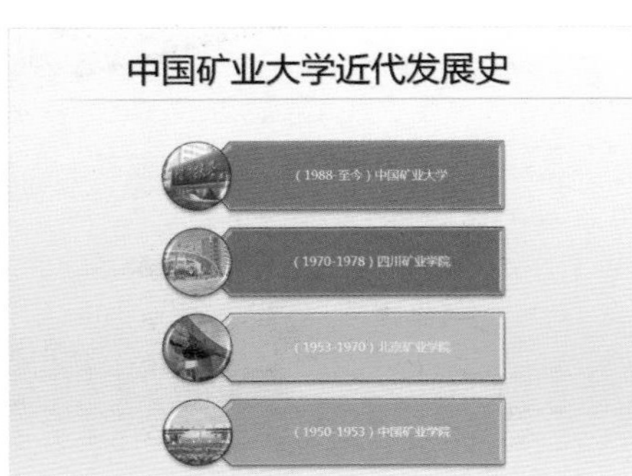

2 按住鼠标左键不放的同时向右上方拖动鼠标，图形的大小将随之变化。

中国矿业大学近代发展史

3 **数值框调整法。**通过“SmartArt工具—格式”选项卡“大小”选项组中的“高度”和“宽度”数值框进行调整。

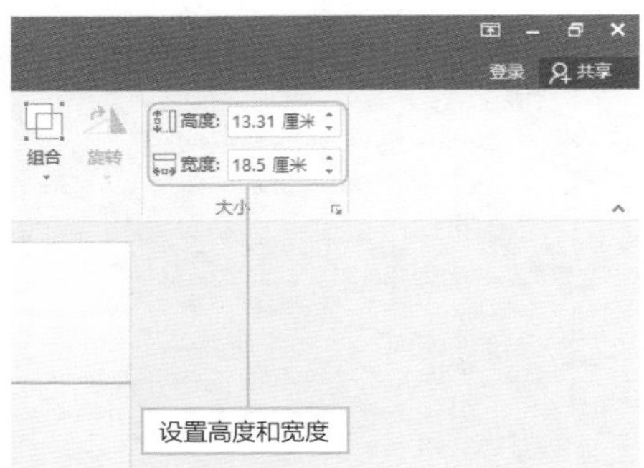

Hint

对话框调整法

单击对话框启动器按钮，在打开的窗格中设置SmartArt图形的大小。

设置形状格式
形状选项　文本选项
大小
高度(E) 13.31 厘米
宽度(D) 18.5 厘米
缩放高度(H) 100%
缩放宽度(W) 100%
锁定纵横比(A)
640 x 480
位置
文本框
可选文字
通过数值框调整图形大小

Question

185

移动SmartArt图形很简单

• Level

2016 2013 2010

实例 调整SmartArt图形的位置

在幻灯片页面中插入的 SmartArt 图形都有一个默认的位置，其位置经常与用户要求不符，此时可以通过鼠标拖动进行调整，也可以通过对话框进行调整。

1 **鼠标调整。**选中SmartArt图形，将鼠标光标移至形状边框上，光标变为✣形状。

2 按住鼠标左键不放的同时向左上方拖动鼠标，图形的位置将随之改变。

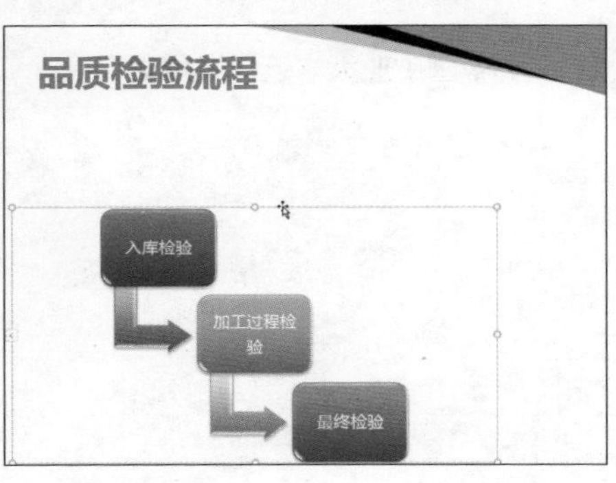

3 **对话框调整法。**单击“SmartArt工具—格式”选项卡“大小”选项组中的对话框启动器按钮。

4 打开“设置形状格式”窗格，在“位置”选项组中进行设置即可。

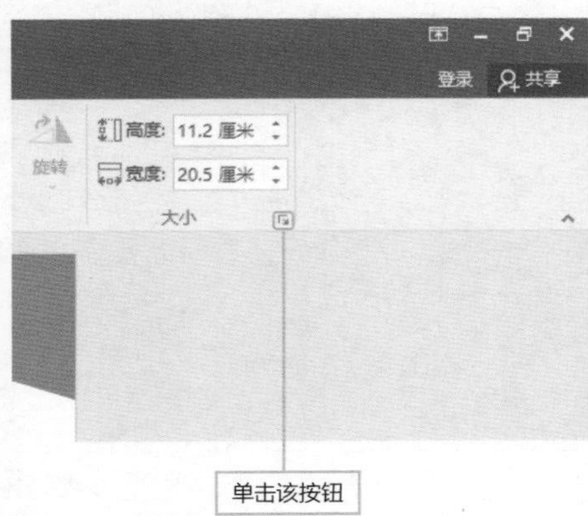

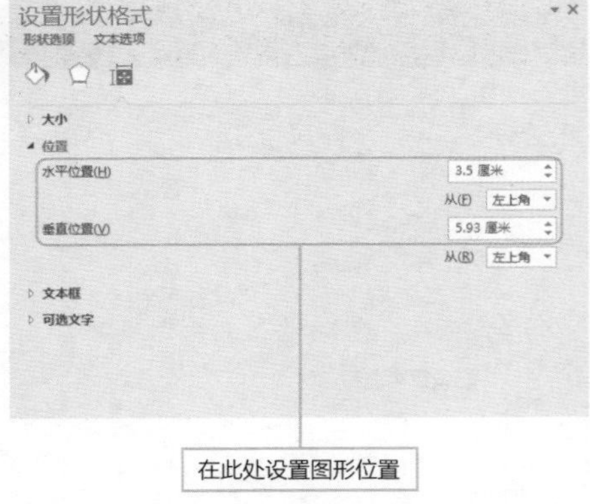

186 为SmartArt图形追加形状

Level ◆◆◆

2016 2013 2010

实例 添加形状

大多数情况下，SmartArt 图形默认的图形数量都无法满足用户需求，PowerPoint 提供的添加形状功能，可以让用户随心所欲地添加形状。

最初效果

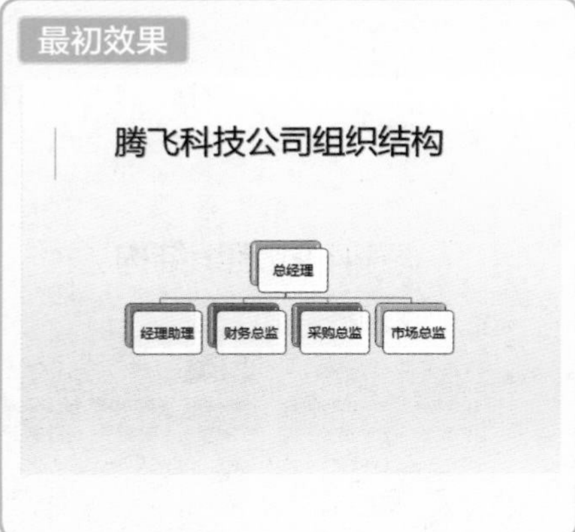

最终效果

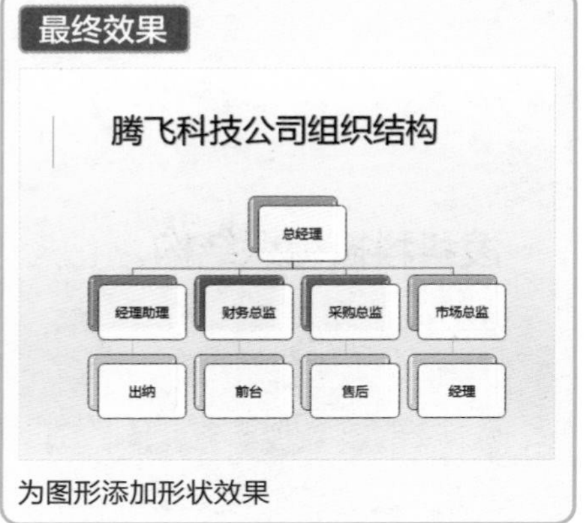

为图形添加形状效果

1 **功能区按钮插入法。**选中SmartArt图形中的形状，单击“SmartArt工具—设计”选项卡中的“添加形状”下拉按钮。

单击该按钮

2 在弹出的下拉列表中选择“在后面添加形状”选项。

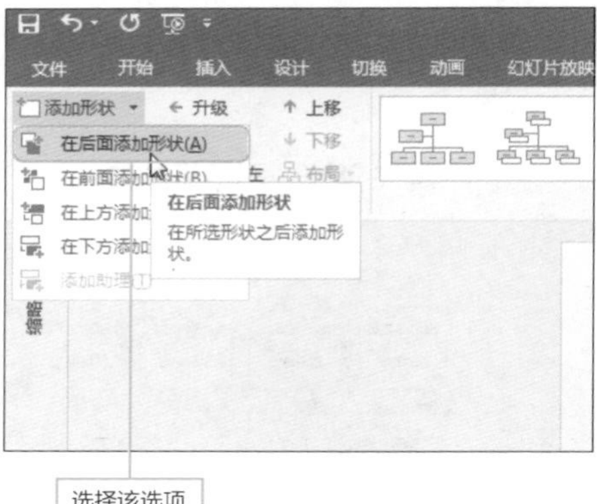

选择该选项

3 此时可在所选图形的右侧添加一个图形，然后输入文本即可。

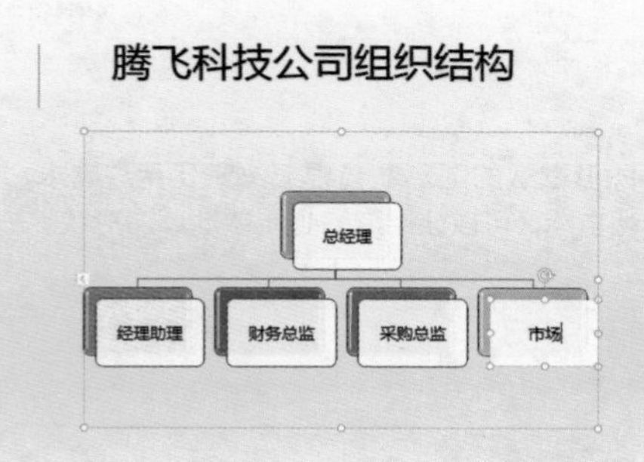

4 **右键快捷菜单法。**选择任一形状，右键单击，选择“添加形状>在下方添加形状”命令。

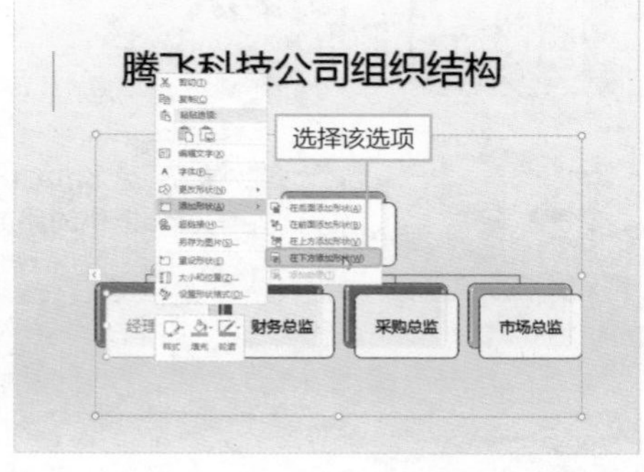

5 即可在所选图形下方添加一个形状。

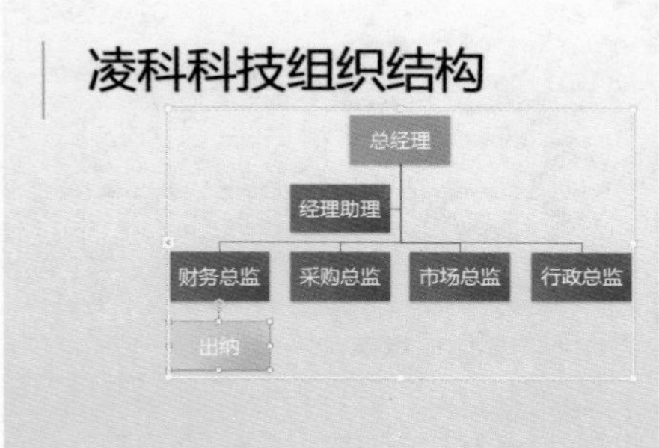

6 **文本窗格法。**打开文本窗格，将光标定位在某一形状文本末尾。

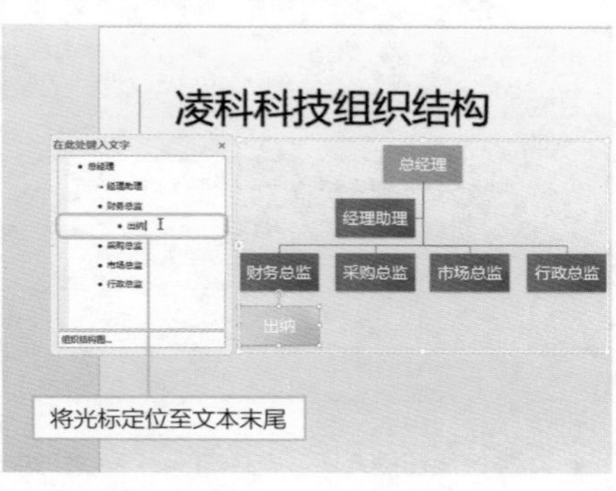

7 在键盘上按Enter键，可在文本后增加一行，同时自动添加一个新的形状。

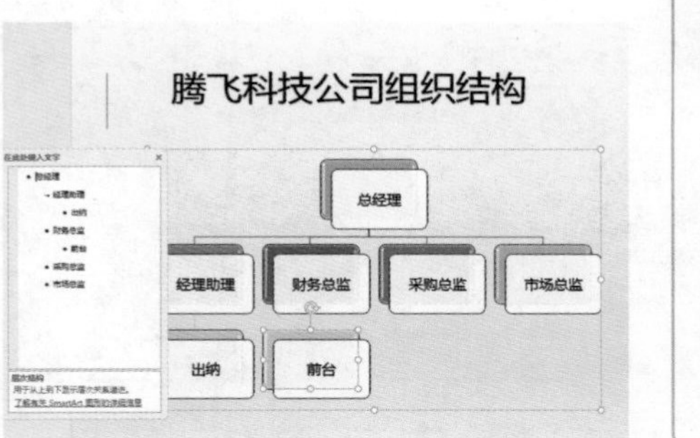

Hint

“添加形状”菜单中的命令说明

不同的SmartArt图形，“添加形状”下拉菜单中的命令是不同的，有的命令会不可用。

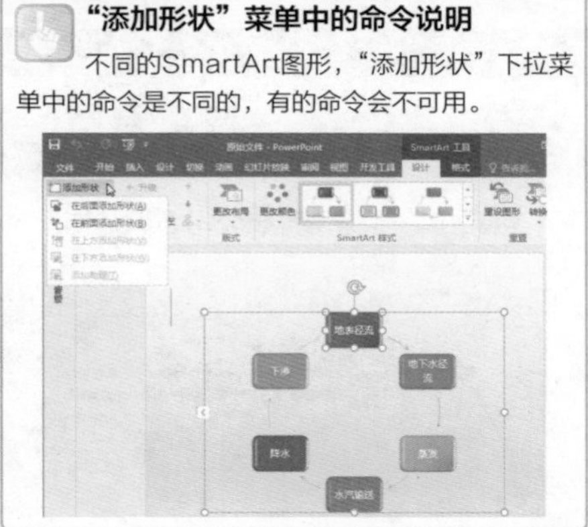

Question

187 在SmartArt图形中轻松实现“降级”处理

● Level ◆◆◆

2016 2013 2010

实例 调整SmartArt图形中形状的级别

在 SmartArt 图形中，如果形状和形状之间存在着级别关系，用户可以通过功能区中的按钮进行调整，本技巧将对其进行详细介绍。

最初效果

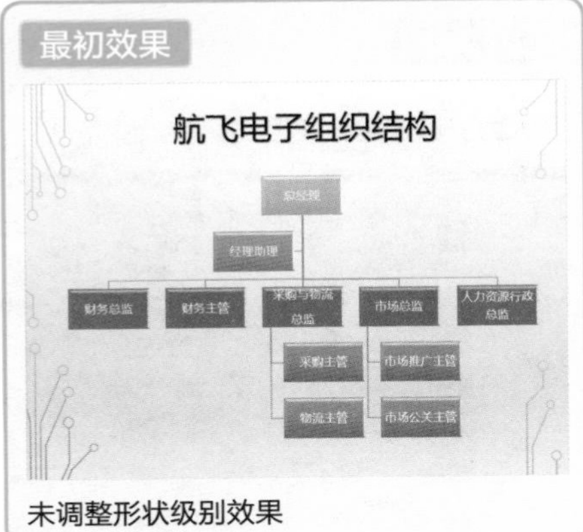

未调整形状级别效果

最终效果

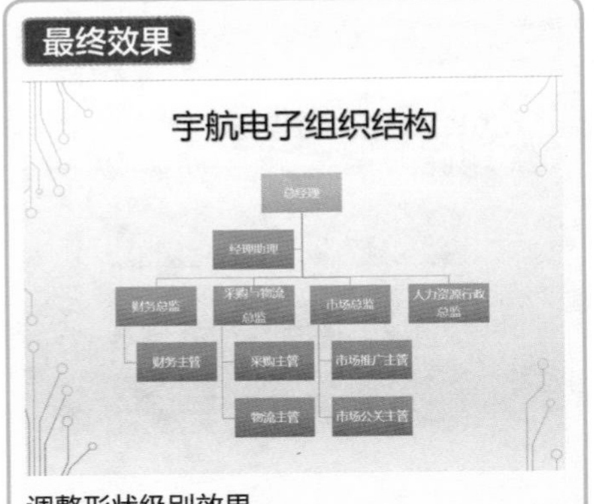

调整形状级别效果

1 选中需要降级的形状，单击“SmartArt工具—设计”选项卡。

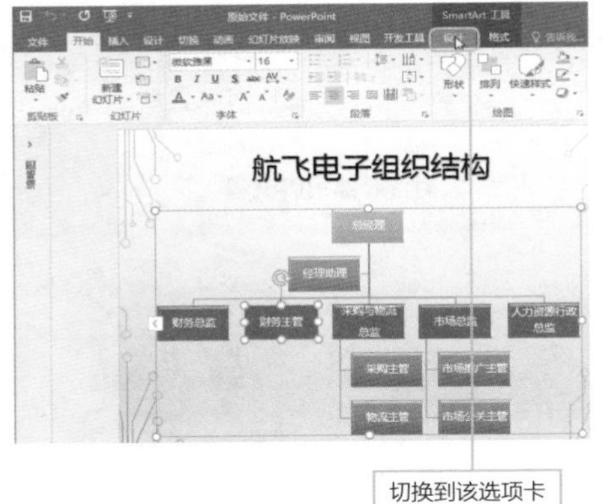

切换到该选项卡

2 单击“降级”按钮即可。若选择“升级”按钮，则所选图形会上升一级。

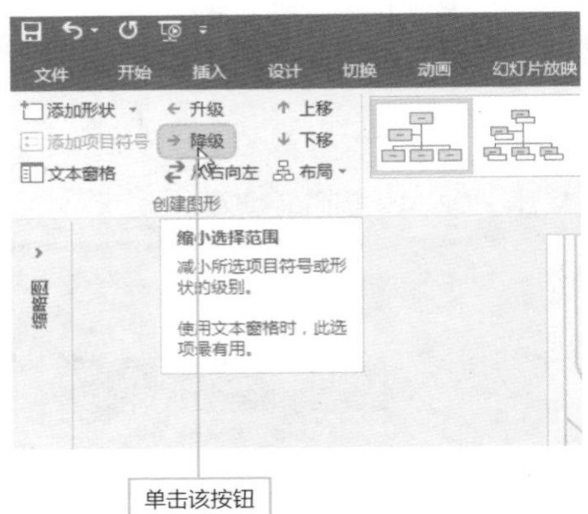

单击该按钮

Question 188

按序排列SmartArt图形中的形状

Level ◆◆◆

2016 2013 2010

实例　调整SmartArt图形中形状的顺序

在制作流程图的过程中，若制作好的流程图的顺序被打乱，如何进行调整呢？PowerPoint 提供的“上移”和“下移”命令可以很好地帮助用户解决此类问题。

最初效果

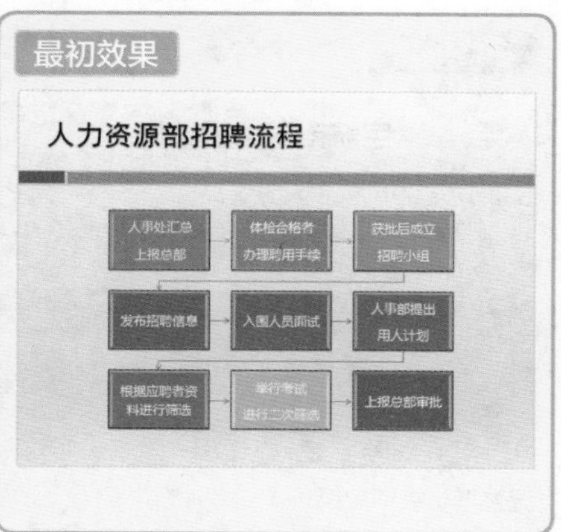

最终效果

人力资源部招聘流程

人事部提出用人计划 → 人事处汇总上报总部 → 体检合格者办理聘用手续 → 获批后成立招聘小组 → 发布招聘信息 → 入围人员面试 → 根据应聘者资料进行筛选 → 举行考试进行二次筛选 → 上报总部审批

调整SmartArt图形中形状的顺序效果

1. 选中需要调整顺序的形状，单击“SmartArt工具—设计”选项卡中的“上移”按钮，重复单击该按钮，将其移至首位。

2. 同样的，用户可以通过单击“下移”按钮，将需要排列在末位的形状移至末尾。

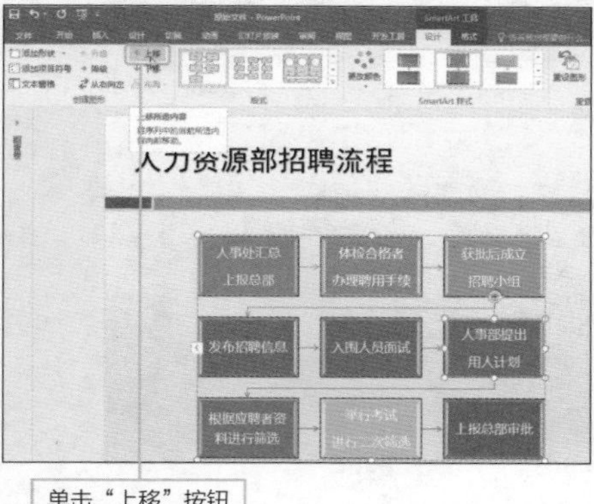

单击“上移”按钮

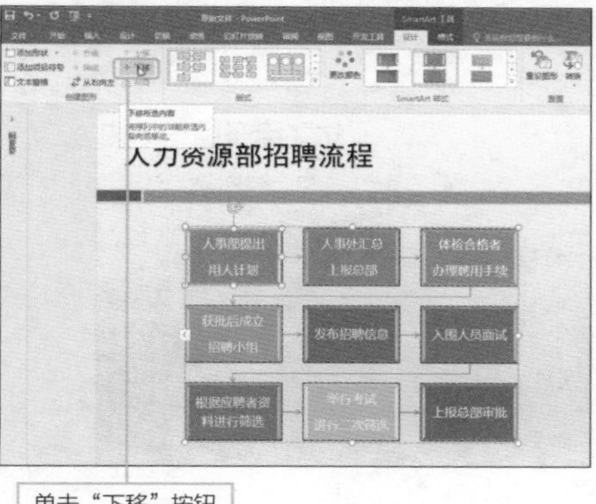

单击“下移”按钮

Question

189

改变SmartArt图形的水平显示方向

语音视频教学189

Level ◆◆◆

2016 2013 2010

实例　将从右向左显示的SmartArt图形改为从左向右显示

若插入 SmartArt 图形后，用户发现该图形的顺序与当前工作环境不符合，可以将其从从右向左显示调整为从左向右显示，反之亦然。

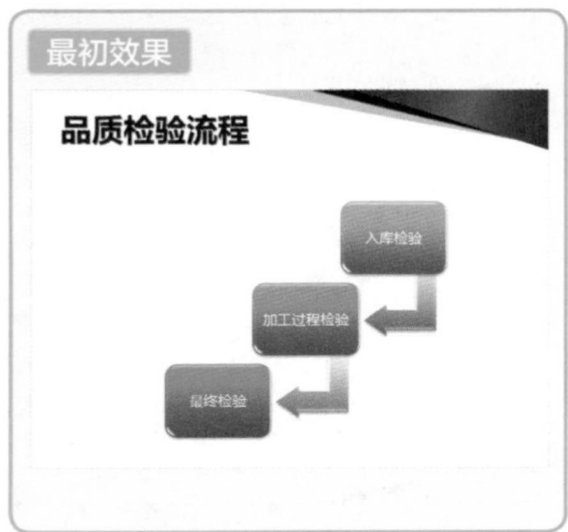

最终效果

品质检验流程

入库检验

加工过程检验

最终检验

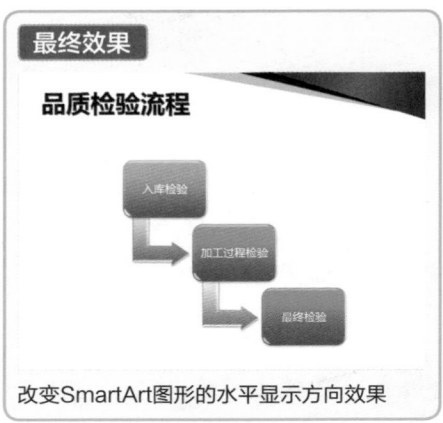

改变SmartArt图形的水平显示方向效果

❶ 选中SmartArt图形，切换到“SmartArt工具—设计”选项卡。

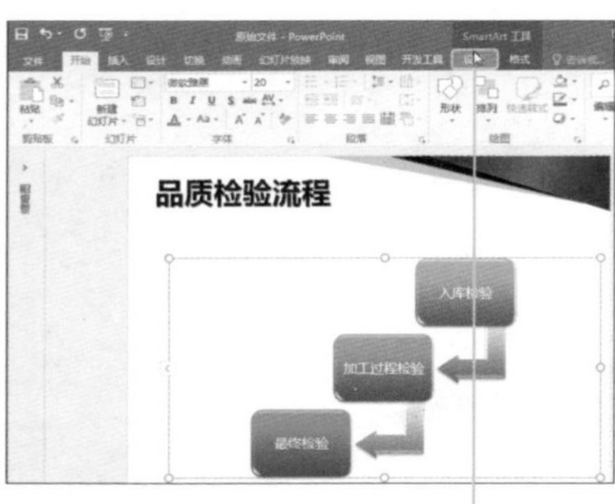

切换到该选项卡

❷ 单击“创建图形”选项组中的“从右向左”按钮即可。

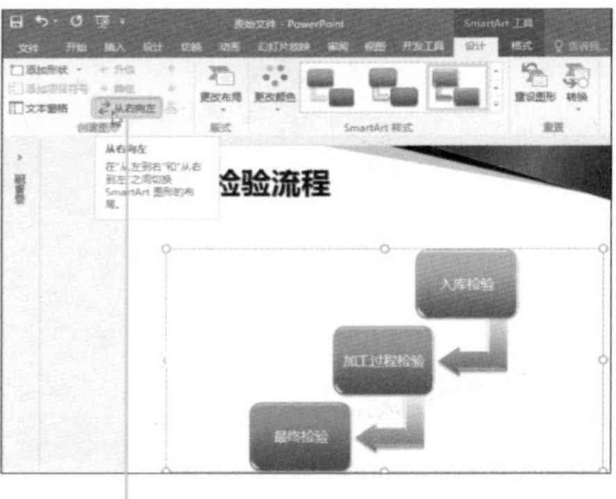

选择该选项

Question **190**

秒删SmartArt图形元素

语音视频教学190

Level

2016 2013 2010

实例 删除多余的SmartArt图形和形状

当在幻灯片页面中插入了多个 SmartArt 图形或形状后，发现有些 SmartArt 图形或形状是不必要的，可以将其删除，其操作是很容易就能够实现的。

1 **删除形状。**选中需要删除的形状。

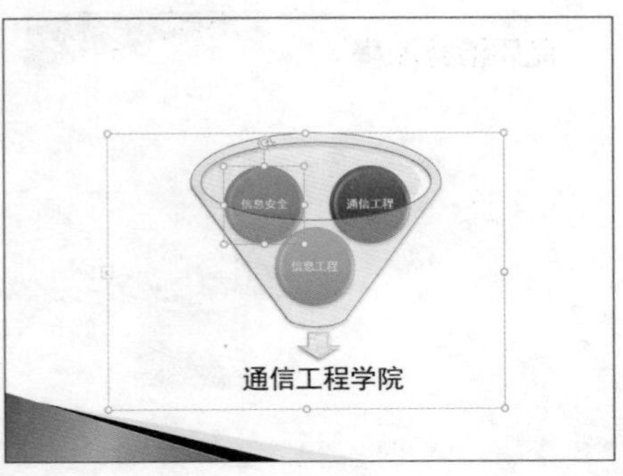

2 在键盘上直接按Delete键可将所选的形状删除，且自动选中下一个形状。

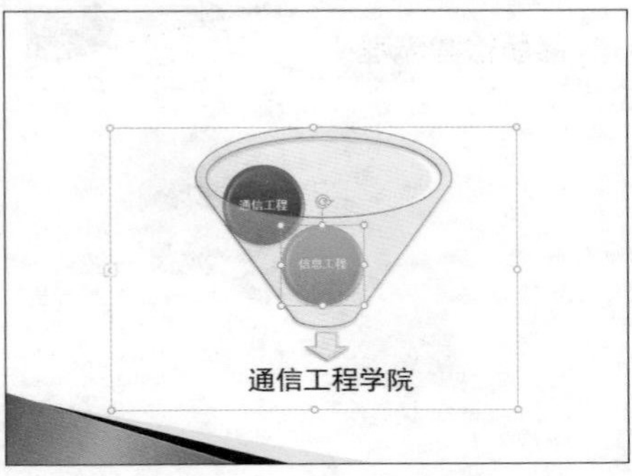

3 **删除SmartArt图形。**选中需要删除的SmartArt图形。

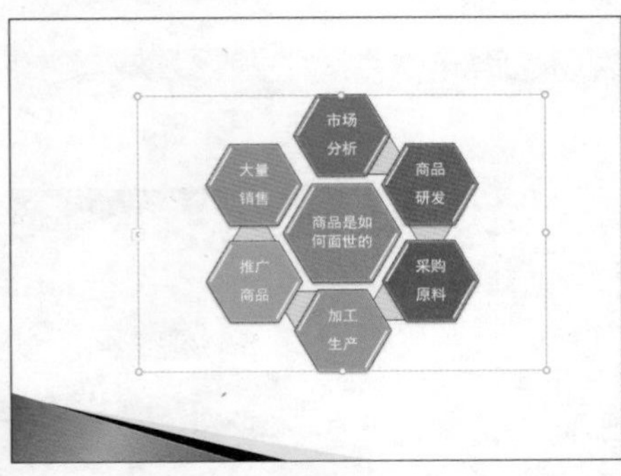

4 直接按键盘上的Delete键，即可将所选的SmartArt图形删除。

Question 191

让SmartArt图形的布局更合理

Level ◆◆◆

2016 2013 2010

实例 调整SmartArt图形的布局

PowerPoint 2016 提供了多种 SmartArt 图形的布局，每种布局都可以为用户表述不同的信息，因此选择一个合适的布局对于用户来说是很有必要的。

最初效果

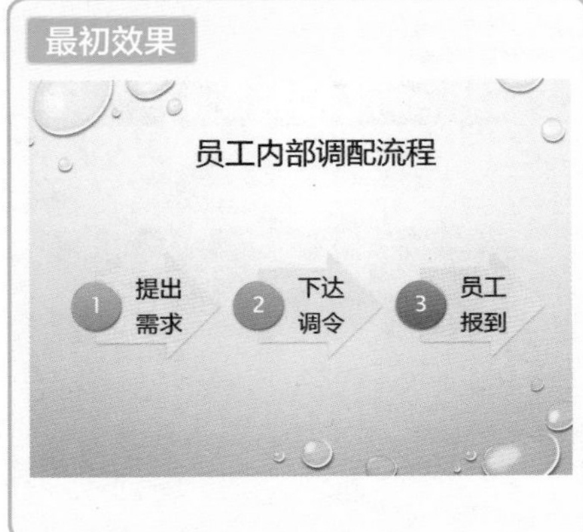

最终效果

调整SmartArt图形布局效果

1. 选中SmartArt图形，单击“SmartArt工具—设计”选项卡“版式”选项组的“其他”按钮，可以从展开的列表中选择一种合适的布局方式。

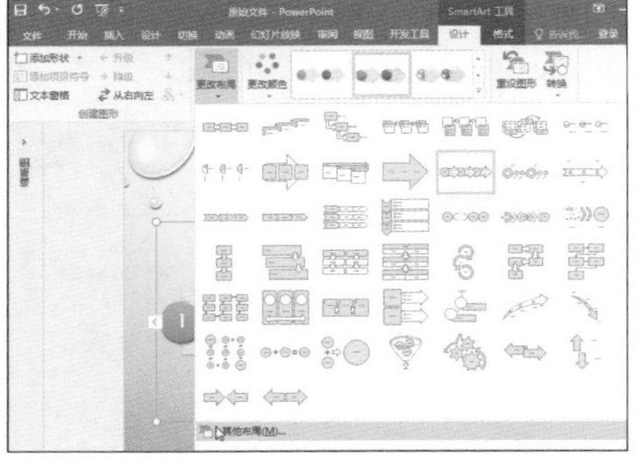

2. 还可以选择“其他布局”选项，打开“选择SmartArt图形”对话框，选择“列表”选项中的“垂直V型列表”布局，单击“确定”按钮即可。

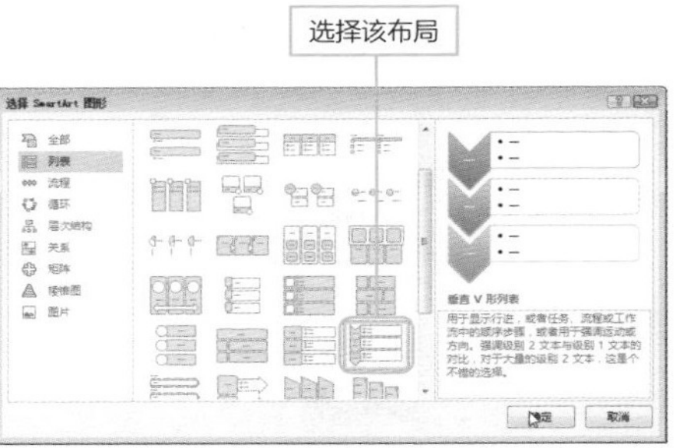

Question 192

更改SmartArt图形的颜色很容易

语音视频教学192

Level ◆◆◆

2016 2013 2010

实例 SmartArt图形颜色的变换

在幻灯片中插入 SmartArt 图形后，其颜色会变为自动与当前界面颜色相匹配的颜色，若用户对当前颜色不满意，可以对其进行修改。

最初效果

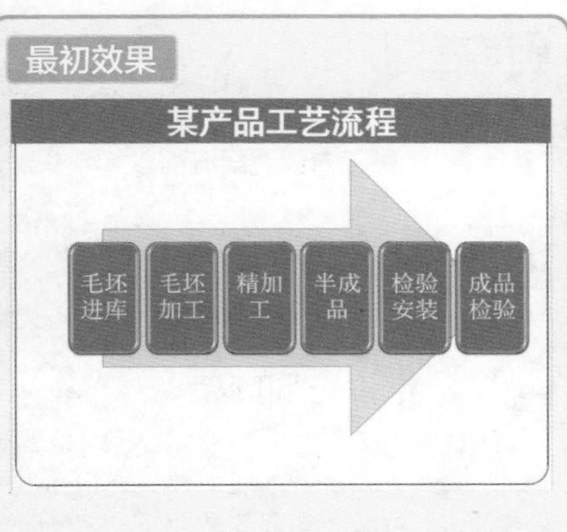

最终效果

更改SmartArt图形颜色效果

1. 选中SmartArt图形，单击“SmartArt工具—设计”选项卡中的“更改颜色”按钮。

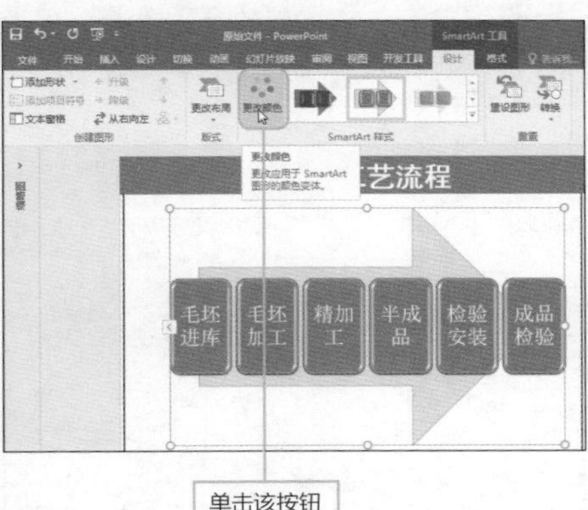

2. 从展开列表中的“彩色”区域，选择“彩色范围 - 着色4至5”。

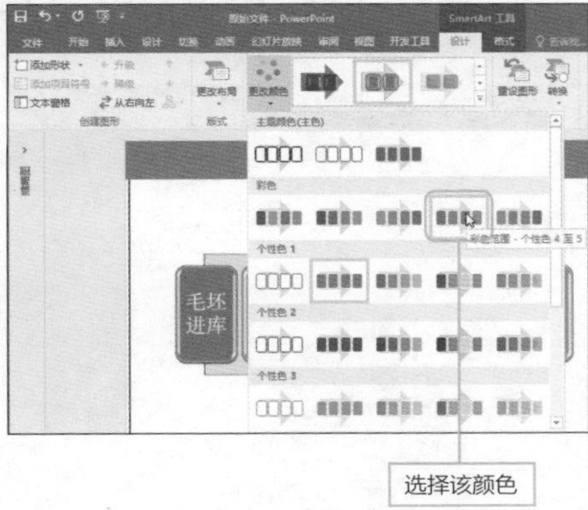

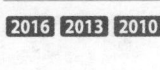

Question 193

快速变更SmartArt图形样式

Level ◆◆◆

2016 2013 2010

实例 套用SmartArt图形样式

利用 PowerPoint 提供的样式，用户无需逐个对 SmartArt 图形中的形状进行设置，即可更改其样式，本技巧将对其进行简单介绍。

最初效果

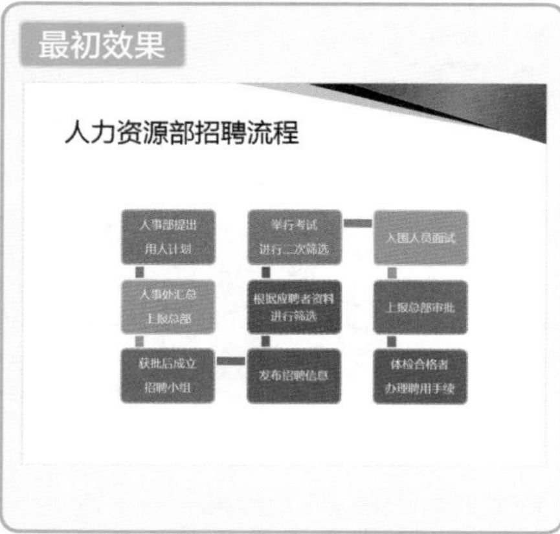

最终效果

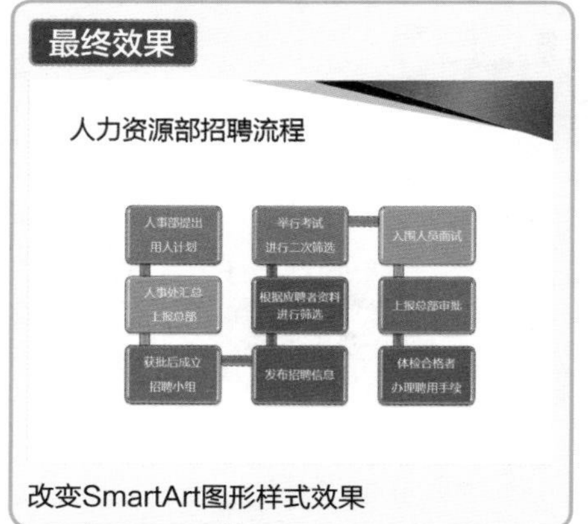

改变SmartArt图形样式效果

❶ 选中SmartArt图形，单击“SmartArt工具—设计”选项卡“SmartArt样式”选项组的“其他”按钮。

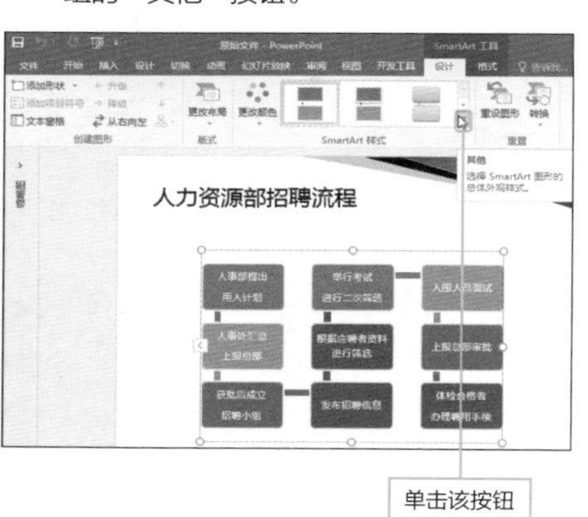

❷ 从展开列表中的“三维”区域，选择“卡通效果”样式。

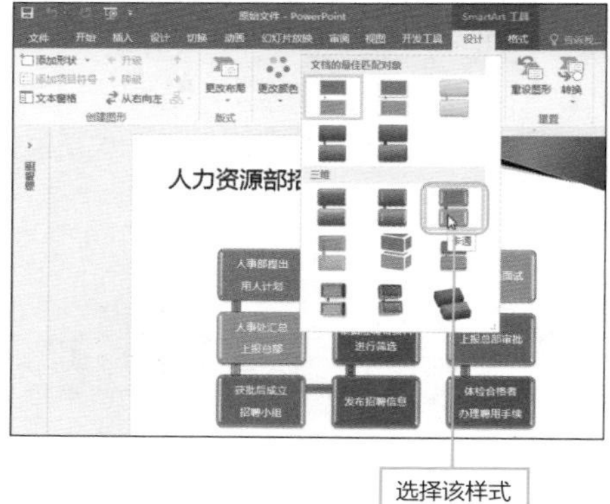

Question 194

轻松更改SmartArt图形形状

Level ◆◆◆

2016 2013 2010

实例 SmartArt图形形状的更改

在演示文稿中创建的 SmartArt 图形的形状比较单一，不能精确、生动地传达用户所要传达的信息，因此，用户常常需要对其形状进行更改。

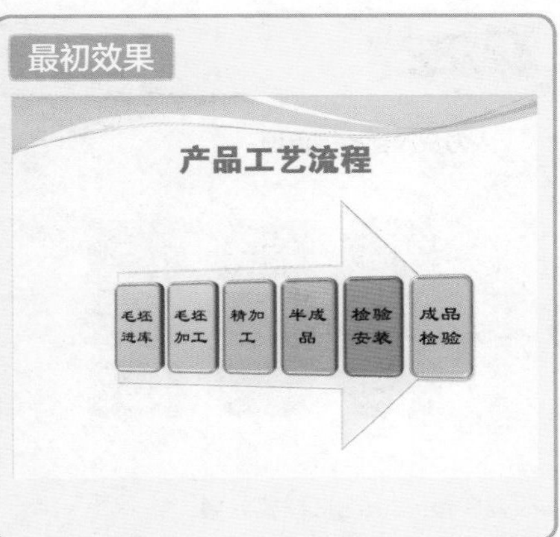

最终效果

产品工艺流程

更改SmartArt图形形状效果

① **功能区按钮法。**选中所有形状，单击“SmartArt工具—格式”选项卡中的“更改形状”按钮，从列表中选择“椭圆”。

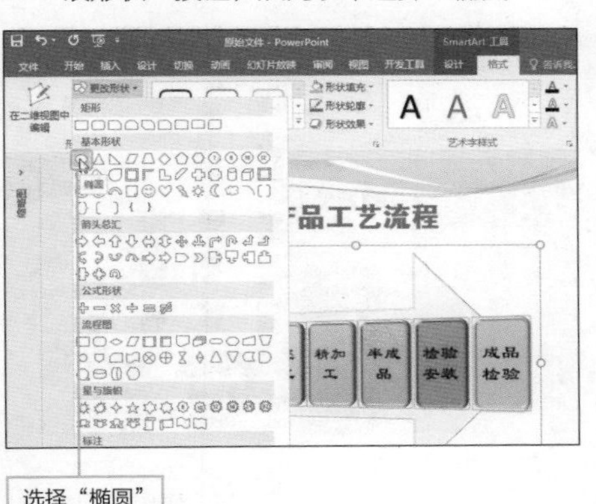

选择“椭圆”

② **右键快捷菜单法。**选中所有形状，右键单击，从快捷菜单中选择“更改形状”命令，然后从级联菜单中选择“椭圆”选项。

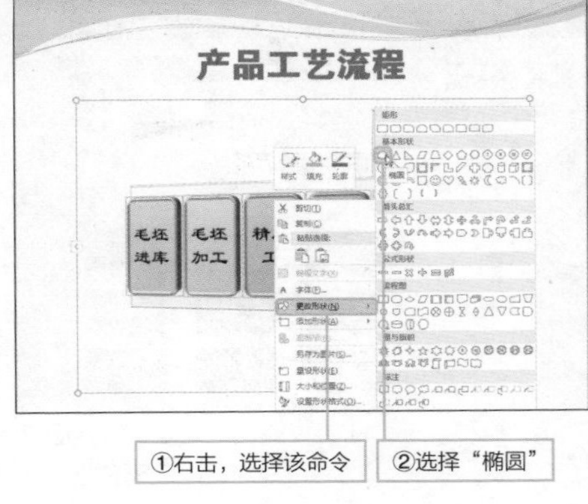

①右击，选择该命令　②选择“椭圆”

Question 195

调整SmartArt图形大小方法多

语音视频教学195

Level ◆◆◆

2016 2013 2010

实例 设置形状大小

前面已经介绍过如何调整整个 SmartArt 图形的大小，那么如果不需要调整整个 SmartArt 图形，而是需要调整单个形状的大小，该如何进行操作呢?

1 **鼠标拖动法。**选择需要调整的图形，将鼠标光标移至图形右上角，当其变为斜向的箭头时，按住鼠标左键不放并拖动鼠标即可。

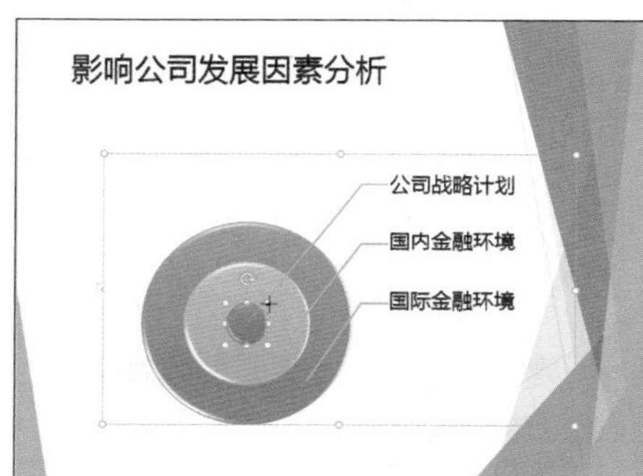

2 **功能区按钮法。**单击“SmartArt工具—格式”选项卡中的“增大”或“减小”按钮即可。

3 **数值框调整法。**通过“SmartArt工具—格式”选项卡“大小”选项组中的“高度”和“宽度”数值框进行调整。

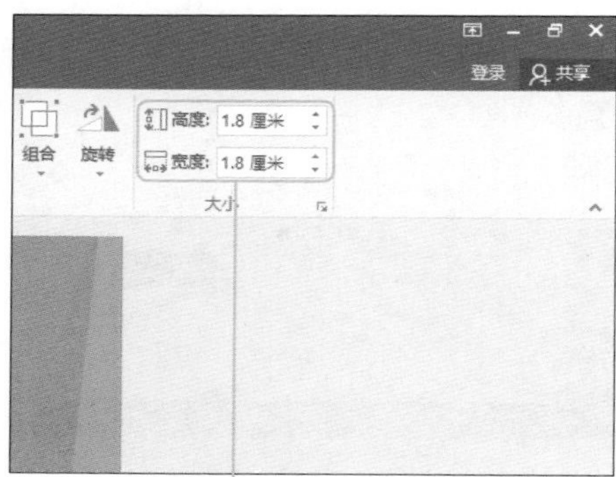

4 **对话框调整法。**单击“SmartArt工具—格式”选项卡上“大小”组中的对话框启动器按钮，在打开的窗格中进行设置。

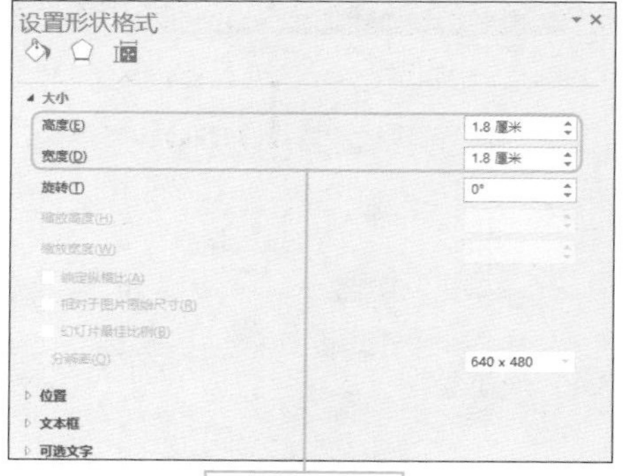

Question 196

自定义SmartArt图形样式

语音视频教学196

• Level ◆◆◆

2016 2013 2010

实例	形状样式的更改

PowerPoint 提供的 SmartArt 图形样式有时并不能满足用户需求，由于 SmartArt 图形是由多个形状组成的，因此，用户只需自定义各个形状即可改变 SmartArt 图形的样式。

最初效果

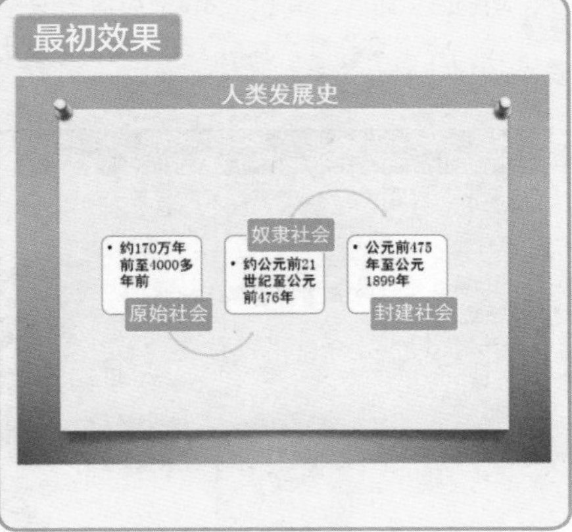

最终效果

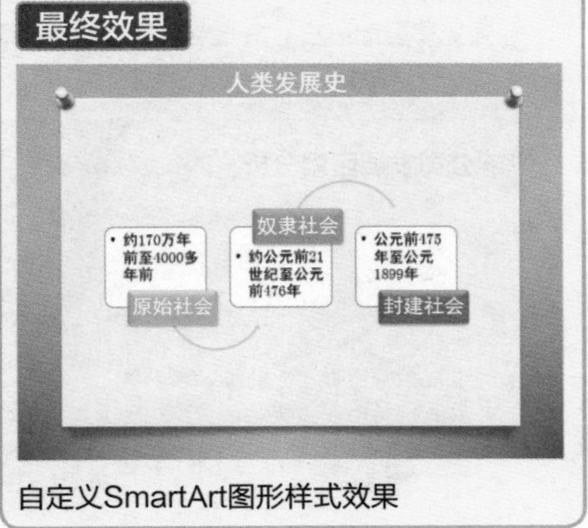

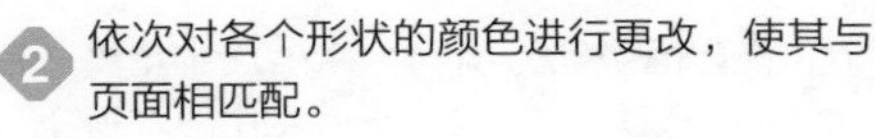

自定义SmartArt图形样式效果

1. **更改形状颜色。**单击“SmartArt工具—格式”选项卡中的“形状填充”按钮，从列表中选择合适的颜色即可。

2. 依次对各个形状的颜色进行更改，使其与页面相匹配。

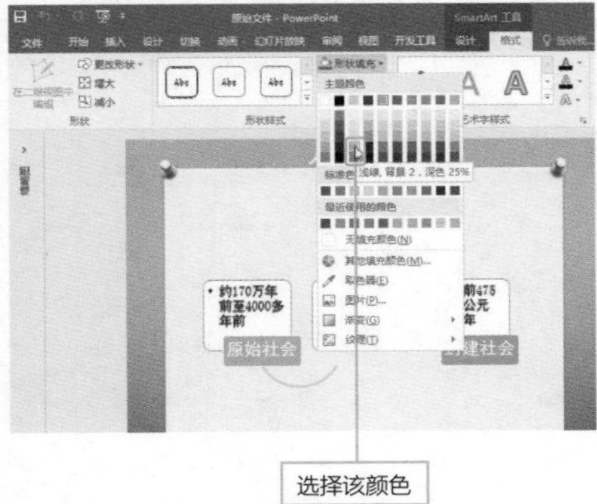

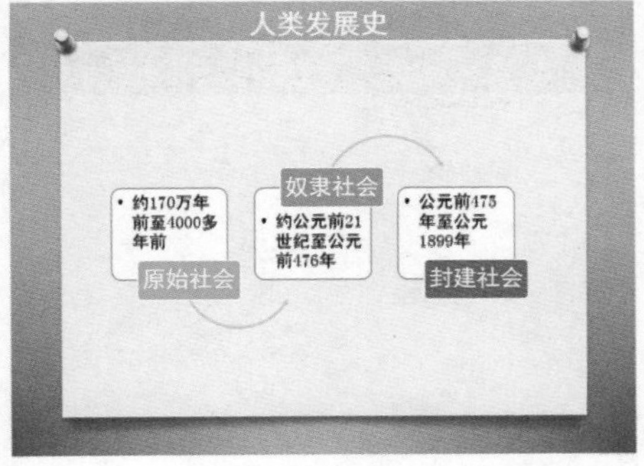

3 **更改形状轮廓。** 单击“SmartArt工具—格式”选项卡中的“形状轮廓”按钮，从列表中选择合适的颜色即可。

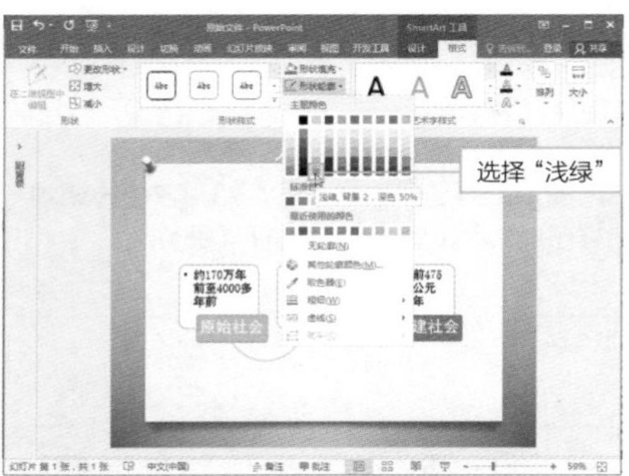

4 还可以选择“粗细”选项，从级联菜单中设置线条的粗细。

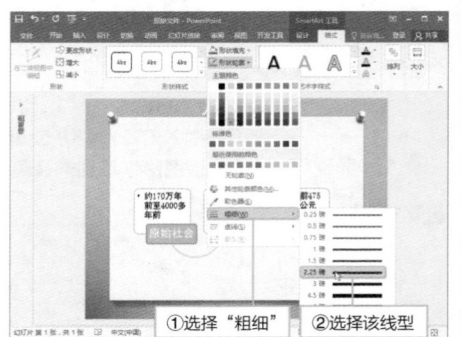

①选择“粗细”　②选择该线型

5 **更改形状效果。** 单击“SmartArt工具—格式”选项卡中的“形状效果”按钮，从列表中选择合适的类型即可。

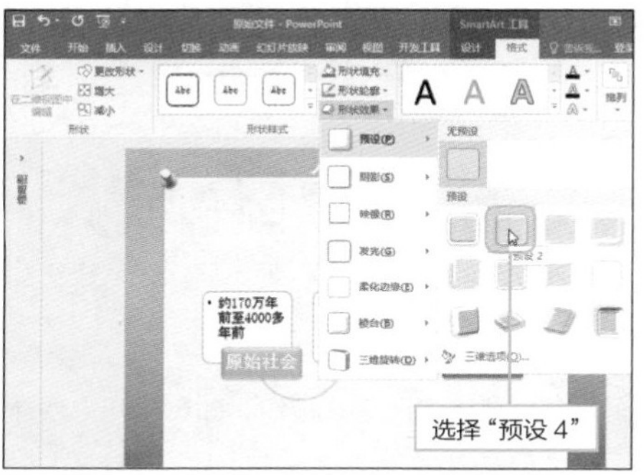

6 **自定义形状样式。** 单击“SmartArt工具—格式”选项卡“形状样式”选项组的对话框启动器按钮。

7 打开“设置形状格式”窗格，在“填充”和“效果”选区中进行设置即可。

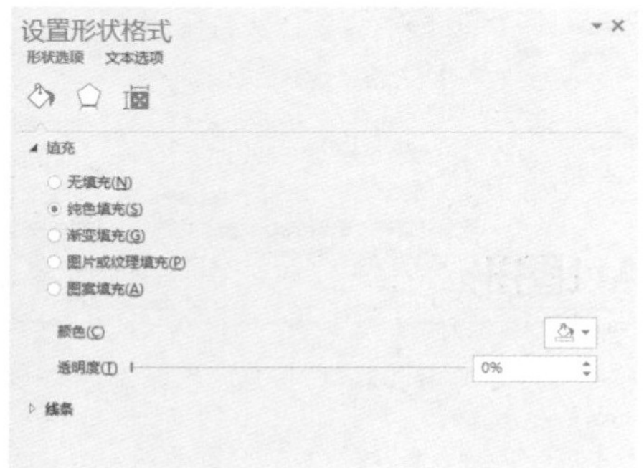

Hint

关于SmartArt图形中形状的设置

在设置形状的填充色、轮廓以及形状效果时，用户会发现与图形的设置是一样的，用户在设置SmartArt图形过程中，可参照第五章讲述的内容进行设置即可。

Question 197

一招还原被更改的SmartArt图形

Level

2016 2013 2010

实例 使被更改过的图形恢复原貌

对插入幻灯片中的 SmartArt 图形进行了多次更改后，如何才能快速地使该图形恢复到未被更改的样子呢？本技巧将对其进行详细介绍。

最初效果

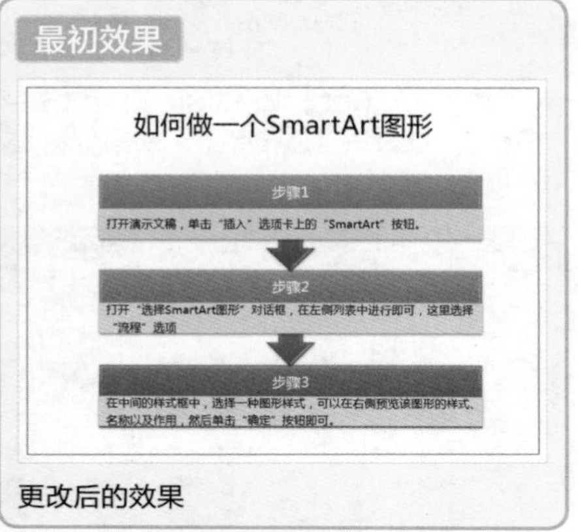

更改后的效果

最终效果

如何做一个SmartArt图形

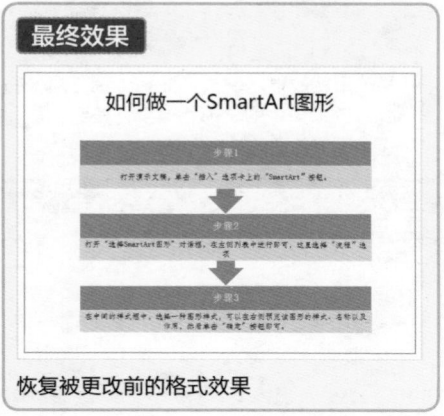

恢复被更改前的格式效果

① 选中SmartArt图形，切换至“SmartArt 工具—设计”选项卡。

切换到“设计”选项卡

② 单击“重设图形”按钮，即可使图形快速恢复原貌。

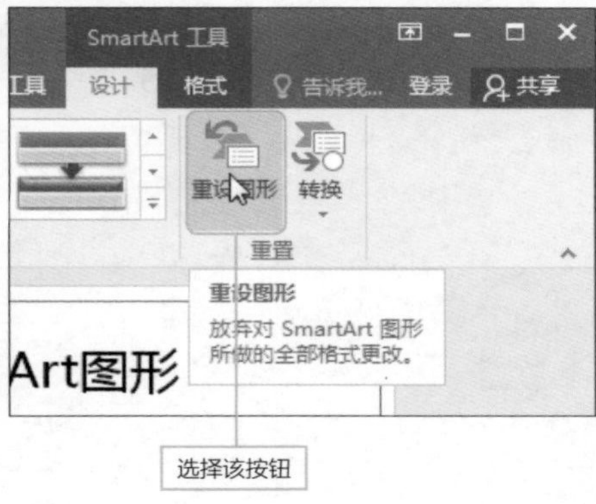

选择该按钮

Question
198

创建列表型图形很简单

语音视频
教学198

实例 列表型SmartArt图形的应用

Level ◆◆◆

2016 2013 2010

列表型 SmartArt 图形显示非有序信息或分组信息，主要用于强调信息的重要性，是幻灯片中常用的一种图形结构，本技巧将介绍其中的“垂直 V 型列表”的应用。

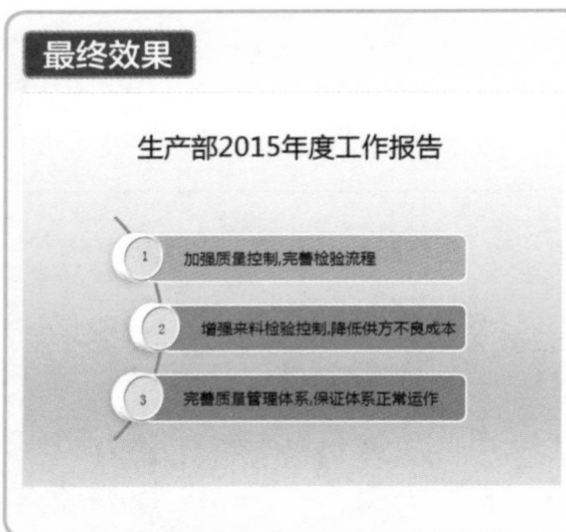

❶ 打开演示文稿，执行“插入>SmartArt”命令，打开“选择SmartArt图形”对话框，在左侧列表中选择“列表”选项，然后选择“垂直曲形列表”并单击“确定”按钮。

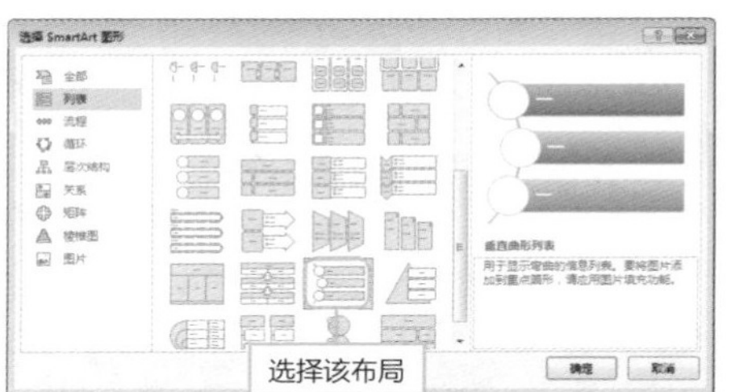

❷ 选中需要更改形状的图形，右键单击，从弹出的快捷菜单中选择“更改形状”命令，然后从级联菜单中选择“圆角矩形”。

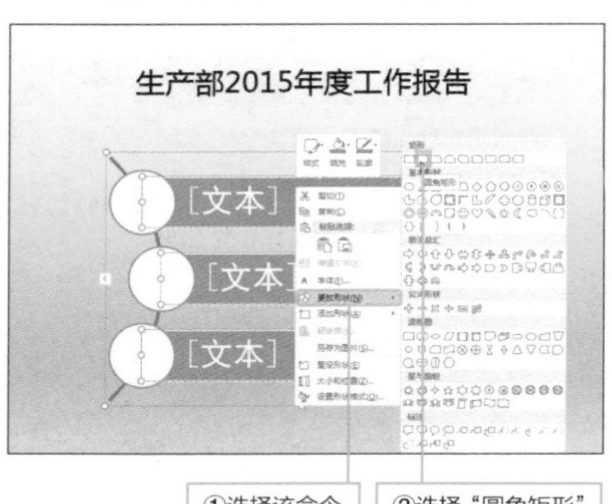

❸ 选择SmartArt图形，单击“SmartArt工具—设计”选项卡中的“更改颜色”按钮，从列表中选择“彩色范围-着色3至4”。

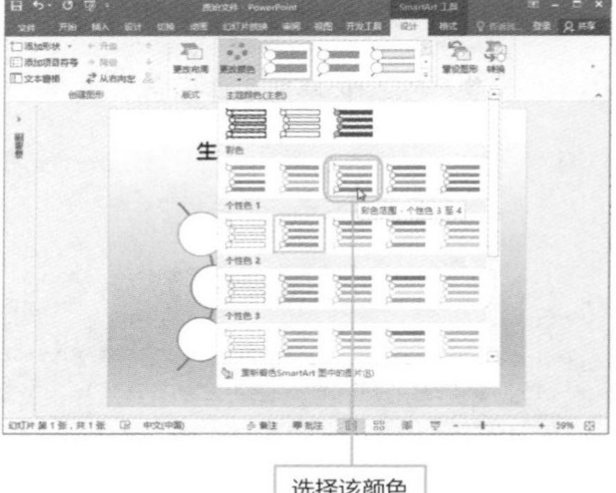

4 选择SmartArt形状中的三个圆形，用鼠标拖动，调整圆形的大小。

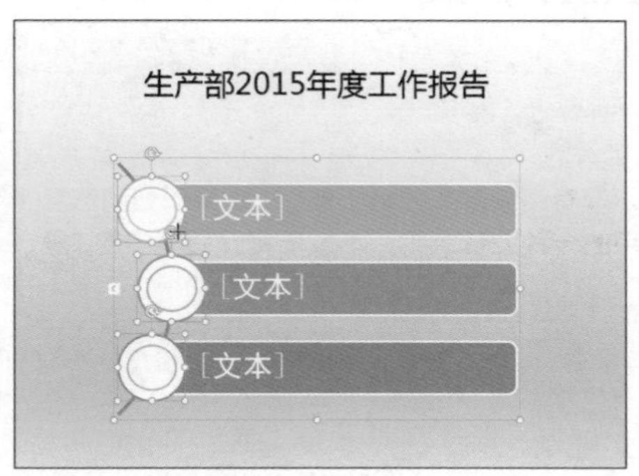

5 选择三个圆形，执行“SmartArt工具—格式>形状效果>预设”命令，从列表中选择“预设4”效果。

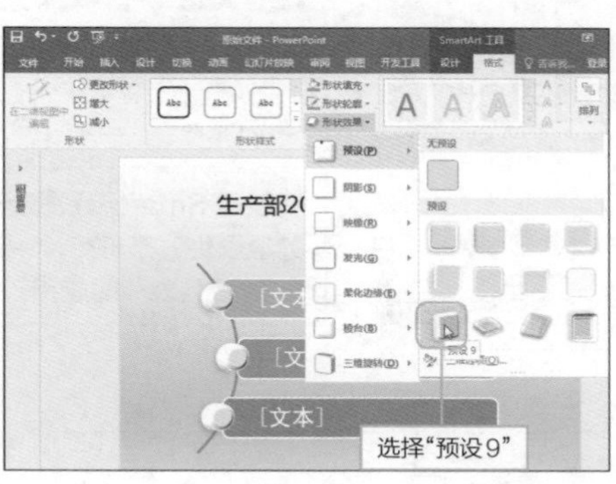

6 选择三个圆角矩形，用同样的方法设置其棱台效果为“松散嵌入”。

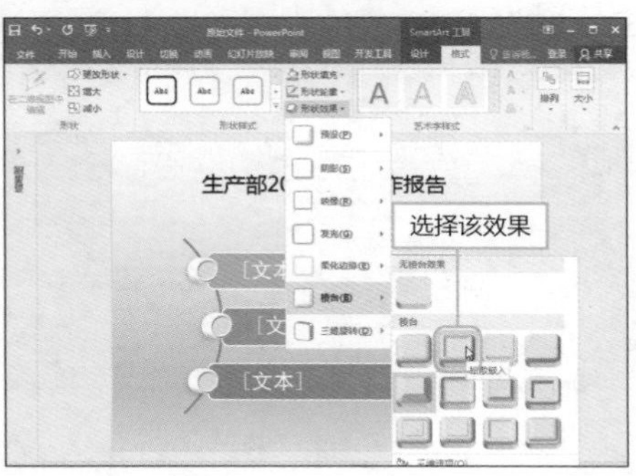

7 在三个圆角矩形中根据需要分别输入相应的文本。

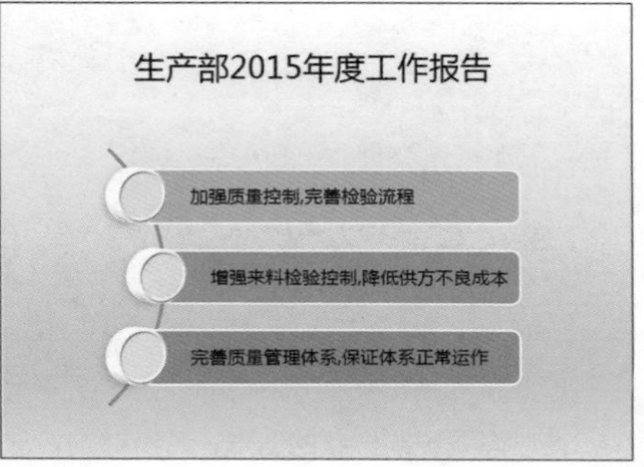

8 在三个圆形上方插入文本框，并输入文本。

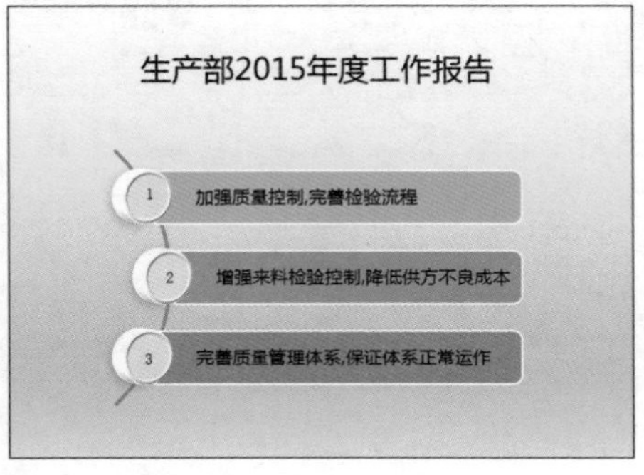

9 选择圆角矩形，通过“开始”选项卡“字体”选项组中的命令调整字体格式即可。

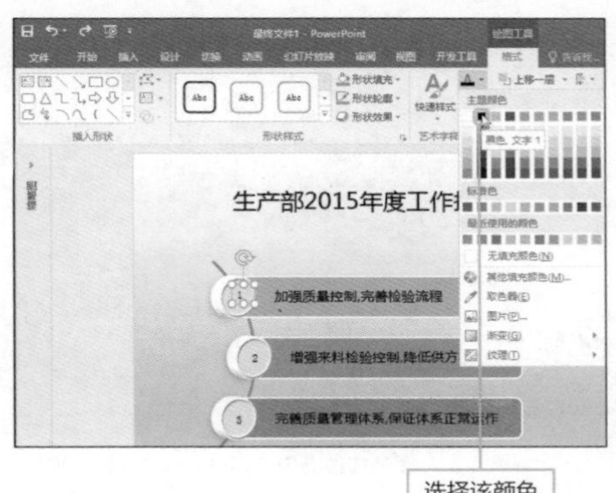

Question 199

流程型图形用处大

● Level ◆◆◆

2016 2013 2010

实例 流程型SmartArt图形的应用

流程型 SmartArt 图形用于显示行进，或者任务、流程或工作流中的顺序和步骤，总共包含了48 种不同布局的流程图，用户可以在此基础上进行完善，制作出符合自身需要的流程图。

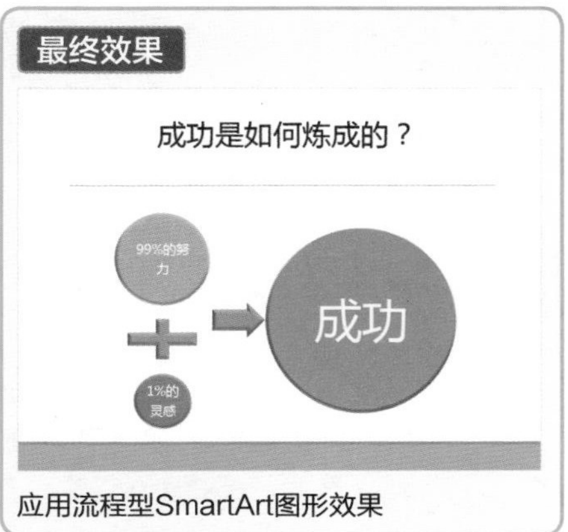

应用流程型SmartArt图形效果

1 打开演示文稿，执行“插入>SmartArt”命令，打开“选择SmartArt图形”对话框，在左侧列表中选择“流程”选项，然后选择“垂直公式”并单击“确定”按钮。

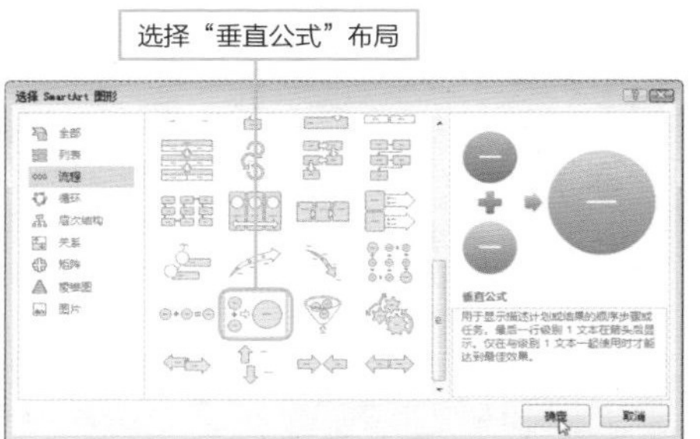

2 选中需要更改颜色的形状，单击“SmartArt工具—格式”选项卡中的“形状填充”按钮，从下拉菜单中选择合适的颜色。

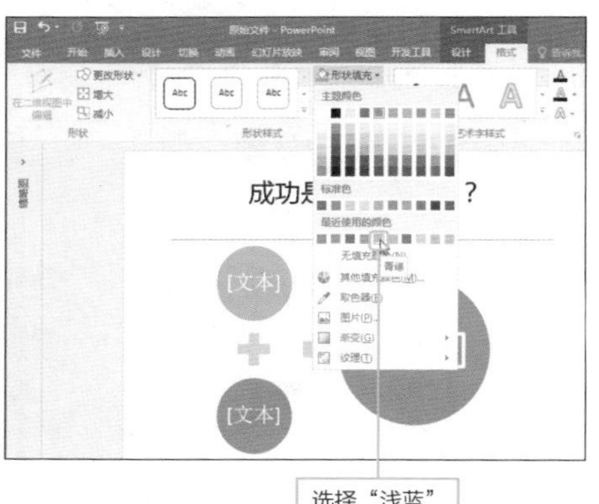

3 依次设置其他形状的颜色。单击“SmartArt工具—格式”选项卡中的“形状样式”组的对话框启动器按钮。

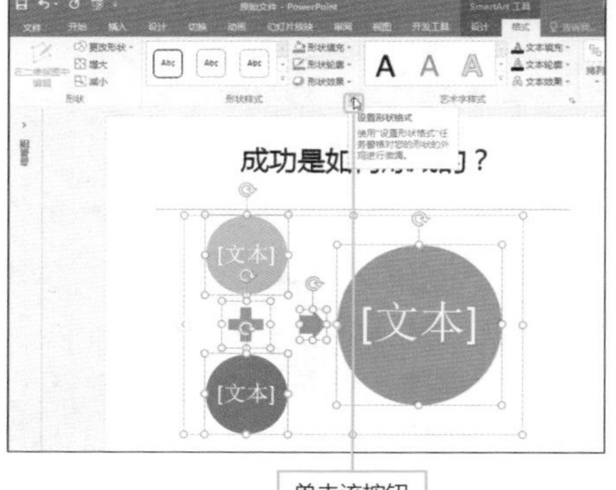

4 打开“设置形状格式”窗格，在“三维格式”选项组中单击“顶端棱台”按钮，从列表中选择“圆”棱台效果。

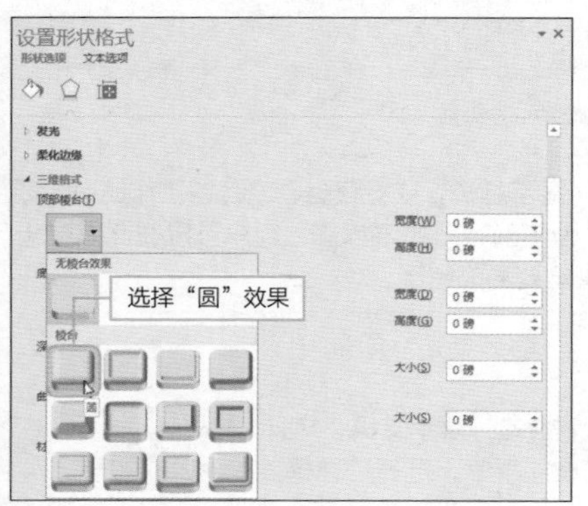

5 单击“底端棱台”按钮，从列表中选择“硬边缘”棱台效果，并设置“深度”值为10磅。

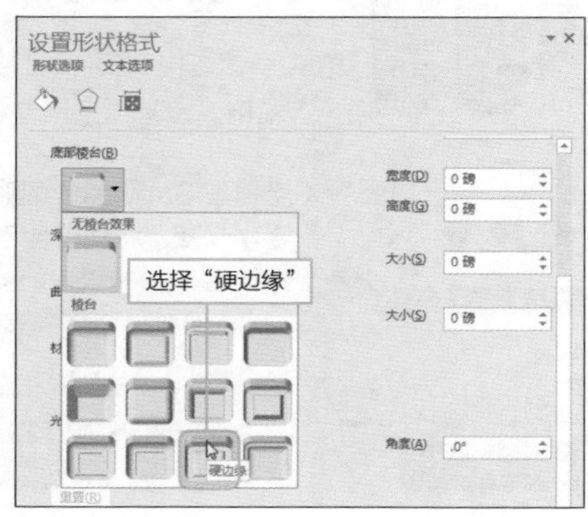

6 单击“材料”按钮，从列表中选择“塑料效果”。

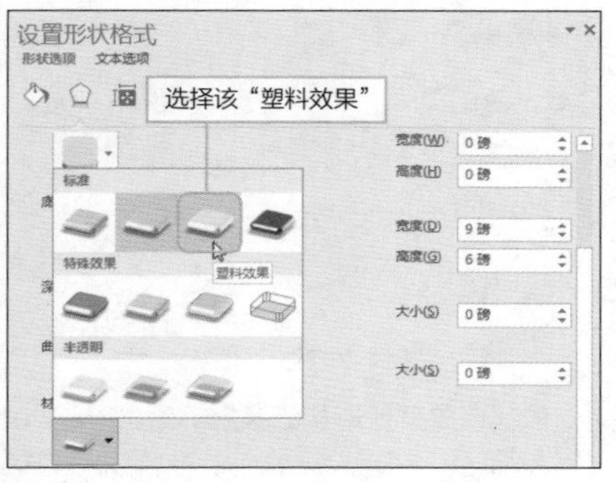

7 设置“照明”为“寒冷”，“角度”为150°，单击“关闭”按钮。

8 选中需要调整大小的图形，通过其控制点调整图形大小，若希望等比例缩放，在拖动鼠标时需按住Shift键。

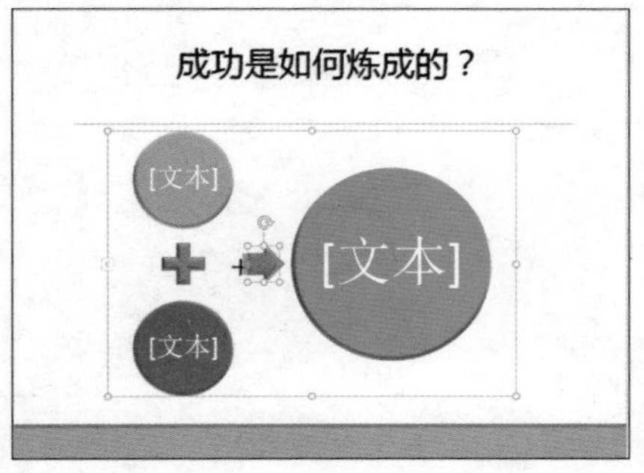

9 打开文本窗格，根据需要输入文本，并设置其字体为微软雅黑，并适当调整SmartArt图形的位置。

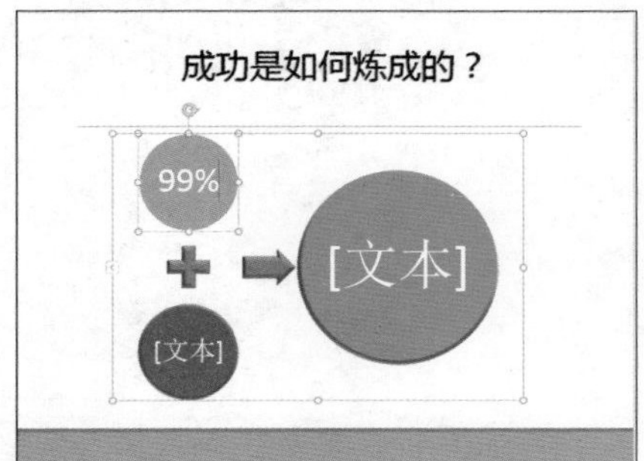

Question 200

巧用循环型图形进行演讲

Level ◆◆◆

2016 2013 2010

实例 循环型图形的应用

循环型SmartArt图形是以循环流程表示阶段、任务或事件的连续序列，可以用于表示循环的过程，主要体现可持续循环或不断重复的过程。

最终效果

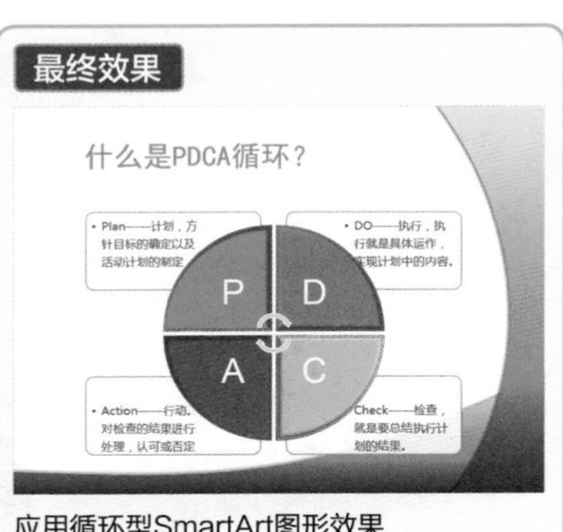

应用循环型SmartArt图形效果

1 打开演示文稿，执行“插入>SmartArt”命令，打开“选择SmartArt图形”对话框，在左侧列表中选择“循环”选项，然后选择“循环矩阵”并单击“确定”按钮。

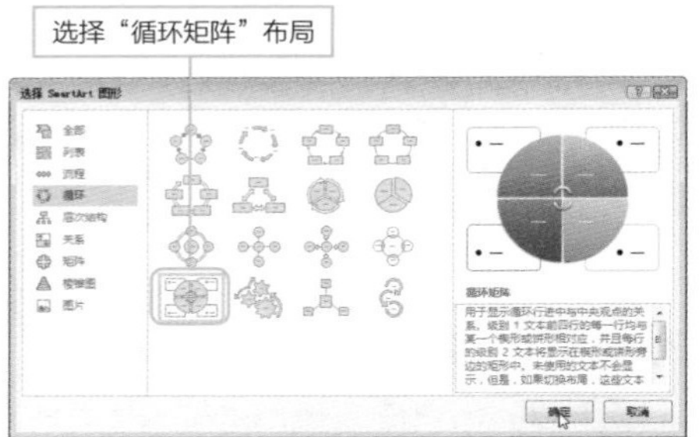

2 选中需要更改颜色的形状，单击“SmartArt工具—格式”选项卡中的“形状填充”按钮，从下拉列表中选择合适的颜色。

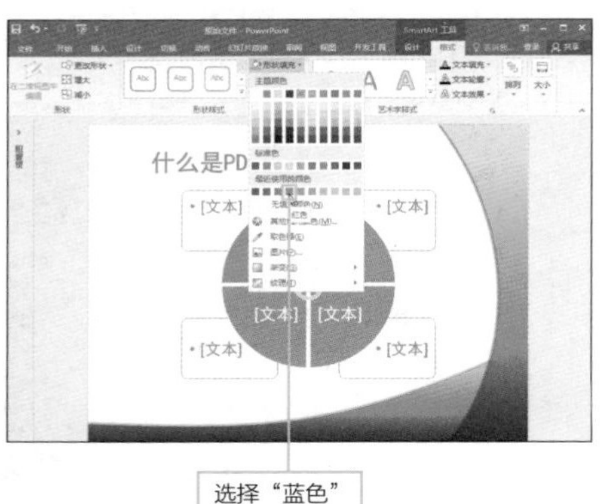

3 依次设置其他形状的颜色，单击“SmartArt工具—格式”选项卡中的“形状轮廓”按钮，从列表中选择“无轮廓”选项。

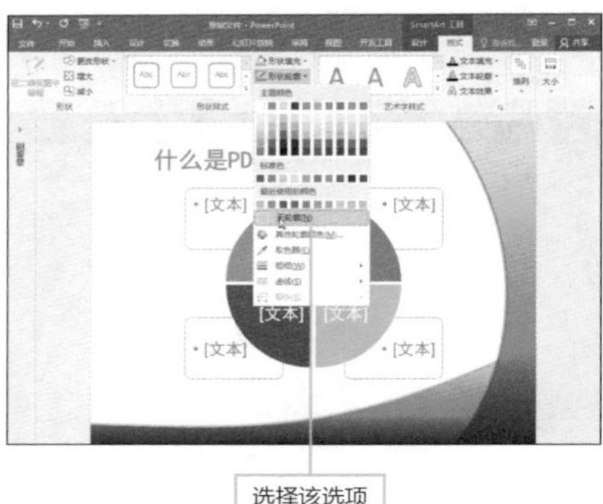

4 单击“SmartArt工具—格式”选项卡中“形状样式”选项组的对话框启动器按钮，将打开“设置形状格式”窗格。

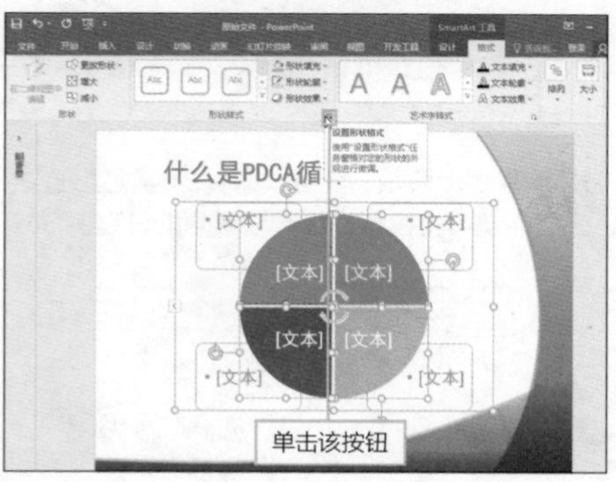

5 在“三维格式”选项卡中单击“顶端棱台”按钮，从列表中选择“艺术装饰”棱台效果。然后设置底端棱台为“硬边缘”。

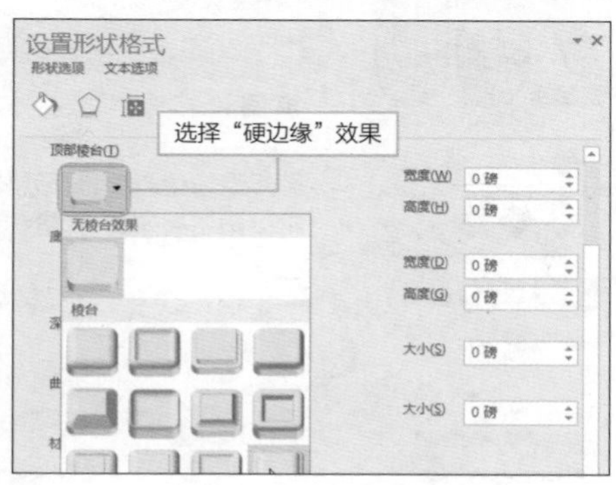

6 设置深度为15磅，单击“材料”下方“材料”按钮，从列表中选择“硬边缘”，设置照明为“寒冷”，关闭窗格。

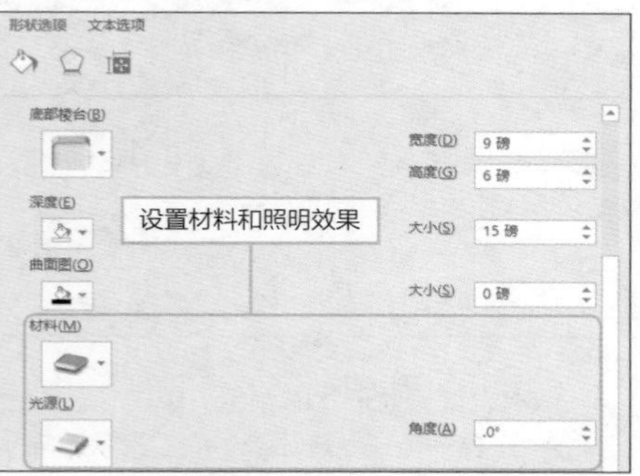

7 将鼠标光标移至右上角控制点上，当光标变成斜向的箭头时，拖动鼠标，调整图形大小。

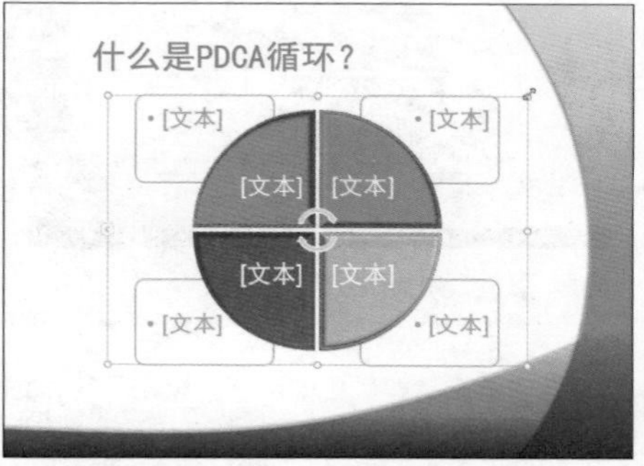

8 直接在图形中输入合适的文本，并设置圆角矩形中的文本为16号、黑色。

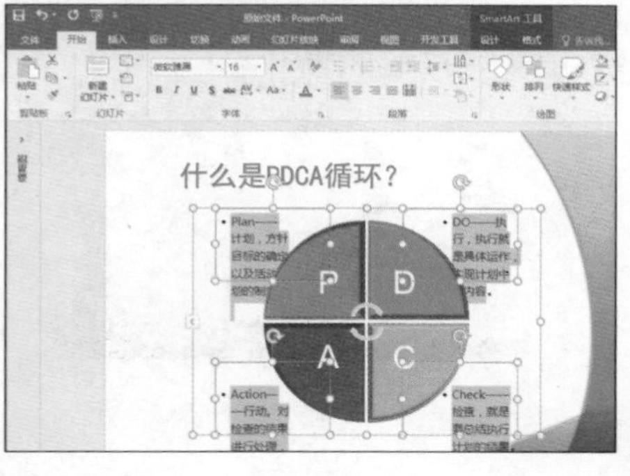

9 选择圆角矩形，调整其大小，然后调整SmartArt图形的大小和位置。

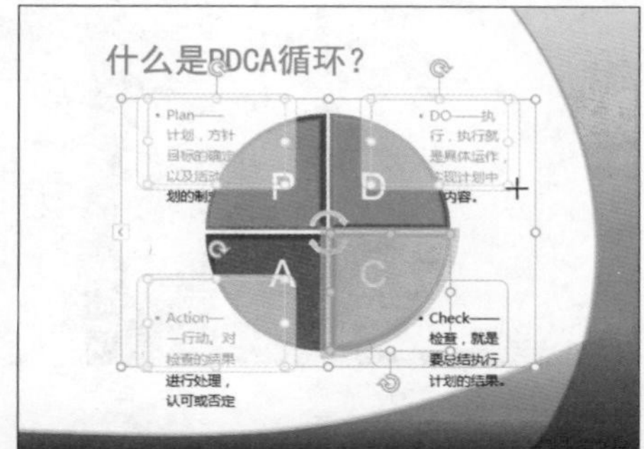

Question **201**

制作公司组织结构图有绝招

语音视频教学201

实例　创建层次结构图

● Level ◆◆◆

2016 2013 2010

层次结构型 SmartArt 图形用于显示组织中的分层信息或上下级关系，经常用于绘制公司组织结构图，可以清晰地显示各个级别的关系。

最终效果

宇扬销售公司组织结构

应用组织结构型SmartArt图形效果

❶ 打开演示文稿，执行“插入>SmartArt”命令，打开“选择SmartArt图形”对话框，在左侧列表中选择“层次结构”选项，然后选择“组织结构图”并单击“确定”按钮。

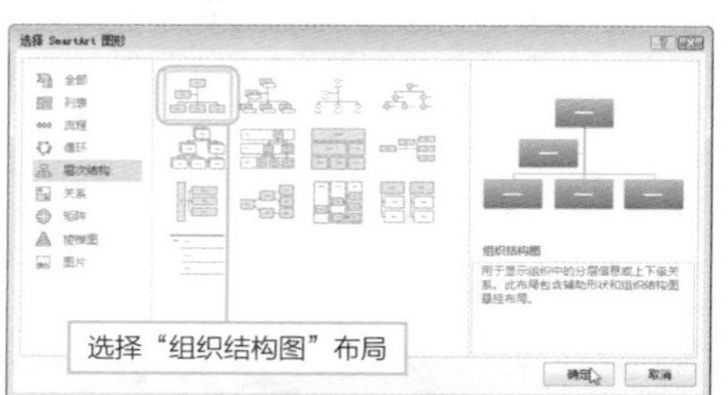

选择“组织结构图”布局

❷ 选中最上方的形状，单击“SmartArt工具—设计”选项卡中的“添加形状”下拉按钮，从列表中选择“在上方添加形状”选项。

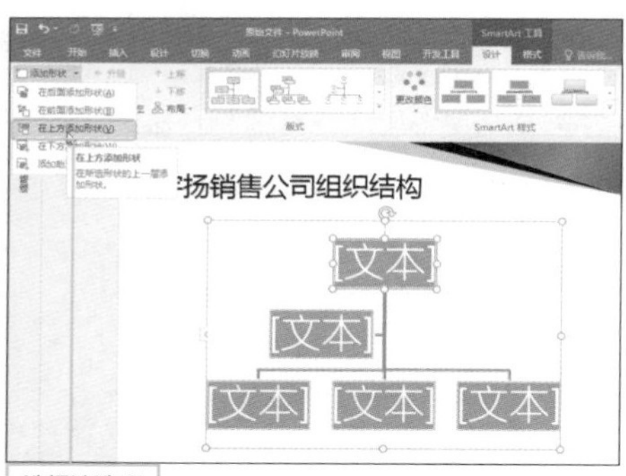

选择该选项

❸ 添加完成后自动选中该形状，再次单击“添加形状”下拉按钮，从列表中选择“添加助理”选项。

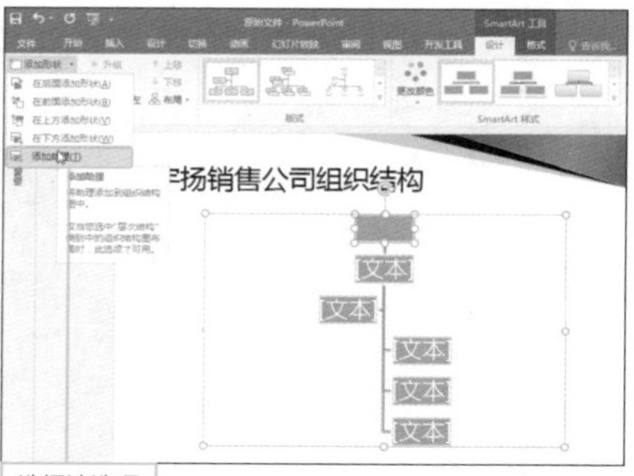

选择该选项

4 选中所有形状，单击“SmartArt工具—设计”选项卡中的“布局”按钮，从列表中选择“标准”选项。

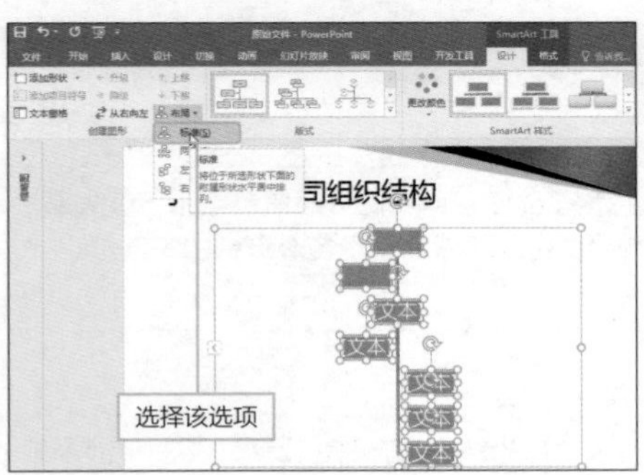

5 按需添加多个形状，选中最后一层形状，通过“SmartArt工具—格式”选项卡中“宽度”和“高度”数值框调整其大小。

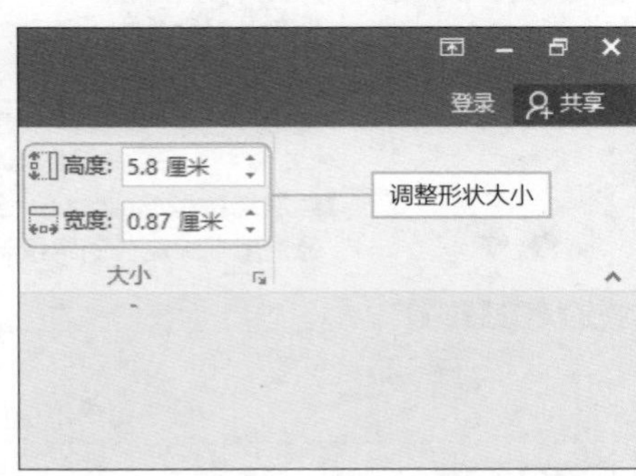

6 选中SmartArt图形，单击“SmartArt工具—设计”选项卡中的“颜色”按钮，从列表中选择“彩色，着色”。

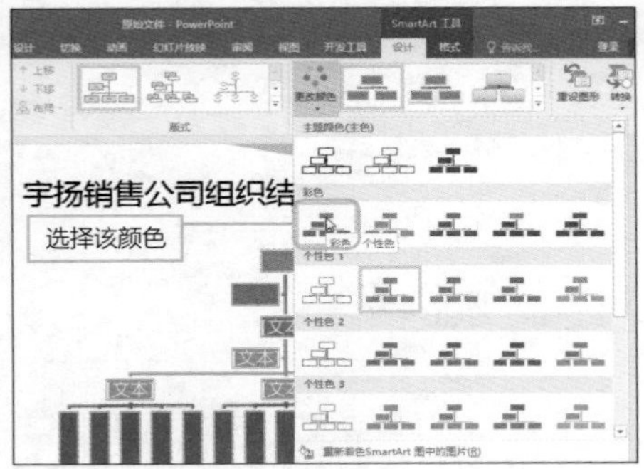

7 单击“SmartArt工具—格式”选项卡中“形状样式”选项组的对话框启动器按钮，将打开“设置形状格式”窗格。

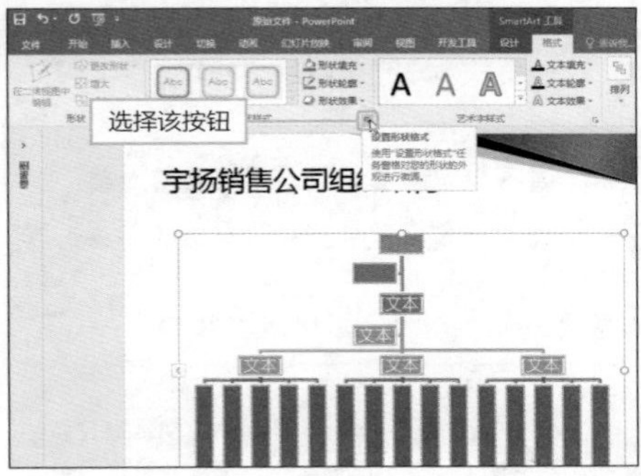

8 单击“三维格式”选项组的“棱台顶端”按钮，选择“冷色斜面”棱台效果。

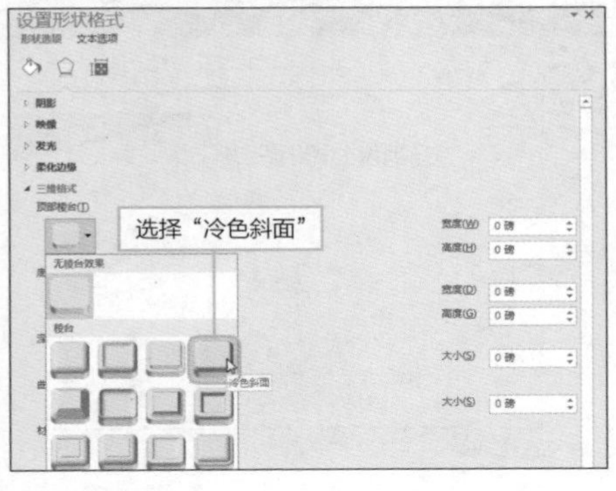

9 设置深度为10磅、材料为塑料效果、照明为柔和、角度为80°，输入文本即可。

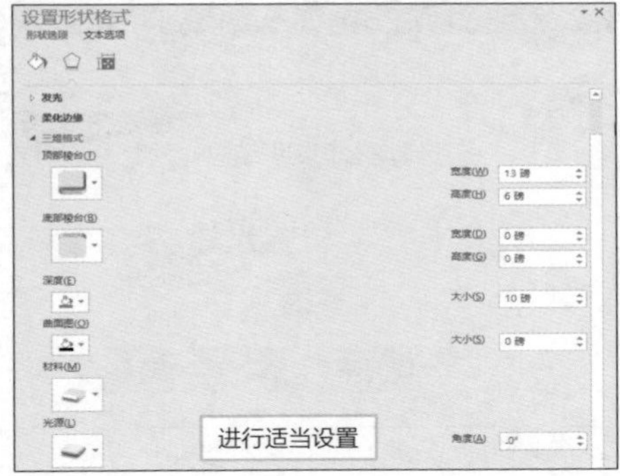

Question
202

巧用关系图形表达对立观点

实例 关系型图形的应用

● Level ◆◆◆

2016 2013 2010

关系型 SmartArt 图形用于表示两个或多个项目之间的关系，或者多个信息集合之间的关系，包括射线图、维恩图、箭头图以及漏斗图等，用户可以根据自身需要进行相应选择。

最终效果

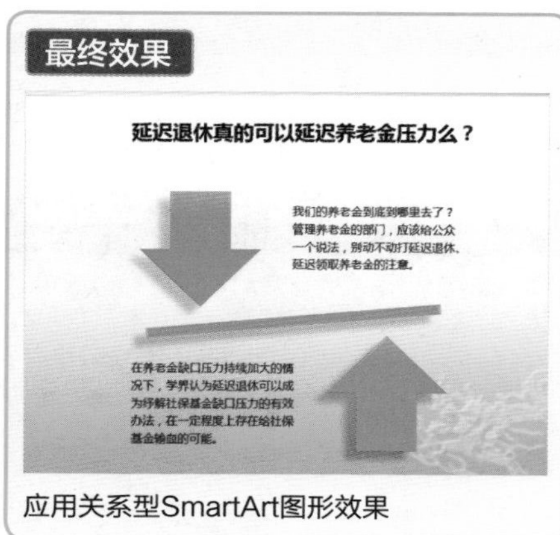

应用关系型SmartArt图形效果

1. 打开演示文稿，执行“插入>SmartArt”命令，打开“选择SmartArt图形”对话框，在左侧列表中选择“关系”选项，然后选择“平衡箭头”并单击“确定”按钮。

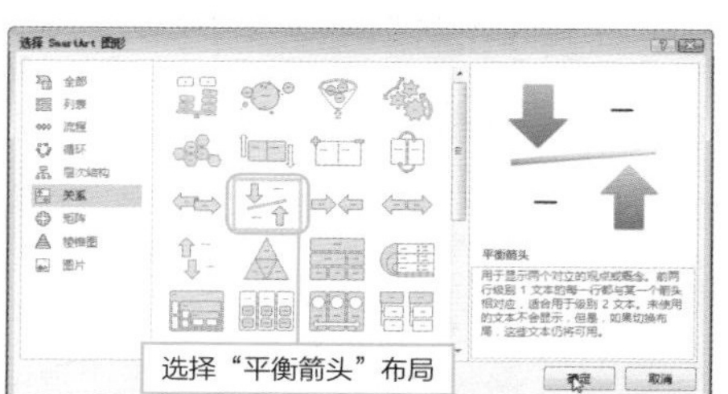

2. 选中SmartArt图形，单击“SmartArt工具—设计”选项卡中“SmartArt样式”选项组的“其他”按钮，从列表中选择“细微效果”。

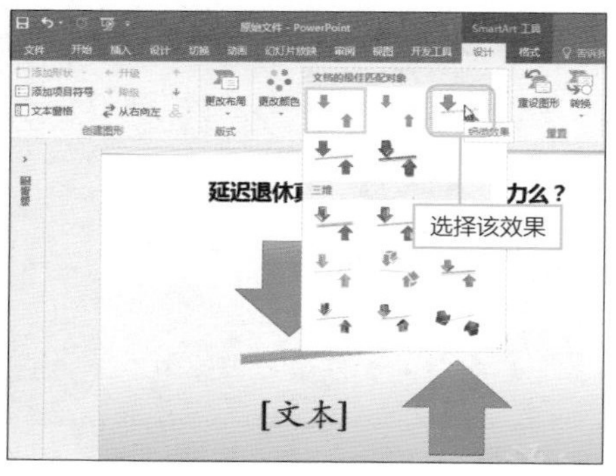

3. 选中箭头中间的形状，单击“SmartArt工具—格式”选项卡中的“形状填充”按钮，从列表中选择“玫瑰红，文字2，深色25%”。

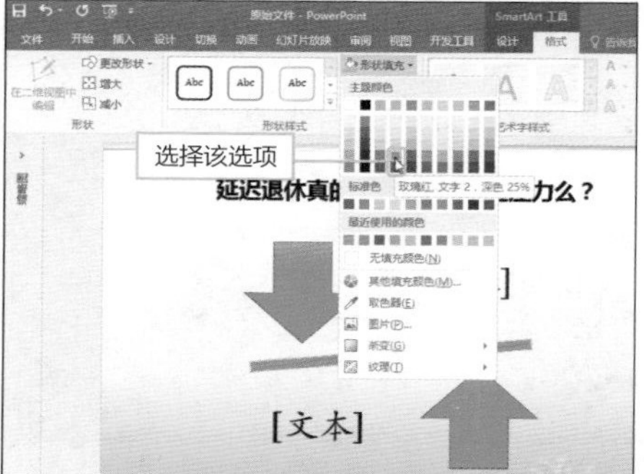

4 选中SmartArt图形，单击“形状效果”按钮，从列表中选择“预设”，从级联菜单中选择“预设5”效果。

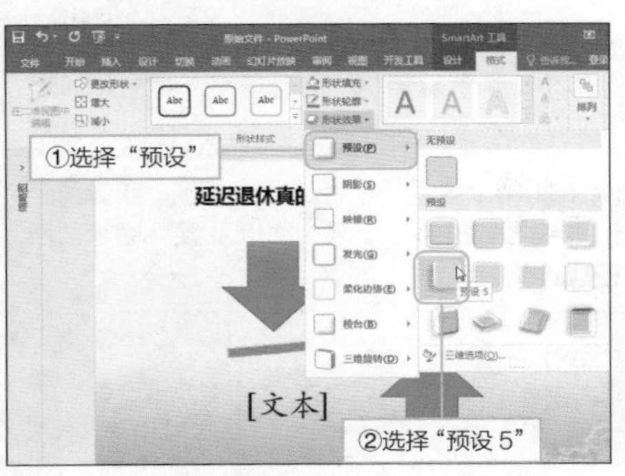

5 将鼠标光标移至SmartArt图形左下角控制点上，光标将变成斜向的箭头。

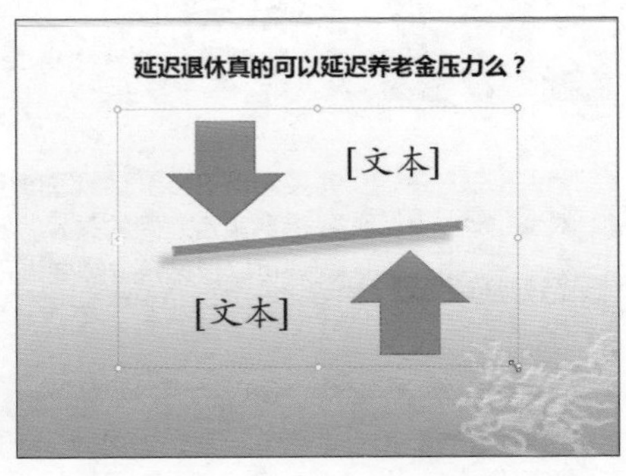

6 按住鼠标左键不放，拖动鼠标，调整图形大小。

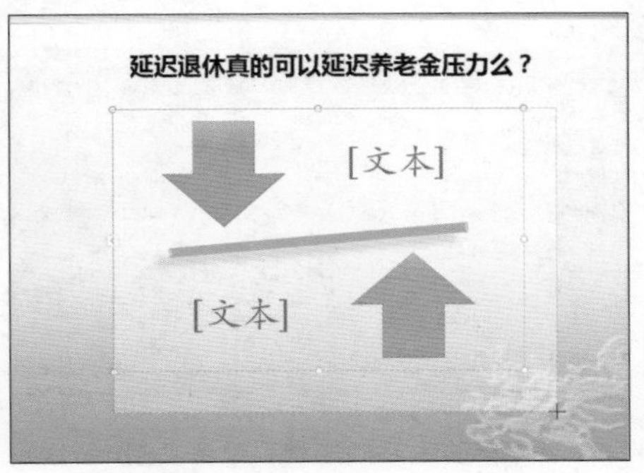

7 单击“SmartArt工具—格式”选项卡中“对齐”按钮，从列表中选择“水平居中”。

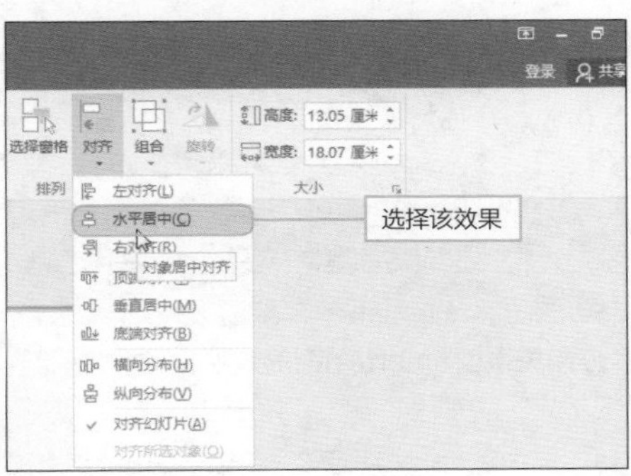

8 根据用户需要，在文本占位符中输入文本。

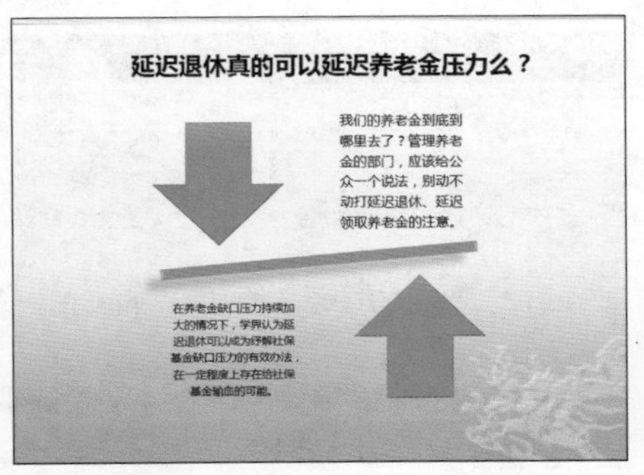

9 调整文本框大小，然后设置文本左对齐即可。

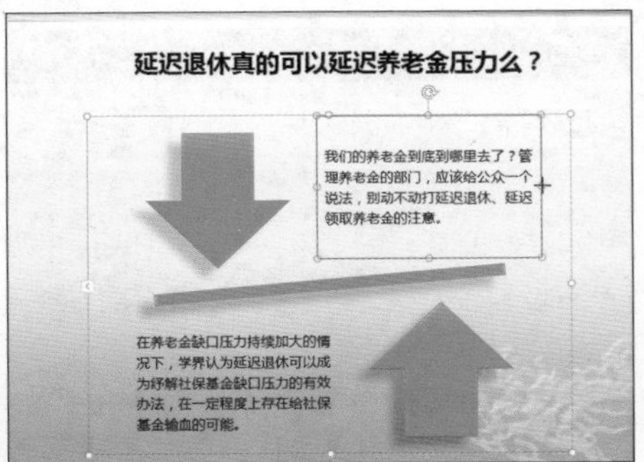

Question

203 矩阵图形的妙用

语音视频教学203

实例 创建矩阵图形

Level ◆◆◆

2016 2013 2010

矩阵型 SmartArt 图形用于以象限的方式显示部分与整体的关系，本技巧以带标题的矩阵的应用为例进行介绍。

最终效果

延迟退休真的可以延迟养老金压力么？

我们的养老金到底到哪里去了？管理养老金的部门，应该给公众一个说法，别动不动打延迟退休、延迟领取养老金的注意。

在养老金缺口压力持续加大的情况下，学界认为延迟退休可以成为纾解社保基金缺口压力的有效办法，在一定程度上存在给社保基金输血的可能。

应用矩阵型SmartArt图形效果

❶ 打开演示文稿，执行“插入>SmartArt”命令，打开“选择SmartArt图形”对话框，在左侧列表中选择“矩阵”选项，然后选择“带标题的矩阵”并单击“确定”按钮。

❷ 选中图形，单击“SmartArt工具—设计”选项卡中的“更改颜色”按钮，从列表中选择“彩色-着色”。

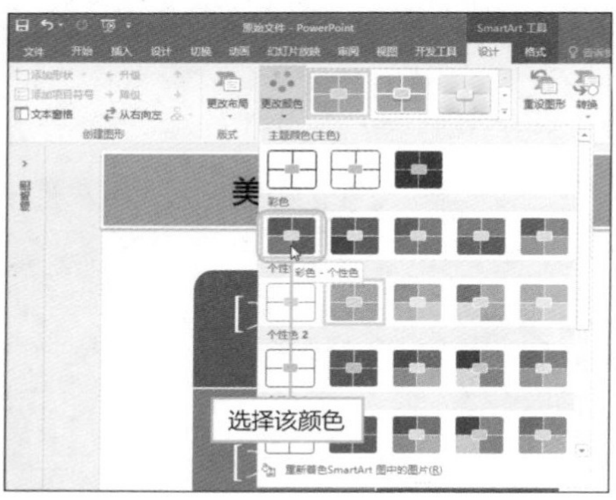

❸ 单击“SmartArt工具—格式”选项卡中的“形状效果”按钮，从列表中选择“棱台”，从其级联菜单中选择“冷色斜面”效果。

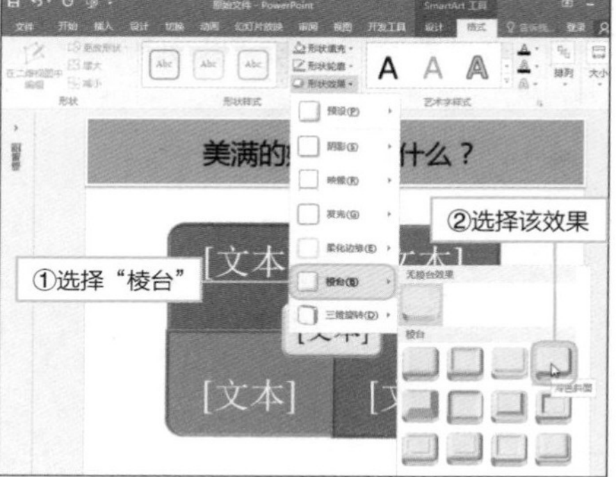

4 选中SmartArt图形，通过“SmartArt工具—格式”选项卡“大小”选项组中的“宽度”和“高度”按钮，调整其大小。

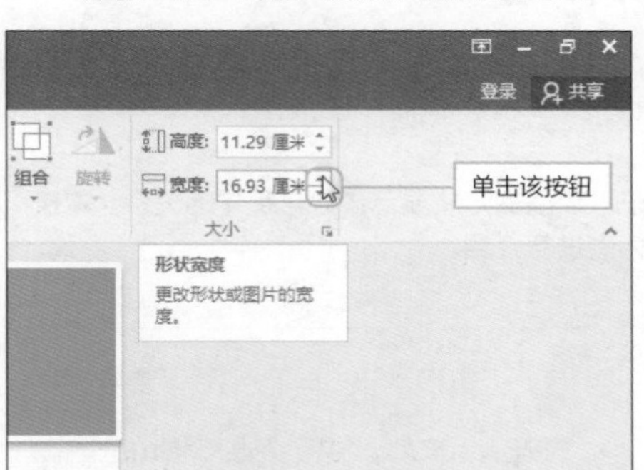

5 将鼠标光标移至SmartArt图形边缘，光标将变成形状。

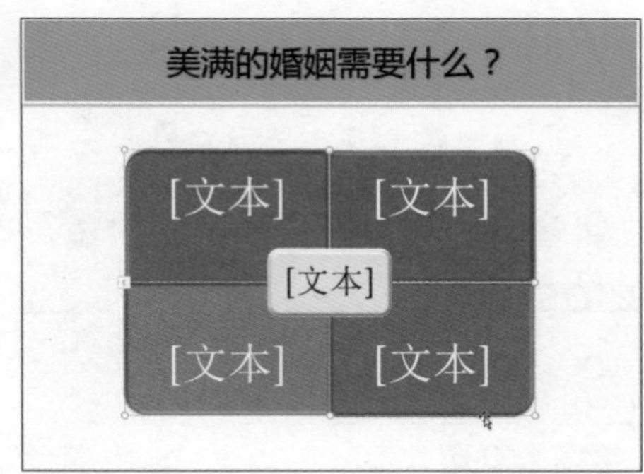

6 按住鼠标左键不放，拖动鼠标，调整图形的位置。

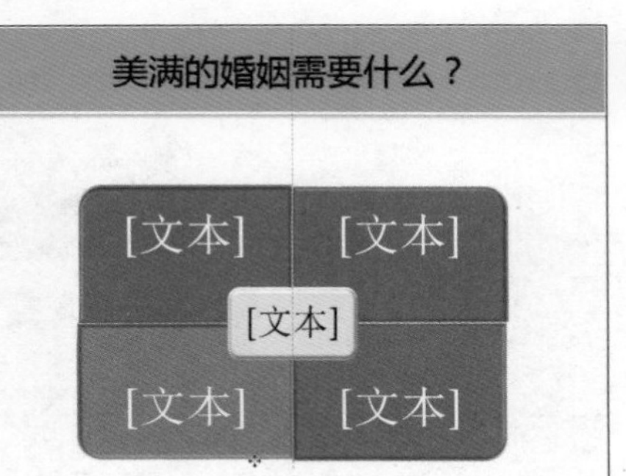

7 根据用户需要，在文本占位符中输入文本。

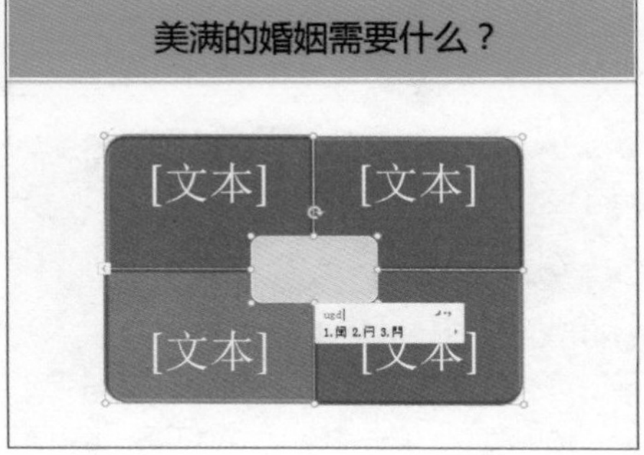

8 单击“开始”选项卡中“字体”下拉按钮，从列表中选择“创艺简行楷”。

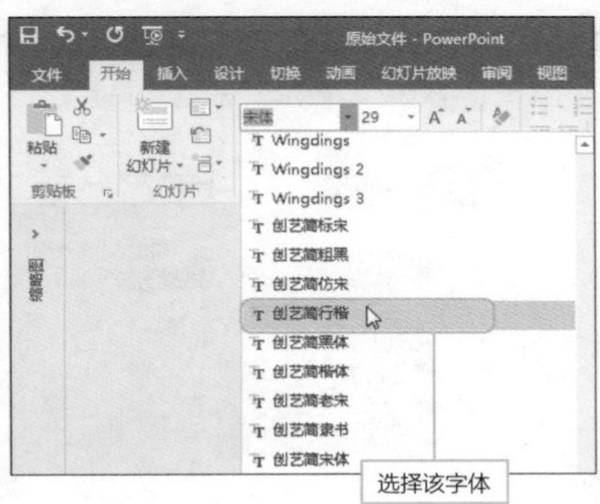

9 单击“开始”选项卡中的“字号”下拉按钮，从列表中选择“24”。

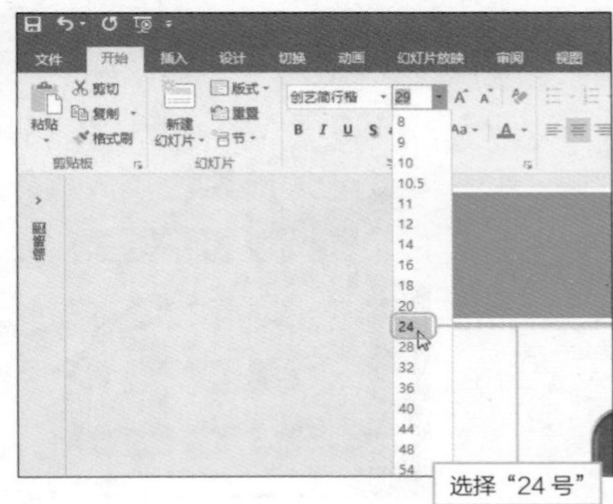

Question
204

● Level ◆◆◆

2016 2013 2010

轻松创建棱锥图图形

实例 棱锥图图形的应用

棱锥型 SmartArt 图形用于显示比例关系、互连关系或层次关系等，可以是向上发展的流程，也可以是向下发展的，本技巧将对其在生活中的应用进行介绍。

应用棱锥型SmartArt图形效果

❶ 打开演示文稿，单击“插入”选项卡中的“SmartArt”按钮。

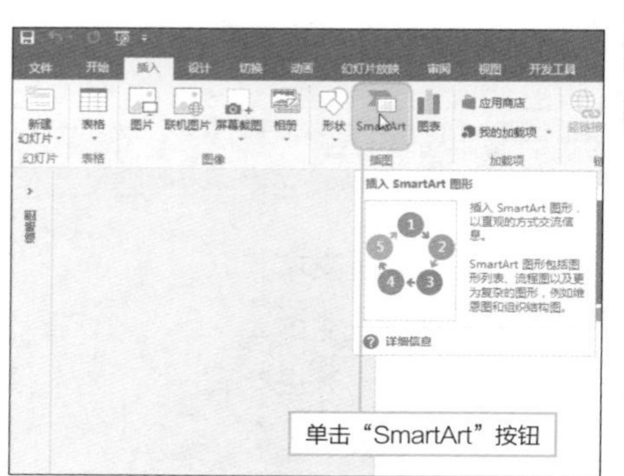

❷ 打开“选择SmartArt图形”对话框，在左侧列表中选择“棱锥图”选项，然后选择“基本棱锥图”，单击“确定”按钮。

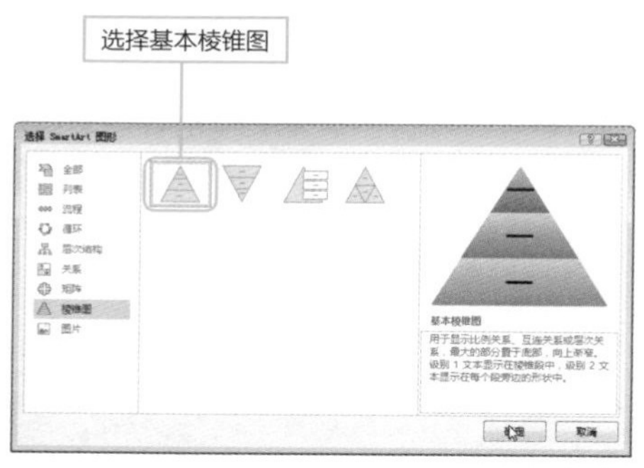

❸ 选中任一形状，单击“SmartArt工具—设计”选项卡中“添加形状”按钮，从列表中选择“在后面添加形状”选项。

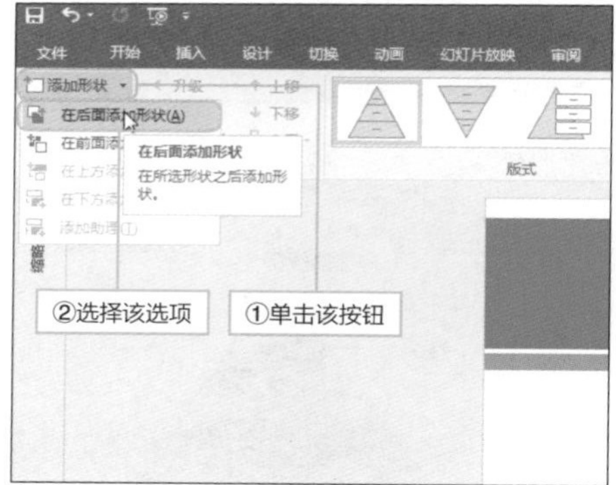

④ 选择SmartArt图形，单击“SmartArt工具—设计”选项卡中“更改颜色”按钮，从列表中选择“彩色范围-着色3至4”。

⑤ 单击“SmartArt工具—设计”选项卡“形状样式”组中的“其他”下拉按钮，从列表中选择“嵌入”。

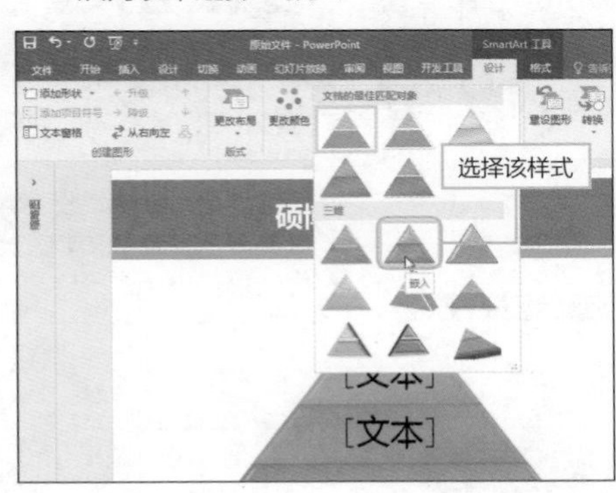

⑥ 单击SmartArt图形左侧的 按钮。

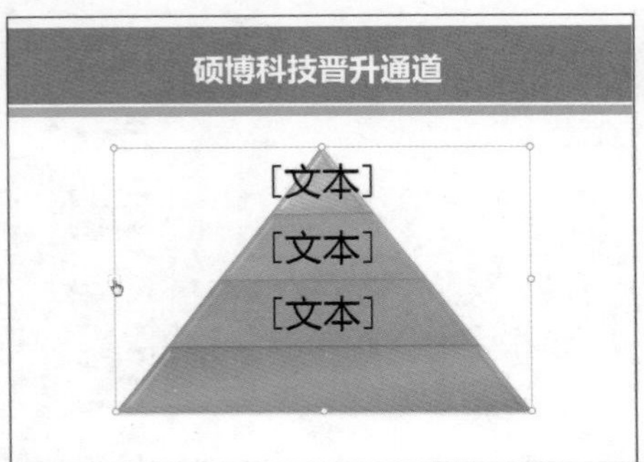

⑦ 打开文本窗格，输入文本信息。

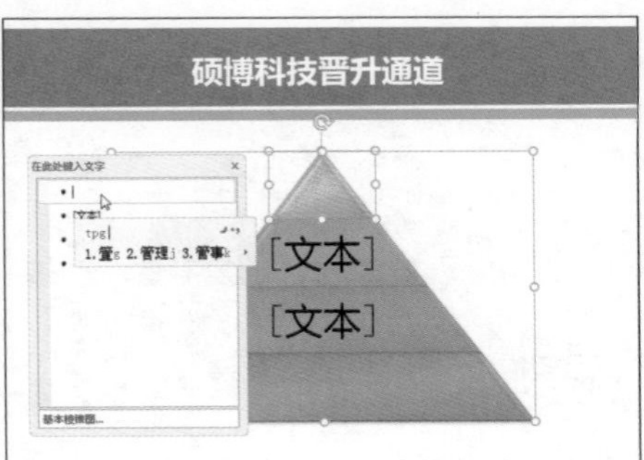

⑧ 将SmartArt图形移至合适位置，单击“开始”选项卡中“字体”选项组的对话框启动器按钮。

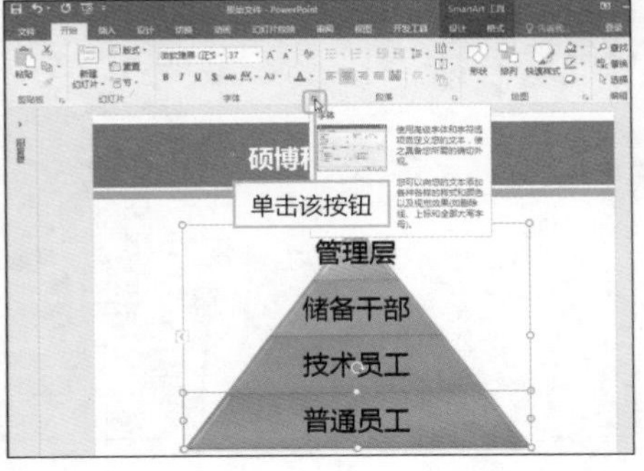

⑨ 打开“字体”对话框，设置字体为“方正行楷简体”、“30号”，单击“确定”按钮。

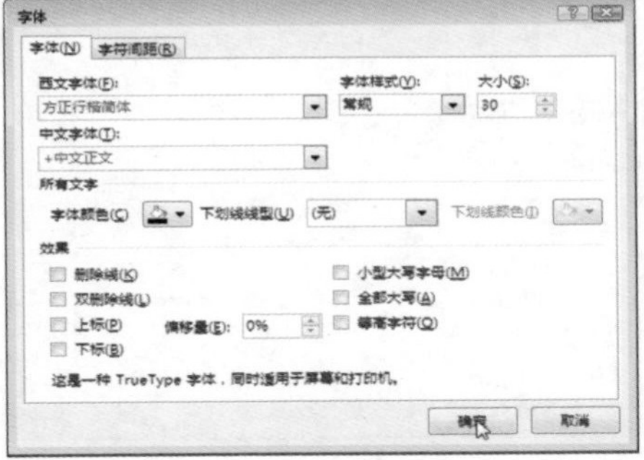

Question

205

巧用图片型SmartArt图形

语音视频教学205

实例　创建图片型图形

图片型 SmartArt 图形用于居中显示以图片表示的构思，相关的构思显示在旁边，和其他图形的最大区别在于所创建的图形都有“图片”按钮，单击该按钮即可插入图片。

Level

2016 2013 2010

应用图片型SmartArt图形效果

① 打开演示文稿，执行“插入>SmartArt”命令，打开“选择SmartArt图形”对话框，在左侧列表中选择“图片”选项，然后选择“图片题注列表”并单击“确定”按钮。

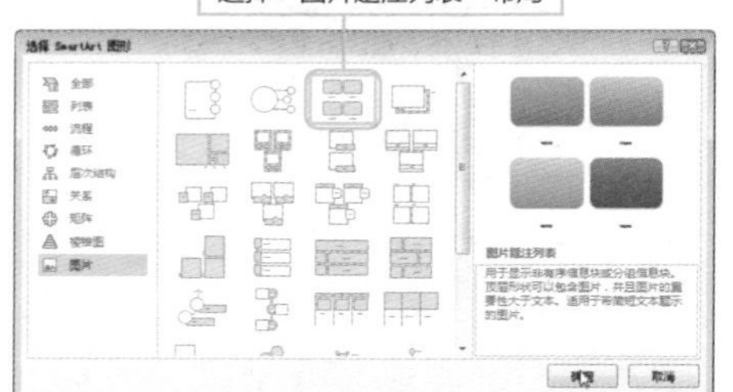

② 选中任一形状，单击“SmartArt工具—设计”选项卡中的“添加形状”按钮，从列表中选择“在后面添加形状”。

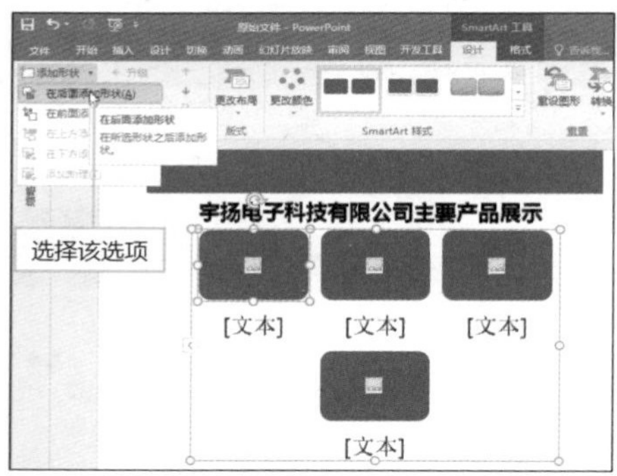

③ 选中SmartArt图形，单击“SmartArt工具—设计”选项卡中“更改颜色”按钮，从列表中选择“渐变范围-个性色1”。

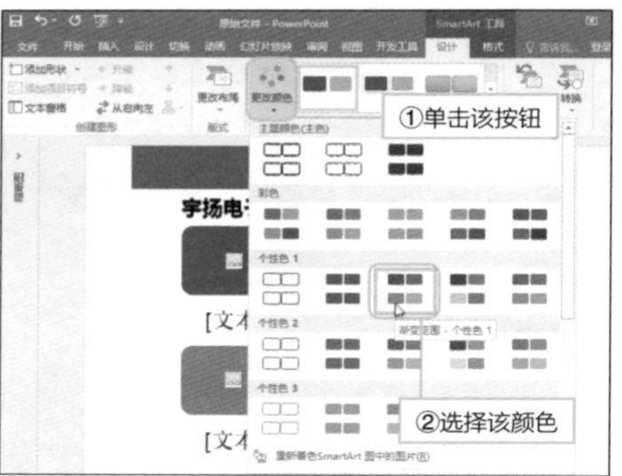

4 选中图形，单击“SmartArt工具—设计”选项卡“形状样式”组中的“其他”按钮，从列表中选择“平面场景”。

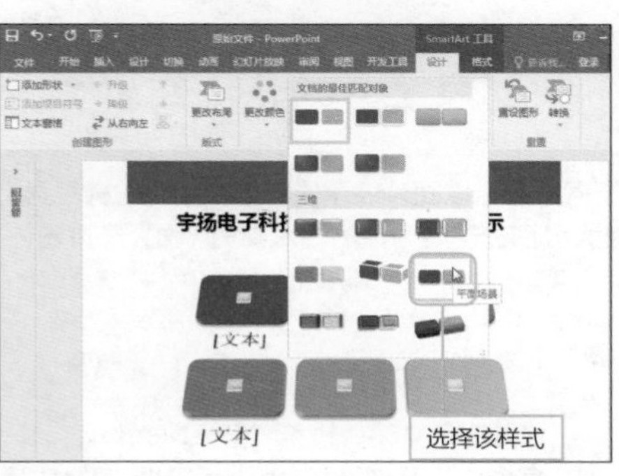

5 根据用户需要，在文本占位符中分别输入相应文本。

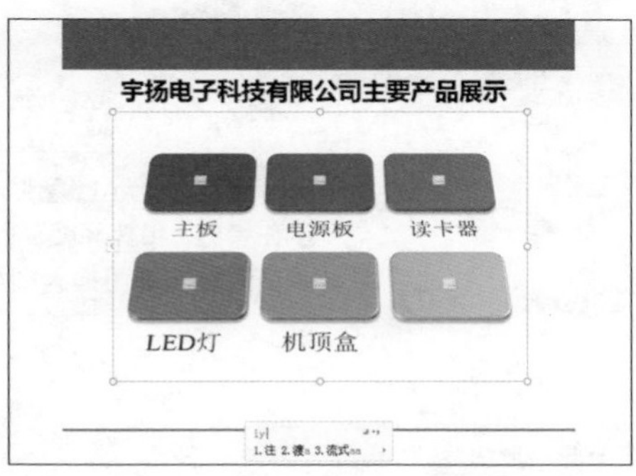

6 单击SmartArt图形中的“图片”按钮。

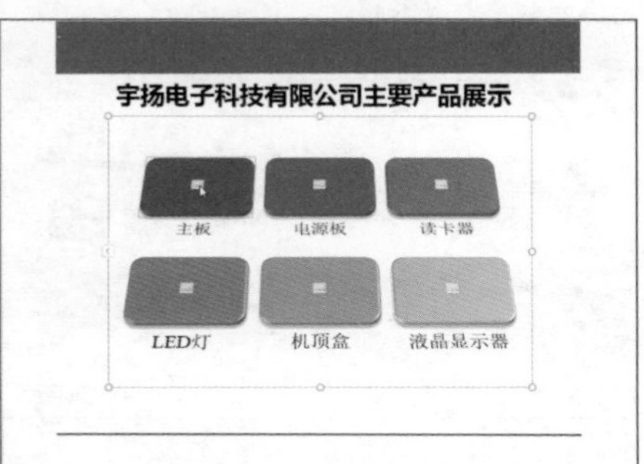

7 打开“插入图片”窗格，单击“来自文件”右侧的“浏览”按钮。

8 打开“插入图片”对话框，选择合适的图片，单击“插入”按钮。

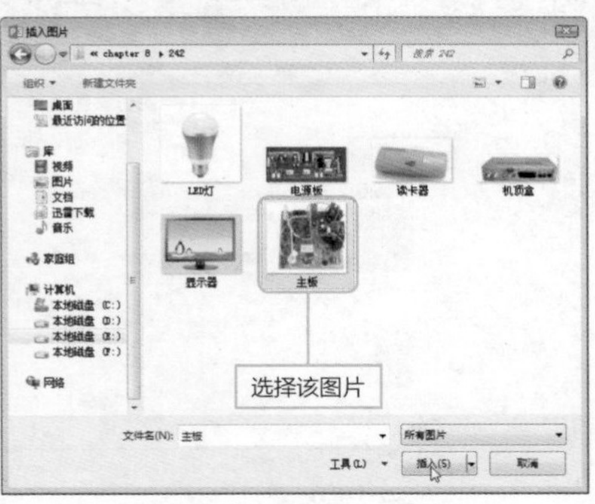

9 通过“开始”选项卡“字体”选项组中的命令设置字体为微软雅黑、20号。

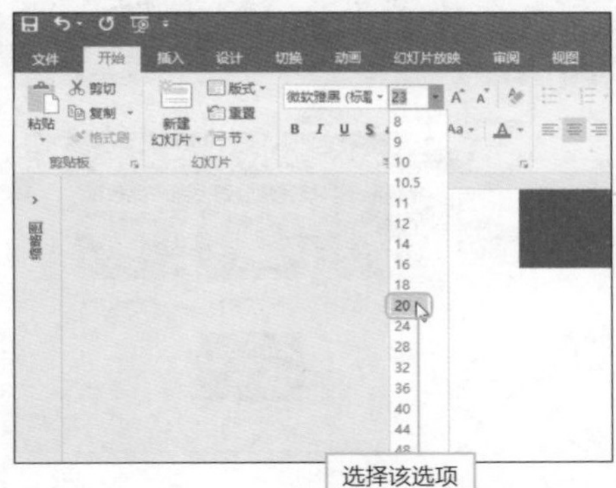

Question 206

轻松实现SmartArt图形与普通图形的互转

● Level ◆◆◆

2016 2013 2010

实例 将SmartArt图形转换为图形

利用 PowerPoint 系统所提供的转换功能，可以很方便地将设计好的 SmartArt 图形转换为图形，本技巧将对其进行详细介绍。

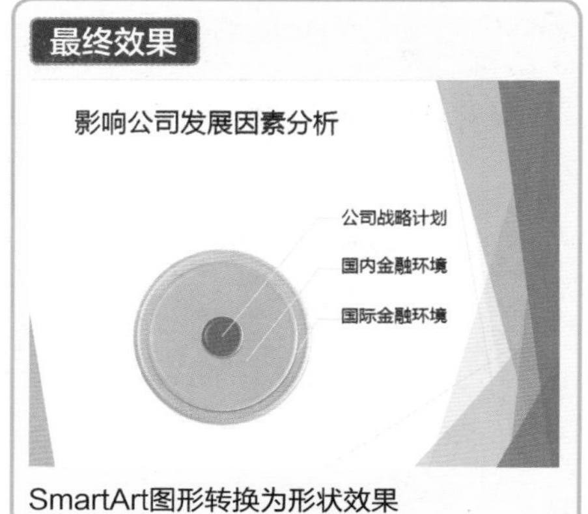

SmartArt图形转换为形状效果

1. 选择SmartArt图形，切换到“SmartArt工具—设计”选项卡。

2. 单击“转换”按钮，从列表中选择“转换为形状”选项。

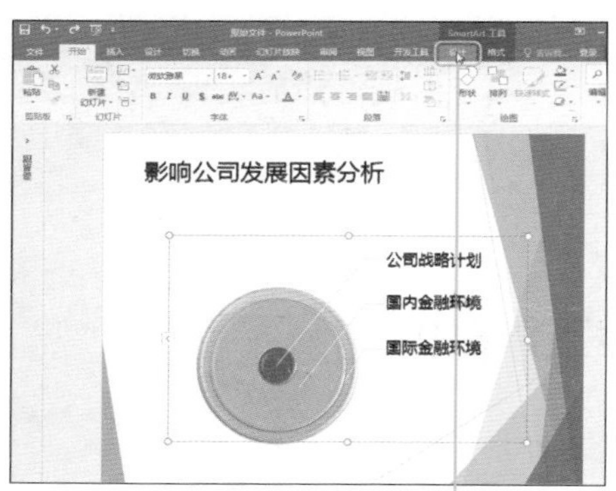

切换到“设计”选项卡

选择该选项

Level ◆◆◆

2016 2013 2010

将SmartArt图形转换为纯文本

实例 将SmartArt图形转换为文本

若用户需要提取 SmartArt 图形中的文本信息，当有多个文本时，逐个进行提取会非常麻烦，可以直接将 SmartArt 图形转换为文本。

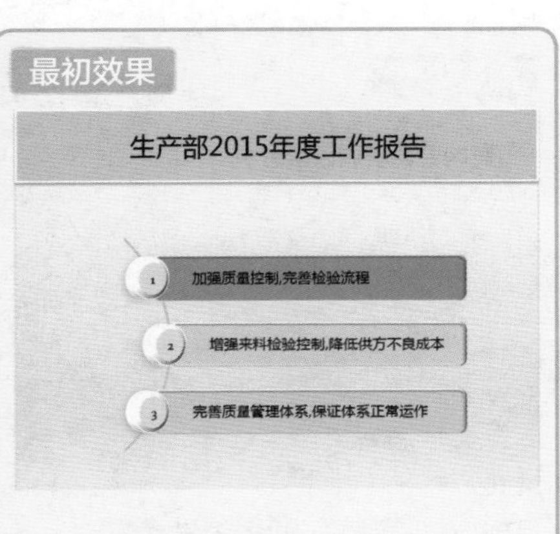

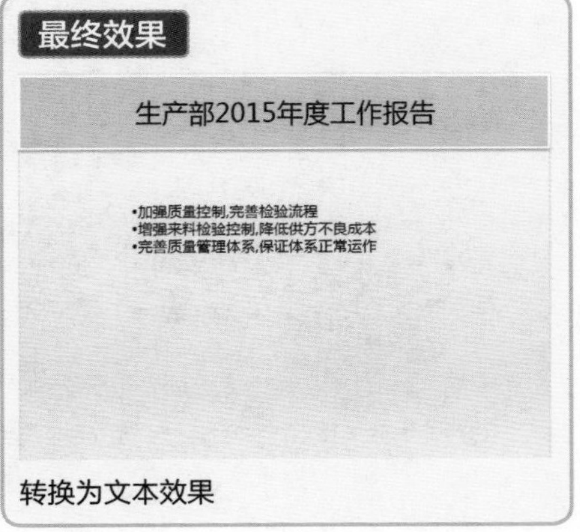

转换为文本效果

1. 选择SmartArt图形，切换到“SmartArt工具—设计”选项卡。

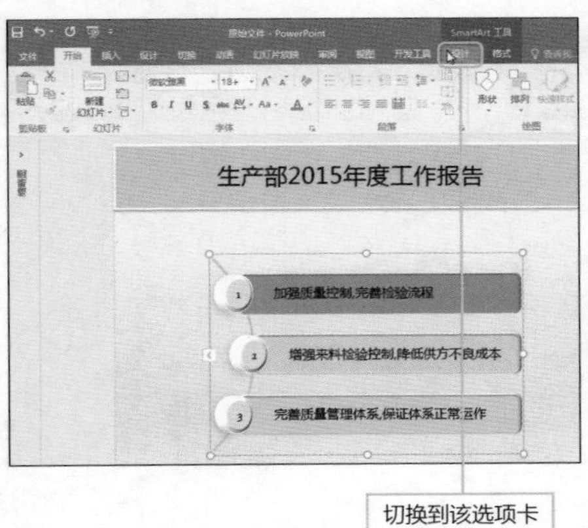

切换到该选项卡

2. 单击“转换”按钮，从列表中选择“转换为文本”选项。

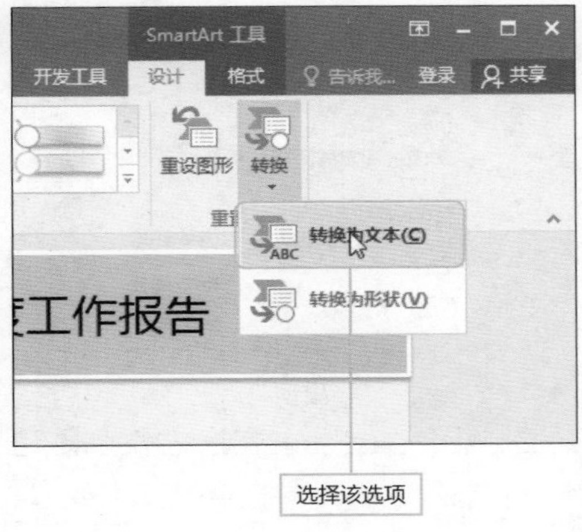

选择该选项

第7章 208~236

多媒体元素的应用技巧

- 有声音的幻灯片就是好
- 用好联机音频
- 插入录制音频有绝招
- 音乐播放方式随意选
- 循环播放背景音乐
- 巧妙隐藏声音图标
- 给声音图标画个妆

Question

208 有声音的幻灯片就是好

语音视频教学208

• Level ◆◆◆

2016 2013 2010

实例 在幻灯片中插入文件中的音频

声音是传播信息的一种方式，为了增强幻灯片的听觉效果，丰富幻灯片内容，增强感染力，用户可以根据需要在幻灯片中插入声音。

1. 打开演示文稿，单击“插入”选项卡中的“音频”下拉按钮，从展开的列表中选择“PC上的音频”选项。

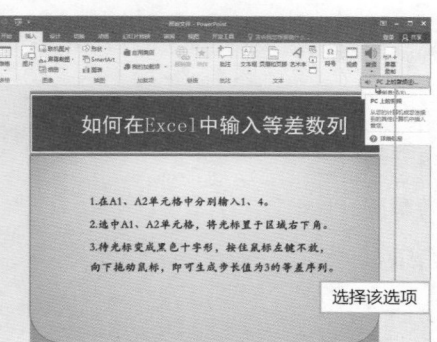

2. 打开“插入音频”对话框，选择合适的音频文件，单击“插入”按钮。

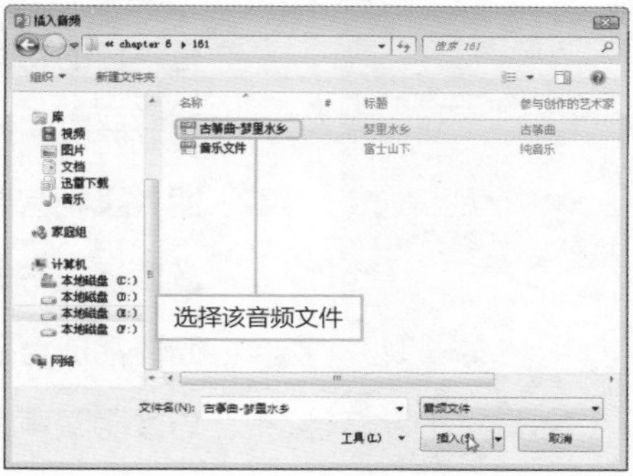

3. 将光标移至声音图标的外边框上，当光标变为时，按住鼠标左键不放进行拖动。

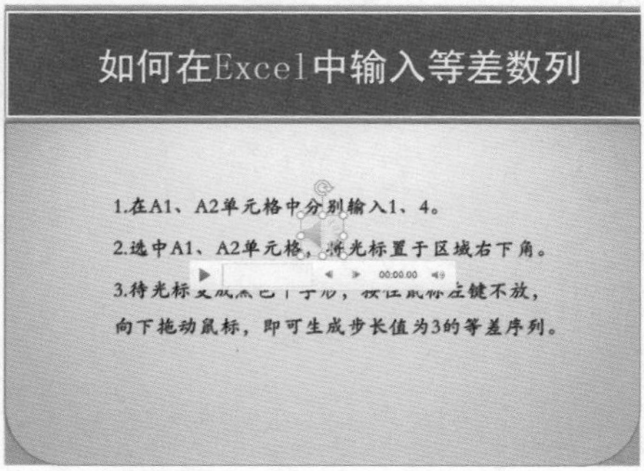

4. 将声音图标拖至合适的位置，释放鼠标左键即可。

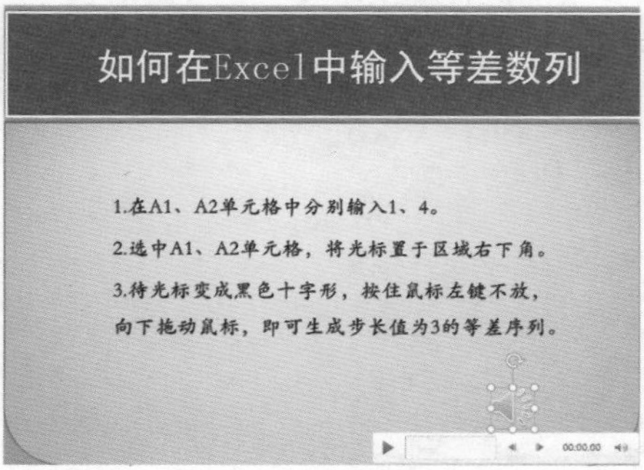

Question 209

用好联机音频

Level ◆◆◆

2016 2013 2010

实例 在幻灯片中插入联机音频

PowerPoint 2016 支持用户插入联机音频，当电脑处于联网状态时，可通过关键词进行搜索，然后选择合适的音频插入演示文稿即可，下面对其进行介绍。

1 打开演示文稿，单击“插入”选项卡中的“音频”下拉按钮，从展开列表中选择“联机音频”选项。

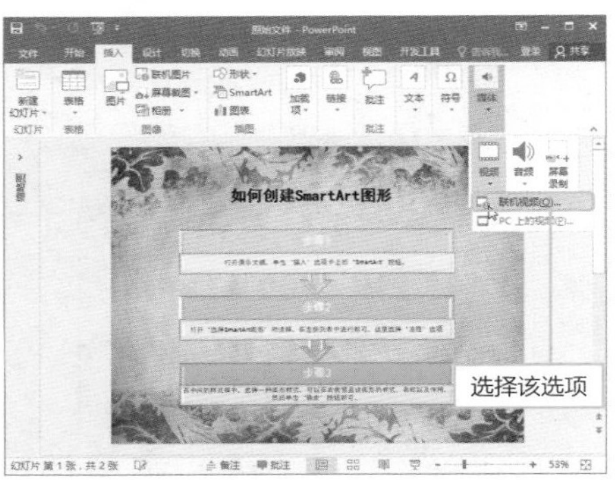

2 打开“插入音频”窗格，输入关键词“轻松”，然后单击右侧的“搜索”按钮进行搜索。

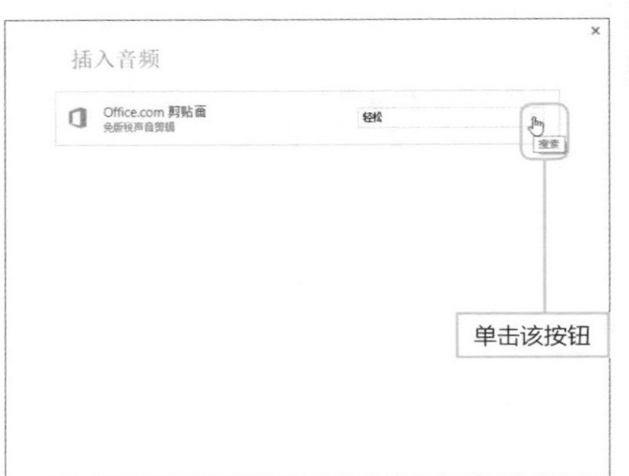

3 在给出的搜索列表中，选取合适的音频文件，然后单击“插入”按钮。

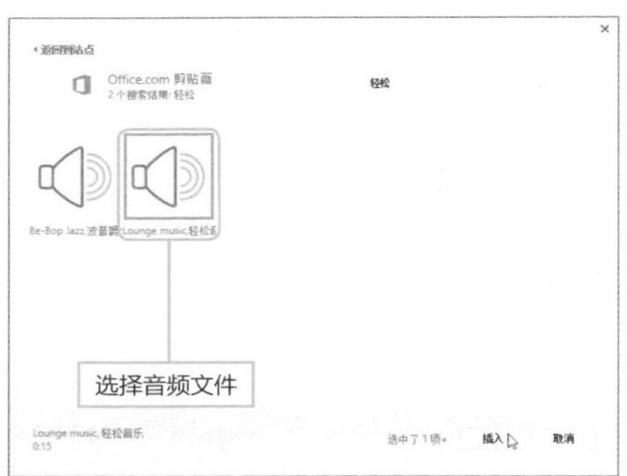

4 即可将音频文件插入至幻灯片中，然后将其移至合适的位置即可。

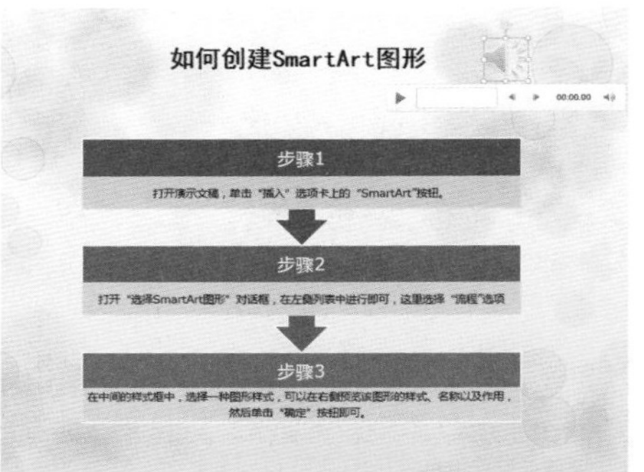

Question

210 插入录制音频有绝招

语音视频教学210

Level ◆◆◆

2016 2013 2010

实例 录制音频并插入幻灯片中

PowerPoint 2016 不仅可以插入各种声音文件和剪贴画音频，还可以现场录制音频，如幻灯片中的解说词等，这样即使用户不在现场也可以将自己的观点准确、清晰地表达出来。

1. 单击“插入”选项卡的“音频”下拉按钮，从展开列表中选择“录制音频”选项。

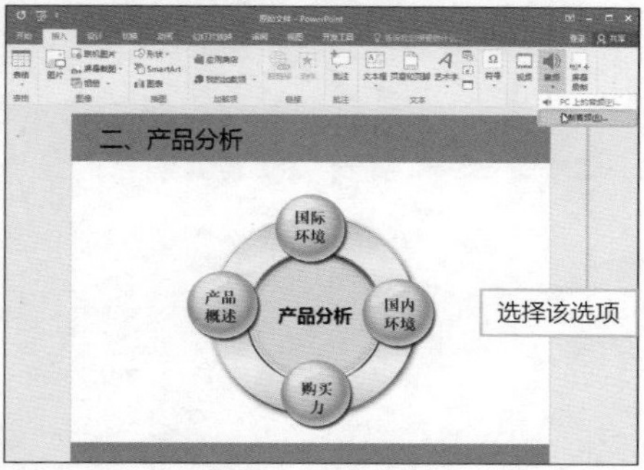

选择该选项

2. 弹出“录制声音”对话框，在“名称”文本框中输入录制的声音名称，单击“录制”按钮●开始录制。

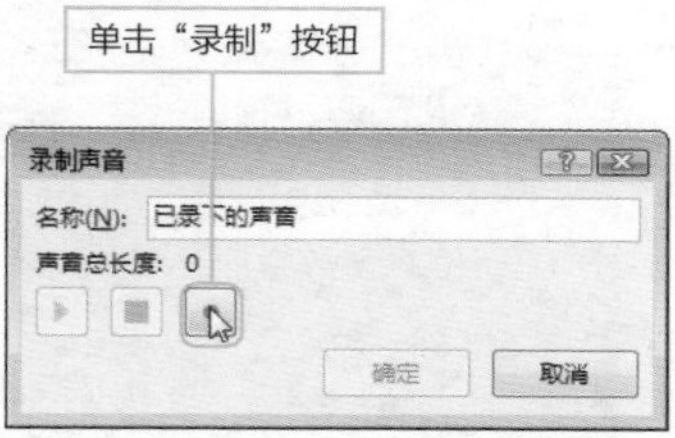

单击“录制”按钮

3. 单击“停止”按钮■，可停止声音的录制，可以单击“播放”按钮▶预览录制的声音，确认无误后，单击“确定”按钮，即可完成音频的插入。

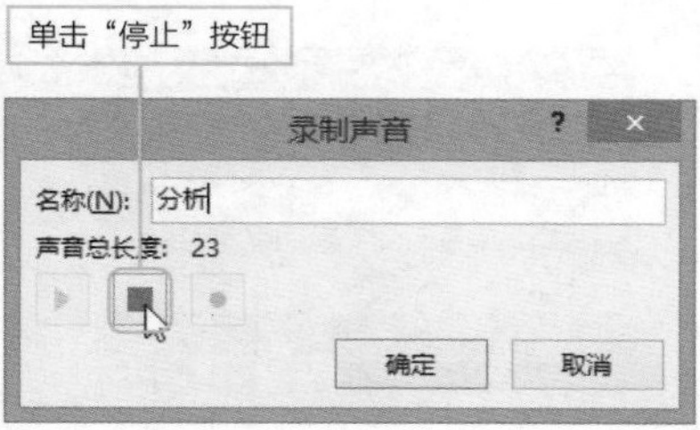

单击“停止”按钮

4. 插入音频后，按需调整声音图标在幻灯片中的位置，以便使其不影响页面的协调和美观性。

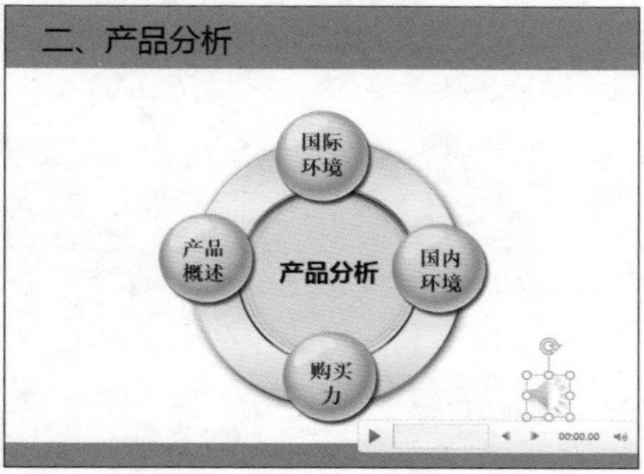

Question 211

音乐播放方式随意选

语音视频教学211

Level ◆◆◆

2016 2013 2010

实例	声音播放方式的设置以及音乐的试听

在幻灯片中插入声音对象后，用户可以根据需要设置声音的播放方式，并试听音乐效果，下面将对其操作进行详细介绍。

1 **设置播放方式。**打开演示文稿，单击幻灯片页面的声音图标，出现“音频工具”选项卡，切换至“播放”选项卡。

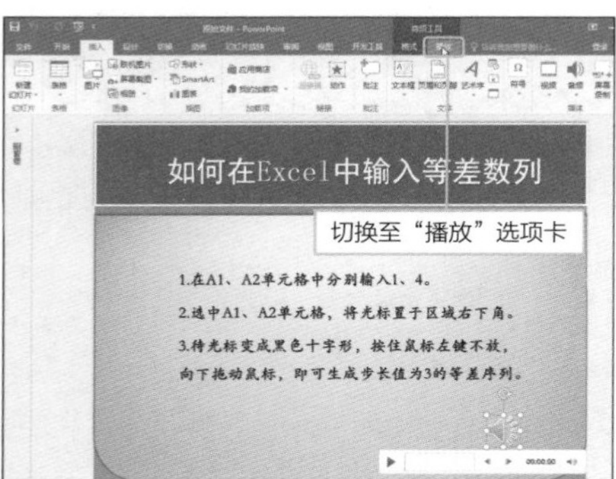

2 单击“开始”右侧的下拉按钮，在下拉列表框中进行选择即可。

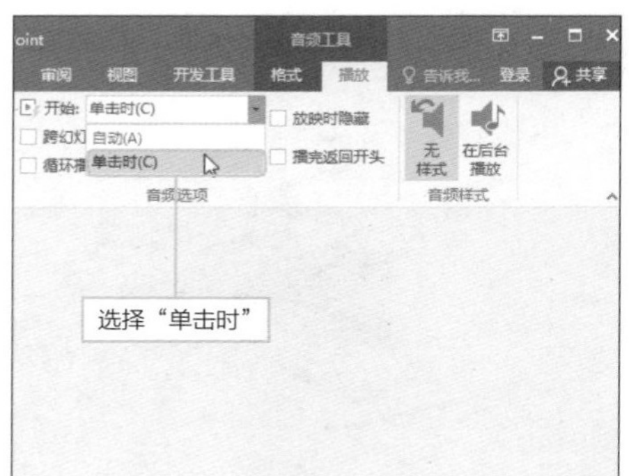

3 **试听音乐效果。**单击“音频工具—播放”选项卡中的“播放”按钮，可预览音频。

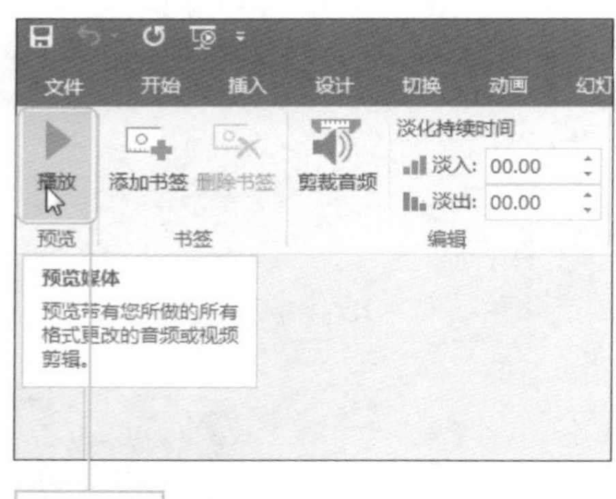

4 将鼠标光标移至声音图标上，会出现音乐控制条，单击“播放”按钮即可。

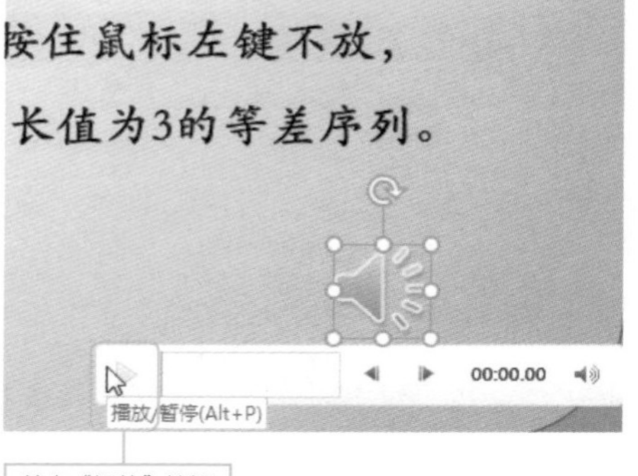

Question

212

• Level ◆◆◆

2016 2013 2010

循环播放背景音乐

语音视频教学212

实例 设置循环播放并调节其音量

通常情况下，整个 PPT 演示时间很长，但是背景音乐通常只有 5 分钟左右，若需要在整个演示期间都播放背景音乐，需要设置循环播放，同时，还可以调整背景音乐音量。

❶ **设置背景音乐循环播放。**打开演示文稿，选择音频文件，切换至“音频工具—播放”选项卡。

❷ 在“音频选项”选项组中，勾选“跨幻灯片播放”以及“循环播放，直到停止”选项。

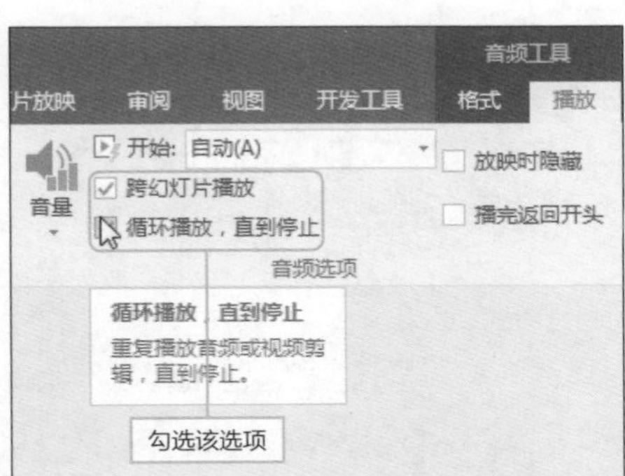

❸ **调节背景音乐的音量。**单击“音频工具—播放”选项卡中的“音量”按钮，从下拉列表中选择“中”选项。

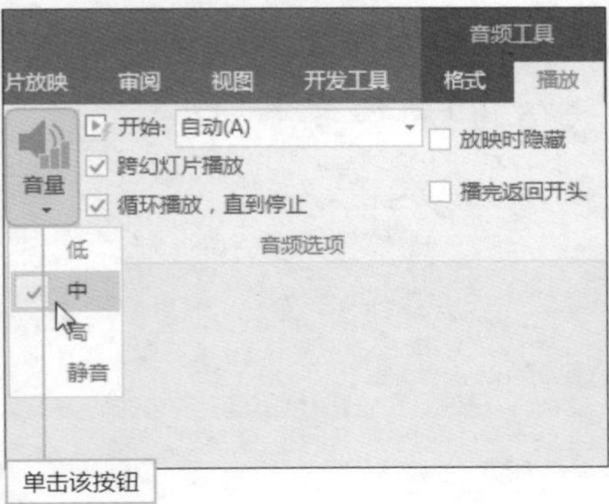

❹ 将鼠标光标移至声音图标上，会出现音乐控制条，移至“静音/取消静音”按钮🔊，出现音量控制条，拖动鼠标调整音量。

Question

213

巧妙隐藏声音图标

语音视频教学213

实例 隐藏幻灯片中的声音图标

● Level ◆◆◆

2016 2013 2010

在播放音频时，会显示声音图标，为了不影响幻灯片的美观，可以将声音图标隐藏起来。其操作也不难，具体介绍如下。

显示音频图标

最终效果

flowers

触目可即的鲜花，带给我们心灵的洗礼，
沉寂的心，也开始绽放……

隐藏音频图标

① **功能区按钮法**。打开演示文稿，切换至“音频工具—播放”选项卡，勾选“放映时隐藏”选项。

② **鼠标拖动法**。按住鼠标左键，拖动声音图标至幻灯片页面外，释放鼠标即可。

Question

214 给声音图标画个妆

• Level

2016 2013 2010

实例 美化声音图标

若在播放幻灯片时，希望可以显示声音图标，但是，又觉得默认的图标样式不漂亮，可以像美化图片一样，来美化图标。

最初效果

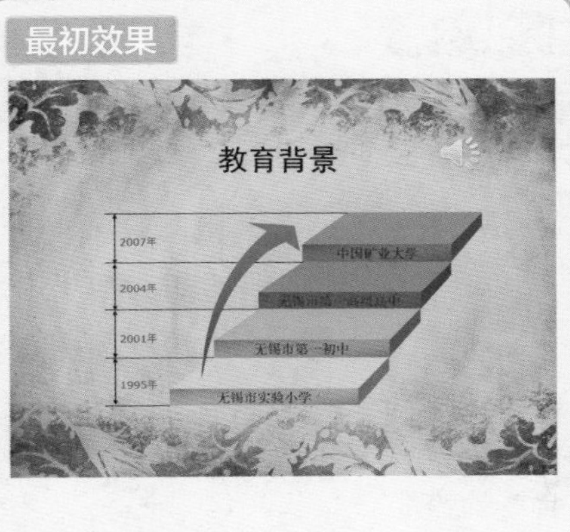

最终效果

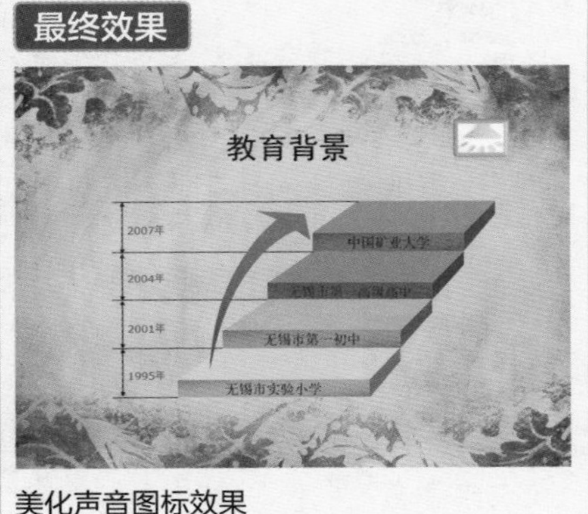

美化声音图标效果

❶ **更改图标颜色。**打开演示文稿，单击“音频工具—格式”选项卡中“颜色”按钮，从列表中选择“橄榄色，个性色3深色”。

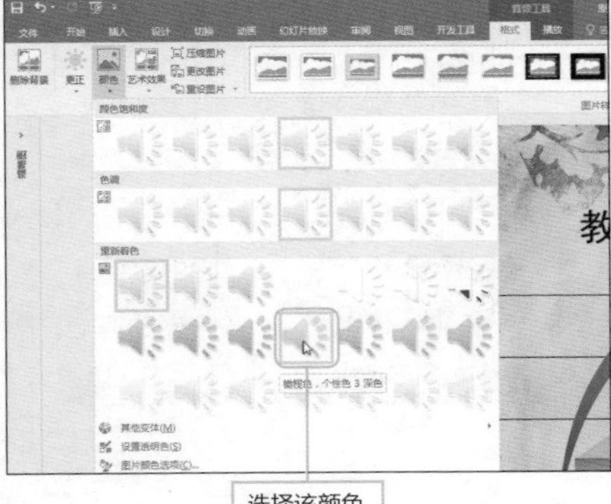

❷ **为图标添加艺术效果。**单击“音频工具—格式”选项卡中“艺术效果”按钮，从列表中选择“水彩海绵”效果。

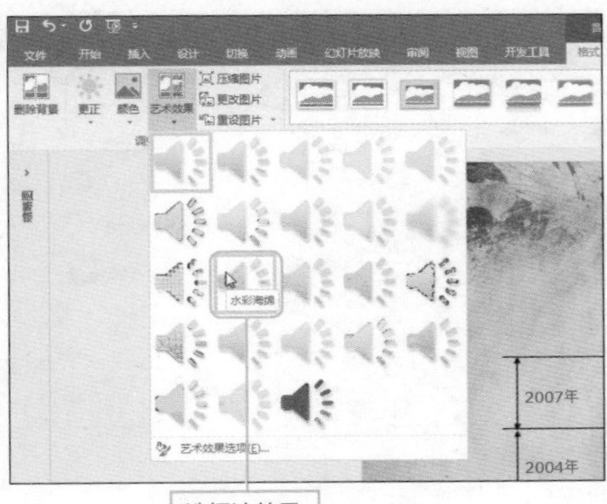

3 **为图标应用快速样式。**单击“音频工具—格式”选项卡“图片样式”选项组的“其他”按钮。

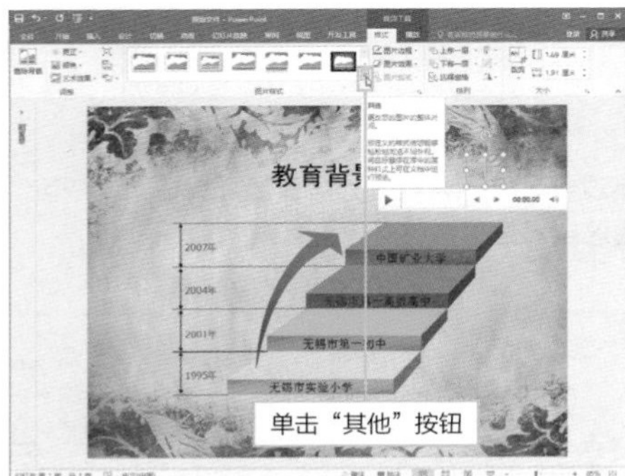

4 从展开的下拉列表中选择“映像棱台，白色”样式。

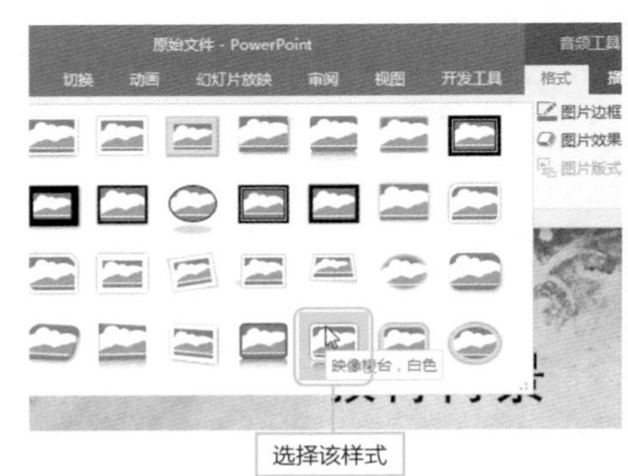

5 **更改图标边框颜色。**单击“音频工具—格式”选项卡中的“图片边框”按钮，从列表中选择“绿色”。

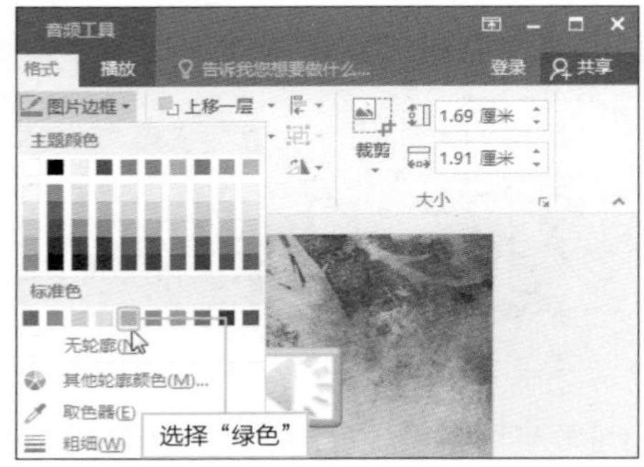

6 **旋转图标。**单击“音频工具—格式”选项卡中的“旋转”按钮，从列表中选择“向右旋转90°”选项。

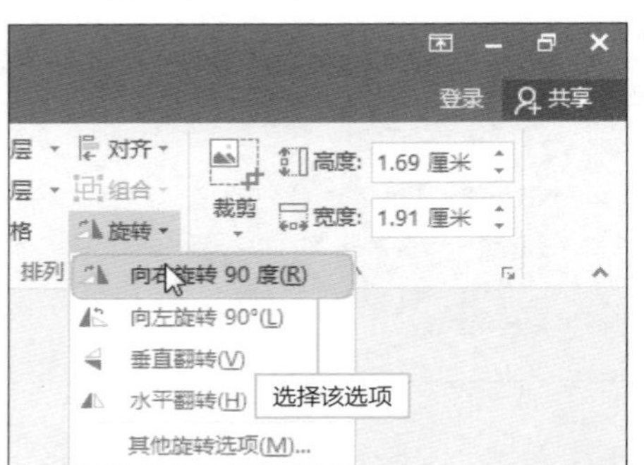
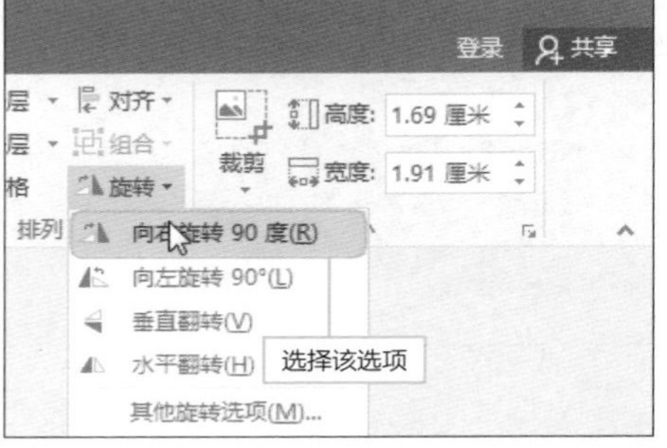

7 **调整图标大小。**拖动图标控制点，调整图标大小。

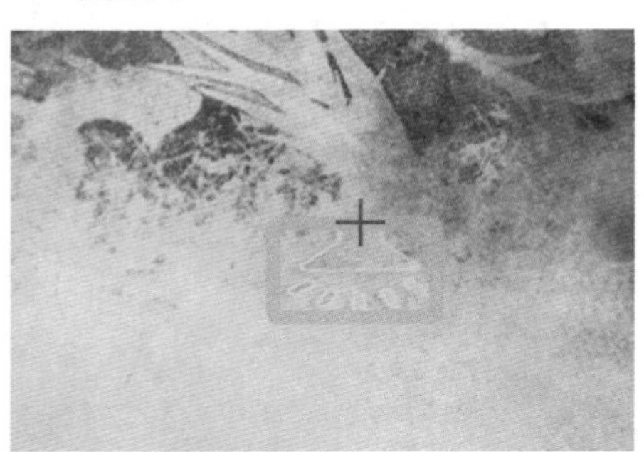

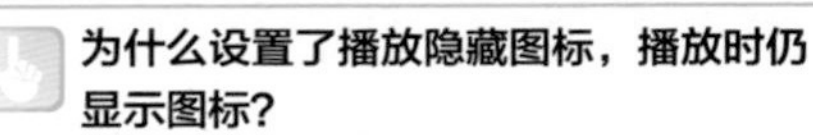

Hint

为什么设置了播放隐藏图标，播放时仍显示图标？

这是因为设置了“开始”为“单击时”，在此模式下，即使设置了放映时隐藏图标，播放时仍显示声音图标。

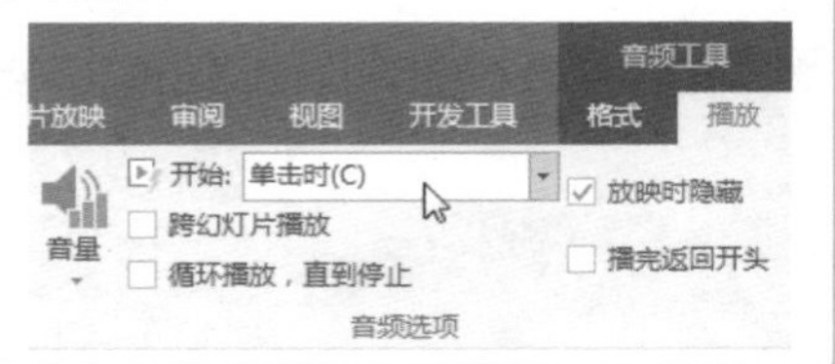

Question

215 实现音乐的跳跃式播放

语音视频教学215

Level ◆◆◆

2016 2013 2010

实例 在声音中添加书签

若用户希望在播放音乐时跳过某段音乐，可以为声音添加书签，用户可添加多个书签，当不再使用这些书签时，还可以将其删除。

1. **在开始位置添加书签。**播放音频至需添加标签处，单击"音频工具—播放"选项卡中的"添加书签"按钮。

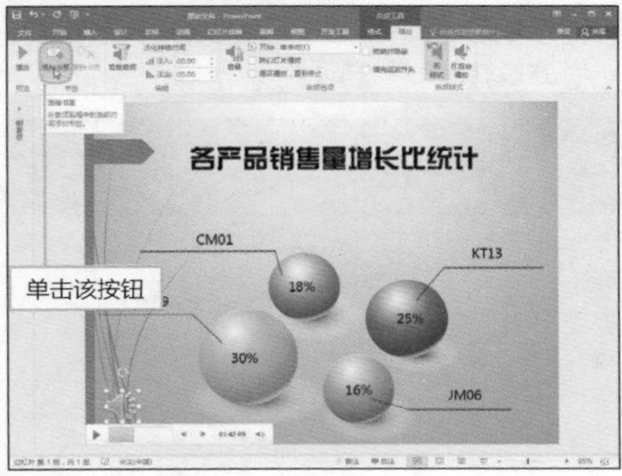

2. 切换至"动画"选项卡，选择"动画"组的"搜寻"动画效果，然后在"计时"组设置动画开始方式为"与上一动画同时"。

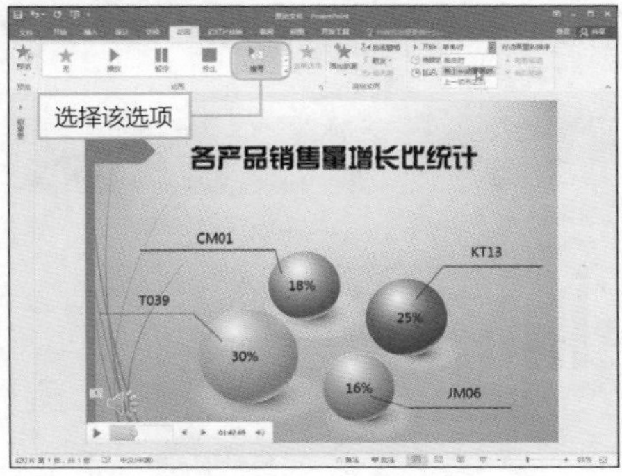

3. 放映幻灯片时，可以直接从设置的书签处开始播放音乐。

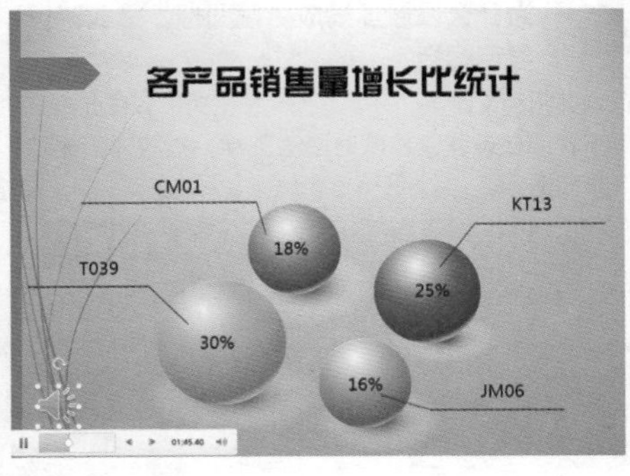

4. **删除书签。**单击"音频工具—播放"选项卡中的"删除书签"按钮，即可将不需要的书签删除。

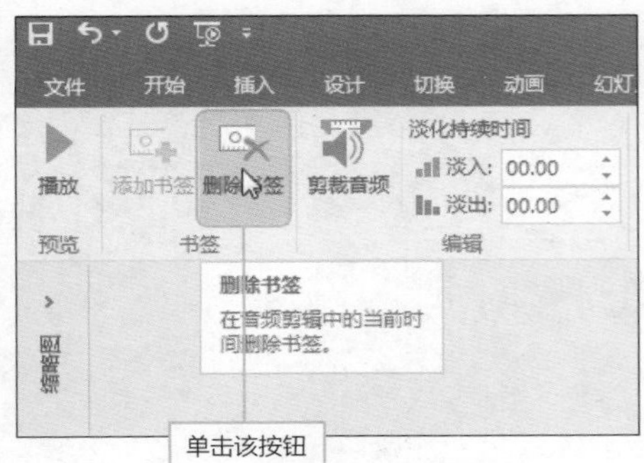

Question 216

不借用专业工具也能裁剪音频文件

Level ◆◆◆

2016 2013 2010

实例 剪裁幻灯片中的音频

PowerPoint 2016 提供了裁剪声音的功能，用户可以根据需要对幻灯片中的声音文件设置开始时间和结束时间，并对裁剪后的音频设置淡入淡出效果。

1 选择音频，单击“音频工具—播放”选项卡中的“剪裁音频”按钮。

2 也可以选中声音图标，右键单击，单击浮动工具栏中的“修剪”按钮。

3 弹出“剪裁音频”对话框，通过拖动两端的时间控制手柄来调整开始时间和结束时间，也可以通过开始时间和结束时间上方的数值框进行调整，还可以通过“上一帧”和“下一帧”按钮进行微调，然后单击“确定”按钮即可。

Hint

设置淡入淡出效果

切换至“音频工具—播放”选项卡，在“编辑”组中，通过“淡入”和“淡出”数值框设置淡化持续时间。

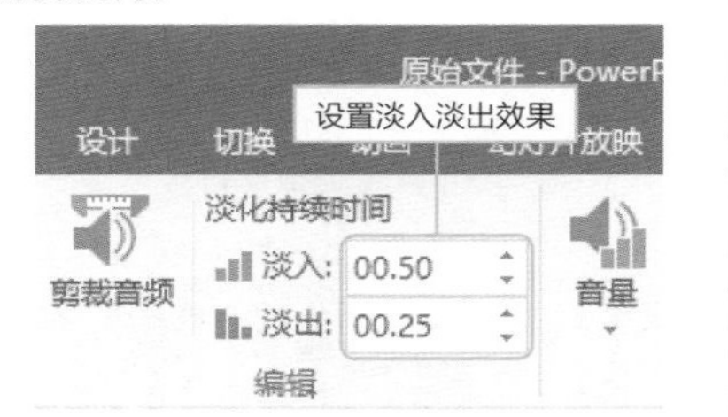

Question 217

单击图片也能播放音乐

语音视频教学217

Level ◆◆◆

2016 2013 2010

实例 使用图片作为声音图标并设置开始方式

除了可以美化默认的音频图标，用户还可以使用一个漂亮的图片作为音频图标，并且根据需要选择合适的音乐开始方式，本技巧将为您进行详细介绍。

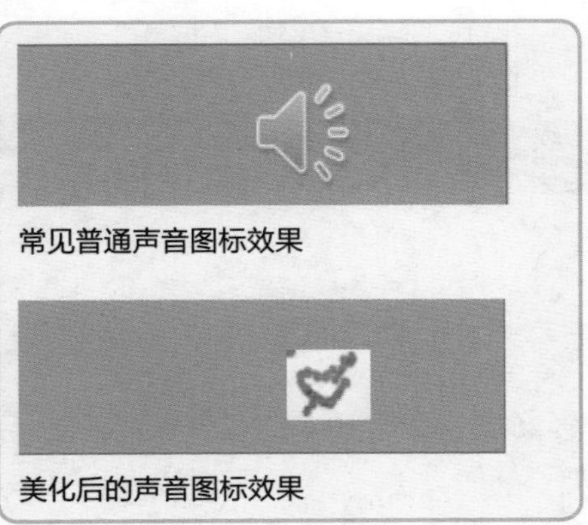

常见普通声音图标效果

美化后的声音图标效果

1 选择声音图标，切换至“音频工具—格式”选项卡，单击“更改图片”按钮。

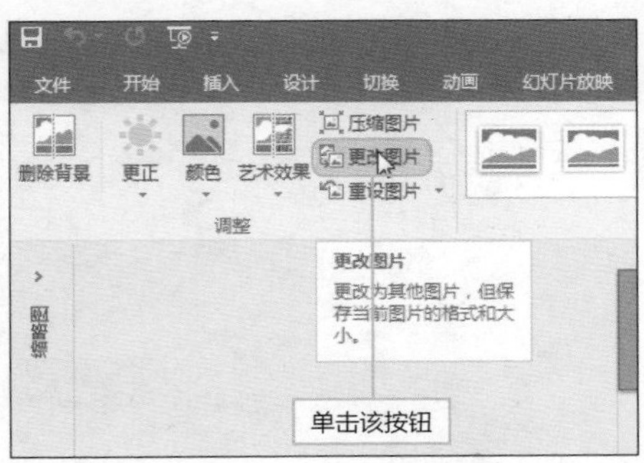

2 打开“插入图片”窗格，单击“来自文件”右侧的“浏览”按钮。随后在打开“插入图片”对话框中选择插入的图片。

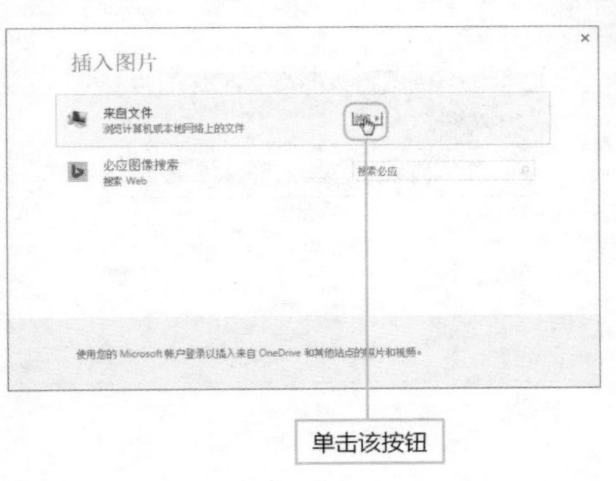

3 插入图片后，切换至“音频工具—播放”选项卡，单击“开始”选项右侧下拉按钮，从列表中选择“单击时”选项。

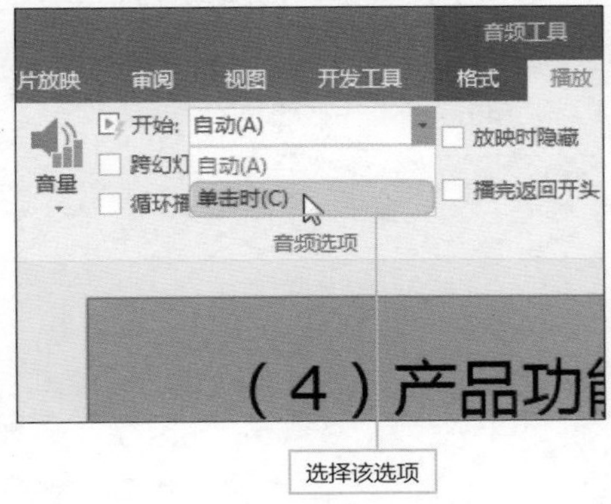

多媒体元素的应用技巧

Question 218

实现音乐跨幻灯片循环播放

语音视频教学218

Level ◆◆◆

2016 2013 2010

实例	音乐的跨幻灯片循环播放

希望插入的音乐可以在连续多张幻灯片中循环播放，该如何进行设置呢？本技巧将为您答疑解惑。

1. 打开演示文稿，切换至“插入”选项卡，单击“音频”按钮，从列表中选择“PC上的音频”选项。

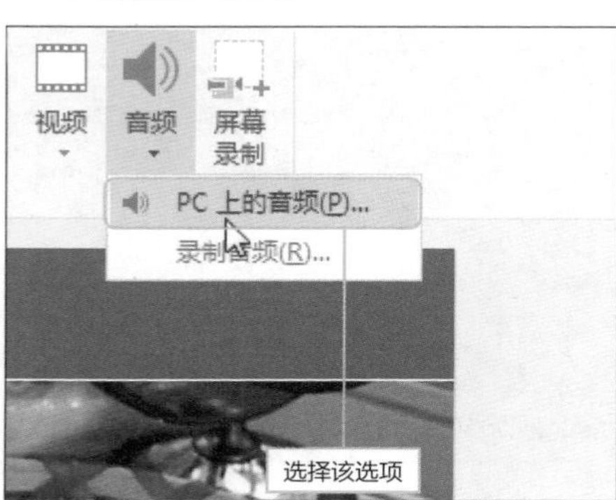

2. 打开“插入音频”对话框，选择音频，单击“插入”按钮。

3. 选择音频，切换至“音频工具—播放”选项卡，设置开始方式为“自动”。

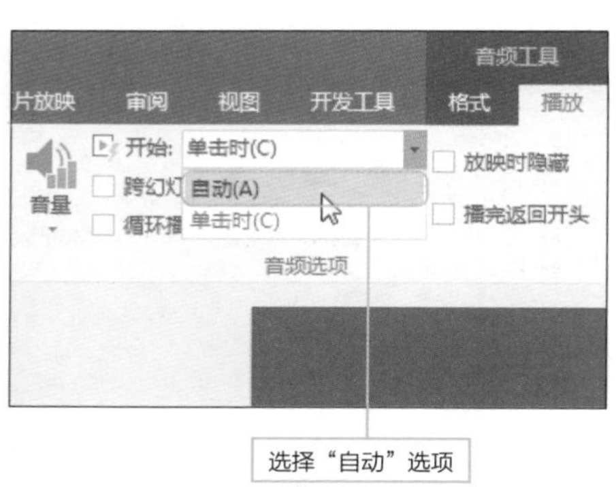

4. 勾选“跨幻灯片播放”和“循环播放，直到停止”选项前的复选框，即可实现音乐的跨幻灯片循环播放。

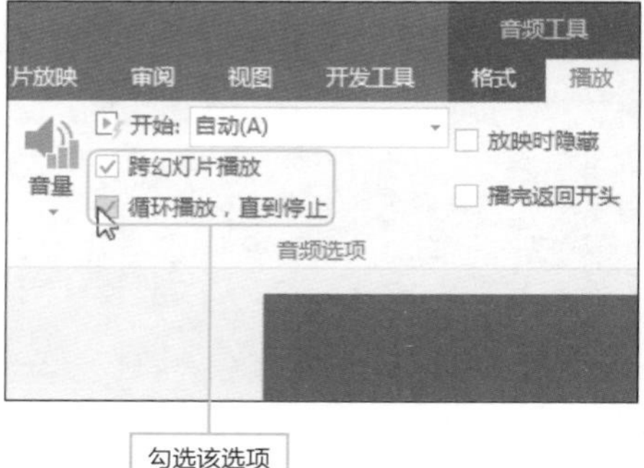

Question

219

巧用视频增光彩

语音视频
教学219

● Level ◆◆◆

2016 2013 2010

实例 在幻灯片中插入视频文件

在 PowerPoint 中，不仅可以插入声音文件，还可以插入视频文件，以辅助说明演示文稿内容，使演示文稿更加生动、有趣，其操作方法与插入声音文件相似，下面将对其进行介绍。

最初效果

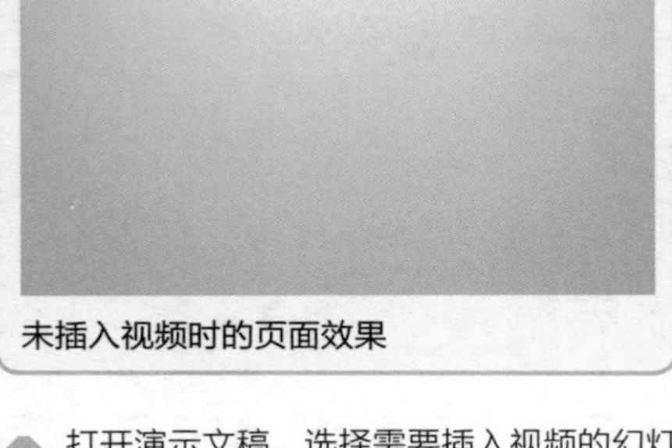

未插入视频时的页面效果

最终效果

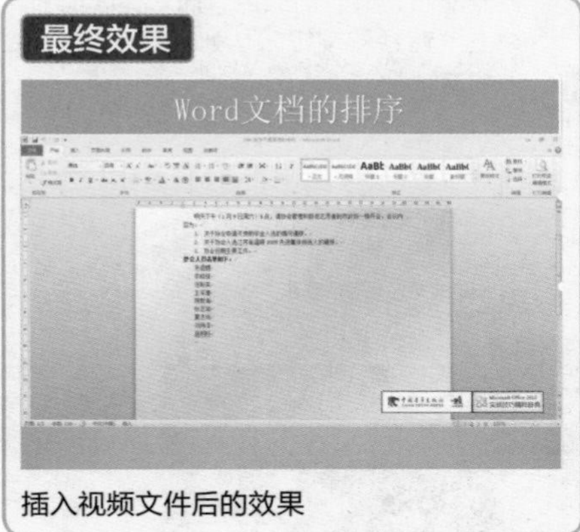

插入视频文件后的效果

1. 打开演示文稿，选择需要插入视频的幻灯片，单击“插入”选项卡的“视频”下拉按钮，从列表中选择“PC上的视频”选项。

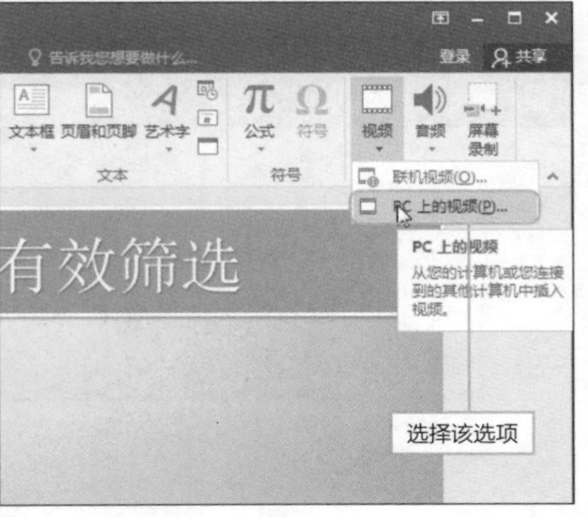

2. 打开“插入视频文件”对话框，选择视频文件，单击“插入”按钮即可，随后需要对视频的大小和位置进行相应的调整。

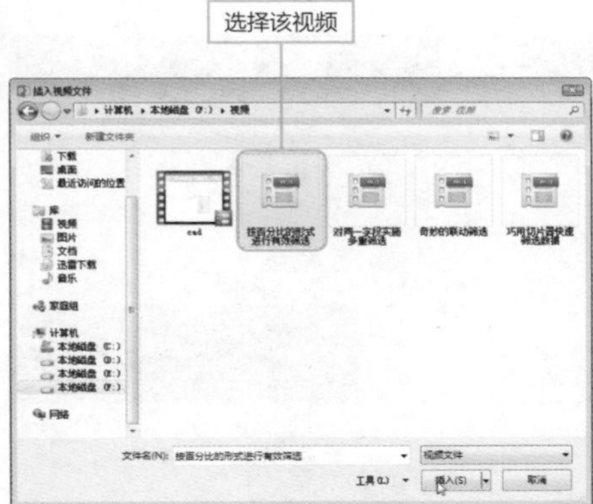

Question 220

丰富的素材资源——联机视频

Level ◆◆◆

2016 2013 2010

实例	联机视频的插入

除了可以插入文件中的视频，用户还可以根据需要将网络上的视频插入到当前演示文稿，下面对其进行介绍。

1. 打开演示文稿，切换至“插入”选项卡，单击“视频”按钮，从列表中选择“联机视频”选项。

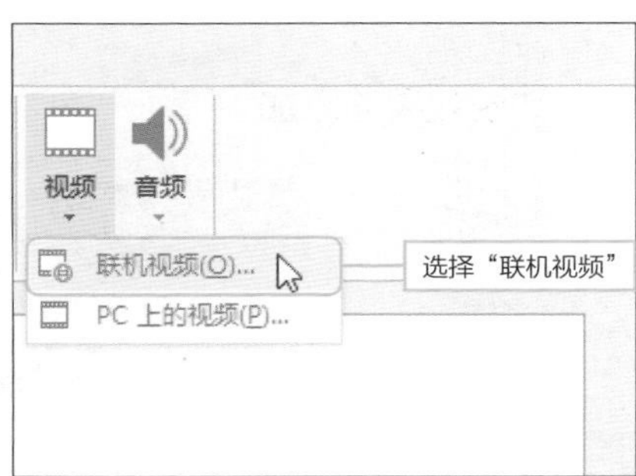

2. 打开“插入视频”窗格，输入关键词后单击“搜索”按钮。

3. 在搜索列表中选择需要插入的视频，单击“插入”按钮。

4. 随后便可在页面中插入一个联机视频，接下来只需调整其位置与大小即可。

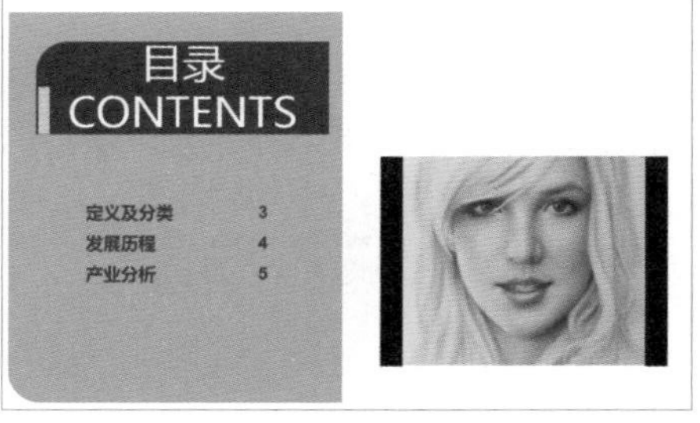

Question 221

播放视频花样多

语音视频教学221

• Level ◆◆◆

2016 2013 2010

实例 视频的播放

插入视频并对其设置完成后，即该播放视频了，有多种方式可以播放所插入的视频，用户可根据当前环境和习惯来进行选择。

1 **通过播放控制条播放。**打开演示文稿，将鼠标光标移至视频界面上，会出现播放控制条，单击“播放”按钮即可。

2 **通过右键快捷菜单播放。**在视频界面右键单击，会出现一个浮动工具栏，单击“开始”按钮即可。

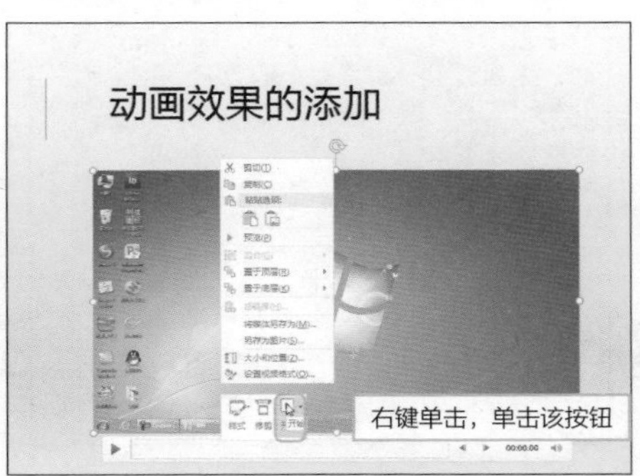

3 **通过“播放”选项卡播放。**单击“视频工具—播放”选项卡中“播放”按钮播放。

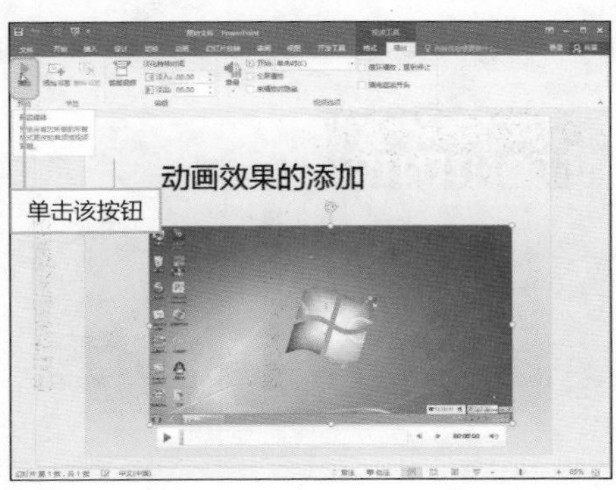

4 **通过“格式”选项卡播放。**单击“视频工具—格式”选项卡中“播放”按钮播放。

Question 222

巧妙控制视频的起止位置

● Level ◆◆◆

2016 2013 2010

实例 裁剪幻灯片中的视频

若用户希望针对视频中的重点部分进行裁剪，这就需要用到 PowerPoint 提供的视频剪裁功能了，其操作和声音的剪裁相似。

1 打开演示文稿，单击“视频工具—播放”选项卡中的“剪裁视频”按钮。

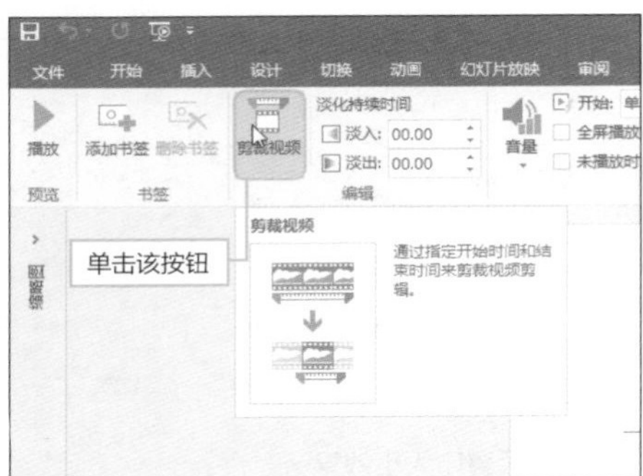

2 也可以选中视频，右键单击，从快捷菜单中选择“剪裁视频”选项。

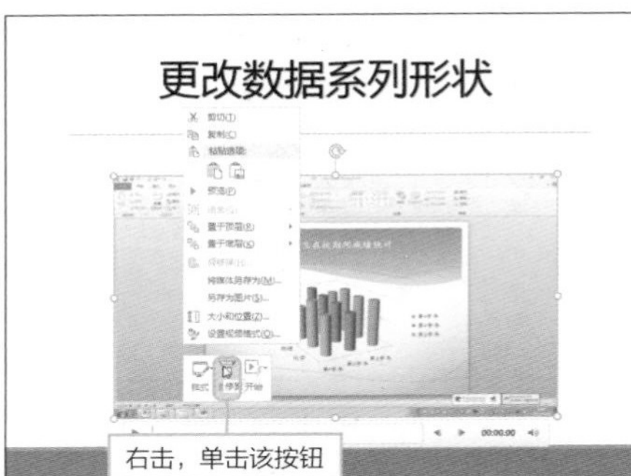

3 弹出“剪裁视频”对话框，通过拖动两端的时间控制手柄来调整开始时间和结束时间，单击“确定”按钮即可。

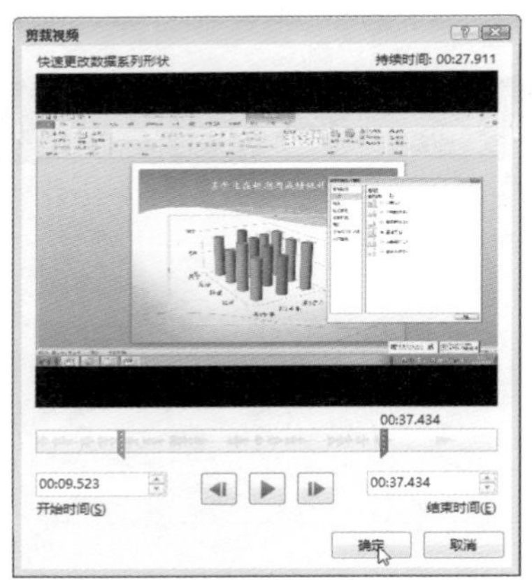

Hint

设置淡入淡出效果

通过“淡化持续时间”选项可以设置视频的淡化持续时间，通过“淡入”和“淡出”后的数值框设置即可。

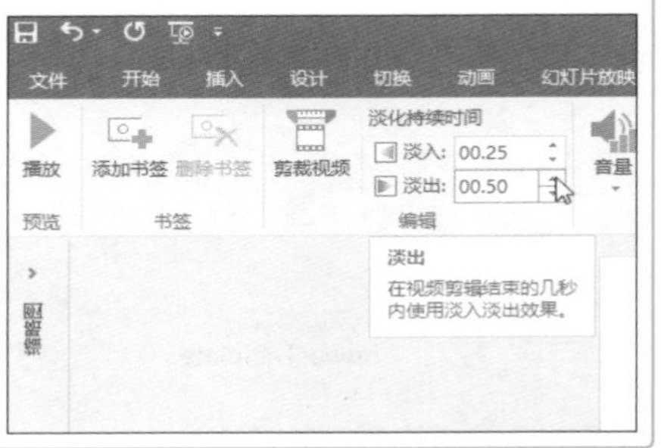

Question

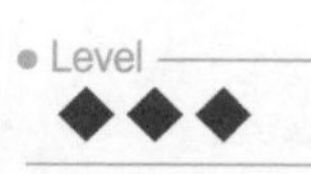

恰当调整影片窗口大小

实例 影片窗口的调整

● Level ◆◆◆

2016 2013 2010

将视频文件插入到幻灯片后，用户可以根据需要调整该视频文件界面的大小，其调整方法很简单，既可以通过鼠标拖动调整，又可以通过功能区中的“大小”选项进行设置，下面将对其具体操作进行介绍。

最初效果

巧妙链接到文件

未调整视频窗口大小的效果

最终效果

调整视频窗口大小效果

❶ 鼠标调整法。打开演示文稿，单击视频界面，会出现八个控制点，将光标移至某个控制点上，拖动鼠标调整至合适大小释放鼠标即可。

❷ 精确调整法。单击视频界面，会出现“视频工具”选项卡，切换至“格式”选项卡，通过“高度”和“宽度”数值框调整窗口大小即可。

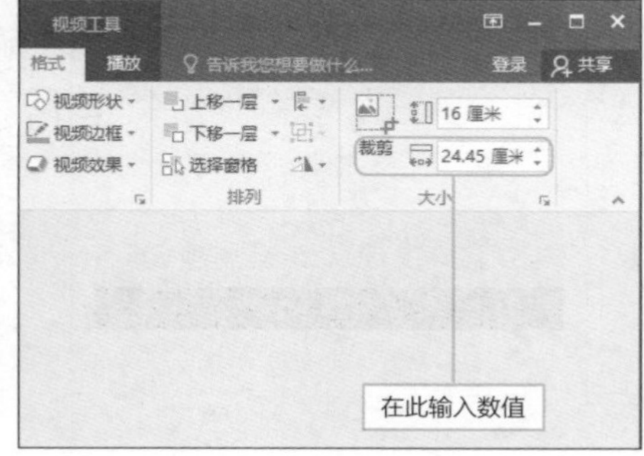

Question 224

● Level ◆◆◆

2016 2013 2010

让视频变得更亮些

语音视频教学224

实例　更正视频的亮度和对比度

插入视频后，若当前的视频颜色较暗，或者色调对比不够强烈，可以对视频的亮度和对比度进行调整，使整个视频更加美观，本技巧将对此进行详细讲解。

最初效果

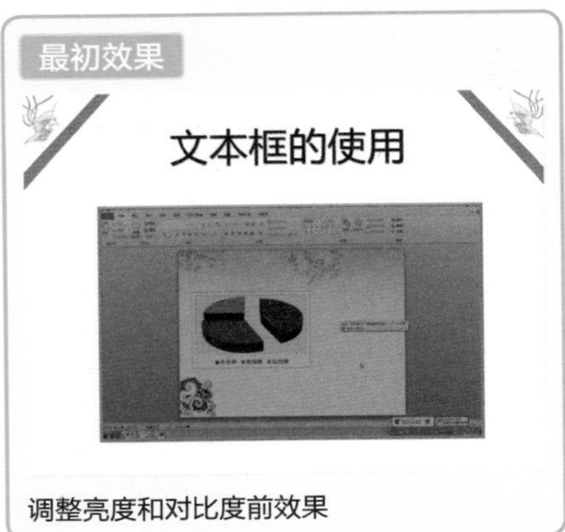

调整亮度和对比度前效果

最终效果

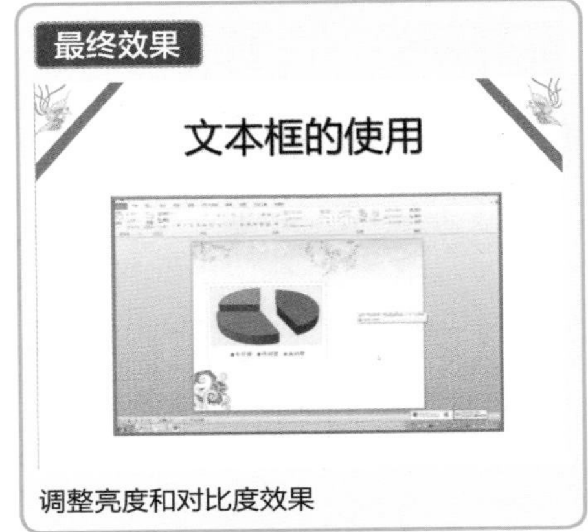

调整亮度和对比度效果

1 打开演示文稿，选择视频，切换至“视频工具—格式”选项卡，单击“调整”选项组中的“更正”按钮。

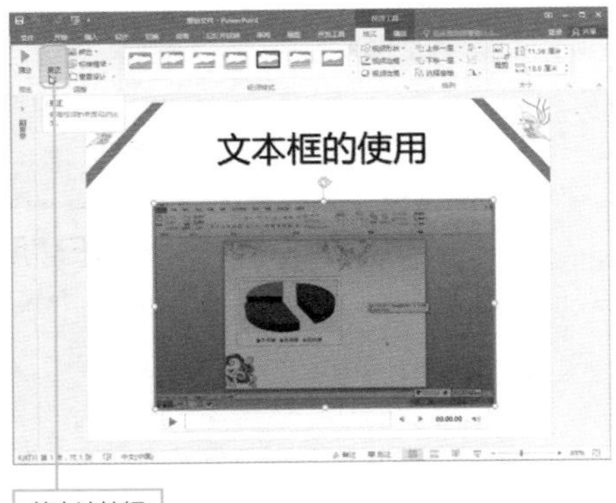

2 从展开的更正列表中选择“亮度：0%（正常）对比度0%（正常）”。

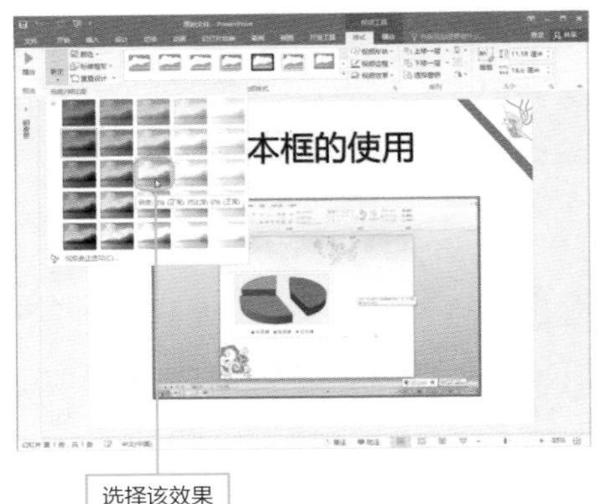

Question 225

将视频整体色调变为青绿色

实例　为视频重新着色

● Level ◆◆◆

2016 2013 2010

插入视频以后，可以像调整图片一样对视频进行调整，包括亮度和对比度、样式、重新着色、形状、边框等，本技巧将针对视频的重新着色进行介绍。

最初效果

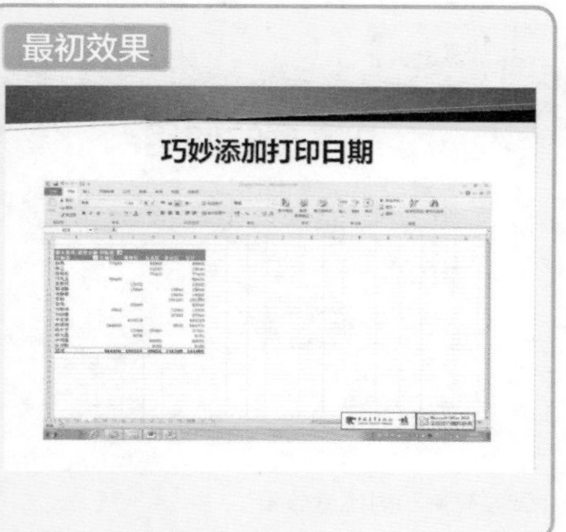

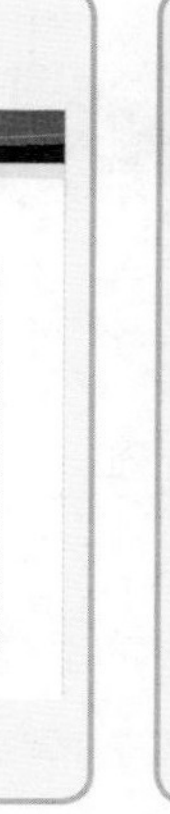

最终效果

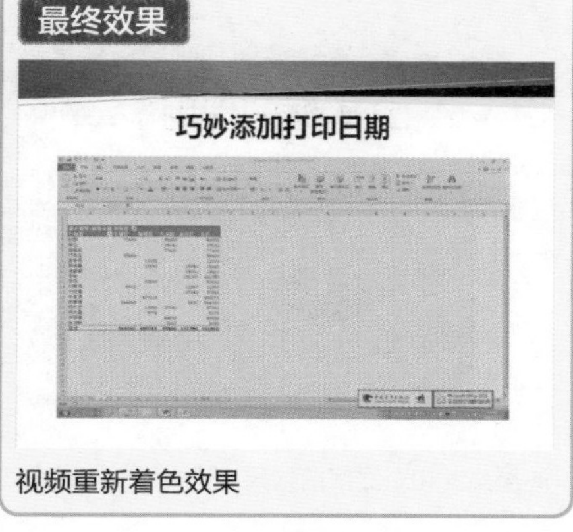

视频重新着色效果

1 打开演示文稿，选择视频，切换至“视频工具—格式”选项卡，单击“调整”选项组中的“颜色”按钮。

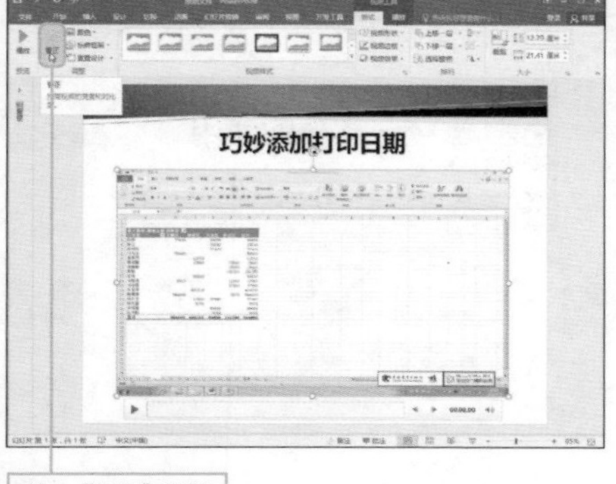

单击“颜色”按钮

2 从展开的颜色列表中选择“青绿，个性色1深色”效果。

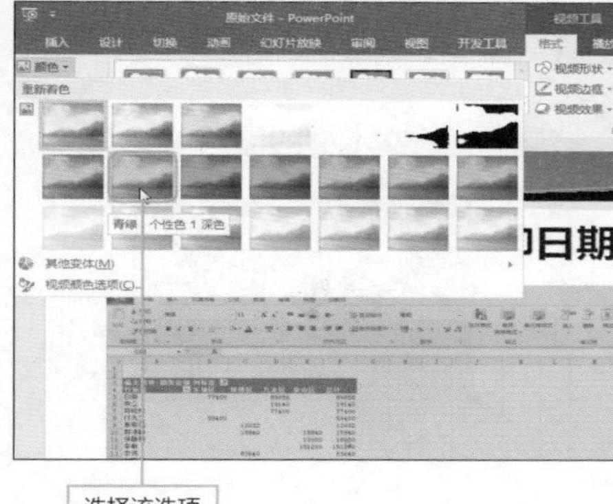

选择该选项

Question
226

轻松美化视频

语音视频
教学226

Level ◆◆◆

2016 2013 2010

实例　应用内置视频样式

PowerPoint 2016 提供了41 种不同的视频样式，用户可以根据需要进行随意选择。当鼠标光标移动至某个样式上方时，即可实时显示该样式的应用效果，在此将对样式的应用方法进行介绍。

最初效果

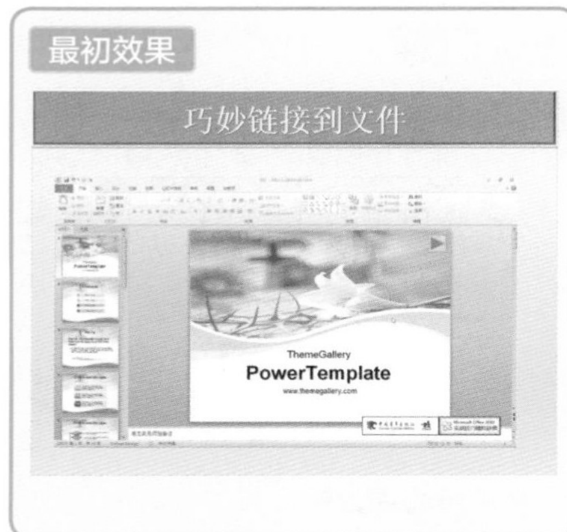

最终效果

美化视频效果

1. 选择视频，单击“视频工具—格式”选项卡中“视频样式”组的“其他”按钮。

2. 从列表中“细微型”选区选择“复杂框架，黑色”样式。

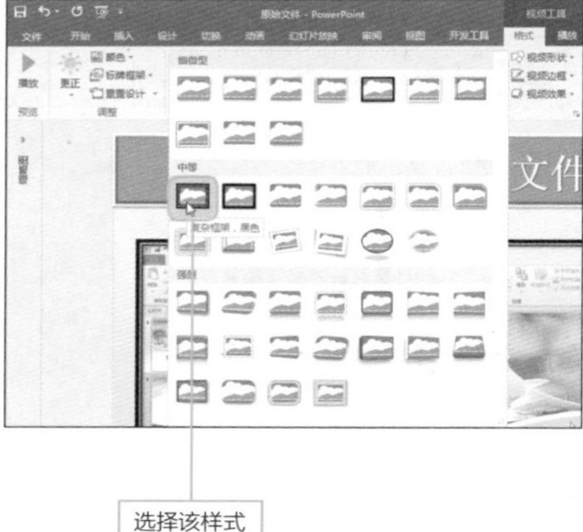

Question

227

为视频添加一个漂亮的边框

语音视频
教学227

Level ◆◆◆

2016 2013 2010

实例 为视频设置边框

为了使视频更加突出，与当前幻灯片页面背景区别开来，可以为视频添加一个精美、别致的边框，主要包括对边框的颜色和线条的设置操作。

最初效果

最终效果

为视频添加边框效果

1. 选择视频，单击“视频工具—格式”选项卡中的“视频边框”按钮，从列表中选择“浅绿”。

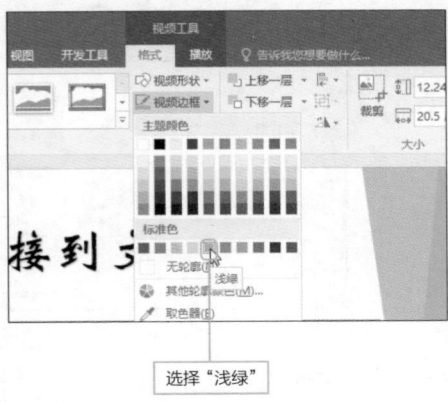

选择“浅绿”

2. 再次单击“视频边框”按钮，从列表中选择“粗细”选项，从其级联菜单中选择“3磅”。

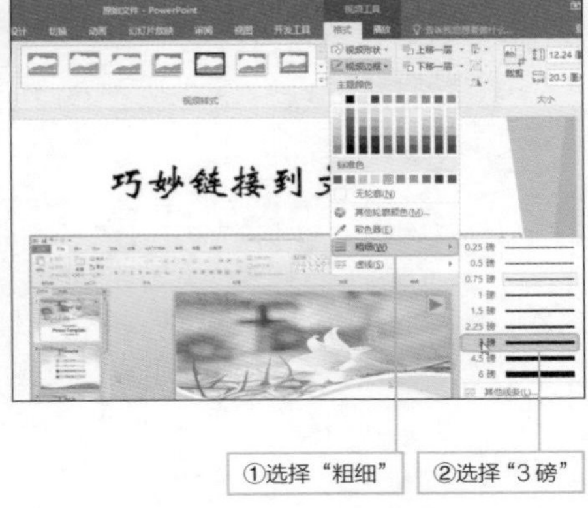

①选择“粗细”　②选择“3 磅”

Question
228

● Level
◆◆◆

2016 2013 2010

将视频的某个场景设为封面

语音视频教学228

实例　使用视频的场景为视频添加封面

为了可以更好地体现视频的内容，用户可以为视频添加一个与之匹配的封面，这个封面可以是视频的一个场景，也可以是来自其他文件中的图片，本技巧将介绍如何使用视频的场景作为视频封面的操作。

最初效果

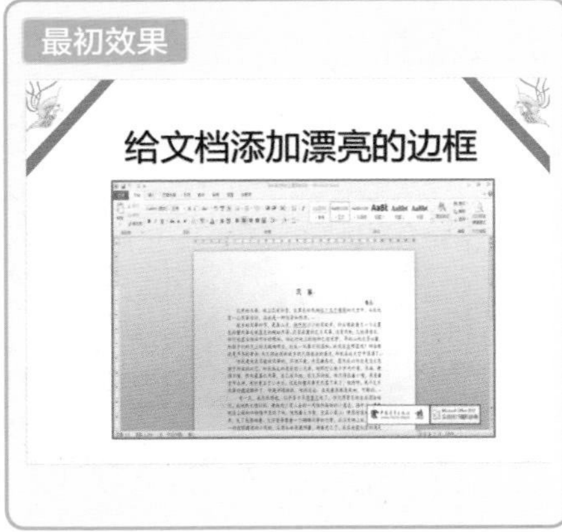

最终效果

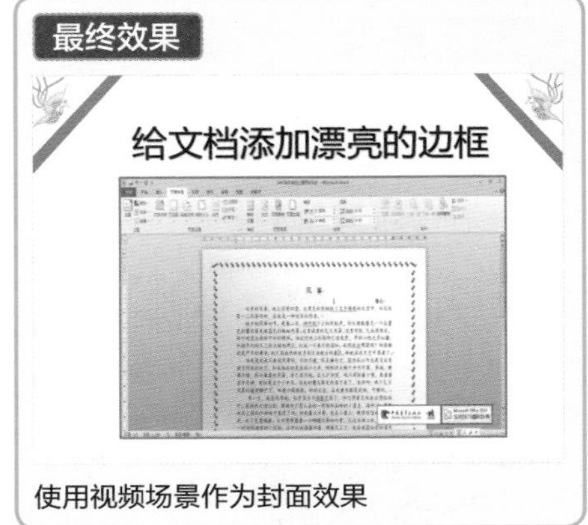

使用视频场景作为封面效果

1 播放视频，播放至出现需要作为封面的场景时，单击“播放/暂停”按钮，暂停视频的播放。

2 切换至“视频工具—格式”选项卡，单击“海报帧”按钮，从列表中选择“当前帧”即可。

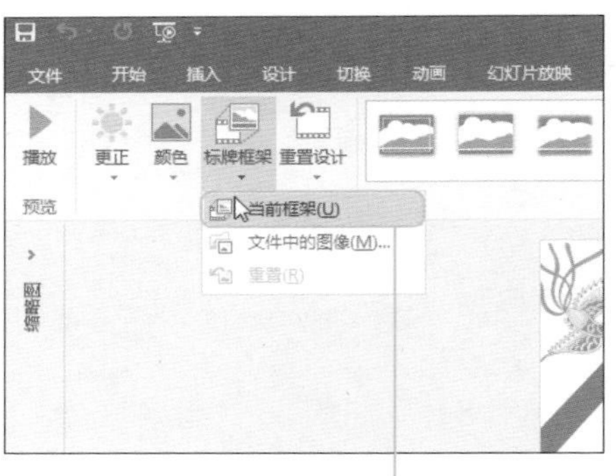

Question

229 为视频文件添加图片封面

语音视频教学229

Level ◆◆◆

2016 2013 2010

实例 标牌框架的运用

除了可以用视频内置的场景作为视频文件的封面外，还可以使用一张漂亮的图片作为视频文件的封面，本技巧将讲述如何将文件中的图片作为封面使用的操作。

最初效果

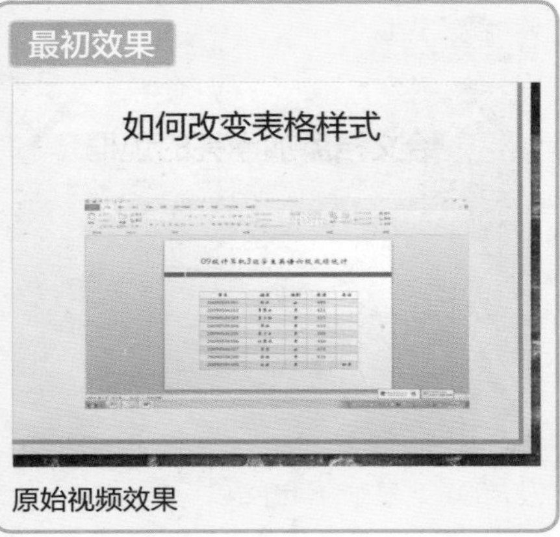

原始视频效果

最终效果

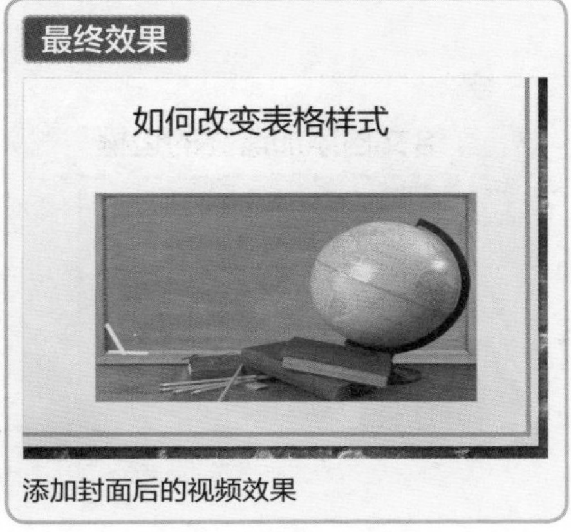

添加封面后的视频效果

1 选中视频，单击“视频工具—格式”选项卡中的“海报帧”按钮，从列表中选择“文件中的图像”。

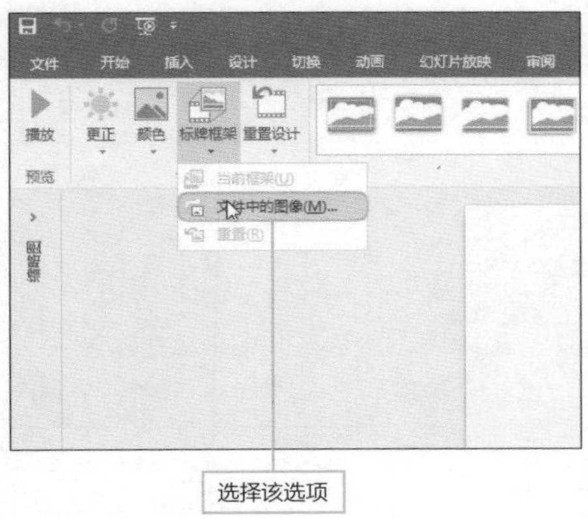

2 打开“插入图片”窗格，单击“浏览”按钮，打开“插入图片”对话框，选择合适的图片，单击“插入”按钮即可。

还原视频本来的相貌

Level ◆◆◆

2016 2013 2010

实例 还原更改了样式的视频

在美化视频时，不知不觉将视频更改得面目全非了，该怎么办呢？可以利用系统提供的“重置设计”功能，将视频还原到最初样式，本技巧对其进行介绍。

最初效果

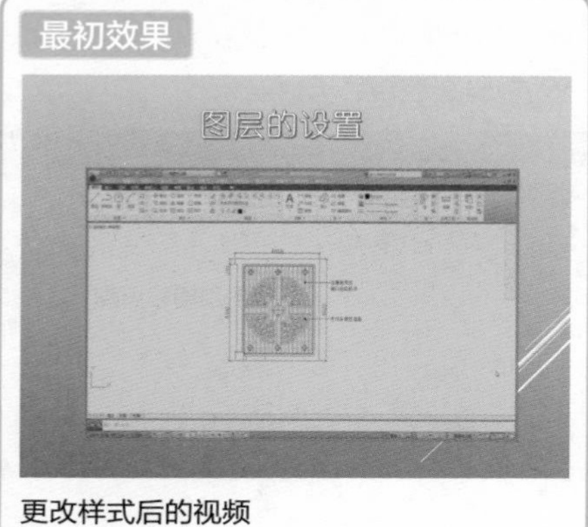

更改样式后的视频

最终效果

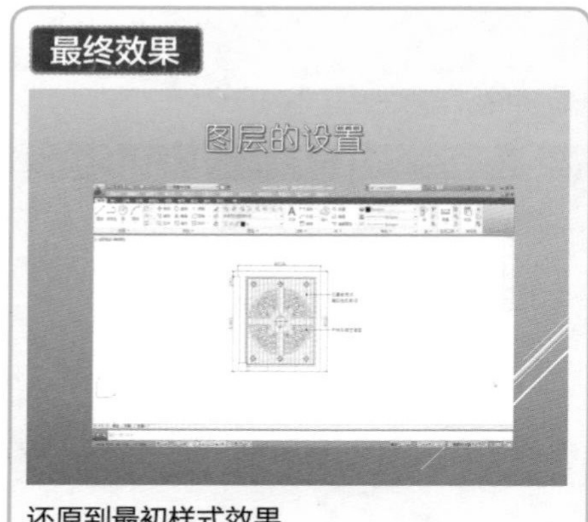

还原到最初样式效果

1. 打开演示文稿，选择视频，切换至“视频工具—格式”选项卡。

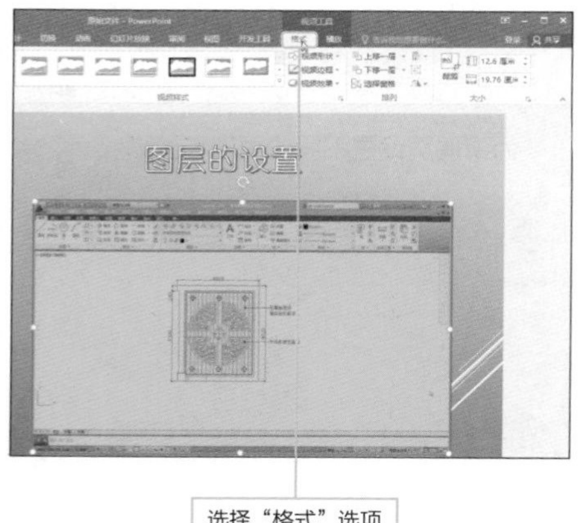

选择“格式”选项

2. 单击“重置设计”按钮，从列表中选择“重置设计”选项。

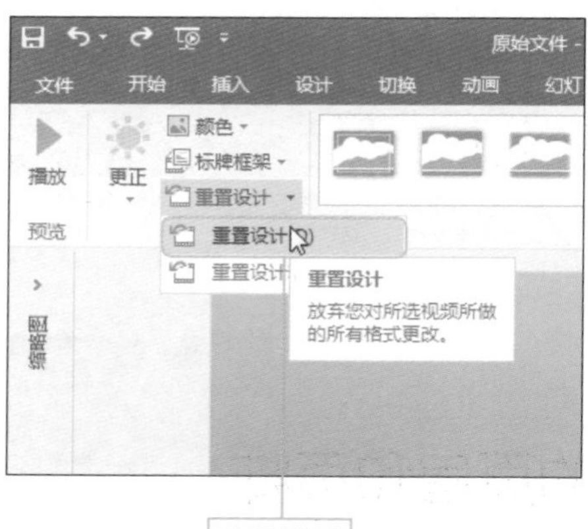

选择该选项

Question

231 在影片中加入标签

语音视频教学231

• Level ◆◆◆

2016 2013 2010

实例 为视频添加标签

如果用户希望可以从视频中的某一个时间点开始播放视频，可以为视频添加书签，其操作步骤如下。

1. 播放视频至某个时间点，切换至“视频工具—播放”选项卡，单击“书签”选项组中的“添加书签”按钮。

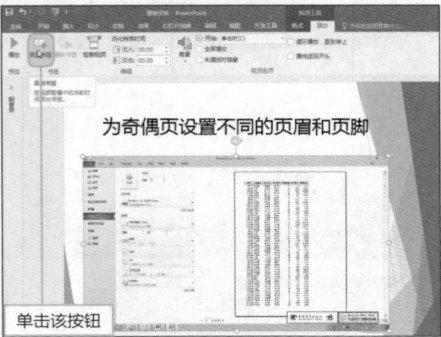

单击该按钮

2. 切换至“动画”选项卡，单击“动画”选项组的“其他”按钮，从展开的动画列表中选择“搜寻”动画。

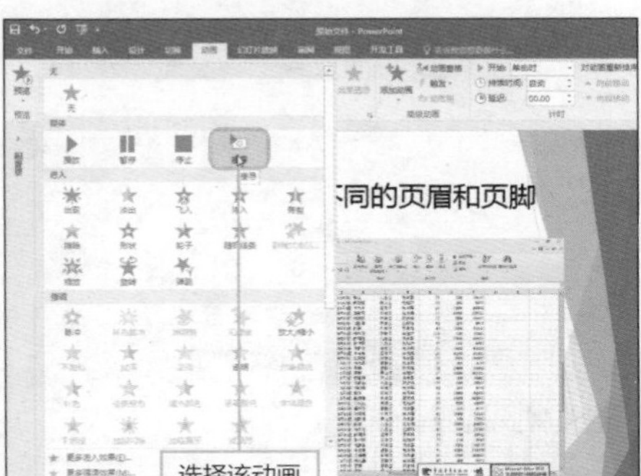

3. 单击“计时”选项组中“开始”右侧下拉按钮，从展开的列表中选择“与上一动画同时”选项。

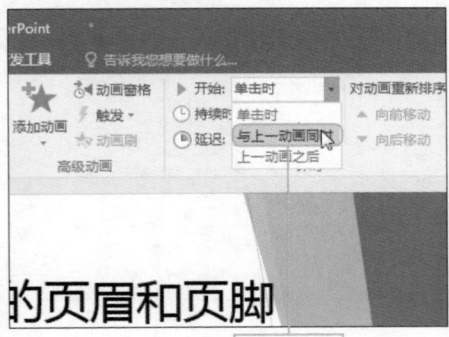

选择该选项

4. 放映幻灯片时，可直接从设置的书签处开始播放视频。

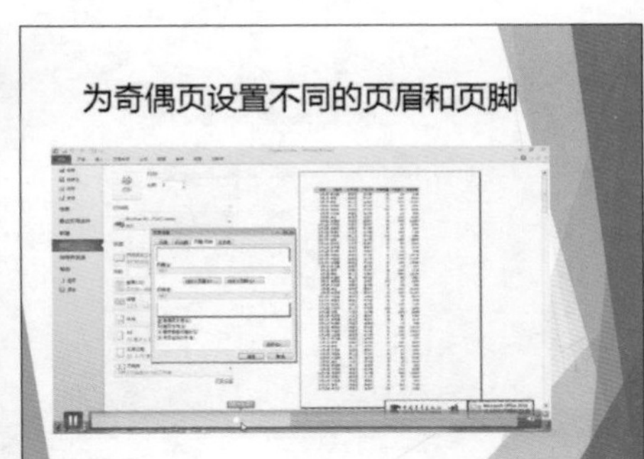

Question 232

有关视频选项的设置

语音视频教学232

Level ◆◆◆

2016 2013 2010

实例 设置视频选项

在插入视频后，用户需要对视频的相关选项进行设置，例如播放方式、是否循环播放以及全屏播放等。

1 **设置播放方式。**打开演示文稿，选择视频，单击“视频工具—播放”选项卡中“开始”右侧下拉按钮，从列表框中选择“自动”选项。

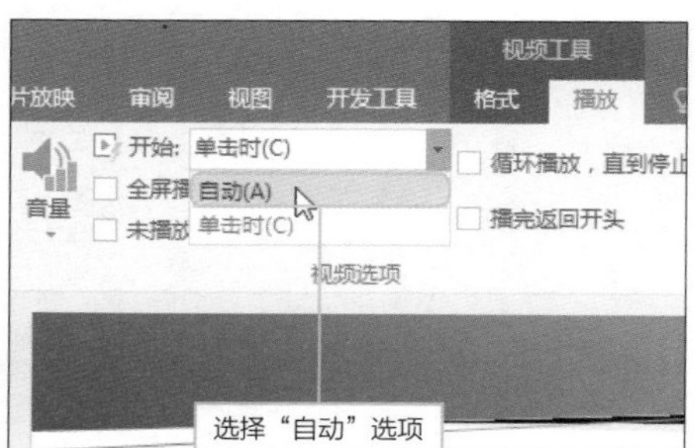

2 **设置循环播放。**切换至“视频工具—播放”选项卡，勾选“循环播放，直到停止”前的复选框即可。若勾选“播完返回开头”，则播放完毕后返回视频第一帧。

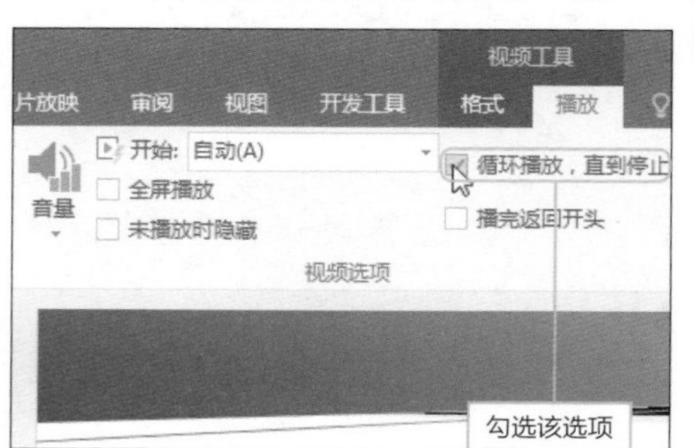

3 **设置全屏播放。**切换至“视频工具—播放”选项卡，勾选“全屏播放”前的复选框即可。若勾选“未播放时隐藏”，则隐藏视频的预览图。

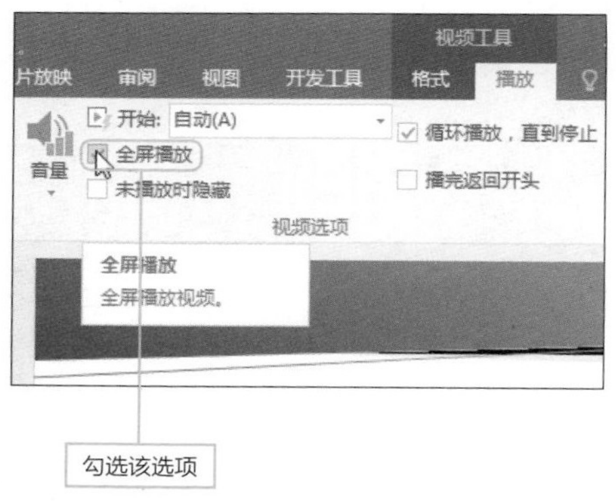

4 **调节音量。**单击“视频工具—播放”选项卡中的“音量”按钮，从列表中选择“中”选项。

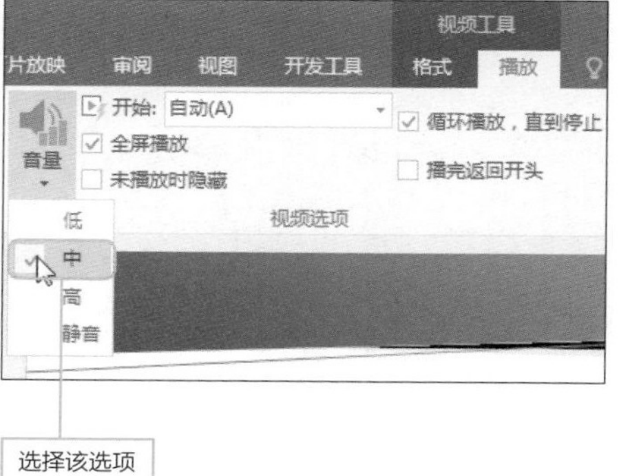

Question

233

录制视频不再难

实例 屏幕录制功能的应用

• Level ◆◆◆

2016 2013 2010

在演示文稿过程中，经常为了演讲需要会附带一些视频教程，以往录制视频太复杂、繁琐，现在 PPT2016 中新增“屏幕录制”功能，将解决这一难题，轻轻松松做好视频文件。

1 打开演示文稿，单击“插入”选项卡中的“屏幕录制”按钮。

2 在弹出的窗口中，单击“选择区域”，然后拖动鼠标选择要录制的视频区域。

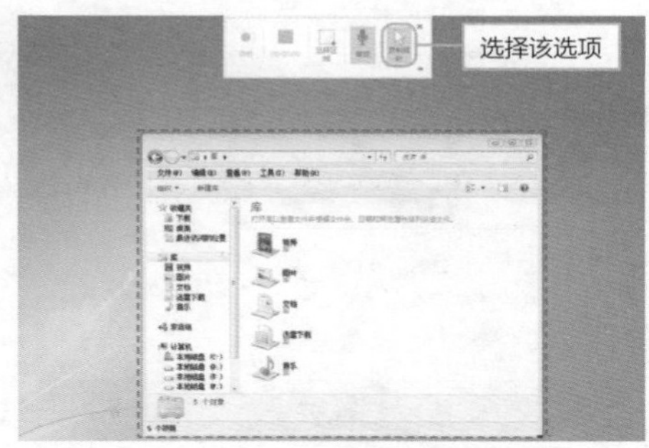

3 在录制视频的时候，选中音频按钮，此时音频显示灰色状态说明是选中的状态，用麦克风连接电脑，即可录制声音。

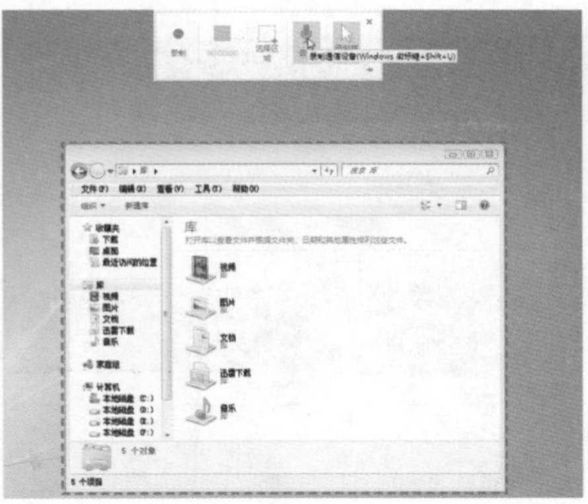

4 最后单击录制按钮，开始进行视频录制。

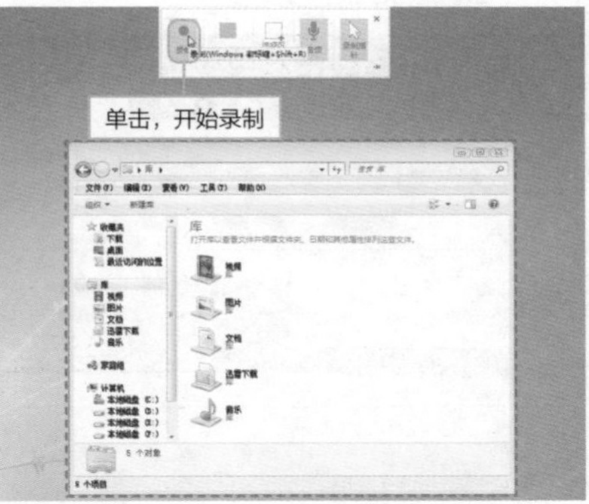

5 录制开始前，会有一个倒计时画面，提示按下Win+Shift+Q组合键将停止录制视频。

6 视频录制结束以后，可以在PPT中对视频进行观看，并调整视频大小。

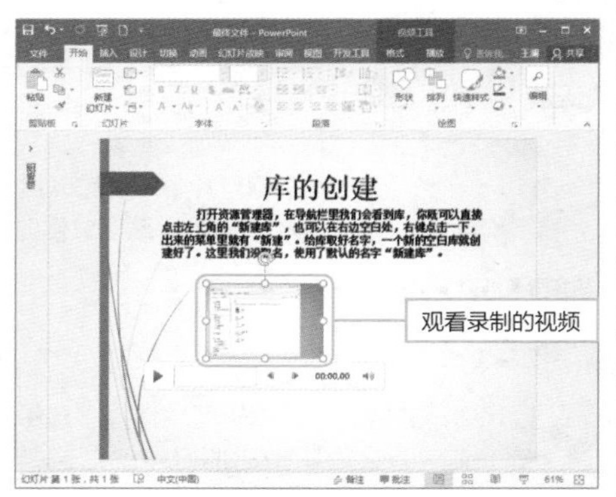

7 在视频上右击，在弹出的快捷菜单中选择“将媒体另存为”选项。

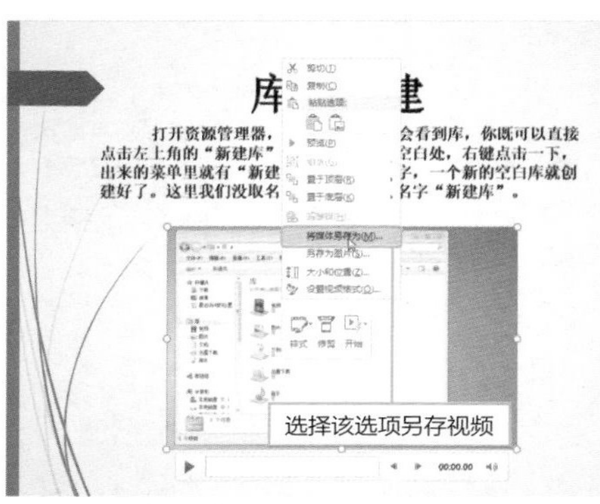

8 在弹出的对话框中选择保存路径，最后单击“保存”按钮即可。

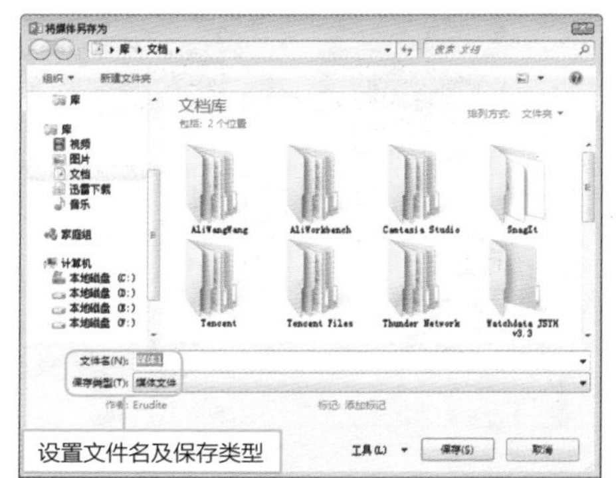

Hint

裁剪视频

在视频上单击鼠标右键，在弹出的浮动面板中选择“修剪”选项，可以对视频进行裁剪。

此外，通过浮动面板可以为视频设置样式，以及设置播放视频的方式（自动或单击时）等。

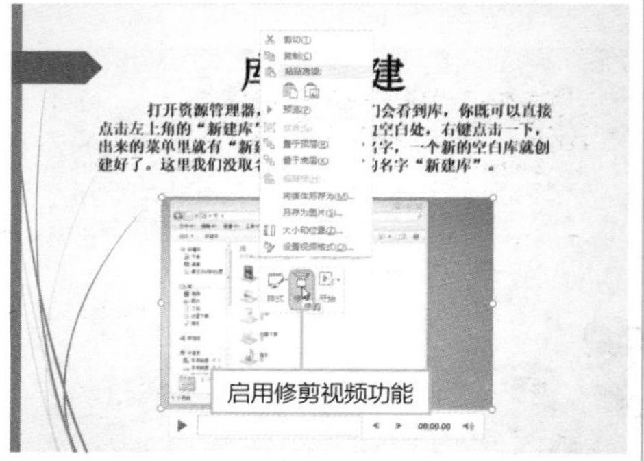

Question

播放Flash动画很容易

语音视频教学234

• Level
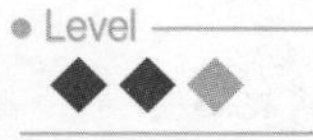

2016 2013 2010

实例 在幻灯片中添加Flash文件

在幻灯片中不仅可以插入视频文件，还可以插入 Flash 动画文件。下面将对 Flash 动画文件的插入与播放操作进行介绍。

1. 打开演示文档后，在编辑区中选择“建军节”文字，之后单击功能区中的“超链接”按钮。

2. 随后打开“插入超链接”对话框，在“链接到”选项区中选择“现有文件或网页”选项，在“查找范围”选项区中选择“当前文件夹”选项，最后选择指定的Flash文件。

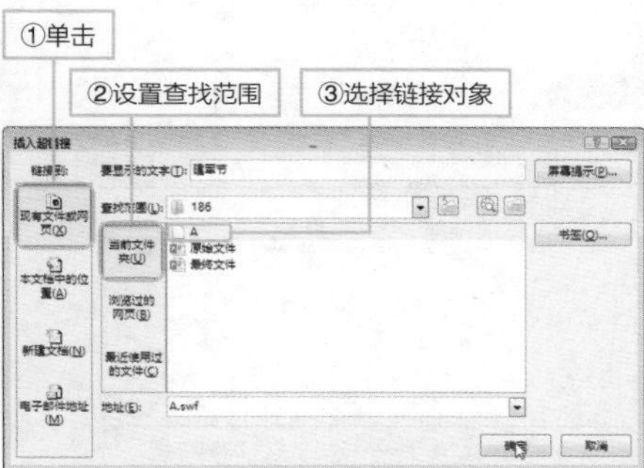

3. 设置完成后，单击“确定”按钮，返回编辑区，即可看到“建军节”下方已经出现了超链接标识。

4. 之后对该幻灯片进行放映，在放映的过程中，只要单击“建军节”字样即可打开相应的动画文件。需要说明的是，在播放之前，系统将给出相应的提示信息，在此单击“确定”按钮即可。

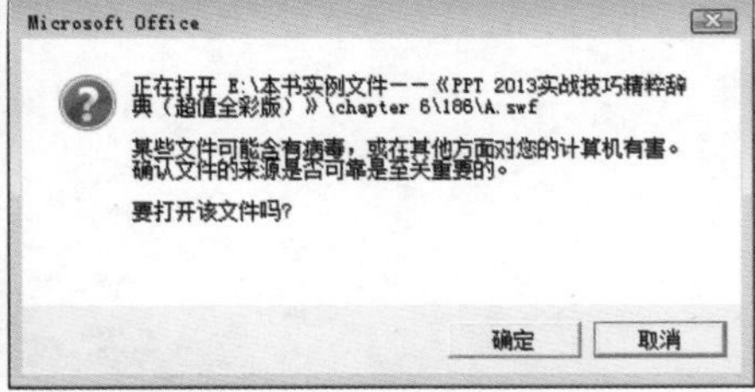

Question
235 通过控件也能插入Flash动画

语音视频教学235

● Level ◆◆◆

2016 2013 2010

实例	ActiveX控件的应用

利用 Flash ActiveX 控件在 PowerPoint 中整合 Flash 电影，可以为课件加入矢量动画和互动效果，嵌入的 Flash 电影能保持其功能不变。从而可使演示课件兼备 Flash 动画的优点，大大增强其表现力。

1 打开“开发工具”选项卡，从中单击“其他控件”按钮，以便于调用当前计算机控件组中的控件。

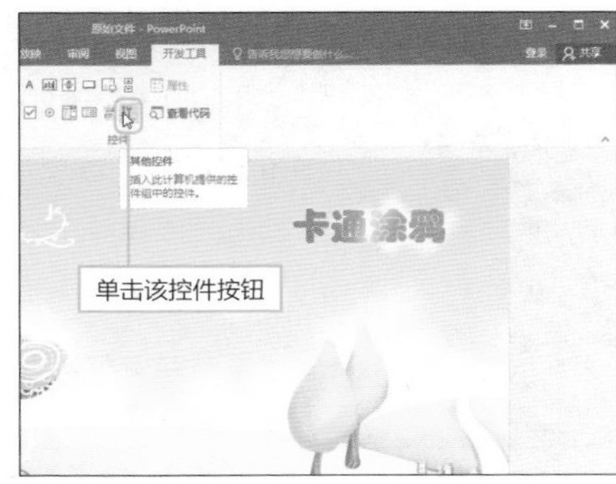

2 打开“其他控件”对话框，从中选择“ShockWave Flash Object”选项，然后单击“确定”按钮。

3 当光标变成“+”形状时拖动出Flash控件图形。右键单击该控件图形，在弹出的快捷菜单中选择“属性”选项。或者单击“开发工具”选项卡中的“属性表”按钮。

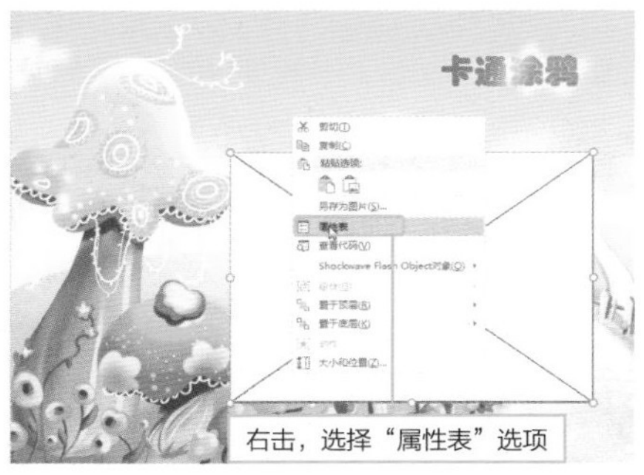

4 打开“属性”对话框，从中设置Movie的值为Flash动画的名称（包含后缀），设置 playing的值为True。设置完成后，关闭“属性”对话框，按F5键进行播放即可查看。

Question
236

原来可以这样播放教学视频

语音视频教学236

• Level ◆◆◆

2016 2013 2010

实例 Windows Media Player控件的应用

使用 PPT 中的 Windows Media Player 控件，可以自由控制视频的播放进度，利用播放器的控制栏，可随意调整视频的进度、声音的大小等。本技巧将对其操作进行介绍。

最终效果

利用控件播放视频的效果

❶ 打开“其他控件”对话框，从中选择Windows Media Player选项，并单击“确定”按钮返回。

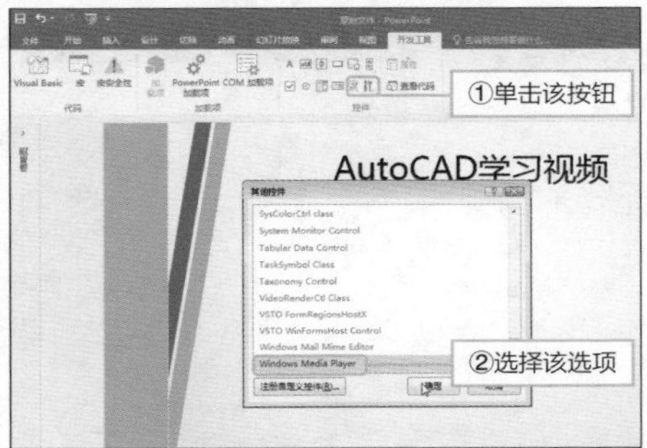

❷ 当光标变成“+”形状时进行拖动出视频控件图形。右键单击该控件图形，在弹出的快捷菜单中选择“属性表”选项。

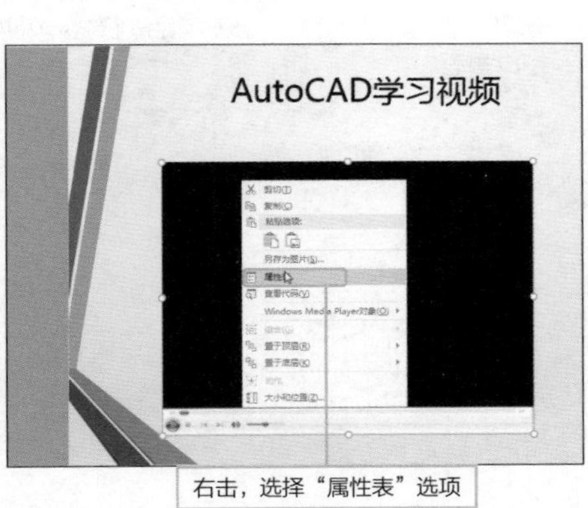

❸ 打开“属性”对话框，从中设置URL的属性值。设置完成后，关闭“属性”对话框，最后按F5键进行播放即可查看到效果。

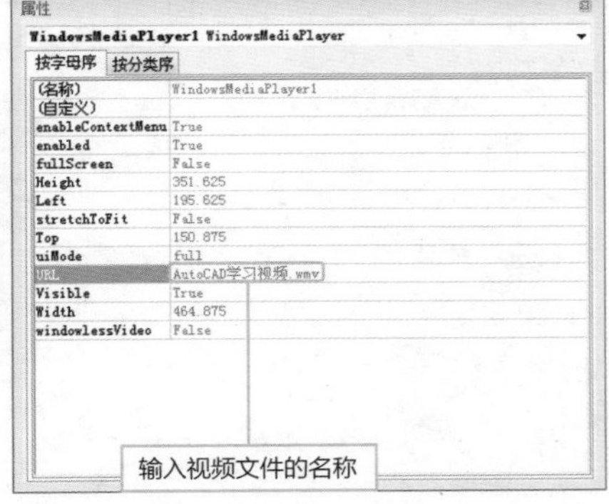

第8章 237~255

表格的应用技巧

- 井井有条的表格
- 创建不规则样式的表格也不难
- 原来PPT与Excel表格是一家
- 轻松选取表格中的单元格
- 按需添加行/列
- 删除多余的行或列很简单
- 快速删除表格

井井有条的表格

语音视频教学237

2016 2013 2010

实例 创建表格

对于那些内容比较复杂，无法精简，用图形无法准确表达，用纯文本表现又不够直接的内容，可以利用 PowerPoint 提供的表格功能来展现，本技巧介绍利用占位符和表格按钮创建表格的操作。

1 **占位符添加表格。**对于包含表格占位符的幻灯片来说，单击表格图标。

2 弹出“插入表格”对话框，可通过“行数”和“列数”右侧的数值框设置行数和列数，这里设置“列数”为8，“行数”为5，单击“确定”按钮，即可在幻灯片中插入一个5行8列的表格。

3 **表格按钮插入表格。**单击“插入”选项卡中的“表格”按钮，在列表的表格框中移动鼠标确定行数和列数，并可预览表格样式，单击即可插入表格。

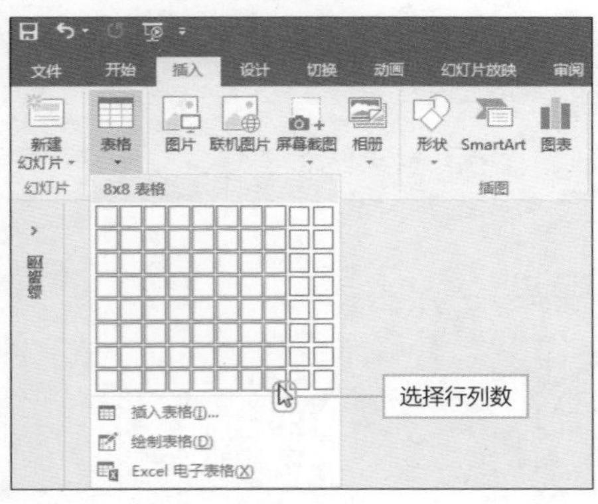

4 表格框最多可插入8行10列的表格，若用户需插入表格的行列数超过此数目，需选择“插入表格”选项，同样弹出“插入表格”对话框，输入行列数即可插入表格。

	2010	2011	2012	2013	2014	2015
1月	3986	3752	4985	5030	6010	5990
2月	4026	4630	3785	4652	5740	6300
3月	3750	5122	3741	3875	5830	6478
4月	4728	4660	4920	5511	4871	5773
5月	4550	3840	5010	4680	4963	6420
6月	5030	4423	3990	4955	4463	6658
7月	4820	4687	4750	5030	5088	6560

Question
238
创建不规则样式的表格也不难

● Level ◆◆◆

2016 2013 2010

实例 绘制表格

当需要创建不规则样式的表格时，上一技巧介绍的方法将无法满足用户需求，PowerPoint 提供的绘制表格功能还支持用户手动绘制不规则样式表格。

1 单击“插入”选项卡中的“表格”按钮，在弹出的列表中选择“绘制表格”选项，鼠标指针变成铅笔状。

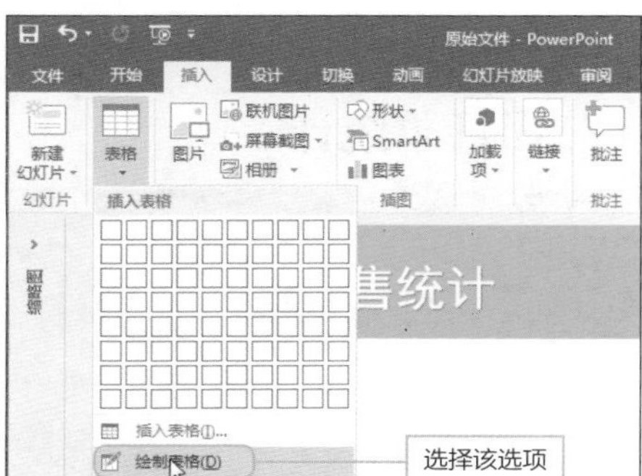

2 按住鼠标左键不放，拖动鼠标绘制一个一行一列的表格，然后按照同样的方法，选择“绘制表格”命令。

3 拖动鼠标绘制表格的行和列，单击“绘制表格”按钮或按Esc键可退出绘制。若绘制有误，单击“橡皮擦”按钮。

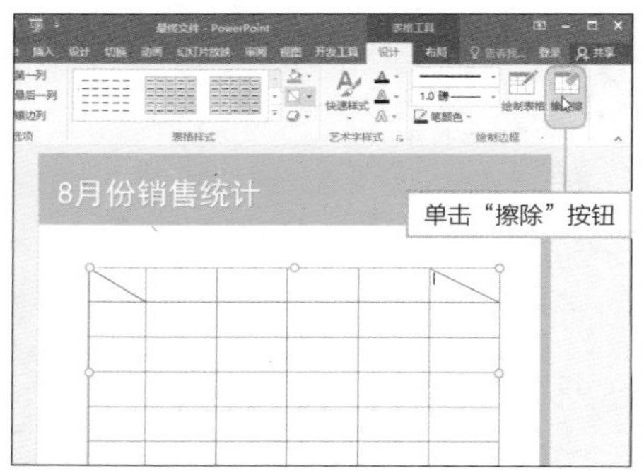

4 光标将变为橡皮状，单击需要擦除的线条即可将其删除。再次单击“擦除”按钮或按Esc键可退出擦除状态。

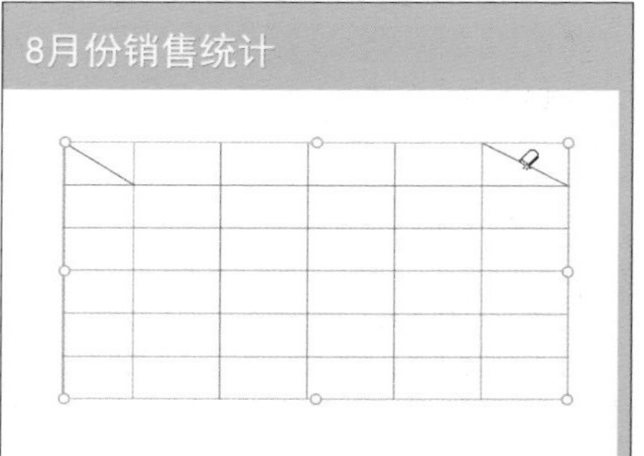

Question

239 原来PPT与Excel表格是一家

语音视频教学239

● Level ◆◆◆

2016 2013 2010

实例 创建Excel表格

若需要在幻灯片中使用大量数据，并希望对这些数据进行排序、筛选等操作，此时就需要插入 Excel 表格了，在幻灯片中插入的 Excel 工作表可以像常规的 Excel 工作表一样进行操作。

1 单击“插入”选项卡中的“表格”按钮，从弹出的列表中选择“Excel电子表格”选项。

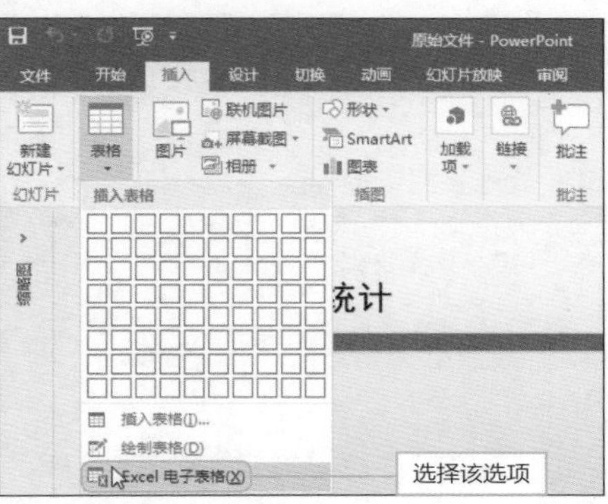

2 此时，幻灯片中插入了一个Excel工作表并且为可编辑状态，工作表四周出现八个控制点，可以等比例缩放表格。

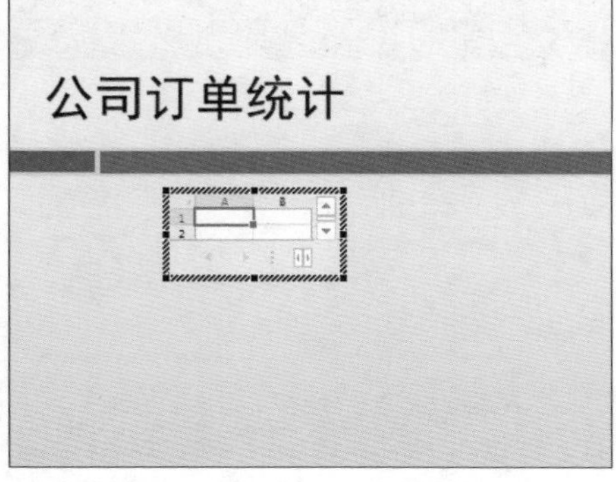

3 在工作表中输入文本，输入完成后，在工作表外的幻灯片页面任意处单击，即可退出编辑状态。

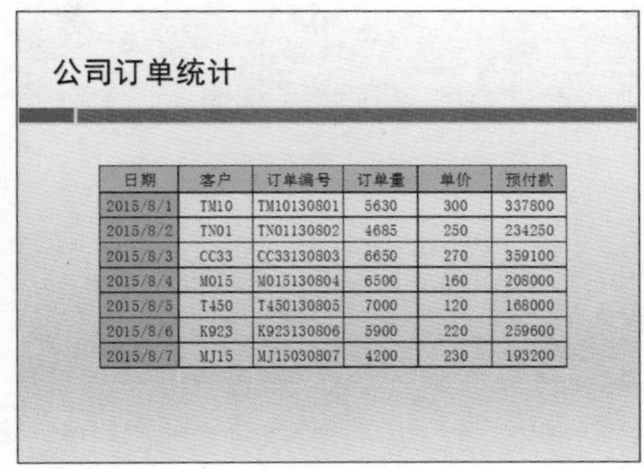

Hint

如何进入Excel工作表编辑状态?

可直接双击工作表，或者在选择工作表后右键单击，执行“工作对象>编辑”命令即可。

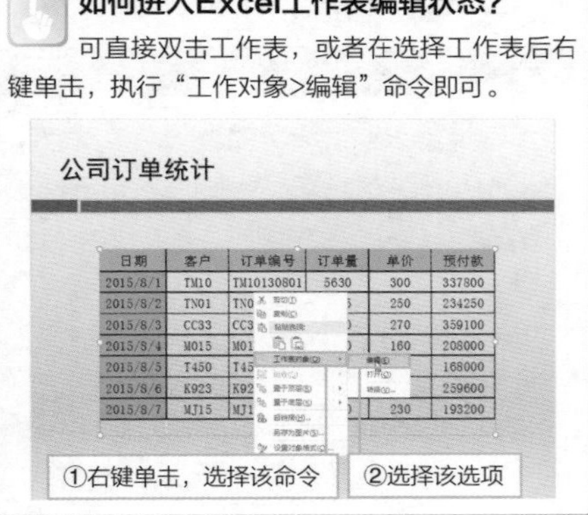

Question

240 轻松选取表格中的单元格

实例　选择单元格

● Level

2016 2013 2010

表格是由一个个的单元格组成的，对表格的操作其实就是对多个单元格的操作，PowerPoint 中创建的表格和 Excel 创建的表格在选择上会有所不同。

1 **选择Excel表格中的单个单元格。**首先进入工作表编辑状态，将光标移至需要选取的单元格上方，单击该单元格即可。

客户订单统计

日期	客户	订单编号	订单量	单价	预付款
2015/8/1	TM10	TM10130801	5630	300	337800
2015/8/2	TN01	TN01130802	4685	250	234250
2015/8/3	CC33	CC33130803	6650	270	359100
2015/8/4	M015	M015130804	6500	160	208000
2015/8/5	T450	T450130805	7000	120	168000
2015/8/6	K923	K923130806	5900	220	259600
2015/8/7	MJ15	MJ15030807	4200	230	193200

2 **选择Excel表格中的整行。**将光标移至要选择行的行标处，单击该行标即可选择该行单元格。

客户订单统计

日期	客户	订单编号	订单量	单价	预付款
2015/8/1	TM10	TM10130801	5630	300	337800
2015/8/2	TN01	TN01130802	4685	250	234250
2015/8/3	CC33	CC33130803	6650	270	359100
2015/8/4	M015	M015130804	6500	160	208000
2015/8/5	T450	T450130805	7000	120	168000
2015/8/6	K923	K923130806	5900	220	259600
2015/8/7	MJ15	MJ15030807	4200	230	193200

3 **选择Excel表格中的整列。**将光标移至要选择列的列标处，单击该列标即可选择该列单元格。

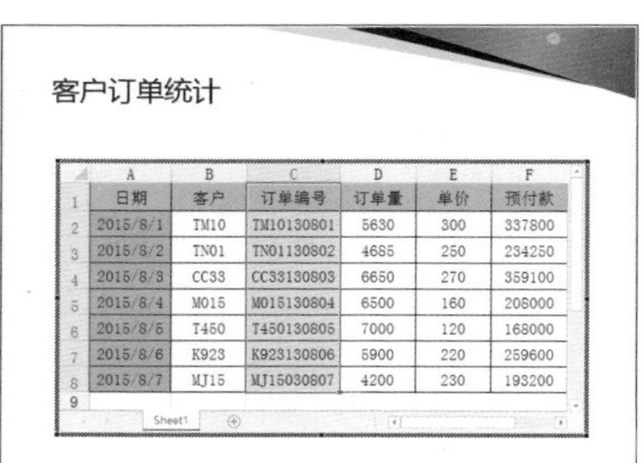

客户订单统计

日期	客户	订单编号	订单量	单价	预付款
2015/8/1	TM10	TM10130801	5630	300	337800
2015/8/2	TN01	TN01130802	4685	250	234250
2015/8/3	CC33	CC33130803	6650	270	359100
2015/8/4	M015	M015130804	6500	160	208000
2015/8/5	T450	T450130805	7000	120	168000
2015/8/6	K923	K923130806	5900	220	259600
2015/8/7	MJ15	MJ15030807	4200	230	193200

4 **选择Excel表格中的连续区域。**按住鼠标左键不放，拖动鼠标即可选择连续多个单元格。

客户订单统计

日期	客户	订单编号	订单量	单价	预付款
2015/8/1	TM10	TM10130801	5630	300	337800
2015/8/2	TN01	TN01130802	4685	250	234250
2015/8/3	CC33	CC33130803	6650	270	359100
2015/8/4	M015	M015130804	6500	160	208000
2015/8/5	T450	T450130805	7000	120	168000
2015/8/6	K923	K923130806	5900	220	259600
2015/8/7	MJ15	MJ15030807	4200	230	193200

5 **选择Excel表格中的不连续区域。**按住Ctrl键不放，单击鼠标左键选取多个单元格。

日期	客户	订单编号	订单量	单价	预付款
2015/8/1	TM10	TM10130801	5630	300	337800
2015/8/2	TN01	TN01130802	4685	250	234250
2015/8/3	CC33	CC33130803	6650	270	359100
2015/8/4	M015	M015130804	6500	160	208000
2015/8/5	T450	T450130805	7000	120	168000
2015/8/6	K923	K923130806	5900	220	259600
2015/8/7	MJ15	MJ15030807	4200	230	193200

6 **选择Excel表格中的所有单元格。**将光标移至表格左上角，单击全选按钮◢，即可选取表格中的所有单元格。

日期	客户	订单编号	订单量	单价	预付款
2015/8/1	TM10	TM10130801	5630	300	337800
2015/8/2	TN01	TN01130802	4685	250	234250
2015/8/3	CC33	CC33130803	6650	270	359100
2015/8/4	M015	M015130804	6500	160	208000
2015/8/5	T450	T450130805	7000	120	168000
2015/8/6	K923	K923130806	5900	220	259600
2015/8/7	MJ15	MJ15030807	4200	230	193200

7 **选择PPT表格中的整行。**单击“表格工具—布局”选项卡中的“选择”按钮，从列表中选择“选择行”选项。

商品名	电源板	主板	按键板	多媒体板卡	遥控器
1月	3200	3752	4985	5030	5990
2月	3300	4630	3785	4652	6300
3月	2750	5122	3741	3875	6478
4月	3728	4660	4920	5511	5773
5月	3550	3840	5010	4680	6420
6月	4030	4423	3990	4955	6658

8 即可选择鼠标光标所在的行，单元格呈选中状态。

商品名	电源板	主板	按键板	多媒体板卡	遥控器
1月	3200	3752	4985	5030	5990
2月	3300	4630	3785	4652	6300
3月	2750	5122	3741	3875	6478
4月	3728	4660	4920	5511	5773
5月	3550	3840	5010	4680	6420
6月	4030	4423	3990	4955	6658

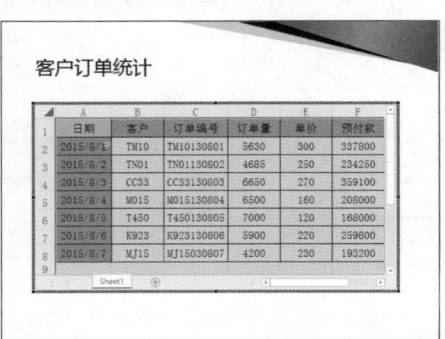

9 **选择PPT表格中的整列。**将光标移至表格边框的列单元格处，光标变为黑色箭头。

商品名	电源板	主板	按键板	多媒体板卡	遥控器
1月	3200	3752	4985	5030	5990
2月	3300	4630	3785	4652	6300
3月	2750	5122	3741	3875	6478
4月	3728	4660	4920	5511	5773
5月	3550	3840	5010	4680	6420
6月	4030	4423	3990	4955	6658

10 单击鼠标即可选择对应的行，单元格呈选中状态。

2015上半年销量统计

商品名	电源板	主板	按键板	多媒体板卡	遥控器
1月	3200	3752	4985	5030	5990
2月	3300	4630	3785	4652	6300
3月	2750	5122	3741	3875	6478
4月	3728	4660	4920	5511	5773
5月	3550	3840	5010	4680	6420
6月	4030	4423	3990	4955	6658

Question

241 按需添加行/列

语音视频教学241

Level ◆◆◆

2016 2013 2010

实例　插入行或列

创建完成一个表格后，用户往往会在输入文本的过程中发现表格的行数或列数并不能满足当前需求，此时需要在表格中添加行或列。

❶ **插入行。**将光标定位在最后一行单元格，单击“表格工具—布局”选项卡中的“在下方插入”按钮即可。

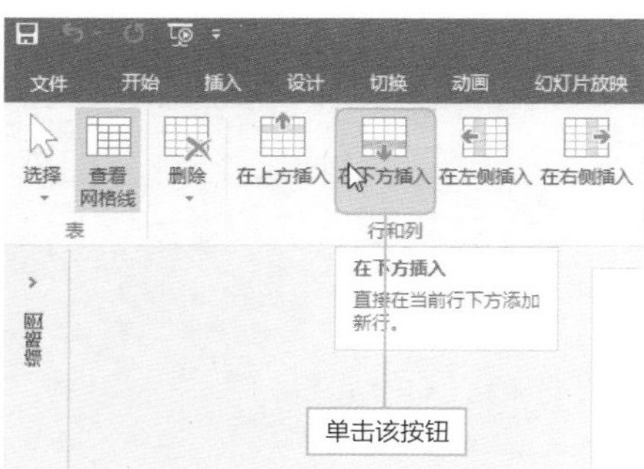

❷ **插入列。**将光标定位在最后一列单元格，单击“表格工具—布局”选项卡中的“在右侧插入”按钮即可。

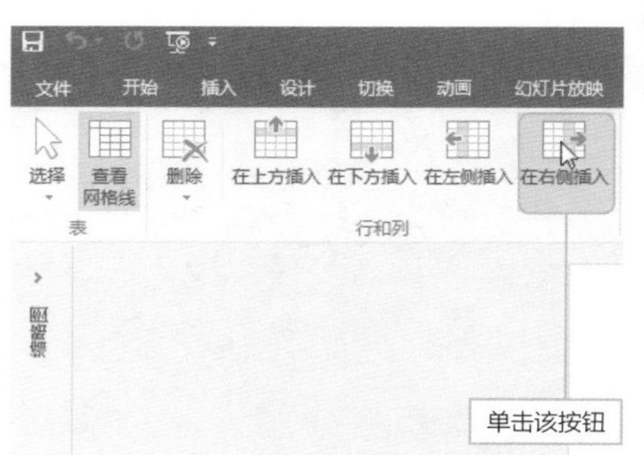

❸ 经过上述操作，在最后一行和最后一列输入文本即可。若需插入多行或多列，只需选择多个单元格后执行插入操作即可。

产品＼年份	2010	2011	2012	2013	2014	2015
晶振	28.9	30.5	29.8	35.6	38.4	45.6
声表	35.4	40.2	37.1	42.6	49.8	55.8
电容	90.6	98.5	95.3	112.6	120.7	135.8
电阻	80.2	90.7	87.4	100.8	110.0	120.6
电感	45.3	50.6	47.2	59.3	64.1	65.4
保险丝	75.3	80.0	77.9	95.2	110.6	111.9
IC	450.6	550.8	500.7	580.9	590	620.6

Hint

右键快捷菜单法插入行或列

选择单元格并右击，单击浮动工具栏中“插入”按钮，从其列表中选择合适的命令即可。

Question

242 删除多余的行或列很简单

语音视频教学242

实例 删除行或列

Level ◆◆◆

2016 2013 2010

创建表格后，输入文本时，有时会发现插入表格的行或列有剩余，为了不影响表格的美观性，用户可以将其删除，本技巧将介绍如何删除多余的行或列操作。

1 删除列。将光标定位在最后一列单元格，单击“表格工具—布局”选项卡中的“删除”按钮，从列表中选择“删除列”。

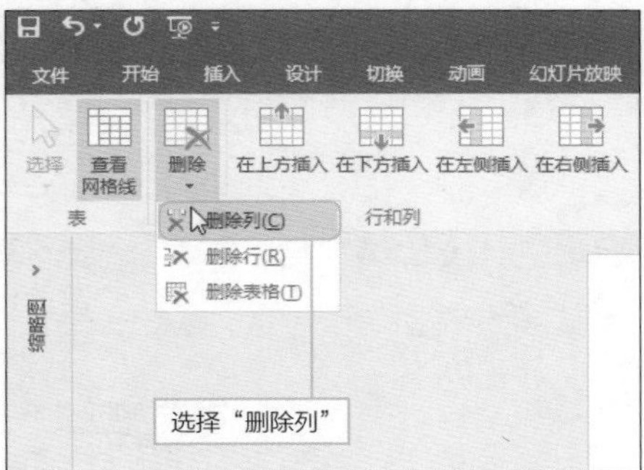

2 删除行。将光标定位在最后一行单元格，单击“表格工具—布局”选项卡中的“删除”按钮，从列表中选择“删除行”。

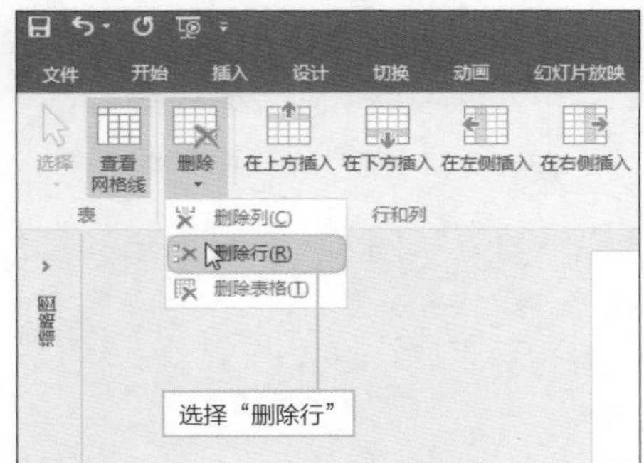

3 删除整个工作表。将光标定位在工作表中，单击“表格工具—布局”选项卡中的“删除”按钮，从列表中选择“删除表格”选项。

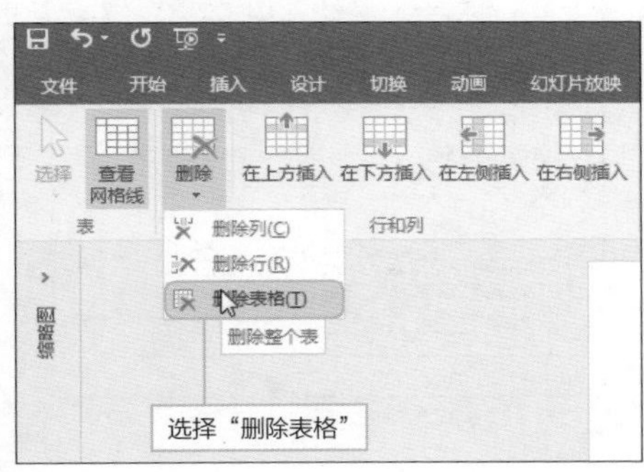

Hint

右键菜单删除

选择单元格并右击，单击浮动工具栏中“删除”按钮，从其列表中选择合适的命令即可。

珊珊美妆2015上半年销售量统计
月份
洁面乳
精油
面膜
1月
2587
1750
2300
2月
3358
2000
3400
3月
2700
1640
2890
4月
3680
1300
2775
5月
2960
1700
3204
6月
3000
2050
3360
7月
4000
1990
3749
8月
3420
1640
3150

Question 243

快速删除表格

语音视频教学243

Level ◆◆◆

2016 2013 2010

实例	表格的删除方式

当不需要表格中的内容时，用户可以将其删除，也可以只删除表格内容而不删除表格，下面对其操作进行介绍。

1. 选择表格，将鼠标光标定位至表格中的任一单元格中，切换至“表格工具—布局”选项卡。

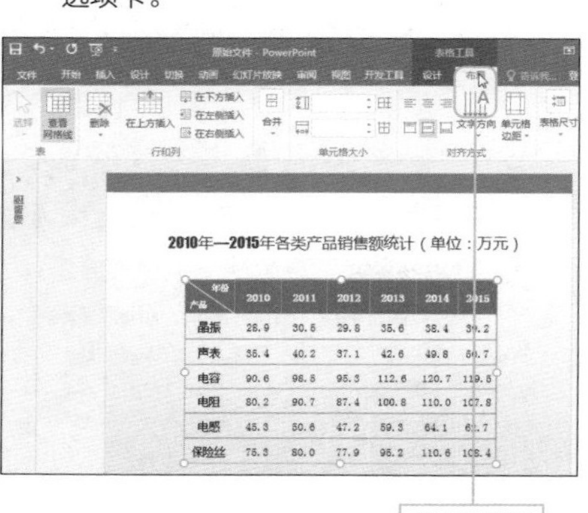

单击该按钮

2. 单击“删除”按钮，从展开的列表中选择“删除表格”选项。

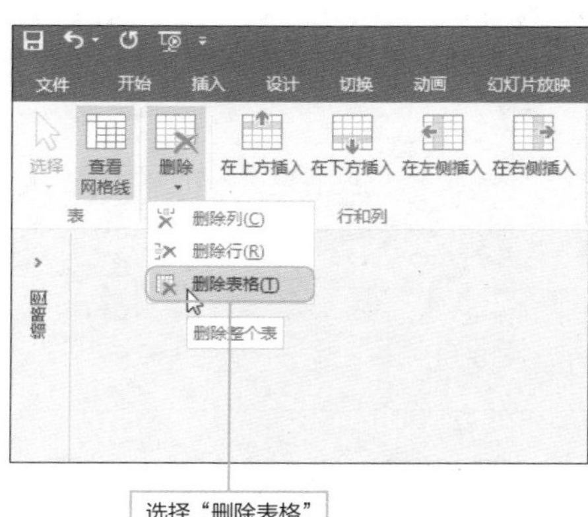

选择“删除表格”

3. 也可以在表格边框上单击，将表格选中，直接在键盘上按下Delete键删除。

2010年—2015年各类产品销售额统计（单位：万元）

年份/产品	2010	2011	2012	2013	2014	2015
晶振	28.9	30.5	29.8	35.6	38.4	39.2
声表	35.4	40.2	37.1	42.6	49.8	50.7
电容	90.6	98.5	95.3	112.6	120.7	119.5
电阻	80.2	90.7	87.4	100.8	110.0	107.8
电感	45.3	50.6	47.2	59.3	64.1	62.7
保险丝	75.3	80.0	77.9	95.2	110.6	108.4

Hint

如何只删除表格内容不删除表格？

拖动鼠标，选中表格中的所有内容，然后按Delete键即可将表格中的内容删除。

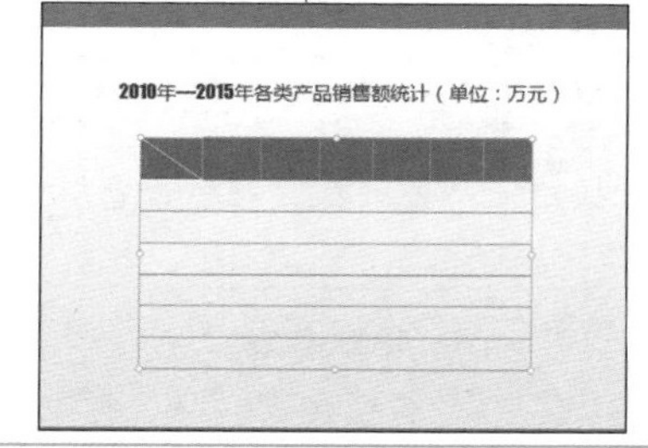

Question

244 合并单元格有一招

• Level ◆◆◆

2016 2013 2010

实例 单元格的合并

单元格是表格的基本组成单位，合并单元格是指将相邻的多个单元格合并为一个单元格，合并后的单元格的长度为合并的多个单元格的长度之和，下面对合并单元格的操作进行介绍。

❶ 打开演示文稿，拖动鼠标选取最后一行相邻的6个单元格。

各地区销售额统计（单位：万元）

地区 产品	沧浪区	平江区	虎丘区	吴中区	相城区	金阊区
晶振	28.9	30.5	29.8	35.6	38.4	29.3
声表	35.4	40.2	37.1	42.6	49.8	30.2
电容	90.6	98.5	95.3	112.6	120.7	43.5
电阻	80.2	90.7	87.4	100.8	110.0	56.7
电感	45.3	50.6	47.2	59.3	64.1	33.6
保险丝	75.3	80.0	77.9	95.2	110.6	62.3

❷ 功能区按钮法。单击“表格工具—布局”选项卡中的“合并单元格”按钮即可。

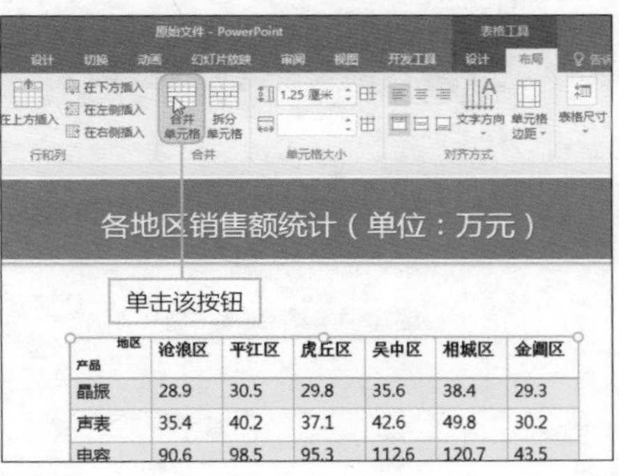

❸ 右键快捷菜单法。右键单击，从快捷菜单中选择“合并单元格”命令即可。

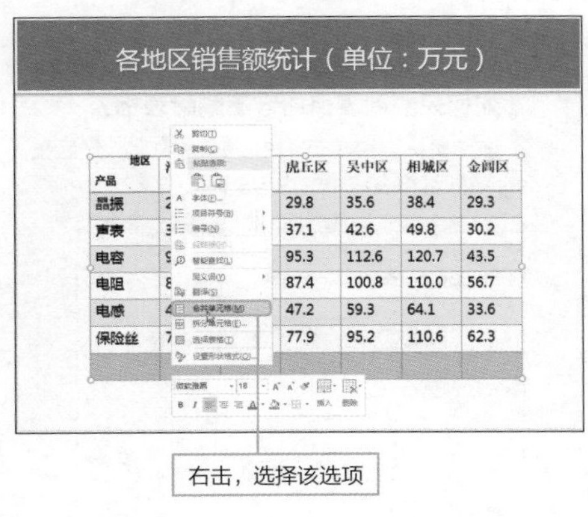

Hint

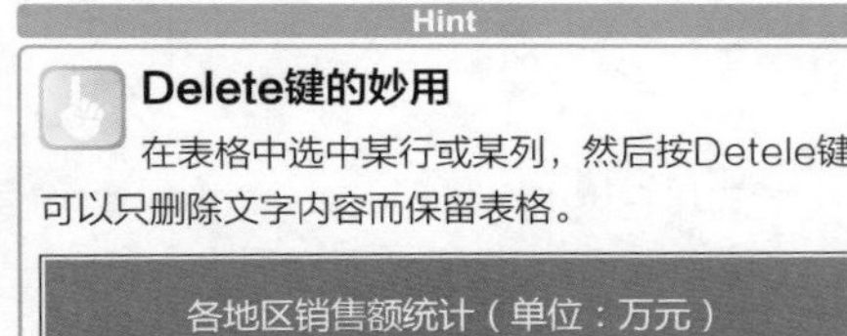

Delete键的妙用

在表格中选中某行或某列，然后按Detele键可以只删除文字内容而保留表格。

各地区销售额统计（单位：万元）

地区 产品	沧浪区	平江区	虎丘区	吴中区	相城区	金阊区
晶振	28.9	30.5	29.8	35.6	38.4	29.3
声表	35.4	40.2	37.1	42.6	49.8	30.2
电容	90.6	98.5	95.3	112.6	120.7	43.5
电阻	80.2	90.7	87.4	100.8	110.0	56.7
电感	45.3	50.6	47.2	59.3	64.1	33.6
保险丝	75.3	80.0	77.9	95.2	110.6	62.3
总计						2316.2

巧妙拆分单元格

实例 单元格的拆分

● Level ◆◆◆

2016 2013 2010

拆分单元格是将一个单元格拆分为多个单元格，拆分后的单元格的长度不会发生变化，本技巧将讲述如何将一个单元格拆分为多个相邻的单元格的操作。

1 选择需拆分的单元格，单击“表格工具—布局”选项卡中的“拆分单元格”按钮。

地区 产品	沧浪区	平江区	虎丘区	吴中区	相城区	金阊区
洗衣机	28.5	30.2	27.5	32.6	36.3	27.3
电冰箱	35.4	40.2	37.1	42.6	49.8	30.2
空调	190.6	198.5	195.3	212.6	220.7	143.5

2 弹出“拆分单元格”对话框，通过“行数”和“列数”右侧的数值框设置“列数”为6，“行数”为1，单击“确定”按钮。

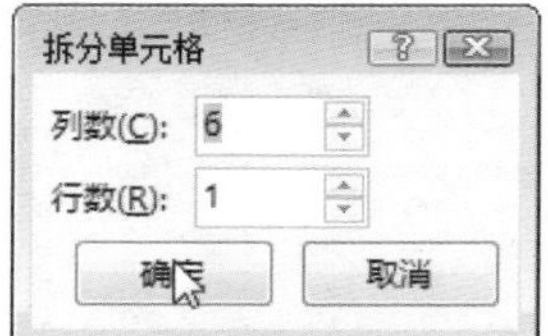

3 此时，所选单元格将被分为列宽相等的6个单元格。

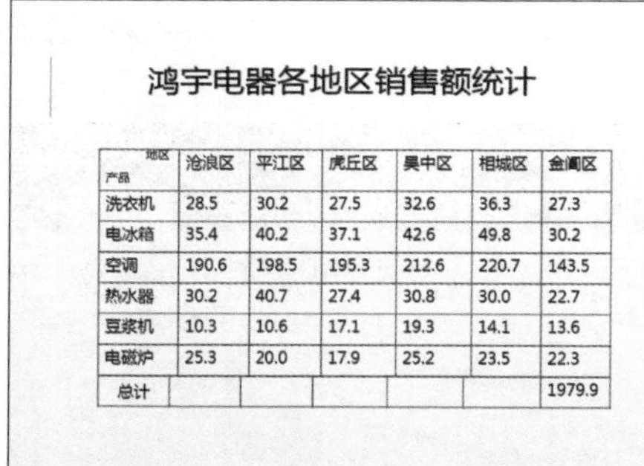

地区 产品	沧浪区	平江区	虎丘区	吴中区	相城区	金阊区
洗衣机	28.5	30.2	27.5	32.6	36.3	27.3
电冰箱	35.4	40.2	37.1	42.6	49.8	30.2
空调	190.6	198.5	195.3	212.6	220.7	143.5
热水器	30.2	40.7	27.4	30.8	30.0	22.7
豆浆机	10.3	10.6	17.1	19.3	14.1	13.6
电磁炉	25.3	20.0	17.9	25.2	23.5	22.3
总计						1979.9

Hint

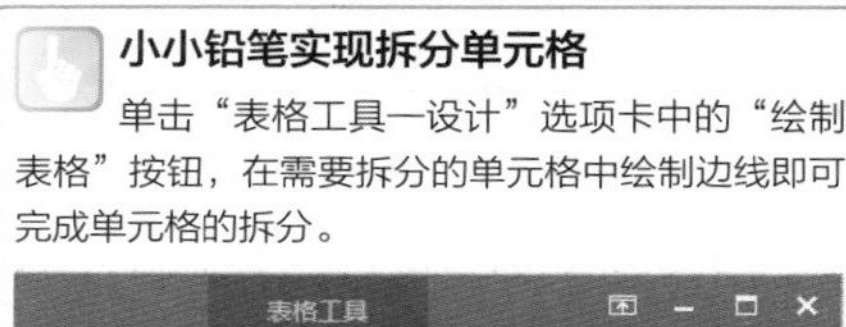

小小铅笔实现拆分单元格

单击“表格工具—设计”选项卡中的“绘制表格”按钮，在需要拆分的单元格中绘制边线即可完成单元格的拆分。

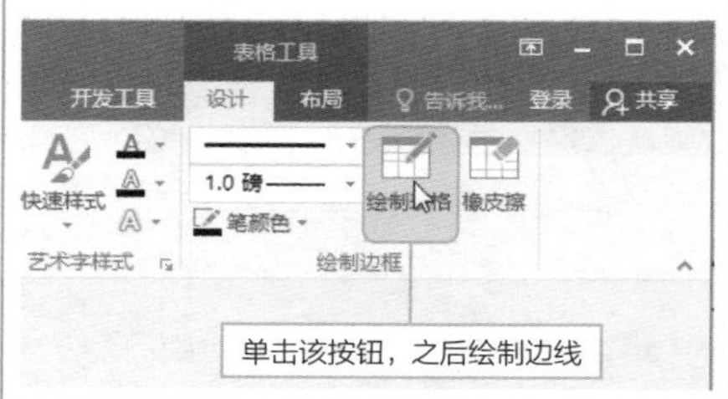

Question

246 巧将单元格的行高调整为合适大小

实例 调整行高或列宽

Level

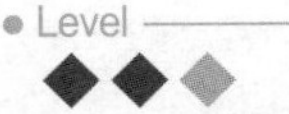

2016 2013 2010

创建完成表格后，其单元格的行高或列宽为默认值，当输入内容过多时，就需要对单元格大小进行调整，本技巧以调整单元格的行高为例进行介绍，列宽的调整与之类似。

1. **手动调整行高。**将鼠标光标移至需要调整行高的单元格边界处，当光标变为÷形状时，按住鼠标左键拖动，虚线代表当前行高的位置。

2010--2014年毕业生就业统计

年份	2010	2011	2012	2013	2014
公务员	200	260	300	370	400
企事业单位	650	780	800	740	820
知名外企	3000	3500	3200	4000	4300
民营公司	5000	5200	4900	5400	6000
继续深造	1000	1200	1120	900	880
自主创业	900	880	1200	1300	1600
自由工作者	230	300	210	280	300

2. 拖动鼠标至合适位置后，释放鼠标左键，可完成手动调整行高。

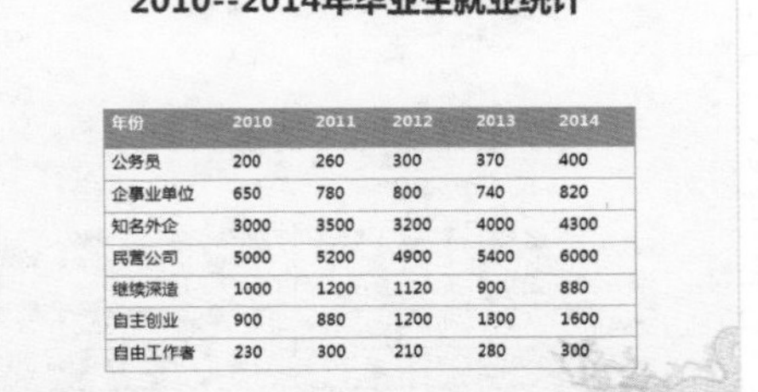

2010--2014年毕业生就业统计

年份	2010	2011	2012	2013	2014
公务员	200	260	300	370	400
企事业单位	650	780	800	740	820
知名外企	3000	3500	3200	4000	4300
民营公司	5000	5200	4900	5400	6000
继续深造	1000	1200	1120	900	880
自主创业	900	880	1200	1300	1600
自由工作者	230	300	210	280	300

3. **功能区命令调整。**选择左侧3个单元格，在“表格工具—布局”选项卡的“单元格大小”组中，将“高度”设置为1.5厘米。

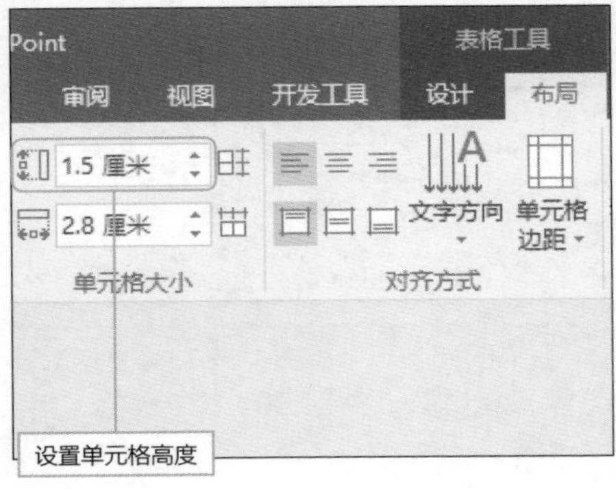

设置单元格高度

4. **多行行高平均分布。**选择最左侧相邻的多个单元格，单击“表格工具—布局”选项卡中的“分布行”按钮即可。

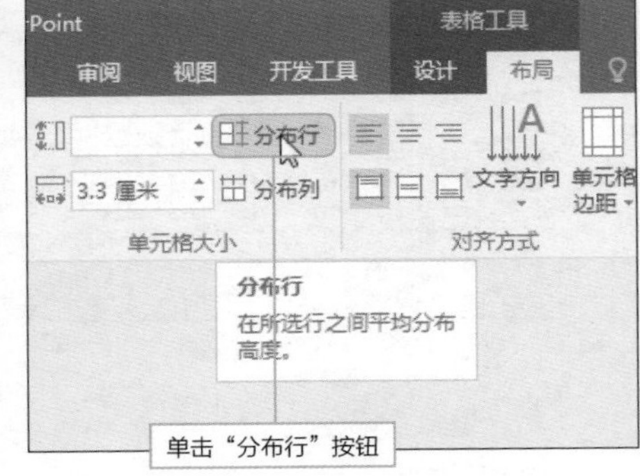

单击“分布行”按钮

轻松将整个表格放大显示

● Level

2016 2013 2010

实例 调整表格的大小

除了可以调整表格的行高和列宽外，用户还可以根据需要将整个表格调整至与当前幻灯片页面大小相匹配，使整个表格与幻灯片更加协调。

1 选择表格，在“表格工具—布局”选项卡的“表格尺寸”选项组中，勾选“锁定纵横比”选项前的复选框。

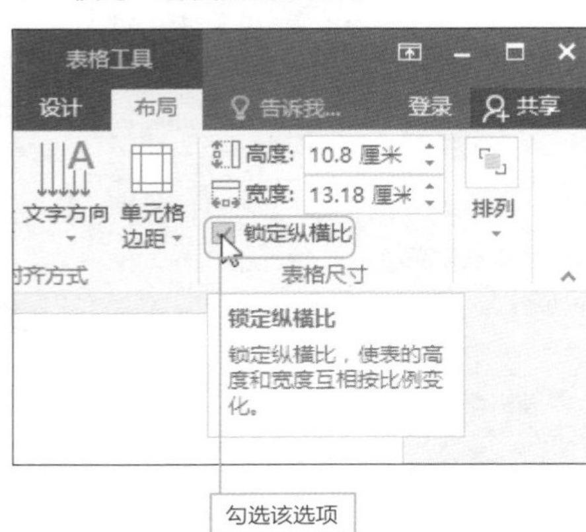

2 **数值框调整。**在“高度”文本框中输入42，按Enter键确认输入，表格将会等比例放大。

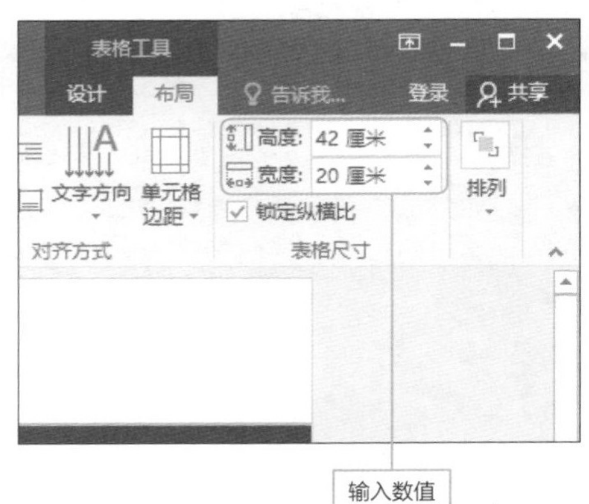

3 **鼠标调整。**将光标置于表格右上角控制点上，鼠标光标将会变为双向箭头。

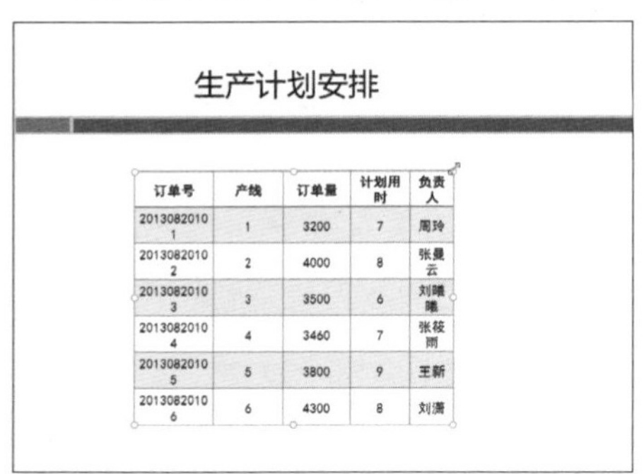

生产计划安排

订单号	产线	订单量	计划用时	负责人
20130820101	1	3200	7	周玲
20130820102	2	4000	8	张曼云
20130820103	3	3500	6	刘曦曦
20130820104	4	3460	7	张筱雨
20130820105	5	3800	9	王新
20130820106	6	4300	8	刘潇

4 按住鼠标左键，光标变为十字形拖动鼠标，虚线表示放大后的表格的位置。

生产计划安排

订单号	产线	订单量	计划用时	负责人
20130820101	1	3200	7	周玲
20130820102	2	4000	8	张曼云
20130820103	3	3500	6	刘曦曦
20130820104	4	3460	7	张筱雨
20130820105	5	3800	9	王新
20130820106	6	4300	8	刘潇

Question

248 轻松将表格移动至页面中央

语音视频教学248

• Level ◆◆◆

2016 2013 2010

实例 移动表格

创建表格并输入内容后，添加或删除表格行列的操作都会改变表格的位置，为了使表格与当前幻灯片协调，可以调整表格在幻灯片中的位置。

最初效果

2010年—2015年晶振销售统计

	2010	2011	2012	2013	2014	2015
1月	3986	3752	4985	5030	6010	5990
2月	4026	4630	3785	4652	5740	6300
3月	3750	5122	3741	3875	5830	6478
4月	4728	4660	4920	5511	4871	5773
5月	4550	3840	5010	4680	4963	6420
6月	5030	4423	3990	4955	4463	6658
7月	4820	4687	4750	5030	5088	6560

最终效果

2010年—2015年晶振销售统计

	2010	2011	2012	2013	2014	2015
1月	3986	3752	4985	5030	6010	5990
2月	4026	4630	3785	4652	5740	6300
3月	3750	5122	3741	3875	5830	6478
4月	4728	4660	4920	5511	4871	5773
5月	4550	3840	5010	4680	4963	6420
6月	5030	4423	3990	4955	4463	6658
7月	4820	4687	4750	5030	5088	6560

将表格移至中间位置

1. 选择表格，将鼠标光标移至表格边框上，光标将变为十字箭头状。

2010年—2015年晶振销售统计

	2010	2011	2012	2013	2014	2015
1月	3986	3752	4985	5030	6010	5990
2月	4026	4630	3785	4652	5740	6300
3月	3750	5122	3741	3875	5830	6478
4月	4728	4660	4920	5511	4871	5773
5月	4550	3840	5010	4680	4963	6420
6月	5030	4423	3990	4955	4463	6658
7月	4820	4687	4750	5030	5088	6560

2. 按住鼠标左键不放，拖动鼠标，将表格拖至合适位置后释放鼠标即可。

2010年—2015年晶振销售统计

	2010	2011	2012	2013	2014	2015
1月	3986	3752	4985	5030	6010	5990
2月	4026	4630	3785	4652	5740	6300
3月	3750	5122	3741	3875	5830	6478
4月	4728	4660	4920	5511	4871	5773
5月	4550	3840	5010	4680	4963	6420
6月	5030	4423	3990	4955	4463	6658
7月	4820	4687	4750	5030	5088	6560

Question

249 表格样式变变变

语音视频教学249

Level ◆◆◇

2016 2013 2010

实例　内置表格样式的应用

PowerPoint 提供了多种表格样式可供用户选择，为了使创建的表格更加美观，更具观赏性，用户可以为表格应用一个赏心悦目的样式。

最初效果

2015上半年销量统计

商品名	电源板	主板	按键板	多媒体板卡	遥控器
1月	3200	3752	4985	5030	5990
2月	3300	4630	3785	4652	6300
3月	2750	5122	3741	3875	6478
4月	3728	4660	4920	5511	5773
5月	3550	3840	5010	4680	6420
6月	4030	4423	3990	4955	6658

最终效果

2015上半年销量统计

商品名	电源板	主板	按键板	多媒体板卡	遥控器
1月	3200	3752	4985	5030	5990
2月	3300	4630	3785	4652	6300
3月	2750	5122	3741	3875	6478
4月	3728	4660	4920	5511	5773
5月	3550	3840	5010	4680	6420
6月	4030	4423	3990	4955	6658

应用“浅色样式3-强调2”表格样式效果

1. 选中表格，单击“表格工具—设计”选项卡“表格样式”选项组的“其他”按钮。

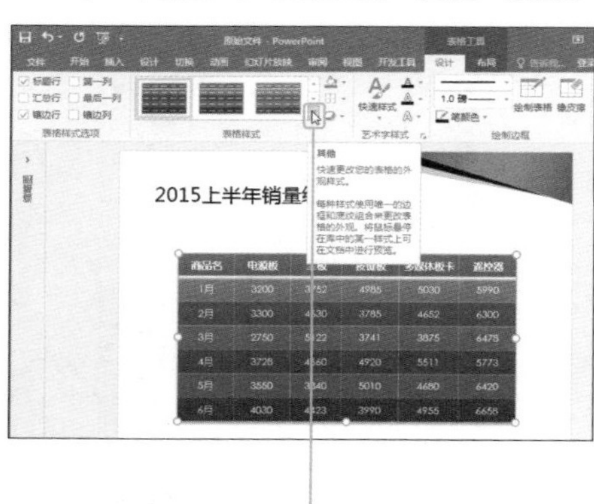

单击“其他”按钮

2. 将展开样式列表，从中选择“浅色样式3-强调2”样式。

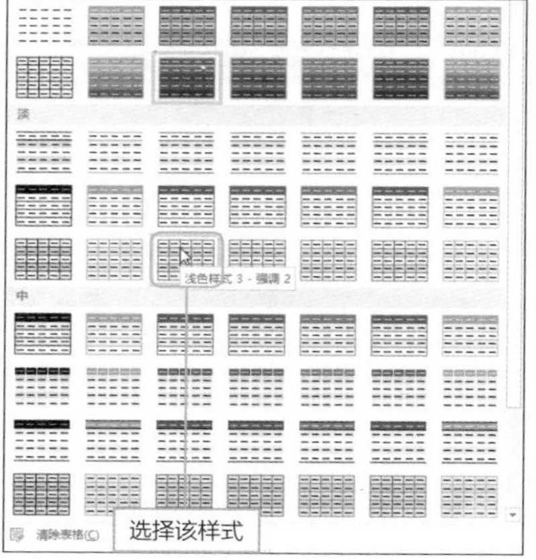

Question

250 改变表格的底纹颜色有诀窍

• Level ◆◆◆

2016 2013 2010

实例 设置底纹颜色

应用表格样式后，表格会出现底纹颜色，但是这些底纹颜色并不是固定的，为了突出显示某些单元格，用户可以根据需要更改这些单元格的底纹颜色。

最初效果

月份	洁面乳	爽肤水	润肤乳	精油	面膜
1月	2587	3050	2988	1750	2300
2月	3358	4006	3400	2000	3400
3月	2700	3750	3677	1640	2890
4月	3680	3468	4000	1300	2775
5月	2960	4200	4200	1700	3204
6月	3000	3700	3875	2050	3360
7月	4000	4430	3645	1990	3749
8月	3420	4680	3355	1640	3150

最终效果

丽人美妆2013上半年销售量统计

月份	洁面乳	爽肤水	润肤乳	精油	面膜
1月	2587	3050	2988	1750	2300
2月	3358	4006	3400	2000	3400
3月	2700	3750	3677	1640	2890
4月	3680	3468	4000	1300	2775
5月	2960	4200	4200	1700	3204
6月	3000	3700	3875	2050	3360
7月	4000	4430	3645	1990	3749
8月	3420	4680	3355	1640	3150

为表格添加底纹效果

1. 选中需要设置底纹的单元格，单击“表格工具—设计”选项卡中的“底纹”按钮，从列表中选择合适的颜色即可。

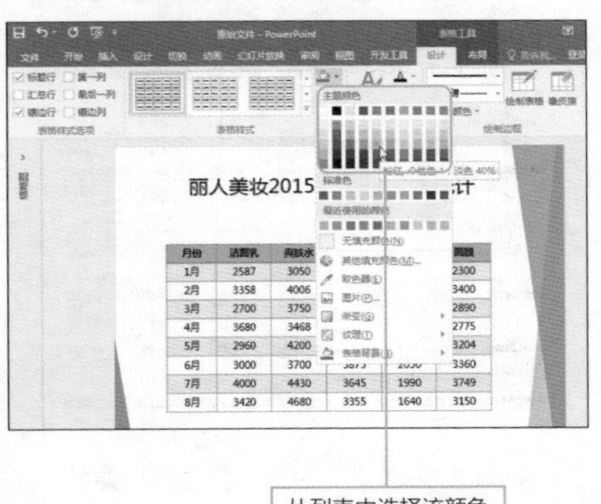

从列表中选择该颜色

2. 若选择“其他填充颜色”选项，将打开“颜色”对话框，在“自定义”选项卡中设置底纹颜色，单击“确定”按钮即可。

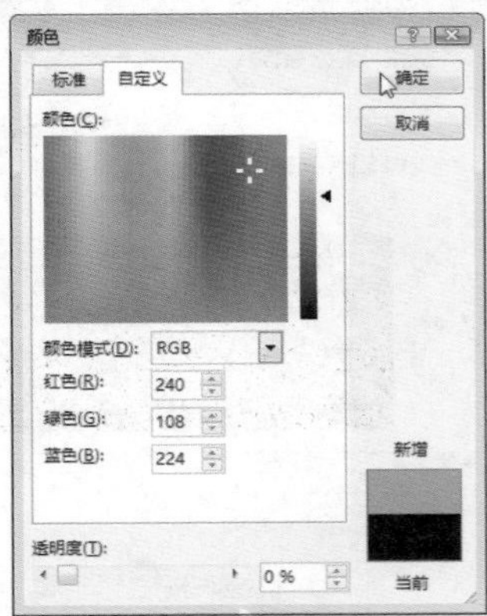

巧为表格添加精美的边框

Question 251

● Level ◆◆◆

实例　对表格边框进行设置

为表格添加一个精美的边框可以使表格中的数据一目了然地显示出来，对表格边框的设置包括边框样式、边框粗细、边框颜色以及应用边框。

1 **设置边框样式。**选择整个表格，单击“表格工具—设计”选项卡中的“边框样式”按钮，从列表中选择合适的样式。

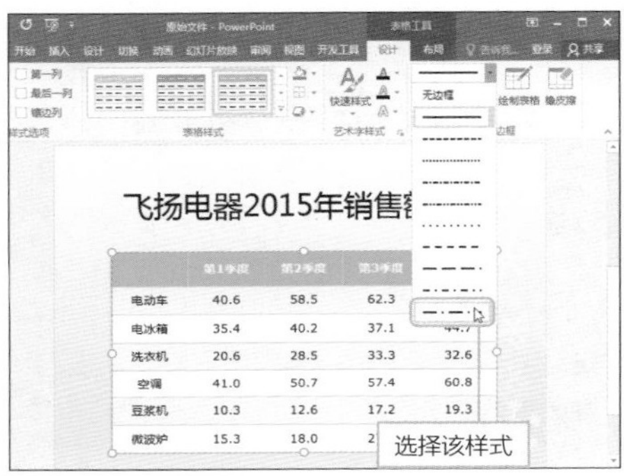

2 **设置边框粗细。**单击“笔划粗细”按钮，从列表中选择“2.25磅”。

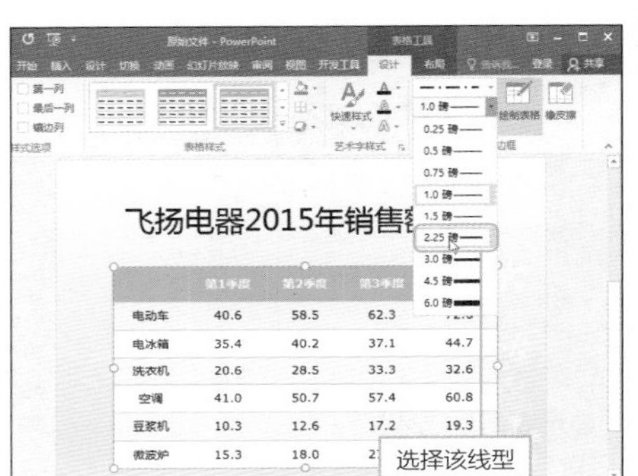

3 **设置边框颜色。**单击“笔颜色”按钮，从列表中选择“橙色，个性色6，深色25%”。

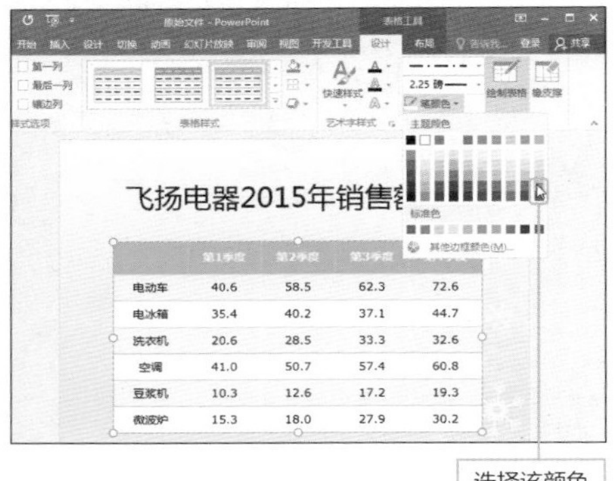

4 **应用边框。**设置完成后需应用边框，才能显示对边框的设置。单击“边框”按钮，从列表中选择“外侧框线”。

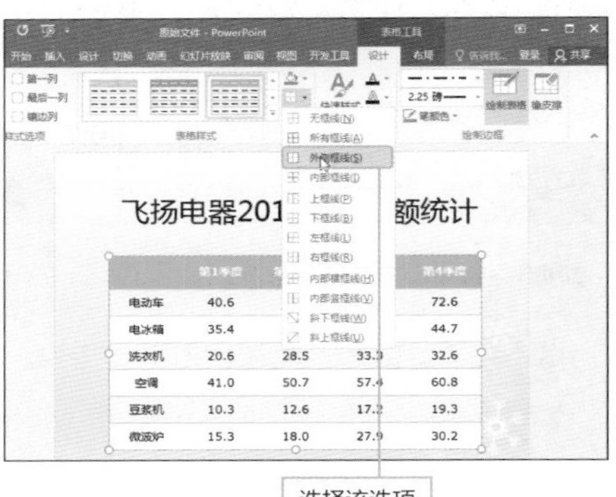

Question

252 隐藏部分表格框线有窍门

语音视频教学252

● Level ◆◆◆

2016 2013 2010

实例 设置表格框线不显示

表格中过多的框线有时候反而会影响对数据的读取，可以根据需要隐藏表格中的框线，本技巧对其进行介绍。

最初效果

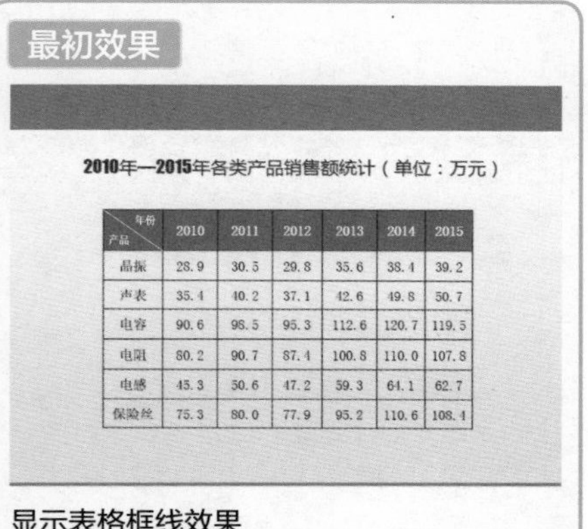

2010年—2015年各类产品销售额统计（单位：万元）

年份/产品	2010	2011	2012	2013	2014	2015
晶振	28.9	30.5	29.8	35.6	38.4	39.2
声表	35.4	40.2	37.1	42.6	49.8	50.7
电容	90.6	98.5	95.3	112.6	120.7	119.5
电阻	80.2	90.7	87.4	100.8	110.0	107.8
电感	45.3	50.6	47.2	59.3	64.1	62.7
保险丝	75.3	80.0	77.9	95.2	110.6	108.4

显示表格框线效果

最终效果

2010年—2015年各类产品销售额统计（单位：万元）

年份/产品	2010	2011	2012	2013	2014	2015
晶振	28.9	30.5	29.8	35.6	38.4	39.2
声表	35.4	40.2	37.1	42.6	49.8	50.7
电容	90.6	98.5	95.3	112.6	120.7	119.5
电阻	80.2	90.7	87.4	100.8	110.0	107.8
电感	45.3	50.6	47.2	59.3	64.1	62.7
保险丝	75.3	80.0	77.9	95.2	110.6	108.4

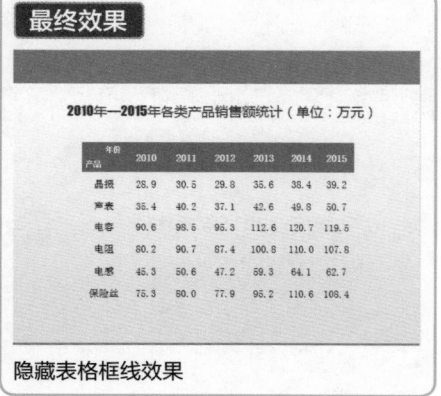

隐藏表格框线效果

1. 选择表格，切换至“表格工具—设计”选项卡。

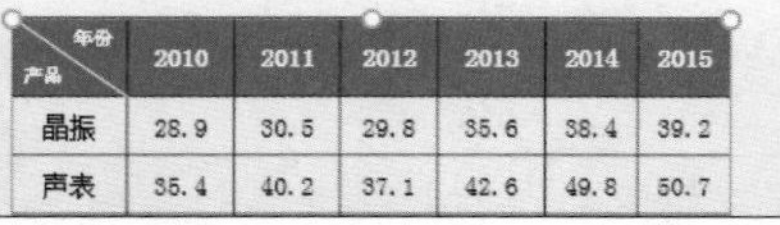

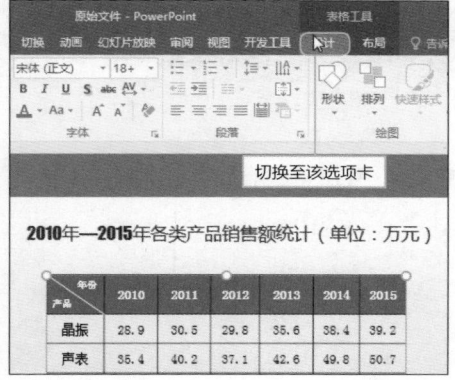

2. 单击“边框”右侧下拉按钮，从列表中选择“无框线”选项。

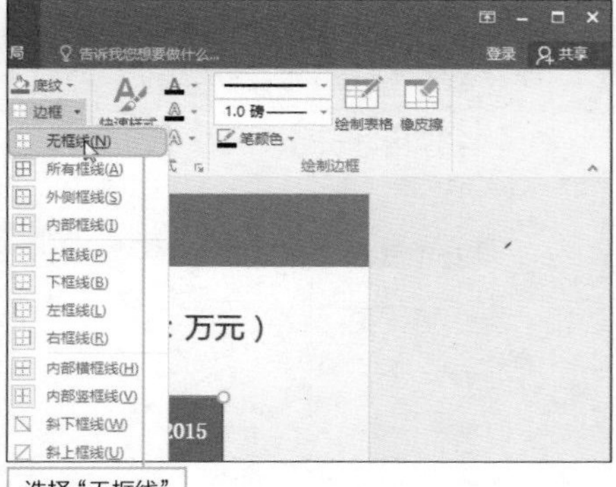

Question

253 让表格具有立体显示效果

● Level ◆◆◆

2016 2013 2010

实例 设置表格的外观效果

除了对表格的底纹和边框进行设置外，用户还可以对表格的外观效果进行设置，表格的外观效果包括单元格凹凸效果、阴影以及映像效果，本技巧将介绍如何设置表格外观效果。

1. **单元格凹凸效果。**选择整个表格，单击“表格工具—设计”选项卡中的“效果”按钮，从列表中选择“单元格凹凸效果”，从级联菜单中选择“凸起”效果。

2. **阴影效果。**选择“阴影”效果，从级联菜单中的“透视”选项下选择“左下对角透视”即可。

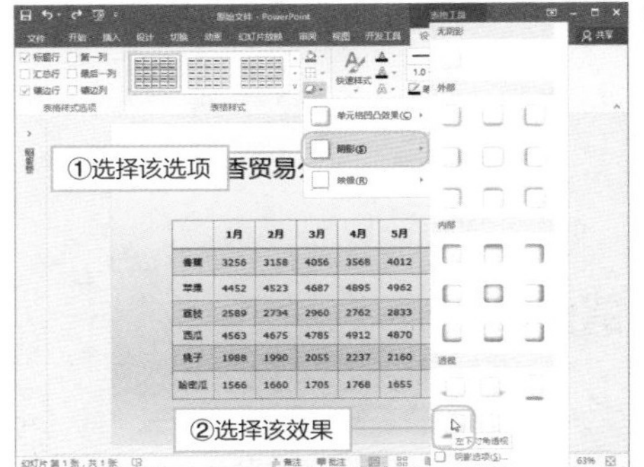

3. **映像效果。**选择“映像”效果，从级联菜中选择“半映像，4pt偏移量”。

Hint

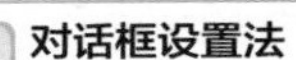

对话框设置法

打开“设置形状格式”窗格，在“阴影”和“映像”选项组中进行设置即可。

Question
254 巧妙让文本在表格中居中排列

• Level ◆◆◆

2016 2013 2010

实例	设置文本对齐方式

在单元格中，默认输入的内容靠左上侧对齐，若希望文本内容居中对齐，可以通过功能区的对齐按钮进行调整，也可以设置单元格边距进行调整，下面对其进行介绍。

❶ **对齐按钮调整。**选择整个表格，单击“表格工具—布局”选项卡的“居中”按钮。

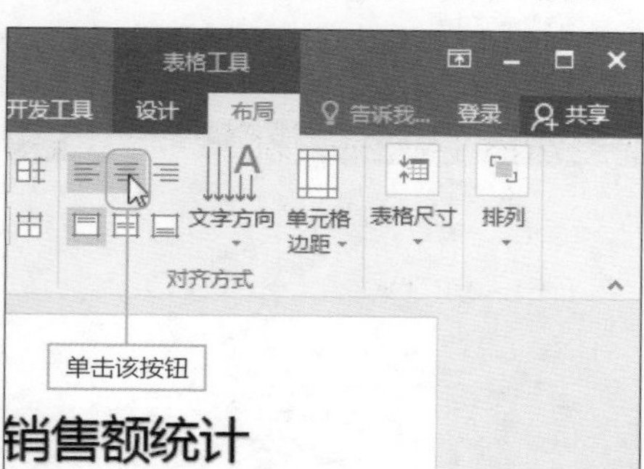

❷ 单击“表格工具—布局”选项卡中的“垂直居中”按钮 。

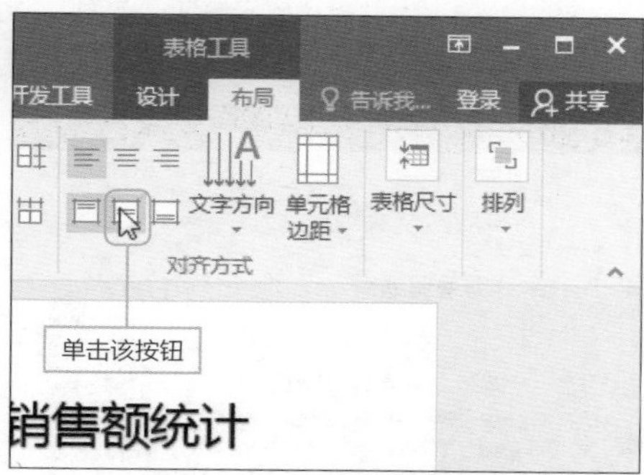

❸ **单元格边距调整。**单击“表格工具—布局”选项卡中的“单元格边距”按钮，从列表中选择“正常”选项。

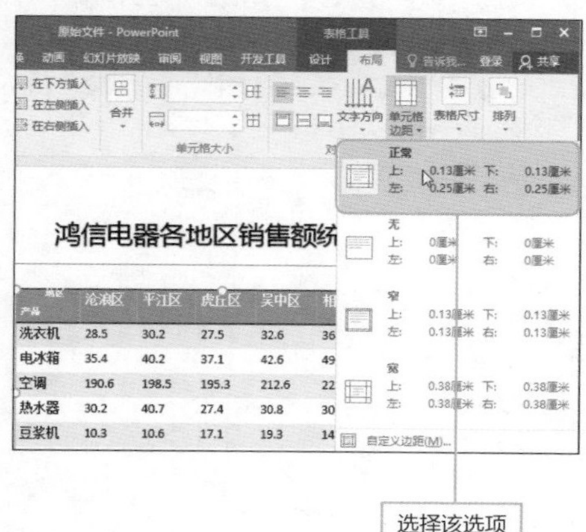

❹ 也可以选择“自定义边距”选项，在打开的对话框中设置“内边距”选项区中的选项，单击“确定”按钮。

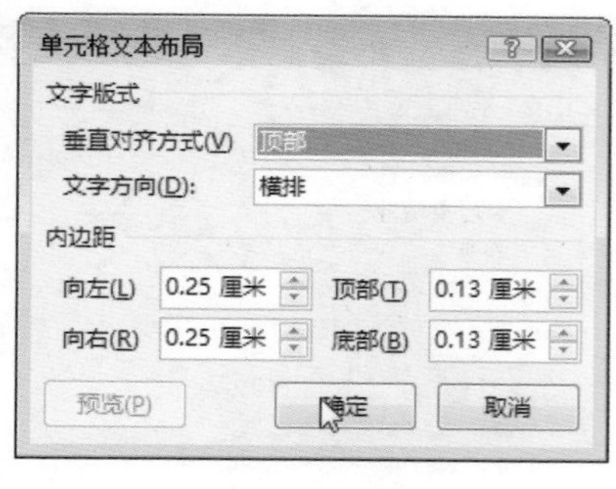

Question
255 将Excel文件放入幻灯片展示

语音视频教学255

● Level ◆◆◆

2016 2013 2010

实例 在幻灯片中使用Excel文件

为了更加精确地说明幻灯片中的图表或其他内容，可以将保存相关数据的 Excel 文件放入幻灯片中，本技巧将对其进行详细介绍。

❶ 打开演示文稿，切换至“插入”选项卡，单击“对象”按钮。

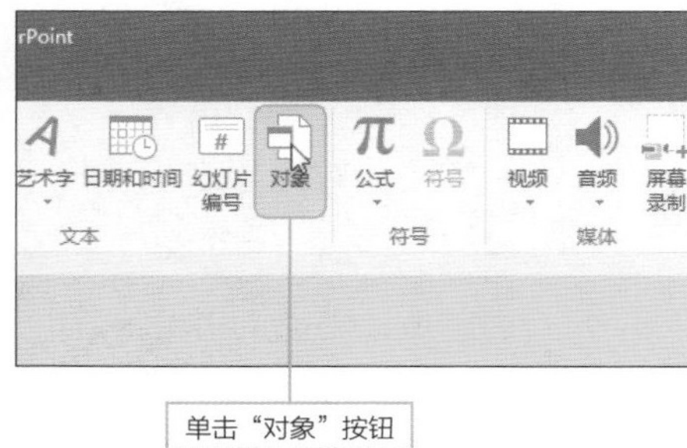

单击“对象”按钮

❷ 打开“插入对象”对话框，选中“由文件创建”单选按钮，单击“浏览”按钮。

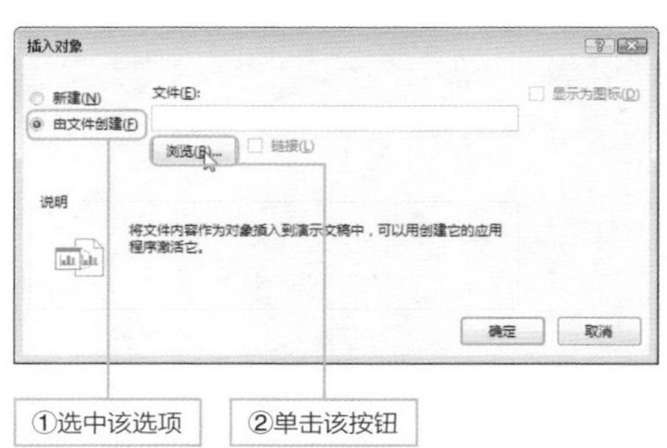

①选中该选项　②单击该按钮

❸ 打开“浏览”对话框，从中选择合适的文件，单击“确定”按钮。

选择文件后确认

❹ 返回上一级对话框，单击“确定”按钮，将Excel文件插入到当前幻灯片中。

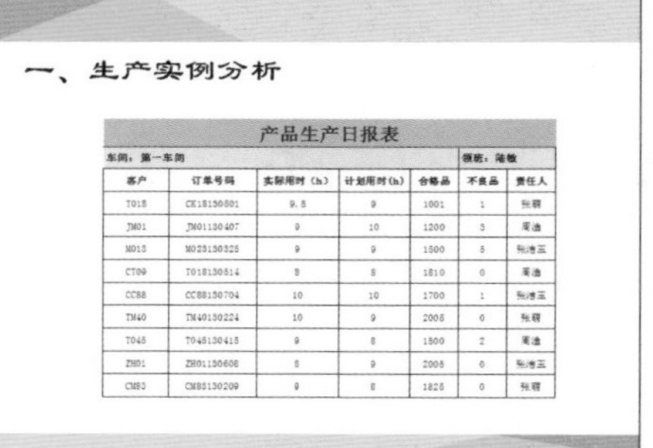

产品生产日报表						
车间：第一车间					领班：[illegible]	
客户	订单号码	实际用时（h）	计划用时(h)	合格品	不良品	责任人
T018	CK18130501	9.5	9	1001	1	[illegible]
JM01	JM01130407	9	10	1200	3	[illegible]
M015	M023130325	9	9	1500	5	[illegible]
CT09	T018130514	8	8	1810	0	[illegible]
CC88	CC88130704	10	10	1700	1	[illegible]
TM40	TM40130224	10	9	2005	0	[illegible]
T045	T045130415	9	8	1500	2	[illegible]
ZH01	ZH01130608	8	9	2005	0	[illegible]
CM83	CM83130209	9	8	1825	0	[illegible]

第9章 256~285

图表的应用技巧

Question

256 幻灯片中的意外惊喜——图表

实例 图表的创建

● Level ◆◆◆

2016 2013 2010

在上一章，我们介绍了表格的应用，但是，抽象的表格数据可能会令观众头疼，这时，可以采用图表来直观地表示数据之间的关系，可以采用PowerPoint 2016 提供的图表功能在幻灯片中插入图表。

❶ 打开演示文稿，单击“插入”选项卡中的“图表”按钮。

单击“图表”按钮

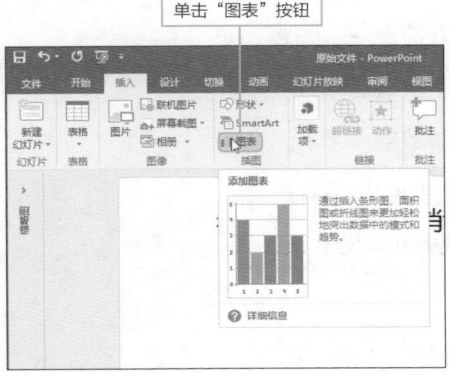

❷ 打开“插入图表”对话框，在“柱形图”选项组中选择“簇状柱形图”，单击“确定”按钮。

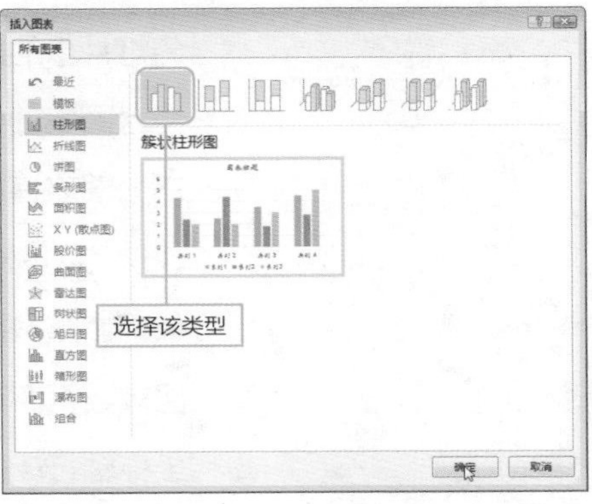

❸ 会自动弹出Excel工作表，输入与图表相关的数据，输入完成后，单击右上角的“关闭”按钮即可完成图表的创建。

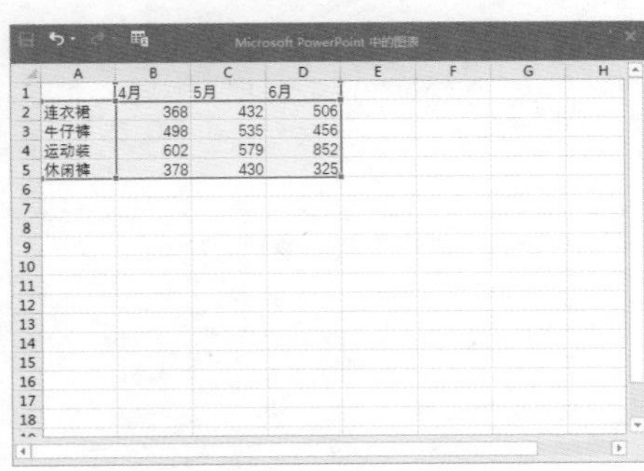

Microsoft PowerPoint 中的图表

	A	B	C	D
1		4月	5月	6月
2	连衣裙	368	432	506
3	牛仔裤	498	535	456
4	运动装	602	579	852
5	休闲裤	378	430	325

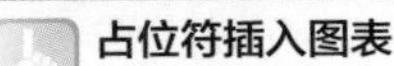

Hint

占位符插入图表

若占位符中包含“插入图表”按钮，单击该按钮也可打开“插入图表”对话框创建图表。

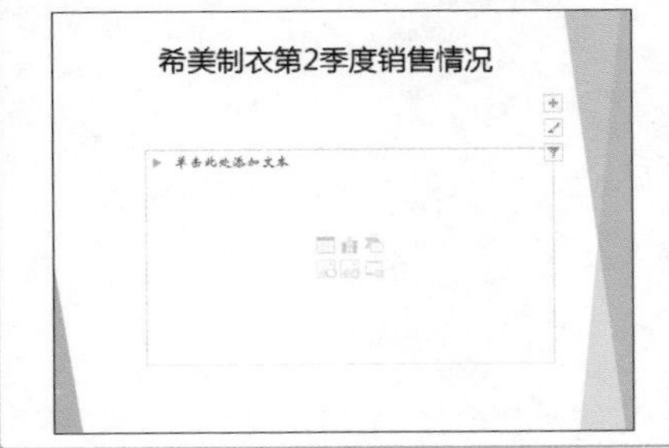

Question 257

组合图表的使用也很简单

Level ◆◆◆

2016 2013 2010

实例 组合图表的创建

若用户想要快速且清晰地显示不同类型的数据，并且想要轻松对其进行分析，组合图表是非常有用的，例如用户可以分析某产品销售单价对销售量的影响，下面对其进行介绍。

1 打开演示文稿，单击“插入”选项卡中的“图表”按钮。

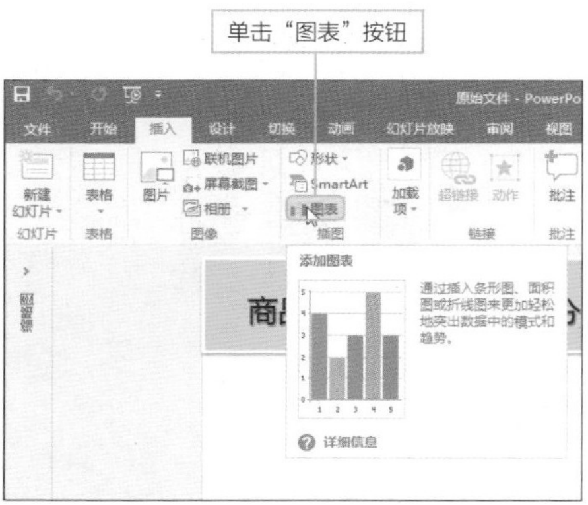

2 打开“插入图表”对话框，在“组合”选项组中，选择“簇状柱形图-折线图”，单击“系列3”右侧的“图表类型”按钮。

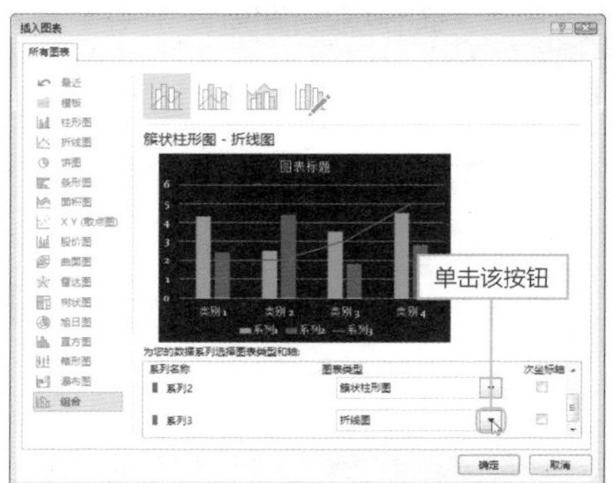

3 从展开的列表中选择“带标记的堆积折线图”，然后单击“确定”按钮。

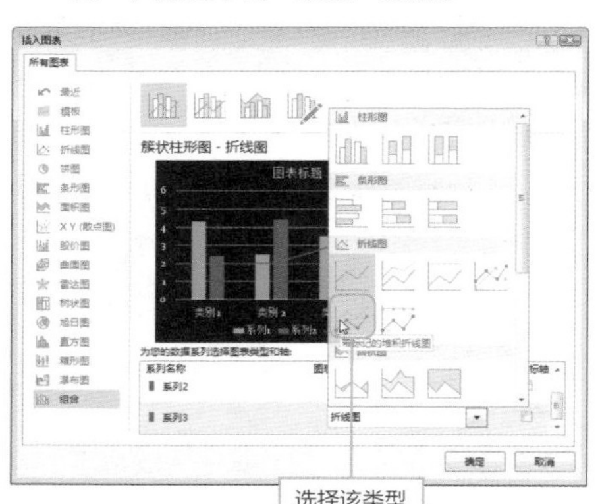

4 会自动弹出Excel工作表，按需输入数据，即可完成组合图表的创建。

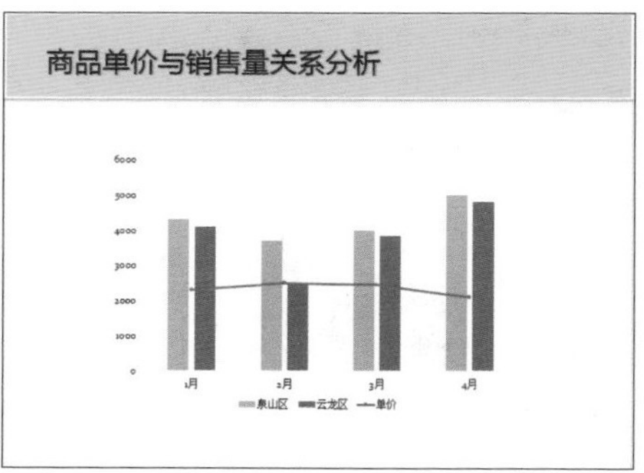

Question

258 巧为图表追加新数据

实例 添加图表数据

● Level

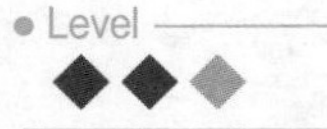

在 PowerPoint 中，插入图表后，若需要为图标添加新的数据，或对图表中的数据进行修改，都可以通过编辑 Excel 工作表中的数据来实现。

最初效果

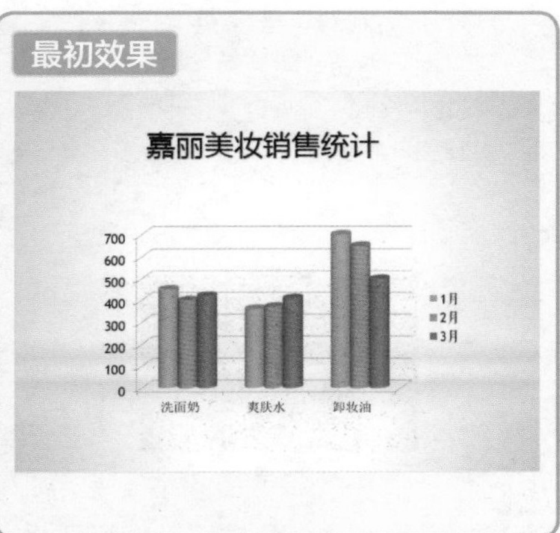

最终效果

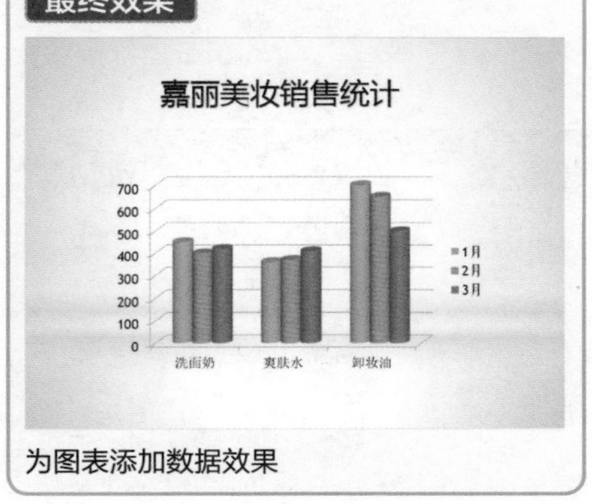

为图表添加数据效果

❶ 选择图表，单击“图表工具—设计”选项卡中的“编辑数据”按钮。

❷ 弹出Excel工作表，将光标移至图表区域右下角，按住鼠标左键拖动至合适位置释放鼠标，输入数据，关闭工作表即可。

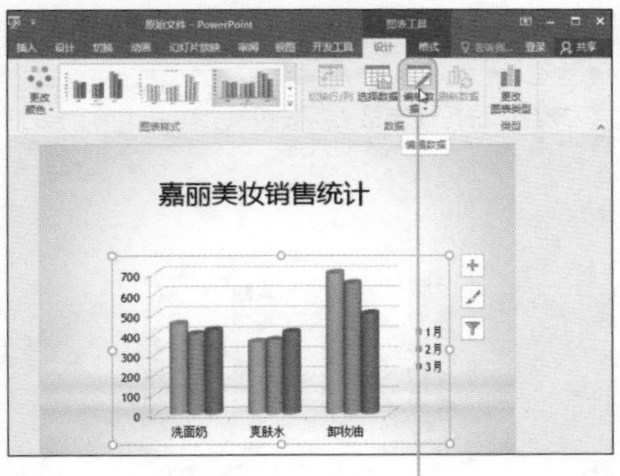

单击该按钮

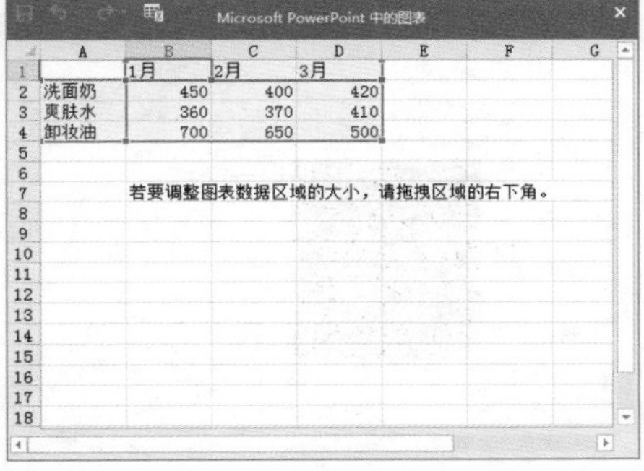

	A	B	C	D
1		1月	2月	3月
2	洗面奶	450	400	420
3	爽肤水	360	370	410
4	卸妆油	700	650	500

快速将不再使用的数据系列删除

语音视频教学259

实例　删除数据系列

2016 2013 2010

在创建图表后，若存在多余的数据系列，为了不影响整个图表的美观性，用户可以将其删除，其删除操作同添加数据系列一样是在 Excel 工作表中进行的。

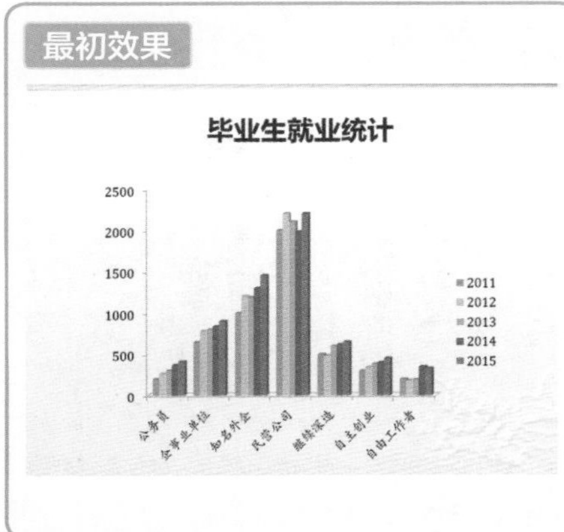

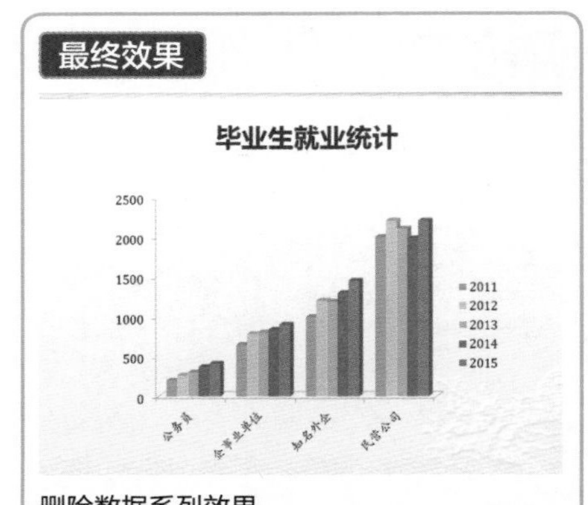

删除数据系列效果

① 选择图表并右击，从其快捷菜单中选择“编辑数据>编辑数据”命令。

② 弹出Excel工作表，选择第6、7、8行并右击，从中选择“删除>表行”命令，然后按需删除表行，关闭工作表即可。

毕业生就业统计

①右击，选择该命令　②选择“编辑数据”命令

①右击，选择“删除”命令　②选择“表行”命令

Question

260 快速调整数据系列的位置

语音视频
教学260

实例 数据系列位置的变换

● Level ◆◆◆

2016 2013 2010

在 PowerPoint 中创建完成图表后，若用户对当前数据系列在图表中的位置不满意，还可以更改数据系列在图表中的位置，本技巧将讲述如何实现该操作。

最初效果

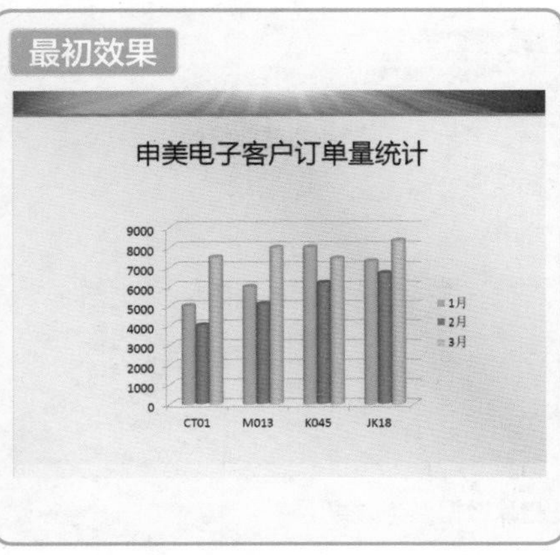

最终效果

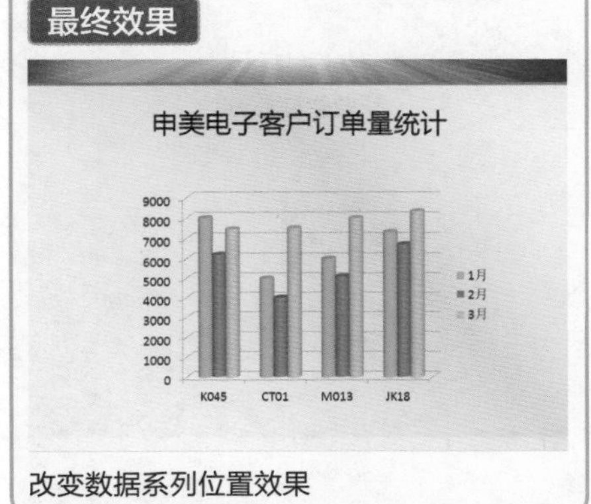

改变数据系列位置效果

① 选择图表，单击“图表工具—设计”选项卡中的“编辑数据”按钮，将弹出Excel工作表。

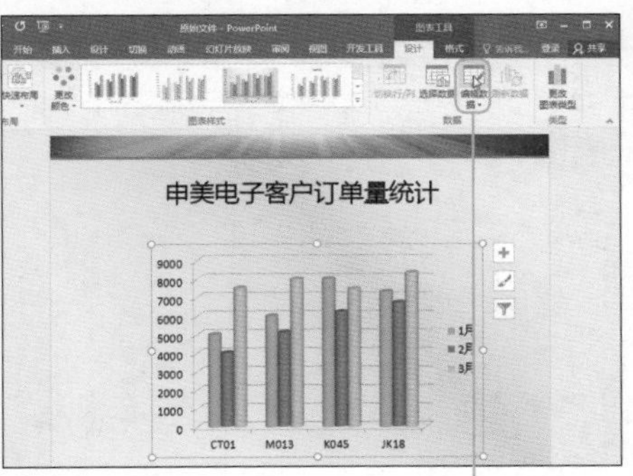

单击该按钮

② 选择要移动的数据，将鼠标光标移至单元格边框，光标变成✣样式，按住鼠标左键不放拖动鼠标移动数据，关闭工作表。

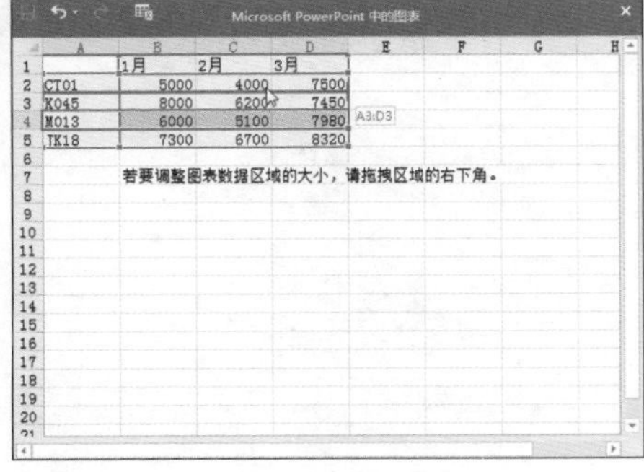

Question 261

● Level ◆◆◆

2016 2013 2010

图表数据源再定义

语音视频教学261

实例 数据源的重新定义

在 PowerPoint 中，若用户为了突出显示某些数据系列，可以重新定义图表的数据源，其操作需要通过“选择数据源”对话框来实现，下面将对其进行介绍。

1 选择图表，单击“图表工具—设计”选项卡中的“选择数据”按钮。

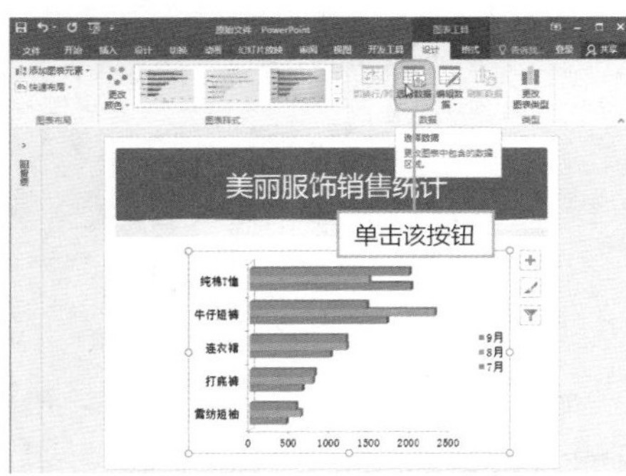

2 同时弹出Excel工作表和“选择数据源”对话框。

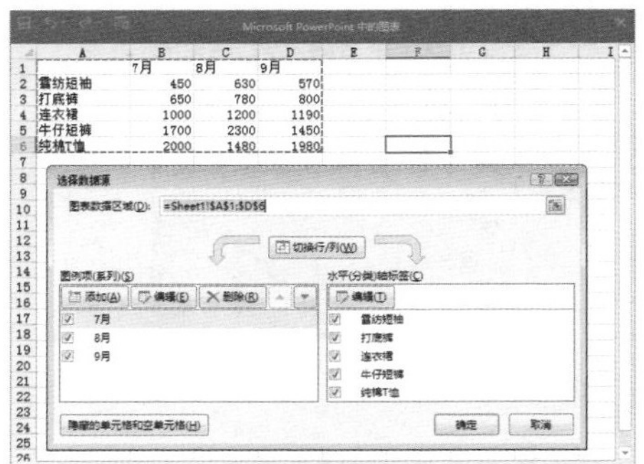

3 拖动鼠标选取合适的数据区域，选取数据完成后，单击按钮，返回“选择数据源”对话框。

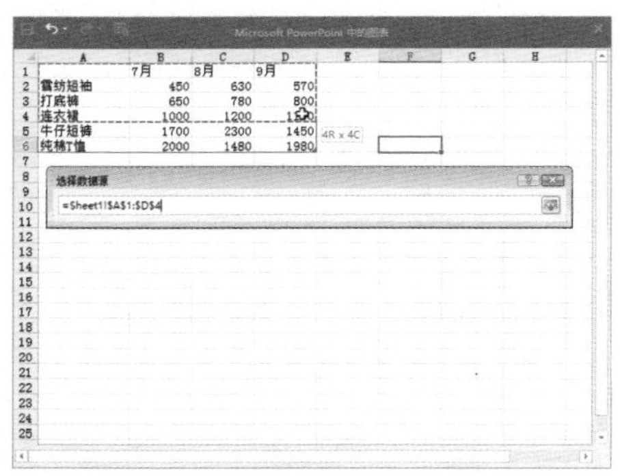

4 单击“选择数据源”对话框中的“确定”按钮关闭Excel工作表，返回至幻灯片页面，查看重新定义过数据的图表。

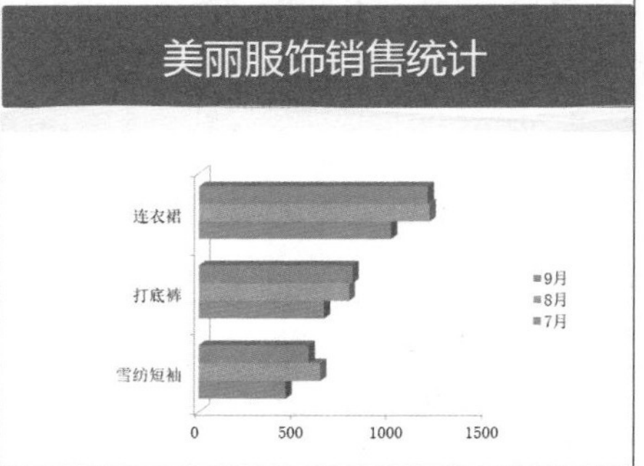

Question

262 坐标轴行/列的快速切换很简单

语音视频教学262

Level ◆◆◆

2016 2013 2010

实例 切换坐标轴的行/列

切换行 / 列是指交换坐标轴上的数据，即将 X 轴上的数据移动到 Y 轴上显示，而将 Y 轴上的数据移动到 X 轴上显示，本技巧将讲述如何切换行 / 列的操作。

最初效果

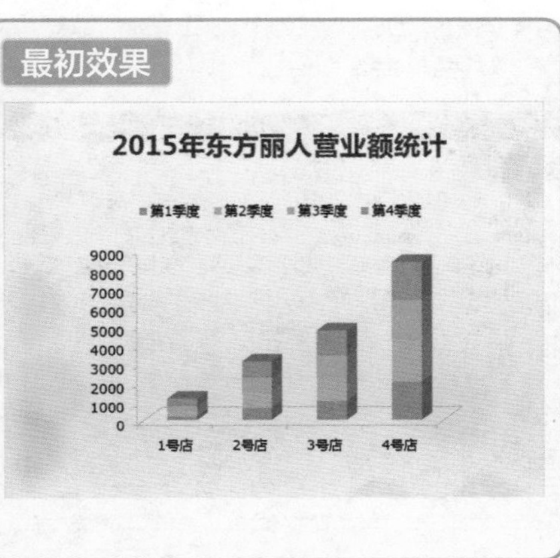

最终效果

切换坐标轴行/列效果

1. 选择图表，单击“图表工具—设计”选项卡中的“编辑数据”按钮。

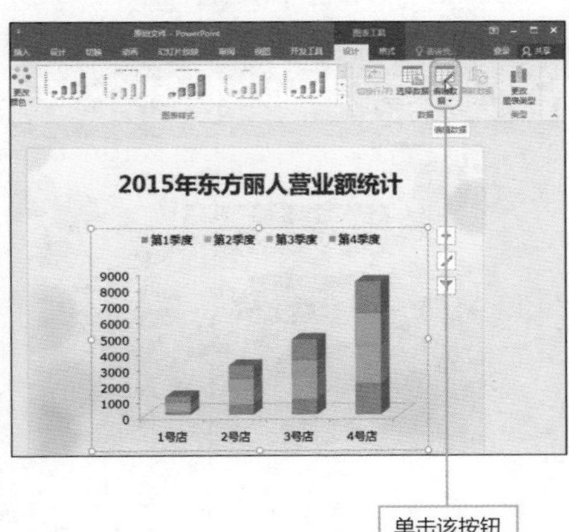

单击该按钮

2. 弹出Excel工作表，返回幻灯片页面，单击“切换行/列”按钮，关闭工作表即可。

单击该按钮

Question 263

巧妙变换图表的类型

Level ◆◆◆

2016 2013 2010

实例 图表类型的更改

在 PowerPoint 中，若发现已创建完成的图表类型与演示文稿内容不匹配，或者无法清晰、明确地传达想要表达的信息，可以将当前图表更改为合适的类型。

最初效果

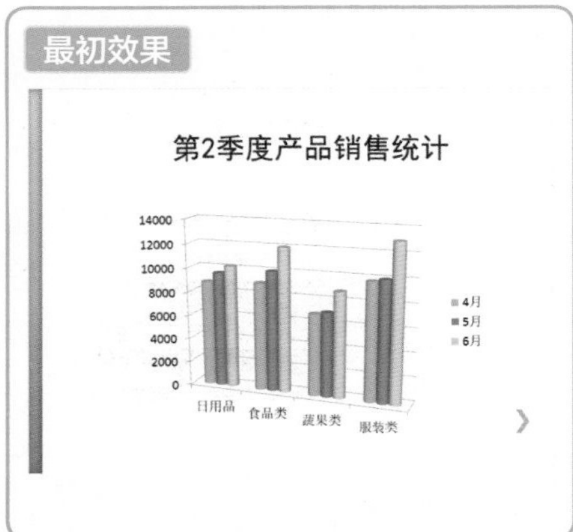

最终效果

第2季度产品销售统计

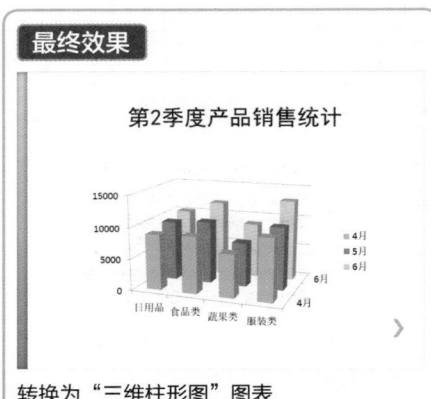

15000
10000
5000
0
日用品 食品类 蔬果类 服装类
4月 5月 6月

转换为“三维柱形图”图表

1. 选择图表，单击“图表工具—设计”选项卡中的“更改图表类型”按钮。

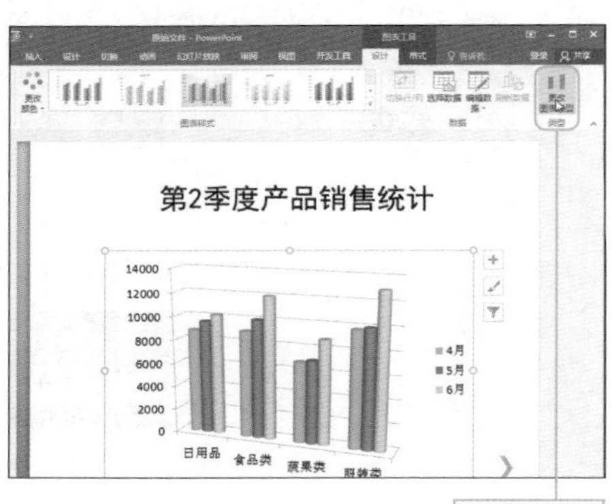

单击该按钮

2. 弹出“更改图表类型”对话框，在“柱形图”选项组中选择“三维柱形图”类型，然后单击“确定”按钮即可。

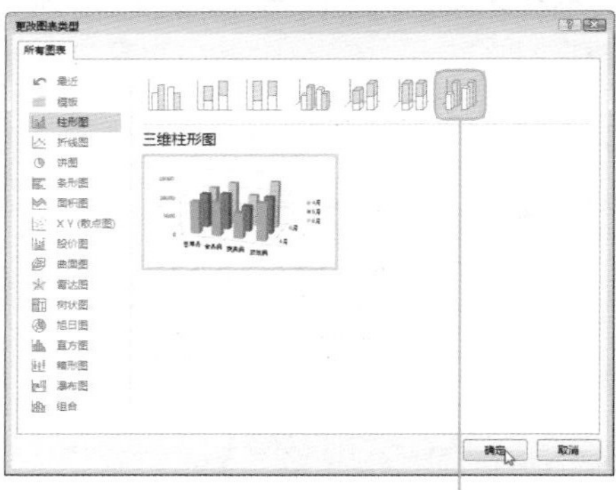

选择该类型

Question

264 快速更改图表的样式

语音视频教学264

● Level ◆◆◆

2016 2013 2010

实例 应用内置图表样式

在 PowerPoint 中，共提供了48 种不同的样式，这些样式的配色都是系统默认与当前主题颜色相匹配的颜色，用户若对当前样式不满意，可以在样式列表库中选择一种合适的样式进行更改。

最初效果

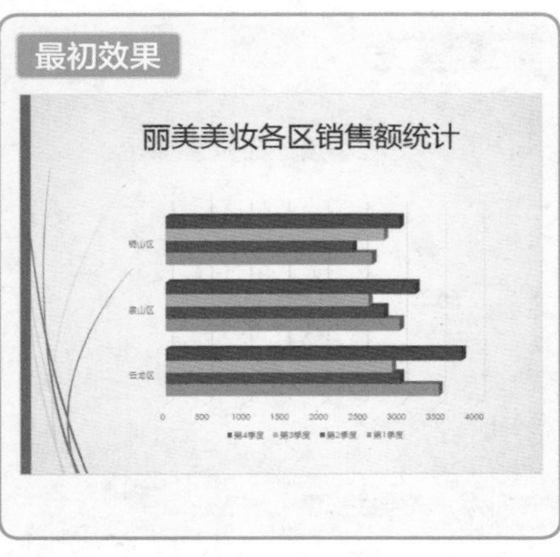

最终效果

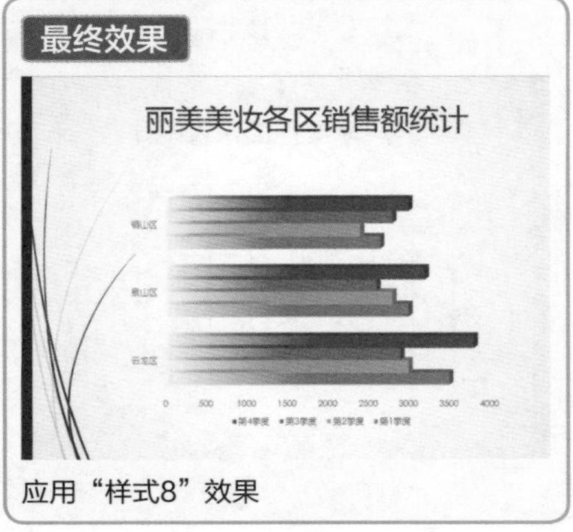

应用“样式8”效果

1. 选择图表，单击“图表工具—设计”选项卡“图表样式”组的“其他”按钮。

丽美美妆各区销售额统计

单击“其他”按钮

2. 展开样式列表，从中选择要应用的“样式8”即可。

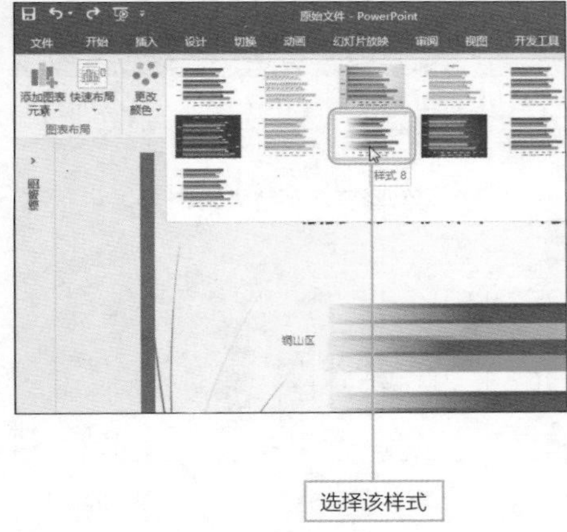

选择该样式

Question

265 瞬间更改图表的布局

语音视频教学265

Level ◆◆◆

2016 2013 2010

实例 图表布局的更改

在 PowerPoint 中，图表的布局主要包括图表标题、坐标轴标题、图例、数据标签等的位置变化，以及它们是否在图表中显示。系统提供了几种不同的布局方式可供用户进行选择。

最初效果

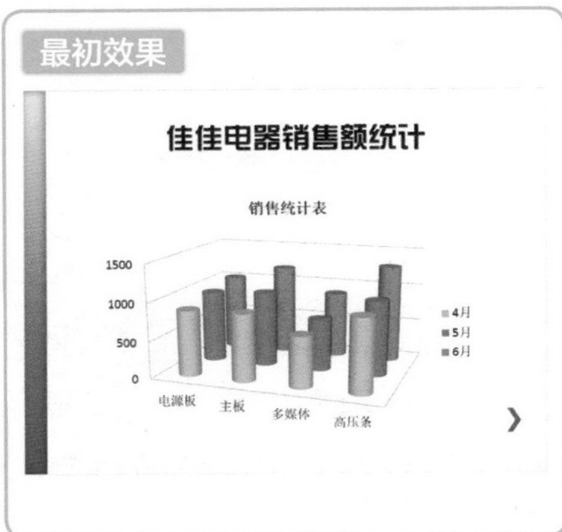

最终效果

佳佳电器销售额统计

销售统计表

	电源板	主板	多媒体	高压条
4月	880	900	680	980
5月	958	1000	700	1000
6月	1020	1200	880	1300

更改图表布局效果

1. 选择图表，单击“图表工具—设计”选项卡“图表布局”选项组中的“快速布局”按钮。

2. 展开快速布局列表，从中选择“布局5”即可。

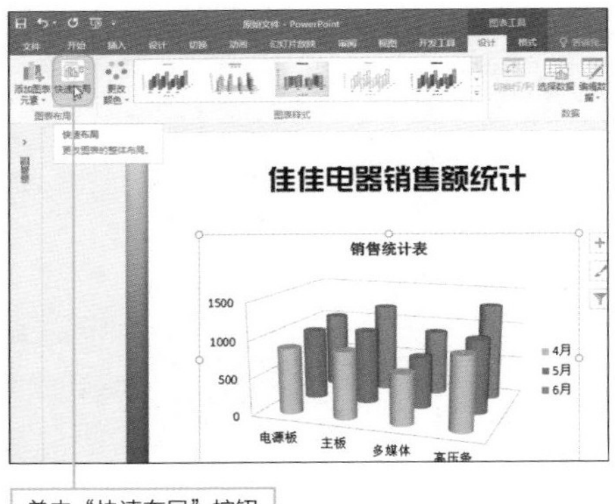

单击“快速布局”按钮

选择布局 5

Question

266 图表标题的显示学问大

● Level ◆◆◆

2016 2013 2010

实例 设置图表标题

在默认情况下，插入的图表并不存在图表标题，用户可以根据需要将标题显示出来，并对其进行相应的设置，接下来将介绍如何设置图表标题操作。

最初效果

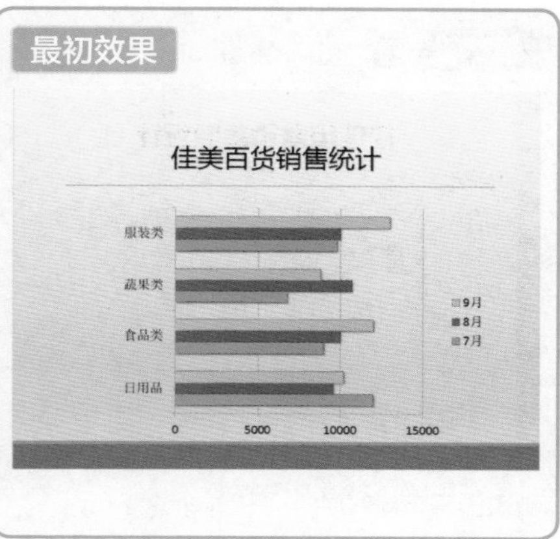

最终效果

设置图表标题效果

1. 选择图表，单击“图表工具—设计”选项卡中的“添加图表元素”按钮，从列表中选择“图表标题”选项，从级联菜单中选择“图表上方”，然后输入标题名称即可。

2. 也可以选择“其他标题选项”，打开“设置图表标题格式”窗格，根据需要设置标题的格式。

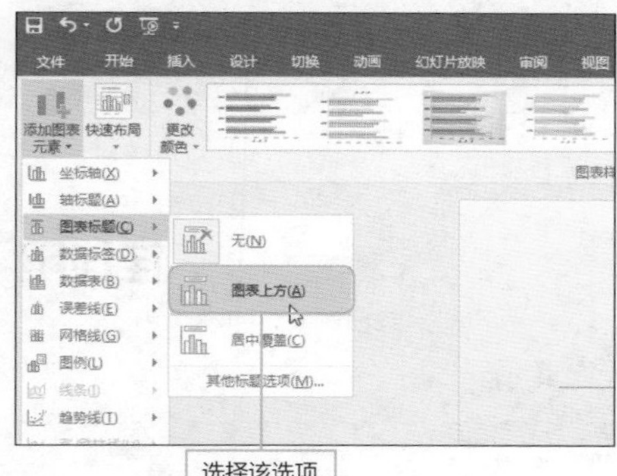

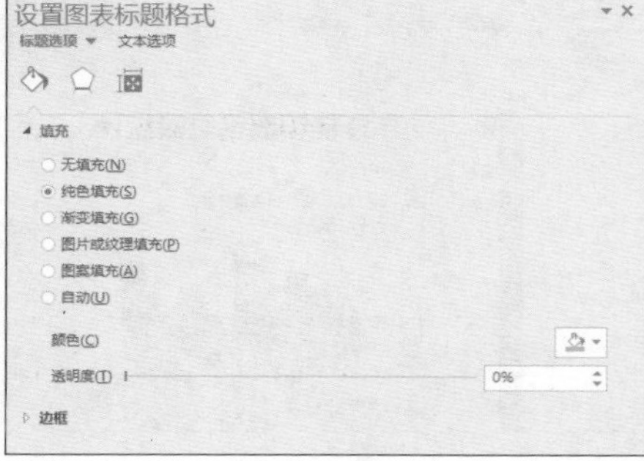

Question

267 轻松设置坐标轴标题

语音视频教学267

实例 坐标轴标题的设置

Level ◆◆◆

2016 2013 2010

在 PowerPoint 中，若用户希望为坐标轴添加文字说明以表示坐标轴上数字或文字的意义，就需要为坐标轴添加标题，本技巧将以添加横坐标轴标题为例进行讲述，纵坐标轴标题的添加与之类似。

最初效果

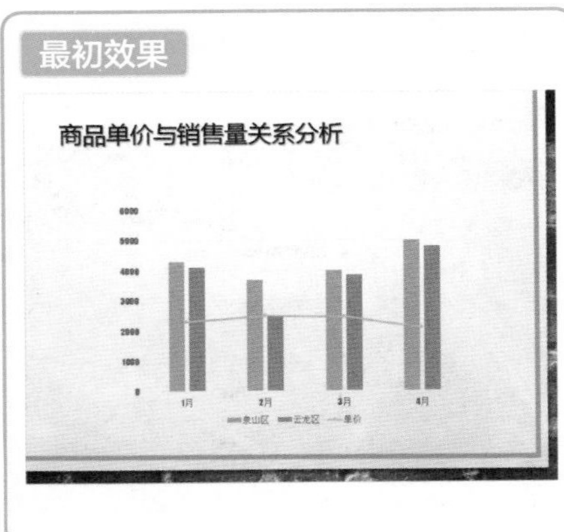

最终效果

商品单价与销售量关系分析

设置坐标轴标题效果

选择图表，单击“图表工具—设计”选项卡中的“添加图表元素”按钮，从列表中选择“轴标题”选项，从级联菜单中选择“主要横坐标轴”，然后输入标题名称即可。

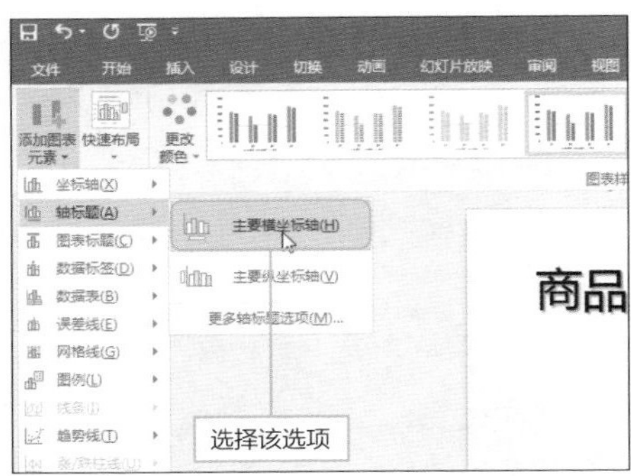

Hint

设置坐标轴标题格式

若选择“更多轴标题选项”，则打开“设置坐标轴标题格式”窗格，根据需要设置坐标轴标题的格式即可。

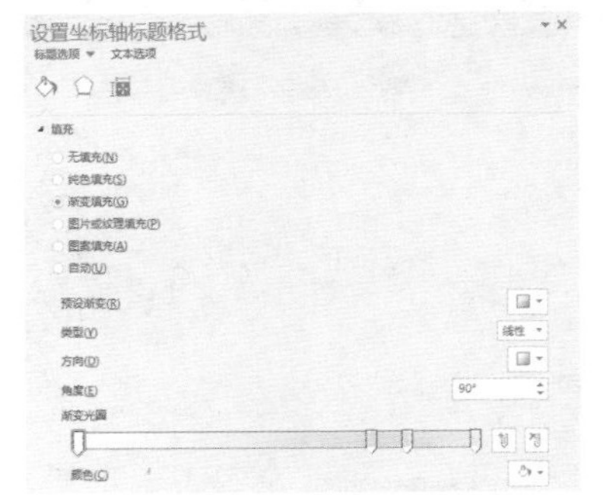

Question

268 随心调整图例显示位置

语音视频教学268

Level ◆◆◆

2016 2013 2010

实例	图例的设置

在 PowerPoint 中，默认情况下，插入的图表的图例都位于图表的右侧，用户可以根据需要改变图例的位置，或将其隐藏，还以可对图例的格式进行设置。

最初效果

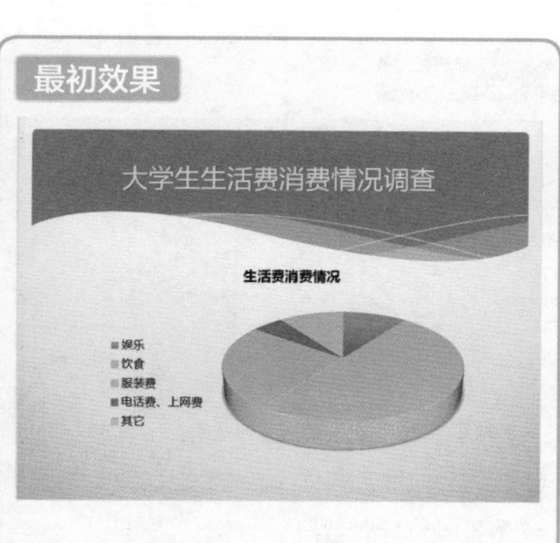

最终效果

大学生生活费消费情况调查

生活费消费情况

娱乐
饮食
服装费
电话费、上网费
其它

设置图表标题效果

选择图表，单击“图表工具—设计”选项卡中的“添加图表元素”按钮，从列表中选择“图例”选项，从级联菜单中选择“右侧”。

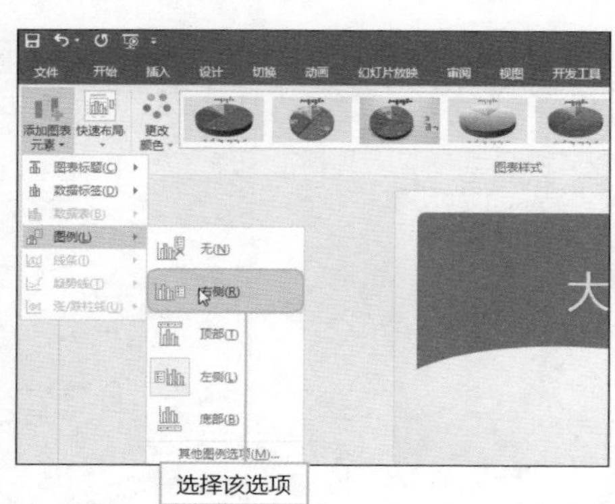

选择该选项

Hint

设置图例格式

若选择“其他图例选项”，则打开“设置图例格式”窗格，根据需要选择图例的位置即可。

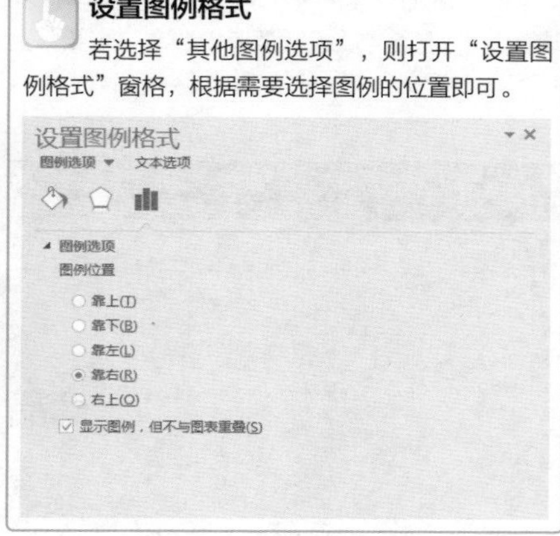

按需显示图表的数据标签

语音视频教学269

实例 显示数据标签

Level ◆◆◆

2016 2013 2010

在 PowerPoint 中，默认插入的图表的数据标签都不会显示出来，若用户希望可以更好地说明各图表数据大小，可以将数据标签显示出来，下面介绍如何显示数据标签操作。

最初效果

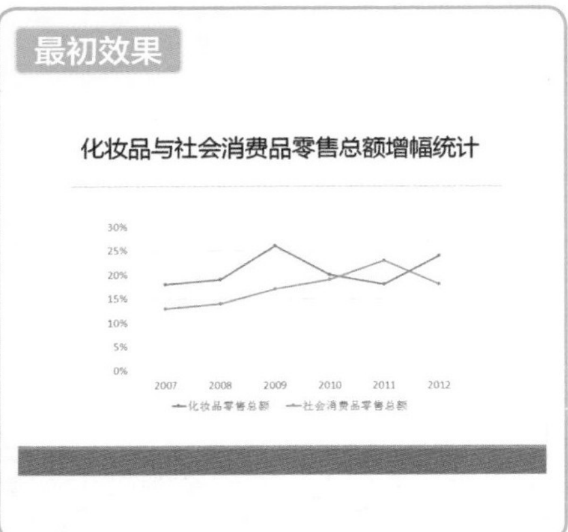

最终效果

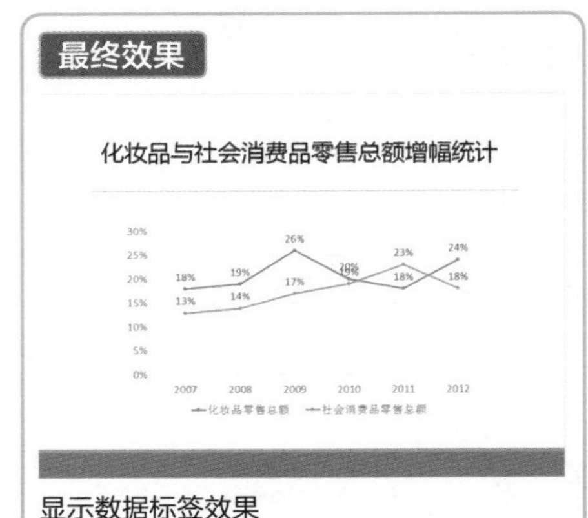

显示数据标签效果

选择图表，单击“图表工具—设计”选项卡中的“添加图表元素”按钮，从列表中选择“数据标签>上方”命令。

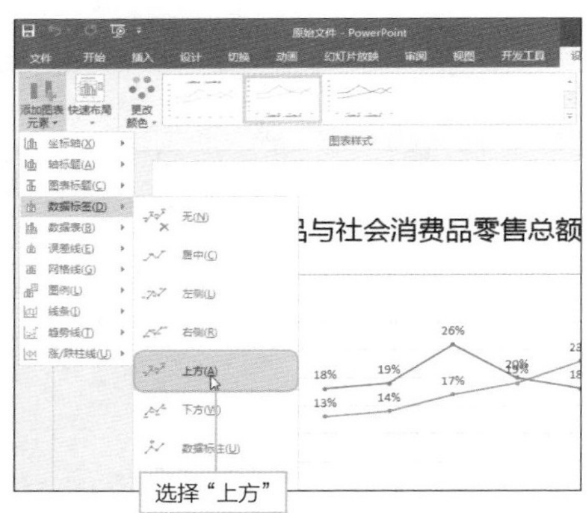

Hint

设置数据标签格式

选择“其他数据标签选项”，打开“设置数据标签格式”窗格，根据需要进行相应设置。

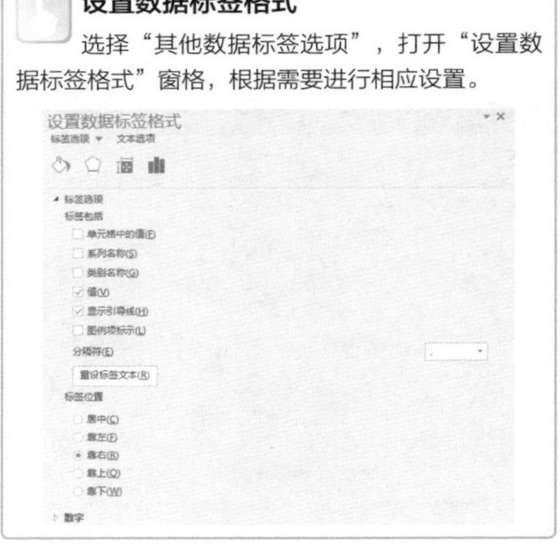

Question

270 图表也能显示模拟运算表

语音视频教学270

Level ◆◆◆

2016 2013 2010

实例 显示模拟运算表

在 PowerPoint 中，插入的图表默认情况下不显示模拟运算表，若用户希望可以将其显示出来，也是很容易就能够实现的，本技巧将介绍如何显示模拟运算表的操作。

最初效果

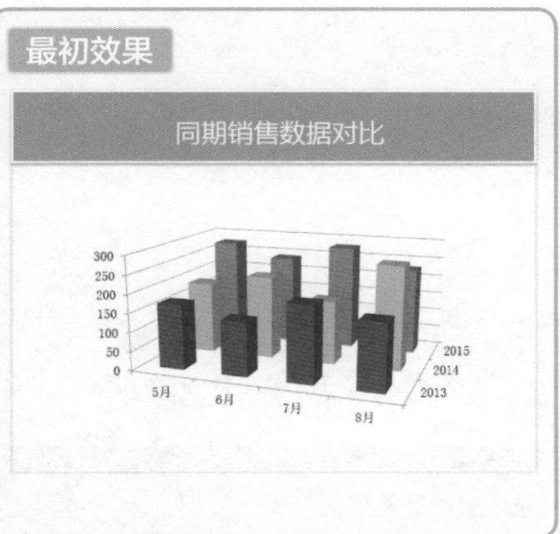

最终效果

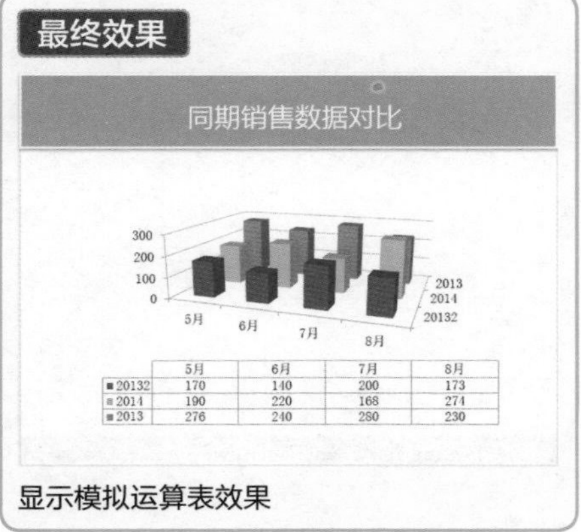

显示模拟运算表效果

选择图表，单击“图表工具—设计”选项卡中的“添加图表元素”按钮，从列表中选择“数据表>显示图例项标示”命令。

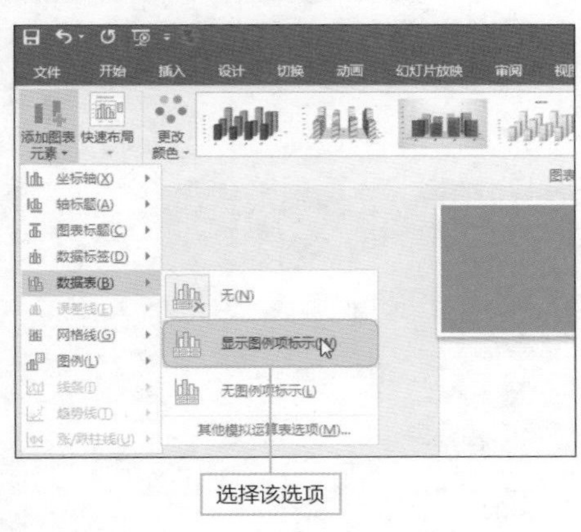

选择该选项

Hint

设置模拟运算表格式

若选择“其他模拟运算表选项”，在打开的窗格中，根据需要设置模拟运算表边框格式。

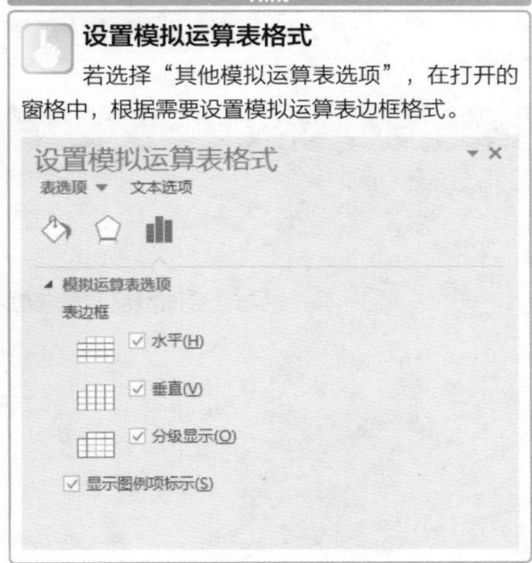

改变坐标轴的显示方式并不难

Level ◆◆◆

2016 2013 2010

实例 图表坐标轴显示方式的改变

在 PowerPoint 中，默认情况下，插入图表的坐标轴的显示方式为系统默认方式，若用户对坐标轴的显示方式不满意，可以自定义坐标轴的显示方式。

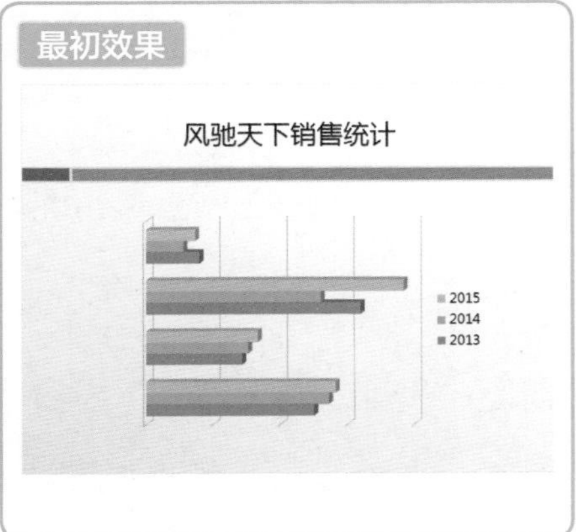

最终效果

风驰天下销售统计

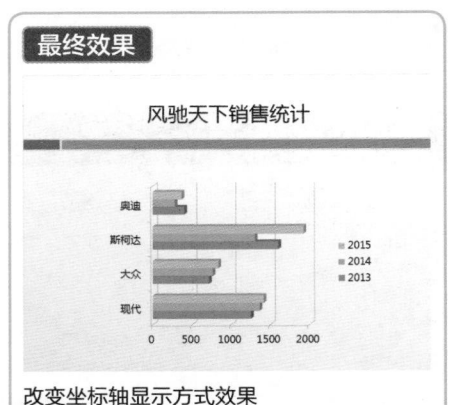

奥迪 斯柯达 大众 现代

0 500 1000 1500 2000

2015 2014 2013

改变坐标轴显示方式效果

1. 选择图表，单击“图表工具—设计”选项卡中的“添加图表元素”按钮，从列表中选择“坐标轴”选项，从级联菜单中选择“主要横坐标轴”。

2. 再次单击“添加图表元素”按钮，从列表中选择“坐标轴”选项，从级联菜单中选择“主要纵坐标轴”选项。

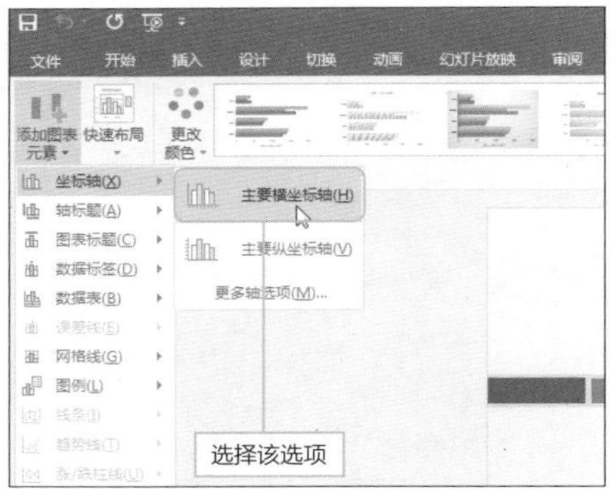

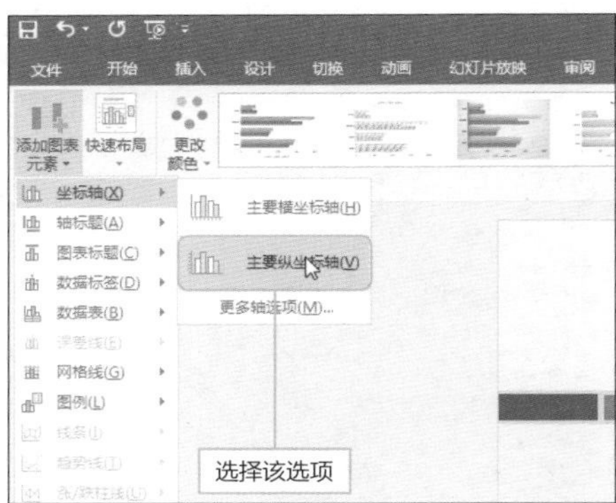

Question

272

自由对坐标轴进行设置

语音视频教学272

● Level ◆◆◆

2016 2013 2010

实例 自定义坐标轴

在 PowerPoint 中，用户不但可以设置坐标轴的显示方式，还可以设置坐标轴的填充色、线型和阴影效果等，下面将介绍如何自定义横坐标轴的操作。

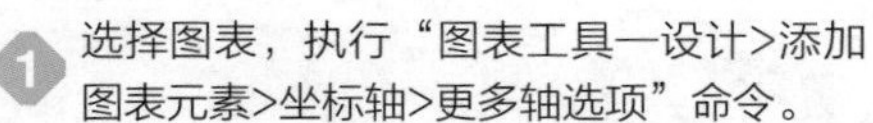

1 选择图表，执行“图表工具—设计>添加图表元素>坐标轴>更多轴选项”命令。

选择该选项

2 打开“设置坐标轴格式”窗格，可在“坐标轴”选项中的“边界”和“单位”选项组设置坐标轴边界和主要、次要坐标轴。

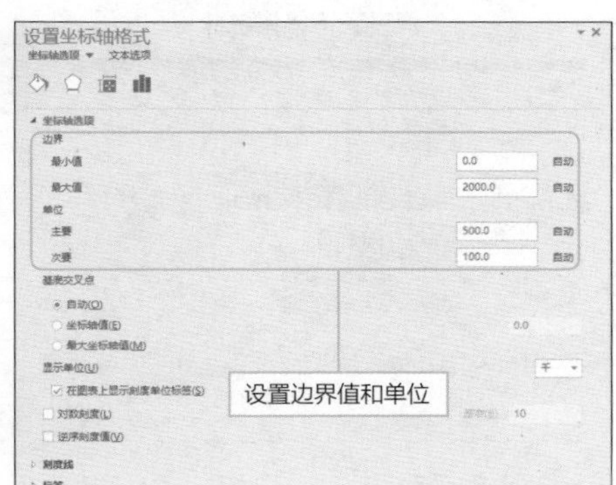

3 还可以在“显示单位”选项组设置单位为“千”，在“刻度线标记”选项组设置“主要类型”为“交叉”。

4 在“数字”选项组可对数字的格式进行设置，设置完成后关闭窗格即可。

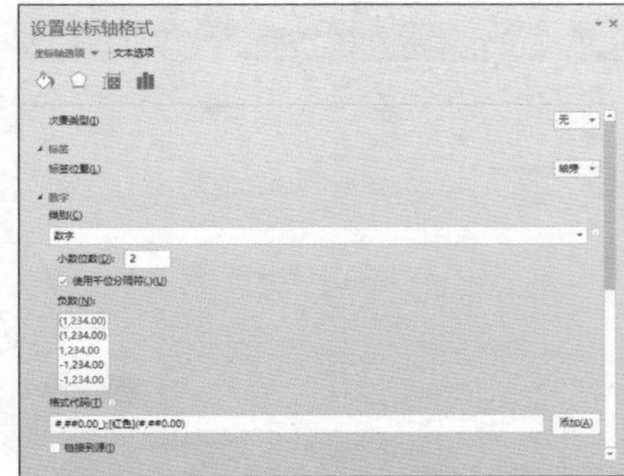

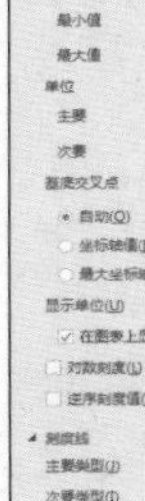

Question

273

秒杀图表网格线

实例 网格线的设置

在 PowerPoint 中，网格线是指可添加到图表中易于查看和编辑数据的线条，它是从坐标轴延伸出来穿越了绘图区域的水平和垂直的直线线段，本技巧将以设置主要横网格线为例进行介绍。

Level

2016 2013 2010

最初效果

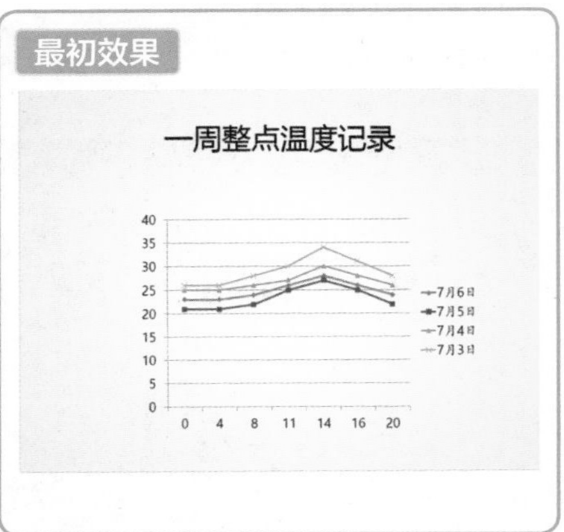

最终效果

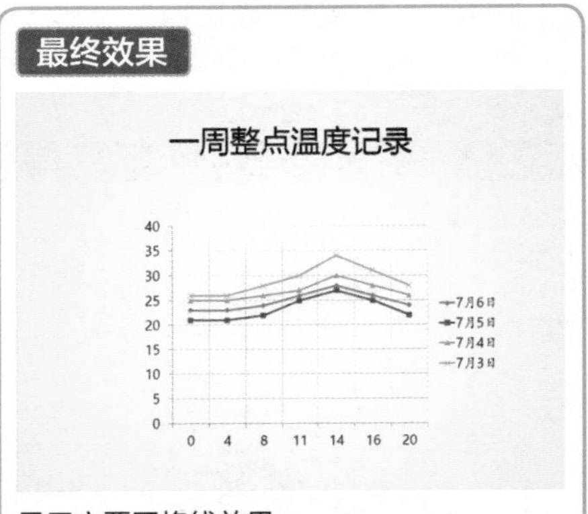

显示主要网格线效果

选择图表，单击”图表工具—设计”选项卡中的“添加图表元素”按钮，从列表中选择“网格线>主轴主要垂直网格线”选项即可。

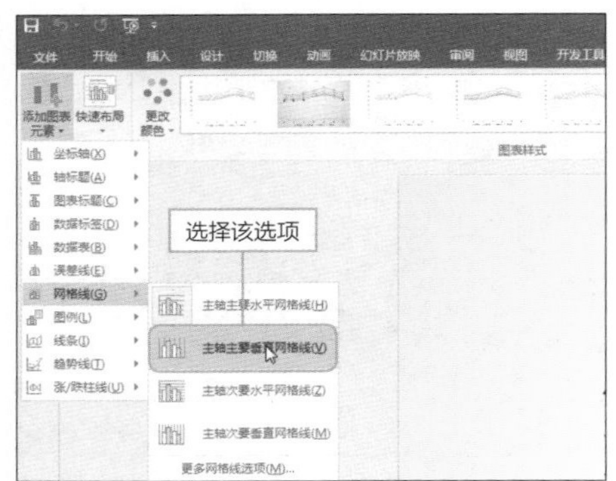

Hint

设置主要网格线格式

若选择“更多网格线选项”，则打开“设置主要网格线格式”窗格，根据需要设置网格线的格式。

Question 274

设置图表背景使其与幻灯片相匹配

语音视频教学274

Level ◆◆◆

2016 2013 2010

实例 设置图表背景

在 PowerPoint 中图表区位于最底层，绘图区位于图表区的上层，而对于三维格式的图表来说，绘图区又可以分为图表背景墙和图表基底，下面介绍如何设置图表背景操作。

1 选择图表，切换至“图表工具—格式”选项卡，单击“图表元素”按钮，从列表中选择“图表区”命令。

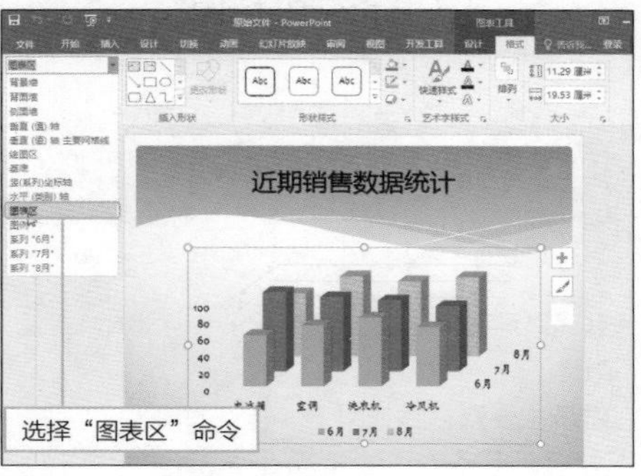

2 可将图表区选择，然后单击“形状样式”组的对话框启动器按钮，可打开“设置图表区格式”窗格。

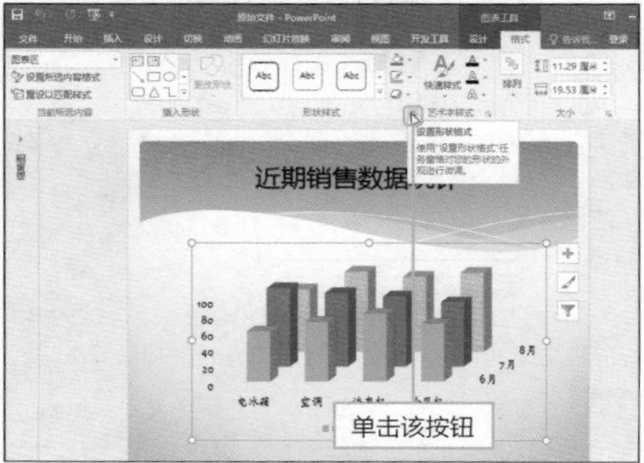

3 在“填充”选项组可对图表区设置合适填充效果，这里设置渐变效果为“预设渐变”中的“浅色渐变-个性色1”效果。

4 按照同样的方法，还可以选择图表的绘图区、背景墙和基底，逐一进行设置即可。

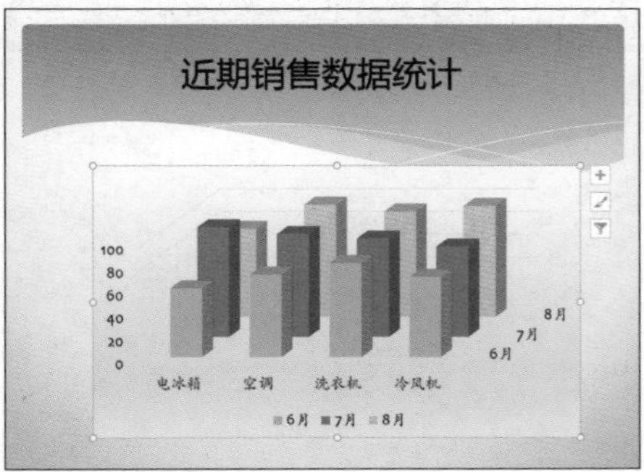

Question

275

● Level ◆◆◆

2016 2013 2010

趋势线作用大

语音视频教学275

实例 添加趋势线

用图形的方式显示数据的预测趋势并可用于预测分析，也称回归分析。利用回归分析的方法，可以在图表中扩展趋势线，根据实际数据预测未来数据，下面对添加趋势线进行介绍。

最终效果

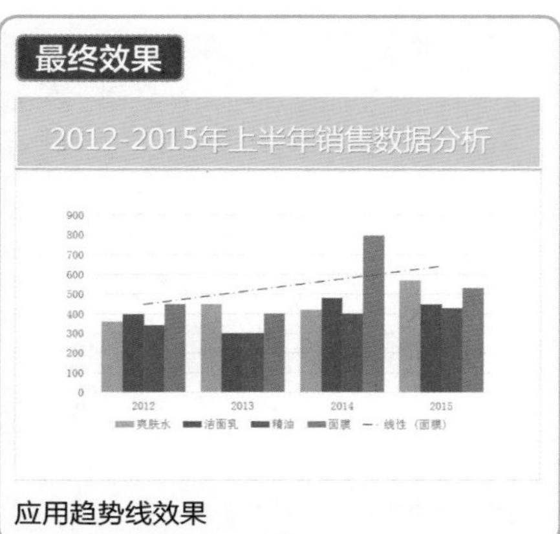

应用趋势线效果

❶ 选择图表，在“图表工具—设计”选项卡中选择“添加图表元素>趋势线>其他趋势线选项”命令。

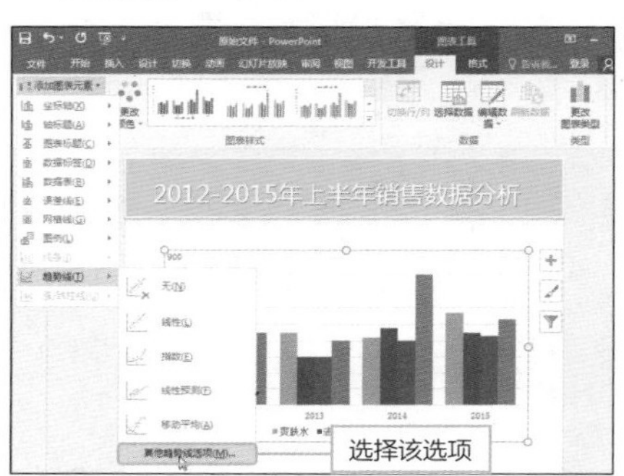

❷ 弹出“添加趋势线”对话框，在“添加基于系列的趋势线”列表框中选择“面膜”，单击“确定”按钮。

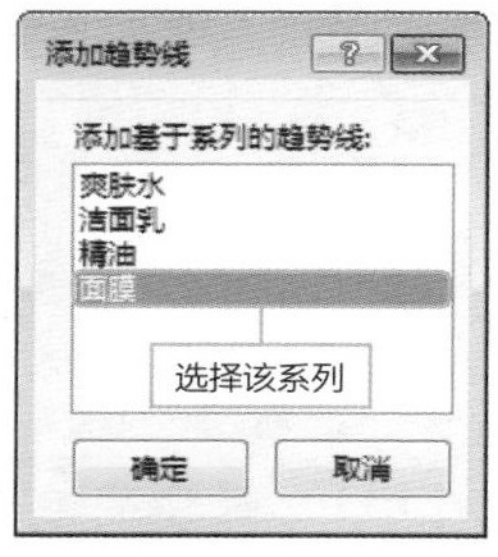

❸ 打开“设置趋势线格式”窗格，设置线条颜色为“紫色”，线条宽度为“1.5磅”，短划线类型为“长划线-点”即可。

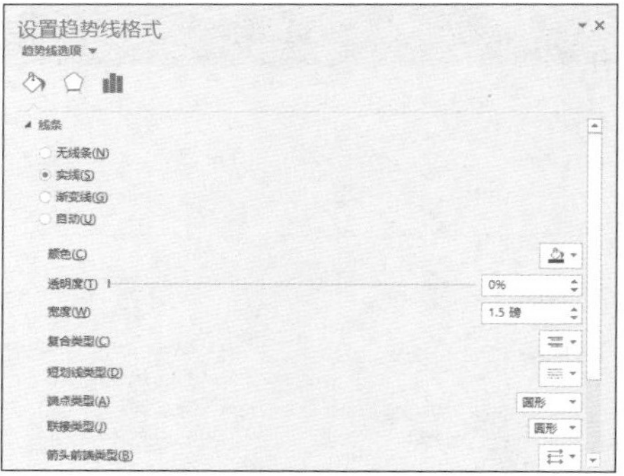

Question 276

误差线的效果很直观

Level ◆◆◆

2016 2013 2010

实例 添加误差线

误差线通常用于统计或科学计数，显示潜在的误差或相对于系列中每个数据标志的不确定程度，在 PowerPoint 中，误差线可以帮助用户完成对数据的分析，本技巧将介绍如何使用误差线的操作。

最初效果

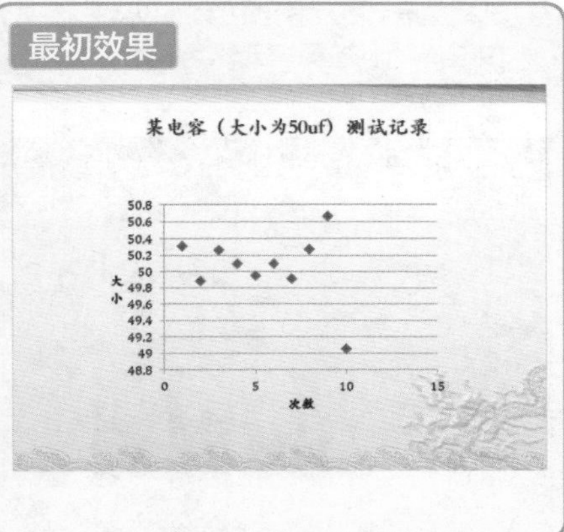

最终效果

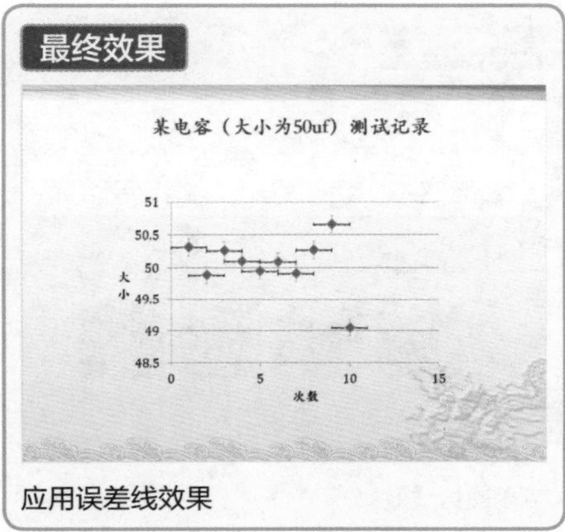

应用误差线效果

1. 选择图表，单击“图表工具—设计”选项卡中的“添加图表元素”按钮，选择“误差线>其他误差线选项”命令。

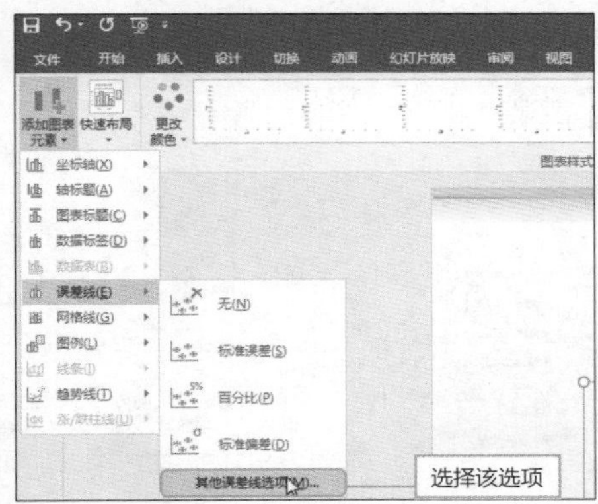

2. 打开“设置误差线格式”窗格，设置线条颜色为浅蓝色，误差显示方向为“正负偏差”，误差量为“固定值”。

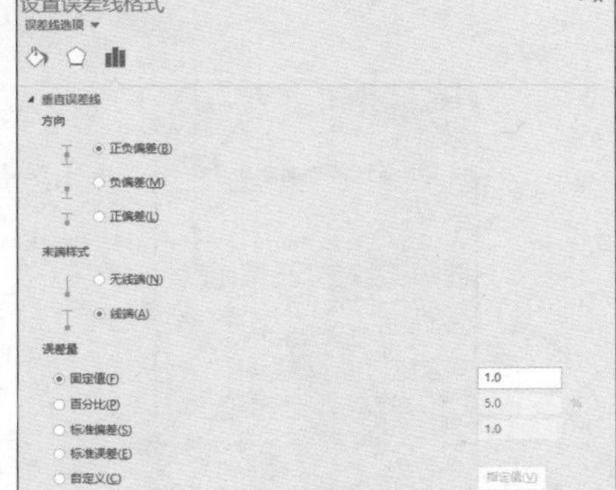

Question

277

选择数据系列很简单

Level ◆◆◆

2016 2013 2010

实例 数据系列的选择

在 PowerPoint 中，对图表的数据系列进行设置前，首先需要将其选中，才能进行相应的操作，选择数据系列的操作很容易就可以实现，下面将对其进行介绍。

最初效果

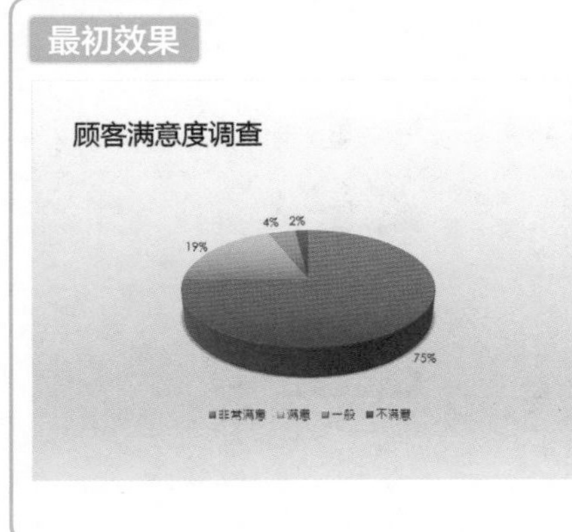

最终效果

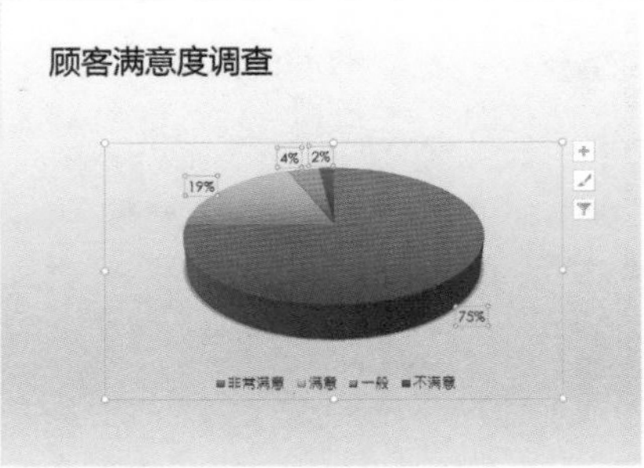

选中数据标签效果

❶ **鼠标选取法**。单击图例，即可选中该图表的图例，在“图表工具-格式”选项卡的“当前所选内容”选项组中“图表元素”文本框中即可显示图例名称。

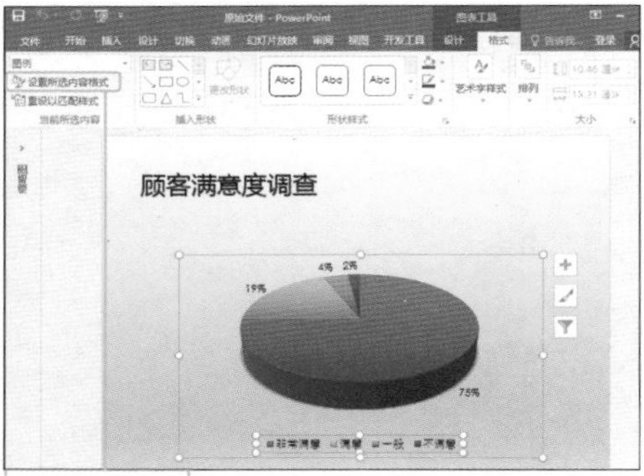

显示系列名称

❷ **功能区选取法**。单击“图表工具-格式”选项卡中“当前所选内容”组“图表元素”右侧下拉按钮，从列表中选择“系列”比例“数据标签”选项。

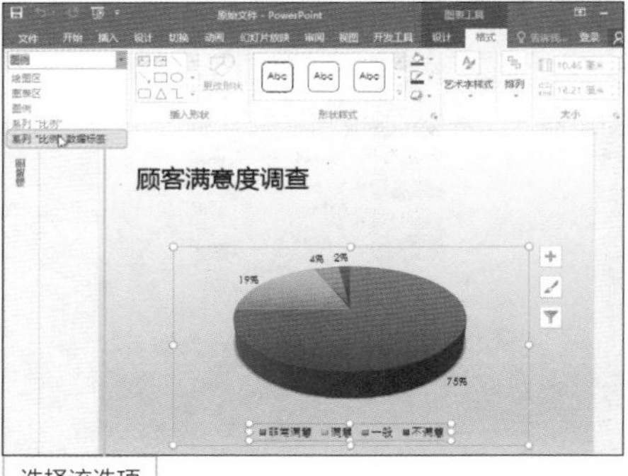

选择该选项

Question

278 数据系列间距设置有秘技

Level ◆◆◆

2016 2013 2010

实例 数据系列间距的设置

在 PowerPoint 中，当图表中的分类比较多或数据系列较多时，为了可以更好地查看数据，可以设置各分类或数据系列之间的间距，下面将对其进行介绍。

最初效果

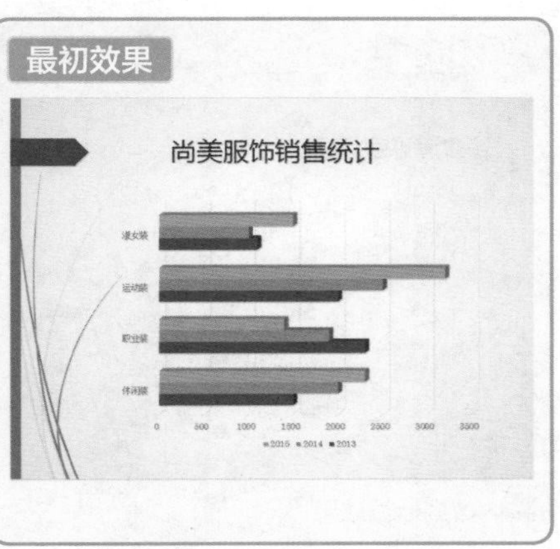

最终效果

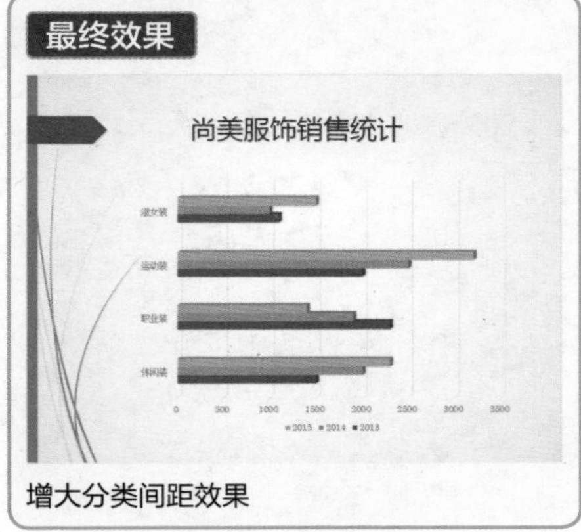

增大分类间距效果

❶ 选择任一数据系列，右键单击，从快捷菜单中选择“设置数据系列格式”命令。

❷ 打开“设置数据系列格式”窗格，默认为“系列选项”，通过拖动的滑块来调整“系列间距”和“分类间距”即可。

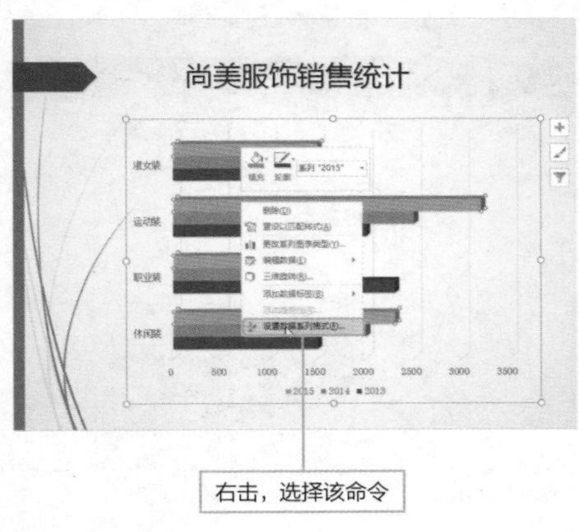

右击，选择该命令

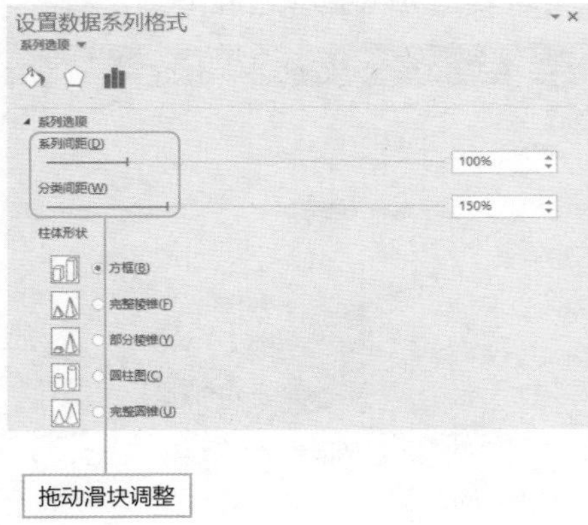

拖动滑块调整

Question 279

快速更改数据系列形状

实例　数据系列形状的更改

在 PowerPoint 中，用户还可以对图表中的某一数据系列的形状进行更改，以突出显示某一数据系列，本技巧将介绍如何快速更改数据系列形状的操作。

● Level ◆◆◆

2016 2013 2010

最初效果

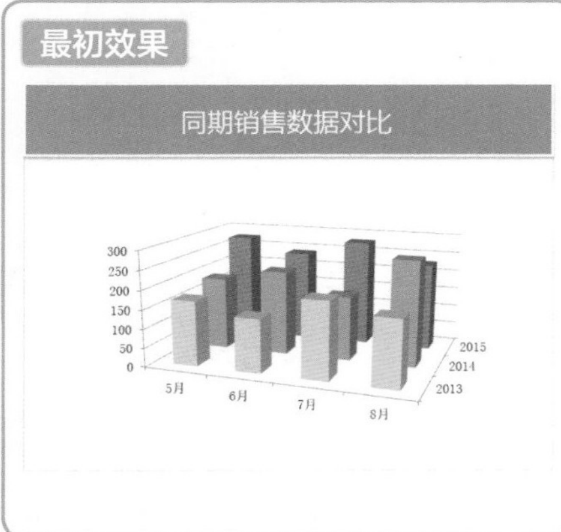

最终效果

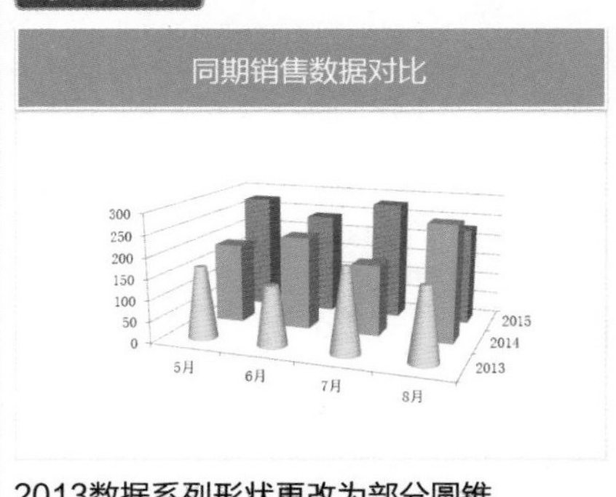

2013数据系列形状更改为部分圆锥

1. 选择“2013年”数据系列，单击“图表工具-格式”选项卡中的“设置所选内容格式”按钮。

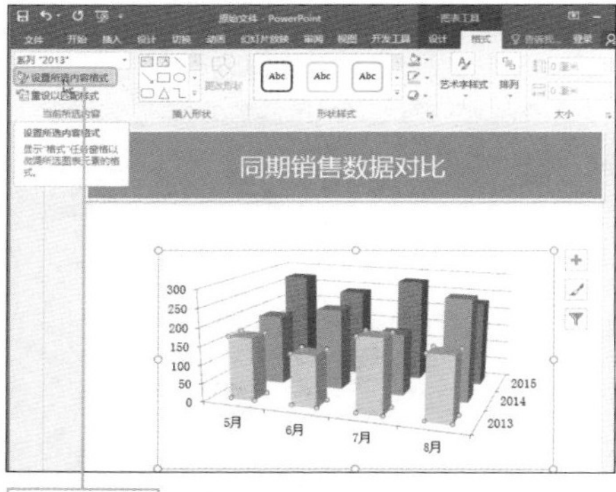

2. 打开“设置数据系列格式”窗格，在“柱体形状”选项组中选中“部分圆锥”单选按钮，然后关闭窗格即可。

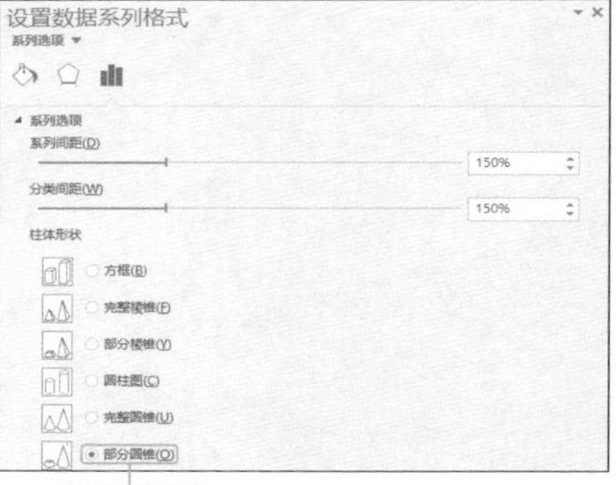

1 2 3 4 5 6 7 8 9 10 11 12 13 14 图表的应用技巧

Question
280 巧妙设置数据系列的格式

Level ◆◆◆

2016 2013 2010

实例 更改数据系列的填充色、阴影以及三维格式

在 PowerPoint 中，除了可以更改数据系列的形状外，用户还可以对数据系列的填充色、阴影以及三维格式等进行更改，本技巧将对其进行简单的介绍。

1 选择数据系列，打开“设置数据系列格式”窗格，在“填充线条”选项卡，设置填充为纯色填充，颜色为橙色。

2 在“阴影”选项组中，设置阴影为“右下斜偏移”阴影效果。

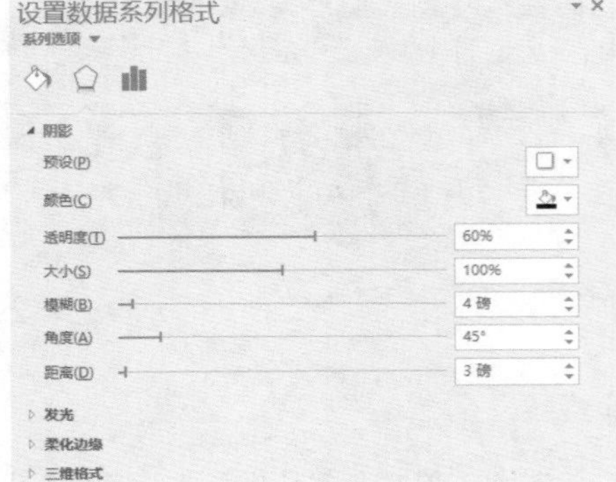

3 在“三维格式”选项组中，设置“顶端棱台”效果为“冷色斜面”。

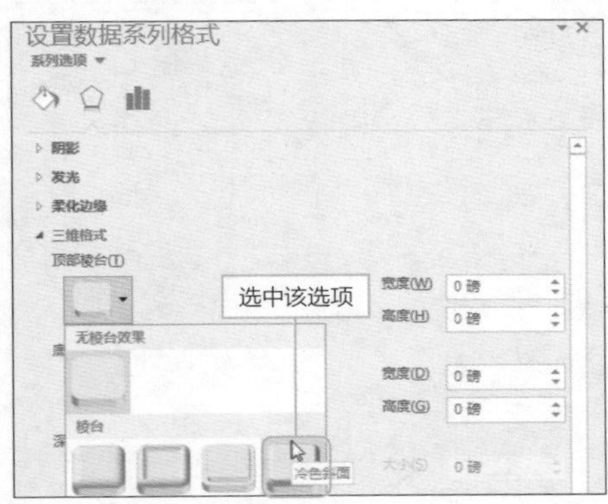

Hint

功能区按钮法进行设置

可以通过“图表工具—格式”选项卡“形状样式”组中的命令进行相应的设置。

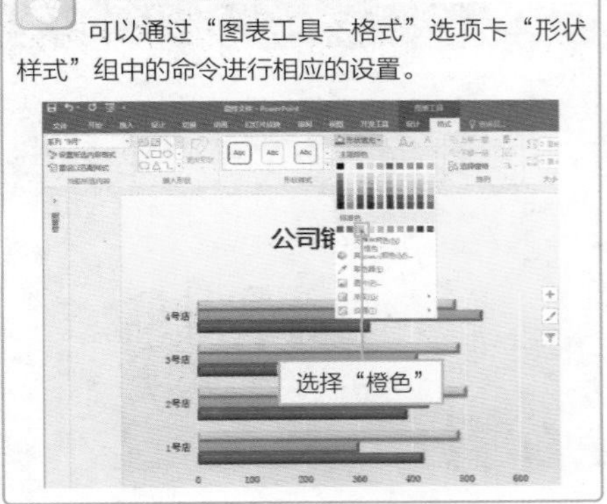

Question 281

一招还原被更改了的图表

Level ◆◆◆

2016 2013 2010

实例 重设图表

在 PowerPoint 中，若对图表的格式进行了更改，在更改过程中出现了错误，用户可以将其还原到最初匹配样式，该如何进行操作呢？

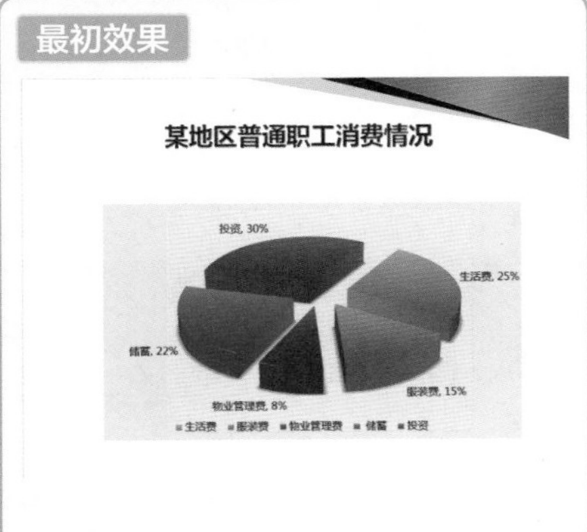

最终效果

某地区普通职工消费情况

重设图表效果

① 右键快捷菜单法。选择整个图表，右键单击，从快捷菜单中选择“重设以匹配样式”命令。

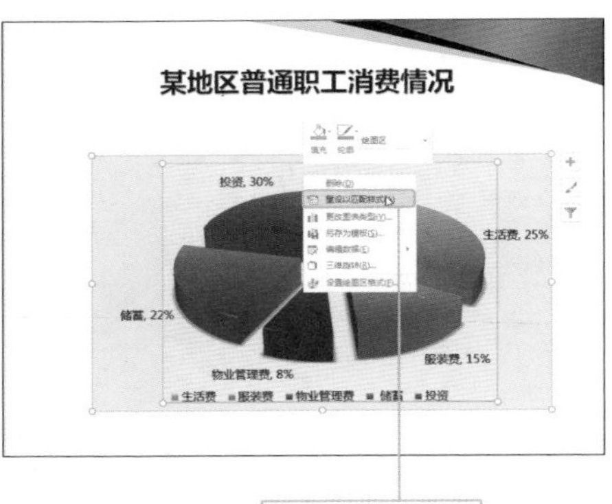

右击，选择该命令

② 功能区按钮法。单击”图表工具—格式”选项卡中的“重设以匹配样式”按钮。

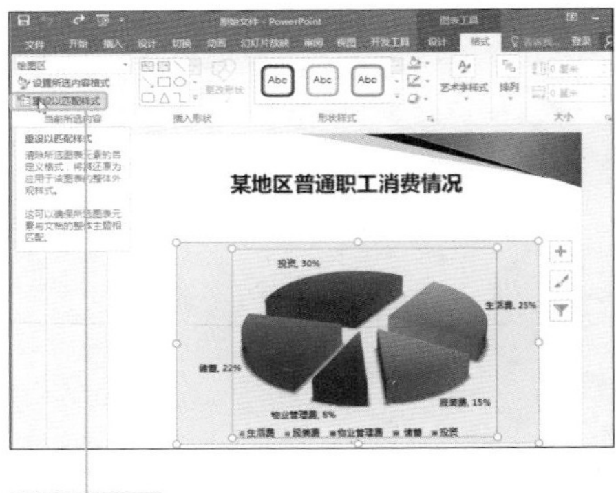

单击该按钮

Question

282 将图表另存为模板

● Level ◆◆◆

2016 2013 2010

实例 将图表以模板形式保存

在PowerPoint中，若用户自定义了一种喜爱的图表并且该图表经常使用，可以将该图表另存为模板文件，在制作演示文稿时，如果需要该模板，可调用模板文件进行快速设置图表。

1. **保存模板。**选中自定义的图表，右键单击，从弹出的快捷菜单中选择“另存为模板”命令。

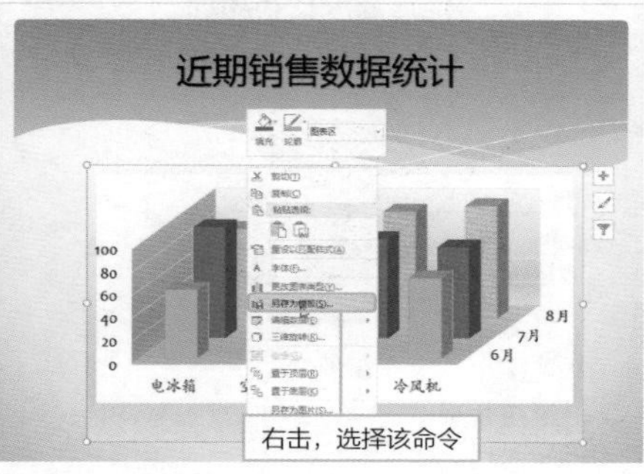

2. 弹出“保存图表模板”对话框，输入模板名称，单击“保存”按钮。

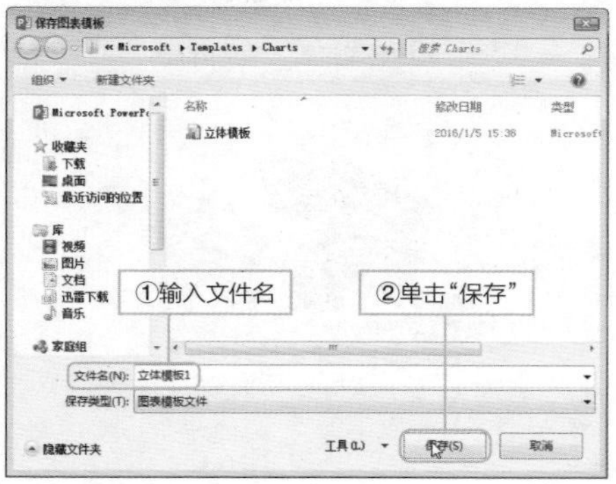

3. **调用模板。**若使用模板，可打开“插入图表”或“更改图表类型”对话框，切换至“模板”选项。

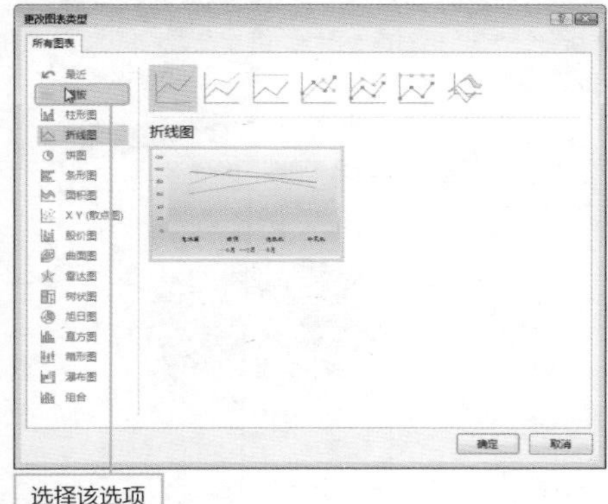

4. 在右侧“我的模板”下会显示保存的模板，选中该模板，单击“确定”按钮即可。

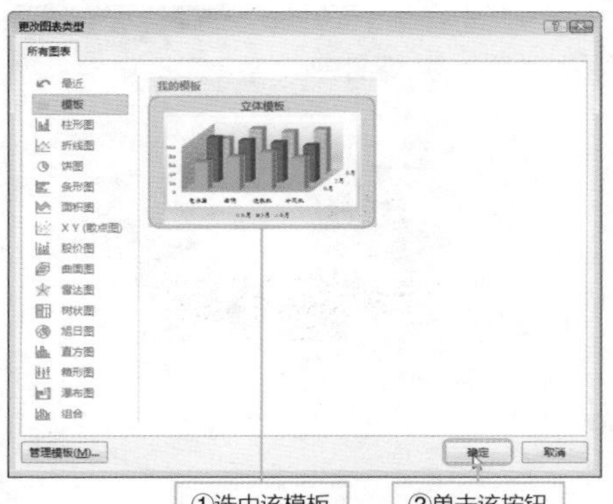

Question 283

巧妙绘制立体条形图

语音视频教学283

Level ◆◆◆

2016 2013 2010

实例　三维格式的应用

在 PowerPoint 中，条形图是常见的一类图表，通常采用插入图表功能创建，这里我们将介绍采用绘制的方法得到立体条形图。与以往的普通条形图相比，立体条形图具有直观、形象等优点。

最初效果

全国在校学生人数统计

平面效果

最终效果

全国在校学生人数统计

立体效果

1. 打开文档后，首先绘制图表的图例部分。即复制矩形图形后，通过功能区中的“大小”选项区调整其大小即可。

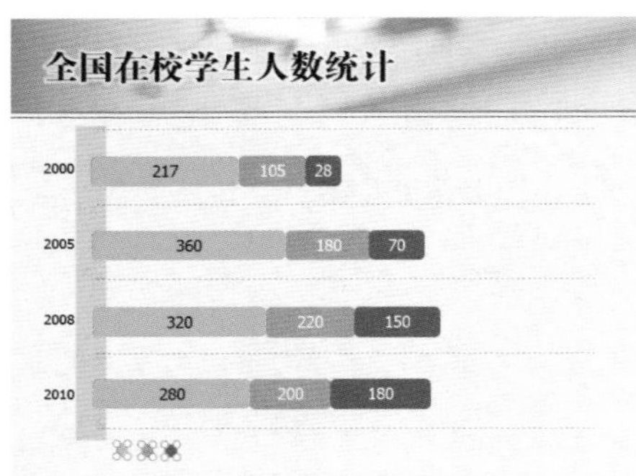

2. 接着为图例部分添加文字说明，根据条形图中各矩形所代表的内容进行标注。最后全部选中并按Ctrl+G快捷键将其组合。

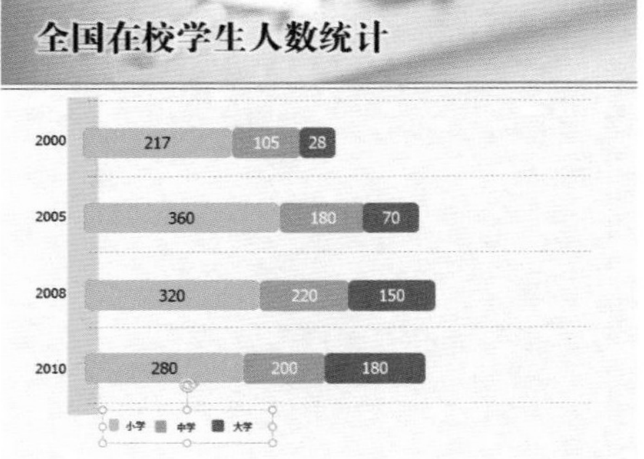

3 选择橙色的矩形，然后通过右键打开“设置形状格式”对话框，从中设置三维旋转效果为“离轴2右”。

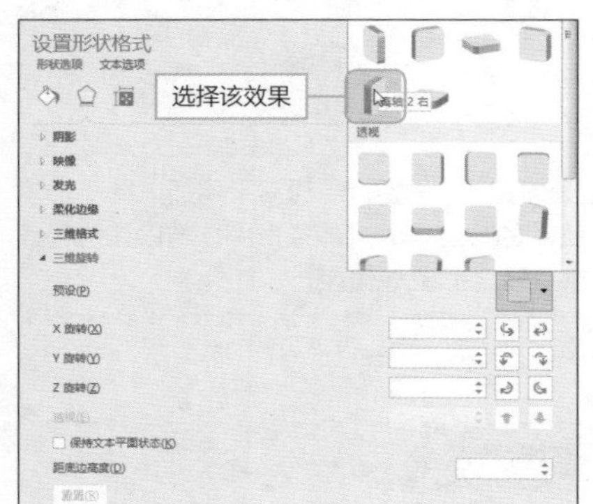

4 切换至“三维格式”选项卡，在右侧区域中设置“深度-大小”为6磅，设置完成后单击“关闭”按钮返回。

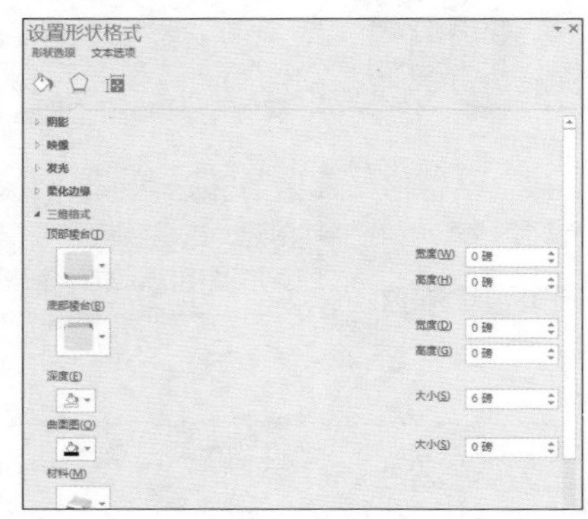

5 在编辑区中依次选择各条形图中的矩形并将其组合，接着选择所有条形图。

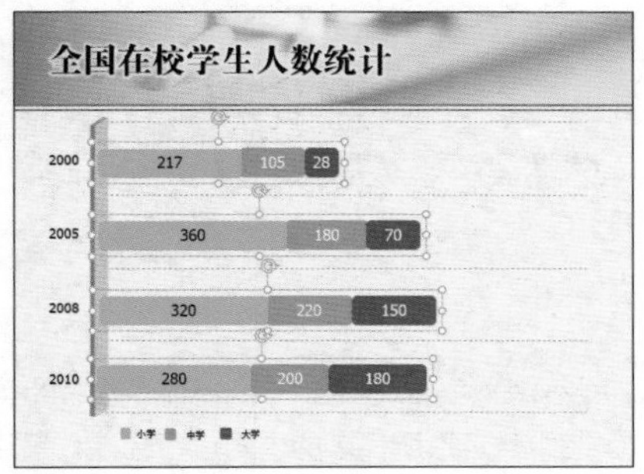

6 打开“设置形状格式”窗格，设置三维格式“棱台-顶端”为“艺术装饰”，且宽度和高度均为4磅，“深度-大小”为28磅。

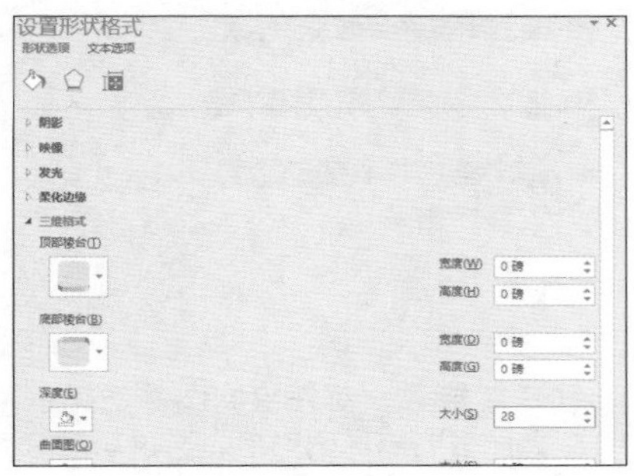

7 切换至“三维旋转”选项卡，设置其效果为“倾斜右上”，最后单击关闭按钮返回。

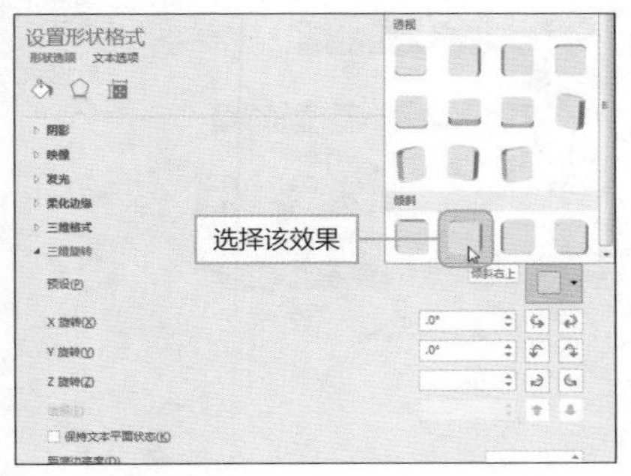

8 在编辑区的右下角输入必要的文字说明。至此，完成该效果的制作。

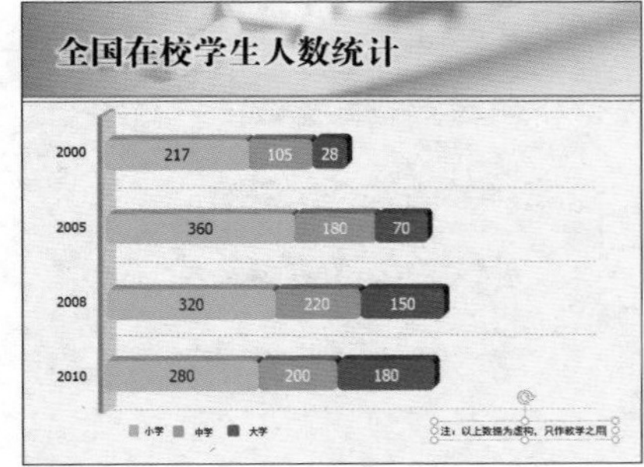

284

不一样的柱形图

语音视频教学284

实例 对齐功能的应用

Level ◆◆◆

2016 2013 2010

在 PowerPoint 中，柱形图是最常见的一种图表。因此，关于柱形图的制作方法也有多种，本技巧将另辟其径，采用图形绘制的方法来制作柱形图。在整个设计中，用户需要把握整体布局的合理性。

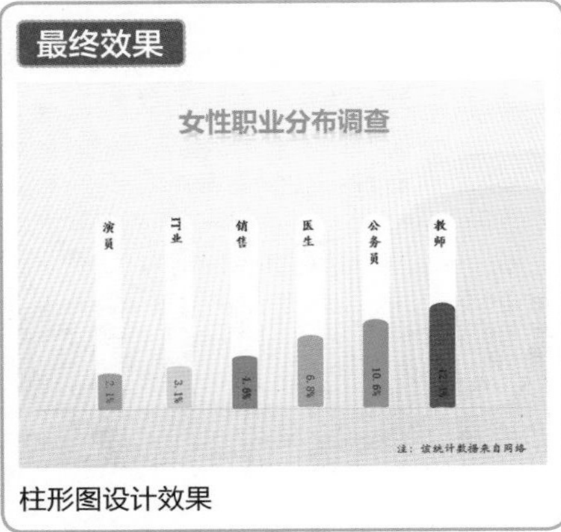

柱形图设计效果

❶ 打开文档后，选择柱形图形并将其复制多份排列在编辑区中。

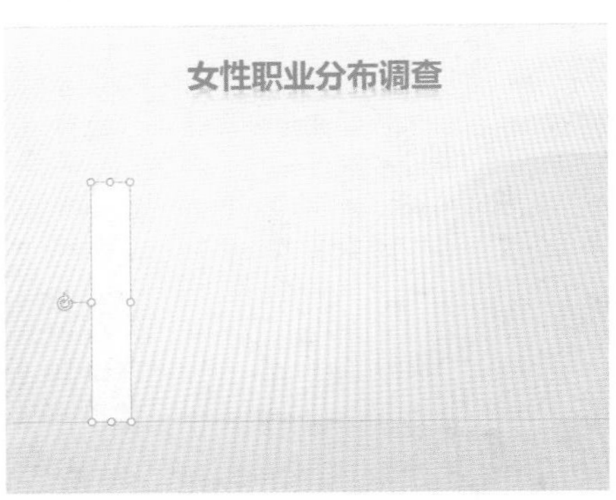

❷ 选中所有图形，单击功能区中的“对齐”按钮，在展开的列表中依次选择“底端对齐”和“横向分布”选项。

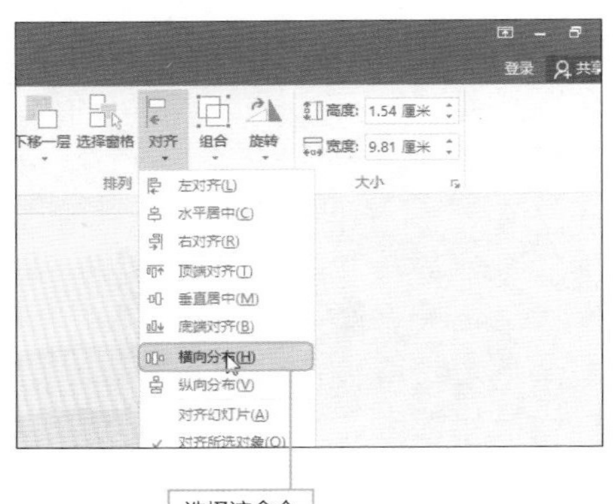

❸ 返回编辑区后，即可看到所绘制的多个柱形图已经自动均匀地分布在编辑区中。

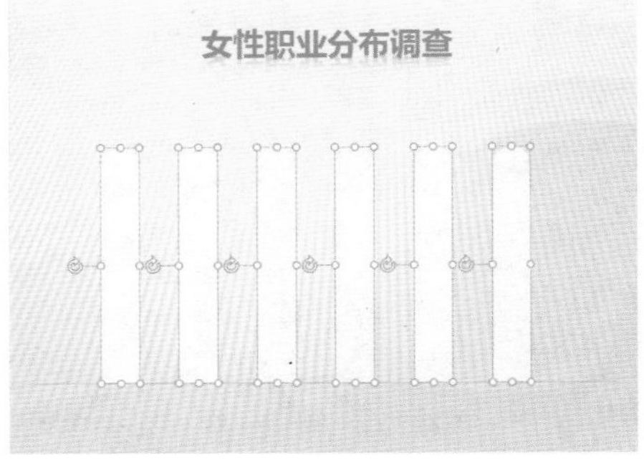

4 利用竖排文本框在各圆柱图形顶部输入必要的文字说明。

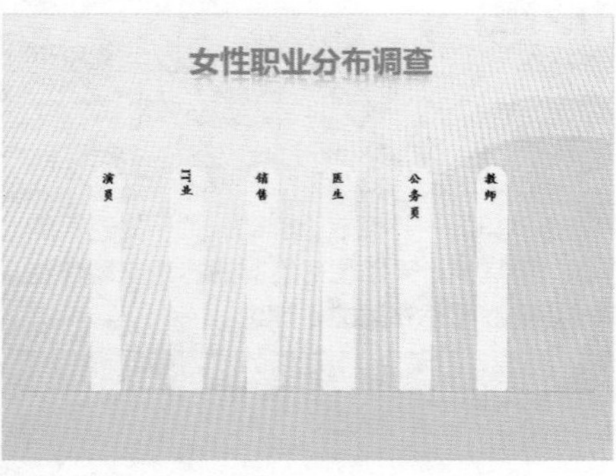

5 复制第一个圆柱图形并调整其大小和位置，接着为其填充“橙色”。

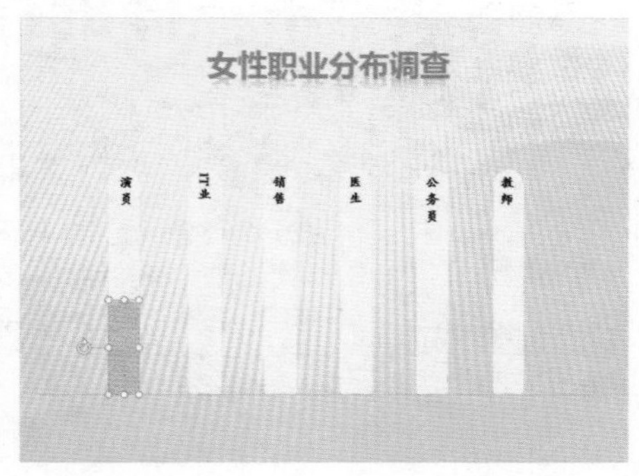

6 复制上述绘制的橙色圆柱形，依次将其粘贴至其他圆柱图形中。

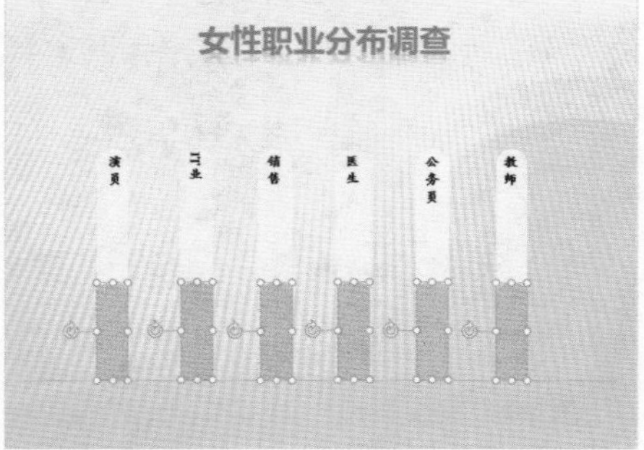

7 利用功能区的形状填充功能，为各圆柱形添充合适的颜色。

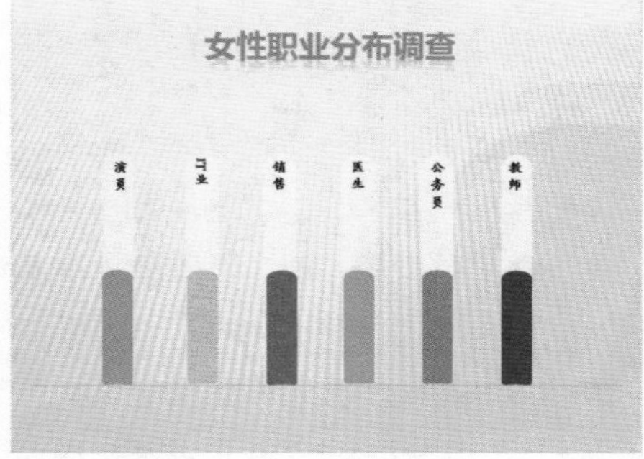

8 在各圆柱形中输入表示圆柱形高度的数值信息，并据此值对圆柱形作出调整。

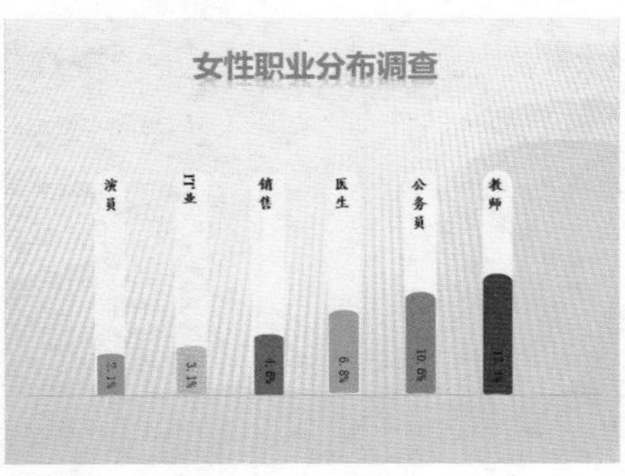

9 选中标题文本，为其应用艺术字样式。之后在编辑区右下角输入必要的文字说明。

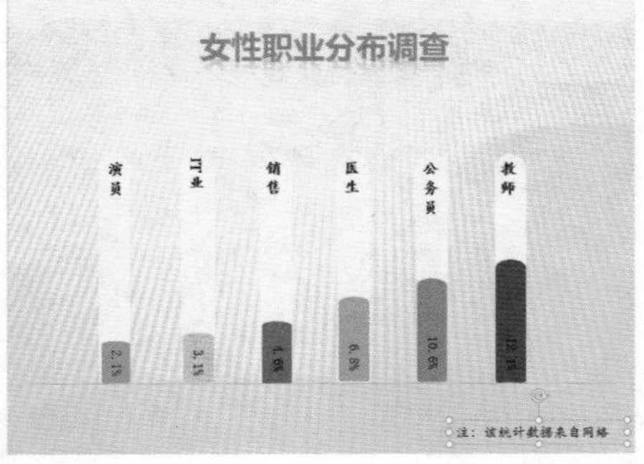

Question

285 美观大方的圆环图

Level ◆◆◆

2016 2013 2010

实例　圆弧的绘制与编辑

在 PowerPoint 中，除了使用传统的操作方法制作圆环图外，还可以利用圆弧绘制圆环图形，且绘制效果更加美观。本技巧主要涉及到的知识点包括颜色的填充、图形的旋转、文本内容的输入等。

最终效果

圆环图设计效果

❶ 在编辑区中绘制一空心圆弧，并设置其填充色与轮廓线。

❷ 选中该圆弧，依次用鼠标拖动两侧的黄色控制点，以调整圆弧的大小。

外国人来华事由分类统计

❸ 选中绘制好的圆弧，按Ctrl+D组合键，并用鼠标拖动控制柄以旋转圆弧。

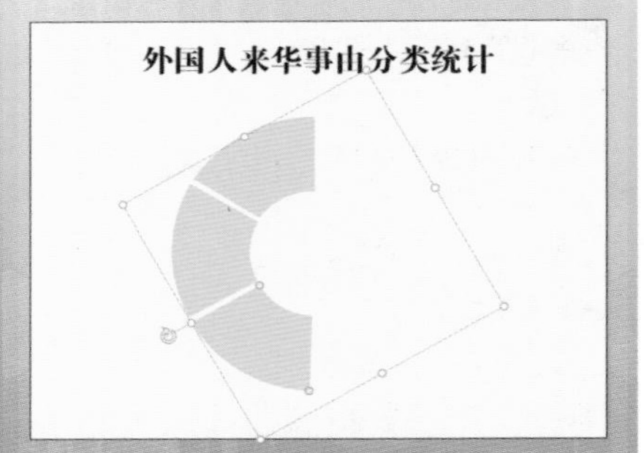

4 待左半圆绘制成型后，再绘制右半圆。接着选中所有弧形调整大小后将其组合。

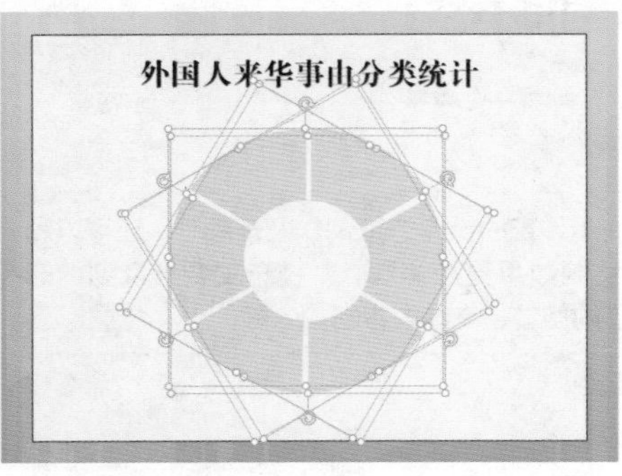

Hint

设置旋转值的方法

除了上述旋转操作外，还可以使用“设置形状格式”窗格设置圆弧的旋转值。

设置形状格式
形状选项 文本选项
大小
高度(E)
宽度(D)
旋转(T)
缩放高度(H)
缩放宽度(W)
锁定纵横比(A)
640 x 480
位置
文本框
可选文字

5 逐一选择圆弧图形，为其设置不同的填充色，以使其效果更加明显。

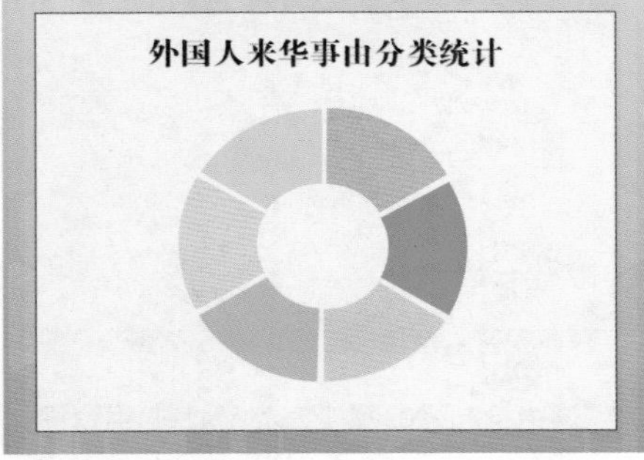

6 接下来利用文本框工具，在各圆弧中输入合适的文本内容。

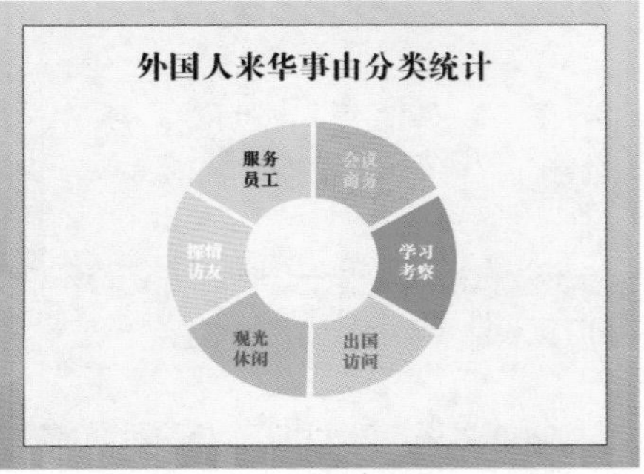

7 在圆环的中心位置输入统计年份字样，并设置其字体格式。

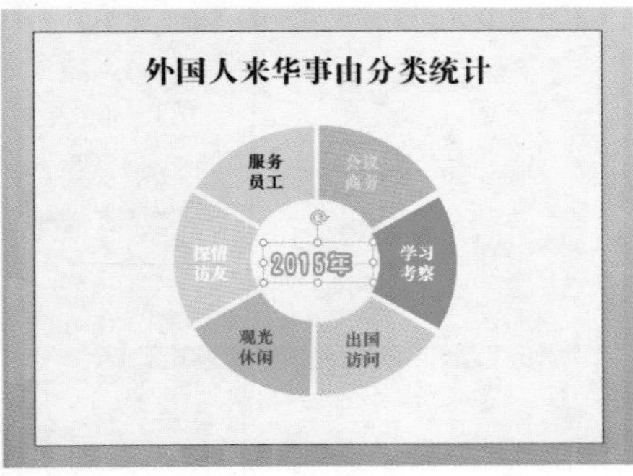

8 在编辑区的右下角输入有关该图表的补充性说明。至此，完成该效果的制作。

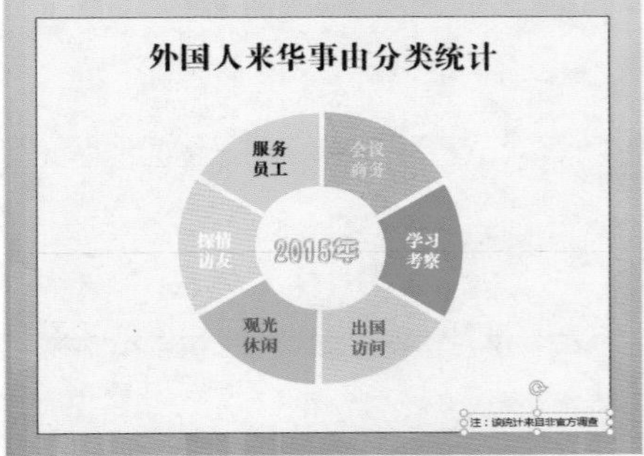

第10章 286~300

切换效果的设计技巧

- 显示切换很奇妙
- 百叶窗效果如此美
- 自然覆盖上页幻灯片
- 轻松打造翻书效果
- 实现自然翻转页面效果
- 切换效果随我选
- 掀开当前页面切换至下一页

286 显示切换很奇妙

● Level ◆◆◆

2016 2013 2010

实例 细微型切换方式的应用

在 PowerPoint 2016 中，细微型切换效果包括切出、淡出、推进、擦除、分割、显示、随机线条、形状、揭开、覆盖、闪光等多种类型。在此将以显示切换效果的制作为例进行介绍。

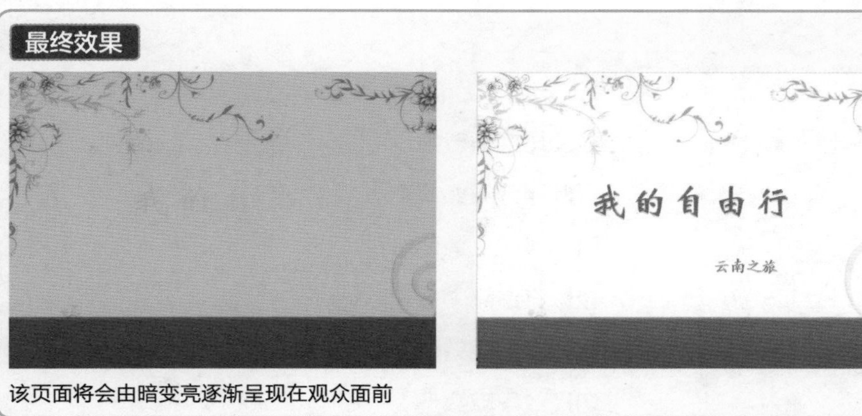

该页面将会由暗变亮逐渐呈现在观众面前

1 选择需要设置切换效果的幻灯片，切换到“切换”选项卡，单击“切换到此幻灯片”组中的“其他”按钮。

2 从展开的列表中选择“显示”效果，然后单击功能区中的“预览”按钮预览切换效果即可。

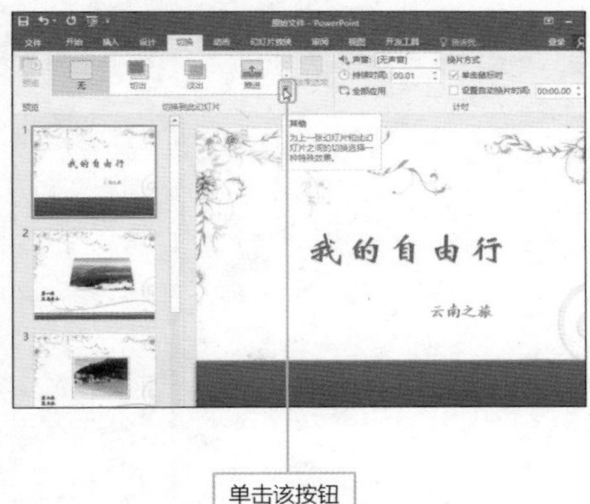

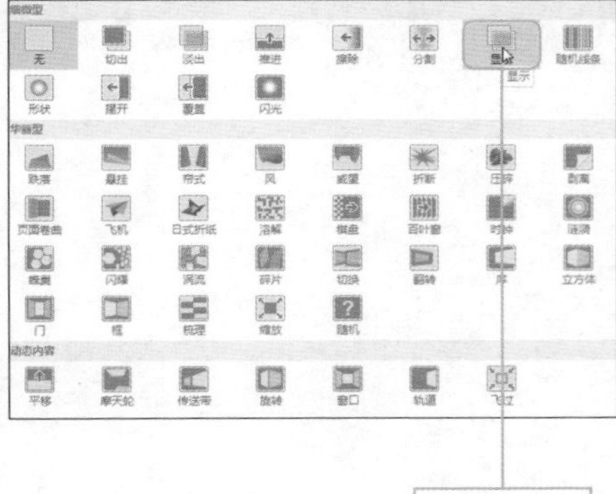

Question

287 百叶窗效果如此美

语音视频教学287

Level ◆◆◆

2016 2013 2010

实例　华丽型切换方式的应用

在 PowerPoint 2016 中，华丽型切换效果包括溶解、棋盘、百叶窗、时钟、涟漪、蜂巢、闪耀、涡流、碎片、切换、翻转、库、立方体、门框、缩放等类型。在此将以百叶窗切换效果的制作为例进行介绍。

最终效果

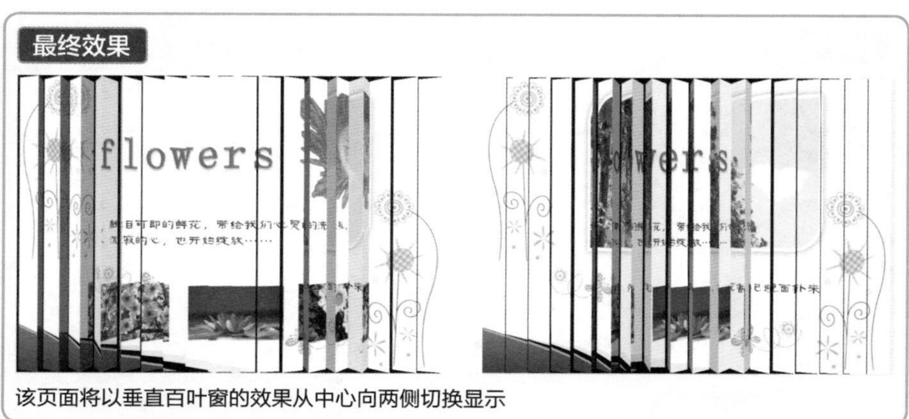

该页面将以垂直百叶窗的效果从中心向两侧切换显示

❶ 选择指定的幻灯片，然后切换到“切换”选项卡，单击功能区中的“其他”下拉列表按钮。

单击“其他”按钮

❷ 在随后展开的列表中选择“百叶窗”选项，即可将其应用到当前幻灯片中。

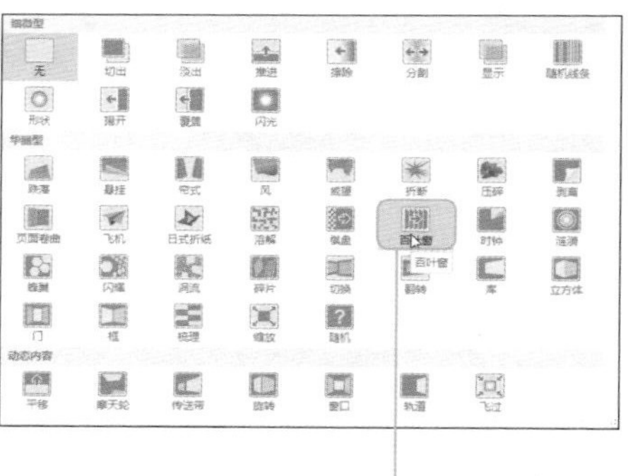

选择百叶窗效果

Question

288 自然覆盖上页幻灯片

● Level ◆◆◆

2016 2013 2010

实例 覆盖效果的应用

在放映幻灯片过程中，若想要切换时用当前幻灯片自然地覆盖上页幻灯片，可以使用覆盖效果，本技巧将介绍该效果的操作方法。

最终效果

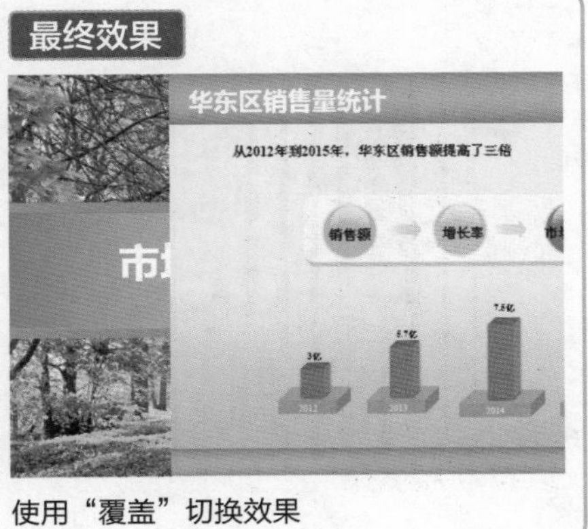

使用“覆盖”切换效果

❶ 打开演示文稿，选择第2张幻灯片，切换到“切换”选项卡，单击“切换到此幻灯片”组中的“其他”按钮。

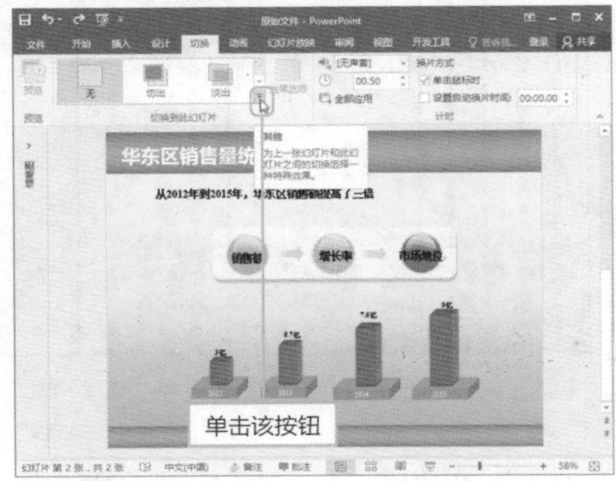

❷ 从展开的列表中选择“覆盖”效果。

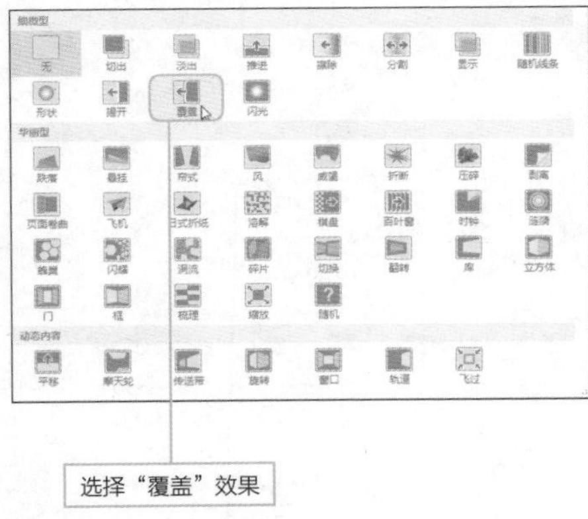

❸ 单击“效果选项”按钮，从展开的列表中选择“自左侧”。

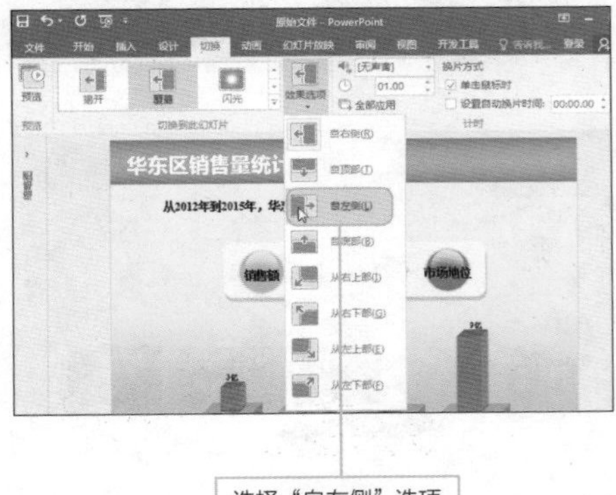

Question
289 轻松打造翻书效果

语音视频教学289

Level ◆◆◆

2016 2013 2010

实例 页面卷曲效果的应用

如果需要放映幻灯片时，可以像翻卷书页一样翻卷幻灯片，可以使用页面卷曲效果，本技巧为您进行详细介绍。

最终效果

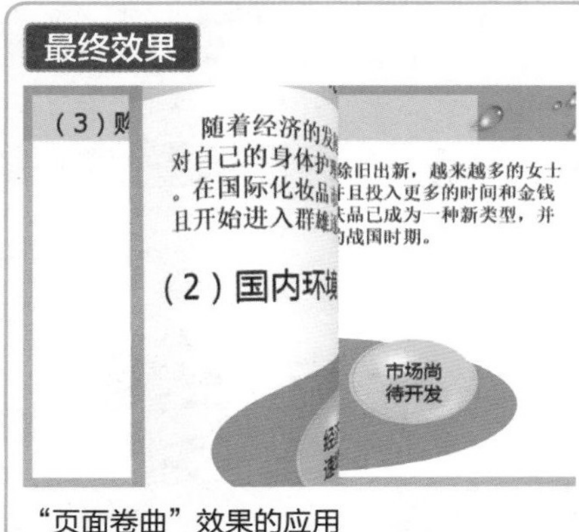

“页面卷曲”效果的应用

1 打开演示文稿，选择第6张幻灯片，切换到“切换”选项卡，单击“切换到此幻灯片”组中的“其他”按钮。

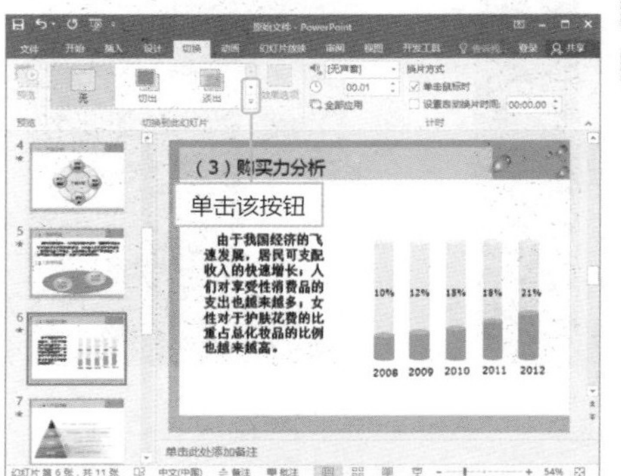

2 从展开的列表中选择“页面卷曲”效果。

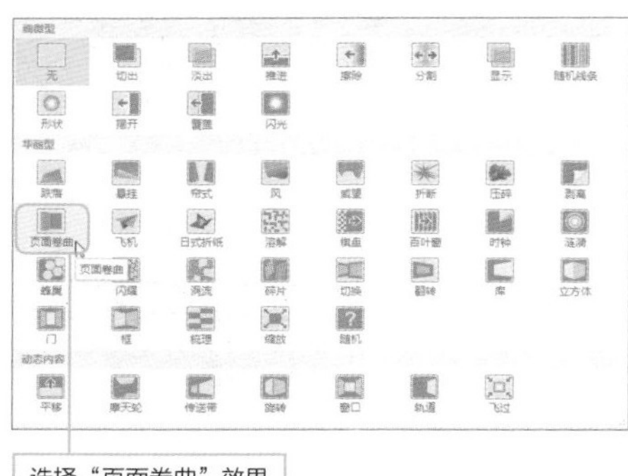

3 单击“效果选项”按钮，从展开的列表中选择“双右”。

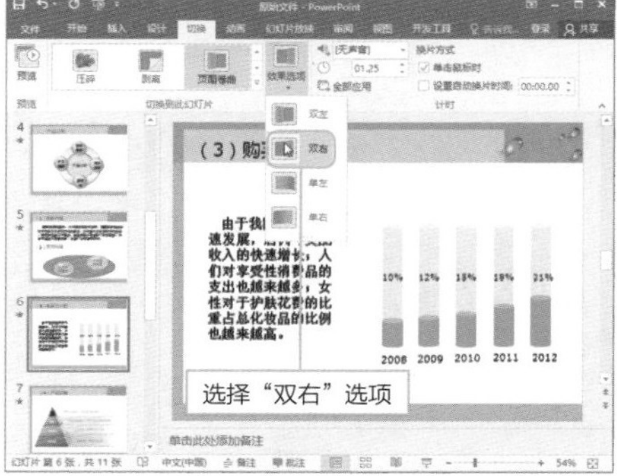

Question

290 实现自然翻转页面效果

语音视频教学290

实例 翻卷效果的应用

● Level ◆◆◆

2016 2013 2010

在放映过程中，从上一页幻灯片自然地翻转到下一页效果可通过幻灯片切换中的“翻转”效果来实现，下面对其进行介绍。

最终效果

使用“翻转”切换效果

❶ 打开演示文稿，选择第4张幻灯片，切换到“切换”选项卡，单击“切换到此幻灯片”组中的“其他”按钮。

❷ 在展开的列表中选择“翻转”效果。

❸ 单击“效果选项”按钮，从展开的列表中选择“向左”选项。

Question 291

切换效果随我选

Level ◆◆◆

2016 2013 2010

实例　时钟切换效果的设计

为了使切换效果更加自然，用户不仅可以选择幻灯片的切换类型，还可以对切换效果做进一步的设置，比如时钟切换类型就包括“顺时针”、“逆时针”、“楔形”3种效果，下面将对相关操作进行介绍。

顺时针切换效果

楔形切换效果

1. 选择需要设置切换效果的幻灯片，切换到“切换”选项卡，打开切换类型列表，从中选择“时钟”选项。

2. 设置完成后，再单击“效果选项”按钮，随后在展开的列表中根据需要进行选择。

选择“时钟”效果

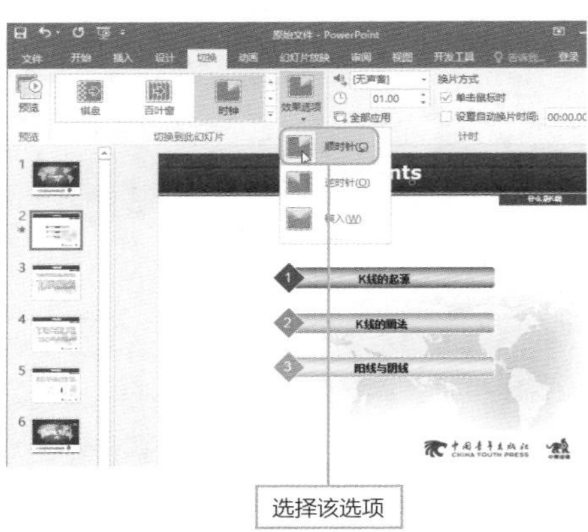

选择该选项

Question

292 掀开当前页面切换至下一页

● Level ◆◆◆

2016 2013 2010

实例 剥离切换效果的应用

在放映过程中，若需要将当前幻灯片逐渐掀开，像剥离果皮一样剥离出去，慢慢显示出下一页幻灯片，可以使用剥离切换效果，下面对其进行介绍。

最终效果

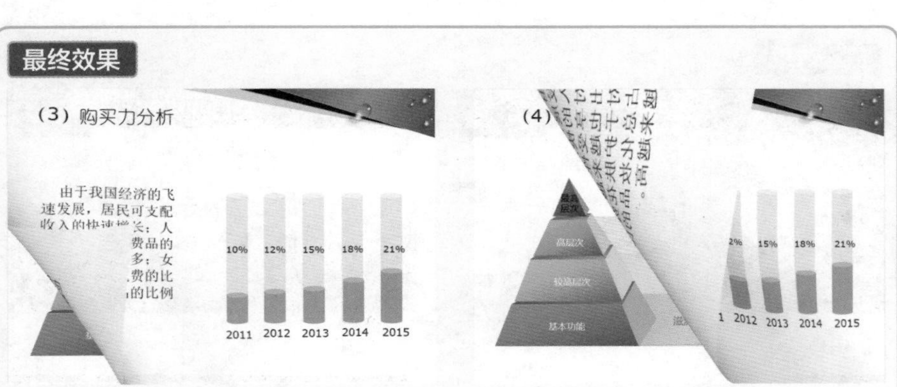

逐渐将上一张幻灯片剥离，下一张幻灯片显示

❶ 选择需要设置切换效果的幻灯片，之后打开“切换”选项卡，并打开切换类型列表，从中选择“剥离”选项。

选择“剥离”效果

❷ 设置完成后，再单击“效果选项”按钮，在展开的列表中根据需要选择“向右”。

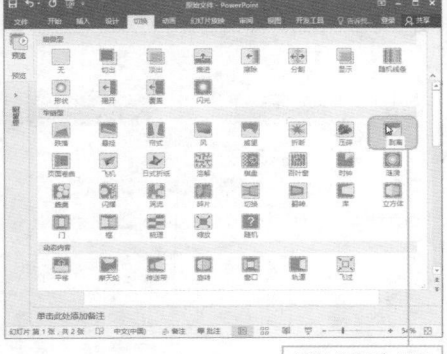

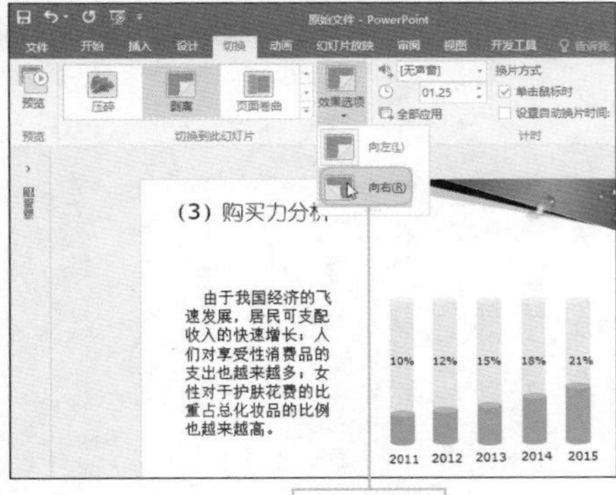

选择该选项

Question 293

像风一样吹走当前幻灯片

实例　风切换效果的应用

Level 

2016 2013 2010

用户还可以使用风切换效果，该效果可以让已经播放完毕的幻灯片像被风吹走一样的消失在观众视线中，从而显示出下一页幻灯片，本技巧对其进行介绍。

最终效果

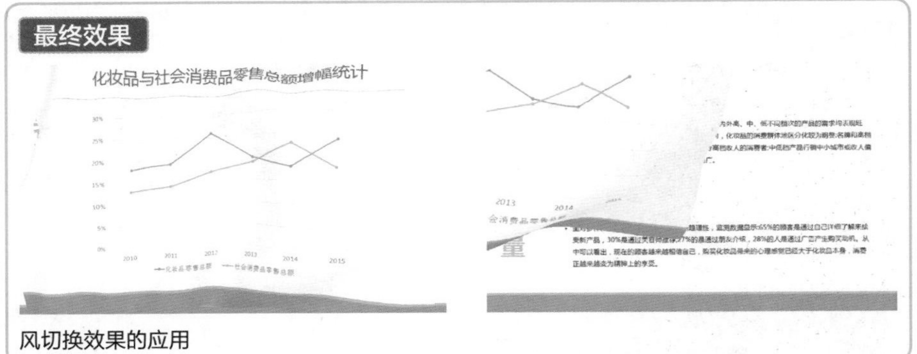

风切换效果的应用

❶ 选择需要设置切换效果的幻灯片，之后打开“切换”选项卡，并打开切换类型列表，从中选择“风”选项。

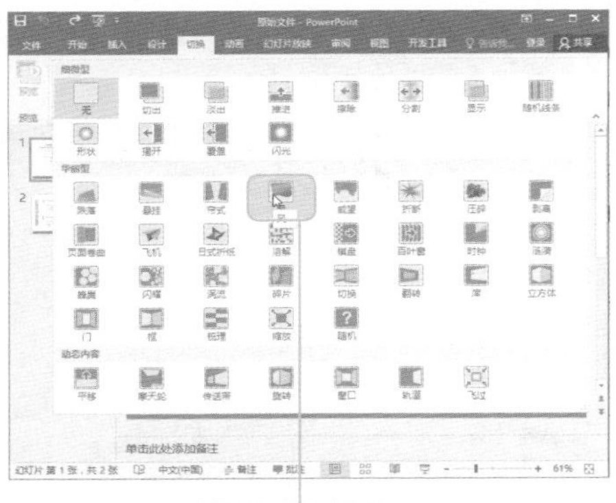

选择“风”效果

❷ 设置完成后，再单击“效果选项”按钮，随后在展开的列表中根据需要选择“向左”选项。

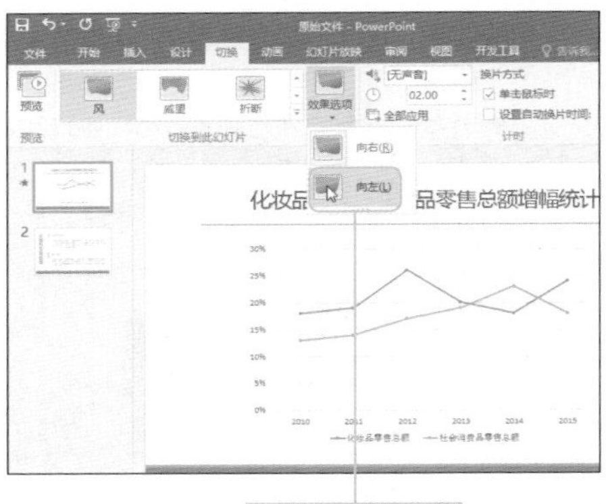

选择“向左”选项

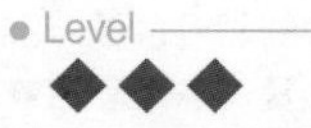

Question 294

幻灯片切换声音不可少

语音视频教学294

实例 切换时声音效果的添加

Level ◆◆◆

2016 2013 2010

在设置幻灯片的切换效果时，别忘记添加声音哦！声音的添加将会为幻灯片增加一丝靓丽的风采。下面以系统自带声音的添加为例展开介绍。

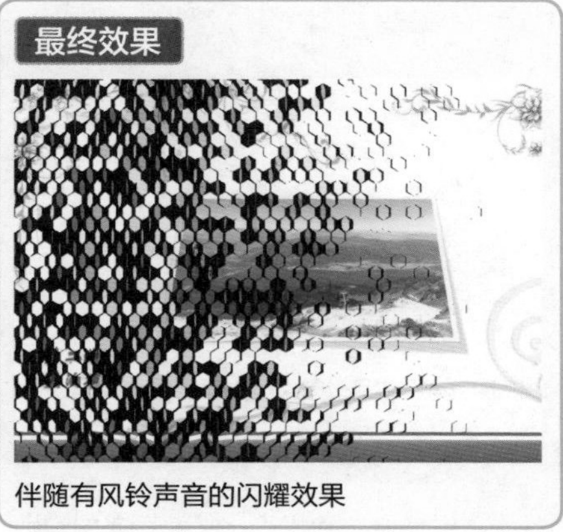

最终效果

伴随有风铃声音的闪耀效果

1 选择要设置的幻灯片，切换到"切换"选项卡，打开幻灯片切换类型列表，从中选择"闪耀"选项。

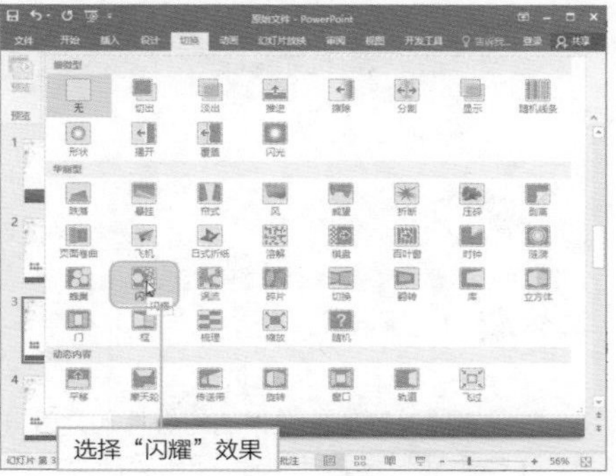

选择"闪耀"效果

2 单击"效果选项"按钮，设置闪耀切换类型的效果，在此选择"从左侧闪耀的六边形"选项。

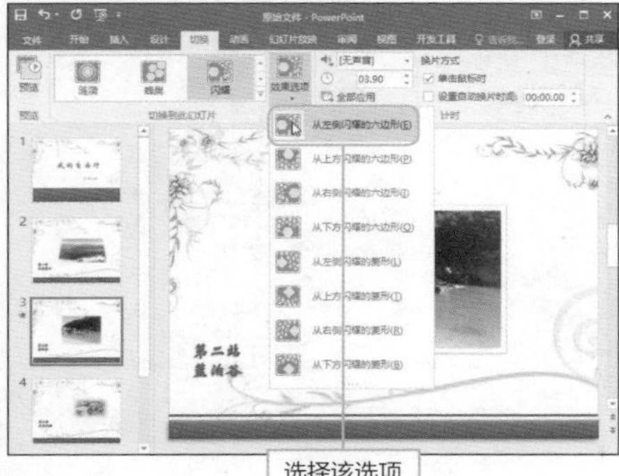

选择该选项

3 单击"声音"选项右侧的下拉按钮，在打开的列表中选择合适的声音选项，如"风铃"。最后预览该效果。

设置"风铃"声音效果

幻灯片切换时长按需设定

Level ◆◆◆

2016 2013 2010

实例 持续时间的调整

默认情况下，每一款幻灯片切换效果都具有一个默认的切换时长，但是为了配合演示的需要，用户可以根据需要进行调整，以保证其能长则长、能短则短。为此，下面将对切换时长的设置进行详细介绍。

1. 指定幻灯片后，按照前面技巧的操作方法为其添加“涟漪”切换效果。

选择“涟漪”效果

2. 单击“效果选项”按钮，在展开的列表中选择“居中”选项。

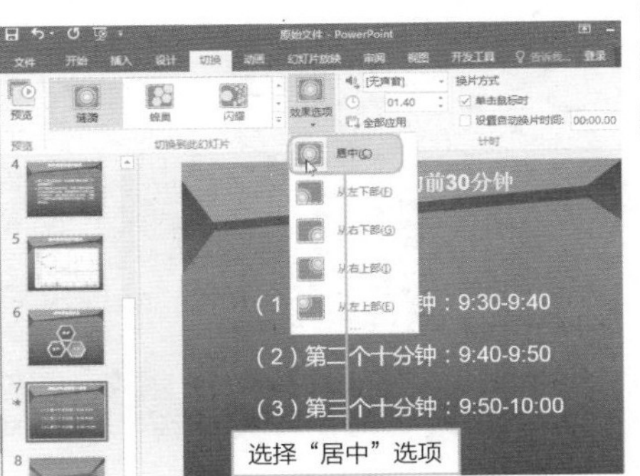

选择“居中”选项

3. 单击“声音”选项右侧的下拉按钮，在打开的下拉列表中选择“风铃”选项。

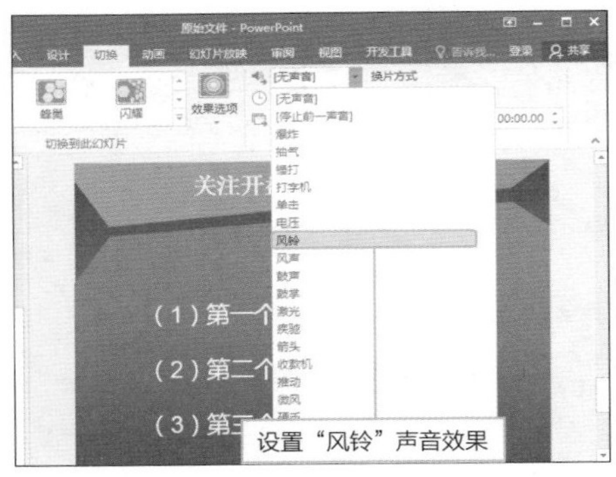

设置“风铃”声音效果

4. 单击“持续时间”右侧的数值框，从中输入切换时长，或者是通过单击上下调节按钮以改变时长，最后预览该效果。

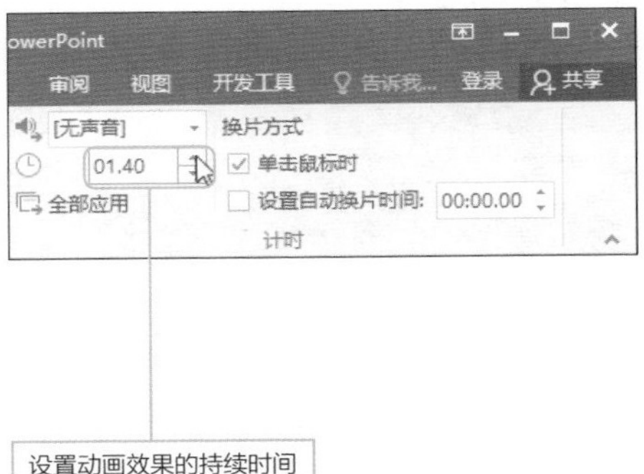

设置动画效果的持续时间

Question 296

自动换片优点多

实例 换片方式的选择

● Level ◆◆◆

2016 2013 2010

在放映幻灯片时，有时需要单击鼠标幻灯片才能切换到下一页，而有时在不做任何操作的情况下也会自动切换至下一页，这是为什么呢？本技巧将揭开这一悬念。

最终效果

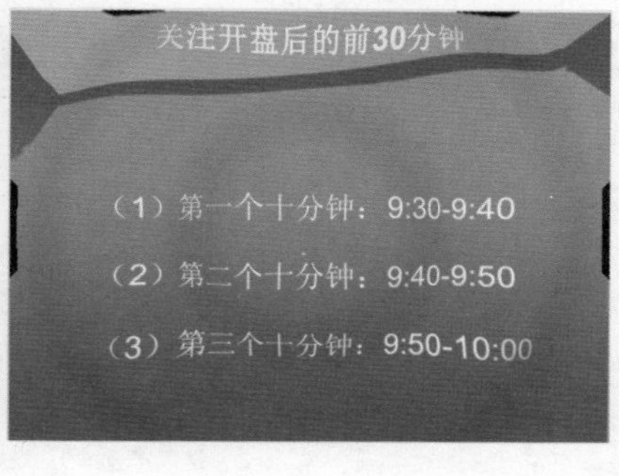

自动换片效果的设置

1 在设置完切换效果后，选中功能区中的“单击鼠标时”复选项，即可完成手动换片的设置操作。

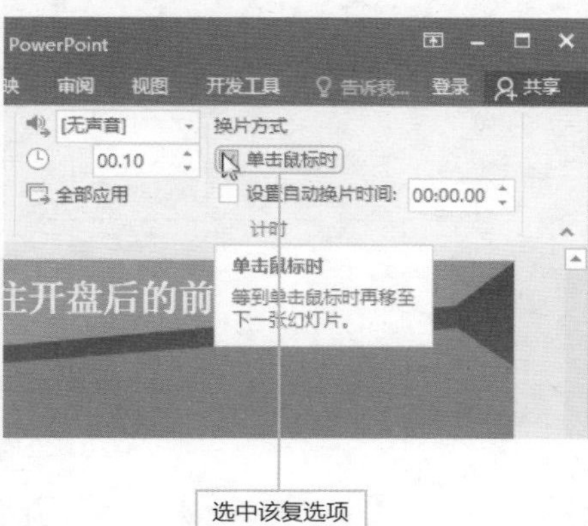

选中该复选项

2 除了手动换片，还可以同时设置自动换片，即选中“设置自动换片时间”复选项，并设置换片时间即可。

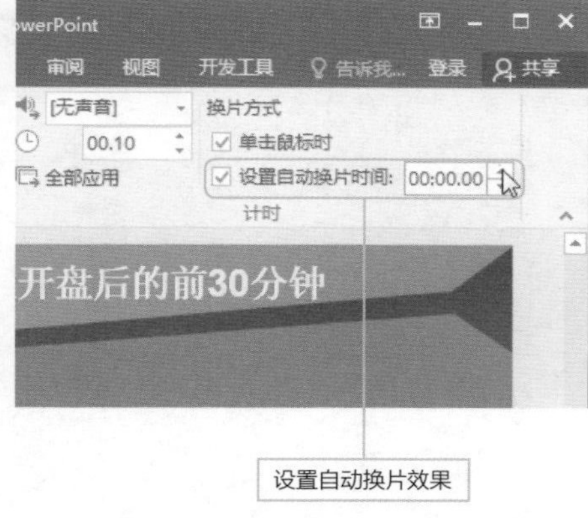

设置自动换片效果

Question 297

拉开帷幕效果很震撼

语音视频教学297

● Level ◆◆◆

2016 2013 2010

实例　切换效果的综合应用

在放映幻灯片时，如果想要突出幻灯片封面页内容，可以添加一个类似拉来帷幕的效果，该效果需要第 1 张幻灯片使用纯红页面，第 2 张作为演示文稿的封面使用帘式效果，下面对其进行详细介绍。

最终效果

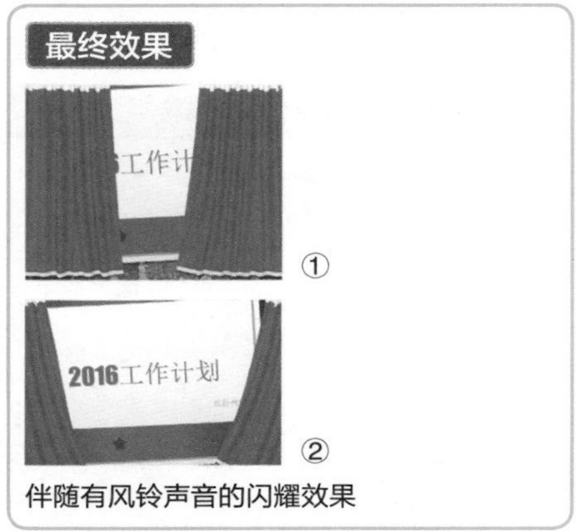

伴随有风铃声音的闪耀效果

❶ 选择第1张幻灯片，切换至“切换”选项卡，在“切换到此幻灯片”组中选择“切出”效果。

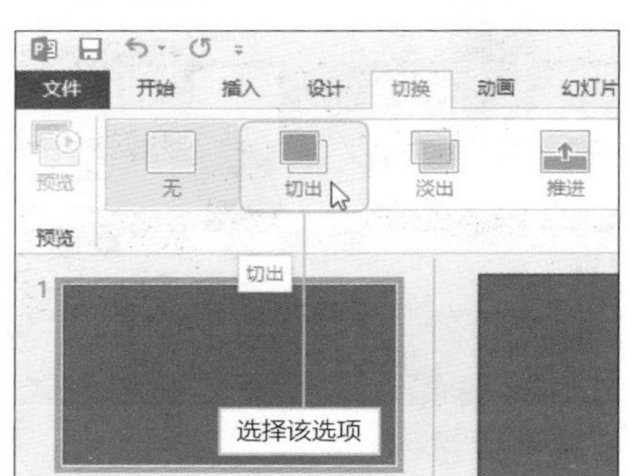

❷ 在“计时”组中，设计幻灯片切换“持续时间”为“00.10”，然后设置幻灯片“换片方式”为“自动换片”，且自动换片时间为“00:01.00”。

❸ 选择第2张幻灯片，按照同样的方法，设置幻灯片切换效果为“帘式”、切换时间为“03.00”即可。

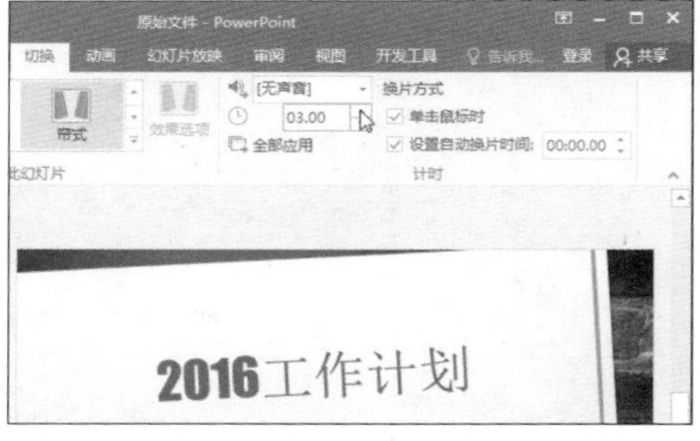

Question 298

像翻转棋盘一样翻转页面

语音视频教学298

实例	棋盘效果的综合应用

想要切换幻灯片时更加绚丽，可以使用华丽型的切换效果，下面以棋盘切换效果的综合应用为例进行介绍。

Level ◆◆◆

2016 2013 2010

最终效果

应用棋盘切换效果

❶ 选择文档中的任一幻灯片，之后为其设置“棋盘”切换效果。

❷ 单击“效果选项”按钮，在展开的列表中选择“自顶部”选项。

❸ 接下来为该切换效果添加声音效果，即在声音下拉列表中选择“推动”选项。

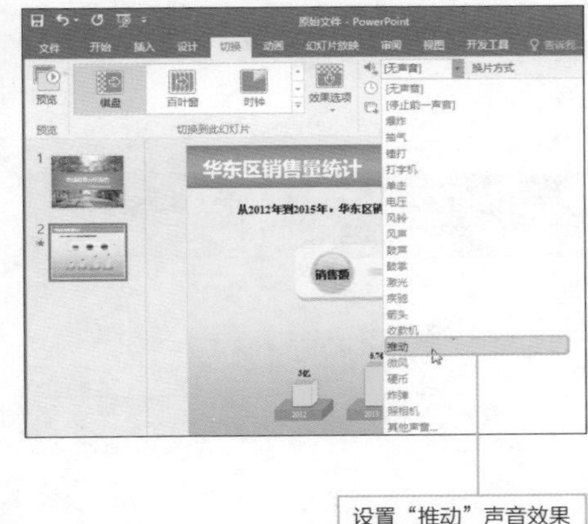

299

切换效果的统一应用

语音视频教学299

实例　将当前幻灯片的切换效果应用到全部幻灯片中

Level ◆◆◆

2016 2013 2010

在设置好某一张幻灯片的切换效果后，为了省去逐一设置的麻烦，用户可以将此幻灯片的切换效果一次性应用到全部幻灯片中，下面对此操作进行详细介绍。

1. 选择文档中的任一幻灯片，之后为其设置“平移”切换效果。

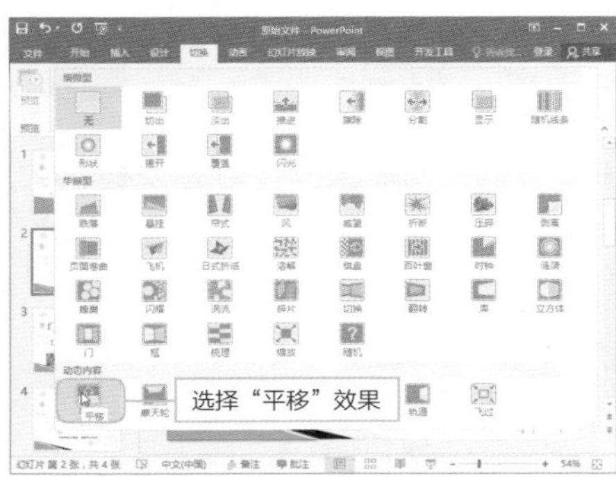

2. 单击“效果选项”按钮，在展开的列表中选择“自右侧”选项。

3. 接下来为该切换效果添加声音效果，即在声音下拉列表中选择“照相机”选项。

设置“照相机”声音效果

4. 此外，还可以设置换片的时间。待一切设置完成后，单击功能区中的“全部应用”按钮即可。

单击该按钮，为所有幻灯片应用该效果

Question 300

切换效果实时看

• Level ◆◆◆

2016 2013 2010

实例 预览切换效果

为了能够及时掌握自己所设置的幻灯片切换效果，用户可以通过预览或播放的方式进行查看，其相关操作介绍如下。

最终效果

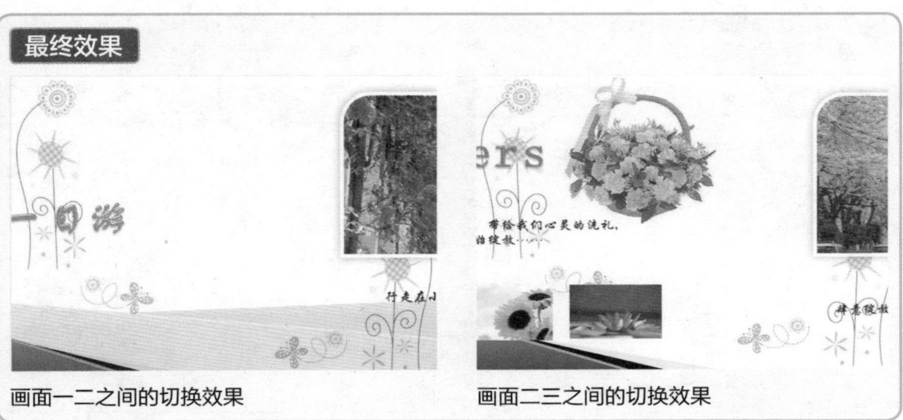

画面一二之间的切换效果　　画面二三之间的切换效果

当完成切换效果的设置后，用户可以单击功能区中最左端的“预览”按钮，以随时查看切换效果。

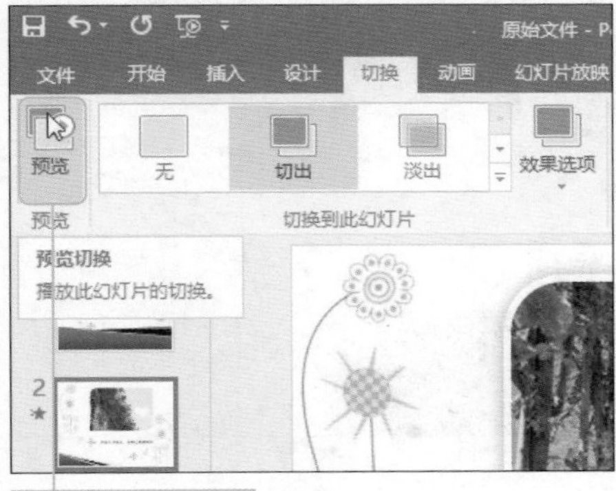

单击该按钮测试效果

播放当前幻灯片

当切换效果的设置结束后，打开“幻灯片放映”选项卡，之后单击“从当前幻灯片开始”按钮，即可清晰地查看到所设置的切换效果。

第11章 301~326

基本动画的设计技巧

- 让幻灯片标题垂直随机线条显示
- 让文本内容逐渐收缩并旋转退出
- 为文本内容设置变色效果
- 动画效果随时看
- 删除动画效果很简单
- 自然盛开的牡丹花
- 原来花朵绽放的时长也能控制

Question

301 让幻灯片标题垂直随机线条显示

语音视频教学301

• Level ◆◆◆

2016 2013 2010

实例 进入动画的设计

进入动画是 PPT 中常见的动画效果之一。使用进入动画效果，用户可以使对象逐渐淡入焦点、从边缘飞入幻灯片或者跳入视图中。下面将对该动画的设置进行介绍。

最终效果

标题垂直随机线条效果预览

❶ 选择幻灯片标题文字，之后单击“动画”选项卡中“动画”组的“其他”按钮。

❷ 在打开的动画效果列表中选择“进入”选项，选择“随机线条”动画效果。

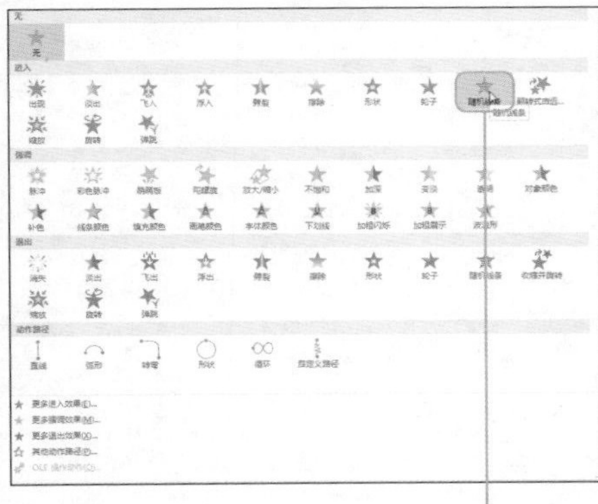

❸ 单击功能区中的“效果选项”按钮，在打开的列表中选择“垂直”选项即可。

Question

302 让文本内容逐渐收缩并旋转退出

● Level ◆◆◆

2016 2013 2010

实例 退出动画的设计

退出动画也是PPT中常见的动画效果之一。使用退出动画效果，能让对象飞出幻灯片、从视图中消失或者从幻灯片中旋出。下面将对该动画的设置进行介绍。

最终效果

让文本内容旋转并逐渐退出幻灯片页面

1 选择文本内容，之后单击“动画”选项卡中“动画”组的“其他”按钮。

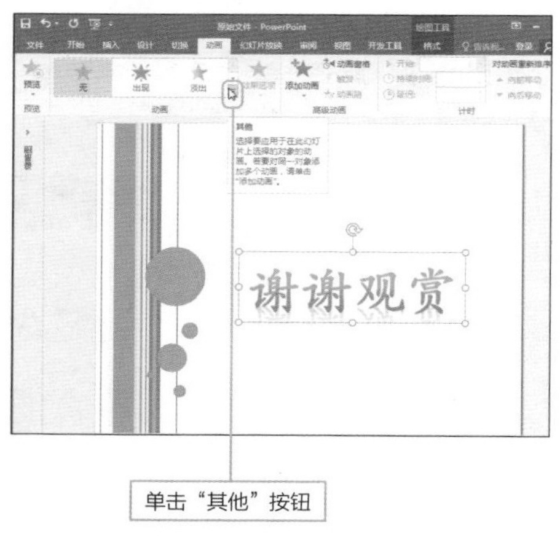

单击“其他”按钮

2 在打开的列表中选择“退出”选项下的“收缩并旋转”动画效果。

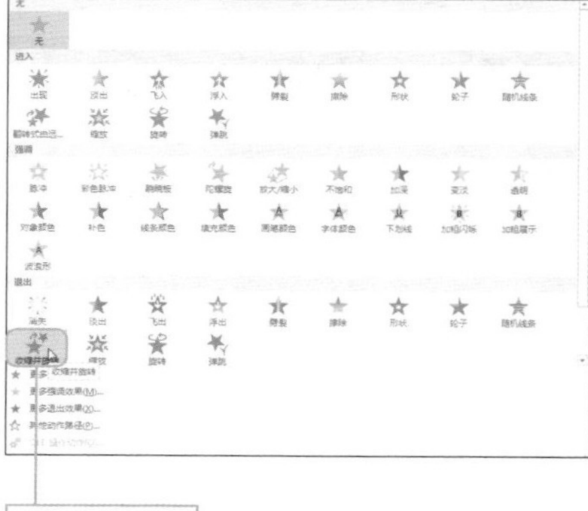

选择该动画效果

Question

303 为文本内容设置变色效果

语音视频教学303

Level

2016 2013 2010

实例 强调动画的设计

强调动画是 PPT 中常见的动画效果之一。使用强调动画效果，用户可以使对象缩小或放大、更改颜色或沿着其中心旋转。下面将对该动画的设置进行介绍。

最终效果

K线的起源

K线经过上百年的运用和变更，目前已经形成了一整套K线分析理论，在实际中得到了广泛的应用，它有着直观、立体感强、携带信息量大等特点，能充分显示股价趋势的强弱、买卖双方力量平衡的变化，预测后市走向较准确，是各类传播媒介、电脑实时分析系统应用较多的技术分析手段。

K线的起源

K线经过上百年的运用和变更，目前已经形成了一整套K线分析理论，在实际中得到了广泛的应用，它有着直观、立体感强、携带信息量大等特点，能充分显示股价趋势的强弱、买卖双方力量平衡的变化，预测后市走向较准确，是各类传播媒介、电脑实时分析系统应用较多的技术分析手段。

文字在显示后将会改变原来的颜色以进行强调

1. 选择文本框，单击“动画”选项卡中“动画”组的“其他”按钮，在打开的列表中选择“画笔颜色”选项。

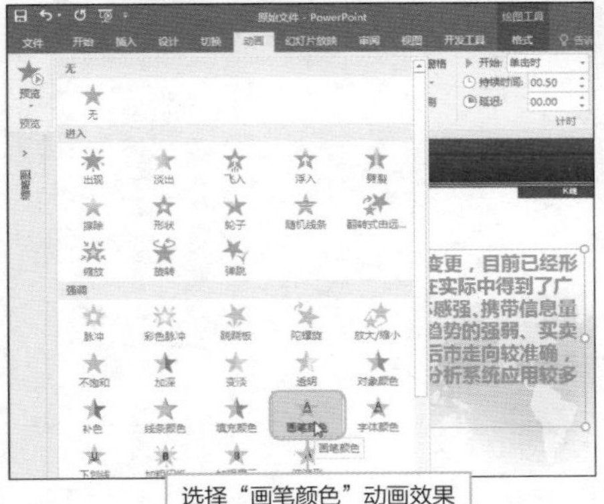

选择“画笔颜色”动画效果

2. 单击“效果选项”按钮，从列表中选择“蓝色”，即可让动画的画笔颜色改为蓝色。

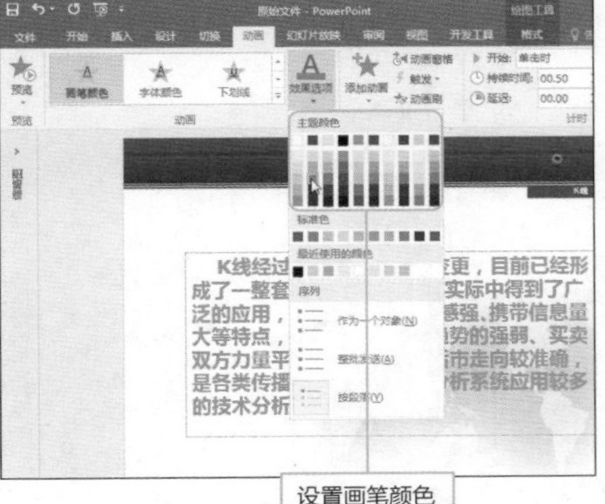

设置画笔颜色

Question

304

● Level

◆◆◆

2016 2013 2010

动画效果随时看

实例　预览动画效果

在 PowerPoint 中，用户可以随时观看自己所应用的动画效果，以便做出必要的调整。下面将对动画效果的预览操作进行介绍。

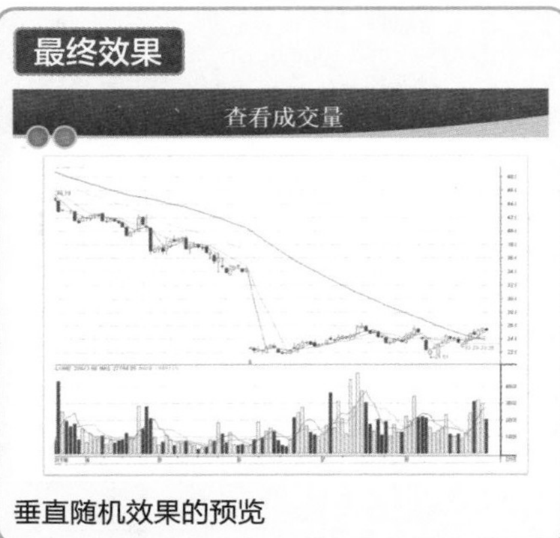

垂直随机效果的预览

❶ 选择幻灯片中的图片，之后为其应用“随机线条”进入动画效果。

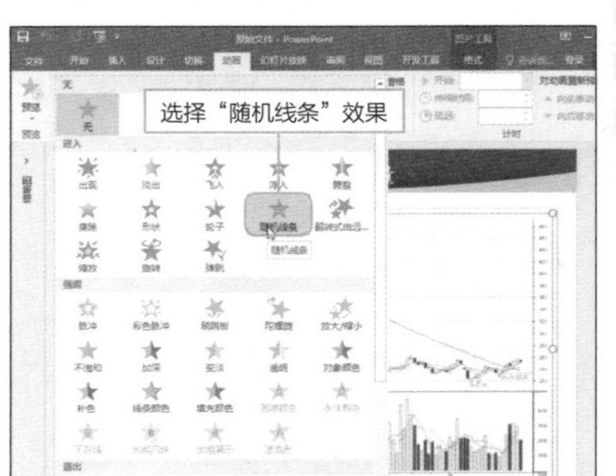

❷ 单击功能区中的“效果选项”按钮，在打开的列表中选择“垂直”选项。

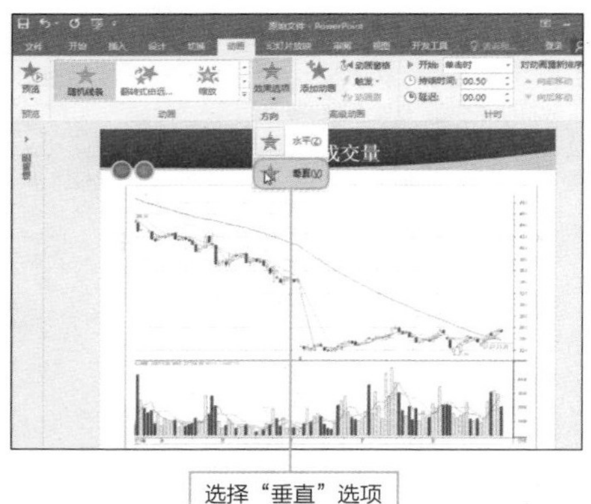

❸ 单击功能区最左端的“预览”按钮，即可及时查看上述设置的动画效果。

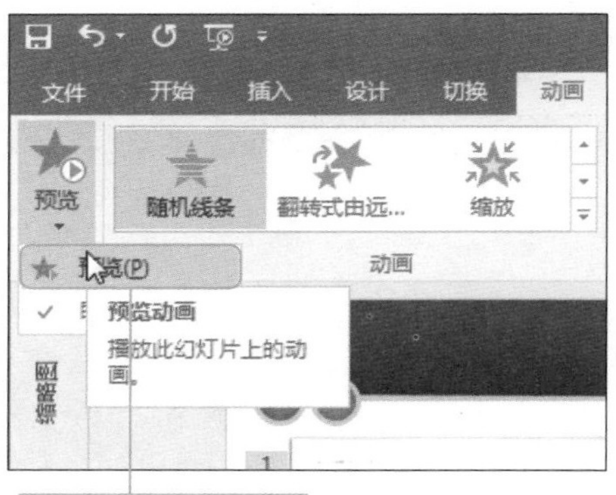

Question

305

• Level ◆◆◆

2016 2013 2010

删除动画效果很简单

语音视频教学305

实例 动画效果的删除

对于多余的动画效果，可以根据需要将其删除，本技巧将介绍如何删除这些动画效果。

① 打开演示文稿，切换至“动画”选项卡，在动画标志上单击，即可选中该动画。

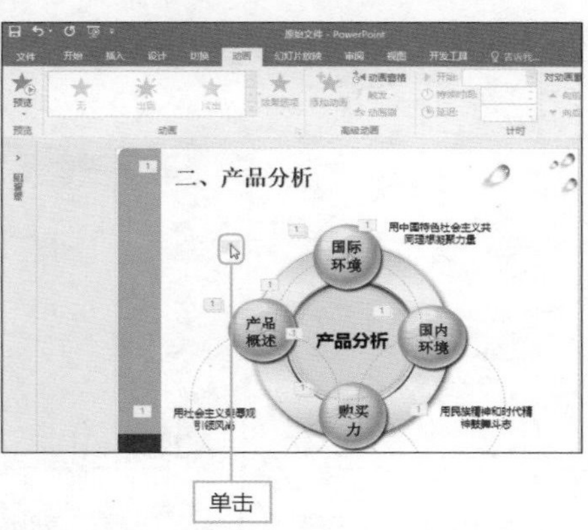

② 单击“动画”组的“其他”按钮，从列表中选择“无”选项即可。

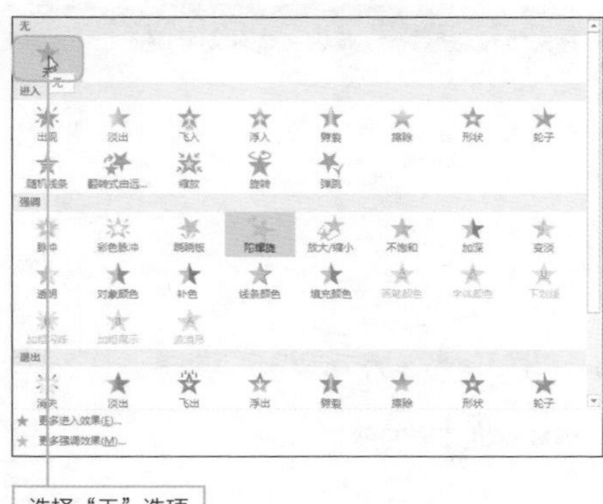

③ 删除本张幻灯片内的所有动画效果。按下Ctrl+A组合键选择所有对象，然后执行“动画>其他>无”命令即可。

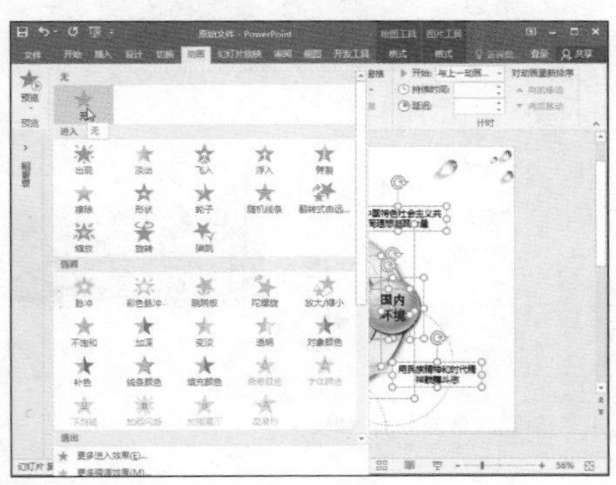

Hint

另类方法删除动画效果

选择动画效果后，在键盘上按下Delete键即可将所选动画效果删除。

Question 306

自然盛开的牡丹花

● Level ◆◆◆

2016 2013 2010

实例　组合动画的设计

顾名思义，组合动画就是对同一对象应用多个动画效果。通俗地说就是将多种动画效果应用到一处。这样的操作看上去很难，其实很简单。本技巧将对其作出阐述。

1 选择幻灯片右下角的花朵，之后为其应用“飞入”进入动画效果。

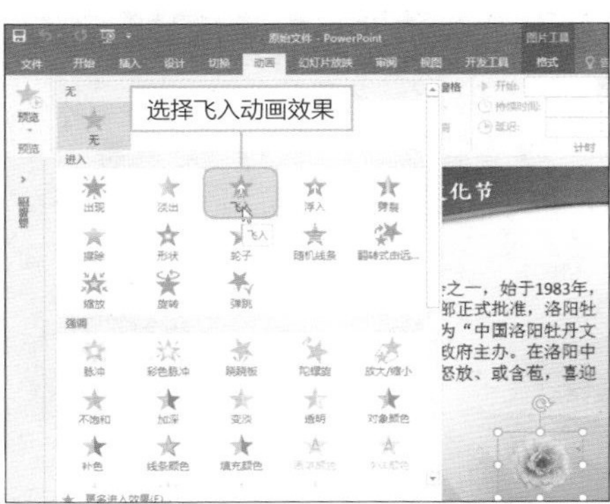

2 接着单击“效果选项”按钮，在打开的列表中选择“自右下角”选项。

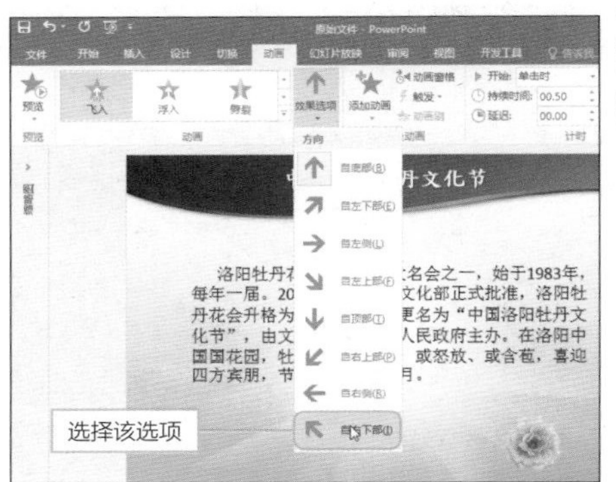

3 单击功能区中的“添加动画”按钮，在打开的列表中选择“放大/缩小”选项。

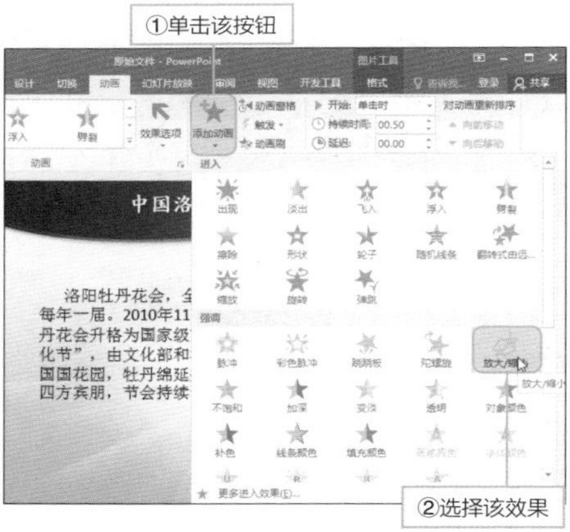

①单击该按钮

②选择该效果

4 至此，便已经将飞入与放大动画效果应用到同一对象上。用户可以单击功能区中的“动画窗格”按钮进行查看。

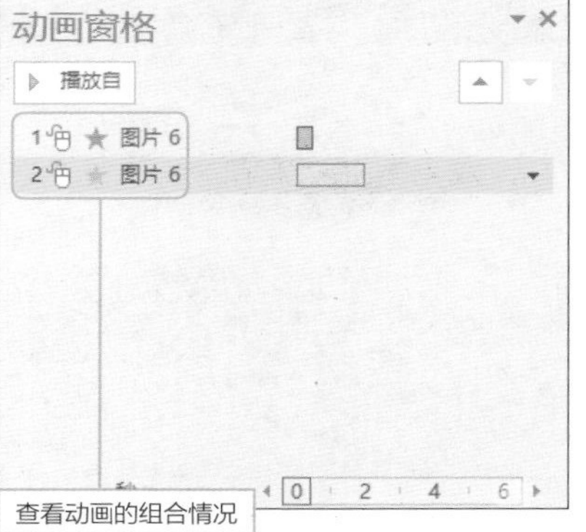

Question

原来花朵绽放的时长也能控制

语音视频教学307

• Level

2016 2013 2010

实例 改变动画的播放速度

有人会问：在上一技巧中，花朵的绽放时间能否调节呢？适当减慢绽放的速度，将会给人一种视觉享受。其实这个很简单，只需设置该效果的持续时间即可。

最终效果

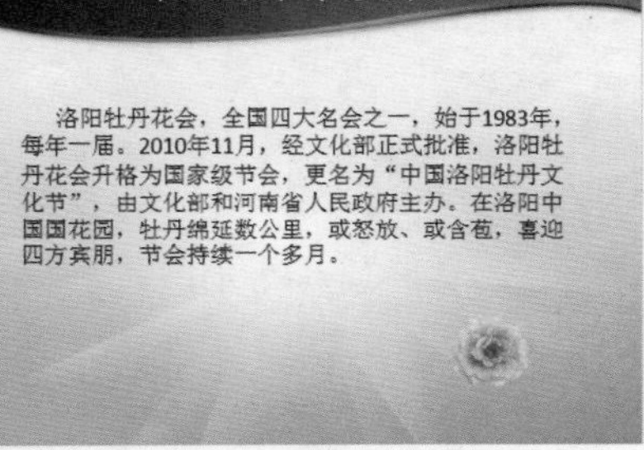

飞入效果

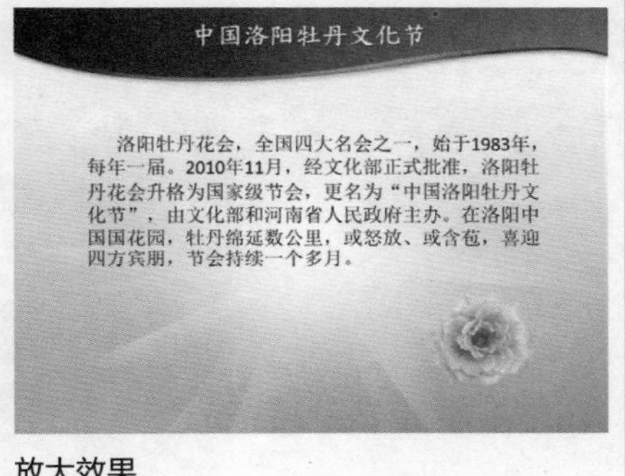

放大效果

1. 依次为花朵应用“飞入”和“放大/缩小”效果后，单击“开始”右侧的下拉菜单，从中选择“上一动画之后”选项。

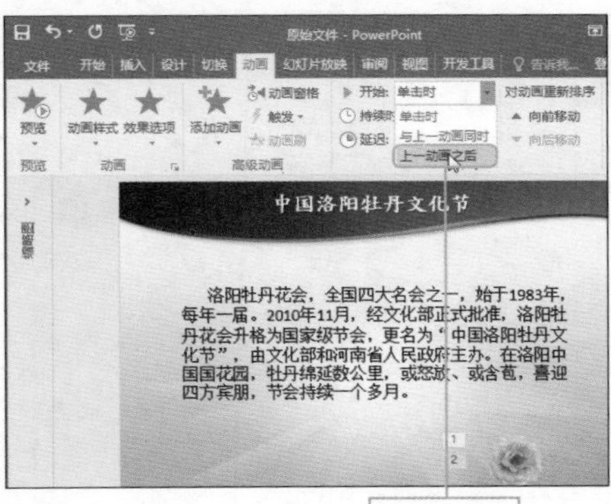

选择该选项

2. 接着设置“持续时间”选项，在右侧的数值框中直接输入数值，或是通过上下调节按钮设置该时间即可。

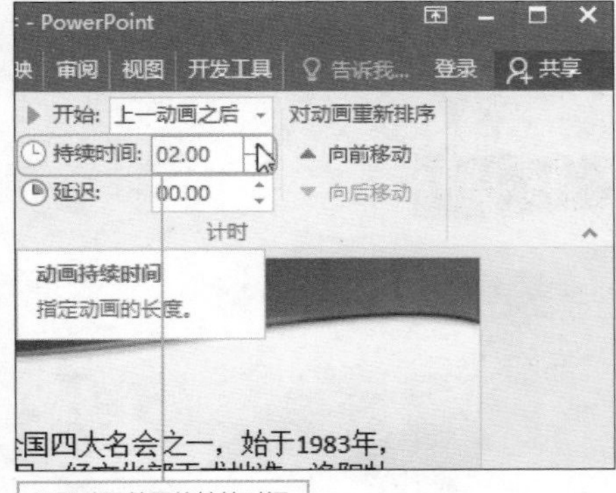

设置动画效果的持续时间

308 巧设像Flash中引导动画的效果

语音视频教学308

Level ◆◆◆

2016 2013 2010

实例 路径动画的设计

路径动画是一种非常奇妙的效果，使用这些效果可以让对象上下移动、左右移动或者沿着星形或圆形图案移动。这些原本在 Flash 中才可实现的引导动画，现在在 PPT 中也可以轻松实现。

1 选择幻灯片中的图片，之后打开动画效果列表，从中选择“其他动作路径”选项。

2 随后打开“更改动作路径”对话框，从中选择“对角线向右下”选项，之后单击“确定”按钮。

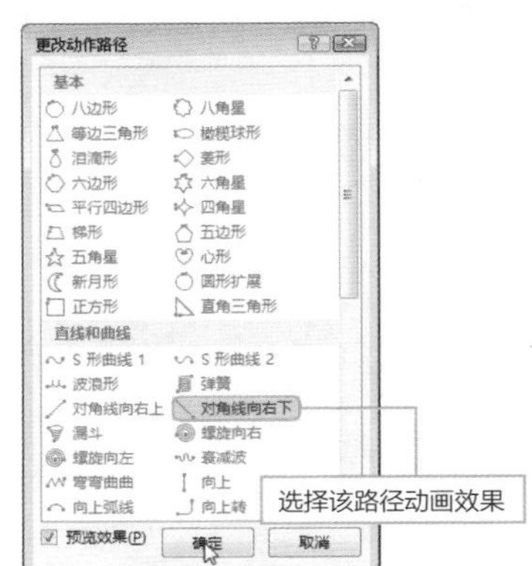

3 返回编辑区，用鼠标单击红色箭头中的圆圈，并按住鼠标左键不放将其拖至指定位置，如笔记本标题右侧。

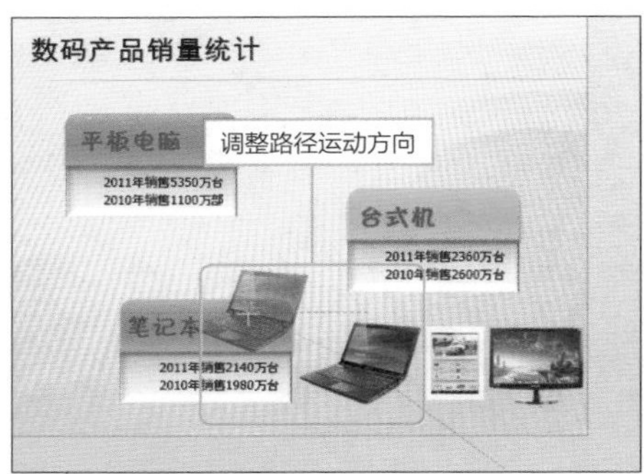

4 用同样的方法为其他两幅图片应用同样的效果即可。需要说明的是，绿色箭头表示开始位置，红色箭头表示结束位置。

Question 309

PPT中也可以“飞”纸飞机

● Level ◆◆◆

2016 2013 2010

实例 自定义动画路径

在 PowerPoint 中，路径动画中的路径除了可以使用系统中预设的效果外，用户还可以自行设定该路径，下面将对相关的操作进行介绍。

1 选中幻灯片中的纸飞机，单击“动画”选项卡中“动画”组的“其他”按钮。

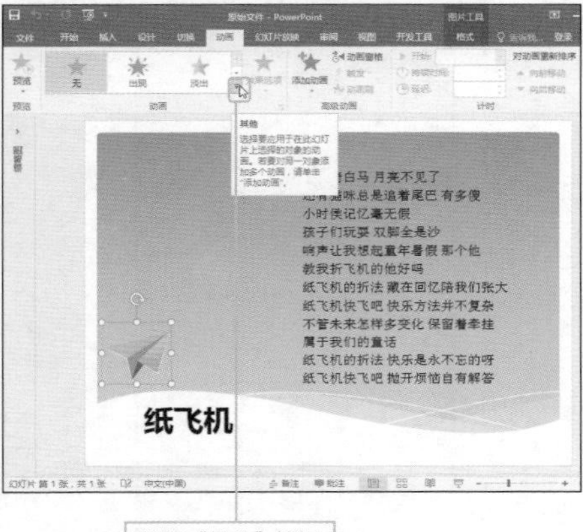

选择“其他”按钮

2 在打开的列表中选择“动作路径”选项下的“自定义路径”选项。

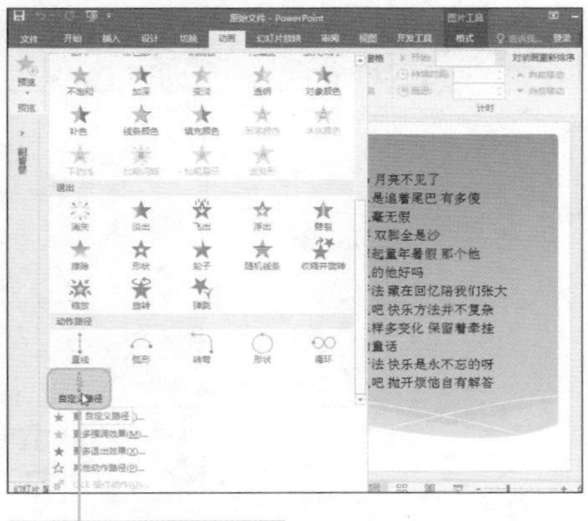

选择“自定义路径”效果

3 返回编辑区开始绘制路径，绘制过程中，光标将变为黑色十字形。

4 绘制完成后双击鼠标，即可结束绘制操作，单击“预览”按钮即可查看其效果。

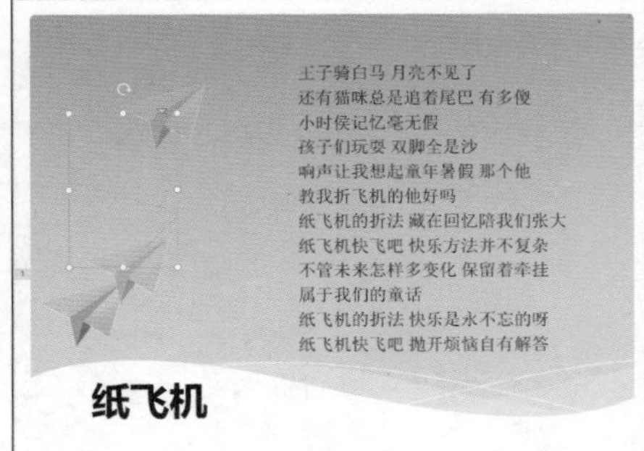

Question 310

让图形以方框状从中心展开

语音视频教学310

Level ◆◆◆

2016 2013 2010

实例	自定义动画效果

在PowerPoint中，动画的效果也是可以自行设定的，如进入动画中的“形状”动画，就包含了“放大”和“缩小”两种方向选项，以及“圆形”、“方框”、“菱形”等形状选项。下面将对其应用操作进行介绍。

1. 打开幻灯片后，选择第一幅图片，之后单击“动画”选项卡中的“其他”按钮。

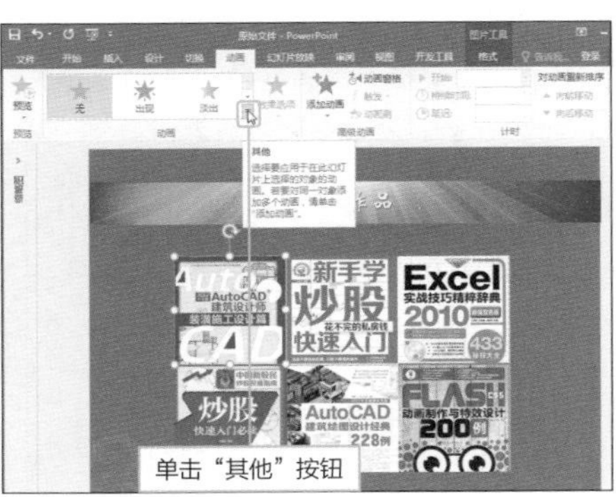

单击“其他”按钮

2. 在打开的列表中选择“形状”进入动画效果。

选择“形状”动画效果

3. 单击“效果选项”按钮，分别单击“方框”与“切出”。

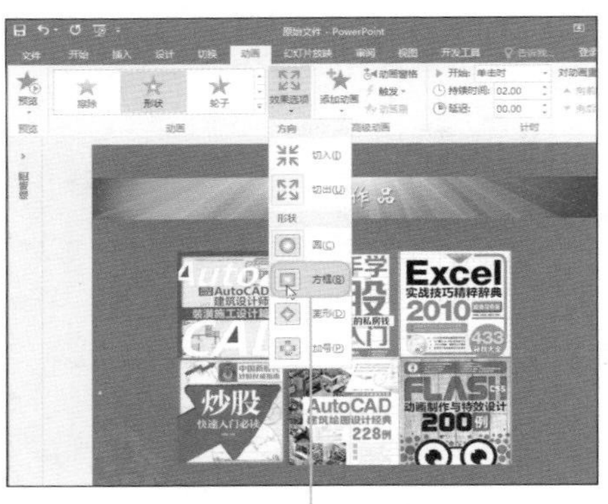

选择“方框”选项

4. 用同样的方法为其他图片设置同类型效果，最后单击“预览”按钮进行查看。

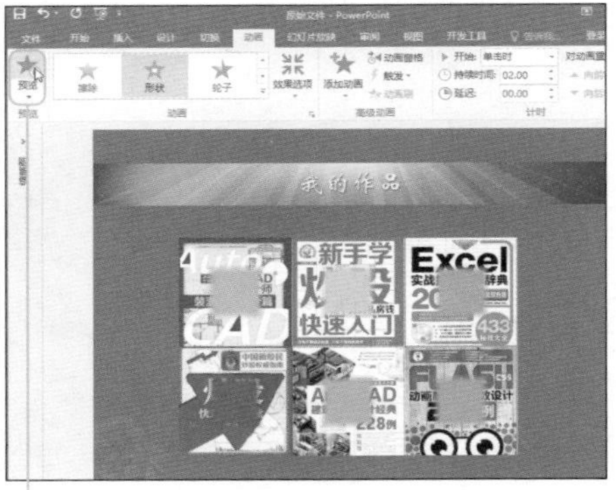

单击“预览”按钮

Question 311

自由调节动画的播放节奏

语音视频教学311

实例　改变动画的播放顺序

● Level ◆◆◆

2016 2013 2010

在 PowerPoint 中，动画效果的播放顺序也是可以调整的，特别是在同类型重复的动画效果中。比如在上一技巧中所制作的动画效果，就没有必要依次逐个进行显示。本技巧将对上一效果作出改进。

1 打开幻灯片之后单击功能区中的“动画窗格”按钮。

2 随后打开“动画窗格”窗格，从中即可看到原先动画的播放顺序。

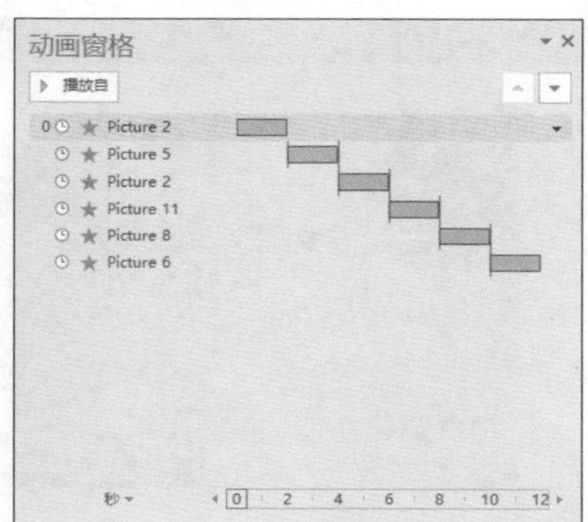

3 选择Picture 6后，单击“上移”按钮即可向前调整其播放顺序。用同样的方法可调整其他图片的播放次序。

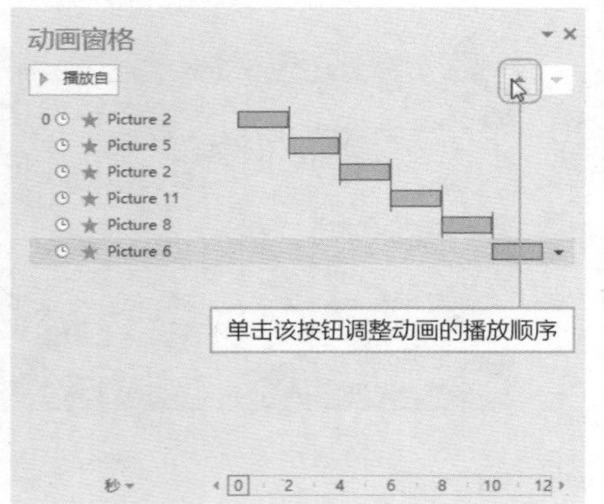

Hint

其他方法调整播放顺序

单击功能区中的“向前移动”和“向后移动”按钮，或者直接在动画窗格选择需移动的对象，将其拖动至合适的位置。

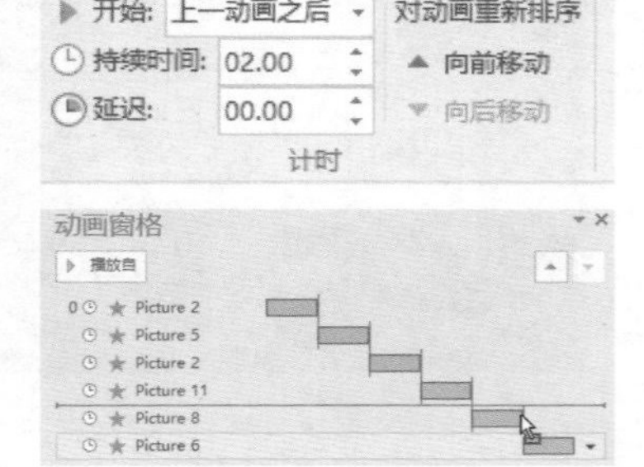

Question 312

隐藏播放后的动画

Level ◆◆◆

2016 2013 2010

实例　设置动画播放后的动作

有时候，在动画播放后需要让其消失，这样的效果能否在 PPT 中实现呢？答案是：可以的。下面我们将介绍如何实现这一效果。

1 选择幻灯片中的文档，然后为其应用“飞入”进入动画效果。

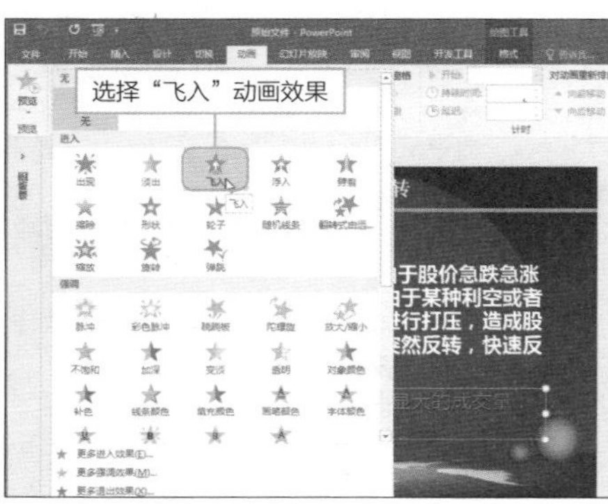

2 接着单击功能区中的“显示其他效果选项”按钮。

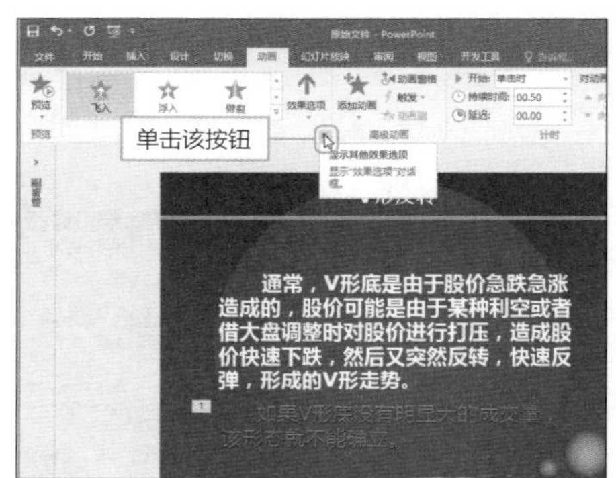

3 打开“飞入”对话框，从中设置“动画播放后”选项为“播放动画后隐藏”选项。

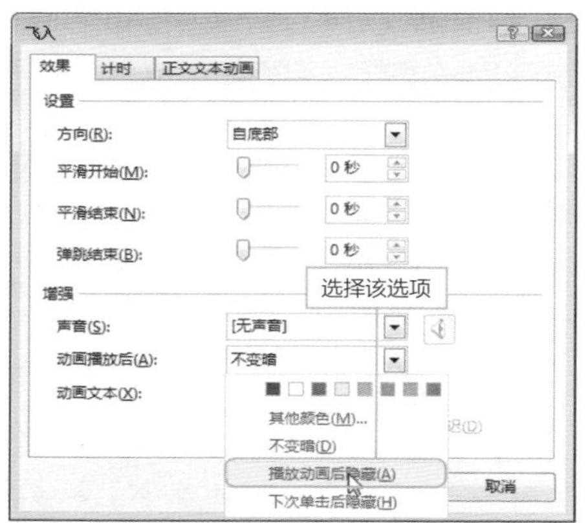

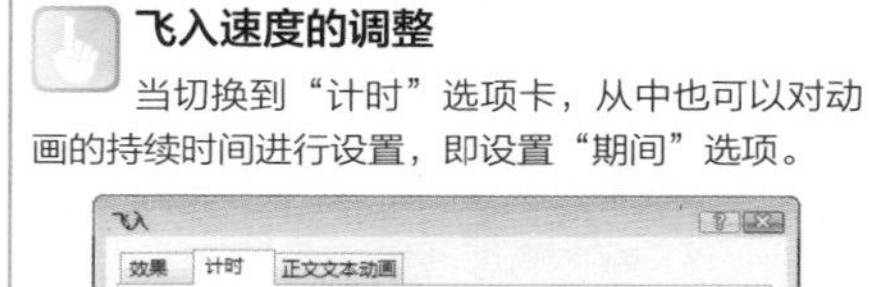

Hint

飞入速度的调整

当切换到“计时”选项卡，从中也可以对动画的持续时间进行设置，即设置“期间”选项。

Question

313 让文本忽隐忽现

实例 让动画播放后文本内容呈半透明状

● Level ◆◆◆

2016 2013 2010

幻灯片中各动画对象在播放后，其显示效果还可以显示为半透明状。利用这一特效可以很好地说明当前页面中动画的播放进度。下面将以文本内容半透明效果的制作为例进行介绍。

1. 选择幻灯片中的第一段文本，之后为其应用“飞入”动画效果。

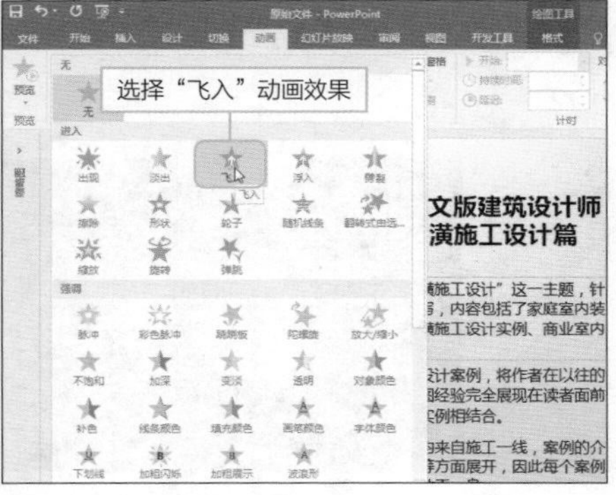

2. 单击功能区中的“效果选项”按钮，在打开的列表中选择“自左侧”选项。

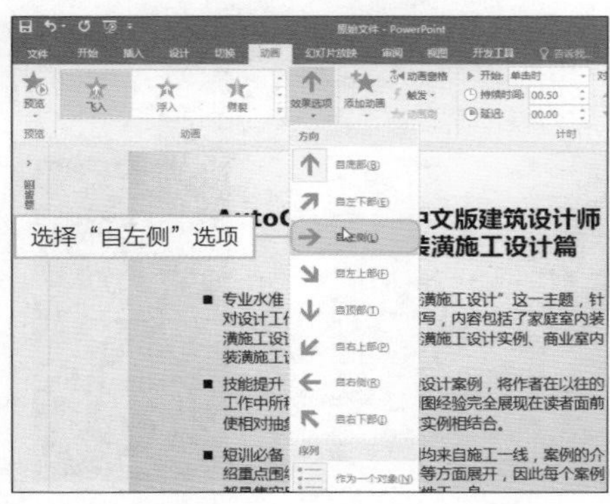

3. 之后单击“添加动画”按钮，在打开的列表中选择“透明”选项，以实现组合动画效果。

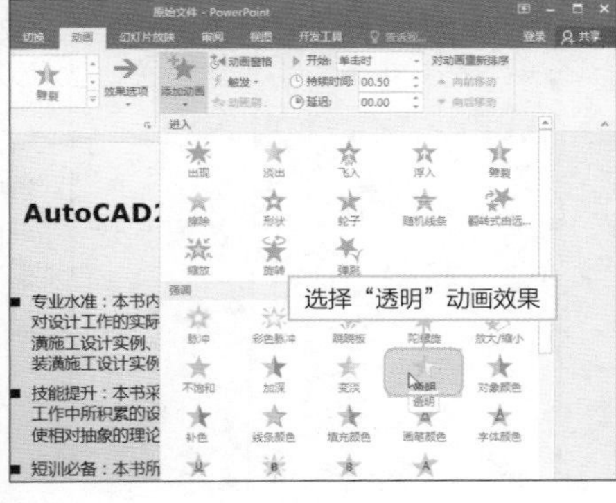

4. 紧接着再单击“效果选项”按钮，在打开的列表中选择50%选项，至此完成动画效果的制作。

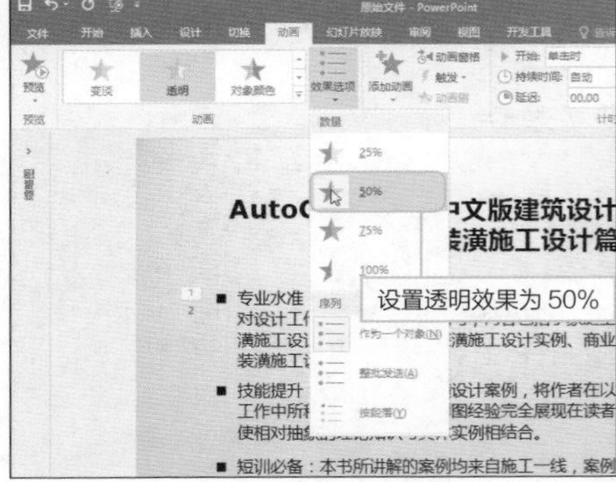

Question

314 打字效果的设计

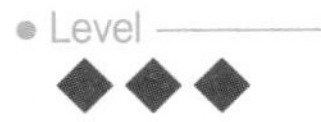

语音视频教学314

● Level ◆◆◆

2016 2013 2010

实例 让文本内容逐字显示

在 PowerPoint 中，文本内容的显示也可以像打字效果一样，一字一字地显示在观众面前，下面我们就对这一技巧的实现方法进行介绍。

最终效果

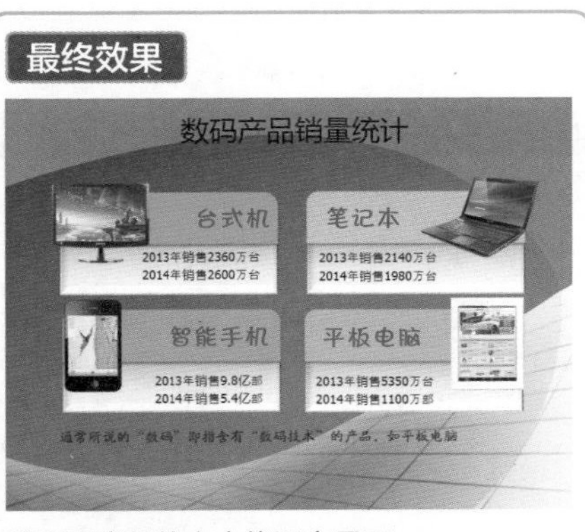

该页面底部的文本将逐字显示

❶ 选择幻灯片中的文本内容，之后为其设置“出现”动画效果。

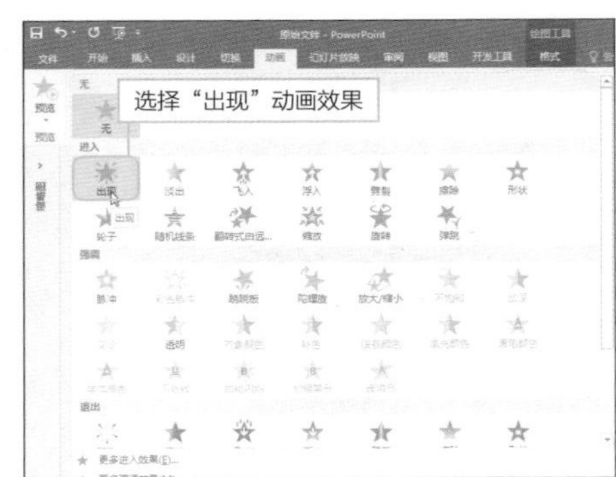

❷ 随后单击功能区中的“显示其他效果选项”按钮，以打开“出现”对话框。

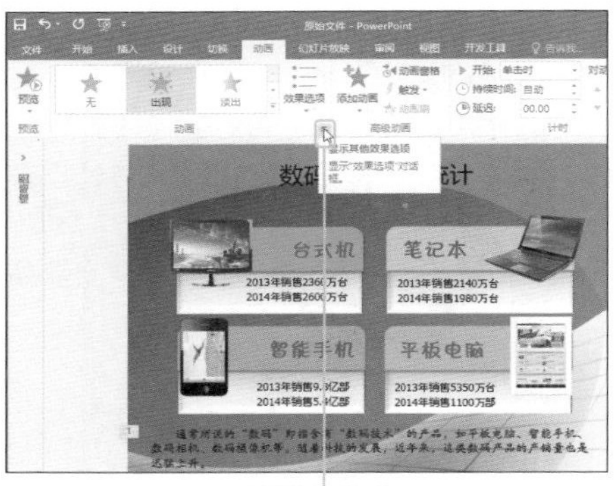

❸ 在“效果”选项卡中设置动画文本选项为“按字/词”，字/词之间延迟秒数为0.1，设置完成后单击“确定”按钮。

Question 315

文字颜色的七彩变幻

语音视频教学315

实例 让动画显示之后文字颜色发生改变

在幻灯片中，文本动画播放后，其字体的颜色是可以改变的，这样便于说明动画效果的播放进程。下面将对该技巧的操作进行展开介绍。

Level ◆◆◆

2016 2013 2010

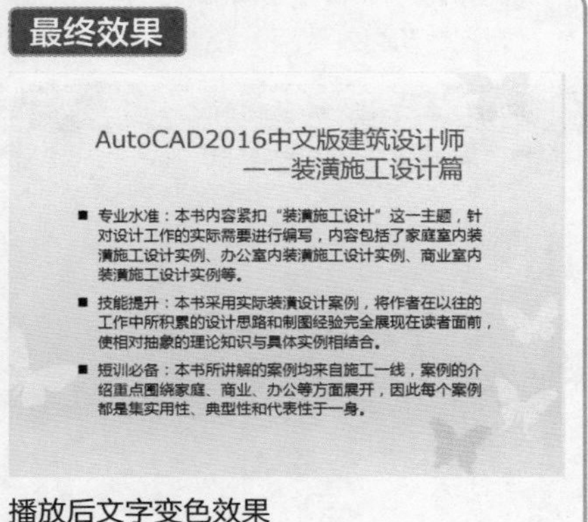

播放后文字变色效果

1 选择幻灯片中的文本内容，之后为其添加“飞入”效果，并设置按段落飞入。

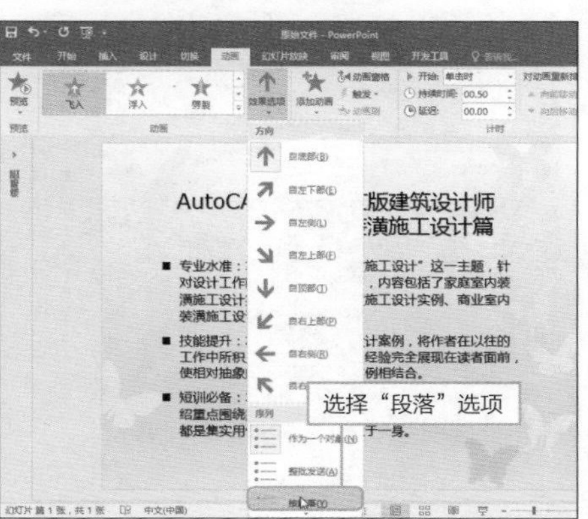

2 接着打开“飞入”对话框，单击“动画播放后”按钮，选择“其他颜色”选项。

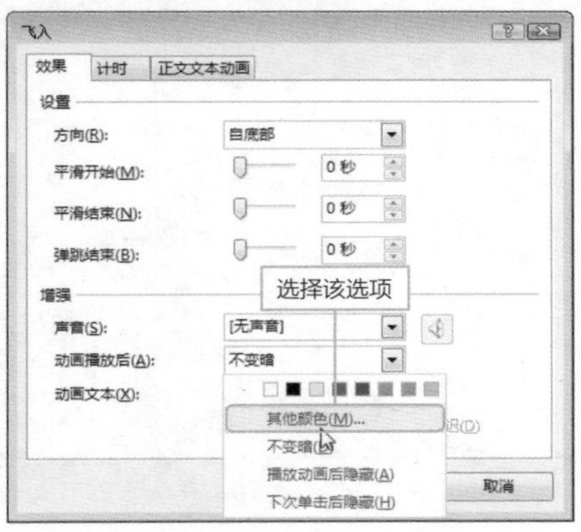

3 打开“颜色”对话框，设置颜色后，单击“确定”按钮返回并确定即可。

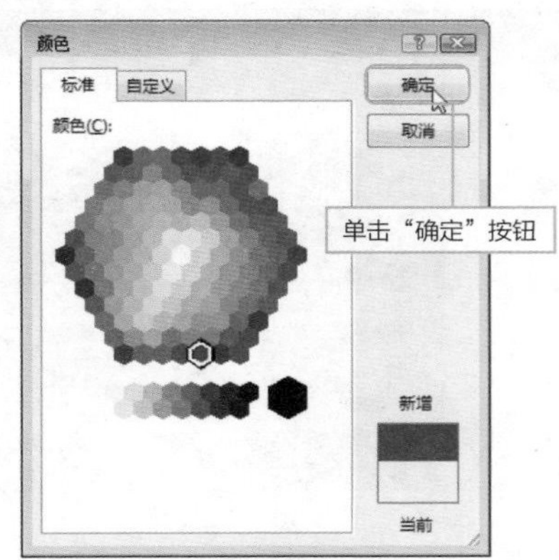

Question

316

让幻灯片的标题反复播放

● Level ◆◆◆

2016 2013 2010

实例　循环播放动画

在制作幻灯片时，为了突出显示某一主题，用户可以让其不间断地重复显示，以造成一种视觉冲突效应，迫使观众牢牢记在心里。下面将对这种动画效果的实现方法进行介绍。

1 选择幻灯片中的标题文本，之后为其应用“缩放”动画效果，并设置其效果选项为“对象中心”。

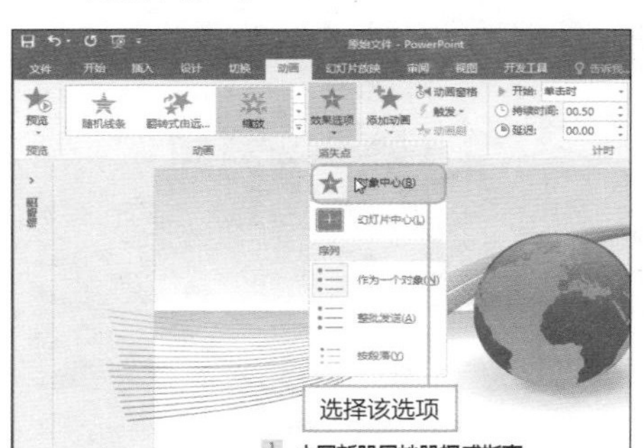

2 通过单击功能区中的“其他效果选项”按钮打开“缩放”对话框，从中设置“重复”选项为“直到幻灯片末尾”选项。

3 设置完成后单击“确定”按钮返回编辑区。至此，完成重复效果的制作。为了美观，可为底部文本应用上浮动画效果。

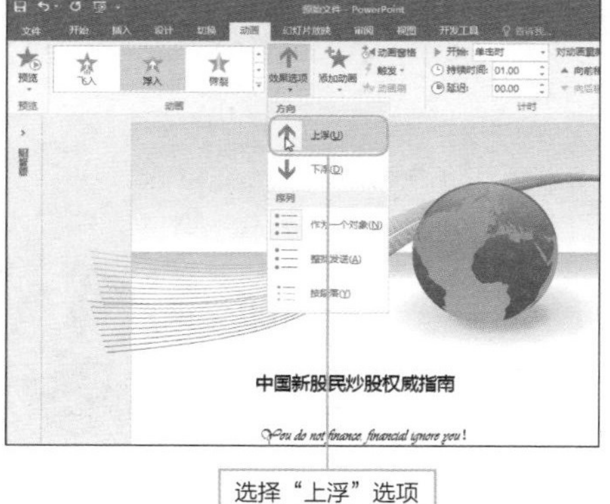

317 让多个图片同时运动

语音视频教学317

Level ◆◆◆

2016 2013 2010

实例 与上一动画同时播放

在 PowerPoint 中，为了让幻灯片页面中的内容形成对比，我们可以设置其同时显示。那么该效果究竟怎样才能实现呢？下面就对其作出相应的介绍。

各行中的两幅图片内容同时相向出现

1. 选择幻灯片中的第一幅图像，之后为其设置从左侧飞入的动画效果。

2. 选择幻灯片中的第二幅图像，之后为其设置从右侧飞入的动画效果。

设置自右侧飞入

3. 按照同样的方法设置第三张和第四张图片的动画效果，并设置所有动画“开始”时间为“与上一动画同时”即可。

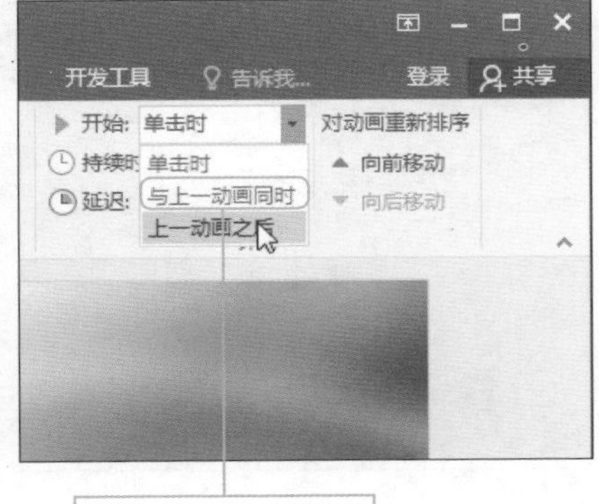

设置与上一动画同时开始

Question 318

让多个图片逐一运动

● Level ◆◆◆

2016 2013 2010

实例 在上一动画之后播放

该技巧实现的效果正好与上一技巧所要实现的效果相反，幻灯片中的图像不是同时显示而是逐一显示的。下面将对该效果的实现方法进行展开介绍。

最初效果

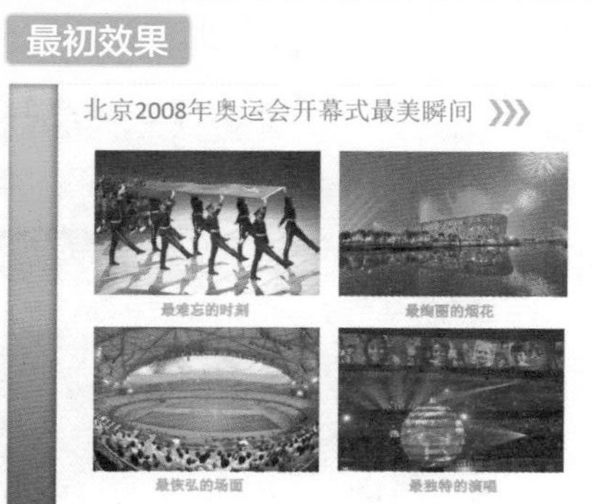

静态图片效果

最终效果

图片逐一旋转显示效果

1. 选择第一幅图片，之后为其应用“旋转”动画效果。

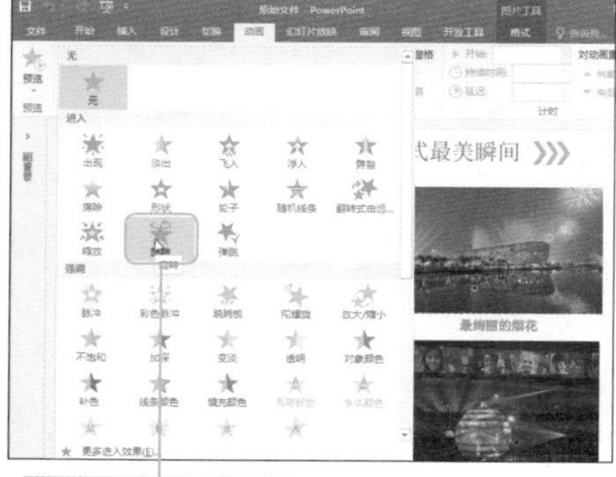

选择“旋转”动画选项

2. 为第二、三、四图片应用“旋转”动画效果，并设置其“开始”时间为“上一动画之后”即可。

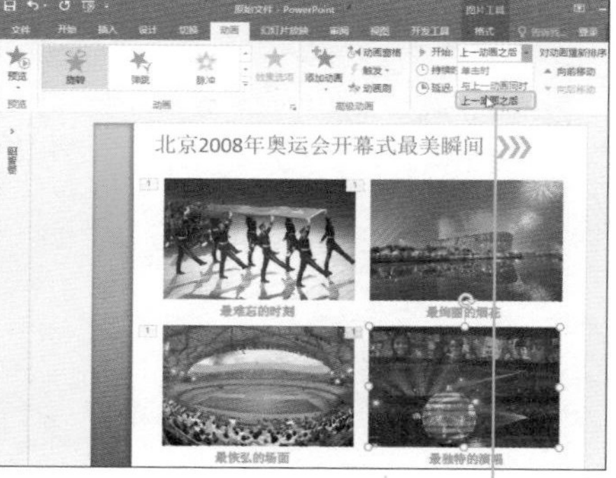

设置动画开始时间

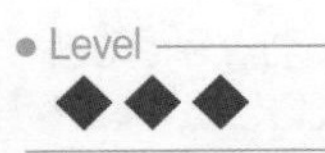
Question 319

● Level ◆◆◆

2016 2013 2010

让对象随心所欲动起来

实例 动画选项的设置

在前面介绍的技巧中，大部分是通过功能区中的选项进行设置的，在此将介绍如何使用选项面板创建更为特殊的动画效果。下面这一案例将制作一款自底部飞入，并以弹跳结束的动画效果。

1 选择幻灯片中的第一个图形，并为其应用“飞入”动画效果。

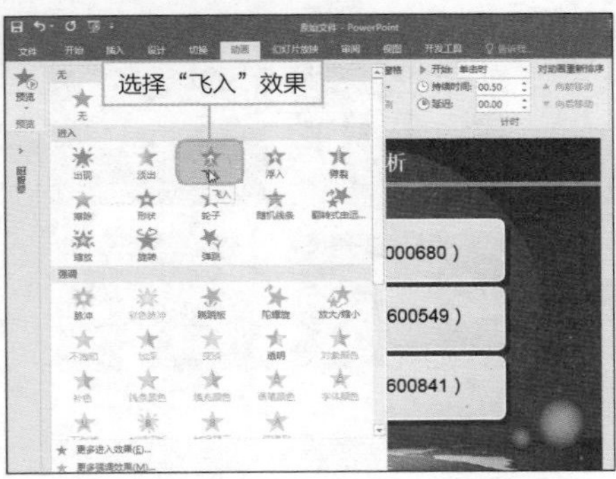

2 单击“效果选项”按钮，从展开的列表中选择“自底部”选项。

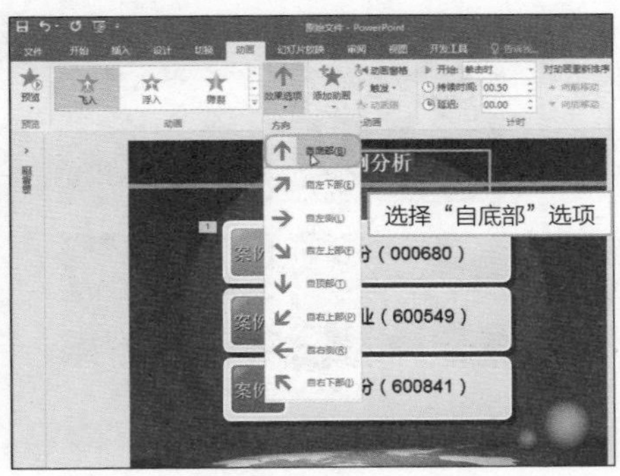

3 接着打开“飞入”对话框，从中对该图形的“平滑开始”与“弹跳结束”选项进行设置即可。

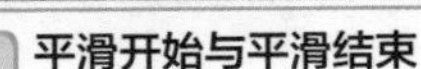
Hint

平滑开始与平滑结束

需要强调的是“平滑开始”与“平滑结束”的时间和不能超过该动画效果的“持续时间”。

Question
320 单击图形开始播放动画

语音视频教学320

● Level ◆◆◆

2016 2013 2010

实例 触发器的设置

本技巧将介绍一款触发动画的制作。即通过单击幻灯片页面中的图形来激发动画效果。其具体操作方法介绍如下。

最终效果

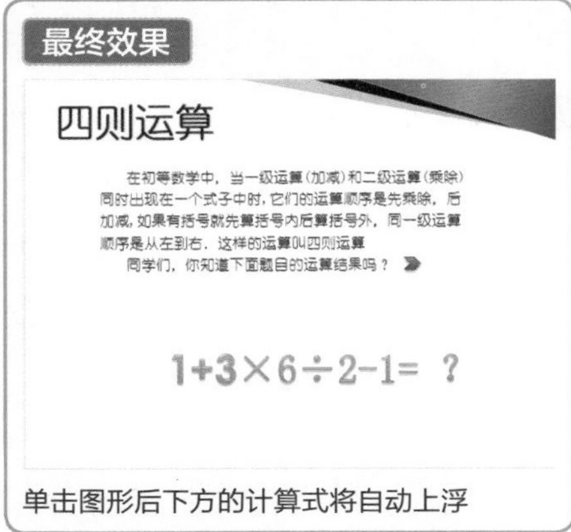

四则运算
在初等数学中，当一级运算(加减)和二级运算(乘除)同时出现在一个式子中时，它们的运算顺序是先乘除，后加减，如果有括号就先算括号内后算括号外，同一级运算顺序是从左到右，这样的运算叫四则运算
同学们，你知道下面题目的运算结果吗？
1+3×6÷2-1= ？

单击图形后下方的计算式将自动上浮

❶ 选择幻灯片页面底部的计算等式，之后为其应用"浮入"动画效果。

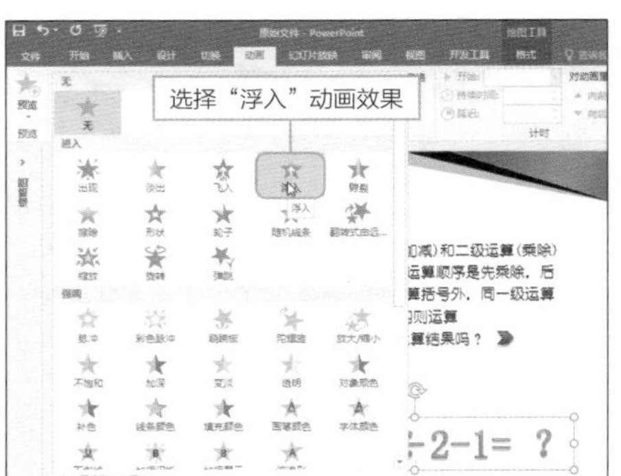

❷ 接着设置该浮入动画的"效果选项"为"上浮"。

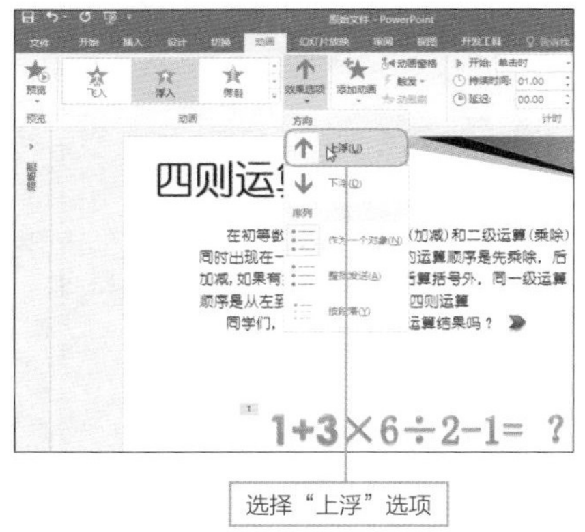

❸ 单击功能区中的"触发"按钮，在其级联菜单中选择"单击>燕尾形8"选项即可。

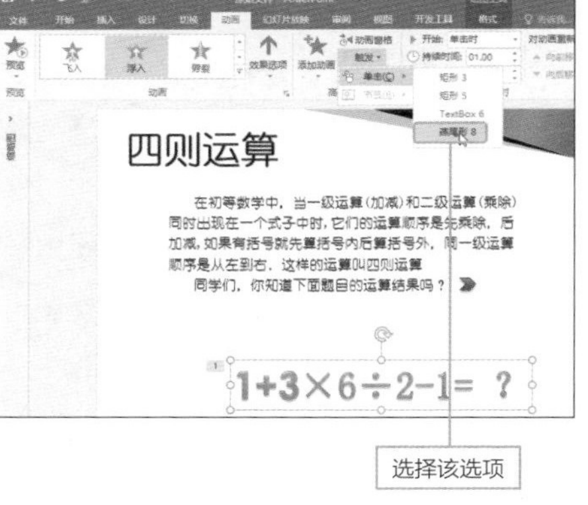

Question 321

Level ◆◆◆

2016 2013 2010

浏览相册时伴随有“咔嚓咔嚓”的拍照声

语音视频教学321

实例 为动画效果添加声音

在幻灯片中，用户可以为动画效果添加声音。下面将以为相册添加照相机声为例进行介绍。

1 选择幻灯片中的图片，之后为其应用“飞入”动画效果。

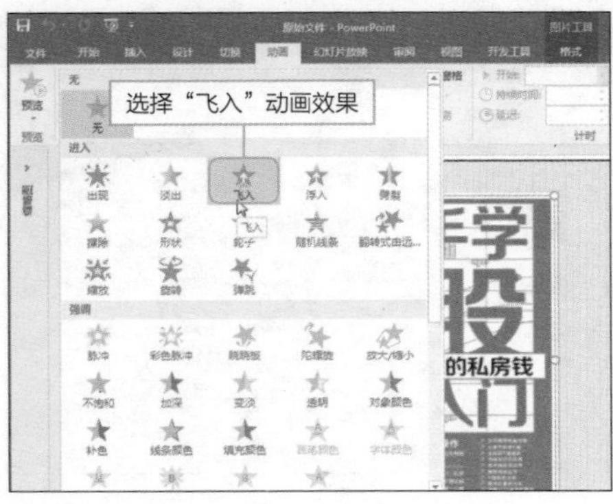

2 单击“效果选项”按钮，在展开的列表中选择“自左侧”选项。

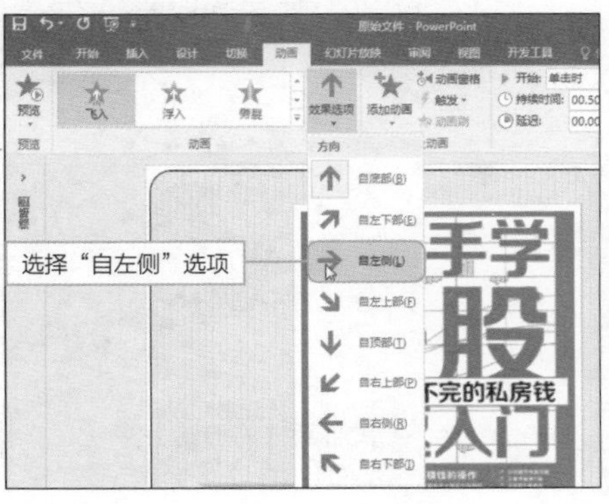

3 接着单击“其他动画效果选项”按钮，以打开“飞入”对话框。

4 从中设置“声音”选项为“照相机”，最后确认。用同样的方法为其他图片设置同样的效果。

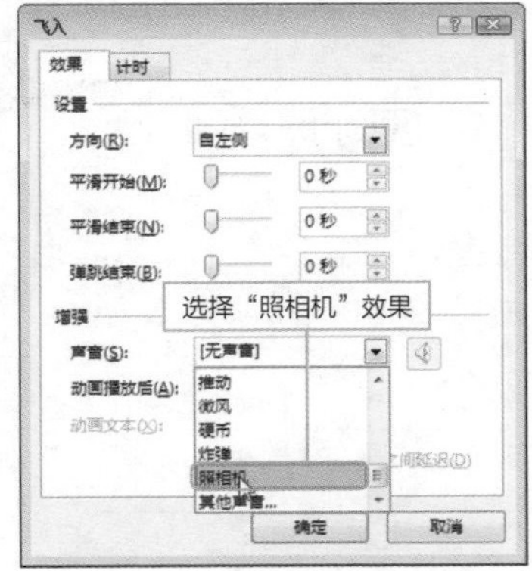

基本动画的设计技巧

Question 322

动画效果也可以复制

语音视频教学322

Level ◆◆◆

2016 2013 2010

实例 动画刷的应用

如果在同一幻灯片页面中，有很多同类型的动画效果需要制作，此时逐一设置效率极其低下。那么有没有简便的方法呢？下面将介绍一种复制的方法。

1. 第一幅图像的动画效果是已经设置好的，在此将其选中并单击功能区中的“动画刷”按钮。

2. 返回编辑区后，光标将变为带刷子样式的指针形状。

Hint

动画刷的重复使用

在复制时，若只是单击一次格式刷，则只能实现一次复制。如果是双击，则可以实现多次复制操作。

3. 拖动鼠标单击目标图像，即可将复制的动画效果应用到当前图像中。最后单击“预览”按钮测试动画效果。

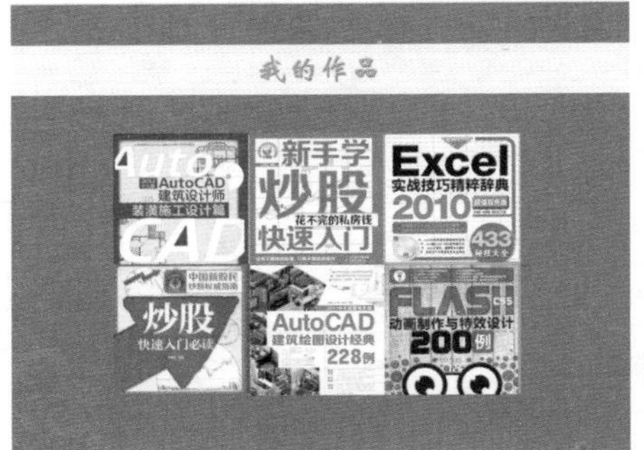

Question

323 巧让形状中的文本荡秋千

Level ◆◆◆

实例 多种动画效果的组合使用

用户可以为同一对象添加多个动画，并且合理调整其先后顺序，从而组成一个自然而夺人眼球的效果，下面介绍文本荡秋千效果的应用。

1 选择演示文稿中的所有图形，在“动画”选项卡中为其应用“淡出”效果。

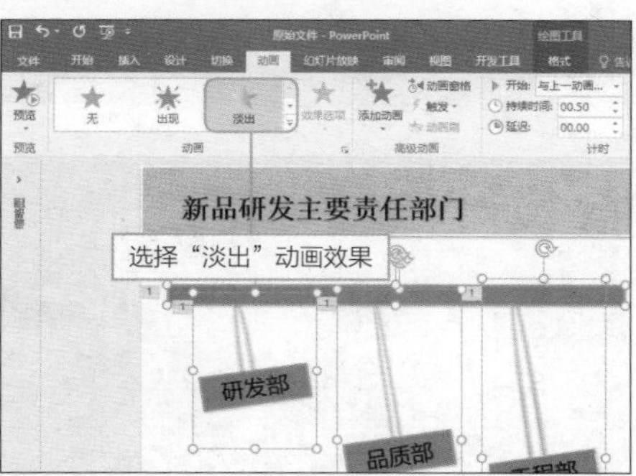

2 选择下方的三个组合图形，为其添加“陀螺旋”动画。

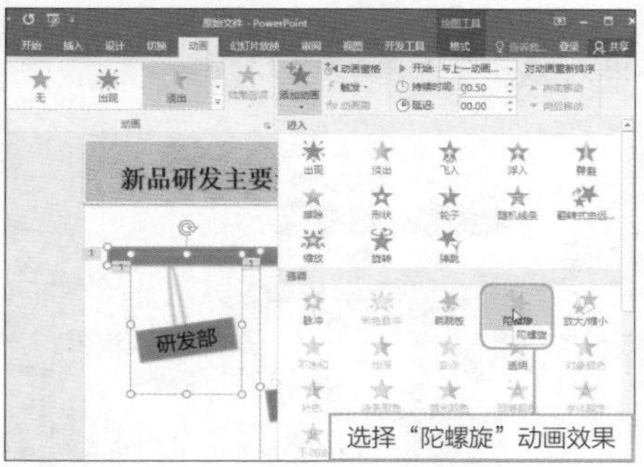

3 打开“陀螺旋”对话框，设置其“数量”为“360° 顺时针”。用同样的方法，为其添加数量为“自定义20° ”陀螺旋动画。

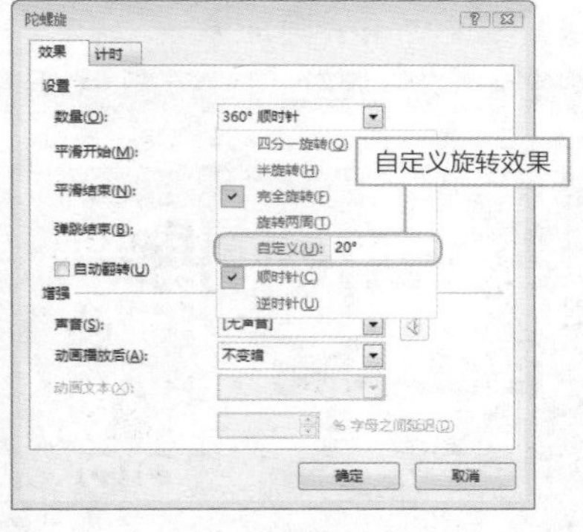

4 打开“动画窗格”，按需调整各动画的排列顺序，设置完成后，单击“关闭”按钮，关闭该窗格即可。

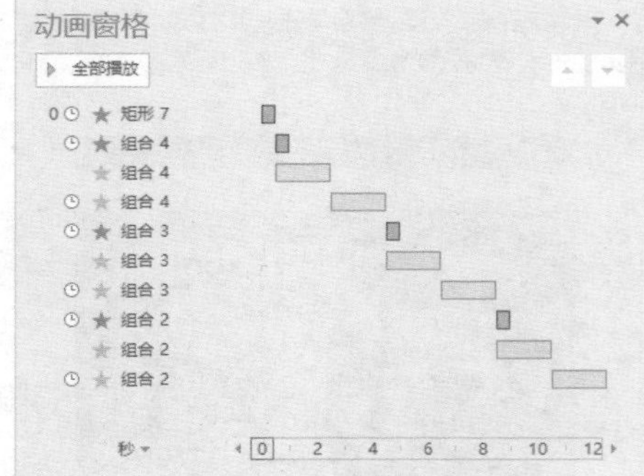

Question
324 巧秒实现翻书动画效果

语音视频教学324

Level ◆◆◆

2016 2013 2010

实例　让图片具有翻书效果

幻灯片页面中有多张图片时，可以为图片设置翻书效果，该效果将一张张地将图片展示给观众，更能吸引观众注意力，下面对其进行介绍。

最终效果

翻书效果的实现

❶ 选择幻灯片中的所有图片，执行“动画>动画>其他>更多进入效果”命令。

❷ 打开“更改进入效果”对话框，选择“展开”效果，单击“确定”按钮。

❸ 打开“展开”效果对话框，设置开始方式为“单击时”，期间为“慢速（3秒）”，然后关闭对话框即可。

Question

325 轻松设计增长率动画效果

语音视频教学325

• Level ◆◆◆

实例 切入动画的巧妙应用

在电视新闻中，总是会见到增长率的图形动画，那它究竟是如何制作的呢？下面我们将应用 PPT 来讲解这一动画的实现过程。

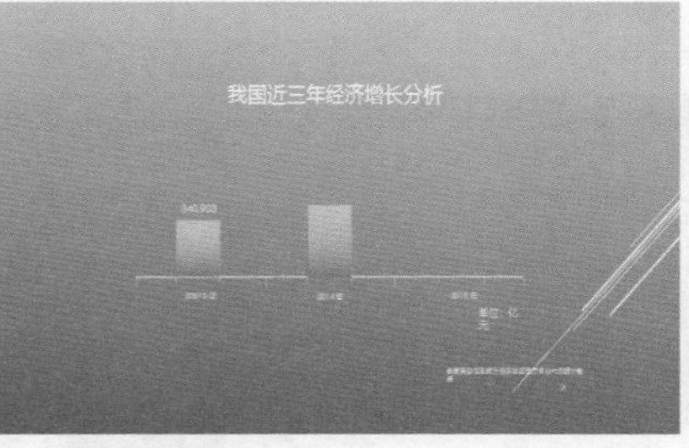

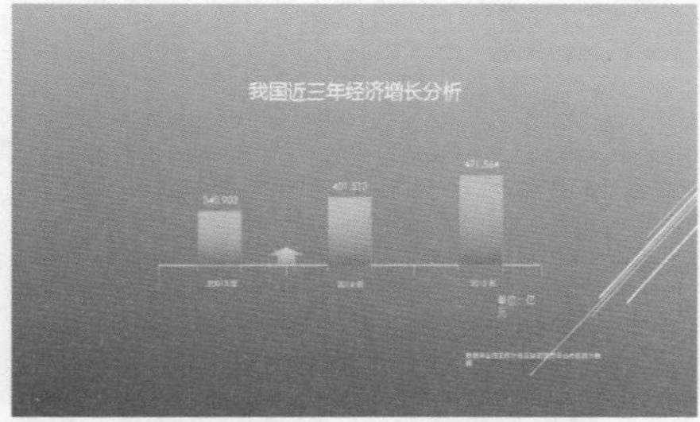

动画效果预览：初始画面中有一时间轴，单击鼠标后，将出现2013年的柱形图（切入动画），随后顶部将显现出该柱形的数值（出现动画），待2013年和2014年的柱形完全出现后，它们之间将出现一个表示增长的向上箭头（切入动画）。接着画面中又将出现2015年的柱形图，同理在2014年与2015年之间也会有一个向上的表示增长的箭头。

1. 选择2013年的柱形图，之后为其应用切入动画，并利用动画刷将其复制到其他柱形图形和箭头图形中。

2. 选择2013年柱形图上方的文本，为其应用出现动画，同理将该动画效果复制到其他文本中。

使用动画刷复制切入动画

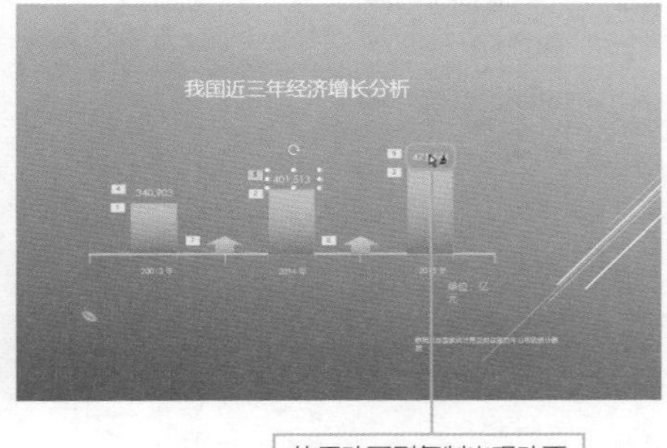

使用动画刷复制出现动画

❸ 单击动画功能区中的“动画窗格”按钮，打开“动画窗格”窗格，以设置各图形的播放顺序。

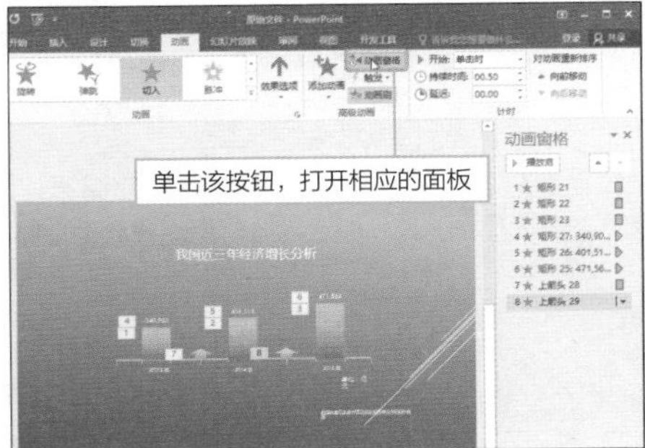

❹ 选择图形后，单击面板右上角的“向前移动”和“向后移动”按钮改变其顺序，在此让文本紧随柱形图之后出现。

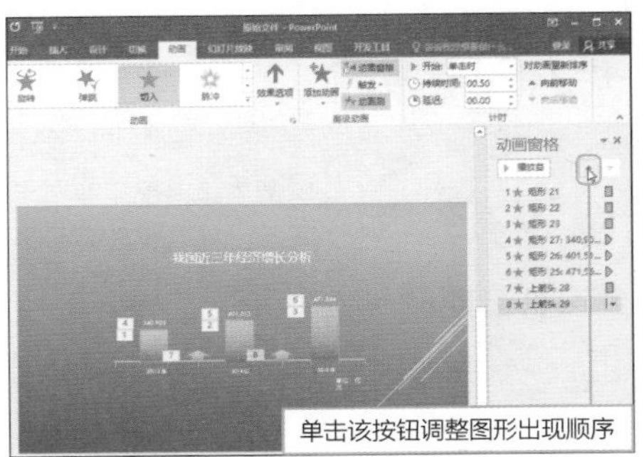

❺ 接着设置各图形的开始播放方式，均为“从上一项之后开始”。

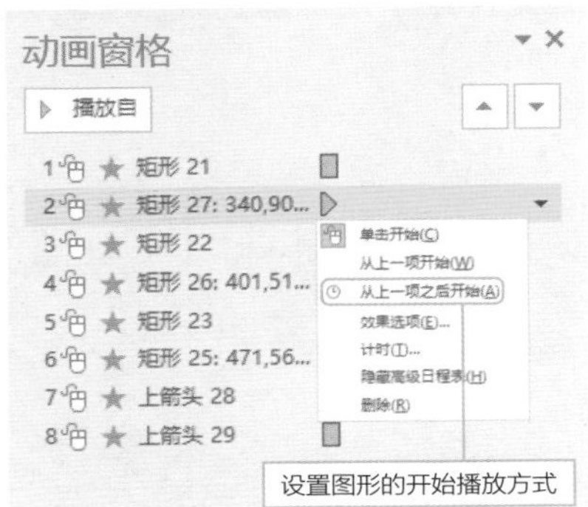

❻ 最后根据需要设置各图形的持续时间与延迟，以使各图形的播放更加合理紧凑。

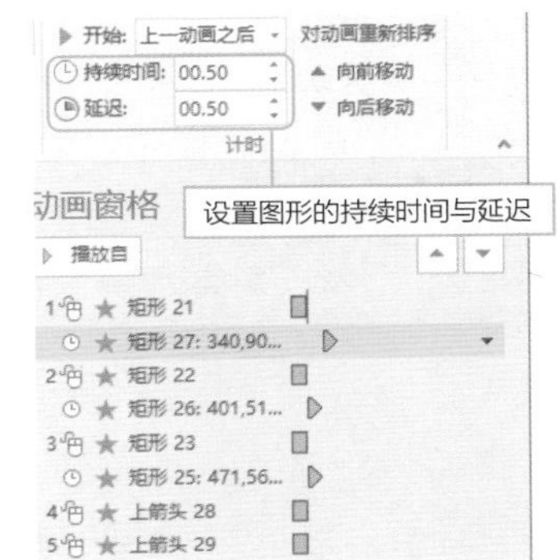

❼ 至此完成动画效果的设置，单击动画窗格中的“全部播放”按钮进行逐段演示。

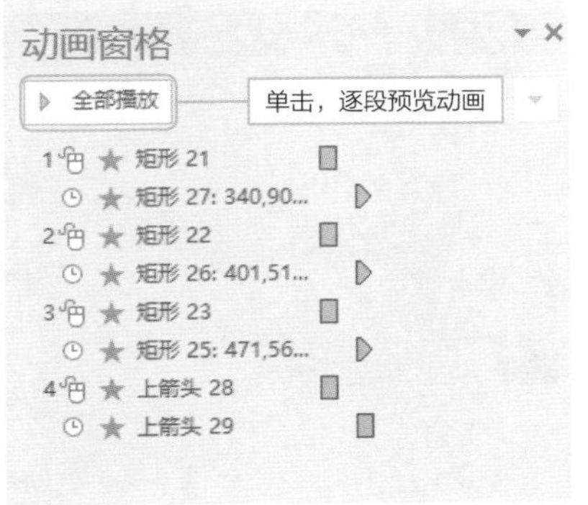

❽ 返回编辑界面，此时可以看到每个图形的左上角都有一个动画标识。

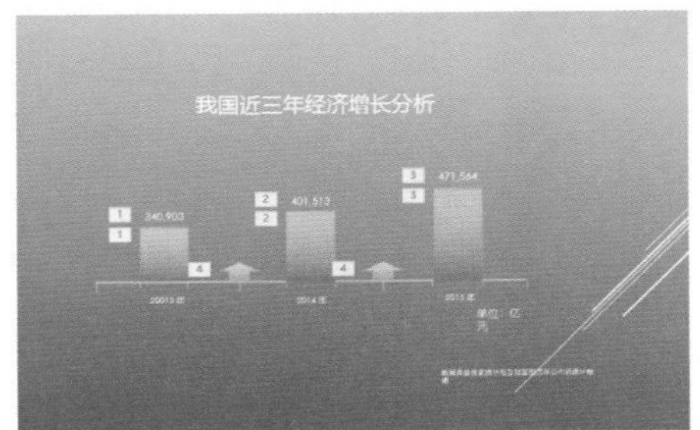

Question

326 高级日程表的妙用

● Level

2016 2013 2010

实例 通过高级日程表调整动画播放效果

所谓高级日程表即指用于设置动画顺序、动画开始时间及结束时间的时间条，其功能与 Flash 动画中的时间轴相似。本技巧将对高级日程表的相关操作进行介绍。

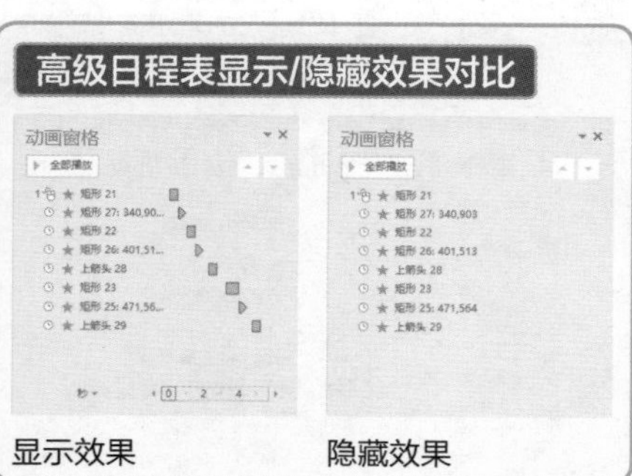

❶ 打开动画窗格，可看到每个动画效果右侧均包含一绿色的时间条。用户通过窗格底部的秒按钮可将其进一步放大或缩小。

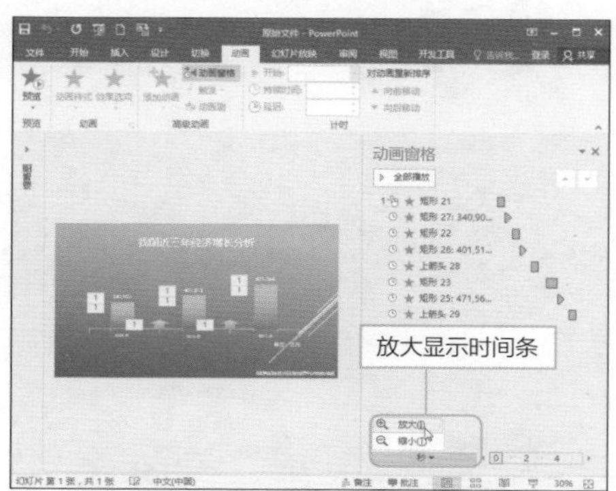

❷ 将光标移至某个动画效果右侧的时间条上，当光标变为左右方向箭头时，按住鼠标进行拖动即可改变该动画的持续时间。

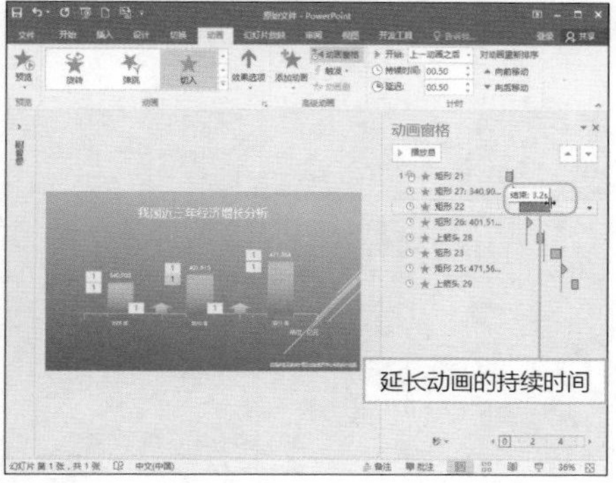

❸ 待完成调整操作后，单击任意一个动画效果右侧的下三角按钮，在打开的列表中选择“隐藏高级日程表”选项即可。

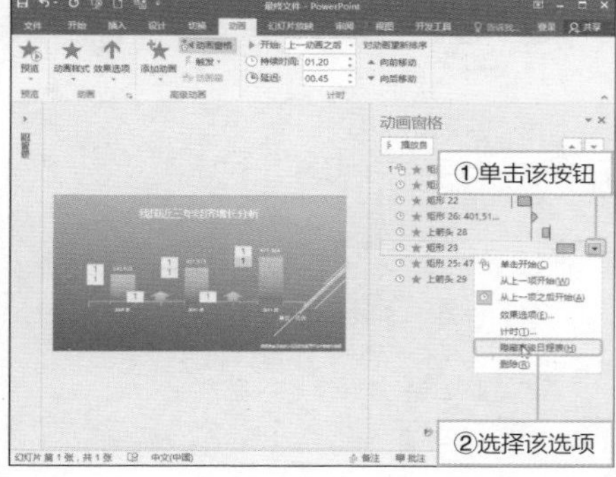

第12章 327~365

演示文稿的放映管理

- 不启动PowerPoint也能播放幻灯片
- 播放幻灯片方式多
- 放映幻灯片有一招
- 快速终止正在放映的幻灯片
- 巧妙计算演示文稿的播放时间
- 清除排练计时很简单
- 放映时切换到上一幻灯片花样多

Question 327

不启动PowerPoint也能播放幻灯片

语音视频教学327

Level ◆◆◆

2016 2013 2010

实例 在文件夹中预览幻灯片

若用户只是希望快速查看幻灯片页面中的内容，通过PowerPoint 2016程序打开需要花费一定的时间，此时通过预览功能则能够快速进行查看。

1 通过“计算机”，打开演示文稿所在的文件夹。

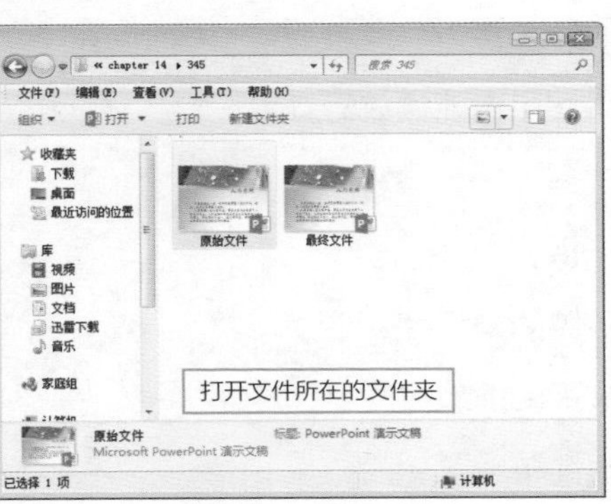

2 用鼠标左键单击文档图标，选中需要预览的演示文稿。

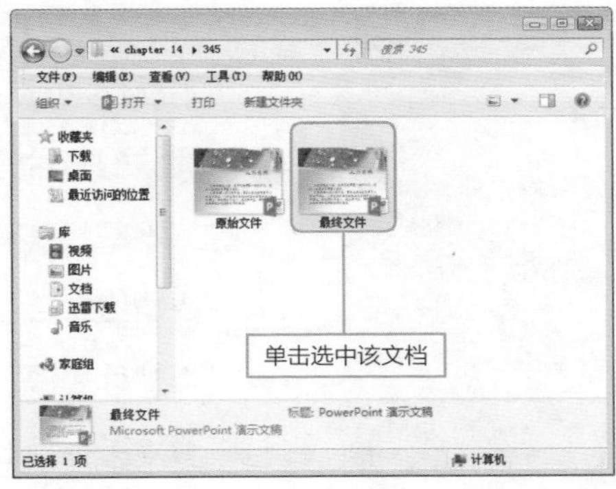

3 右键单击，从弹出的快捷菜单中选择“显示”命令。

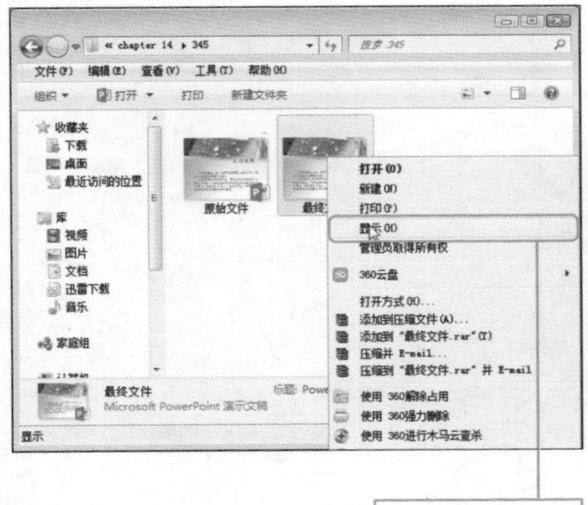

4 将以放映模式预览幻灯片，但是并没有启动PowerPoint 2016。

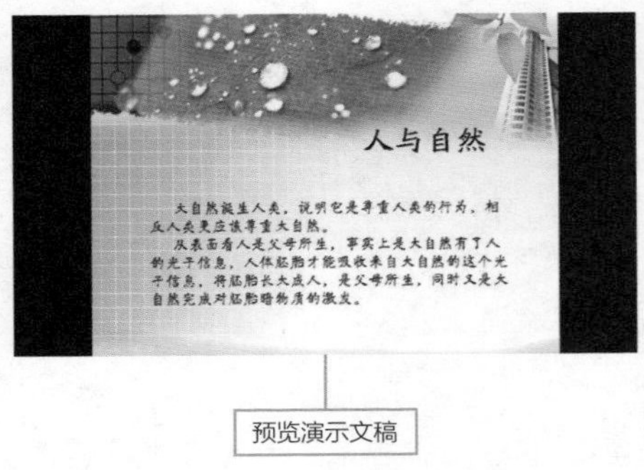

Question 328

● Level ◆◆◆

2016 2013 2010

播放幻灯片方式多

实例　自动播放幻灯片

在放映幻灯片时，还在用鼠标单击一张接一张地进行翻页么？可以尝试一下PPT自动播放功能，从而避免手动操作的麻烦，下面将介绍如何实现该功能。

❶ 打开演示文稿，切换到“切换”选项卡，选中幻灯片。

❷ 勾选“设置自动换片时间”选项前的复选框，通过右侧的数值框设置换片时间。

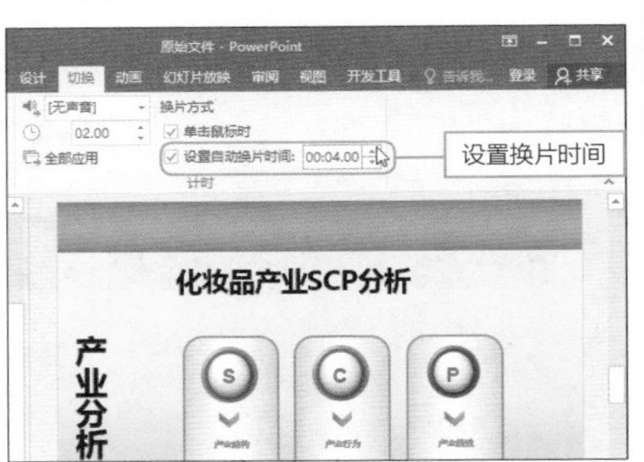

❸ 依次选中其他幻灯片，按照同样的方法进行设置。

Hint

如何按统一的时间间隔播放幻灯片?

设置任意一张幻灯片的换片时间后，单击左侧的“全部应用”按钮即可。

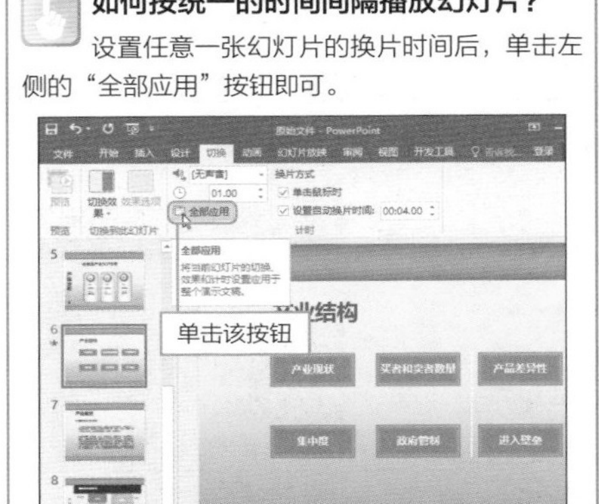

Question 329

放映幻灯片有一招

语音视频教学329

Level ◆◆◆

2016 2013 2010

实例 幻灯片的放映

我们花费了大量的时间和精力制作完成一个演示文稿，其目的还是为了演示，本技巧将对其放映操作进行详细介绍。

1 打开演示文稿，切换到“幻灯片放映”选项卡。

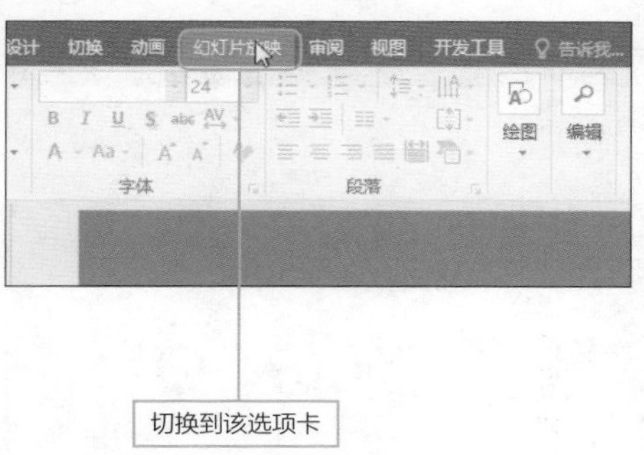

2 **从头开始放映幻灯片。**单击“从头开始”按钮即可从第一张幻灯片开始放映。

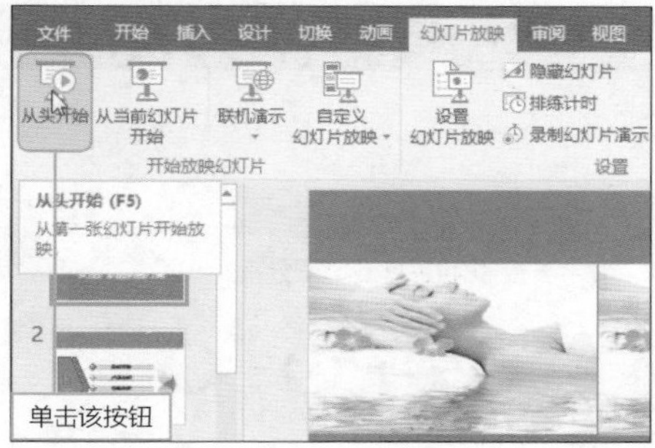

3 **从当前幻灯片开始放映。**选中第6张幻灯片，单击“从当前幻灯片开始”按钮，可从第6张幻灯片开始向后放映。

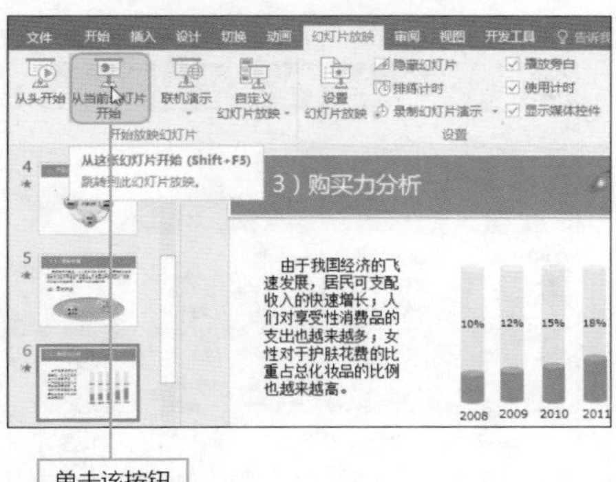

Hint

快捷方式放映幻灯片

打开演示文稿，直接在键盘上按F5键可以从头开始放映幻灯片。直接按Shift + F5组合键可以从当前编辑区中的幻灯片开始放映。

还可以单击任务栏中的“幻灯片放映”按钮从当前幻灯片编辑区显示的幻灯片开始放映。

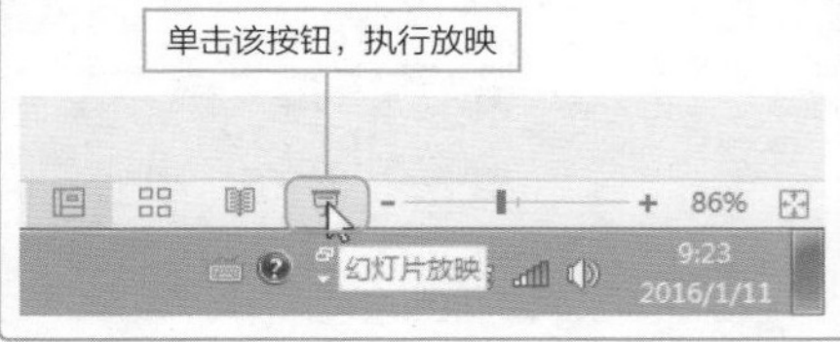

Question 330

快速终止正在放映的幻灯片

Level ◆◆◆

2016 2013 2010

实例　终止正在放映的幻灯片

在幻灯片放映过程中，想要在中途终止对幻灯片的播放，该怎样操作呢？本技巧将对其进行详细介绍。

1 打开演示文稿，按F5键放映幻灯片，将光标移至幻灯片的底端，将会出现一个浮动工具栏。

2 单击浮动工具栏上最右侧的菜单按钮，从列表中选择“结束放映”选项。

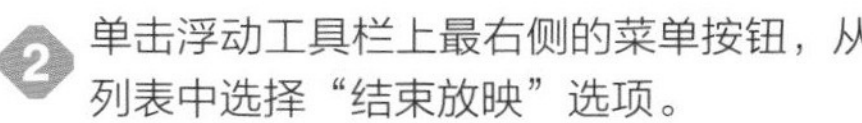

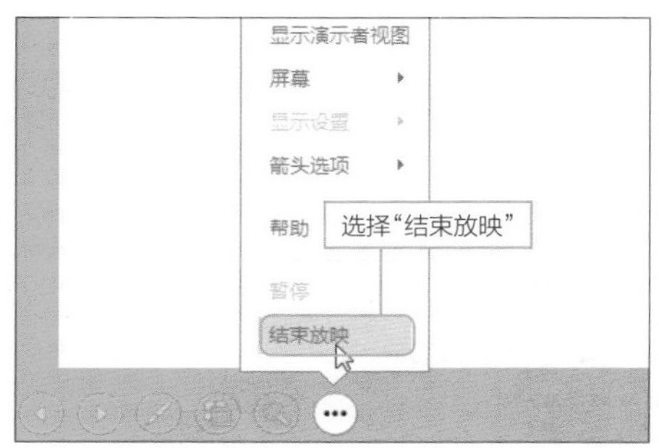

3 或者，在放映幻灯片过程中，右键单击页面，从弹出的快捷菜单中选择“结束放映”选项。

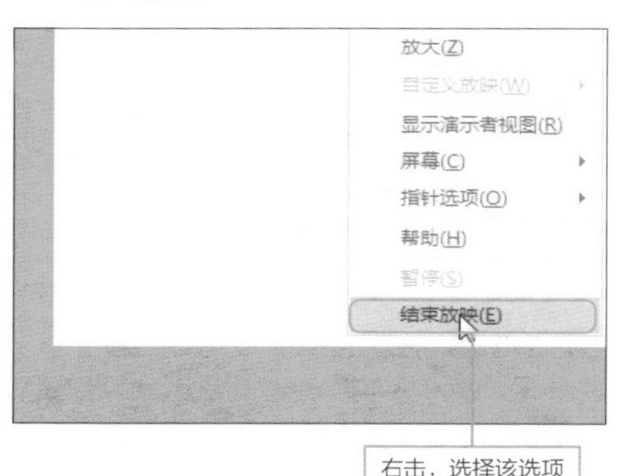

Hint

快捷键法终止放映

直接在键盘上按下Esc键即可快速退出放映模式。

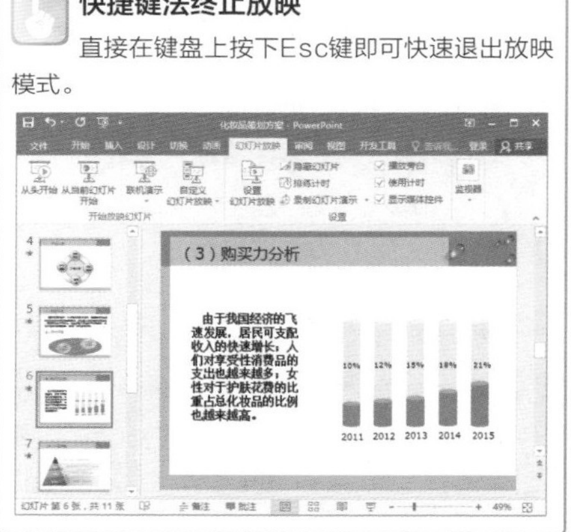

Question

331 巧妙计算演示文稿的播放时间

语音视频
教学331

• Level ◆◆◆

2016 2013 2010

实例 排练计时

在发表一个演讲或者竞标过程中，巧妙把握演讲时间是重中之重，那么，如何控制文档演示时间呢？演示文稿的排练计时功能对用户把握演示时间有很大帮助。

① 打开演示文稿，单击“幻灯片放映”选项卡中的“排练计时”按钮。

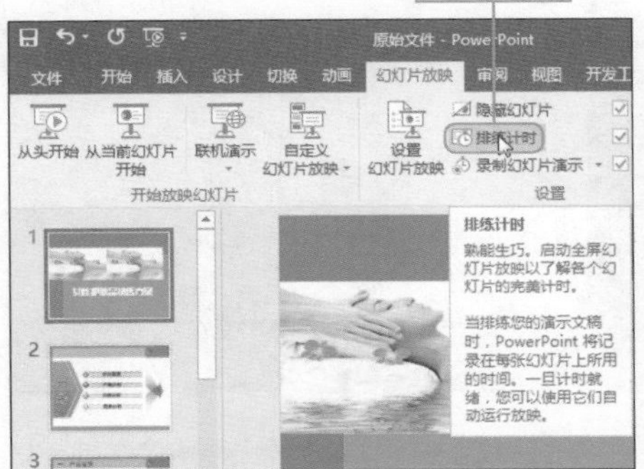

② 将自动进入放映状态，左上角会显示“录制”工具栏，中间时间代表当前幻灯页面放映所需的时间，右边时间代表放映至当前幻灯片累计所需的时间。

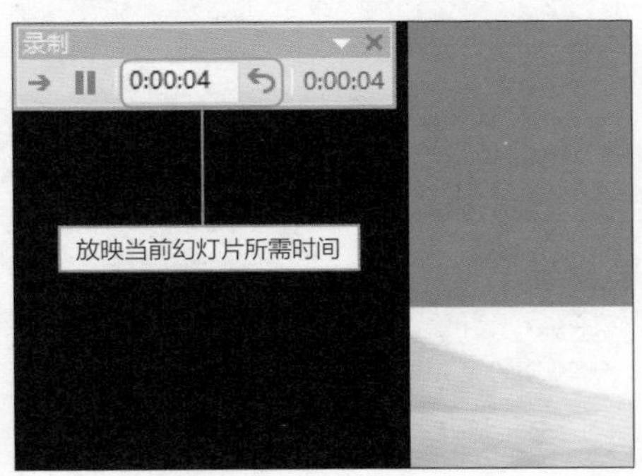

③ 用户根据工作需要，设置每张幻灯片停留时间，翻到最后一张时，单击鼠标左键，会出现提示对话框，询问用户是否保留幻灯片排练时间，单击“是”按钮。

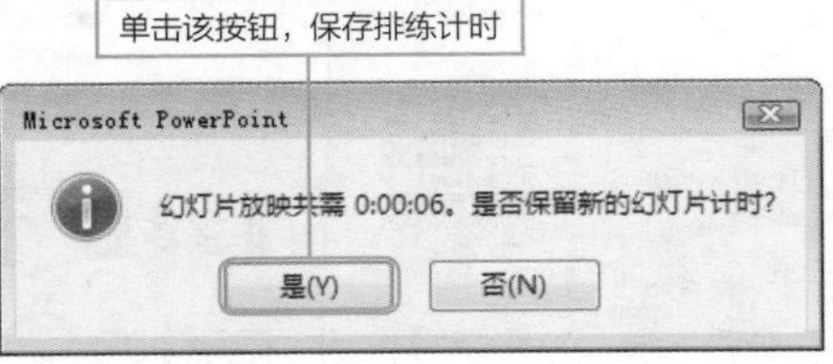

④ 返回演示文稿，切换至浏览视图，在每张幻灯片缩略图右下角都会显示放映时间。

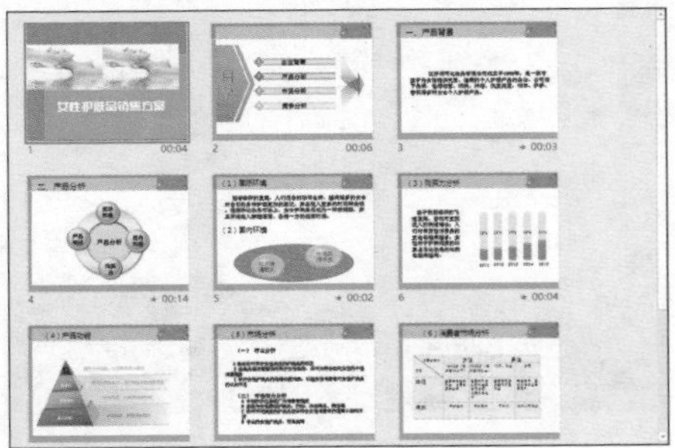

Question

332

清除排练计时很简单

语音视频
教学332

Level

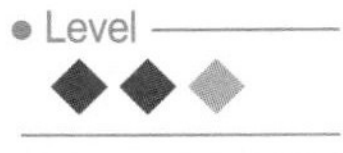

2016 2013 2010

实例　排练计时的清除

在进行过排练计时后，若用户希望可以清除当前排练计时，该怎样操作呢？只需取消各个幻灯片的换片时间即可，本技巧将对其进行详细介绍。

最初效果

显示排练计时效果

最终效果

清除排练计时效果

① 打开已经设置了排练计时的演示文稿，切换到“切换”选项卡。

② 选中所有幻灯片，取消对“设置自动换片时间”选项的勾选，即可清除所有幻灯片的排练计时。

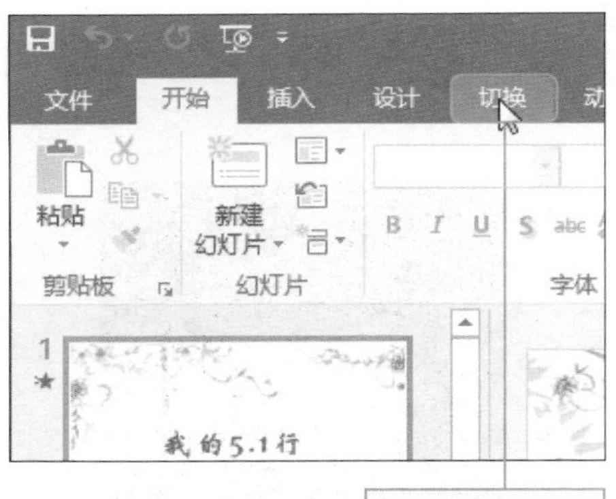

打开“切换”选项卡

取消对该选项的勾选

Question 333

放映时切换到上一幻灯片花样多

• Level ◆◆◆

2016 2013 2010

实例 播放过程中返回到上一幻灯片

在播放幻灯片过程中，若需要查看上一幻灯片中的内容，有很多方法都可以实现，下面将对这几种方法进行详细介绍。

1 **右键快捷菜单法。**在播放幻灯片时，右键单击，从快捷菜单中选择“上一张”命令即可。

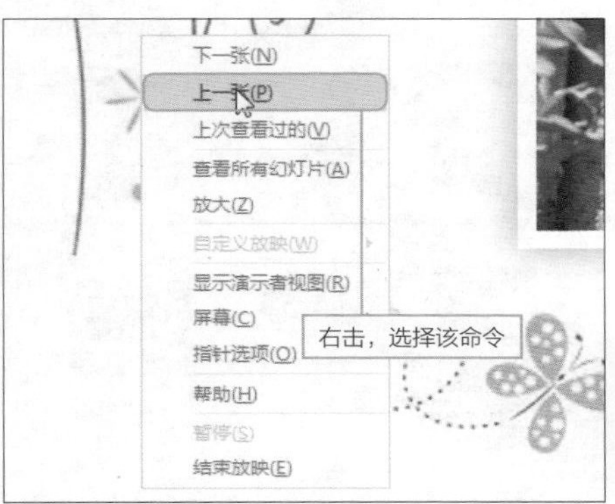

2 **浮动按钮法。**也可以单击幻灯片页面左下角的◀按钮。

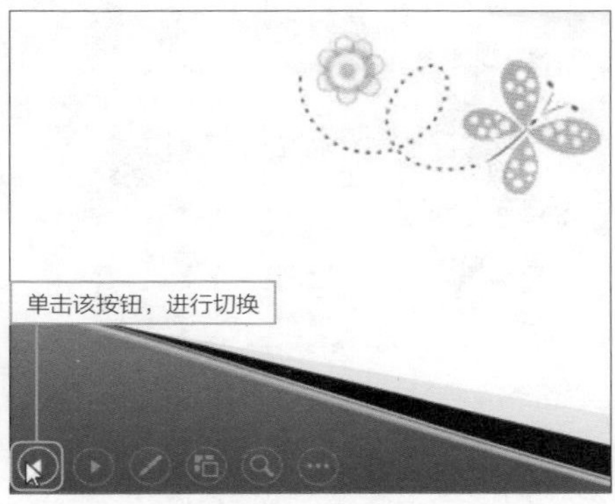

Hint

快速切换到上次查看的幻灯片

或者单击幻灯片页面左下角的⋯按钮，从弹出的菜单中选择“上次查看过的”命令。

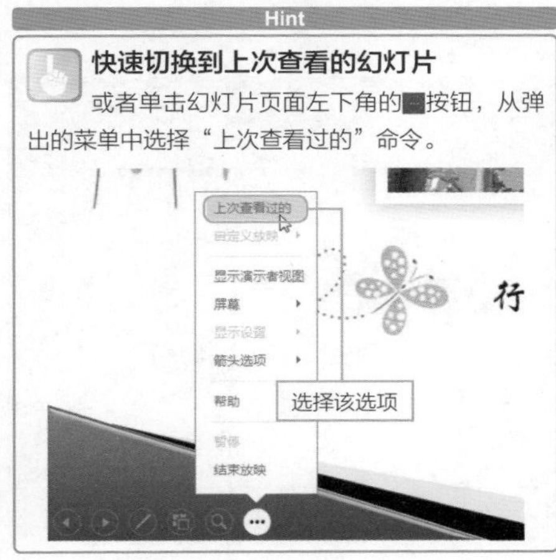

Hint

键盘快捷键查看法

直接在键盘上按BackSpace、PageUp、↑即可。

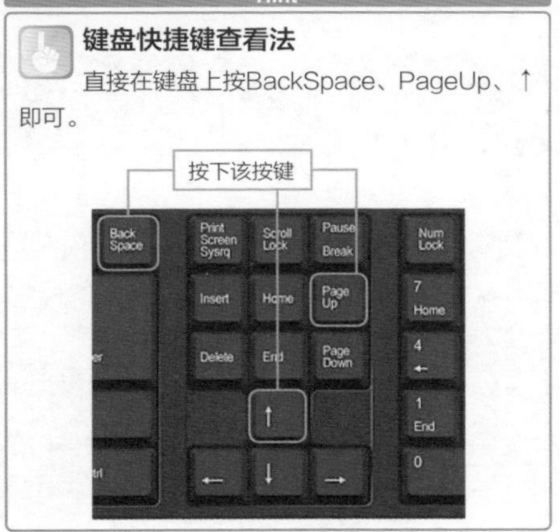

Question

334

在放映幻灯片时跳到指定的幻灯片

Level ◆◆◆

2016 2013 2010

实例　播放时切换到其他幻灯片

在放映幻灯片时，若需要切换至指定的幻灯片进行演示，或者演示文稿内包含隐藏的幻灯片，有多种方法可以实现，用户可以根据需要选择喜欢的方式进行操作。

1 **右键菜单和浮动按钮法。**在播放幻灯片时，右键单击，选择“重置所有幻灯片”，或者单击幻灯片左侧底部的按钮。

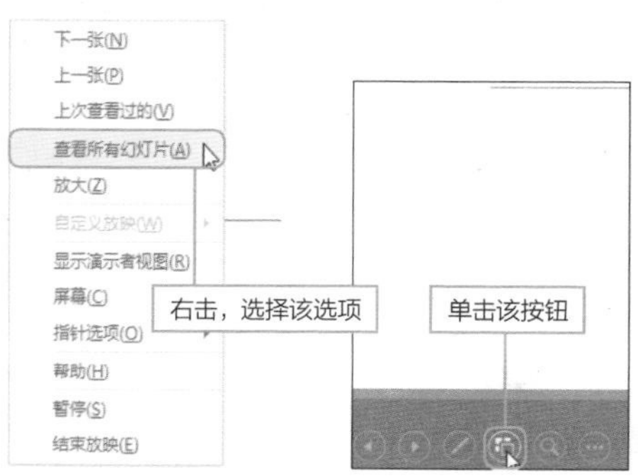

2 随后将看到一个所有幻灯片列表，在此单击需要切换到的幻灯片即可。

3 **对话框法。**播放幻灯片过程中，在键盘上按Ctrl+S组合键，在弹出的对话框中的“幻灯片标题”列表中选择需定位的幻灯片，单击“定位至”按钮即可。

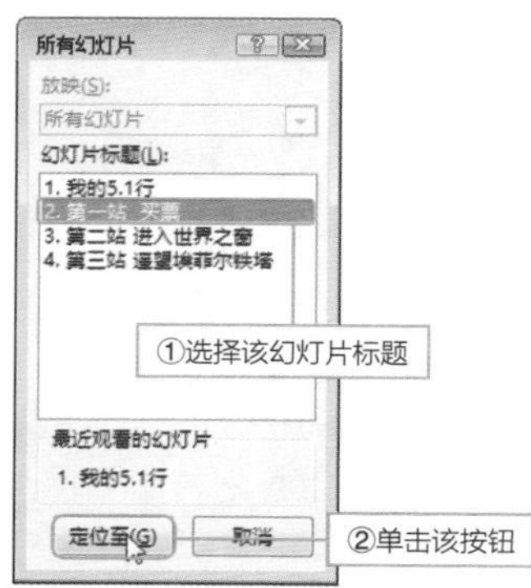

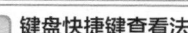

Hint

键盘快捷键查看法

在键盘上按下需要切换至幻灯片的页码，并按Enter键确认即可。例如，用户想切换至第2页，可以在键盘上按2+Enter键即可实现。

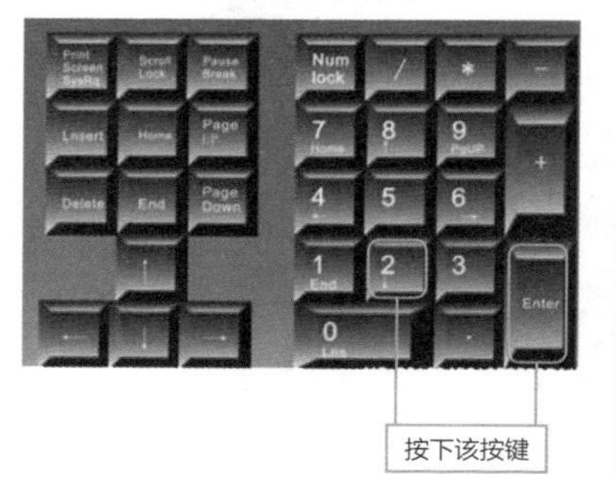

Question

335

巧妙设置幻灯片放映范围

实例 幻灯片放映范围的设置

• Level ◆◆◆

2016 2013 2010

在放映幻灯片时，若用户并不需要播放所有的幻灯片，而是需要播放某个范围内的幻灯片，该怎么办呢？本技巧将告诉你如何实现此操作。

1 打开演示文稿，切换至“幻灯片放映”选项卡。

2 单击该选项卡功能区中的“设置幻灯片放映”按钮。

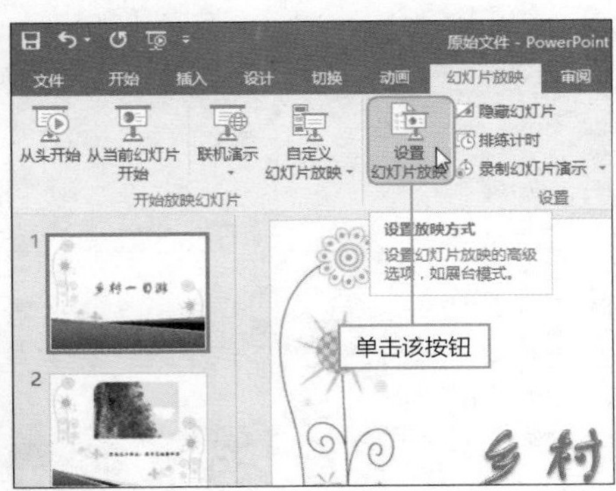

3 打开“设置放映方式”对话框，选中“放映幻灯片”下的“从……到”单选按钮，通过该选项的两个数值框设置范围，设置完成后单击“确定”按钮。

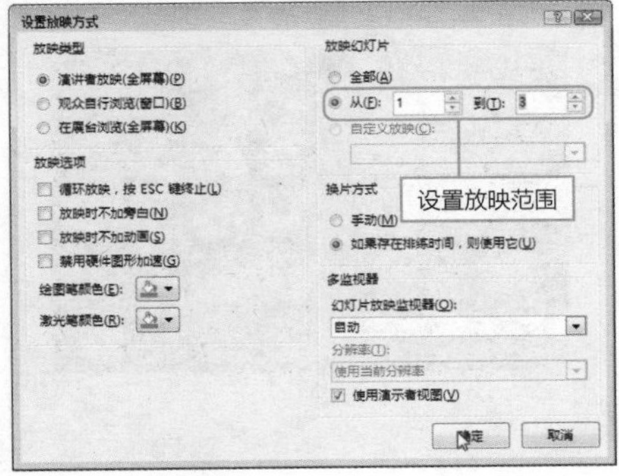

Hint

设置放映不连续范围的幻灯片

若用户希望放映不连续范围的幻灯片，可以选中不放映的幻灯片，右键单击，从快捷菜单中选择“隐藏幻灯片”命令。

Question
336

● Level ◆◆◆

2016 2013 2010

按需选择放映类型

语音视频教学336

实例	设置幻灯片放映类型

幻灯片放映类型主要包括“演讲者放映（全屏幕）”、“观众自行浏览（窗口）”和“在展台浏览（全屏幕）”三种，用户可以根据需要选择不同的放映类型。

1 打开演示文稿，执行“幻灯片放映>设置幻灯片放映”命令，打开“设置放映方式”对话框，在“放映类型”下设置即可。

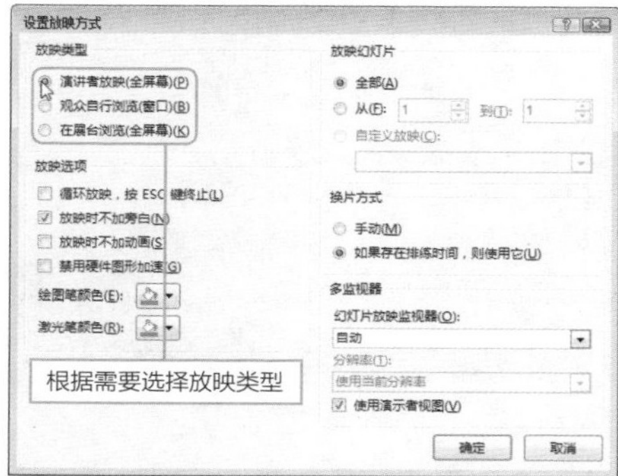

2 **演讲者放映（全屏幕）。**该方式以全屏幕的方式放映演示文稿，在放映过程中，演讲者对演示文稿有着完全的控制权，可以采用不同放映方式，也可以暂停或录制旁白等。

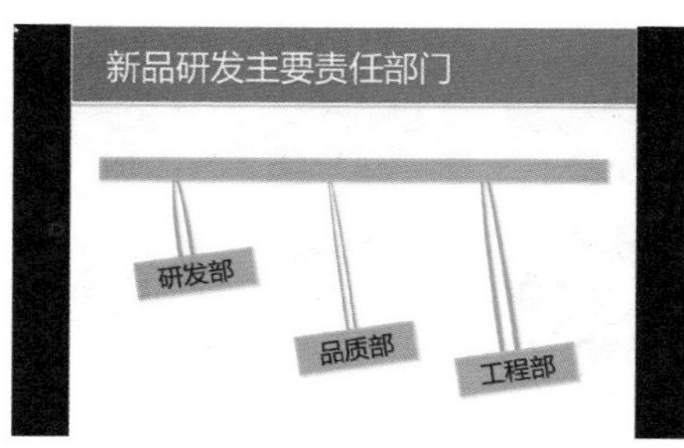

3 **观众自行浏览（窗口）。**以窗口形式运行演示文稿，只允许观众对演示文稿进行简单的控制，其中包括切换幻灯片、上下滚动等。

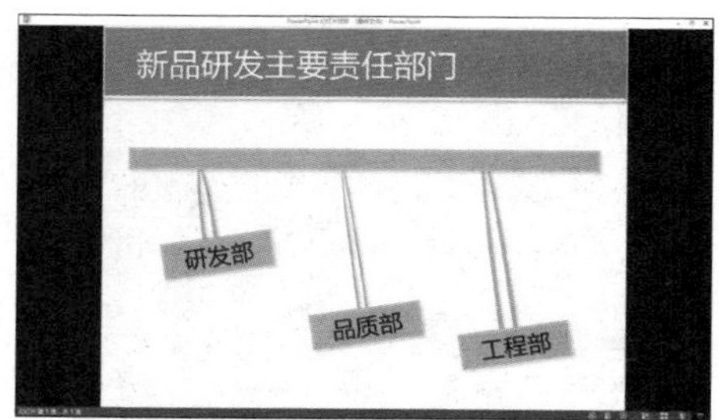

4 **在展台浏览（全屏幕）。**不需要专人控制即可自动播放演示文稿，不能单击鼠标手动放映幻灯片，但可以通过动作按钮、超链接进行切换。

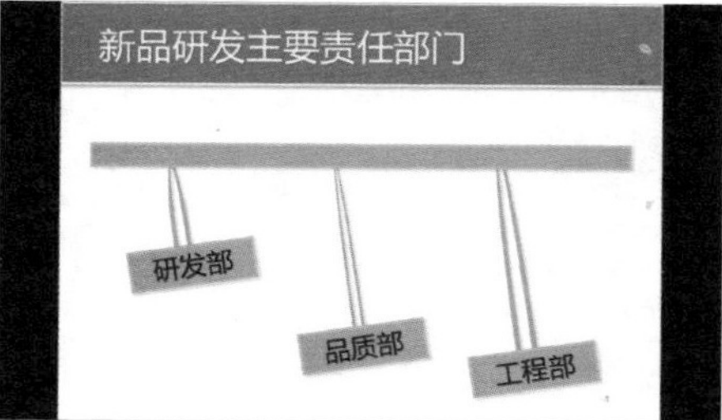

Question 337

自动反复播放幻灯片有秘技

语音视频教学337

• Level ◆◆◆

2016 2013 2010

实例 演示文稿的循环放映

在企业宣传、工程竞标、学校讲课中都需要用演示文稿进行展示。许多公司将演示文稿循环播放作为户外宣传的主要手段，那我们该如何设置PowerPoint，才能让幻灯片达到自动循环播放的效果呢?

1 打开演示文稿，按照之前讲述的方法设置自动播放时间。

2 切换至“幻灯片放映”选项卡，单击“设置幻灯片放映”按钮。

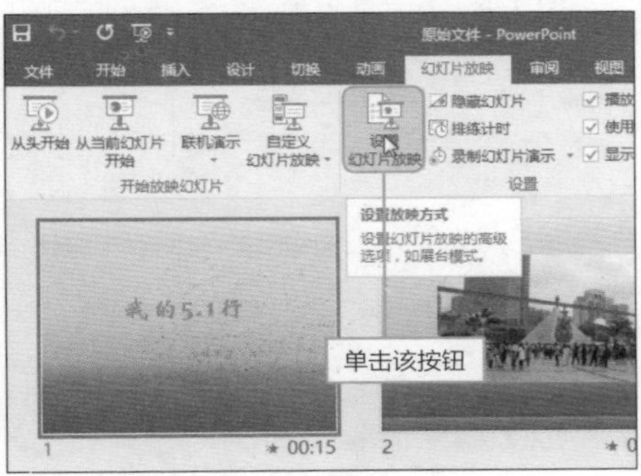

3 打开“设置放映方式”对话框，在“放映选项”选区，勾选“循环放映，按Esc键终止”前的复选框，然后单击“确定”按钮即可。

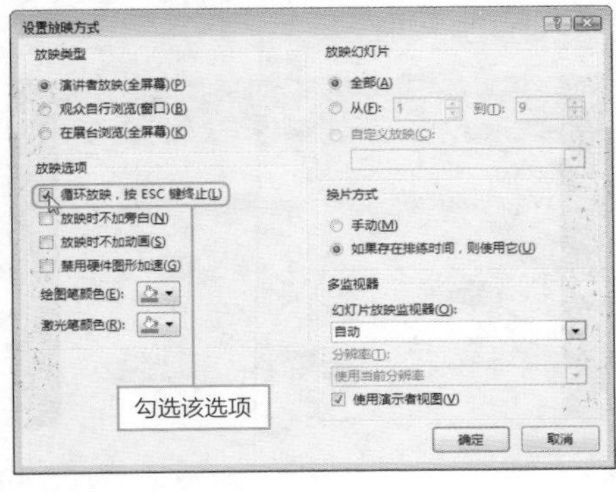

Hint

终止循环播放的幻灯片

若需要终止循环播放的幻灯片，只需直接在键盘上按Esc键即可。

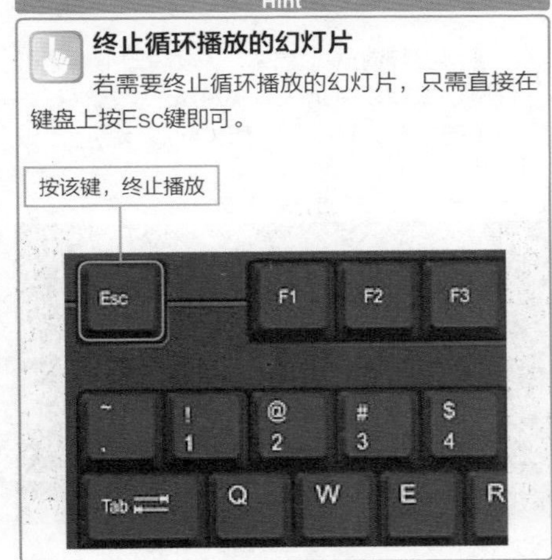

Question 338

幻灯片放映时的分辨率自己设

● Level ◆◆◆

2016 2013 2010

实例　以指定分辨率播放幻灯片

在放映幻灯片时，还可以以其他分辨率播放幻灯片，那么如何修改幻灯片播放时的分辨率呢？本技巧将为您进行介绍。

最初效果

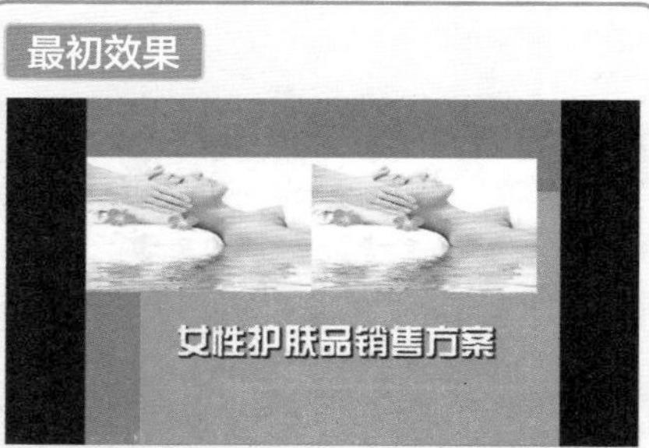

正常放映幻灯片（此时屏幕分辨率为显示器分辨率：1440×900）

最终效果

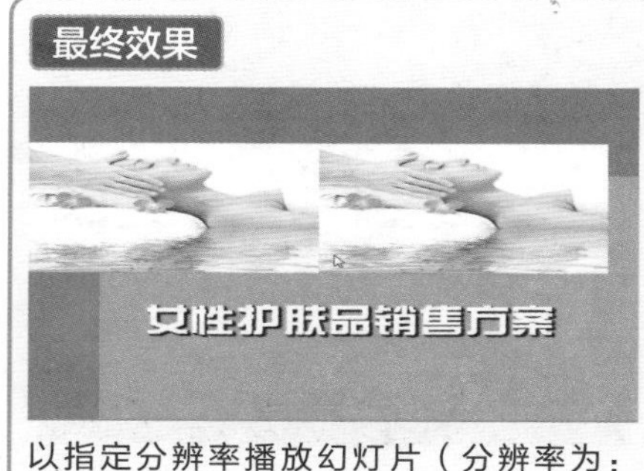

以指定分辨率播放幻灯片（分辨率为：640×480）

1. 打开演示文稿，切换至“幻灯片放映”选项卡，单击“设置幻灯片放映”按钮。

2. 打开“设置放映方式”对话框，在“多监视器”选项下，设置“幻灯片放映监视器”为“主要监视器”，“分辨率”为“640×480”，确定后按F5键放映幻灯片。

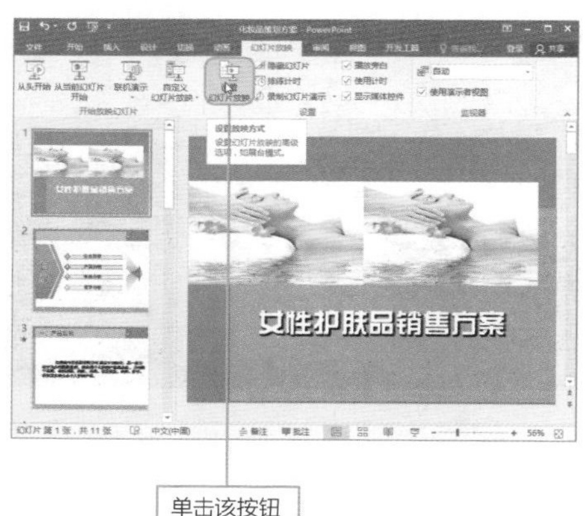

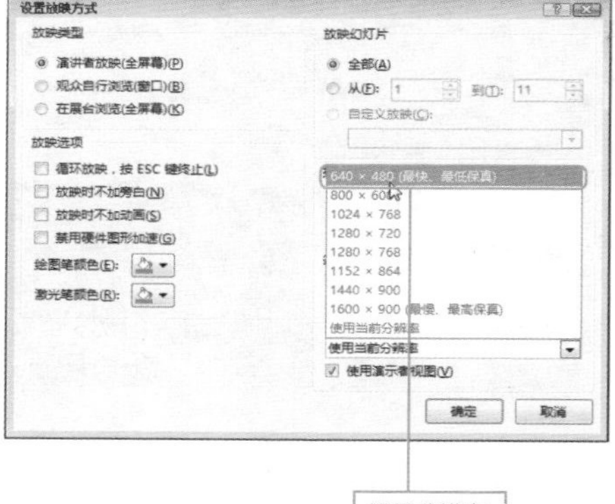

Question 339

使用演示者视图播放演示文稿

语音视频教学339

● Level ◆◆◆

2016 2013 2010

实例 演示者视图的应用

正常情况下，播放演示文稿时无法看到下一页的内容，用户可以使用演示者视图来解决这个问题，下面对其进行介绍。

最初效果

普通方式放映演示文稿

最终效果

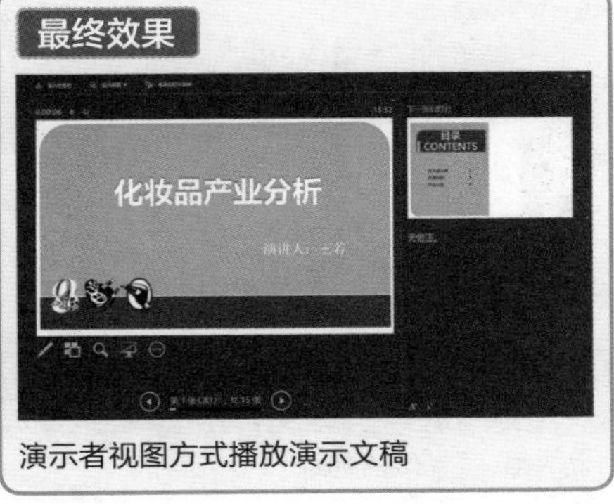

演示者视图方式播放演示文稿

❶ 打开演示文稿，切换至“幻灯片放映”选项卡，按住Alt键的同时，单击“从头开始”按钮即可。

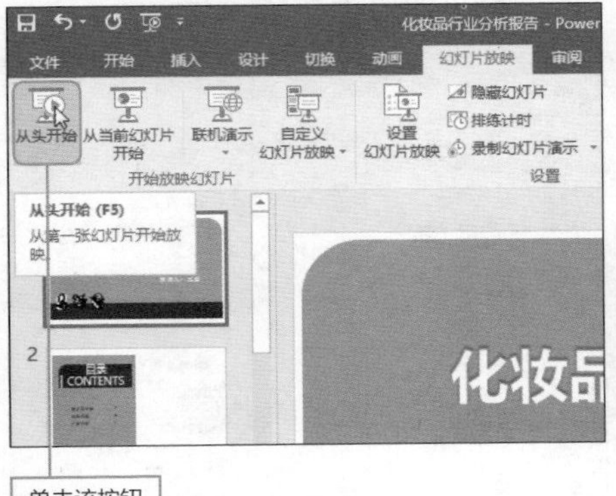

❷ 或者，按F5键播放演示文稿，然后右键单击，从弹出的快捷菜单中选择“显示演示者视图”选项。

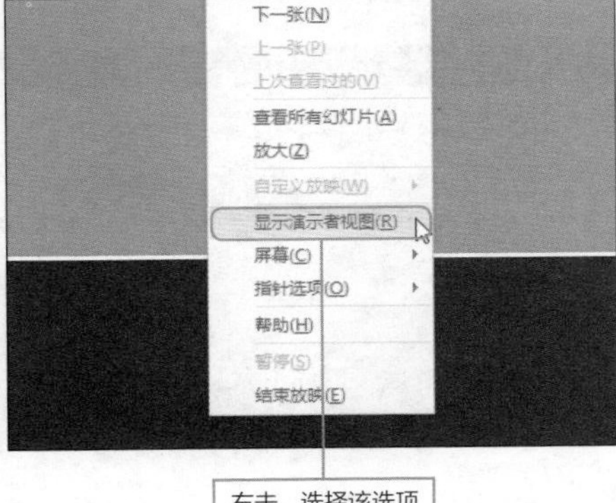

Question
340

● Level
◆◆◆

2016 2013 2010

放映幻灯片时隐藏鼠标指针

语音视频教学340

实例 播放时隐藏指针

在播放幻灯片时，默认会显示鼠标箭头，若影响到用户演讲，可以根据需要将其隐藏起来，同样地，也可以再次将其显示。本技巧将对其进行详细介绍。

最初效果

显示鼠标指针效果

最终效果

飞翔职业技术学校

隐藏鼠标指针效果

在播放幻灯片时，右键单击，从弹出的快捷菜单中选择“指针选项”命令，从级联菜单中选择“箭头选项”，然后再选择“永远隐藏”命令。

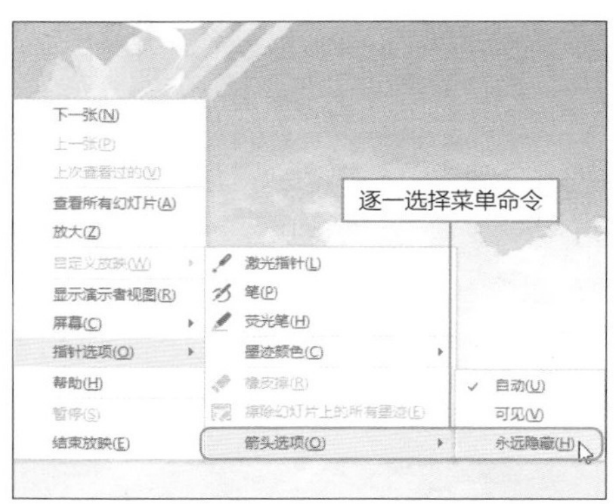

Hint

组合键在隐藏鼠标指针时的妙用

在播放幻灯片时，只需按Ctrl+H组合键即可隐藏指针和按钮。

按Ctrl+A组合键可重新显示隐藏的指针和将指针改变成箭头。

Question 341

在放映时屏蔽幻灯片内容

语音视频教学341

● Level ◆◆◆

2016 2013 2010

实例 播放时实现黑屏或白屏

PowerPoint 2016 提供了多种灵活的幻灯片切换控制操作，在播放幻灯片时，若用户希望暂时屏蔽当前内容，可以以黑屏或白屏的方式显示。

1 放映幻灯片时，右键单击，从弹出的快捷菜单中选择“屏幕”命令，从级联菜单进行选择即可。

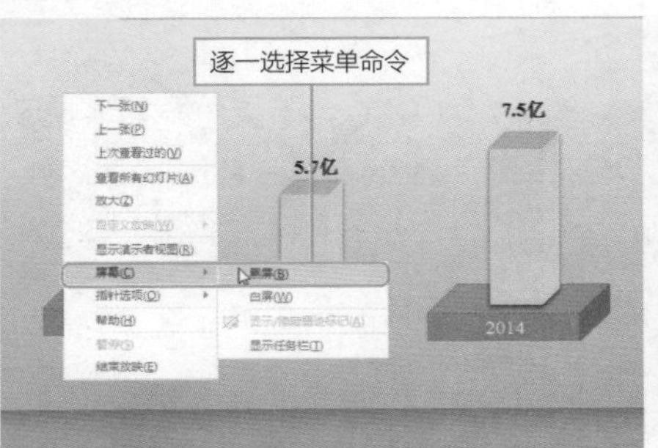

2 若选择“黑屏”，则整个界面将全部变成黑色，若选择“白屏”，则会变成白色。

3 若用户需要取消黑屏操作，同样的，只需右键单击，执行“屏幕>屏幕还原”命令即可。

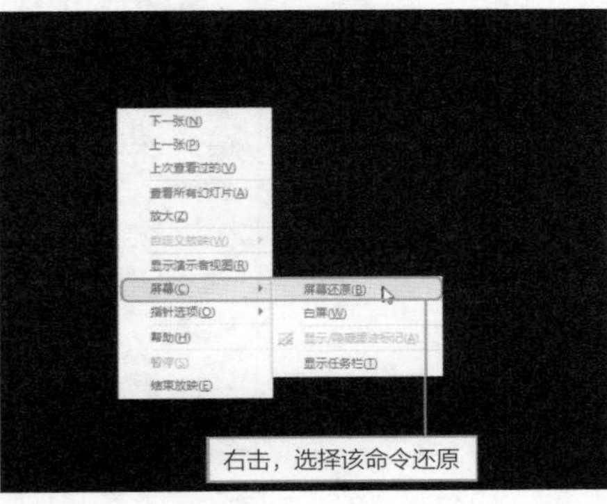

Hint

组合键在屏幕操作中的妙用

在放映幻灯片过程中，直接在键盘上按下B或句号键可以实现黑屏操作，再次按B或句号键可以从黑屏返回幻灯片放映。

直接在键盘上按W或逗号键可以实现白屏操作，再次按W或逗号键可以从白屏返回幻灯片放映。

Question

342

● Level ◆◆◆

2016 2013 2010

放映过程中应用其他程序

语音视频教学342

实例　放映实现程序切换

若在放映幻灯片时，发现需要调用其他程序对演示文稿中的内容进行辅助说明，该如何进行操作呢？PowerPoint 2016提供的程序切换功能，让你无需退出放映模式，即可轻松调用其他程序。

1 放映幻灯片过程中，右键单击，执行“屏幕>显示任务栏”命令。

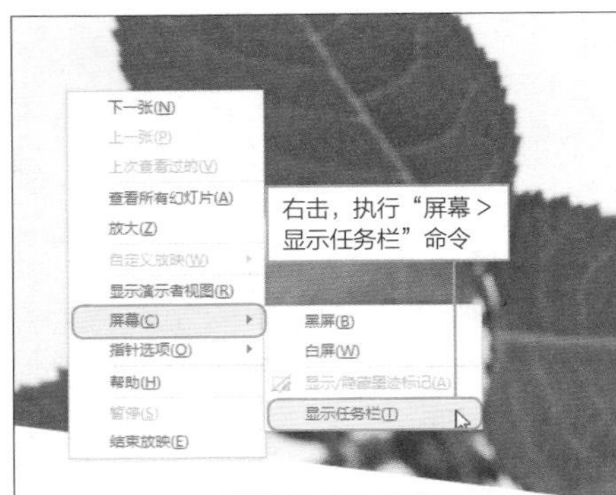

2 将出现电脑的任务栏，在任务栏空白处右键单击，选择“显示桌面”选项。

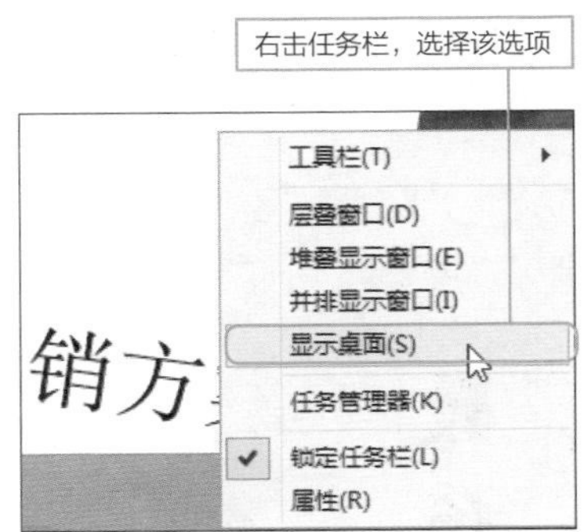

3 将回到桌面，双击需要打开的应用程序图标，这里选择“Snagit 9”即可打开该应用程序。

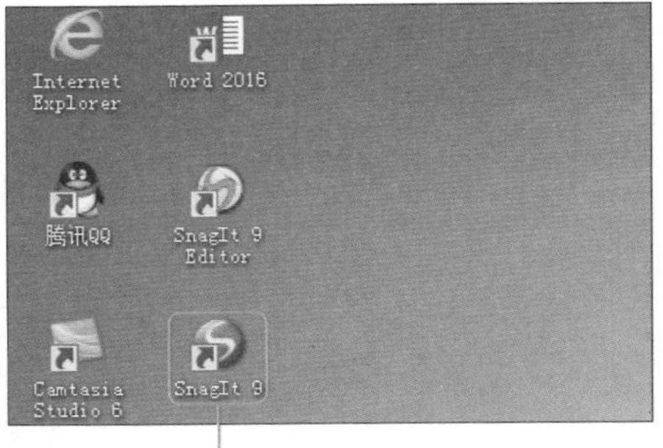

4 返回到放映的演示文稿，使用Snagit 9程序即可截取当前画面。按照同样的方法，还可以按需打开其他应用程序。

Question

343 让演讲生动起来有诀窍

● Level

◆◆◆

实例 为幻灯片录制旁白

在演示幻灯片时，特别是演示像散文赏析类型的课件时，若能为其添加旁白可以更好地向观众传达作者的思想，本技巧将讲述如何进行录制旁白的操作。

1 打开演示文稿，选择第2张幻灯片，执行“幻灯片放映>录制幻灯片演示>从当前幻灯片开始录制”命令。

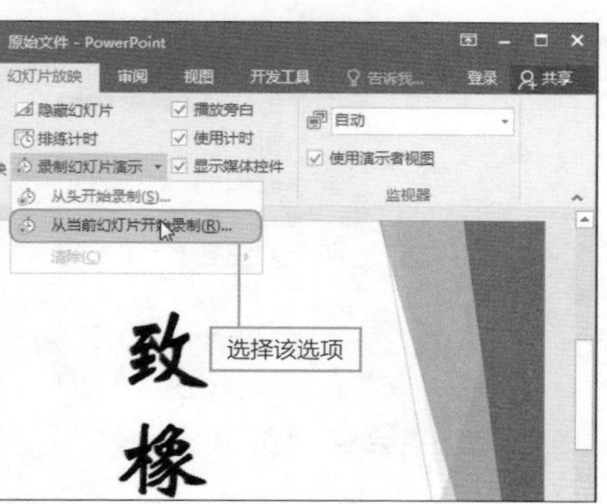

2 打开“录制幻灯片演示”对话框，按需选择想要录制的内容，设置完成后单击“开始录制”按钮。

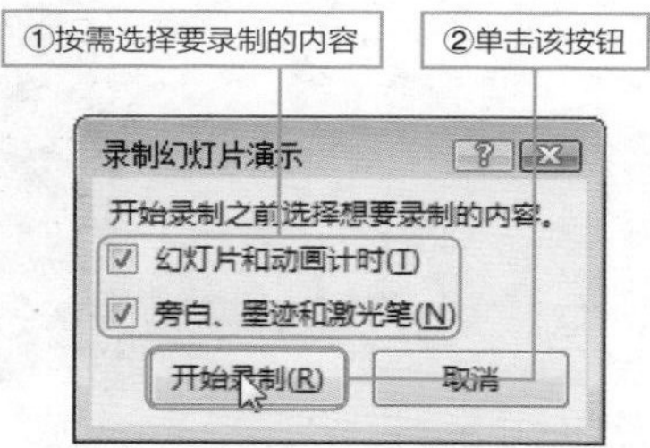

3 进入幻灯片录制状态，并开始录制旁白，左上角将会显示“录制”状态栏，单击“下一项”按钮→可切换至下一张幻灯片，单击“暂停”按钮❚❚可以暂停录制。

4 录制完成后，录制的幻灯片中会出现声音图标，单击“播放”按钮，即可收听录制的旁白。

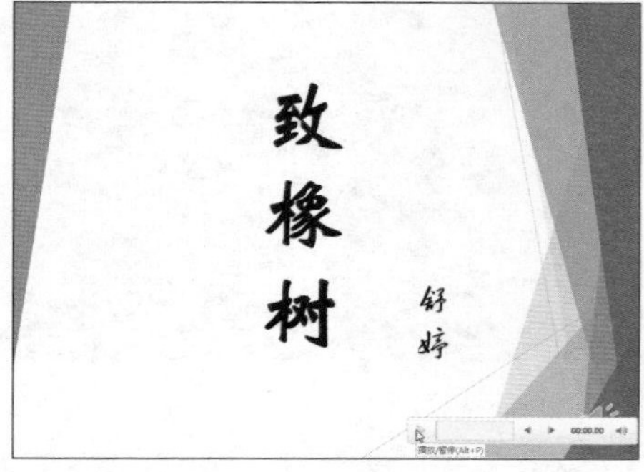

Hint

录制旁白前的准备

在录制旁白之前，用户首先要确保当前电脑中已经安装了声卡和麦克风，并且处于正常工作状态，否则将无法录制旁白。

Question
344

● Level ◆◆◆

2016 2013 2010

快速清除演示文稿中的旁白

实例　演示文稿中旁白的清除

若录制旁白后，试听时发现录制的旁白有误，需要将其清除后重新进行录制，那么清除旁白操作该如何实现呢？本技巧将对其进行详细介绍。

1 **功能区命令删除法。**打开演示文稿，选择第3张幻灯片，切换至“幻灯片放映”选项卡。

2 单击“录制幻灯片演示”按钮，从下拉列表中选择“清除”选项，从级联菜单中选择“清除所有幻灯片中的旁白”选项。

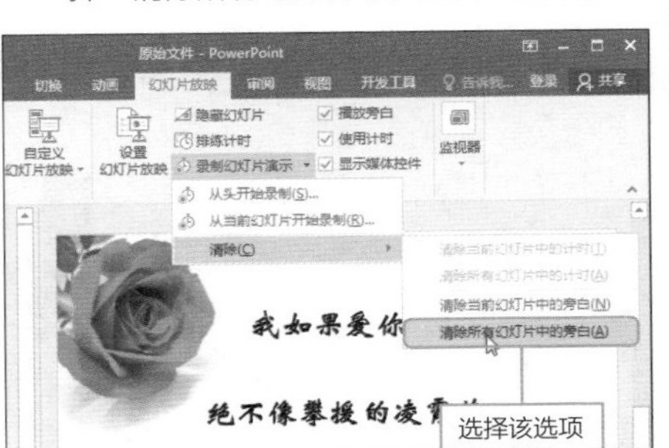

3 **快捷键删除法。**首先选中声音图标，然后直接按Delete键进行删除。

选中声音图标后按 Delete 键

Hint

对话框清除法

打开“设置放映方式”对话框，在“放映选项”下勾选“放映时不加旁白”前的复选框，单击“确定”按钮即可。

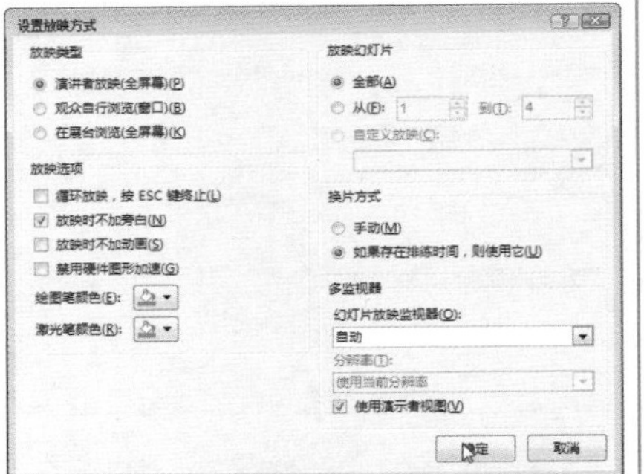

Question

345 按需自定义放映幻灯片

语音视频教学345

实例 自定义放映

● Level
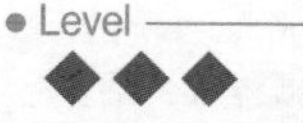

2016 2013 2010

自定义放映是指在放映演示文稿时，可以指定演示文稿中几张特定的幻灯片放映，这些幻灯片可以是连续的，也可以是不连续的。

1 打开演示文稿，单击“幻灯片放映”选项卡中的“自定义幻灯片放映”按钮，从列表中选择“自定义放映”选项。

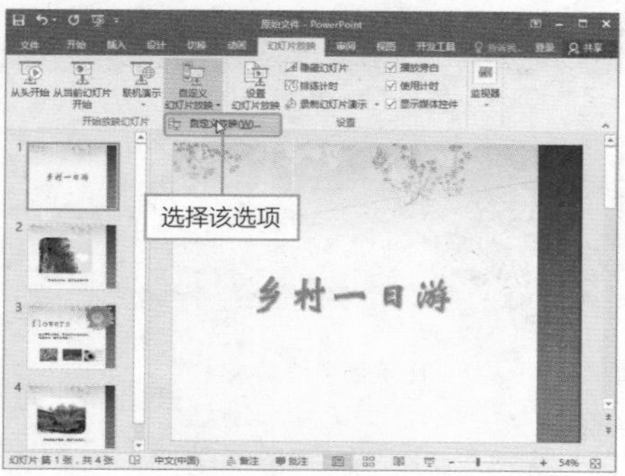

2 打开“自定义放映”对话框，单击“新建”按钮。

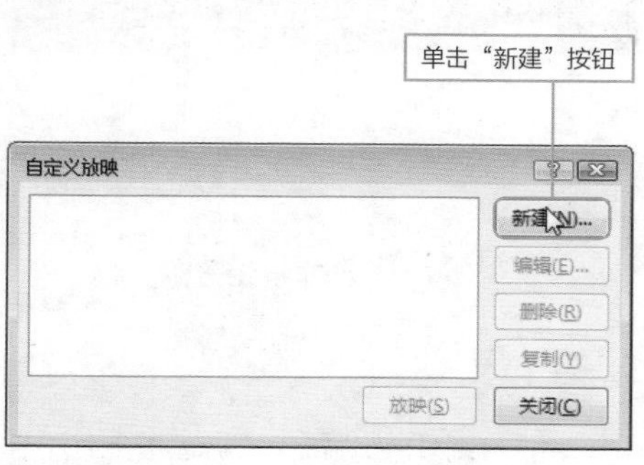

3 打开“定义自定义放映”对话框，在“幻灯片放映名称”右侧文本框中输入“自定义放映1”，从“在演示文稿中的幻灯片”列表中，选中想要放映的幻灯片，单击“添加”按钮，然后单击“确定”按钮，将返回上一级对话框，单击“关闭”按钮即可。

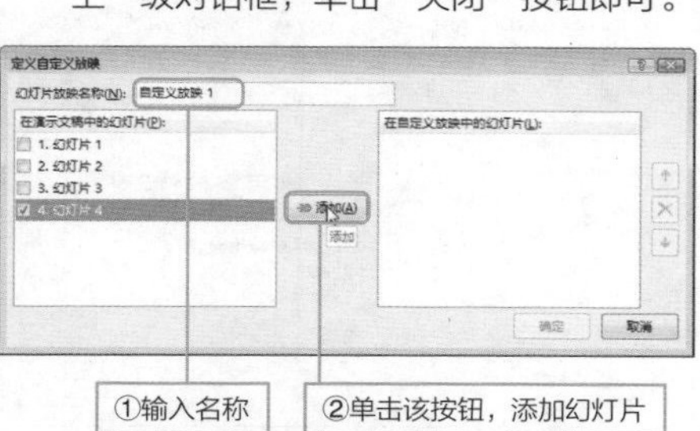

Hint

根据需要调整幻灯片顺序或将其删除

在“定义自定义放映”对话框中，从“在自定义放映中的幻灯片”列表中，选择需要删除的幻灯片，单击“删除”按钮可将其删除。若单击列表框右侧“上一个”或“下一个”按钮，可调整幻灯片的顺序。

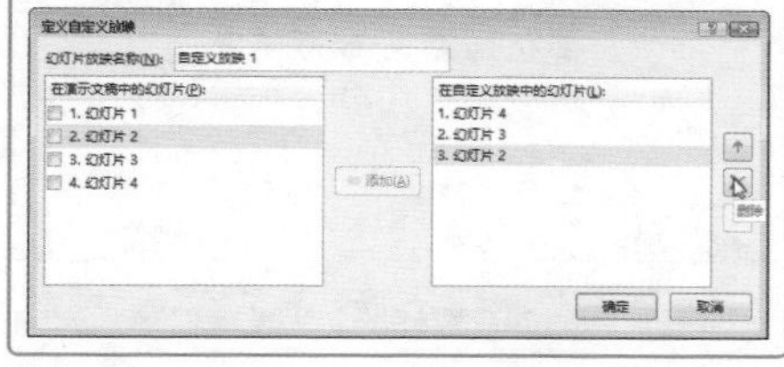

Question 346

幻灯片原来可以这样播

语音视频教学346

● Level ◆◆◆

2016 2013 2010

实例 制作多个播放目的的幻灯片

自定义幻灯片后，用户还可以根据需要增添不同播放目的的幻灯片。其具体操作方法介绍如下。

1. 打开演示文稿，选择“幻灯片放映”选项。

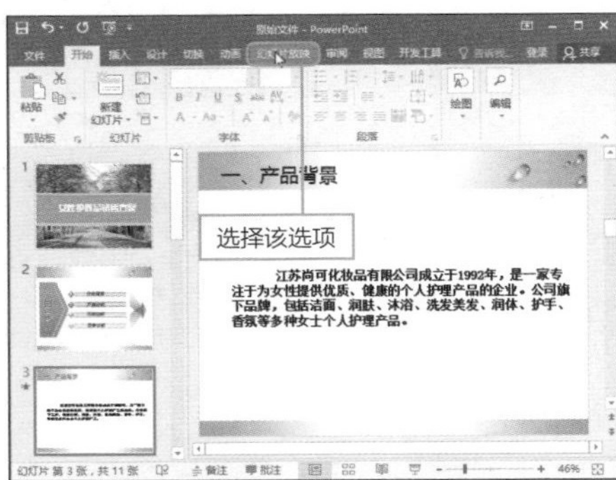

2. 单击“自定义幻灯片放映”按钮，从列表中选择“自定义放映”选项。

3. 打开“自定义放映”对话框，单击“新建”按钮。

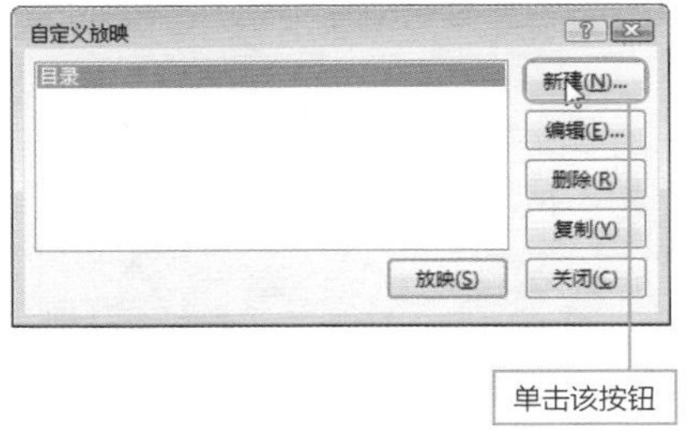

4. 打开“定义自定义放映”对话框，在“在演示文稿中的幻灯片”列表框中选择幻灯片，单击“添加”按钮，将其添加至“在自定义放映中的幻灯片”列表框中，单击“确定”按钮即可。

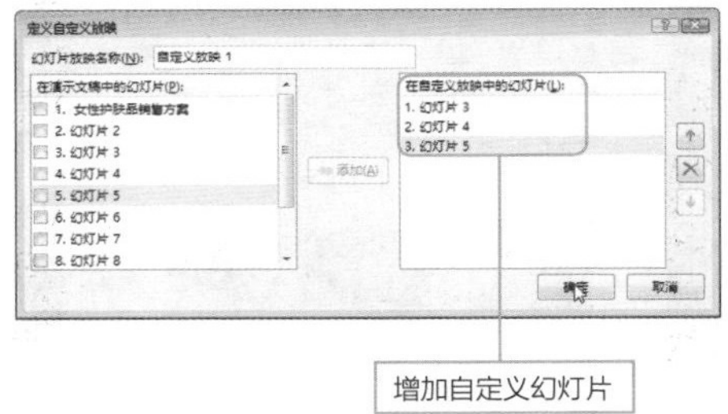

Question 347

播放自定义幻灯片有绝招

语音视频教学347

● Level ◆◆◆

2016 2013 2010

实例 自定义幻灯片的播放

自定义放映幻灯片的目的是放映该自定义的内容，和一般的放映操作有所区别，但也是很容易就能够实现的，下面将对其进行详细介绍。

1 打开演示文稿，切换到“幻灯片放映”选项卡。

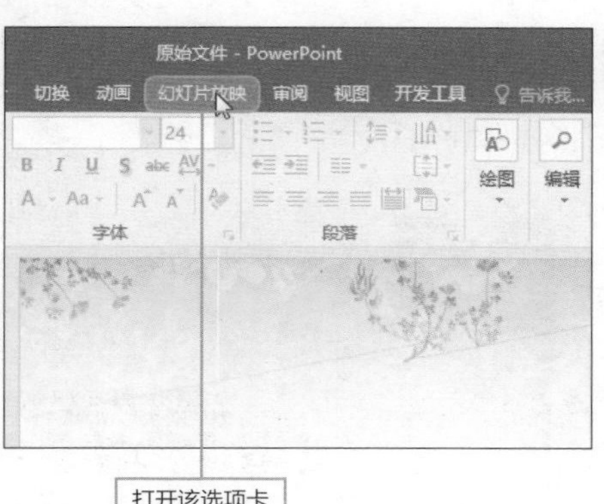

2 单击“自定义幻灯片放映”按钮，从弹出的列表中选择“春游”选项。

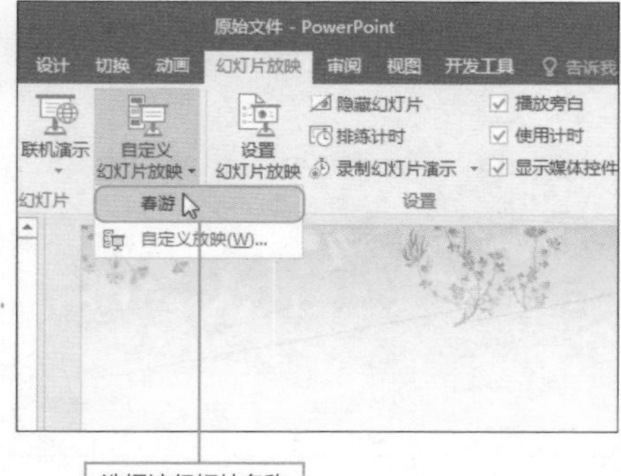

3 将会自动播放自定义名称为“春游”的幻灯片。

Hint

删除自定义放映很简单

执行“幻灯片放映>自定义幻灯片放映>春游”命令，在打开的对话框中，选中需删除的自定义放映，单击“删除”按钮即可。

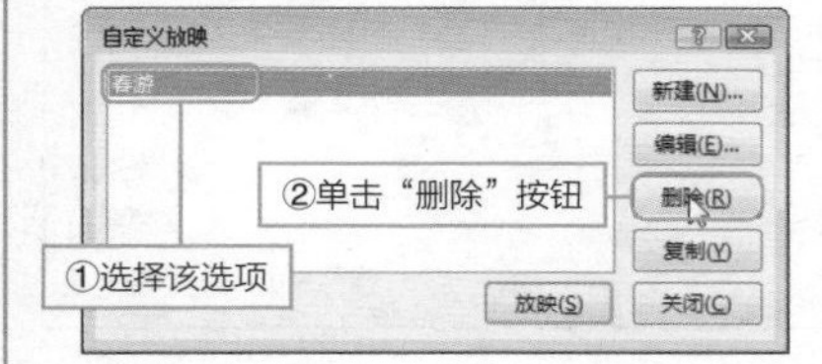

Question 348

制作只播放一次的幻灯片

语音视频教学348

Level ◆◆◆

2016 2013 2010

实例 按照排练计时播放幻灯片

若想要当前的演示文稿自动播放一次，只需在排练计时完成后，设置采用排练计时播放即可，本技巧将对其进行介绍。

1. 打开演示文稿，切换至“幻灯片放映”选项卡，单击“排练计时”按钮。

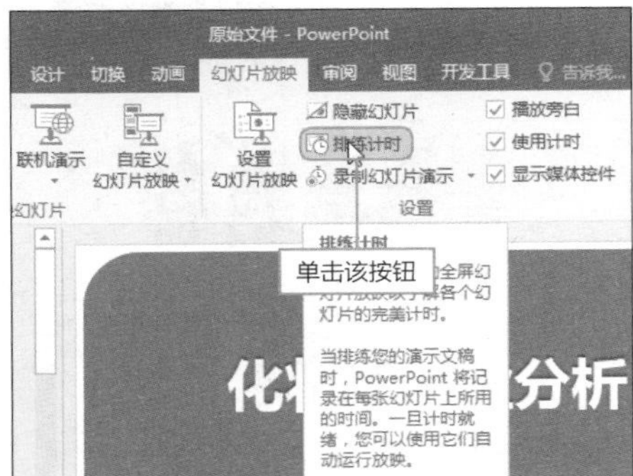

2. 自动进入放映状态，左上角会显示“录制”工具栏，依次设置每张幻灯片放映时间，翻到最后一张时，单击鼠标左键，会出现提示对话框，询问用户是否保留幻灯片排练时间，单击“是”按钮。

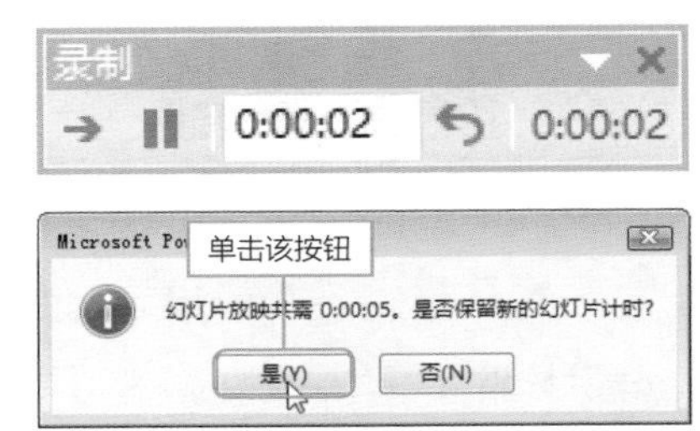

3. 单击“幻灯片放映”选项卡中的“设置幻灯片放映”按钮，将打开“设置放映方式”对话框。

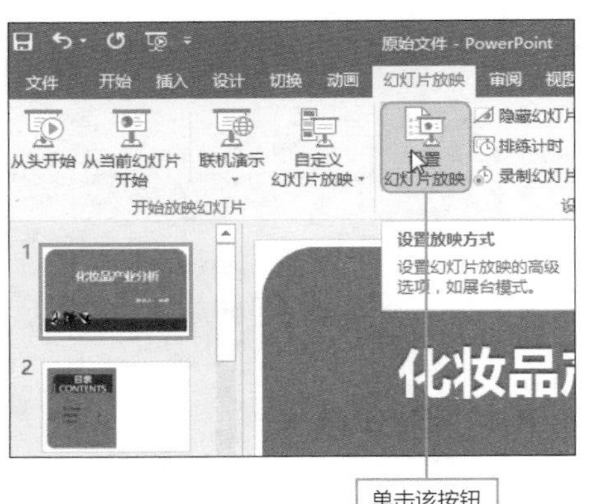

4. 从中选中“如果存在排练时间，则使用它”单选按钮，最后单击“确定”按钮放映幻灯片即可。

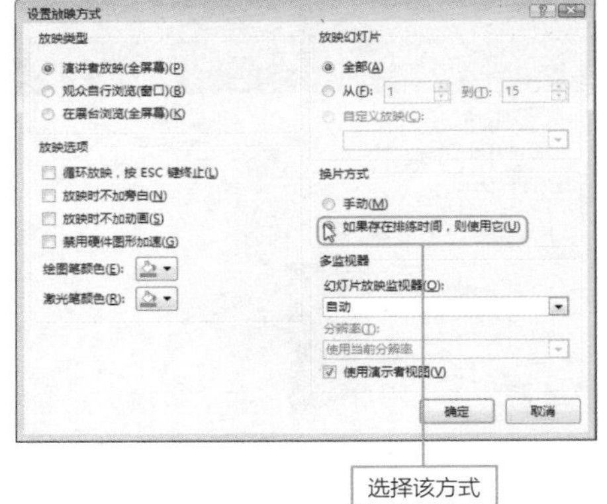

Question 349

缩略图放映有绝招

实例	缩略图放映

Level ◆◆◆

你相信用一张幻灯片就可以实现多张图片的演示吗？不用怀疑，当然可以，想知道如何实现吗？下面将会详细介绍如何实现这一神奇的现象。

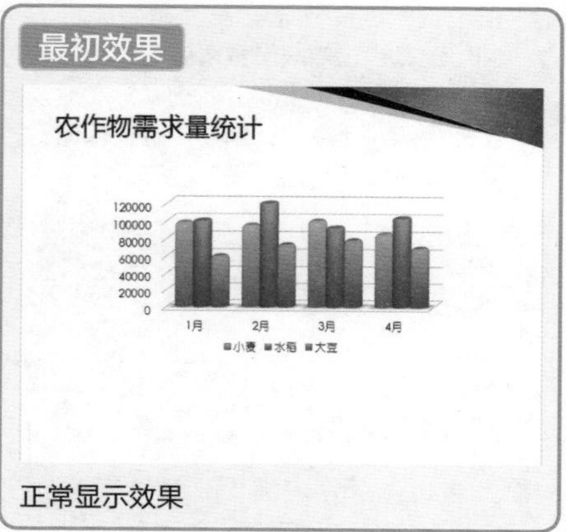

正常显示效果

最终效果

农作物需求量统计

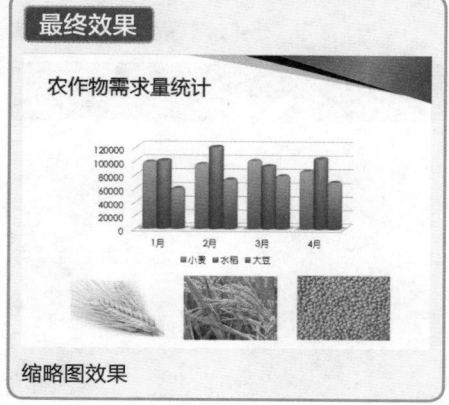

缩略图效果

❶ 打开演示文稿，单击“插入”选项卡中的“对象”按钮。

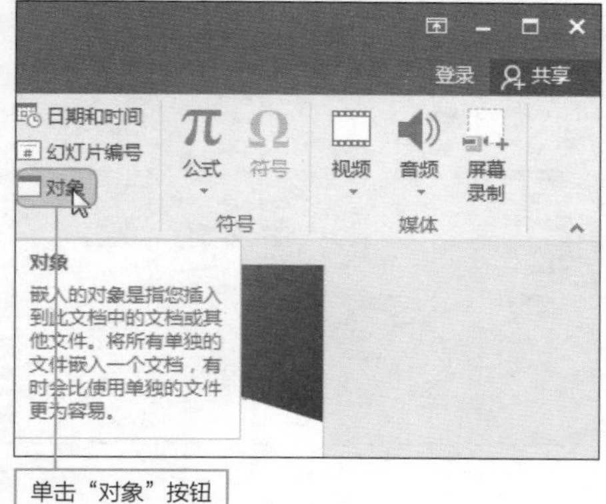

❷ 打开“插入对象”对话框，从“对象类型”列表框中选择“Microsoft PowerPoint 97-2003演示文稿”，单击“确定”按钮。

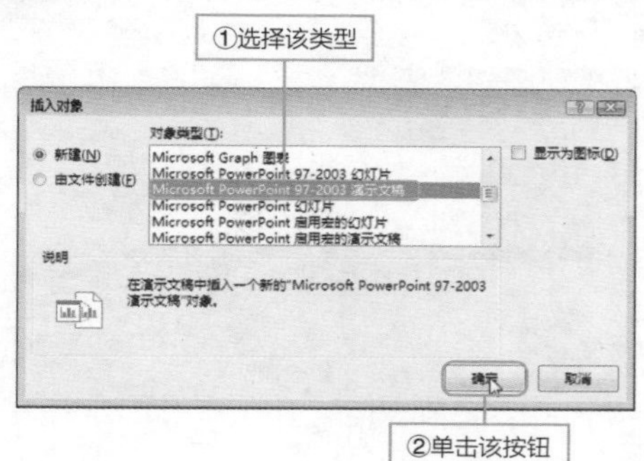

3 插入一个演示文稿对象，单击“插入”选项卡中的“图片”按钮。

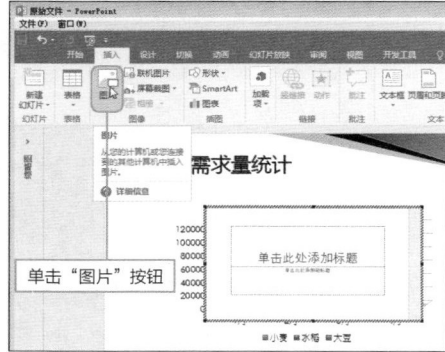

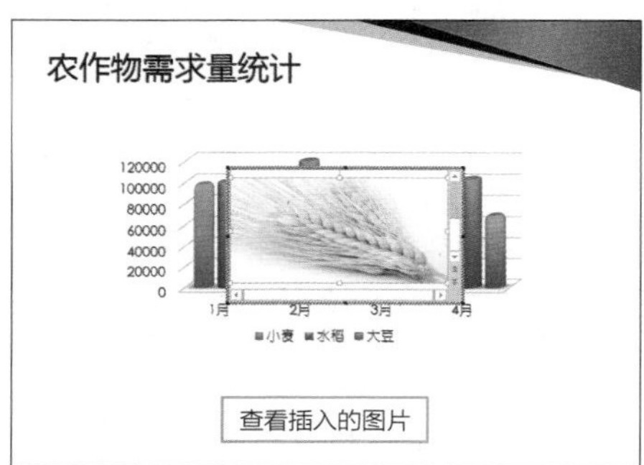

4 弹出“插入图片”对话框，选择需要的图片，单击“插入”按钮。

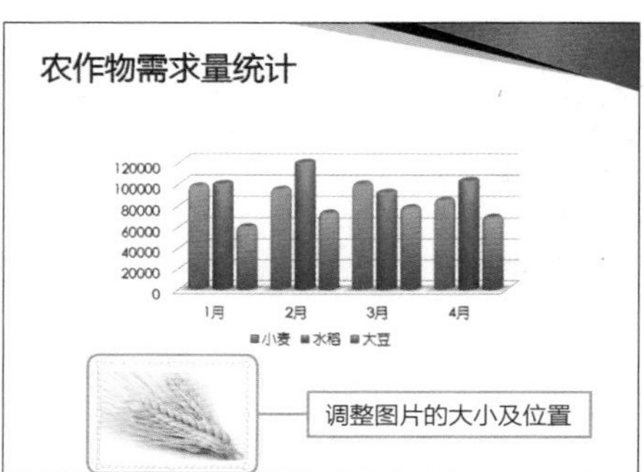

5 这样，图片就插入到演示文稿对象中了，调节图片大小并按F5键查看图片是否符合用户要求。

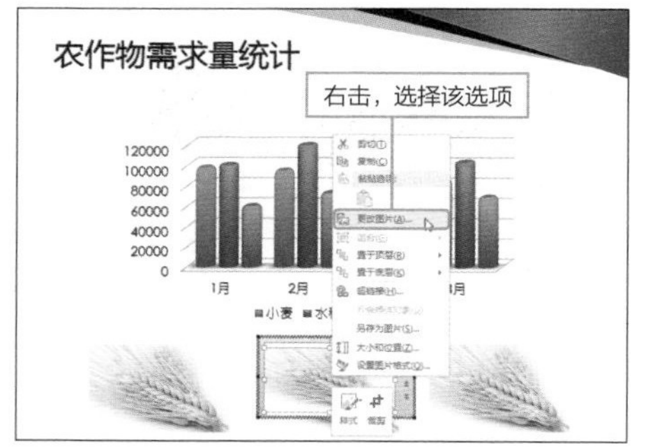

6 调整完成后，在演示文稿对象外任意处单击，退出编辑状态。调整对象大小并将其移至合适的位置。

7 复制该对象到其他位置，双击需更改图片的对象进入编辑状态。选择图片后右击，从快捷菜单中选择“更改图片”选项。

8 打开“插入图片”窗格，在打开的对话框中选择合适的图片，然后单击“插入”按钮即可。

Question

350 放映时巧妙突出重点内容

语音视频教学350

• Level ◆◆◆

2016 2013 2010

实例 为重点内容做标记

在播放演示文稿的过程中，对于需要强调或阐明联系关系的地方，为了可以突出显示这些内容，用户可以为其添加标记，这就需要用到画笔和荧光笔功能了。

1. 打开演示文稿，按F5键播放幻灯片，右键单击，从弹出的快捷菜单中选择“指针选项”，从其级联菜单中选择“荧光笔”。

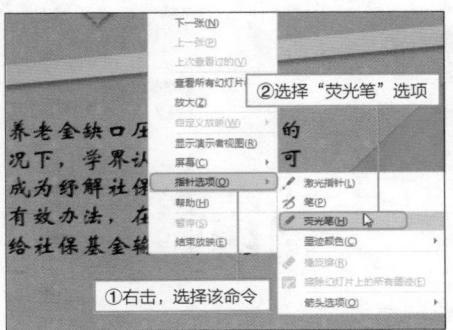

①右击，选择该命令

②选择“荧光笔”选项

2. 设置完成后，拖动鼠标即可在幻灯片上进行标记。

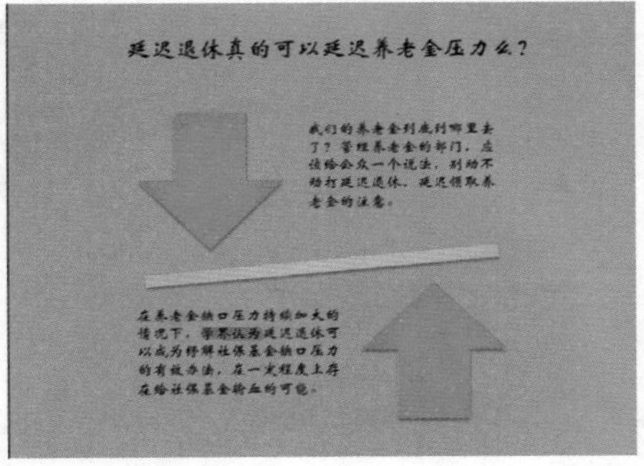

3. 绘制完成后，按Esc键退出，将弹出一个对话框，询问用户是否保留墨迹注释，单击“保留”按钮，则保留标记墨迹，若单击“放弃”按钮，则清除标记墨迹。

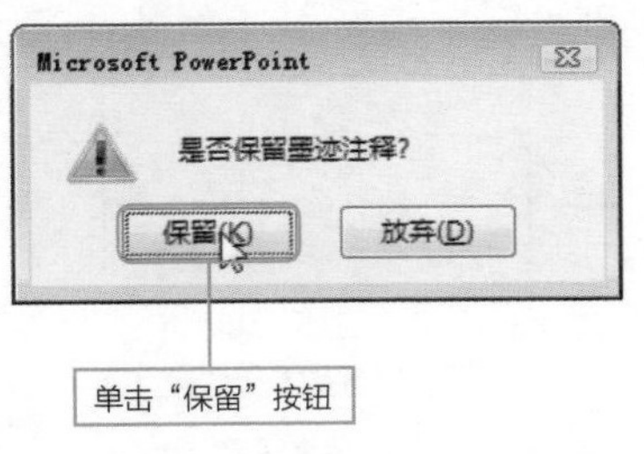

单击“保留”按钮

Hint

巧妙使用激光笔

若用户只希望突出显示某个地方，也可以采用激光笔突出显示，只需按住Ctrl键的同时，单击鼠标左键即可显示激光笔。

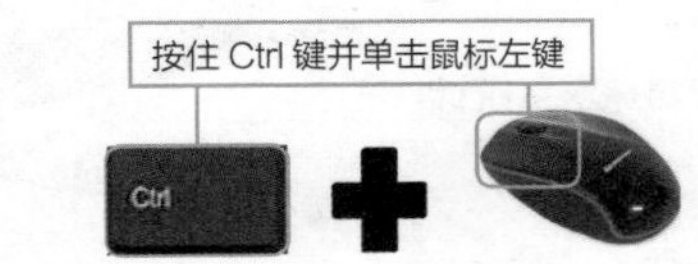

Question

351

● Level ◆◆◆

2016 2013 2010

画笔颜色巧变换

实例	改变画笔颜色

默认画笔颜色为红色，但是，若演示文稿背景与画笔颜色色彩相近时，会使标记效果不明显，用户可以通过简单的设置改变画笔的颜色。

1 **对话框更改法。**单击“幻灯片放映”选项卡中的“设置幻灯片放映”按钮。

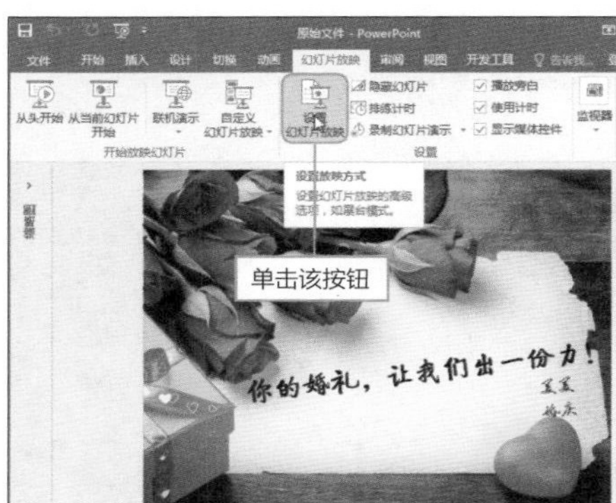

2 弹出“设置放映方式”对话框，在“放映选项”下，单击“绘图笔颜色”右侧的下拉按钮，选择合适的颜色即可。

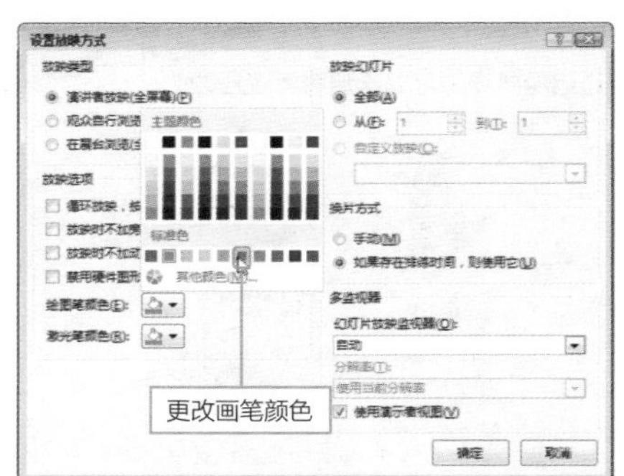

3 **右键菜单更改法。**放映幻灯片时，右键单击，从弹出的快捷菜单中选择“指针选项”命令，从级联菜单中选择“墨迹颜色”，然后在列表中选择合适的颜色即可。

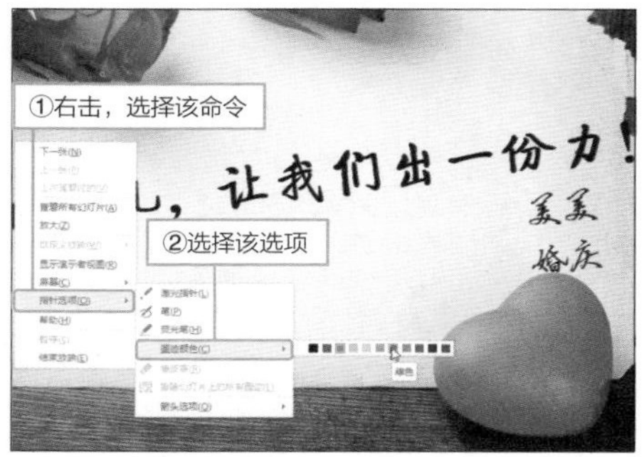

Hint

激光笔颜色也能改变

打开“设置放映方式”对话框，在“放映选项”下，单击“激光笔颜色”右侧下拉按钮，选择合适的颜色即可。

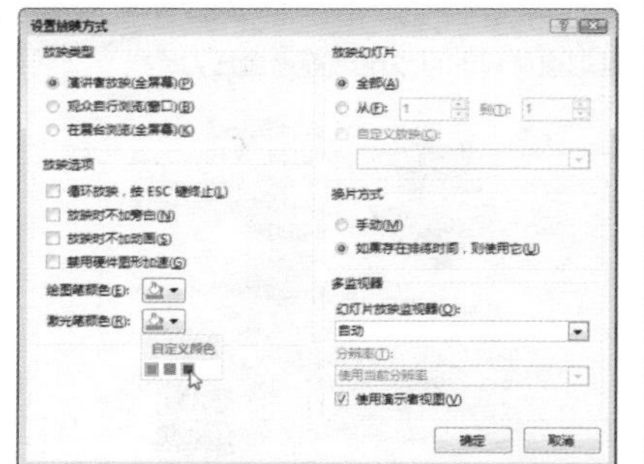

Question 352

让墨迹更夺目

语音视频教学352

Level ◆◆◆

2016 2013 2010

实例 编辑墨迹

在放映幻灯片时为重点内容作标记后，若用户对当前默认的墨迹颜色和线条不满意，还可以对其进行修改，也可以删除、隐藏或显示墨迹。

1. 选择墨迹，右键单击，从弹出的快捷菜单中选择“设置墨迹格式”命令。

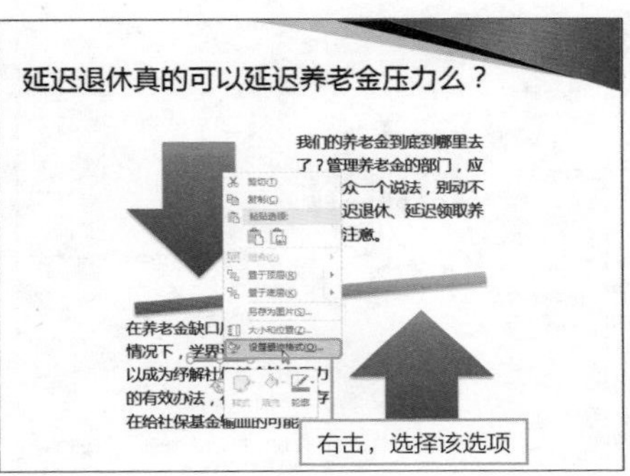

2. 打开“设置墨迹格式”窗格，在“颜色”和“宽度”选项中，可对墨迹的颜色和宽度进行设置。

3. 删除墨迹。选中墨迹，直接在键盘上按下Delete键即可将其删除。

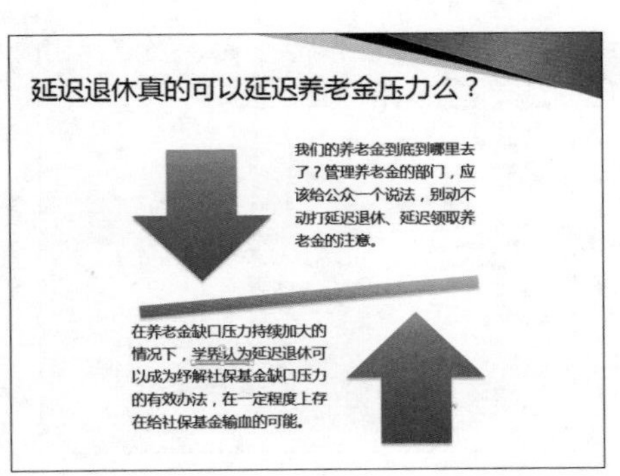

Hint

隐藏和显示墨迹

在放映模式下，右键单击，执行“屏幕>显示/隐藏墨迹标记”命令即可隐藏/显示墨迹。

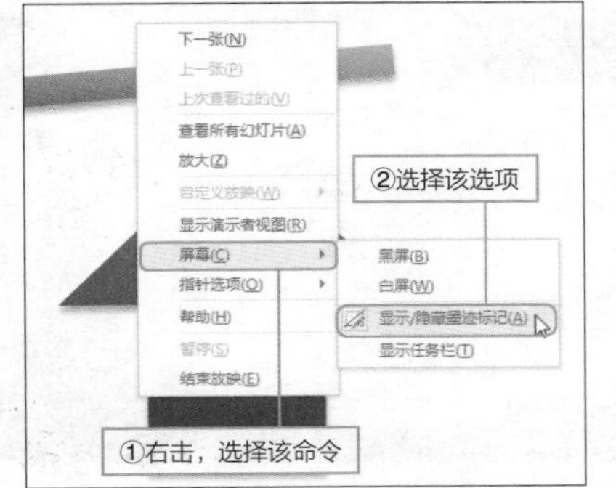

Question 353

在没有PPT程序的电脑上播放

● Level ◆◆◆

2016 2013 2010

实例　演示文稿的打包

演示文稿制作完成后，为了避免因其他电脑上没有安装 PowerPoint 2016 而导致不能进行正常放映的情况，可以将演示文稿及链接的各种媒体文件进行打包。

1 打开演示文稿，切换至“文件”选项卡，选择“导出”选项。

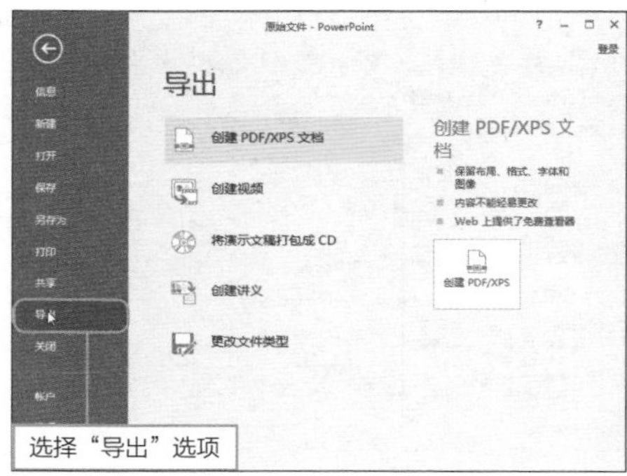

2 选择“将演示文稿打包成CD”选项，然后单击右侧的“打包成CD”按钮。

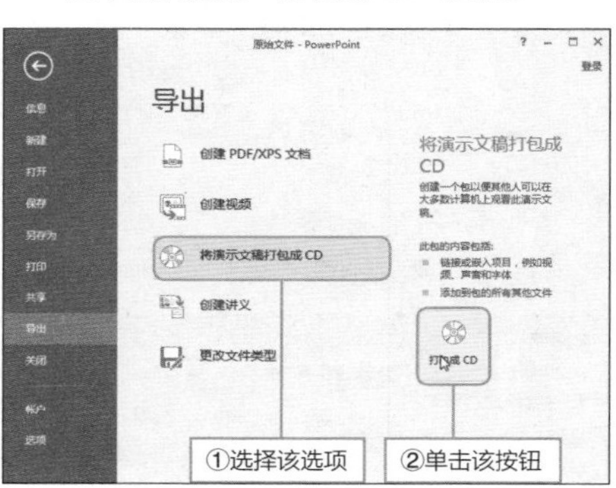

3 弹出“打包成CD”对话框，单击“添加”按钮。

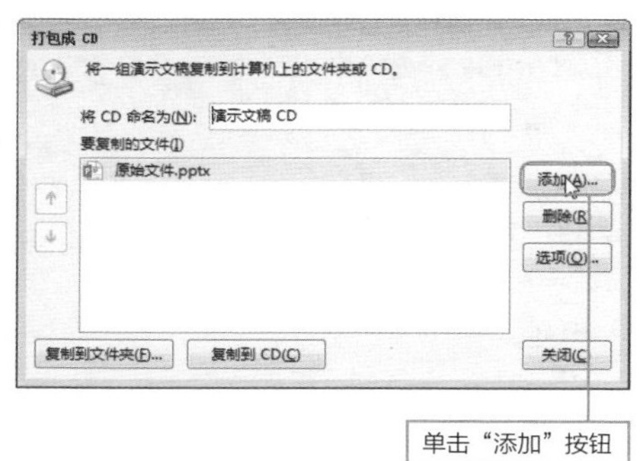

4 弹出“添加文件”对话框，选择01演示文稿，单击“添加”按钮。

5 返回至“打包成CD”对话框，单击“选项”按钮，打开“选项”对话框，从中对演示文稿的打包进行设置，这里使用默认设置，单击“确定”按钮。

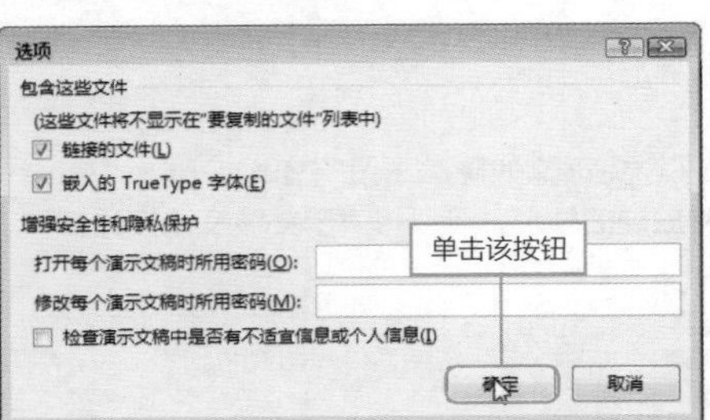

6 再次返回至“打包成CD”对话框，单击“复制到文件夹”按钮。

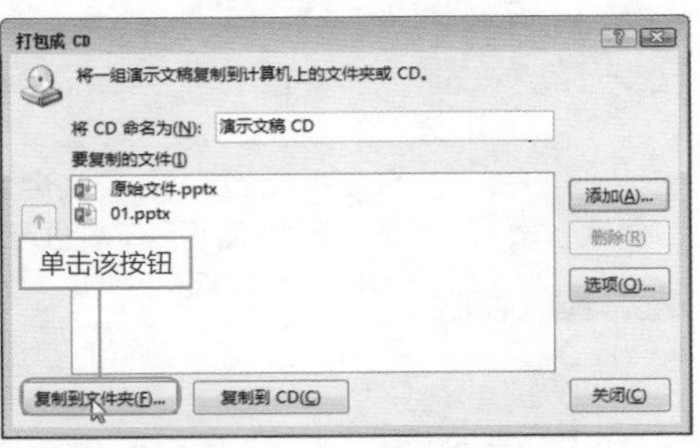

7 弹出“复制到文件夹”对话框，输入文件夹名称“展览”，单击“浏览”按钮。

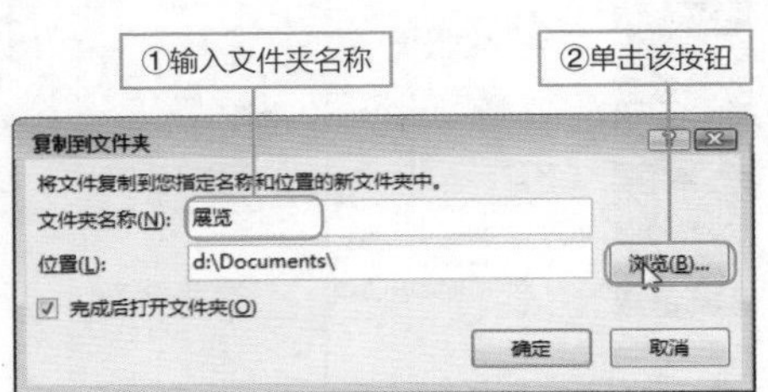

8 打开“选择位置”对话框，选择合适的位置，单击“选择”按钮。

9 返回至“复制到文件夹”对话框，单击“确定”按钮，弹出提示对话框，单击“是”按钮，系统开始复制文件，并弹出“正将文件复制到文件夹”对话框。

10 复制完成后，自动弹出“展览”文件夹，在该文件夹中可以看到系统保存了所有与演示文稿相关的内容。

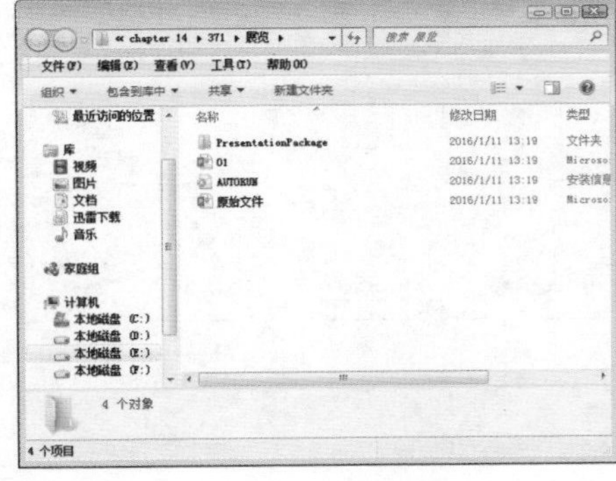

Question

354

● Level

◆◆◆

2016 2013 2010

身在千里之外也能演示播放幻灯片

语音视频教学354

实例　通过互联网播放幻灯片

PowerPoint 2016 支持联机演示功能，该功能可以让您在网络联接的情况下，即使远在千里之外，也可以给同事或者客户播放幻灯片，下面对其进行详细介绍。

❶ 打开演示文稿，打开“文件”菜单，选择“共享”选项。

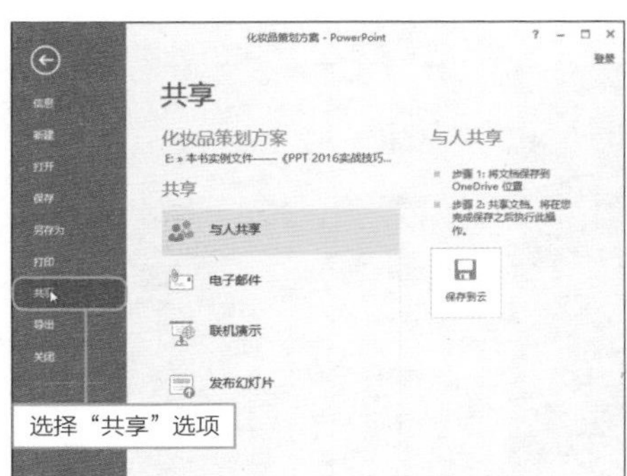

❷ 在“共享”选项下，选择“联机演示”选项，然后单击“联机演示”按钮。

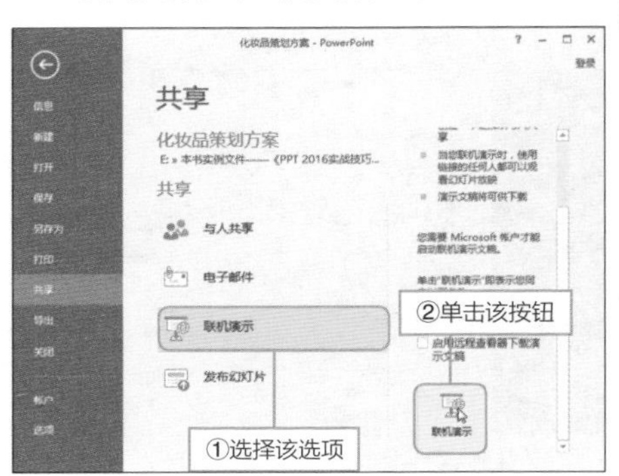

❸ 联机完成后，将会看到一个链接地址，将该链接地址复制并发送给客户，等客户将其打开后单击“单击开始演示”按钮。

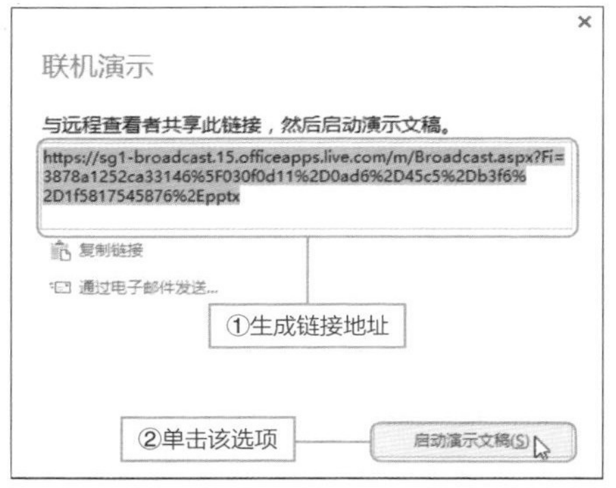

❹ 即可放映该演示文稿，与此同时，处于千里之外的同事也能实时看到你对演示文稿的放映。

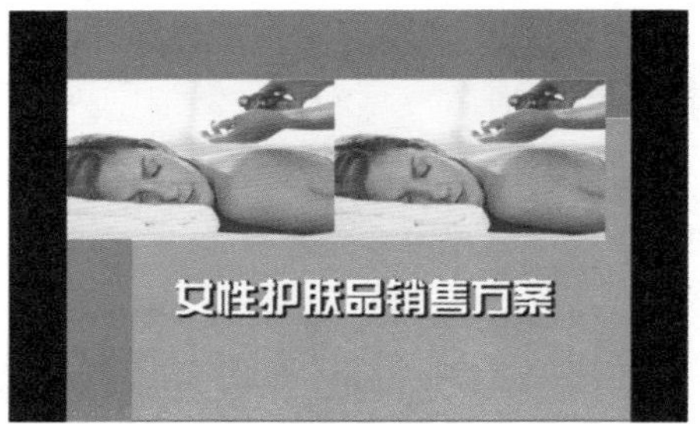

Question 355

发布幻灯片有妙招

• Level ◆◆◆

2016 2013 2010

实例	幻灯片的发布

发布幻灯片是指将 PowerPoint 2016 中的幻灯片保存到一个共享位置，实现共享和调用各个幻灯片的目的，本技巧将对其进行详细介绍。

1 打开演示文稿，切换至“文件”选项卡，选择“共享”选项。

2 选择“发布幻灯片”选项，然后单击右侧“发布幻灯片”按钮。

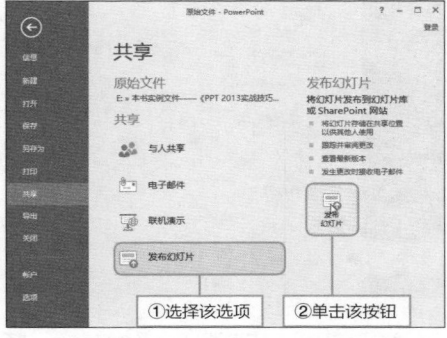

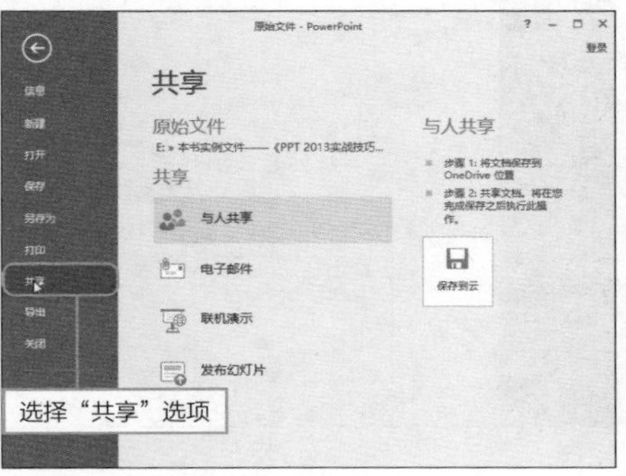

3 弹出“发布幻灯片”对话框，单击“全选”按钮，然后单击“浏览”按钮。

4 弹出“选择幻灯片库”对话框，选择合适的保存位置，单击“选择”按钮，返回至上一级对话框，单击“发布”按钮即可。

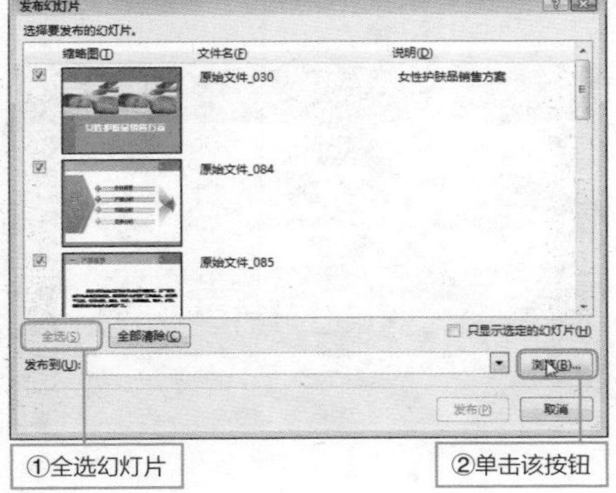

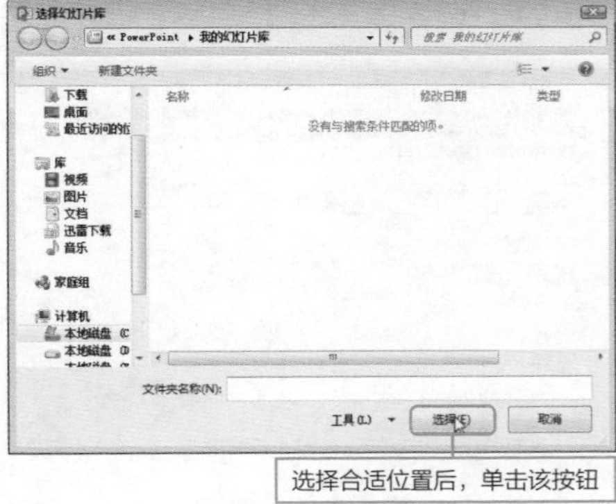

Question

356

● Level

◆◆◆

2016 2013 2010

设置超链接有妙招

语音视频教学356

实例 设置超链接

所谓的超链接，实际上就是一个跳转的快捷方式，单击含有超链接的图形或对象，将会自动跳转至指定的幻灯片，或打开某个文件夹、网页以及邮件等。

❶ 打开演示文稿，选中需创建超链接的对象，单击“插入”选项卡中的“超链接”按钮。

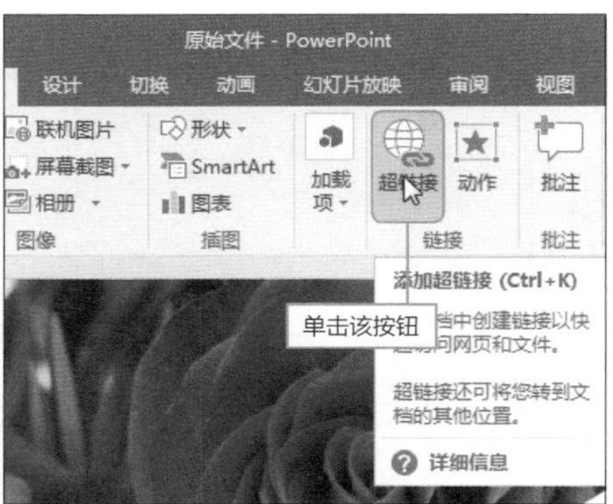

❷ 打开“插入超链接”对话框，在“地址”右侧的文本框中粘贴复制的需要链接到网页的地址代码，单击“确定”按钮。

❸ 返回幻灯片页面，可以看到，设置了超链接的文本颜色发生了改变。

Hint

预览超链接

选择超链接文本并右击，从弹出的快捷菜单中选择“打开超链接”命令，即可进行预览。

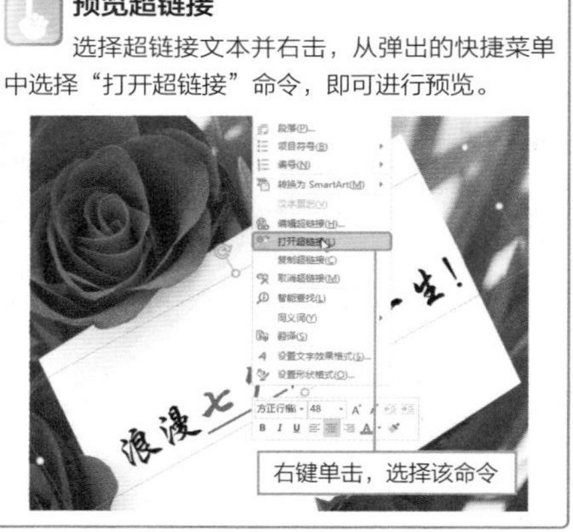

Question 357

巧妙链接到其他幻灯片

语音视频教学357

Level ◆◆◆

2016 2013 2010

实例 通过动作链接到其他幻灯片

在设计幻灯片的过程中，若需要引用其他幻灯片的内容，为其创建一个超链接就可以轻松实现，本技巧将讲述链接到其他幻灯片的操作。

1 打开演示文稿，选中需创建超链接的对象，单击“插入”选项卡中的“动作”按钮，打开”操作设置”对话框。

2 在“单击鼠标”选项卡中，选中“超链接到”单选按钮，单击右侧下拉按钮，从下拉列表中选择“幻灯片”选项。

3 打开“超链接到幻灯片”对话框，在“幻灯片标题”列表框中选择“幻灯片2”选项，单击“确定”按钮即可。

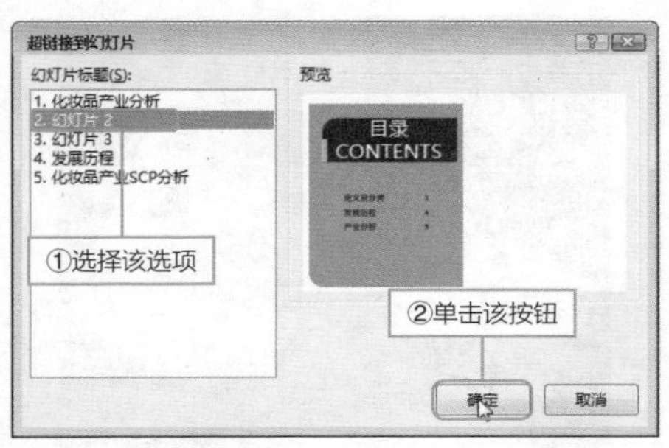

Hint

“插入超链接”对话框法

打开“插入超链接”对话框，选择“链接到”选区下的“本文档中的位置”选项，在“请选择文档中的位置：”列表框中选择需要链接到的幻灯片，单击“确定”按钮即可。

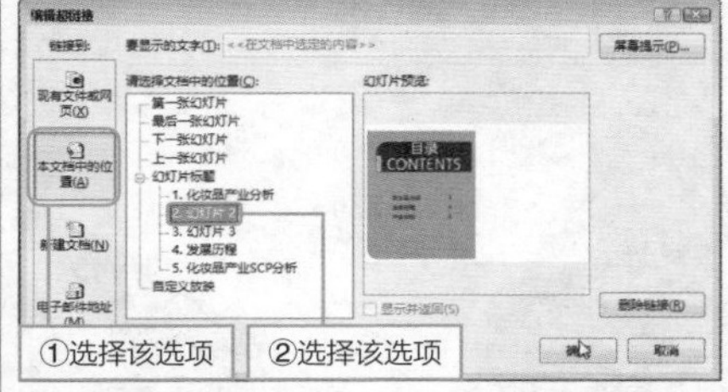

Question

358 轻松链接到其他演示文稿中的幻灯片

Level ◆◆◆

2016 2013 2010

实例 链接到其他演示文稿

为了在放映过程中能快速查看其他演示文稿内容，用户需要为当前幻灯片中的对象添加超链接，其操作与链接到其他幻灯片操作大致相同。

1 选择第2张幻灯片的文本框，打开“操作设置”对话框，在“超链接到”下拉列表中选择“其他PowerPoint演示文稿”选项。

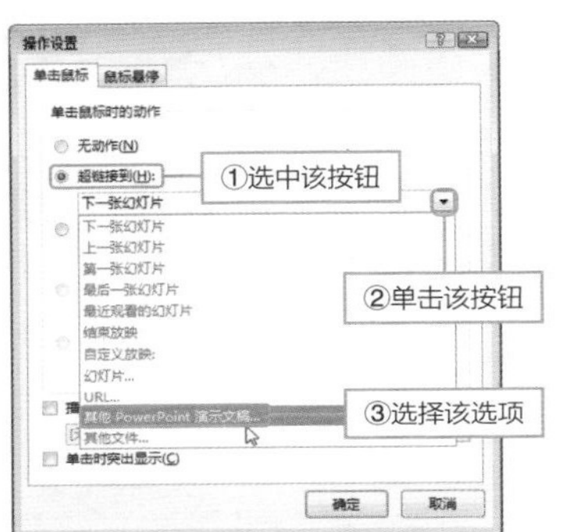

2 打开“超链接到其他PowerPoint演示文稿”对话框，选择需要链接的演示文稿01，单击“确定”按钮。

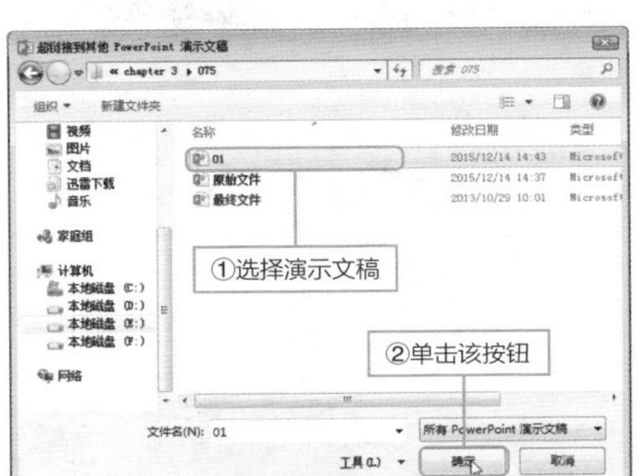

3 打开“超链接到幻灯片”对话框，在“幻灯片标题”列表框中选择需要链接到的幻灯片，单击“确定”按钮即可。

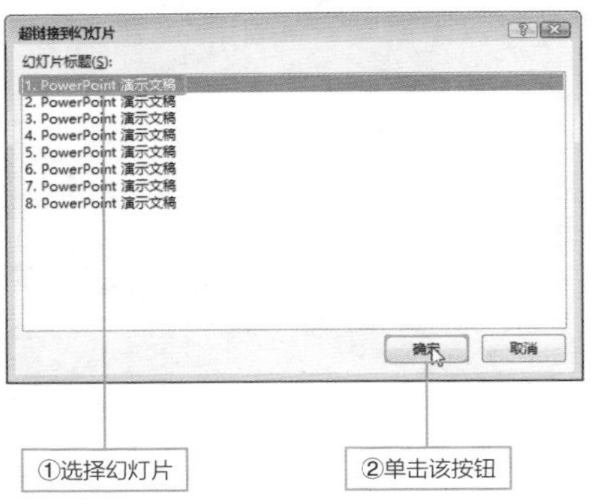

Hint

“插入超链接”对话框法

打开“插入超链接”对话框，选择“链接到”选区下的“现有文件或网页”选项，在“当前文件夹”右侧列表框中选择需要链接到的演示文稿，单击“确定”按钮即可。

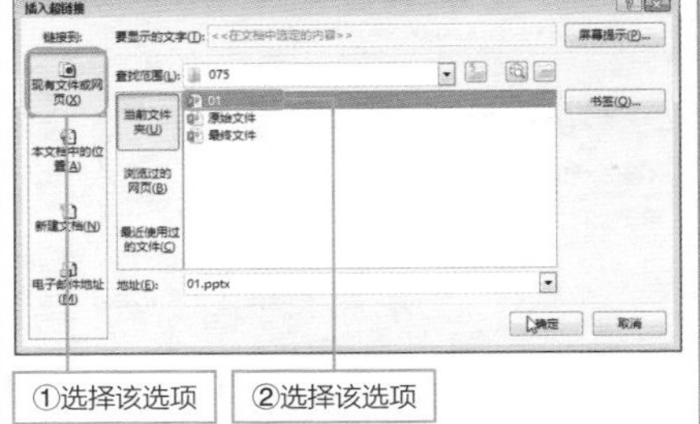

1 2 3 4 5 6 7 8 9 10 11 12 13 14 演示文稿的放映管理

Question 359

提示信息很重要

• Level ◆◆◆

2016 2013 2010

实例 设置屏幕提示

设置超链接完成后，用户若希望可以设置提示信息，告诉他人此处超链接的主要内容，可以为超链接设置屏幕提示信息，本技巧将对其进行详细介绍。

1 选中超链接，单击“插入”选项卡中的“超链接”按钮。

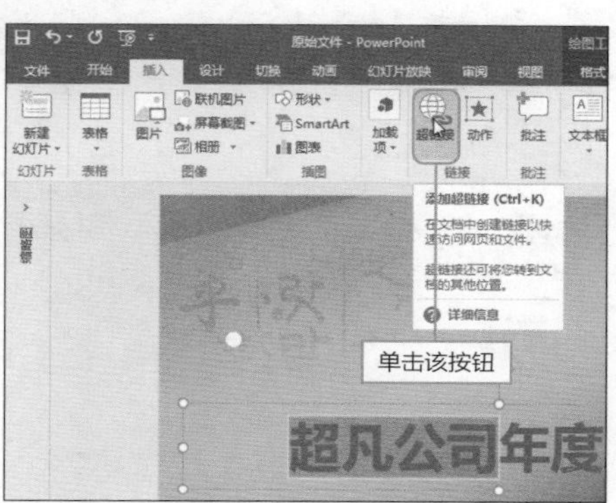

2 打开“编辑超链接”对话框，单击“屏幕提示”按钮。

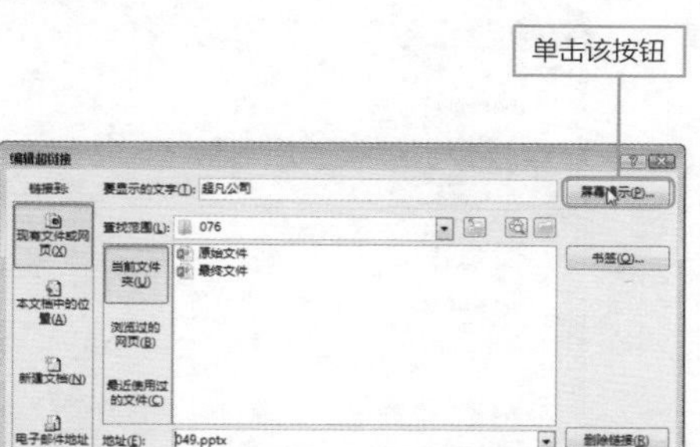

3 打开“设置超链接屏幕提示”对话框，输入提示文字，单击“确定”按钮。

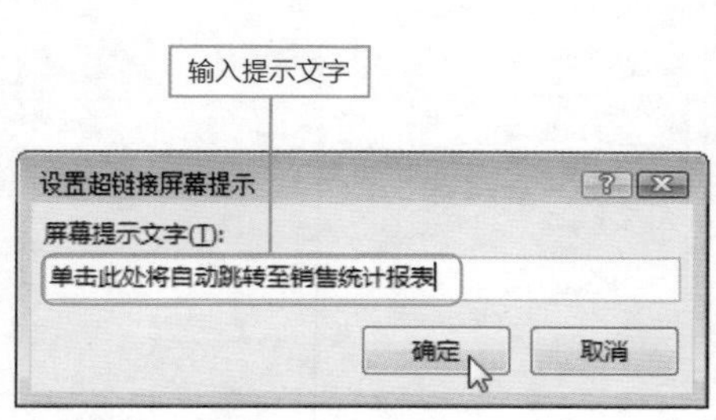

4 返回上一级对话框，单击“确定”按钮，放映幻灯片，鼠标移至超链接处时，会出现提示信息。

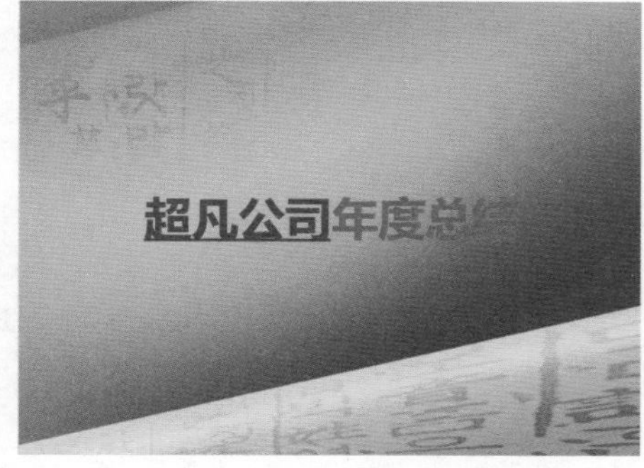

Question
360 让超链接更夺目

语音视频教学360

Level ◆◆◆

2016 2013 2010

实例 更改超链接文字颜色

创建超链接后，会发现应用超链接的文字颜色发生了改变，利用常规的修改字体颜色的方法并不能改变链接文字颜色，需要利用“新建主题颜色”设置超链接颜色。

最初效果

更改前

最终效果

更改超链接文字颜色效果

❶ 执行“设计>变体>其他>颜色”命令，从下拉列表中选择“自定义颜色”选项。

❷ 打开“新建主题颜色”对话框，设置“超链接”和“已访问的超链接”颜色，单击“确定”按钮即可。

Question 361

取消超链接也很简单

● Level ◆◆◆

2016 2013 2010

实例 取消超链接

对于不再使用的超链接，为了避免其误导读者，影响演示文稿的准确性，可以将其删除，本技巧将讲述删除超链接的操作。

❶ **对话框删除法**。选中需要删除的超链接，单击“插入”选项卡的“超链接”按钮。

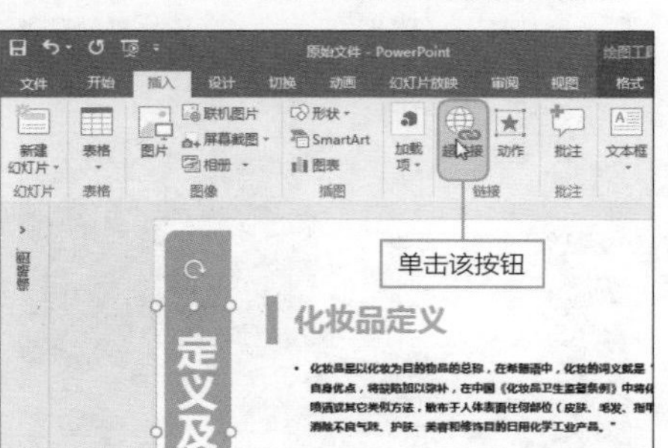

❷ 打开“编辑超链接”对话框，单击“地址”栏右侧的“删除链接”按钮即可。

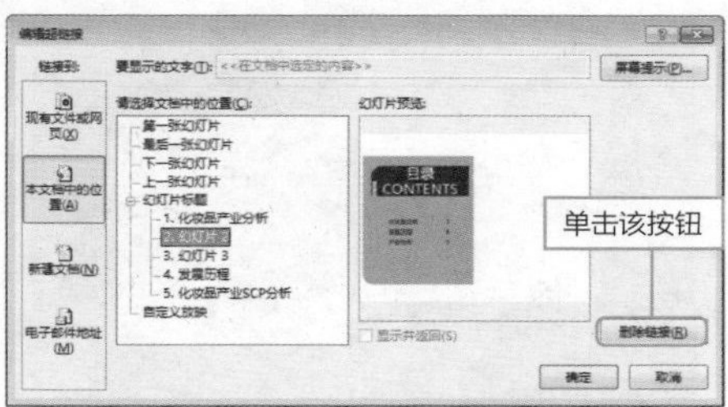

❸ **右键快捷菜单删除法**。在超链接处右键单击，从弹出的快捷菜单中选择“取消超链接”命令。

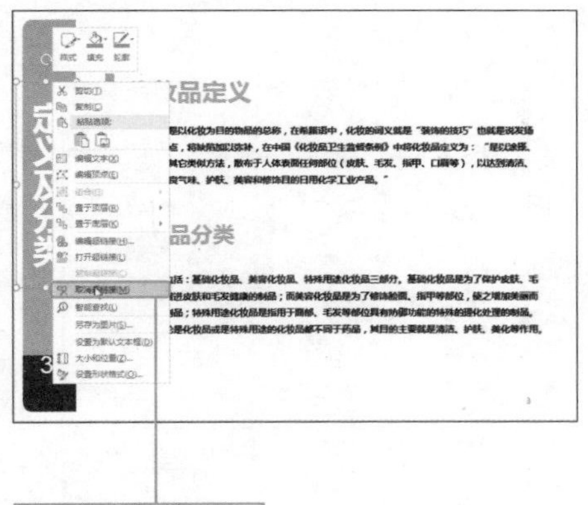

Hint

通过动作删除超链接

也可以选择需要删除的超链接，执行“插入>动作”命令，打开“操作设置”对话框，选中“无动作”选项并确定即可。

Question
362

● Level ◆◆◆

2016 2013 2010

实用的动作按钮

语音视频教学362

实例　在幻灯片中使用动作按钮

在播放幻灯片时，为了使幻灯片的放映更加生动、形象，用户可以为幻灯片添加一些动作按钮，下面将介绍如何添加动作按钮。

1 打开演示文稿，单击“插入”选项卡中的“形状”按钮，从下拉列表中选择“动作按钮前进或下一项”按钮。

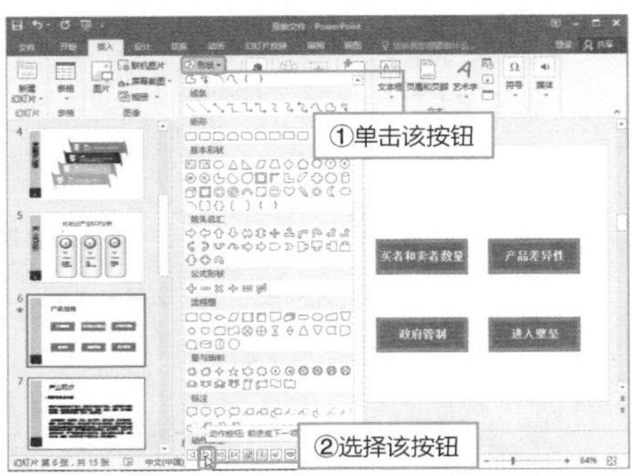

2 鼠标光标将变为十字形，按住鼠标左键不放，拖动鼠标画出合适大小的按钮，然后释放鼠标左键即可。

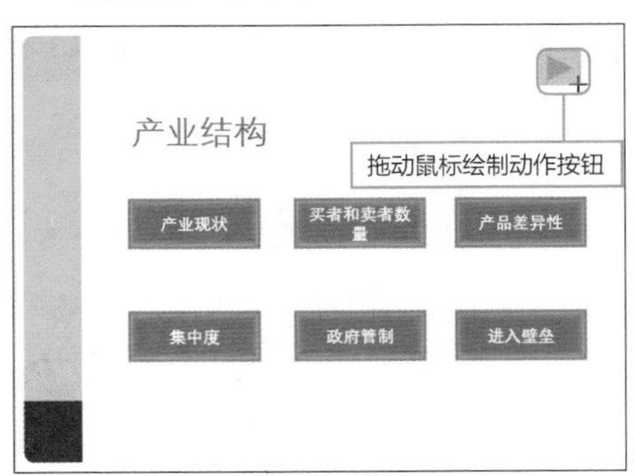

3 将自动打开”操作设置”对话框，在默认的“单击鼠标”选项卡中选中“超链接到”单选按钮，单击“确定”按钮。

4 放映该幻灯片，当光标移动到该动作按钮上，光标会显示为手指形状（ ），单击该按钮，将自动切换至下一张幻灯片。

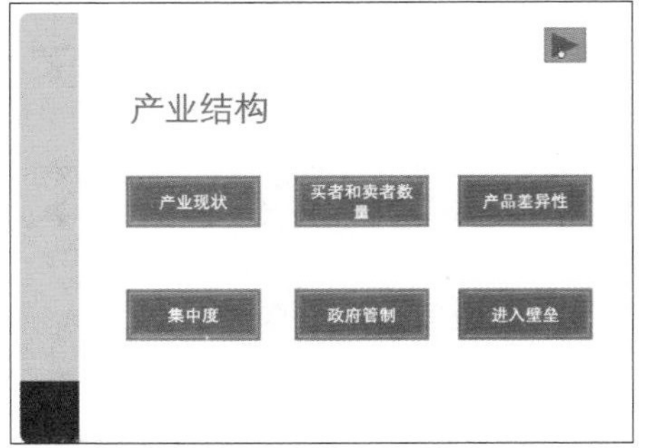

Question

363 为超链接添加声音效果

实例 突出显示超链接并添加声音提示

• Level ◆◆◆

2016 2013 2010

添加超链接后，为了让超链接处突出显示，用户还可以设置声音提示，当光标移至超链接处可以发出声音，提示用户此处设置了超链接。

1 打开演示文稿，选中超链接，单击“插入”选项卡中的“动作”按钮。

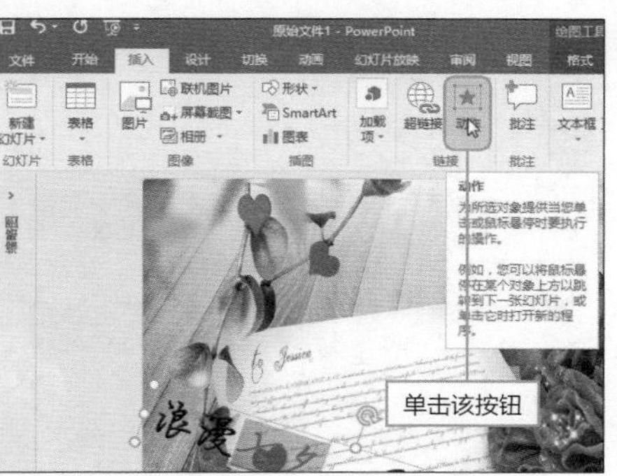

2 打开”操作设置”对话框，勾选“播放声音”选项前的复选框，单击下方的下拉按钮，从列表框中选择“抽气”选项。

Hint

如何为动作按钮添加声音效果

用户只需选择动作按钮，单击“插入”选项卡中的“超链接”或者“动作”按钮，即可打开“操作设置”对话框，然后根据需要添加声音效果即可。

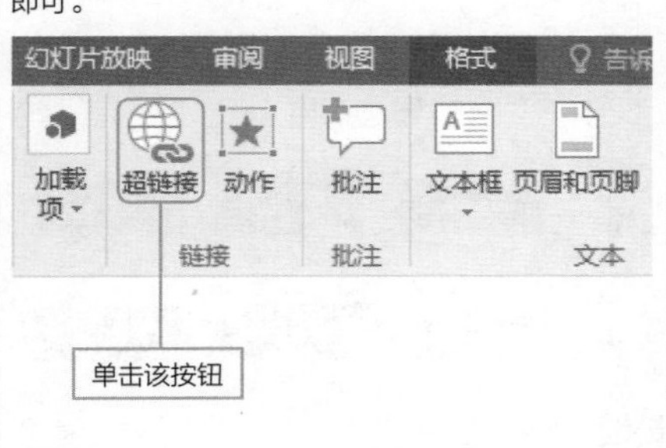

Hint

如何取消动作

若用户希望取消动作，只需打开“操作设置”对话框，选中“无动作”前的单选按钮即可。

Question 364

瞬间消灭超文本链接下划线

● Level ◆◆◆

2016 2013 2010

实例　取消超文本链接下划线

对文本设置超链接后，文本颜色会发生改变并且在其下方会出现一条下划线，这虽然有助于识别超链接，但会影响整个页面的风格，那么如何使文字在添加超链接后隐藏下划线呢？本技巧将为您进行详细介绍。

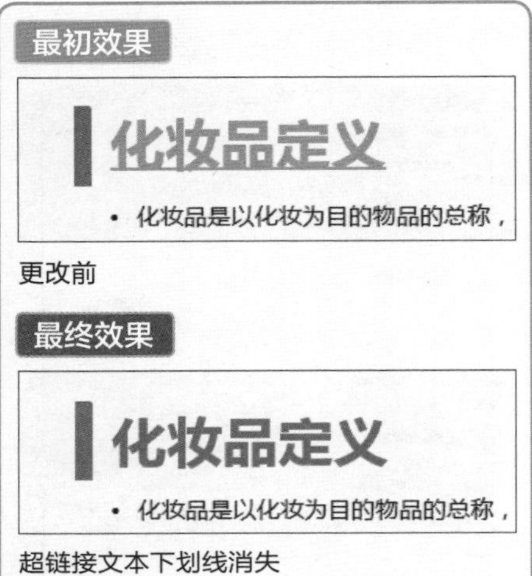

❶ 快捷菜单命令法。选择超链接文本并右击，从弹出的快捷菜单中选择“取消超链接”命令。

右击，选择该命令

❷ 对话框设置法。执行“插入>形状>矩形”命令，在需要添加超链接文本的上方绘制一个矩形。

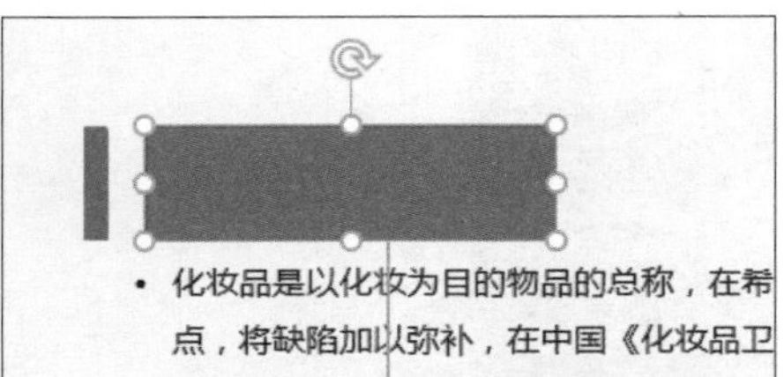

绘制一个矩形

❸ 设置形状无填充色、无轮廓，然后单击“超链接”按钮。打开“插入超链接”对话框，在地址栏中输入需要链接的地址，单击“确定”按钮即可。

输入网址

Question

根据需要运行其他程序

语音视频
教学365

• Level ◆◆◆

2016 2013 2010

实例 在播放幻灯片时运行其他程序

在放映幻灯片的过程中，有时会需要调用其他应用程序，该怎样才能实现此功能呢？PowerPoint 提供的动作按钮可以很好地帮助用户实现。

1 选择动作按钮并右击，从其快捷菜单中选择“编辑超链接”命令。

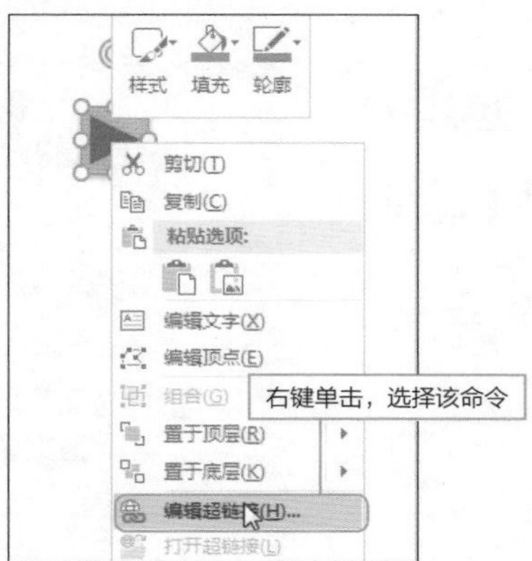

2 打开“操作设置”对话框，选中“运行程序”单选按钮，单击“浏览”按钮。

3 打开“选择一个要运行的程序”对话框，选中程序，单击“确定”按钮，返回“操作设置”对话框，单击“确定”按钮。

4 按F5键放映幻灯片，单击该动作按钮，即可打开链接到的程序，根据需要进行相应操作即可。

第13章 366~378

演示文稿的打印技巧

366 让幻灯片脱去绚丽的色彩

语音视频教学366

● Level ◆◆◆

2016 2013 2010

实例 灰度方式预览幻灯片

如果幻灯片背景为黑色，在灰度打印机上幻灯片将打印为黑色或黑灰色，顶部的文本可能不太清晰。因此，用户需要在打印前以灰度模式预览幻灯片。

最初效果

最终效果

灰度预览幻灯片效果

1 打开演示文稿，单击“视图”选项卡中的“灰度”按钮。

2 单击“返回颜色视图”按钮，将返回幻灯片彩色模式。

367 按需打印幻灯片

● Level ◆◆◆

2016 2013 2010

实例 设置幻灯片的打印范围

在 PowerPoint 中，演示文稿可以根据需要进行打印，在打印时，若有些演示文稿内容是不必要的，为了节约纸张，可以设置打印范围将用户需要的幻灯片打印出来。

1 打开需要打印的演示文稿，单击“文件”选项，选择“打印”命令。

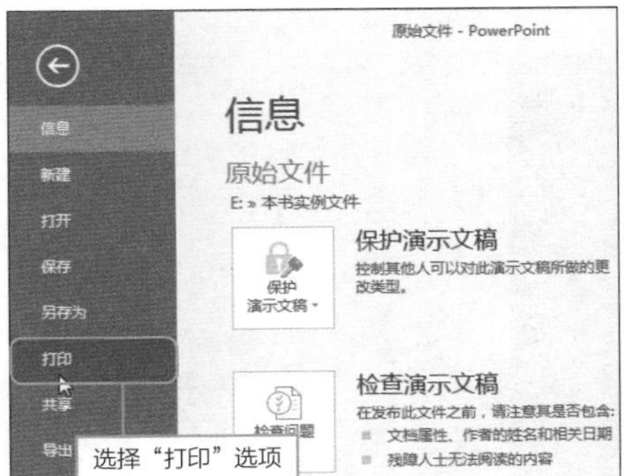

2 单击右侧“设置”选项下的“打印全部幻灯片”按钮，从列表中进行选择即可。

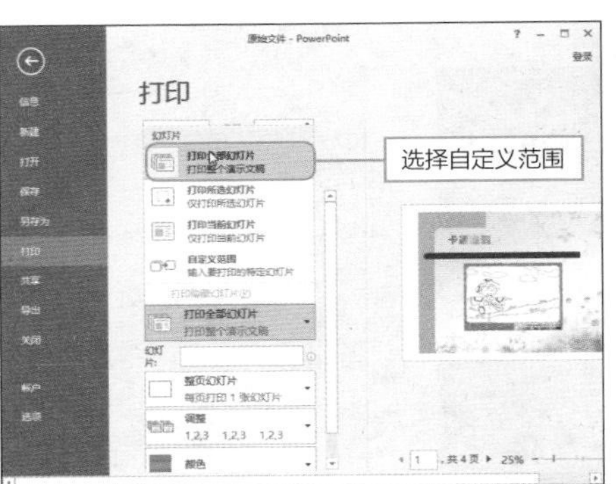

3 若选择“自定义范围”选项，可在下面“幻灯片”右侧的文本框中按照提示输入幻灯片范围。

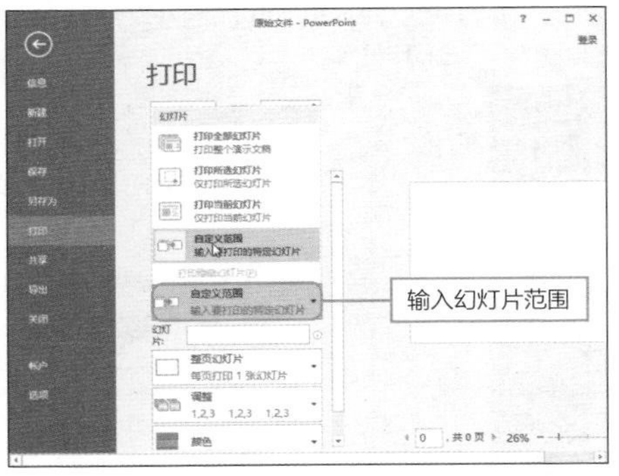

4 设置打印范围完成后，单击“打印”按钮进行打印即可。

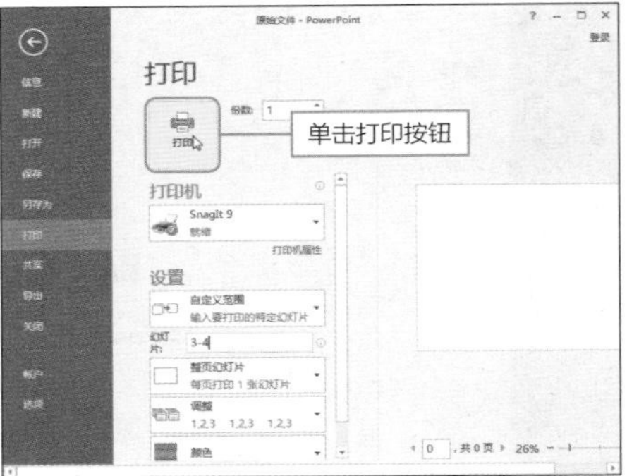

1 2 3 4 5 6 7 8 9 10 11 12 13 14 演示文稿的打印技巧

Question

368 隐藏的幻灯片也能打印出来

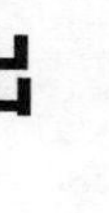

语音视频教学368

• Level ◆◆◆

2016 2013 2010

实例 打印隐藏的幻灯片

在演示文稿过程中，经常为了演讲需要，将演示文稿中的某些幻灯片隐藏起来，那么，在打印的时候，若需要将这些隐藏的幻灯片打印出来，该如何进行操作呢？

1 打开需要打印的演示文稿，单击“文件”选项，选择“打印”命令。

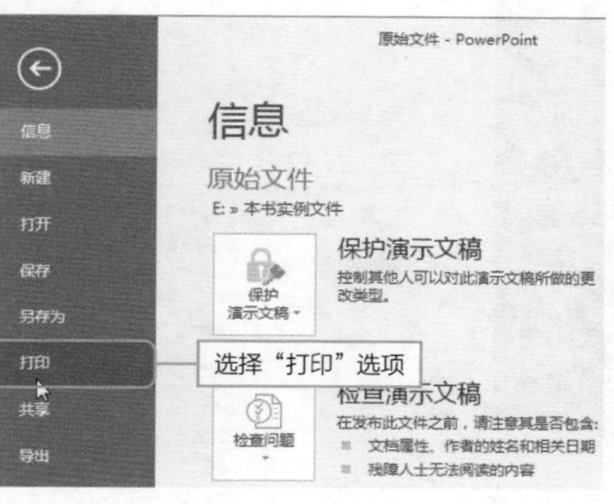

2 单击右侧“设置”选项下的“打印全部幻灯片”按钮，从列表中选中“打印隐藏幻灯片”选项。

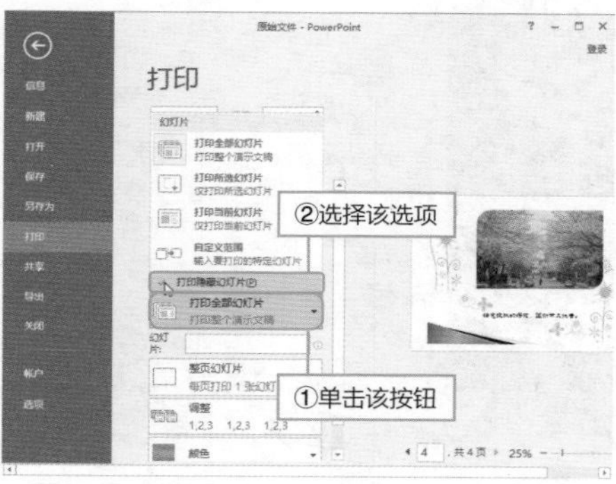

3 设置完成后，单击“打印”按钮即可打印该演示文稿。

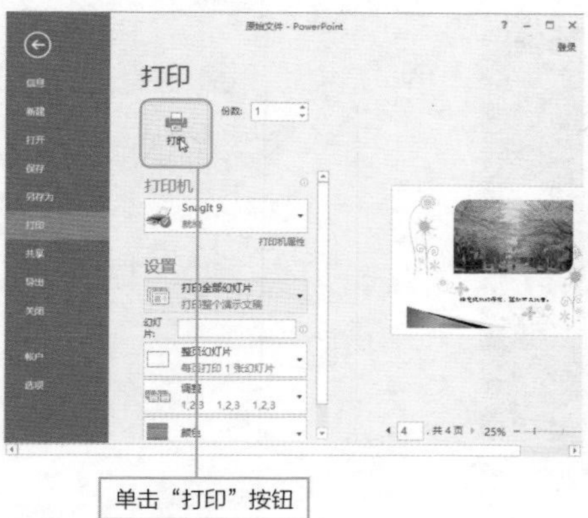

Hint

如何设置打印份数

在“打印”选项下，通过“份数”右侧的数值框即可设置打印份数。

Question

369 彩色打印幻灯片很简单

● Level ◆◆◆

2016 2013 2010

实例 更改打印色彩模式

幻灯片在设计时均以彩色模式显示，但是，一般的打印机并不支持彩色打印，或者是不需要彩色印刷，因此幻灯片多为灰度显示模式，那么如何才能实现彩色印刷呢?

最初效果

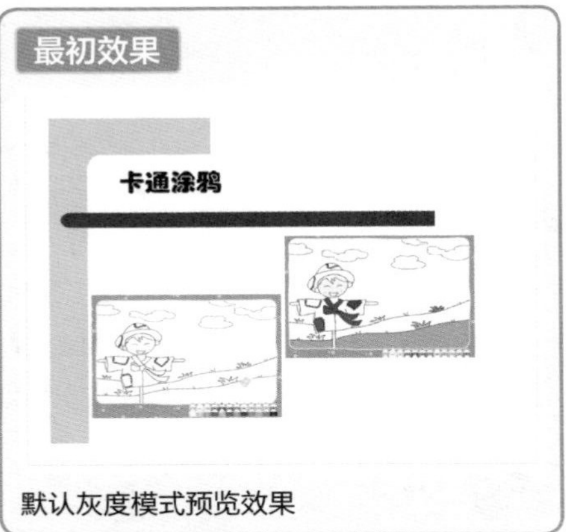

默认灰度模式预览效果

最终效果

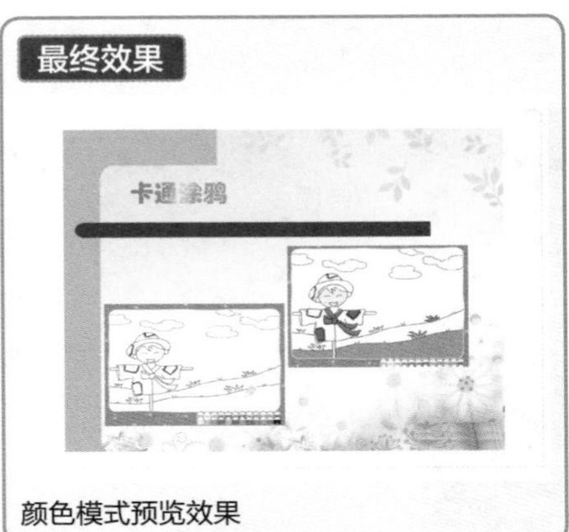

颜色模式预览效果

1 打开需要打印的演示文稿，单击“文件”选项，选择“打印”命令。

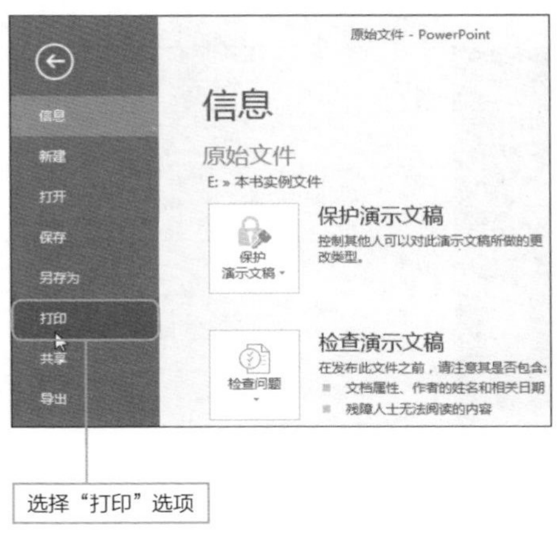

选择“打印”选项

2 单击右侧“设置”选项下的“灰度”按钮，从列表中进行选择并打印即可。

①单击该按钮　②选择该选项

Question 370

• Level ◆◆◆

2016 2013 2010

加入编号进行印刷

实例 打印时添加编号

在打印演示文稿时，若有多张幻灯片需要打印，为了避免打印后不小心将页码顺序混淆，可以在打印前为其添加编号，这样就算页码混乱，也可以轻松将其重新排序。

1. 打开需要打印的演示文稿，单击“文件”选项，选择“打印”命令。

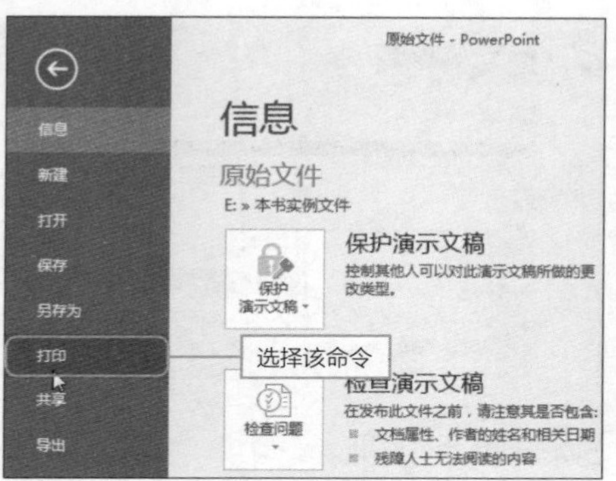

2. 单击右侧“设置”选项下的“编辑页眉和页脚”按钮。

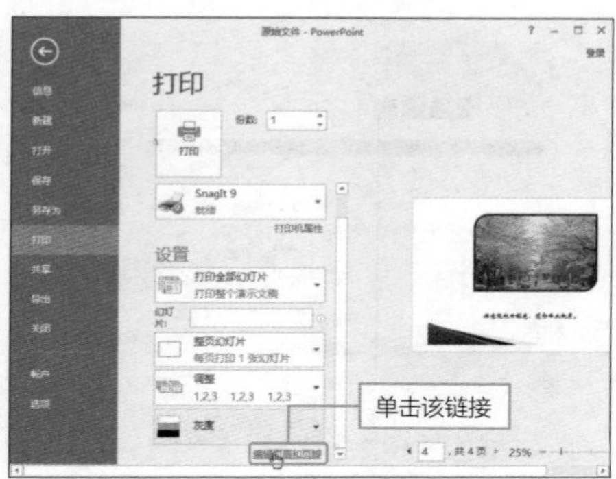

3. 打开“页眉和页脚”对话框，勾选“幻灯片编号”和“标题幻灯片中不显示”复选项，单击“全部应用”按钮。

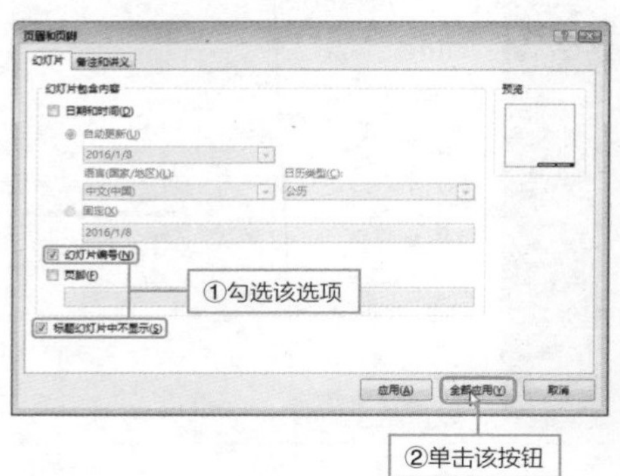

4. 添加编号完成后，单击“打印”按钮即可打印该演示文稿。

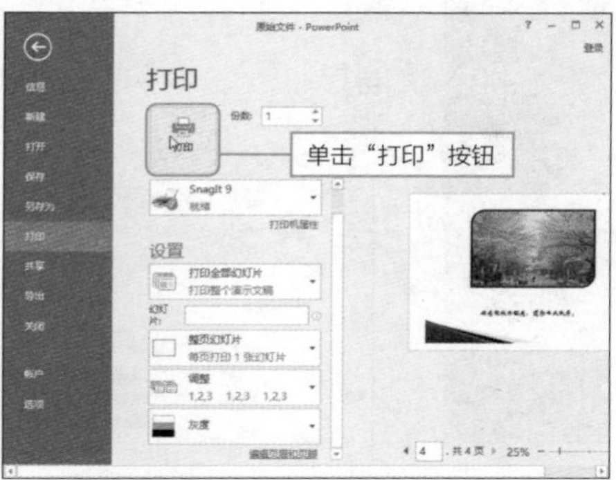

Question

371 轻松更改打印版式

语音视频
教学371

● Level ◆◆◆

2016 2013 2010

实例　打印备注页和大纲很容易

在打印演示文稿时，用户可能会需要将幻灯片的备注或者大纲等一起打印出来，PowerPoint 2016 支持打印备注页和大纲功能，下面将介绍如何实现此操作。

最终效果1

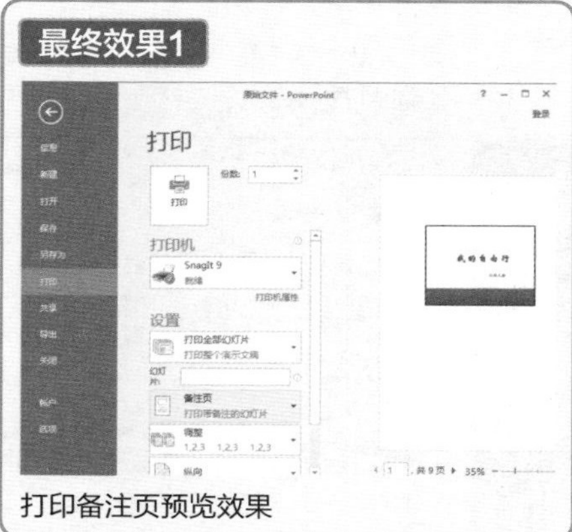

打印备注页预览效果

最终效果2

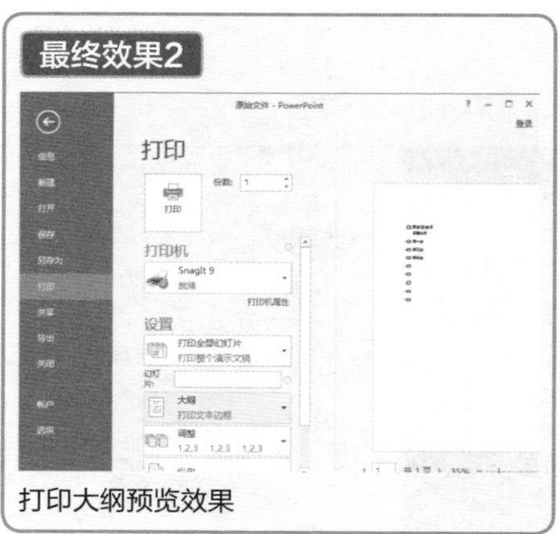

打印大纲预览效果

❶ 打开需要打印的演示文稿，单击“文件”选项，选择“打印”命令。

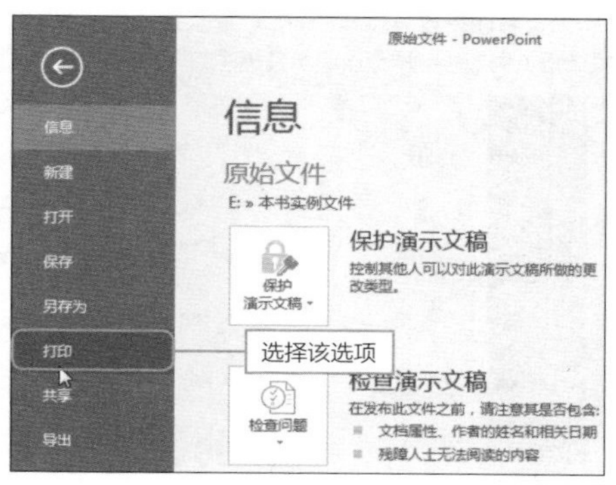

❷ 单击右侧“设置”选项下的“整页幻灯片”按钮，从列表中的“打印版式”选项下进行相应的选择即可。

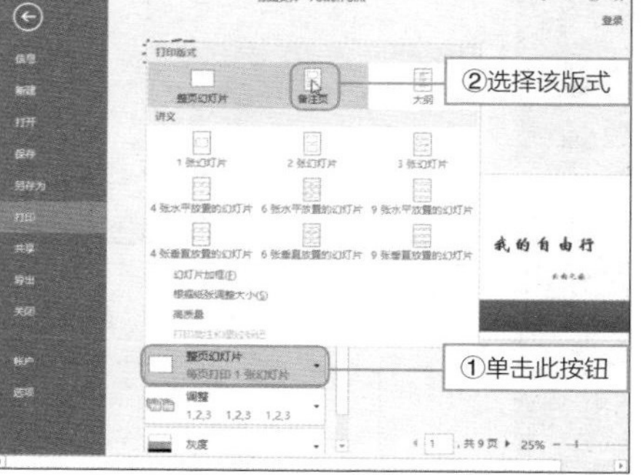

Question **372**

● Level ◆◆◆

2016 2013 2010

每页打印多张幻灯片有绝招

语音视频教学372

实例 打印讲义

讲义是指一页演示文稿中有 1 张、2 张、3 张、4 张、6 张或 9 张幻灯片，这样观众既可以演示时看到相应的文稿，还可以用来作为以后的参考。

1 打开需要打印的演示文稿，单击“文件”选项，选择“打印”命令。

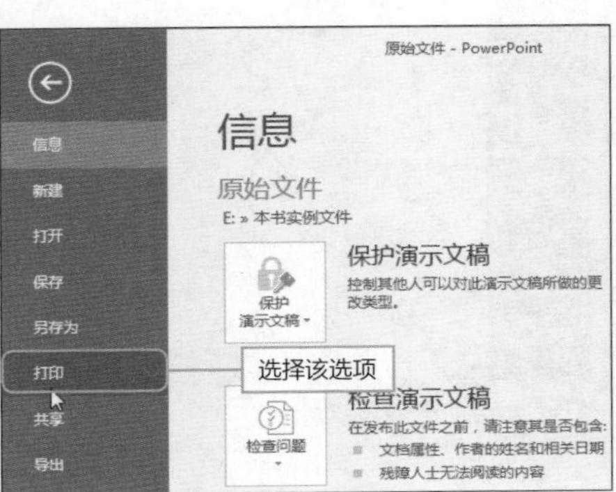

2 单击右侧“设置”选项下的“整页幻灯片”按钮，从列表中的“讲义”选项下选择“2张幻灯片”选项。

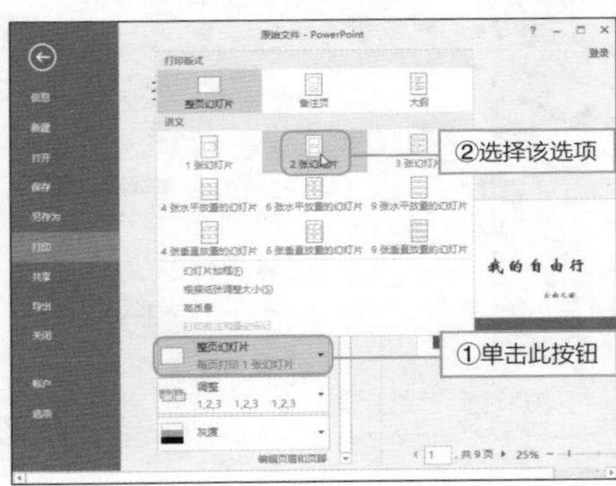

3 设置完成后，单击“打印”按钮打印该演示文稿。

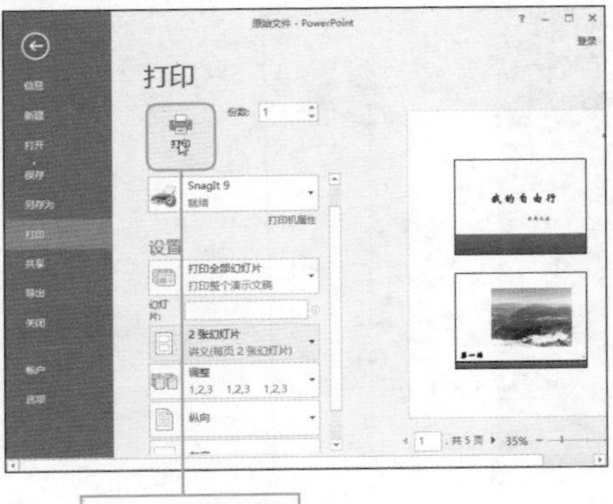

Hint

在打印前确认幻灯片的内容

打印设置完成后，通过右侧区域下方的翻页按钮（例如◂）预览该演示文稿中的内容。

Question

373

打印时别忘加个边框

● Level

◆◆◆

实例　给幻灯片添加外框进行打印

在打印幻灯片时，若能为其添加一个漂亮的边框，可以更好地在纸张上查看幻灯片页面效果，本技巧将对其进行详细介绍。

1 打开需要打印的演示文稿，单击“文件”选项，选择“打印”命令。

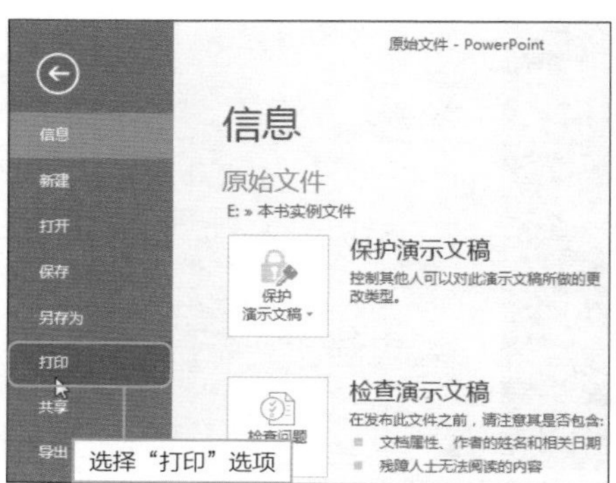

2 单击右侧“设置”选项下的“整页幻灯片”按钮，从列表中选择“幻灯片加框”选项。

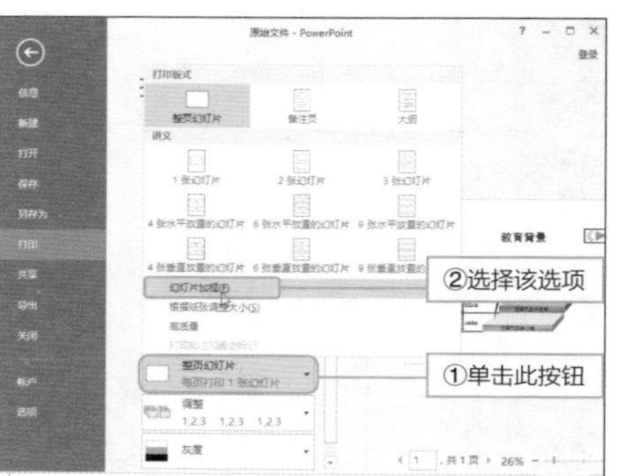

3 设置完成后，单击“打印”按钮即可打印演示文稿。

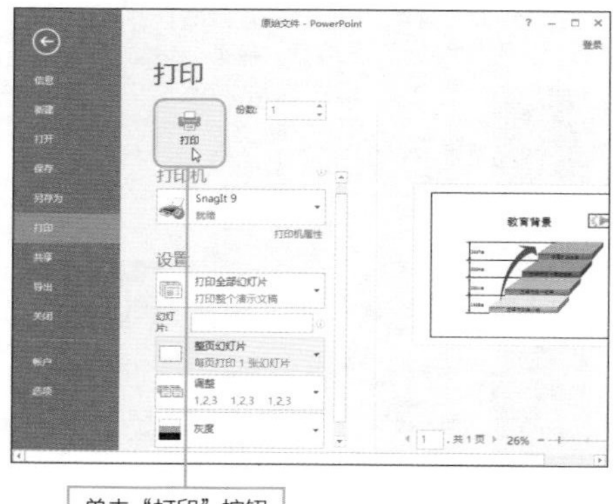

Hint

让幻灯片在打印时与纸张大小匹配

单击“设置”选项下的“整页幻灯片”按钮，从列表中选择“根据纸张调整大小”选项。

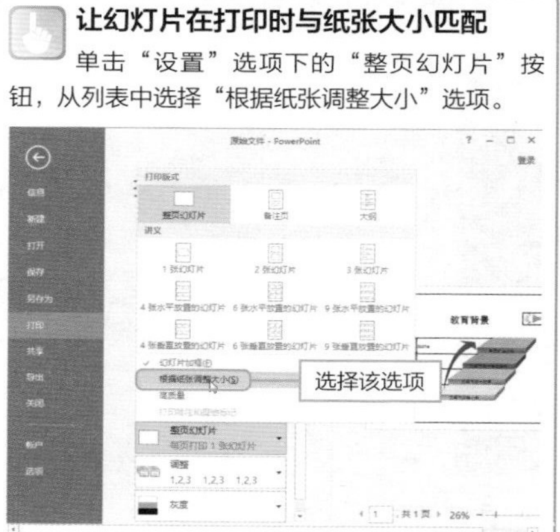

1 2 3 4 5 6 7 8 9 10 11 12 13 14 演示文稿的打印技巧

Question

374

● Level ◆◆◆

2016 2013 2010

轻松打印批注和墨迹标记

语音视频教学374

实例 将批注和墨迹标记一起打印

制作演示文稿时，有时会对个别对象进行批注，或在演示时对演示文稿进行标记，若希望在打印时可以将批注和墨迹标记一起打印出来，该如何操作呢?

1 打开需要打印的演示文稿，单击“文件”选项，选择“打印”命令。

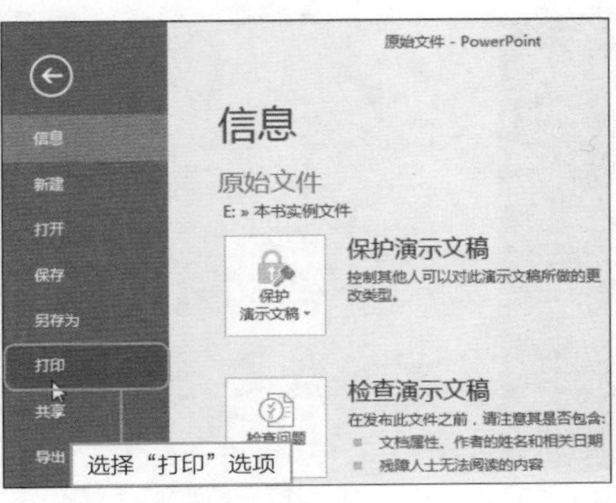

2 单击右侧“设置”选项下的“整页幻灯片”按钮，从列表中选择“打印批注和墨迹标记”选项。

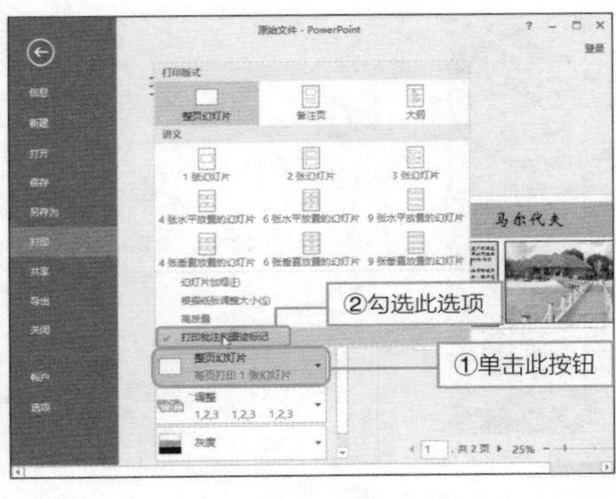

3 经过上述设置后，单击“打印”按钮即可打印该演示文稿。

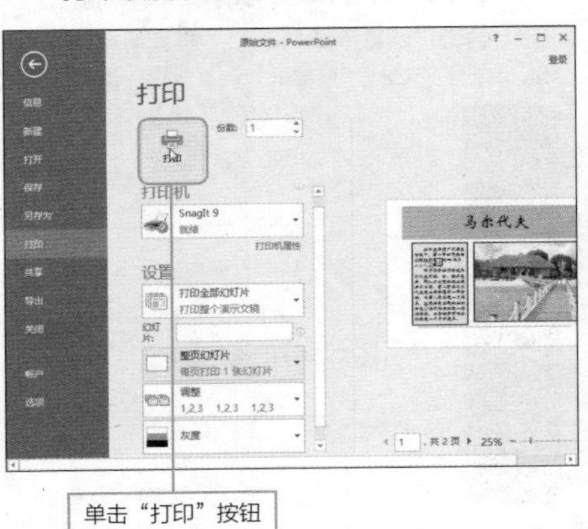

Hint

在打印时提升打印质量

单击“设置”选项下的“整页幻灯片”按钮，从列表中选择“高质量”选项。

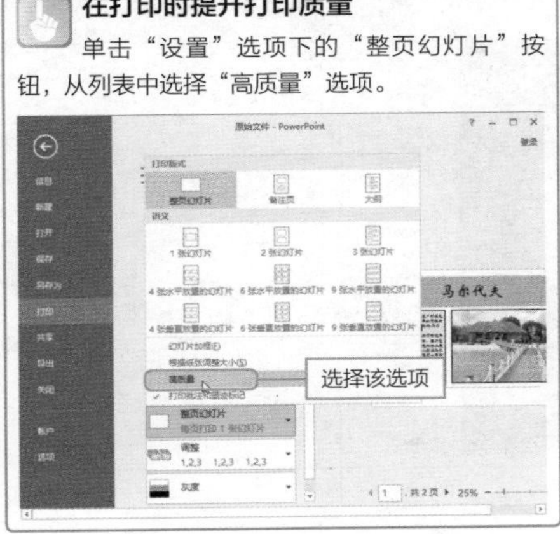

Question 375

打印清晰可读的PPT文档

语音视频教学375

● Level ◆◆◆

2016 2013 2010

实例 正确使用黑白打印机打印PPT文档

通常，我们会将 PPT 演示文稿设计得亮丽大方，比如设置渐变色，添加三维效果等。如果将这样的幻灯片用黑白打印机打印后，其可读性就比较差了。如何使用黑白打印机才能打印出清晰可读的演示文稿呢?

1 打开需要打印的演示文稿，随后单击“文件”选项，选择“打印”命令。

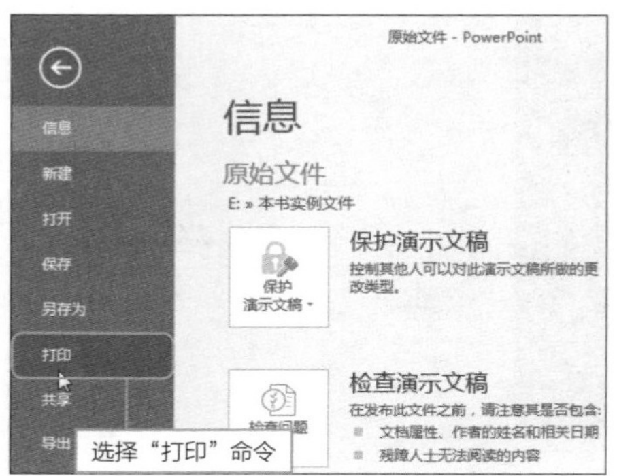

选择“打印”命令

2 在打印设置界面中，设置幻灯片的打印方式为“纯黑白”模式。

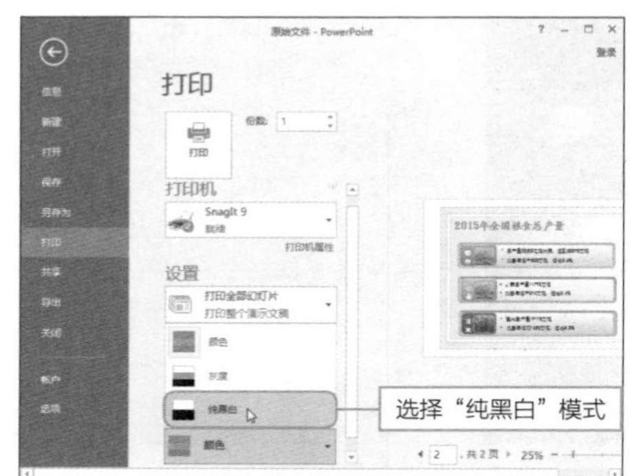

选择“纯黑白”模式

3 设置完成后，单击“打印”按钮即可。

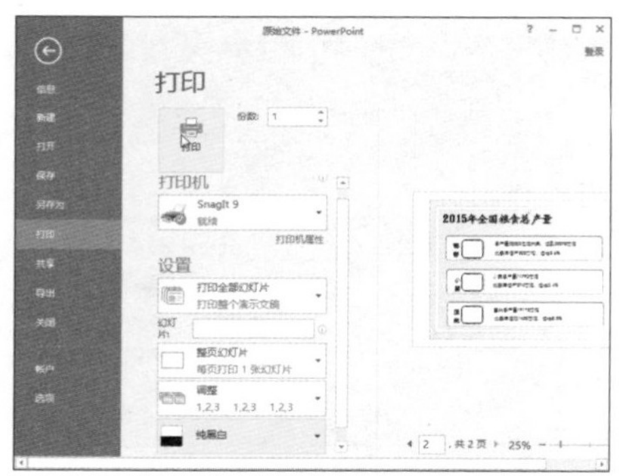

预览打印效果并实施打印

Hint

关于不同打印模式的介绍

“纯黑白”模式是将大部分灰色阴影更改为黑色或白色，可用于打印草稿或清晰可读的演讲者备注和讲义。

“灰度”模式是在黑白打印机上打印彩色幻灯片的最佳模式，此时将以不同灰度显示不同彩色格式。

“颜色”模式主要用于打印彩色演示文稿，或打印到文件并将颜色信息存储在相应的文件中。

Question 376

双面打印很简单

Level

2016 2013 2010

实例 幻灯片的双面打印

为了维持打印后稿件的连贯性并且节约纸张，用户可以在打印时将幻灯片页面进行双面打印操作，本技巧将对其进行详细介绍。

1 打开需要打印的演示文稿，单击“文件”选项，选择“打印”命令。

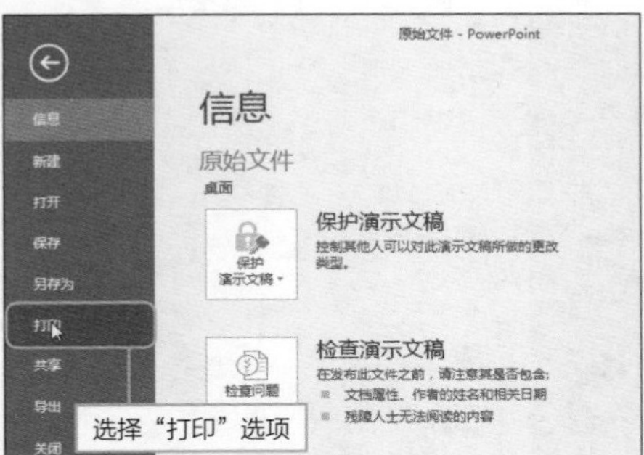

2 单击右侧“设置”选项下“单面打印”按钮，从列表中选择“双面打印”选项。

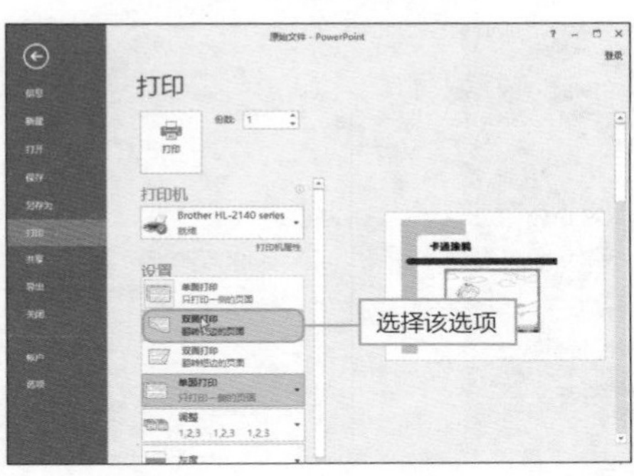

3 经过以上设置后，单击“打印”按钮打印该演示文稿。

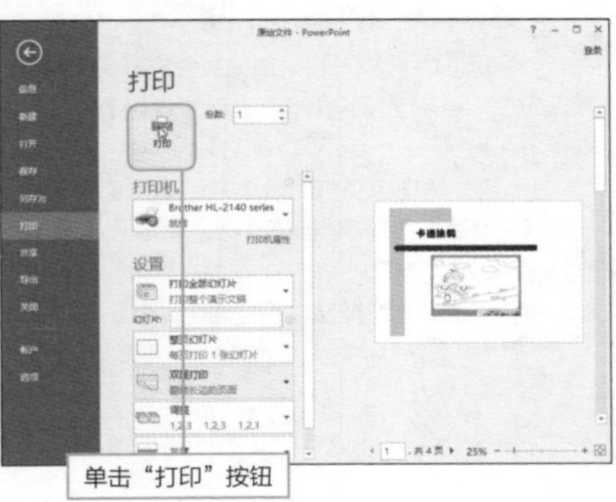

Hint

纵向打印很简单

在打印前，执行“设计>幻灯片大小>自定义幻灯片大小>”命令，在打开的对话框中选择“纵向”选项即可。

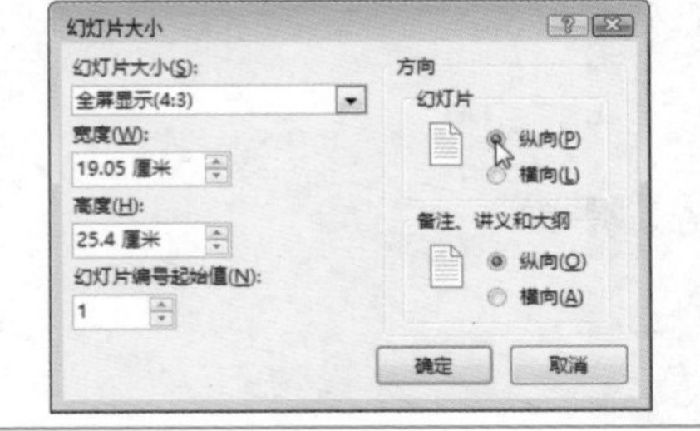

Question
377

● Level ◆◆◆

2016 2013 2010

纸张大小的选择方法多

实例　打印纸尺寸的设置

若用户在打印预览时发现，幻灯片页面与纸张大小不匹配，希望可以调整页面大小，该怎样操作呢? 试试打印机属性设置对话框吧。

1 打开需要打印的演示文稿，单击“文件”选项，选择“打印”命令。

2 单击右侧“打印机”选项下“打印机属性”按钮。

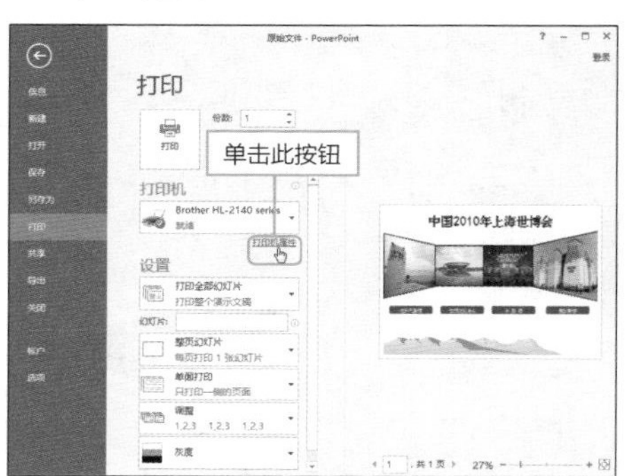

3 打开属性对话框，在默认的“基本”选项卡中单击“纸张大小”右侧下拉按钮，从列表中选择合适的页面尺寸并确定。

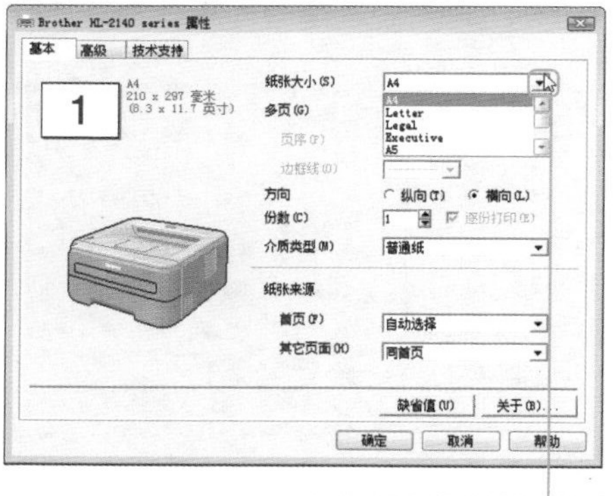

4 在“方向”选项区域中，设置打印时纸张的方向。

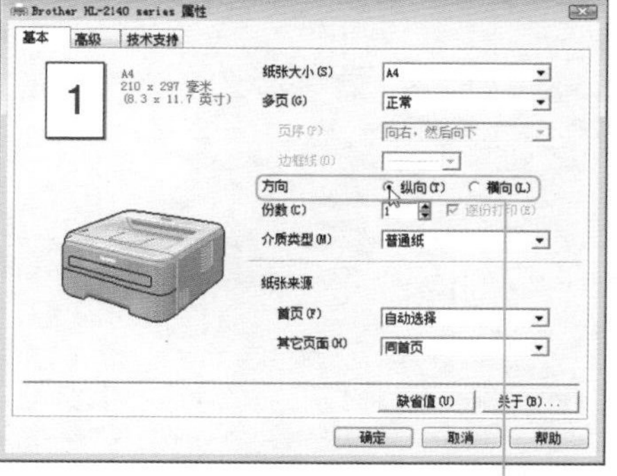

1 2 3 4 5 6 7 8 9 10 11 12 13 14 演示文稿的打印技巧

Question **378**

• Level ◆◆◆

2016 2013 2010

打印前按需设置打印机属性

实例 有关打印机属性的设置方法

在打印机属性对话框中，包含了有关打印质量、双面打印、设置水印以及有关页面设置等，用户可以根据需要进行相应的设置。在此以爱普生喷墨打印机的设置为例进行介绍。

1 **设置打印质量。**在“高级”选项卡中，可以设置图像的分辨率等属性。

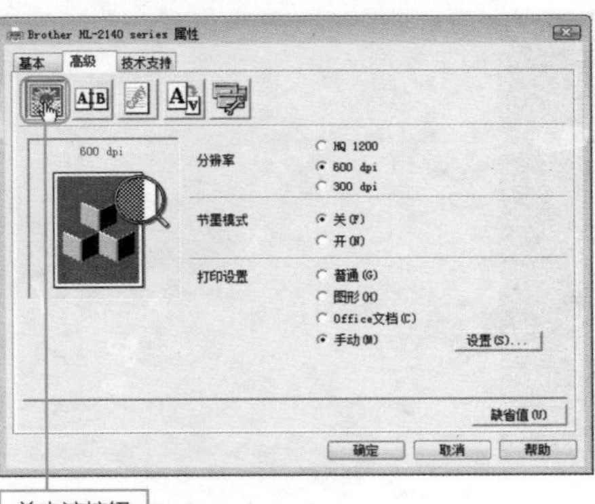

2 **设置双面打印。**单击“双面打印”图标按钮，勾选“手动双面打印”选项即可。

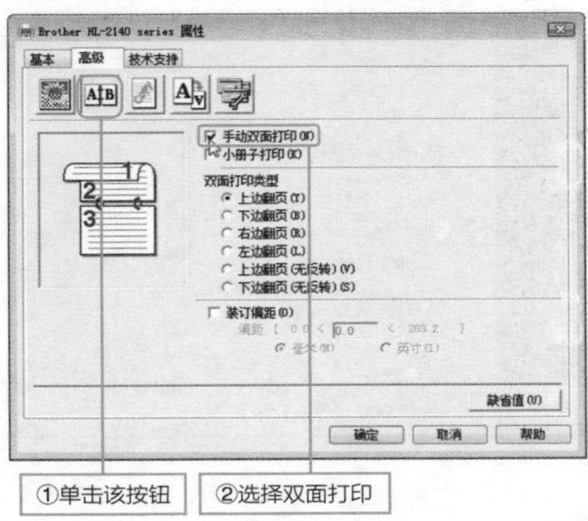

3 **设置水印。**单击“水印”图标按钮，可选择水印样式。

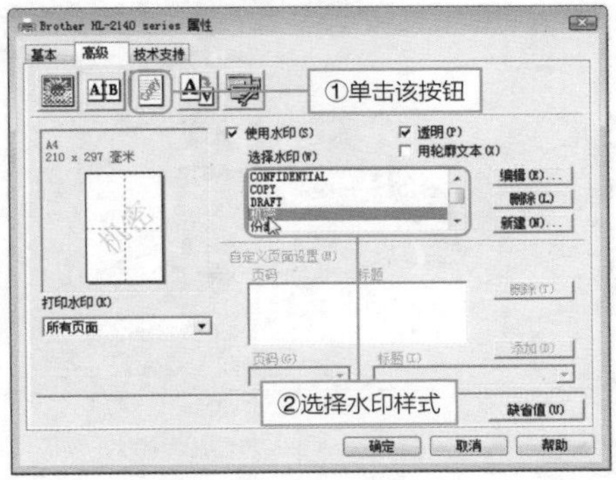

4 若单击“编辑”按钮，将打开“水印设置”对话框，可设置水印的标题、位置、大小等。

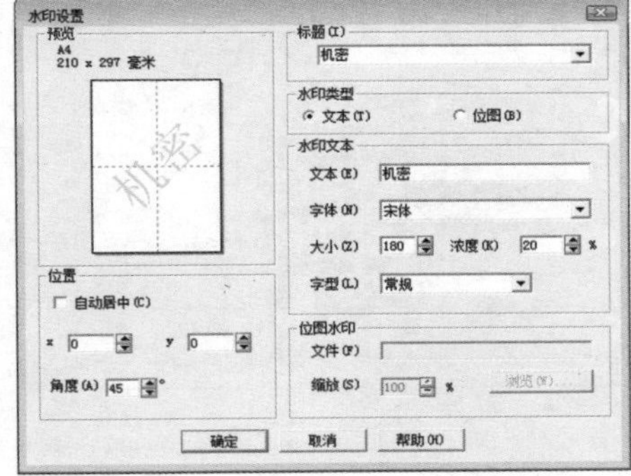

第14章 379~389

演示文稿的安全设置

- 适当保护你的PPT
- 为演示文稿设置密码保护
- 修改或删除密码很简单
- 巧妙制作PDF文档
- 一招防止他人编辑演示文稿
- 设置演示文档的属性
- 按需删除文档信息

Question

379 适当保护你的PPT

• Level ◆◆◆

2016 2013 2010

实例 将演示文稿改为放映模式

在制作完成一个演示文稿后，用户若希望自己的文档不被别人修改，便可以对演示文稿添加保护，对于 PPT 新手来说，只需将演示文稿的模式改为放映模式即可。

最初效果

默认保存类型效果

最终效果

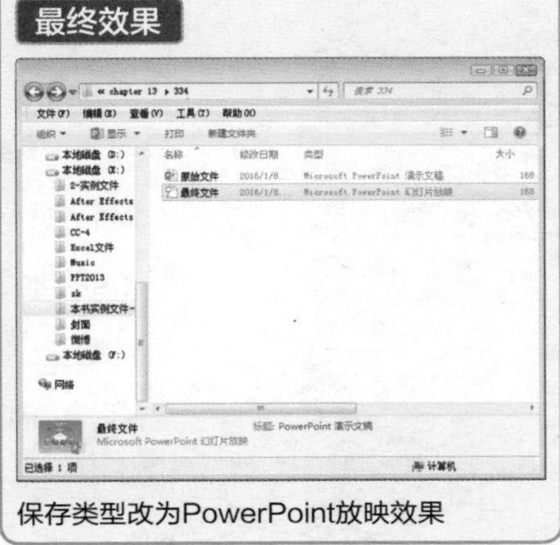

保存类型改为PowerPoint放映效果

1 打开演示文稿，执行“文件>另存为>这台电脑>当前文件夹”命令，将弹出“另存为”对话框。

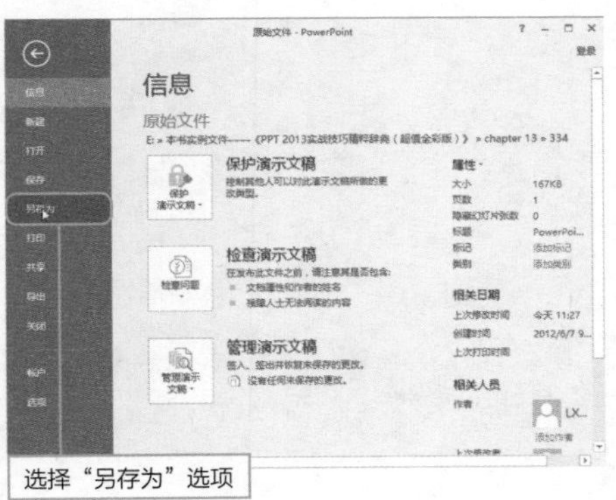

选择“另存为”选项

2 设置保存路径、文件名，单击“保存类型”右侧下拉按钮，选择“PowerPoint 放映”选项，单击“保存”按钮。

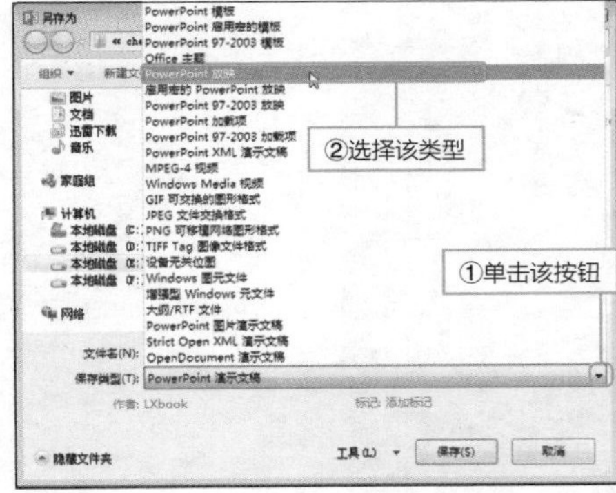

Question

380

● Level ◆◆◆

2016 2013 2010

为演示文稿设置密码保护

语音视频教学380

实例　设置密码保护

上一技巧介绍的方法很容易就能被破解，只需用 PowerPoint 软件打开此文件，而不是双击，就可以对该文件进行修改。如果想进一步保护文件，可以为演示文稿设置密码，这样演示文稿就不被随意更改了。

1. 打开演示文稿，执行“文件>另存为>这台电脑>当前文件夹”命令。

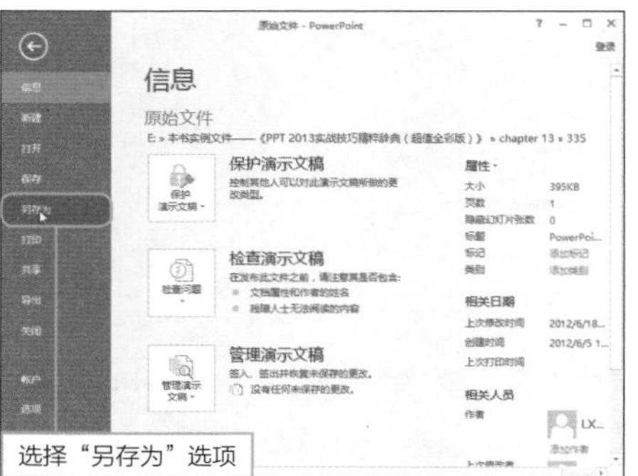

2. 单击“另存为”对话框中的“工具”按钮，从弹出的菜单中选择“常规选项”。

另存为

①单击该按钮

②选择“常规选项”

3. 打开“常规选项”对话框，可根据需要在“打开权限密码”和“修改权限密码”文本框中输入密码，如“123456”和“123456”，单击“确定”按钮。

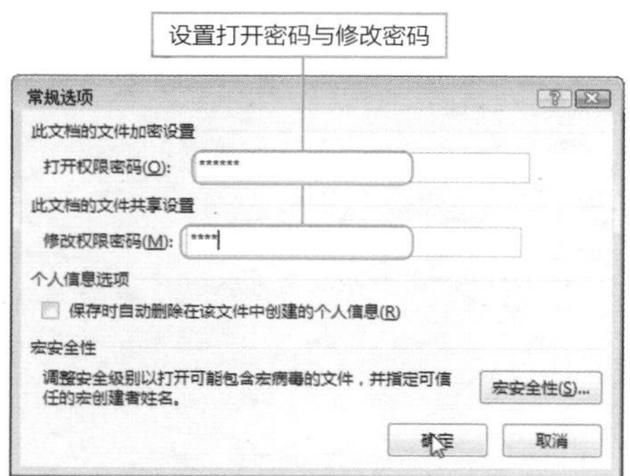

4. 弹出“确认密码”对话框，再次输入打开和修改权限密码进行确认后，返回至“另存为”对话框，单击“保存”按钮即可。

确认密码

重新输入打开权限密码(P):

请注意：如果丢失或忘记密码，文档将无法恢复。建议您在安全的地方保留一份密码及其对应文档名称的清单(请记住：密码是区分大小写的)。

确定　取消

确认密码

重新输入修改权限密码(P):

警告：设置修改权限密码不是安全功能。使用此功能，能防止对此文档进行误编辑，但不能为其加密，因而恶意用户能够编辑文件并删除密码。

确定　取消

Question 381

修改或删除密码很简单

• Level ◆◆◆

2016 2013 2010

实例 演示文稿密码的修改或删除

上一技巧将演示文稿加密后，若用户觉得当前密码太过简单，需要更改密码，又或者用户希望取消密码保护，其操作也是很容易就能实现的，下面将对其进行介绍。

1 打开演示文稿，执行“文件>另存为>这台电脑>当前文件夹”命令。

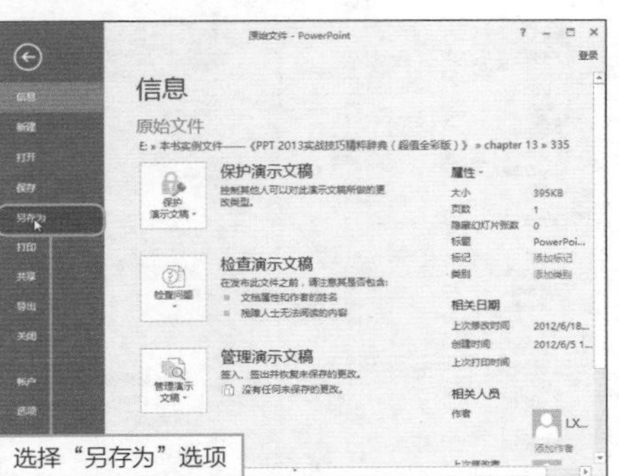

2 单击打开的对话框中的“工具”按钮，从弹出的菜单中选择“常规选项”。

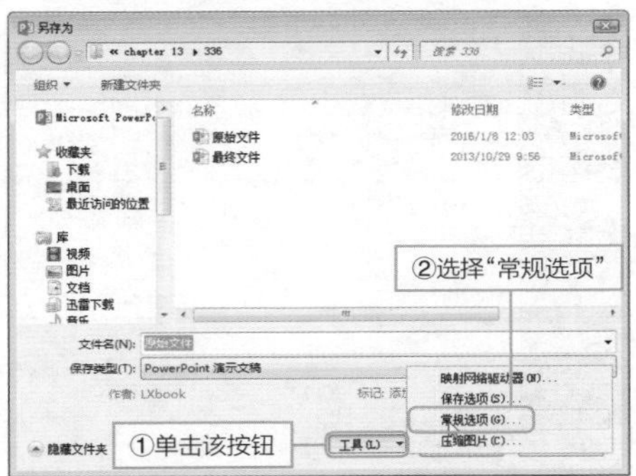

3 **修改密码。**打开“常规选项”对话框，修改“打开权限密码”和“修改权限密码”右侧文本框中内容，单击“确定”按钮，并再次确认密码。

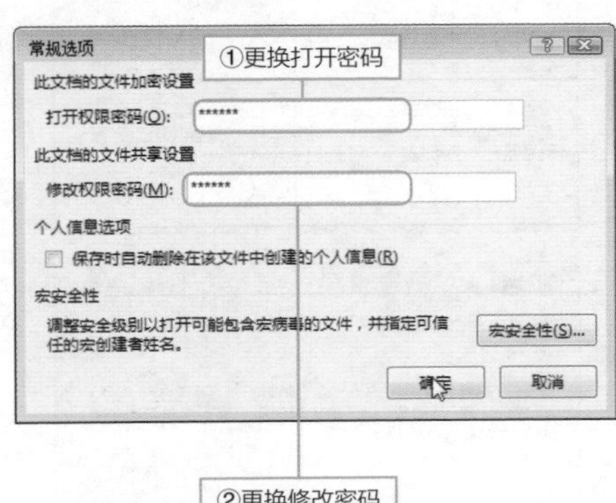

4 **删除密码。**打开“常规选项”对话框，清除“打开权限密码”和“修改权限密码”右侧文本框中内容，然后单击“确定”按钮即可。

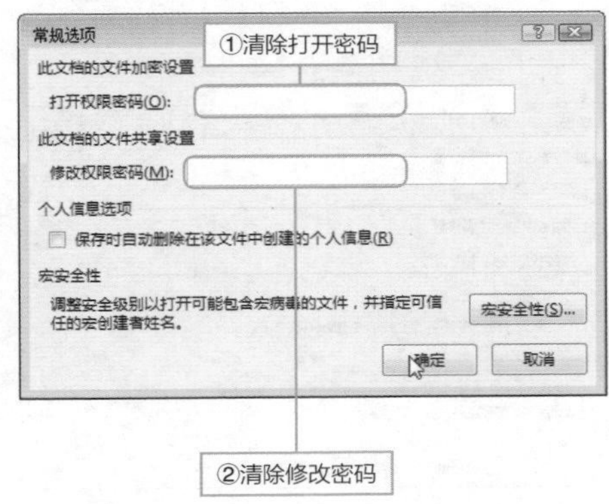

382 巧妙制作PDF文档

语音视频教学382

● Level ◆◆◆

2016 2013 2010

实例　将演示文稿以PDF格式保存

虽然为演示文稿设置密码保护可以使演示文稿的安全性得到提升，但是并不是绝对的，其他人可以借助破解软件轻易破解我们的密码，对此我们可以将演示文稿转换为 PDF 格式避免被修改。

最初效果

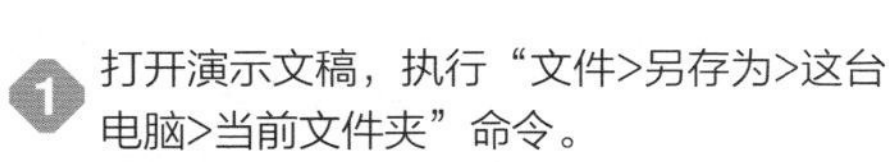

幻灯片预览效果

最终效果

将幻灯片转换为PDF格式预览效果

❶ 打开演示文稿，执行“文件>另存为>这台电脑>当前文件夹”命令。

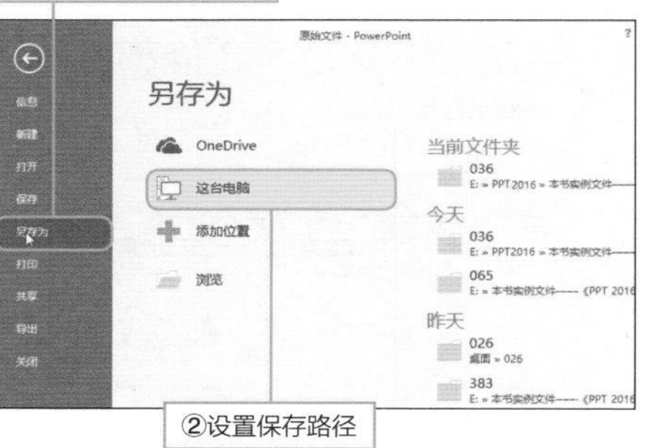

❷ 在打开的对话框中，设置保存路径和文件名，单击“保存类型”右侧的下拉按钮，选择“PDF”选项，单击“保存”按钮。

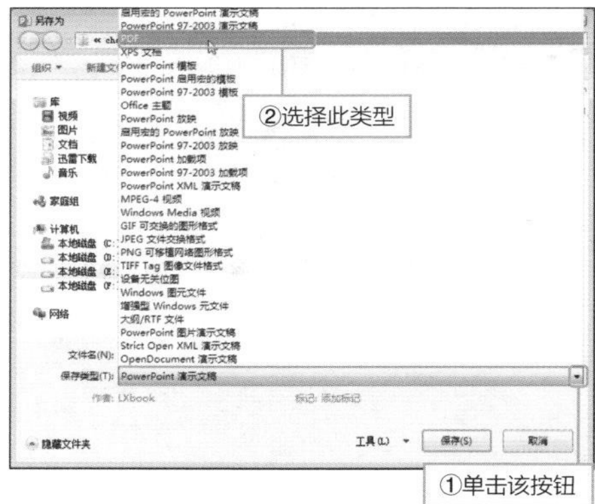

Question 383

一招防止他人编辑演示文稿

• Level ◆◆◆

2016 2013 2010

实例 将演示文稿标记为最终状态

除了上述讲到的方法外，还有没有其他方法可以防止其他用户对演示文稿编辑呢？当然有了，用户可以将演示文稿标记为最终状态。

1 执行“文件>信息”命令，单击右侧“保护演示文稿”按钮，从下拉列表中选择“标记为最终状态”选项。

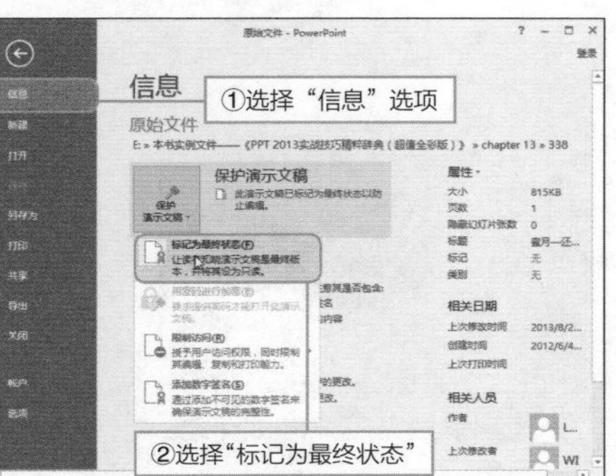

2 弹出提示对话框，提醒用户是否进行标记，单击“确定”按钮。标记完成后弹出提示对话框，单击“确定”按钮即可。

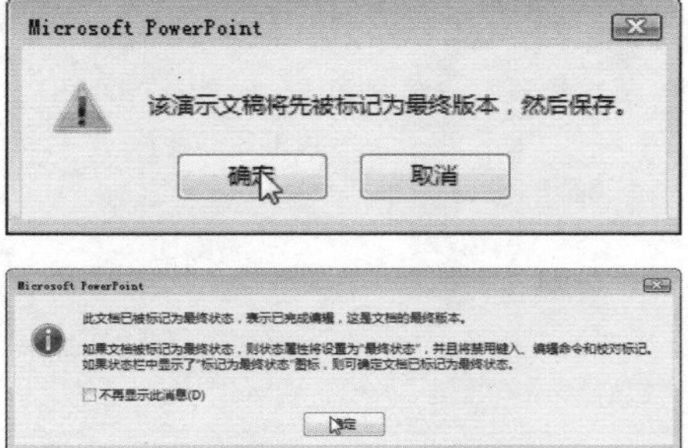

3 返回演示文稿，可以看到，功能区下方显示“标记为最终状态”提示语，表示演示文稿已标记为最终状态。

Hint

其他方式设置打开演示文档的密码

执行“文件>信息>保护演示文稿>用密码进行加密”命令，打开“加密文档”对话框，设置密码，单击“确定”按钮，在打开的“确认密码”对话框中确认密码即可。

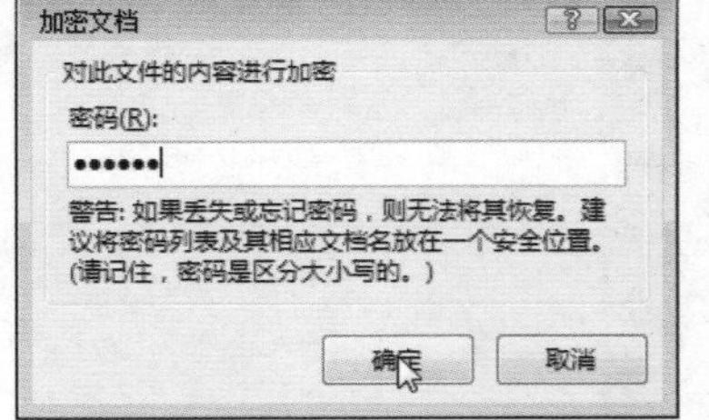

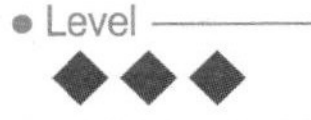

384

● Level ◆◆◆

2016 2013 2010

设置演示文稿的属性

实例　演示文稿的属性设置

在 PowerPoint 中，演示文稿的属性包括大小、标题、创建时间和作者等信息，用户可以根据需要，对其中的某些信息进行设置，通过设置演示文稿的属性可以方便文档的管理。

❶ **修改文档标题名。**打开演示文稿，执行“文件>信息”命令，单击右下方的“显示所有属性”选项。

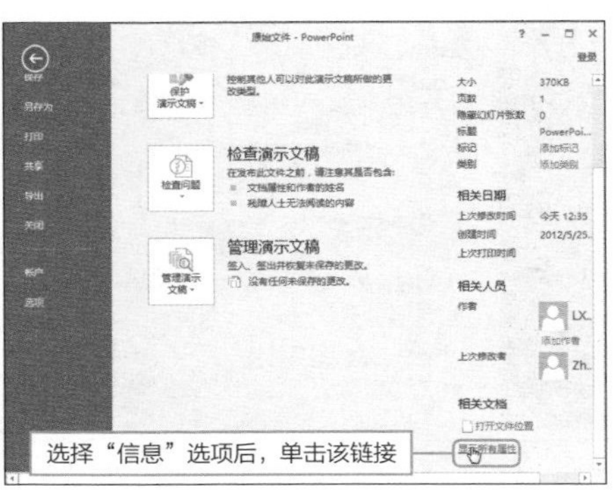

❷ 单击“标题”右侧的文本框，输入新的标题名“旅行”。

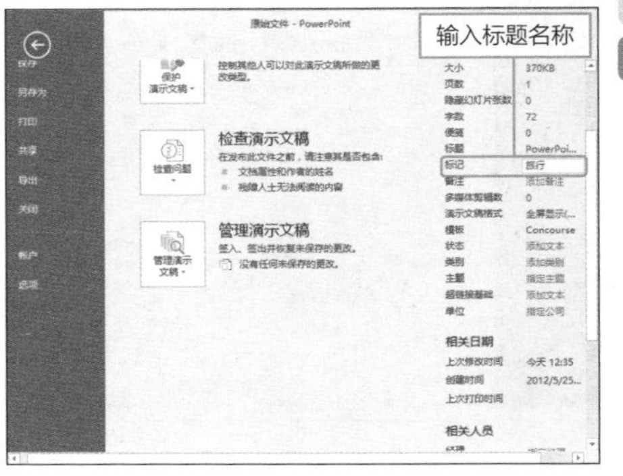

❸ **更改作者。**在“作者”右侧名称处右键单击，从弹出的快捷菜单中选择“编辑属性”选项。

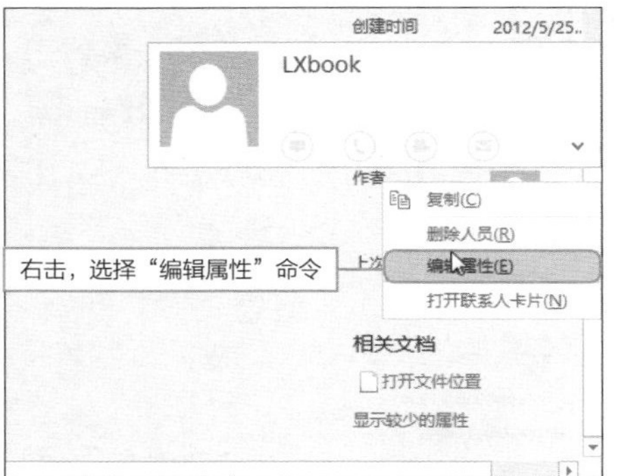

❹ 打开“编辑人员”对话框，输入新作者名“smile”，单击“确定”按钮即可。

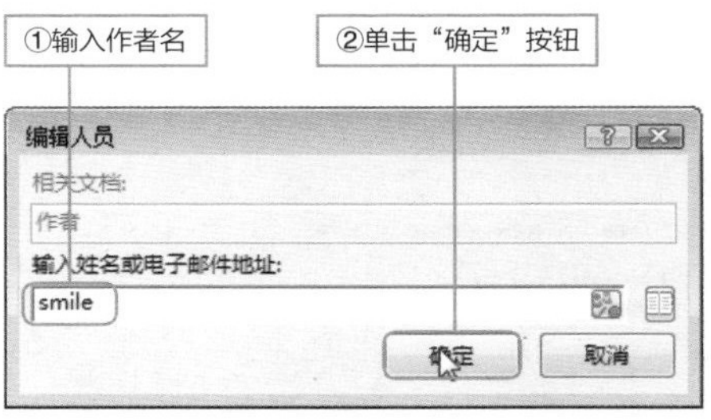

Question 385

按需删除文档信息

Level ◆◆◆

2016 2013 2010

实例 检查文档

制作完成一个演示文稿后，若用户希望删除一些不希望被他人看到的内容和个人信息等，可以利用 PowerPoint 提供的检查文档功能将不必要的内容和个人信息删除。

1 打开演示文稿，打开“文件”菜单，选择“信息”选项。

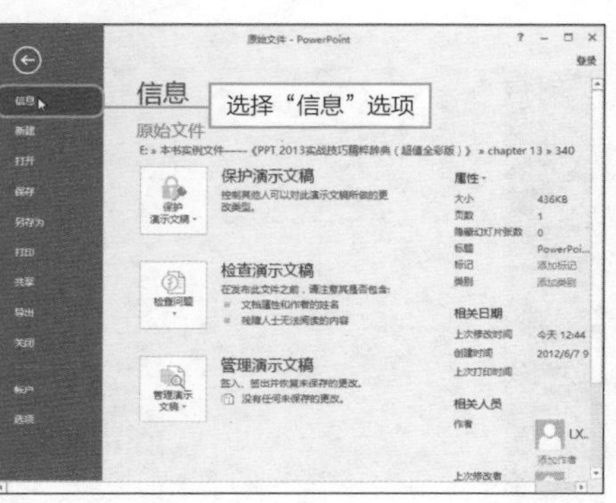

2 单击“检查问题”按钮，从弹出的列表中选择“检查文档”选项。

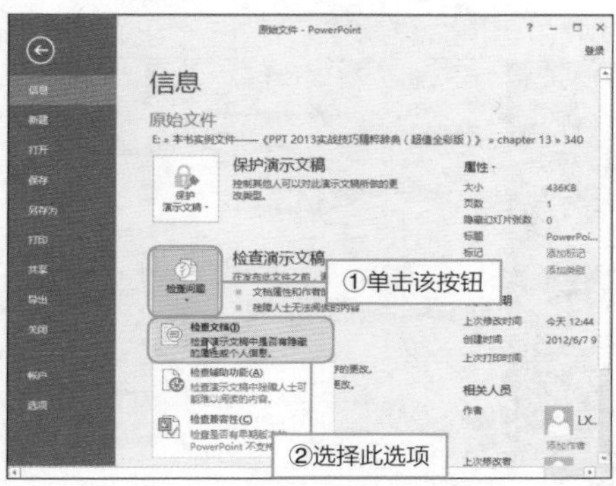

3 弹出“文档检查器”对话框，从中勾选需要检查内容前的复选框，然后单击“检查”按钮。

4 检查完成后，在“文档检查器”对话框中显示检查结果，若需删除某些内容，只需单击该项目右侧的“全部删除”按钮。

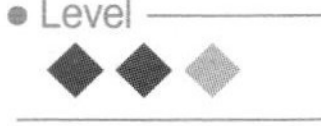

386

语音视频
教学386

在演示文稿属性中添加作者名

实例　为演示文稿属性增添作者名称

Level ◆◆◆

2016 2013 2010

如果想在演示文稿的属性中添加作者名字，以标识该演示文稿的创建者为何人，该如何进行操作呢？本技巧将为您答疑解惑。

1 打开演示文稿所在的文件夹，选择该演示文稿，右键单击，从弹出的快捷菜单中选择“属性”命令。

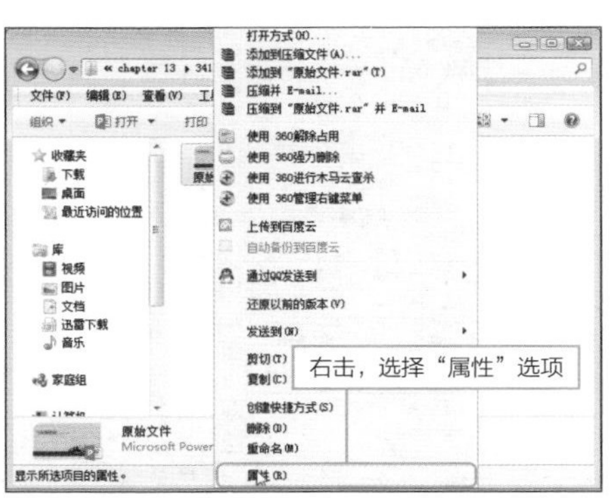

2 弹出“属性”对话框，切换至“详细信息”选项卡，单击“来源”下“作者”右侧文本框，输入需要修改的作者名，单击“确定”按钮即可。

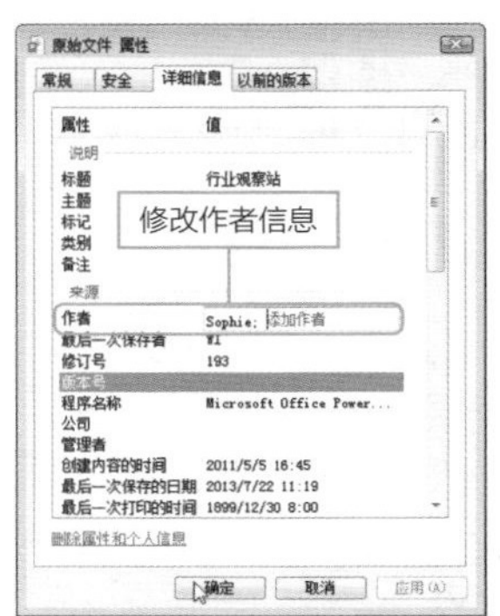

Hint

其他方法打开“属性”对话框

方法1：单击菜单栏中的“文件>属性”命令，即可打开“属性”对话框。

方法2：切换至文件夹“组织”选项卡，单击“属性”按钮即可。

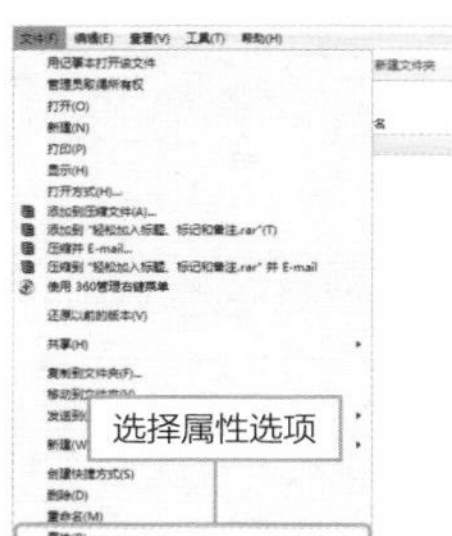

Question 387

轻松加入标题、标记和备注

语音视频教学387

Level ◆◆◆

2016 2013 2010

实例 为演示文稿添加标题、标记和备注

除了可以更改演示文稿属性中的作者名，用户还可以为演示文稿添加标题、标记或备注，以充分地对当前演示文稿进行说明和标识，下面对其进行介绍。

1 打开演示文稿所在的文件夹，选择该演示文稿，右键单击，从弹出的快捷菜单中选择“属性”命令。

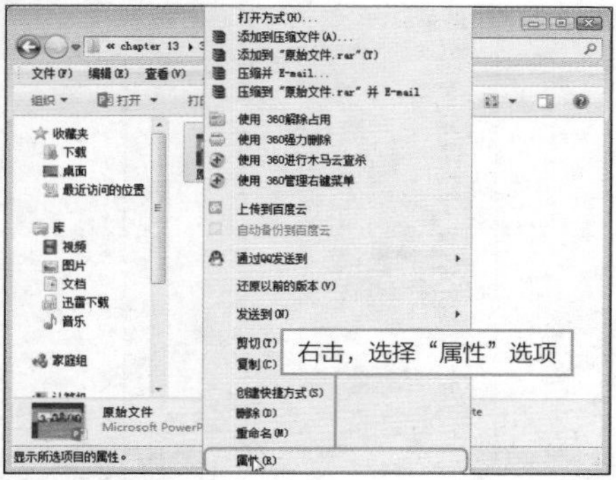

右击，选择“属性”选项

2 弹出“属性”对话框，切换至“详细信息”选项卡，在“说明”下“标题”、“标记”、“备注”右侧的文本框中输入文本，最后单击“确定”按钮。

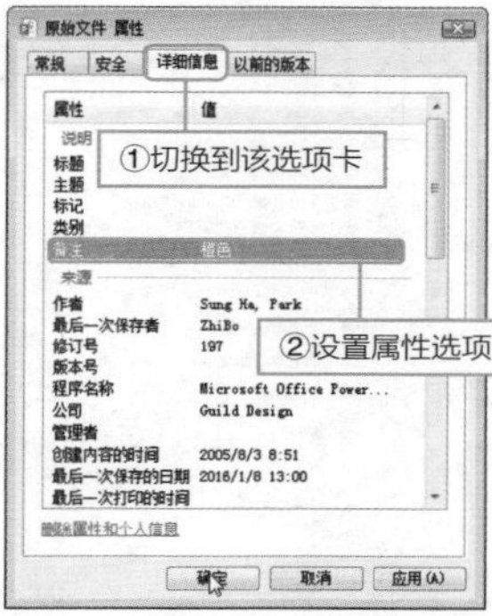

①切换到该选项卡

②设置属性选项

3 打开“文件”菜单，在默认的“信息”界面中，单击“显示所有属性”链接。

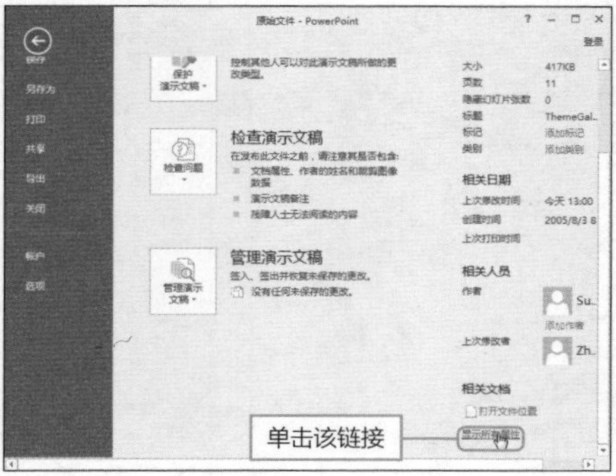

单击该链接

4 在展开的属性列表中，按需为演示文稿添加标题、标记和备注即可。

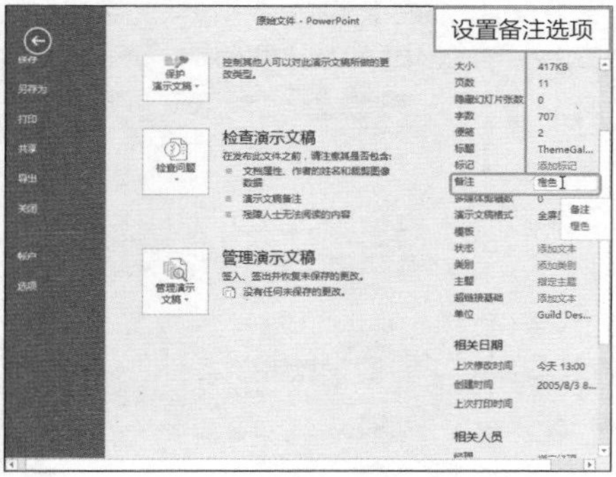

设置备注选项

Question

388

快速删除文件夹内的复原文件

实例 删除复原文件

● Level ◆◆◆

2016 2013 2010

计算机因为意外断电等事故关闭程序后，演示文稿默认的自动恢复文件位置将会出现一个复原文件，为了不让过多的复原文件占据计算机的内存，可以将该复原文件删除。

1 打开一个演示文稿，然后打开“文件”菜单，选择“选项”选项。

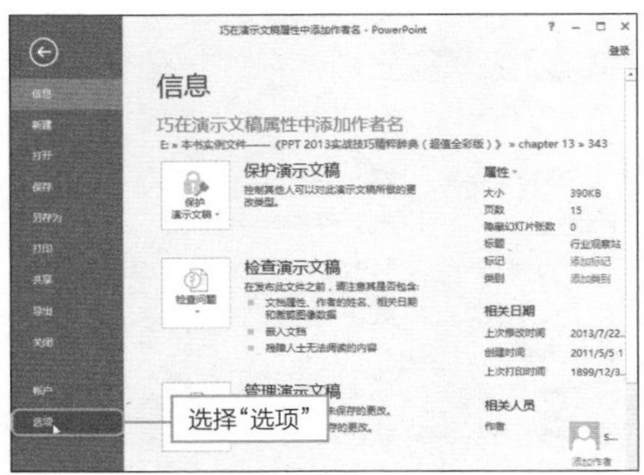

2 打开“PowerPoint选项”对话框，在“保存”选项卡的“自动恢复文件位置”右侧的文本框中复制文件夹位置。

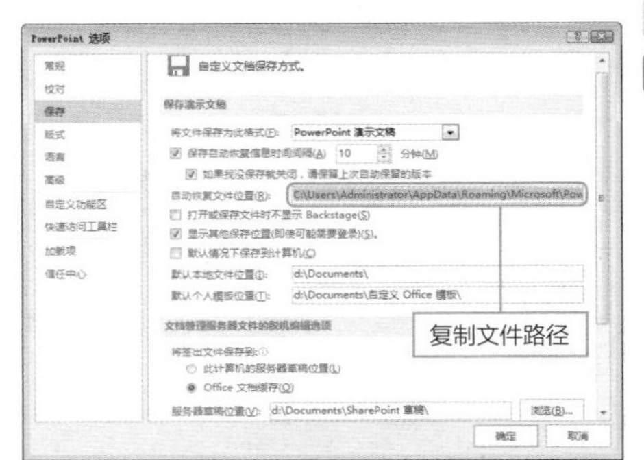

3 双击计算机图标打开文件夹，将复制的位置信息粘贴至搜索框中，系统将会自动搜索文件。

4 在搜索到的结果中，选中需要删除的复原文件，右键单击，从其快捷菜单中选择“删除”命令。

Question

389 有效备份重要文件

Level ◆◆◆

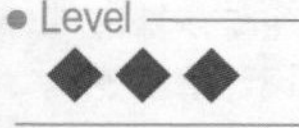

实例 重要文件的备份

为了保证重要的文件不会轻易丢失，可以根据需要将其备份到计算机的其他磁盘中或者专用的光盘中，本技巧的演示操作是在 Windows 8 操作系统中进行的。

1 右击“计算机”图标，选择“属性”命令，单击打开的“属性”对话框中的“控制面板主页”选项。

2 打开控制面板，单击“操作中心”选项。

3 单击“维护”选项下“设置备份”按钮。

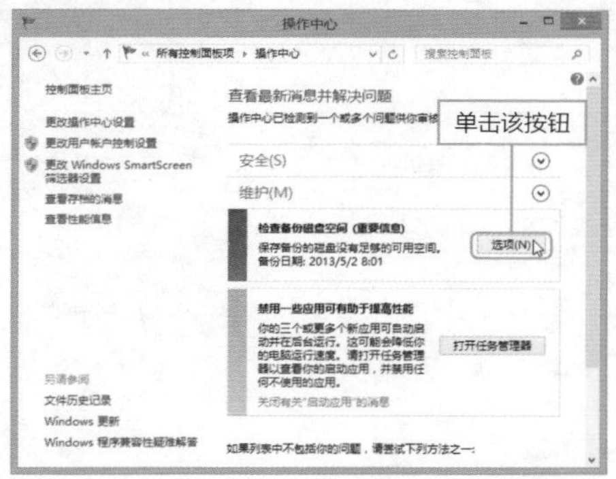

4 弹出“设置备份”对话框，从“保存备份的位置”列表框中选择合适的保存位置，单击“下一步”按钮。

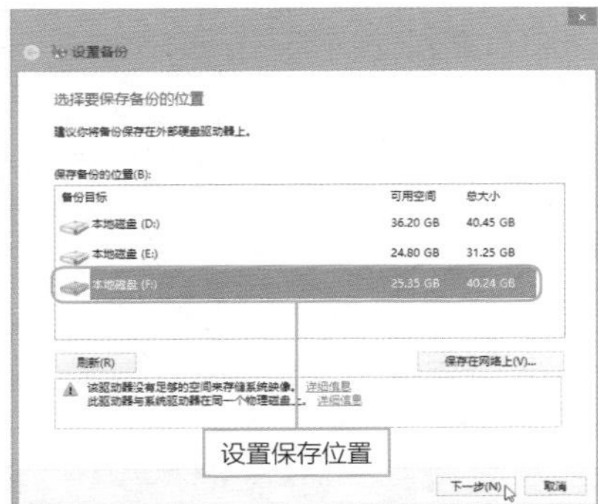

5 选中“让我选择”单选按钮，单击“下一步”按钮。

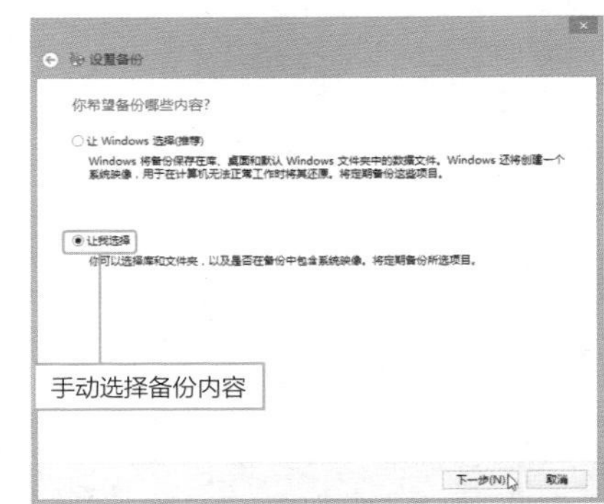

6 勾选需要备份的文件选项前的复选框，单击“下一步”按钮。

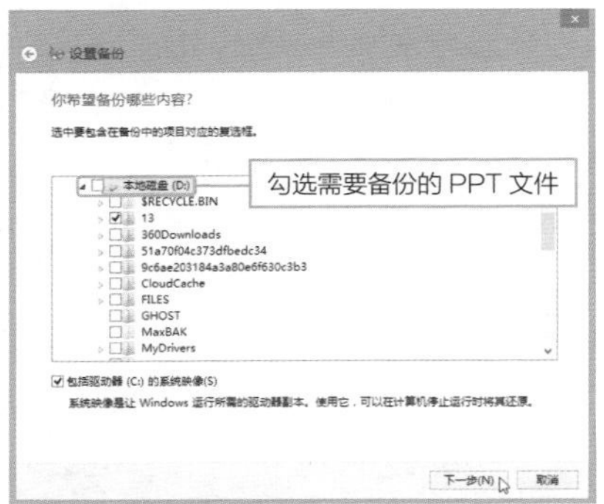

7 选择“更改计划”命令。

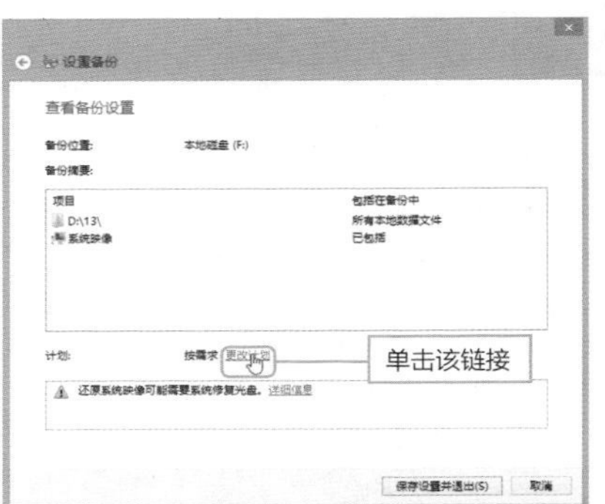

8 按需设置备份计划，单击“确定”按钮，返回上一级对话框，单击“保存设置并运行备份”按钮。

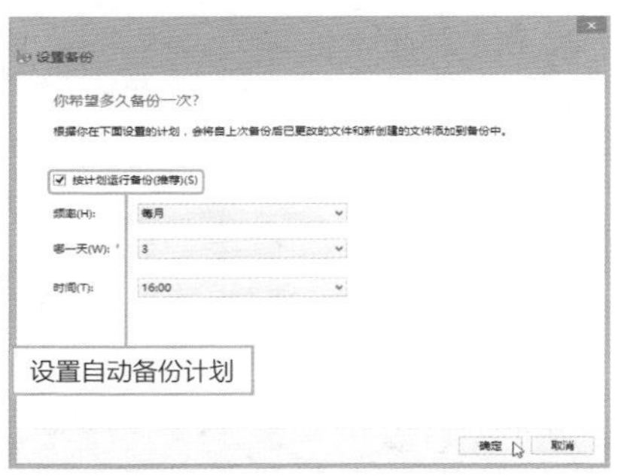

9 系统开始备份，并显示备份进度。备份完毕后，还可以单击“更改设置”按钮对备份设置进行更改。